高等学校计算机基础教育教材精选

AutoCAD 2014中文版机械设计标准实例教程

蒋　晓　主　编
沈培玉　苗　青　副主编

清华大学出版社
北　京

内 容 简 介

全书共分 15 章，每章都是按实际教学的要求，围绕一个主题，把 AutoCAD 2014 众多的命令进行了分解，再以一个典型的机械应用实例为线索有机地串联起来；既详细介绍了各个命令有关选项、提示说明和操作步骤，又通过大量的"操作示例"给出了命令使用的方法；同时，根据编者们长期从事 CAD 教学和研究的体会，通过"注意"总结了许多关键点；主要内容包括 AutoCAD 2014 的入门知识、绘图辅助工具、机械样板图的应用、动态块的应用和三维建模以及在 AutoCAD 2014 中如何完成技术要求注写、组合体尺寸标注和零件图、装配图、视图、剖视图绘制的基本方法和步骤。与众不同的是，本书每章都配有"上机操作实验指导"、"上机常见问题解答"和"操作经验和技巧"。

本书所选实例内容丰富且紧密联系机械工程实际，具有很强的专业性和实用性；另外，作图步骤命令提示和插图都非常详尽，可操作性强；特别适合读者自学和大、中专院校作为教材和参考书，同时也适合从事机械设计的工程技术人员学习和参考之用。

为配合教学，编者还制作了为本书配套的电子教案，供任课教师选用。

图书在版编目（CIP）数据

AutoCAD 2014 中文版机械设计标准实例教程 / 蒋晓主编. --北京：清华大学出版社，2016（2019.12重印）
高等学校计算机基础教育教材精选
ISBN 978-7-302-42611-0

Ⅰ. ①A…　Ⅱ. ①蒋…　Ⅲ. ①机械设计－计算机辅助设计－AutoCAD 软件－高等学校－教材
Ⅳ. ①TH122

中国版本图书馆 CIP 数据核字（2015）第 308855 号

责任编辑： 汪汉友
封面设计： 何凤霞
责任校对： 李建庄
责任印制： 刘海龙

出版发行： 清华大学出版社
网　　址： http://www.tup.com.cn, http://www.wqbook.com
地　　址： 北京清华大学学研大厦 A 座　　**邮　　编：** 100084
社 总 机： 010-62770175　　**邮　　购：** 010-62786544
投稿与读者服务： 010-62776969，c-service@tup.tsinghua.edu.cn
质 量 反 馈： 010-62772015，zhiliang@tup.tsinghua.edu.cn
课 件 下 载： http://www.tup.com.cn,010-62795954
印 刷 者： 清华大学印刷厂
装 订 者 三河市铭诚印务有限公司
经　　销： 全国新华书店
开　　本： 185mm×260mm　　**印　　张：** 30.25　　**字　　数：** 757 千字
版　　次： 2016 年 6 月第 1 版　　**印　　次：** 2019 年12月第 6 次印刷
定　　价： 59.50 元

产品编号：059392-01

前言

笔者长期从事 CAD/CAID 的教学与 CAD/CAID 技术的应用和研发工作，曾先后编译过多本 AutoCAD、Pro/E、Creo、Rhino、MDT、Visual LISP 等设计方面的书籍。近年来编写的 AutoCAD 2008、AutoCAD 2009、AutoCAD 2010、AutoCAD 2011 和 AutoCAD 2013 这 5 本实例教程（由清华大学出版社出版）受到了业界的欢迎，并被许多著名院校作为教材，累计发行已达数万册。随着最新版 AutoCAD 2014 的推出，我们在广泛听取读者们意见和建议的基础上，对前 5 本实例教程进行了总结和完善，以 AutoCAD 2014 在机械设计中的应用为主线精心组织，并且严格按照最新的机械制图国家标准编写了本教程，其主要特点如下。

- 科学性：由浅入深和循序渐进地对学时和内容进行科学合理的安排。
- 完整性：涵盖 AutoCAD 2013/2012/2011/2010/2009/2008 的主要新增功能。
- 操作性：以实例引导讲解命令各选项功能的操作方法、步骤和技巧，命令行提示全程详细解释，非常便于读者自学。
- 实用性：以一个综合机械应用实例为线索串联每章的内容，并通过“上机操作实验指导”采用 Step by Step 的方式详细介绍完成该实例的操作方法和步骤。
- 多样性：突出操作方法的多样性，提高创新能力的培养。
- 独特性：每章所附的“上机操作常见问题的解答”和“使用经验和技巧”为本书所特有。既可以解决读者的疑问，也减轻了教员的教学负担。
- 经典性：所选实例堪称经典，使读者倍感亲切，易于触类旁通。
- 针对性：配有大量针对性强的同步上机题，供学员课后上机练习和复习。并附绘图提示。
- 简明性：根据机械专业的需要，对 AutoCAD 2014 的内容进行筛选和整合，突出简明和高效。
- 丰富性：配有电子教案等资源，供任课老师选用。

贯彻全书的重要指导思想是“边学边用、边用边学”。这种源自于学习语言的方法，经过实践证明是学习 CAD 软件最佳的方法。笔者曾先后培训过数以万计的学员，取得了非常好的效果。还需要说明的是本书虽然是以 AutoCAD 2014 中文版为平台，但在编著过程中也兼顾了 AutoCAD 2013/2012/2011/2010/2009/2008 的读者（书中一一注明了不同版本开始新增的功能）。

本书由江南大学蒋晓、沈培玉、苗青、唐正宁、王秀丽、曾丽霞和蒋璐珺等编著，全书由蒋晓负责策划和统稿。课件由蒋晓、沈培玉、苗青、乔红月、刘金玲、张恺和魏玮等制作。

由于时间仓促，且受水平限制，虽然已尽了最大的努力，但疏漏和不当之处在所难免，欢迎读者批评指正。相关资源文件可以直接在清华大学出版社网站或者作者网站 http://www.jnfirebird.com 免费下载。

江南火鸟设计

2016 年 4 月

目录

第1章　绘图预备知识

AutoCAD是在CAD业界用户最多，使用最广泛的计算机辅助绘图与设计软件。它是由美国Autodesk公司开发的，其最大的优势就是绘制二维工程图。同时，也可以进行三维建模和渲染。自1982年12月推出初始的R1.0版本，三十多年来，经过不断地发展和完善，操作更加方便，功能更加齐全。在机械设计、建筑土木、装饰装潢、服装设计、电力电子和工业设计等行业应用非常普及。Autodesk公司于2013年4月发布了AutoCAD 2014。

本章介绍的主要内容和新命令如下。

（1）启动AutoCAD 2014的方法；

（2）AutoCAD 2014界面介绍；

（3）启动和响应命令的方法；

（4）点输入的方法；

（5）LINE直线命令；

（6）ERASE删除命令；

（7）命令的放弃、重做和中止；

（8）图形文件的管理；

（9）退出AutoCAD 2014的方法。

1.1　启动AutoCAD 2014的方法

启动AutoCAD 2014有下列3种方法。

（1）双击Windows桌面上AutoCAD 2014快捷方式图标。

（2）执行Windows任务栏上的“开始”|“所有程序”|“Autodesk”|“AutoCAD 2014-简体中文（Simplified Chinese）”|“AutoCAD 2014-简体中文（Simplified Chinese）”命令。

（3）双击已存在的AutoCAD 2014图形文件（*.dwg格式）。

1.2　AutoCAD 2014工作空间

从AutoCAD 2008开始，除了原有的“AutoCAD经典”和“三维建模”工作空间外，又新增了“草图与注释”工作空间，在AutoCAD 2014中其界面如图1-2所示。而对于习惯于AutoCAD传统界面用户来说，可以选择“AutoCAD经典”工作空间，在AutoCAD 2014中其界面如图1-3所示。从AutoCAD 2011开始又新增了“三维基础”[①]工作空间。

---

① 参见本书第14章。

工作空间可以用以下 4 种方法来切换。

（1）在如图 1-1 所示的“工作空间”工具栏或快速访问工具栏的下拉列表中选择。

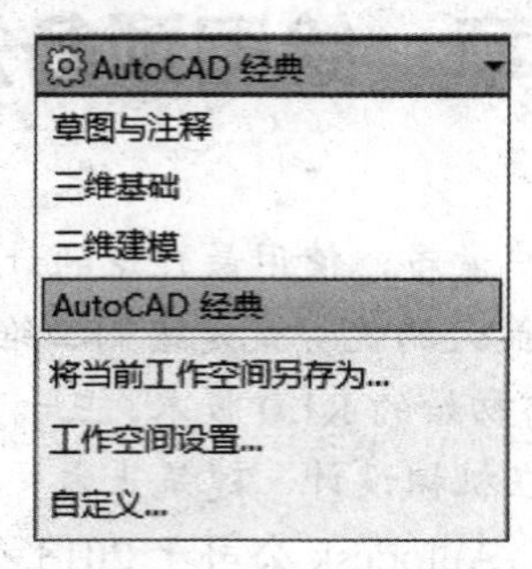

图 1-1 “工作空间”工具栏

（2）通过经典菜单栏访问菜单，选择“工具”|“工作空间”。

（3）单击状态行中图标按钮，在弹出的“工作空间”列表中选择。

（4）在命令行输入系统变量 WSCURRENT，根据提示输入需要的工作空间。

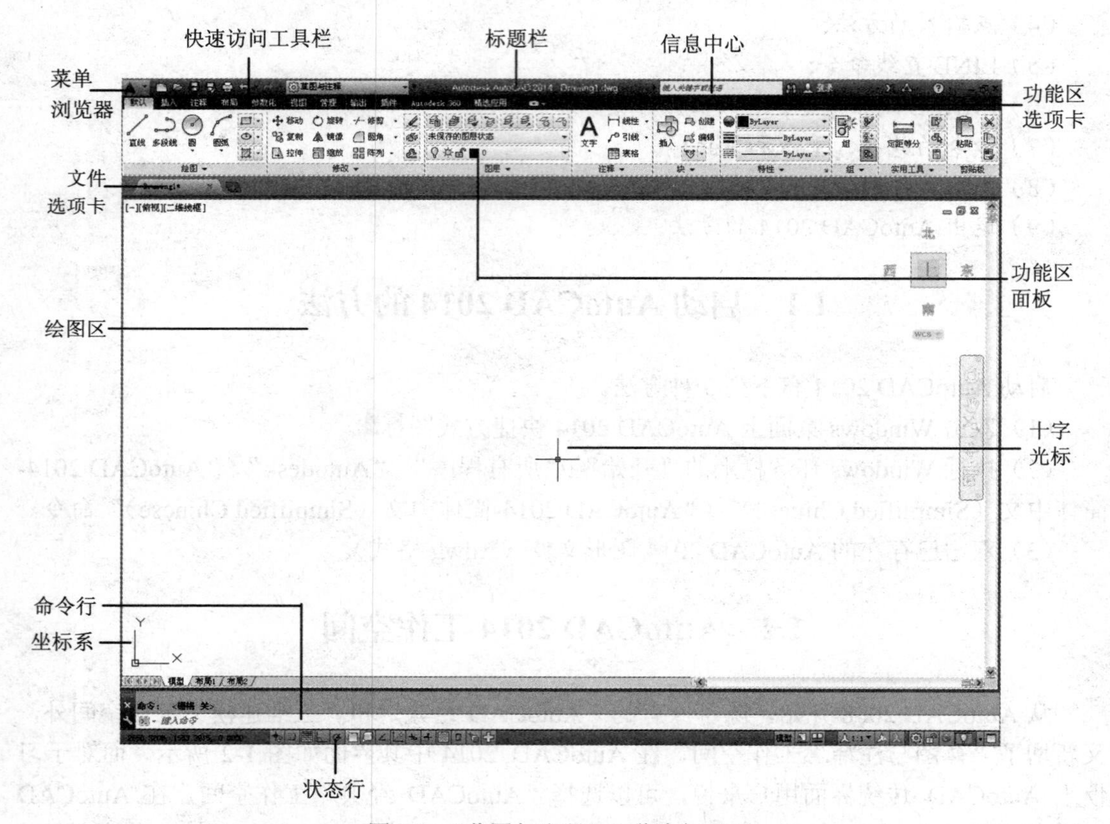

图 1-2 “草图与注释”工作空间界面

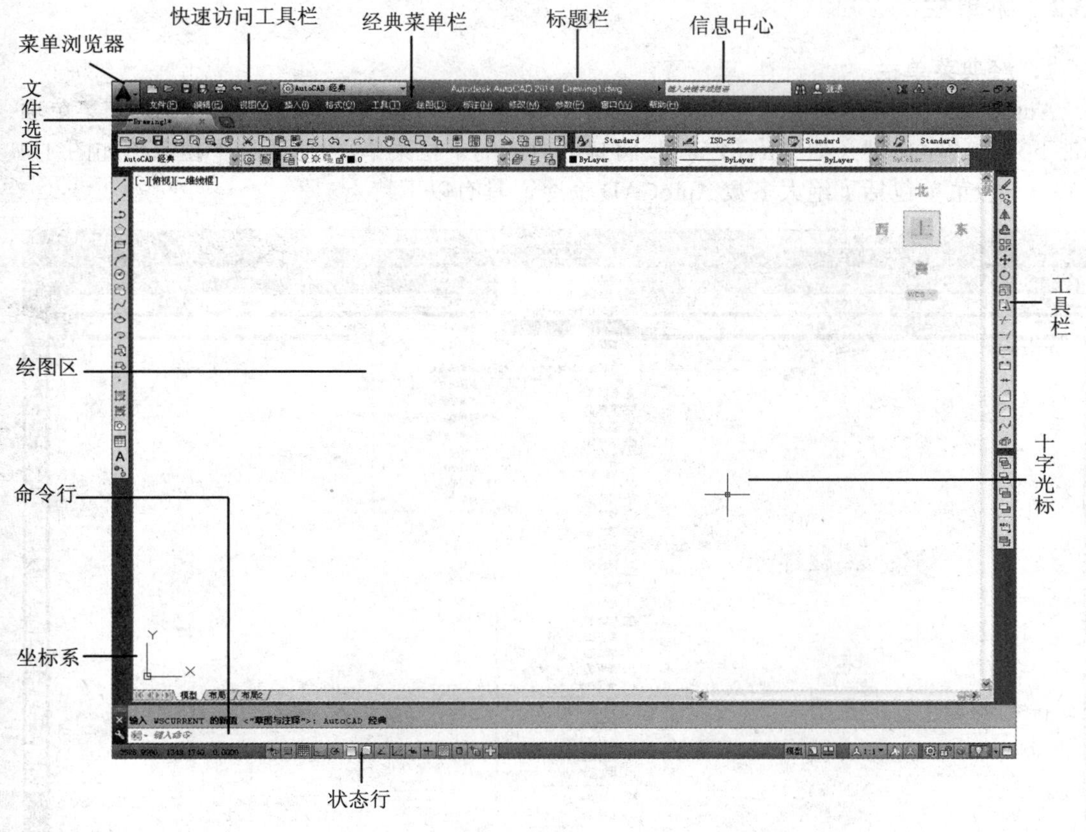

图 1-3 “AutoCAD 经典”工作空间界面

1.3 AutoCAD 2014 界面介绍

选择“AutoCAD 经典”选项，进入传统的用于绘制二维工程图的工作空间，其工作界面主要由标题栏、快速访问工具栏、经典菜单栏、菜单浏览器、文件选项卡、工具栏、绘图区、状态行和命令行等组成。选择“草图与注释”选项，进入草图与注释工作空间，其界面与 AutoCAD 经典工作空间界面相比，最主要的区别就是功能区取代了工具栏，使界面变得简洁，并且可以方便地选择需要的命令按钮，提高绘图的效率。

1.3.1 标题栏

标题栏位于主界面的顶部，用于显示当前正在运行的 AutoCAD 2014 应用程序名称和打开的图形文件名等信息，如果是 AutoCAD 2014 默认的图形文件，其名称为 Drawing*n*.dwg（其中，*n* 是数字）。单击标题栏右端的按钮，可以最小化、最大化或关闭应用程序窗口。

1.3.2 菜单栏

1．经典菜单栏

AutoCAD 2014 经典菜单栏默认共有 12 个菜单项，单击菜单项或同时按 Alt 和菜单项中带下划线的字母键（如 Alt+M 键），将打开对应的下拉菜单，“修改”下拉菜单如图 1-4 所示。下拉菜单包括了绝大多数 AutoCAD 命令，具有以下特点。

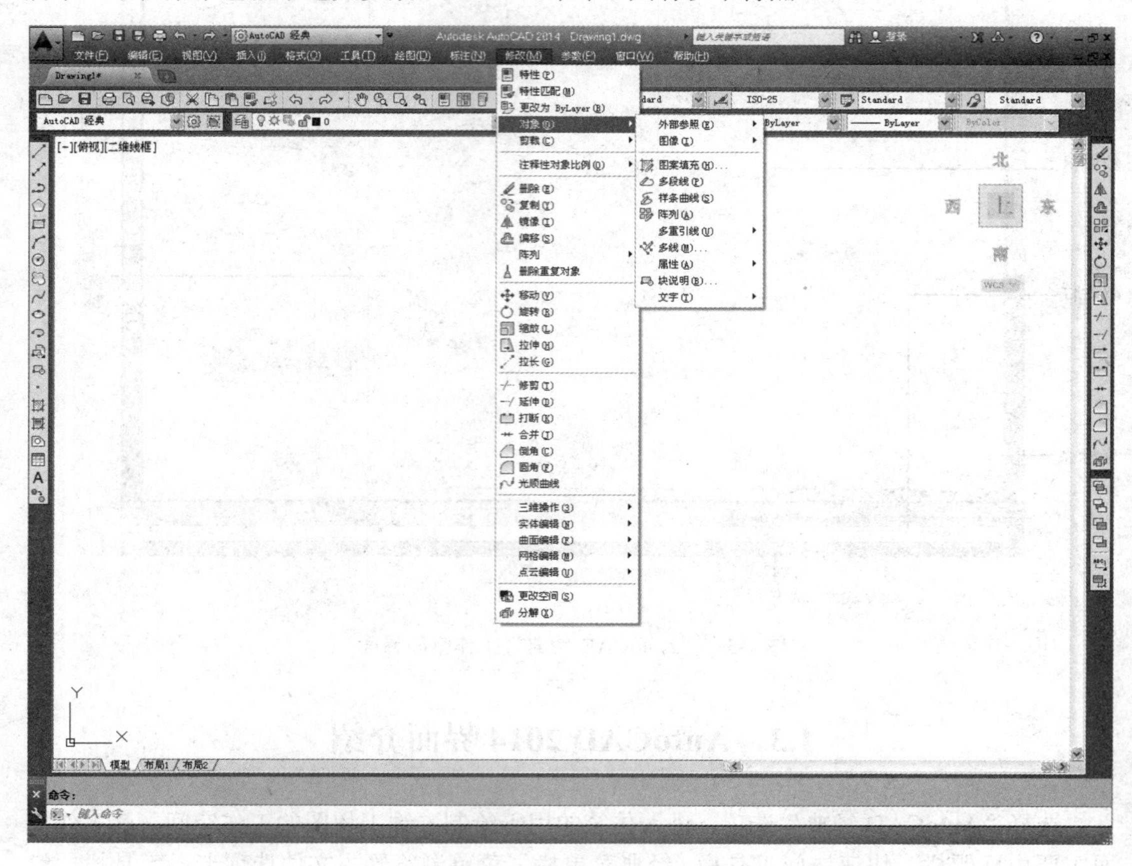

图 1-4 “修改”下拉菜单

（1）菜单项带▶符号，表示该菜单项还有下一级子菜单。

（2）菜单项带…符号，表示执行该菜单项命令后，将弹出一个对话框。

（3）菜单项带按键组合，则该菜单项命令可以通过按键组合来执行，如 Ctrl+Q 键，则执行“退出”命令。

（4）菜单项带快捷键，则表示该下拉菜单打开时，输入该字母即可启动该菜单项命令，如“复制（Y）”。

2．快捷菜单

当光标在屏幕上不同的位置或不同的进程中右击，将弹出不同的快捷菜单。图 1-5（a）所示为启动画圆命令后，在绘图区右击后弹出的快捷菜单，图 1-5（b）所示为画圆命令结束后，在绘图区右击后弹出的快捷菜单。图 1-5（c）为在命令行右击弹出的快捷菜单，图 1-9

所示为在工具栏上右击弹出的工具栏快捷菜单。

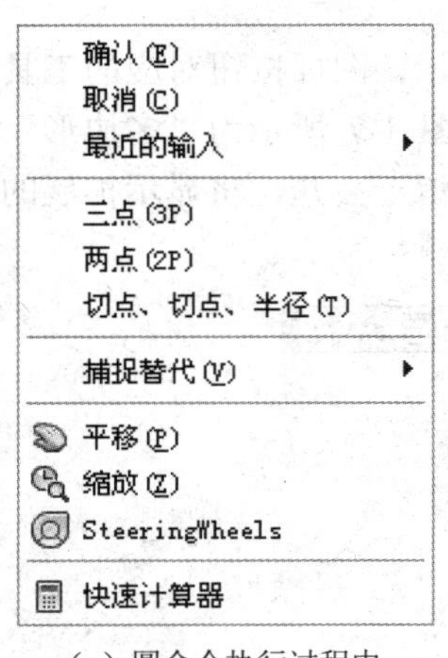

(a)圆命令执行过程中

(b)圆命令结束后

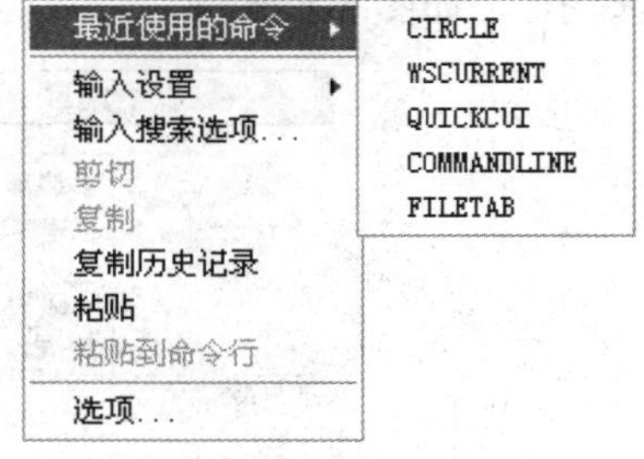

(c)在命令行右击

图 1-5 快捷菜单

1.3.3 菜单浏览器

单击位于窗口左上角的图标按钮，AutoCAD 2014 将展开菜单浏览器，如图 1-6 所示。将光标移至需要的菜单命令并单击即可执行该命令。

图 1-6 菜单浏览器

1.3.4 工具栏

工具栏是 AutoCAD 2014 为用户提供的又一种调用命令的方式。单击工具栏图标按钮，即可执行该图标按钮对应的 AutoCAD 命令。

1．工具栏提示

如果将光标移至工具栏任意图标按钮上停留片刻，则会显示该图标按钮对应的工具提示，包括对该按钮的简要说明、对应的命令名和命令标记等，图 1-7 所示为“多边形”图标按钮对应的工具提示。当光标在工具栏图标按钮上再继续停留一会儿，将显示扩展的工具提示①，如图 1-8 所示。

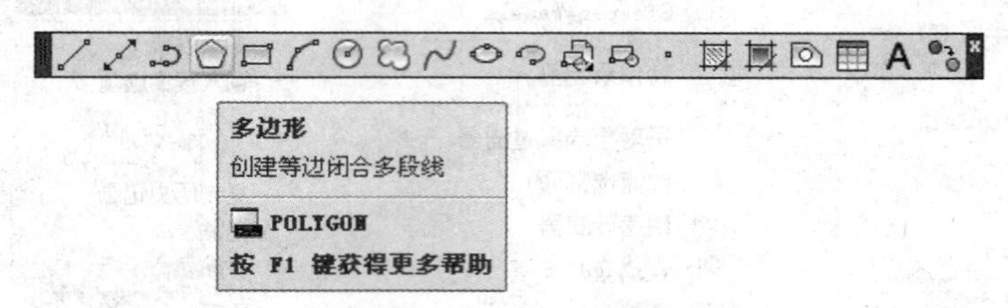

图 1-7 工具提示

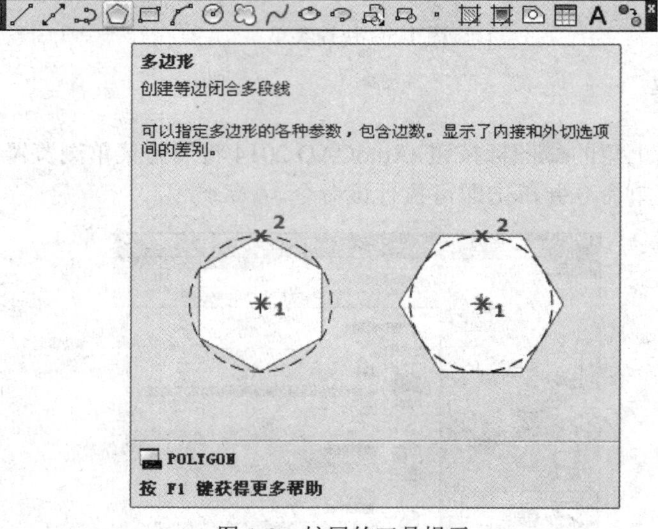

图 1-8 扩展的工具提示

2．打开工具栏和关闭工具栏

“AutoCAD 经典”工作空间默认显示的工具栏有“标准”、“样式”、“工作空间”、“图层”、“特性”、“绘图”、“修改”、“平滑网格”和“绘图次序”共 9 个，其他工具栏在默认设置中是关闭的。如果要打开或关闭工具栏，可以在工具栏上右击，弹出如图 1-9 所示工具栏快捷菜单。单击该菜单上的工具栏名称菜单项，则可以打开或关闭某个工具栏。在“草图与注释”工作空间中，可以在“视图”选项卡的“用户界面”面板中单击“工具栏”图标按钮，选择 AutoCAD。

---

① 此为从 AutoCAD 2009 开始新增的功能。

3．随位工具栏

如果将光标移至工具栏中右下角带◢的图标按钮上，按住鼠标左键不放，将显示随位工具栏。向下移动光标至某一图标按钮上，然后松开鼠标左键即启动该图标按钮对应的命令。图 1-10 所示为与窗口缩放工具栏按钮相关的随位工具栏。

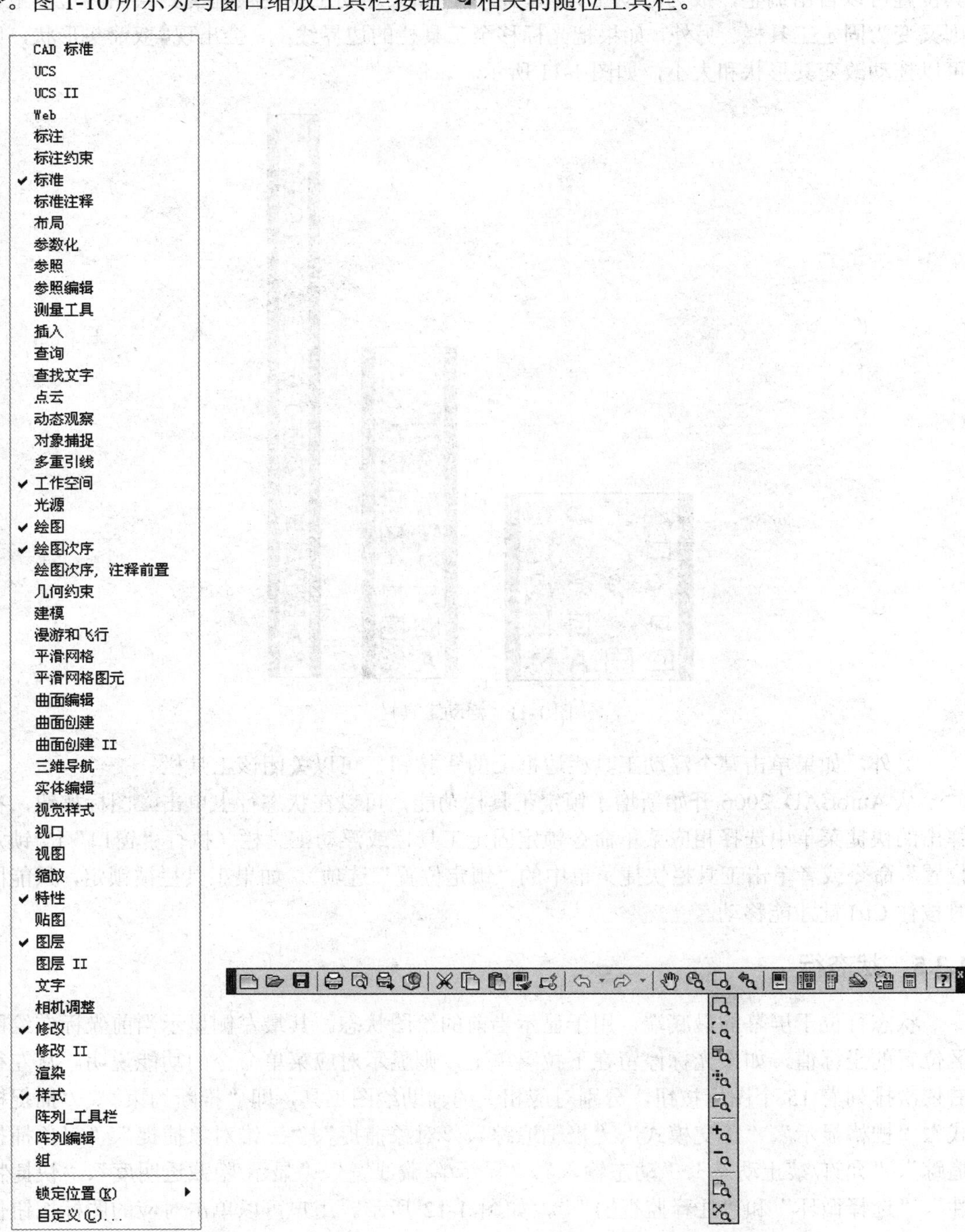

图 1-9　工具栏快捷菜单　　　　图 1-10　随位工具栏

4．固定工具栏和浮动工具栏

附在绘图区边界上的工具栏为固定工具栏。如果工具栏没有被锁定，可以将光标移至工具栏的边框上，按住鼠标左键并拖动，将工具栏拖曳到绘图区，则工具栏可以“浮动”，其位置可以自由调整，成为浮动工具栏。相反，如果浮动工具栏被拖曳到绘图区边界上，则又变为固定工具栏。另外，如果把光标移至工具栏的边界线上，会出现双箭头形状，则可以拖动改变其形状和大小，如图 1-11 所示。

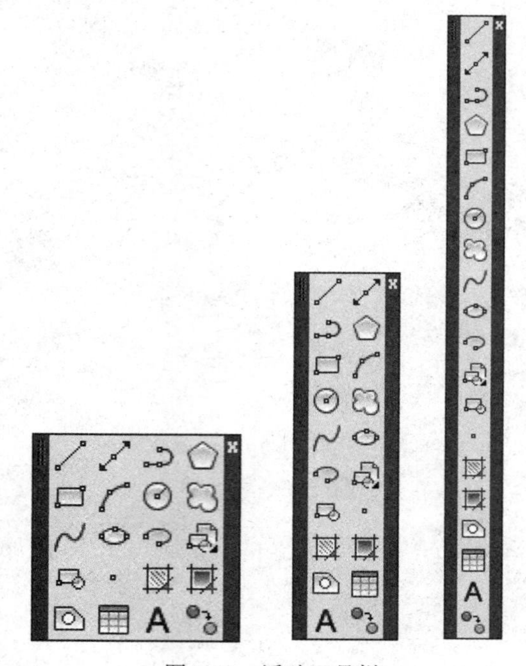

图 1-11　浮动工具栏

另外，如果单击某个浮动工具栏边框上的 按钮，可以关闭该工具栏。

从 AutoCAD 2006 开始新增了锁定工具栏功能，可以在状态行上单击图标按钮，在弹出的快捷菜单中选择相应菜单命令锁定固定工具栏或浮动工具栏（执行“窗口”|“锁定位置”命令或者单击工具栏快捷菜单中的“锁定位置”选项）。如果工具栏被锁定，只能同时按住 Ctrl 键才能移动。

1.3.5　状态行

状态行位于屏幕的最底端，用于显示当前的绘图状态。其最左侧显示当前光标在绘图区位置的坐标值，如果光标停留在下拉菜单上，则显示对应菜单命令的功能说明。从左往右依次排列着 15 个图标按钮，分别对应相关的辅助绘图工具，即“推断约束”、“捕捉模式”、“栅格显示”、“正交模式”、“极轴追踪”、“对象捕捉”、“三维对象捕捉”、“对象捕捉追踪”、“允许/禁止动态”、“动态输入”、“显示/隐藏线宽”、“显示/隐藏透明度”、“快捷特性”、“选择循环”和“注释监视器”①，如图 1-12 所示。用户可以单击对应的图标按钮使

① 此为 AutoCAD 2013 开始新增功能。

其打开或关闭。有关这些图标按钮的功能将在后面的章节中详细介绍。

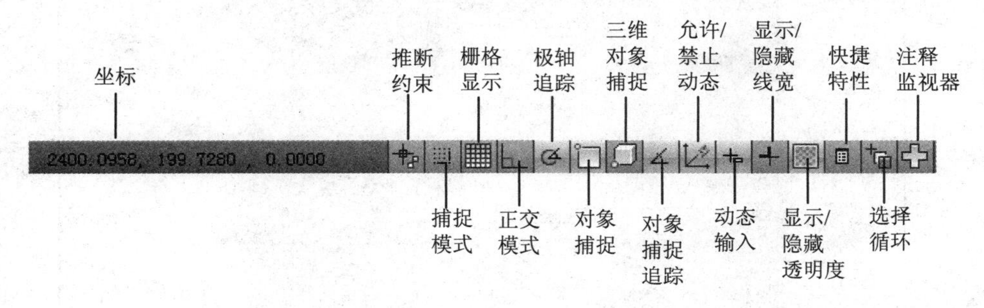

图 1-12　状态行

控制这些按钮的显示，可以单击状态行右端的▾按钮，在弹出的快捷菜单中进行选择，如图 1-13 所示。

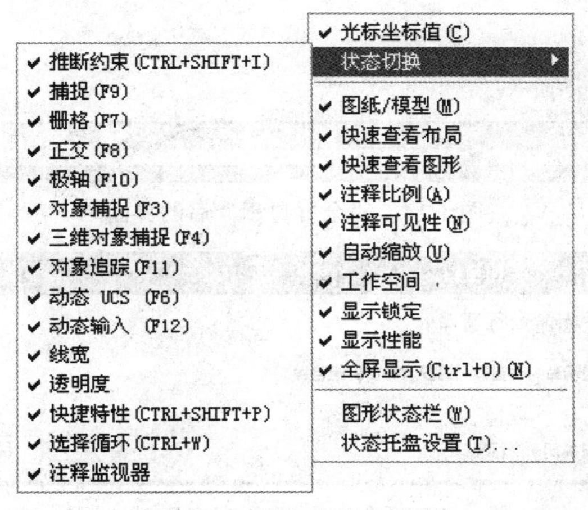

图 1-13　状态行快捷菜单

另外，单击状态行最右侧的□图标按钮（或者执行“视图”|“全屏显示”命令），可以将工具栏等窗口元素全部隐藏，仅显示下拉菜单和命令行窗口，使绘图区大大扩大，方便编辑图形，如图 1-14 所示。

1.3.6　命令行窗口

命令行窗口位于绘图区的下方，是 AutoCAD 进行人机交互、输入命令和显示相关信息与提示的区域。命令行窗口也是浮动的，用户可如同改变 Windows 窗口那样来改变命令行窗口的大小，也可以拖到屏幕的其他位置。

命令行窗口还可以被关闭，用户可以执行“工具”|“命令行”命令，弹出如图 1-15 所示的“命令行-关闭窗口”对话框，单击“是”按钮，命令行窗口即被关闭。

执行“视图”|“显示”|“文本窗口”命令，也可以按 F2 键或者键盘输入 TEXTSCR 命令，如果是在“草图与注释”工作空间中可以在“视图”选项卡的“用户界面”面板中单击“用户界面”图标按钮，选择“文本窗口”，切换到如图 1-16 所示的“AutoCAD 文本窗口”，在文本窗口中可以用类似于文本编辑的方法，剪切、复制和粘贴历史命令和提示信息。

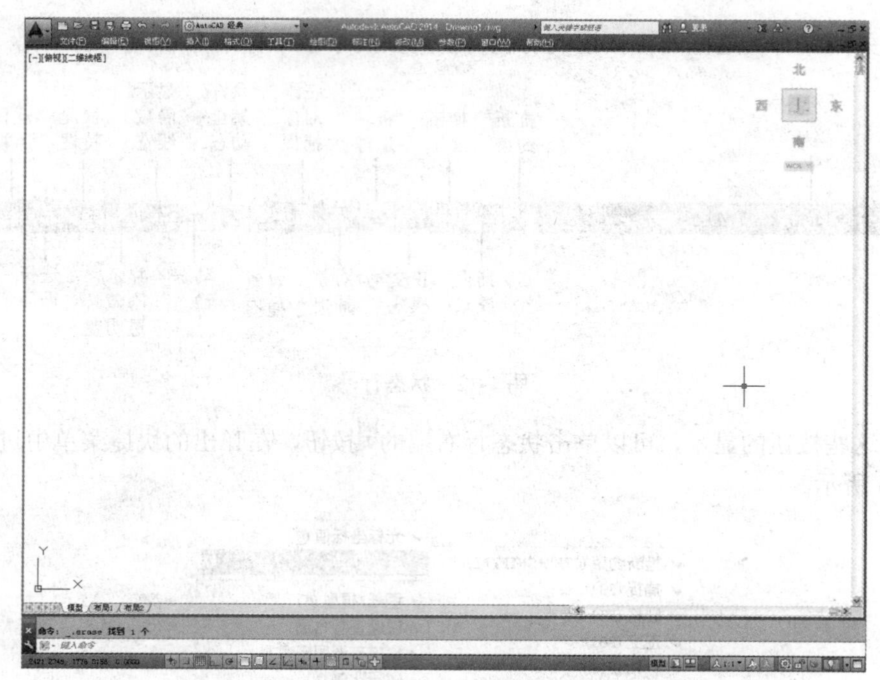

图 1-14 “全屏显示”后的界面

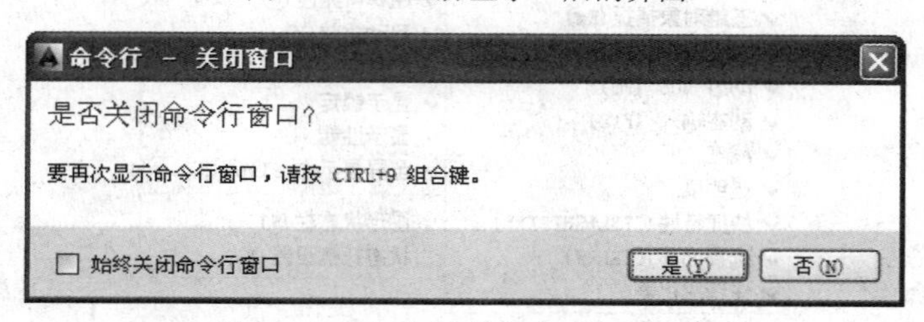

图 1-15 “命令行-关闭窗口”对话框

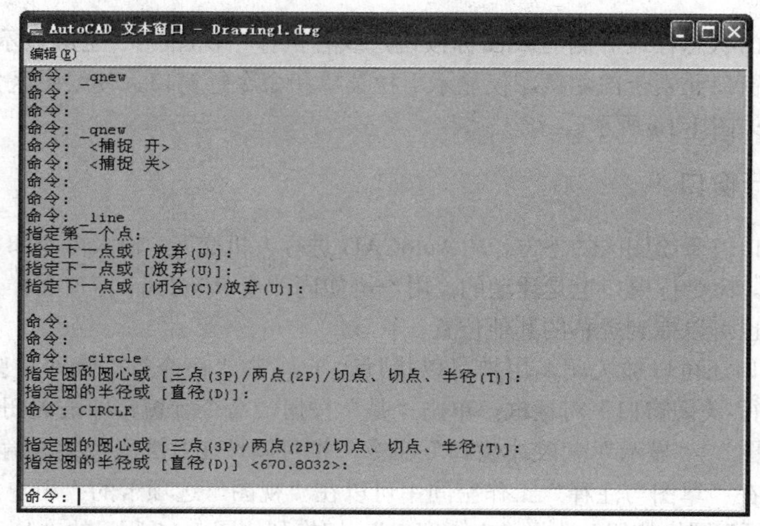

图 1-16 文本窗口

1.3.7 绘图区

绘图区是界面中间的空白区域。用户在这里绘制和编辑图形。绘图区实际上是无限大的，用户可以通过缩放、平移等命令①来观察绘图区中的图形。

在绘图区左下角显示一坐标系图标，默认情况下，坐标系为世界坐标系（World Coordinate System，WCS），水平向右为 X 轴正方向，垂直向上为 Y 轴正方向。另外，在绘图区还有一个十字光标，其交点为光标在当前坐标系中的位置。当移动鼠标时，可以改变光标的位置。

1.3.8 快速访问工具栏

“快速访问工具栏”中包含了最常用的工具栏图标按钮，如图 1-17 所示。默认显示的有 8 个图标按钮，即“新建”、“打开”、“保存”、“另存为”、“打印”、“放弃”、“重做”和“工作空间”。可以单击“快速访问工具栏”右侧的下拉按钮，弹出如图 1-17 所示的“自定义快速访问工具栏”菜单，单击该菜单上的工具栏图标按钮名称，则可以在快速访问工具栏中显示或不显示某个工具栏图标按钮。

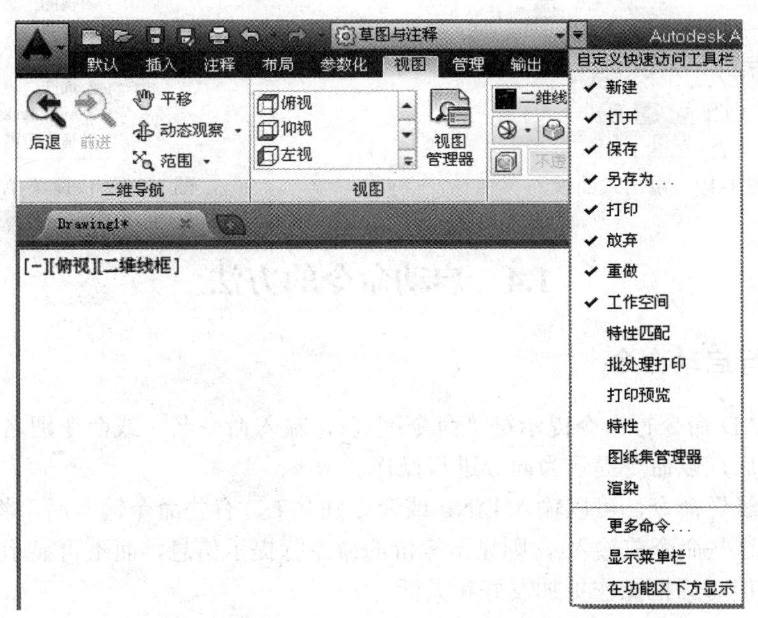

图 1-17 “自定义快速访问工具栏”菜单

1.3.9 功能区

功能区除了出现在“草图与注释”工作空间中外，也出现在“三维基础”②工作空间和“三维建模”③工作空间中。功能区中有若干个选项卡，默认情况下，“草图与注释”工作空间中包括“默认”、“插入”、“注释”、“布局”、“参数化”、“视图”、“管理”、“输出”、“插件”、“Autodesk360”和“精选应用”11 个选项卡，如图 1-18 所示。每个选项卡又包括

①②③ 参见本书第 4 章。

若干个面板，每个面板又有若干相关的按钮组成。

图 1-18　功能区

每个面板底部显示该面板名称，如果面板右侧带▼按钮，单击该面板名称可以打开包含其他工具和控件的滑出式面板，如图 1-19 所示。当光标移出面板后已打开的滑出面板将自动关闭。在功能区右击，将弹出如图 1-20 所示的快捷菜单，通过它可以打开和关闭选项卡或面板。

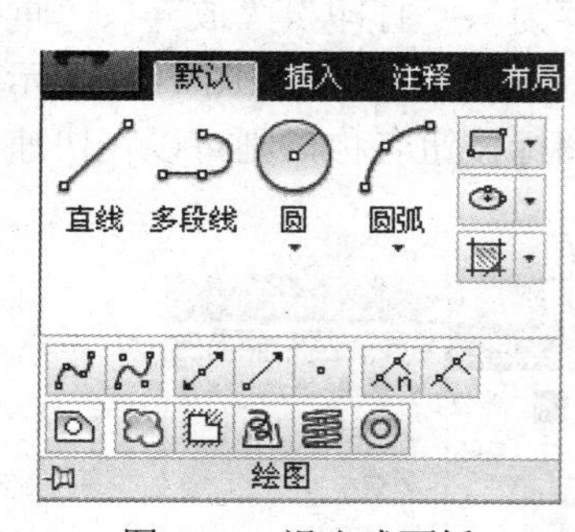

图 1-19　滑出式面板

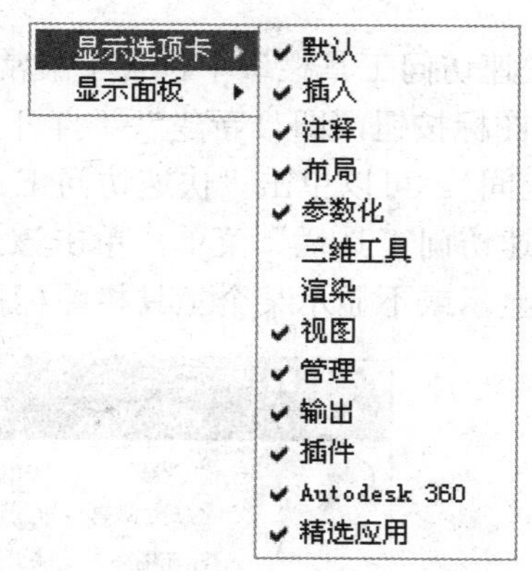

图 1-20　快捷菜单

1.4　启动命令的方法

1.4.1　命令行启动命令

在 AutoCAD 命令行命令提示符“命令：”后，输入命令名（或命令别名）并按回车键或空格键。然后，以命令提示为向导进行操作。

例如“直线”命令，可以输入 LINE 或命令别名 L。有些命令输入后，将显示对话框。这时，可以在这些命令前输入-，则显示等价的命令行提示信息，而不再显示对话框（例如“-LAYER”）。但对话框操作更加友好和灵活。

注意：

（1）在 AutoCAD 中命令字符不区分大小写。

（2）命令别名不一定是该命令的第一个字母。可以执行“工具”|“自定义”|“编辑程序参数（acad.pgp）”命令，访问 acad.pgp 文件，该文件列出了所有命令的别名。

（3）在 AutoCAD 2014 中新增加智能化的输入命令，只要输入命令中间的字符，例如输入 ine，所有包含 ine 的命令都会列出。即使命令输入错误，也会自动更正为最接近且有效的 AutoCAD 命令。例如，如果输入了 lime，那就会自动启动 line 命令。

1.4.2 菜单启动命令

在经典菜单栏中，单击某个菜单项，则打开下拉菜单。然后将光标移至需要的菜单命令并单击即执行该命令。如图 1-21 所示，在下拉菜单中执行“绘图”|“直线”命令，可启动“直线”命令。

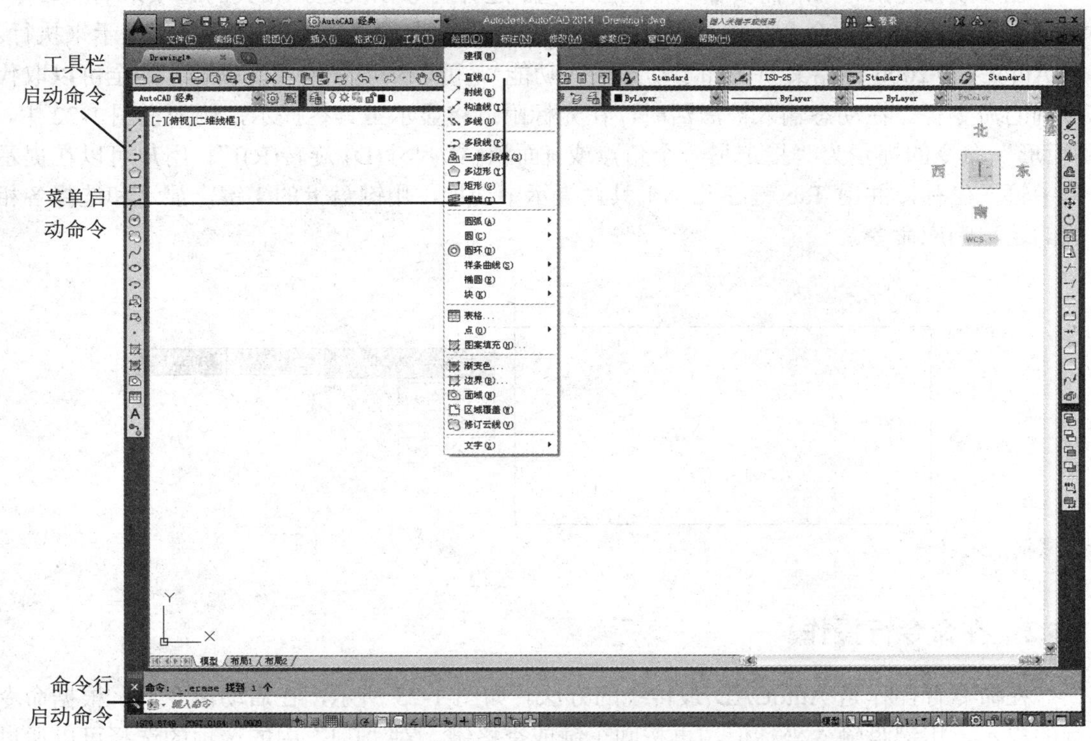

图 1-21　启动命令的 3 种方法

1.4.3 功能区或工具栏启动命令

在功能区或工具栏中单击某个图标按钮，则启动相应命令。例如，单击“绘图”工具栏中的 图标按钮，则启动“直线”命令。或者单击“默认”选项卡中“绘图”面板中的 图标按钮。

注意：如果选择菜单或工具栏方式启动命令，命令行显示该命令前会自动加一下划线，例如“_line”。然而，无论采用何种方法，命令行显示的提示与执行该命令的过程都是一样的。

1.4.4 重复执行命令

按回车键或空格键可以重复刚执行完的命令。如刚执行了“直线”命令，按回车键或空格键可以重复执行“直线”命令。或者在绘图区右击，从弹出的快捷菜单中选择“重复XX”命令，则重复执行上一次执行的命令。另外，还可在命令行右击，从弹出的快捷菜单中选择“近期使用的命令”菜单项中最近执行的某个命令，如图 1-5（c）所示。

1.5 响应命令的方法

1.5.1 在绘图区操作

在启动命令后，用户需要输入点的坐标值、选择对象以及选择相关的选项来响应命令。在 AutoCAD 中，一类命令是通过对话框来执行的；另一类命令则是根据命令行提示来执行。从 AutoCAD 2006 开始又新增加了动态输入功能[①]，可以实现在绘图区操作，完全可以取代传统的命令行。在动态输入被激活时，在光标附近将显示工具栏提示，例如在图 1-22 中，“矩形”命令的提示为“指定另一个角点或 [面积(A)/尺寸(D)/旋转(R)]”。用户可以在提示框中输入坐标，并用 Tab 键在几个工具栏提示中切换，用键盘上的↓键，显示和选择各相关的选项响应命令。

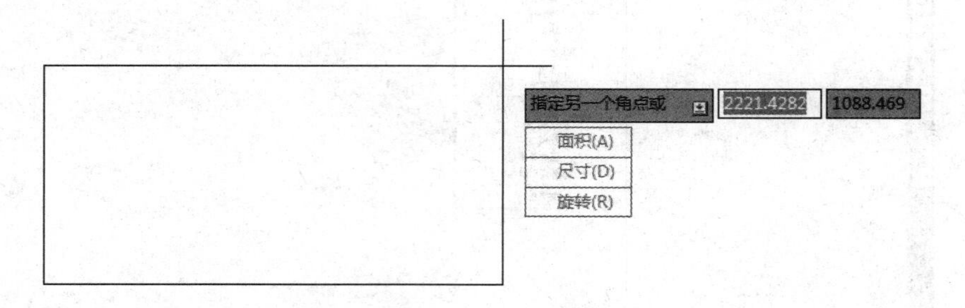

图 1-22　动态输入

1.5.2 在命令行操作

在命令行操作是 AutoCAD 最传统的方法。如图 1-23 所示，在启动命令后，根据命令行的提示，用键盘输入坐标值，再按回车键或空格键。对“[ ]”中的选项的选择可以通过用键盘输入（）中的关键字母，然后，再按回车键或空格键。从 AutoCAD 2013 开始，用户可以不通过键盘输入，直接单击蓝色显示的选项关键字母即可。

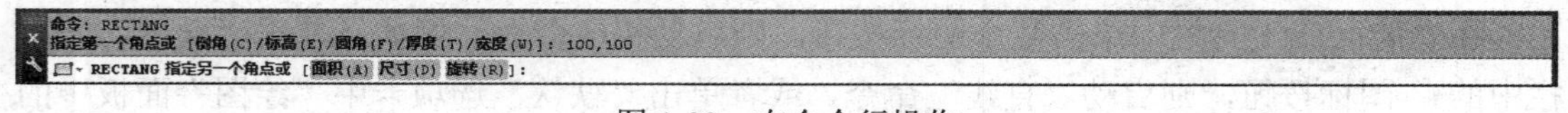

图 1-23　在命令行操作

1.6 点输入的方法

1.6.1 鼠标直接拾取点

在绘图区移动光标至指定的位置后，直接单击拾取点。这种定点方法非常方便快捷，但不能用来精确定点。如果要拾取特殊点，则必须借助于对象捕捉功能[②]。

---

① 参见本书 2.1 节。

② 参见本书 2.2 节。

1.6.2 键盘输入点坐标

用键盘直接在命令行输入点的坐标可以精确定点。在 AutoCAD 中，采用的是直角坐标、极坐标、球坐标和柱坐标这 4 种形式（常用的是前两种），且输入时还可以采用绝对坐标和相对坐标两种方式。

1．绝对直角坐标

直接输入 X，Y 坐标值或 X，Y，Z 坐标值（如果是绘制平面图形，Z 坐标默认为 0，可以不输入），表示相对于当前坐标原点的坐标值。如图 1-24 所示，点 A 的坐标值为(40，40)，则应输入“40，40”，点 B 的坐标值为(100，100)，则应输入“100，100”。

注意：坐标中间的逗号是半角符号。

2．相对直角坐标

用相对于上一已知点之间的绝对直角坐标值的增量来确定输入点的位置。输入 X,Y 偏移量时，在前面必须加“@”。如图 1-24 所示，点 B 相对于点 A 的相对直角坐标为“@60，60”，而点 A 相对于点 B 的相对直角坐标为“@-60，-60”。

注意：如果只输入@，则等于输入@0，0。

3．绝对极坐标

直接输入“长度<角度”。这里长度是指该点与坐标原点的距离，角度是指该点与坐标原点的连线与 X 轴正向之间的夹角，逆时针为正，顺时针为负。如图 1-25 所示，点 A 为“100<45”。

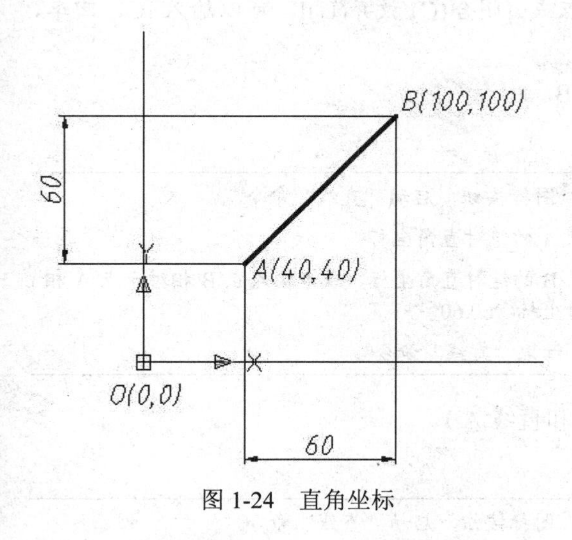

图 1-24　直角坐标

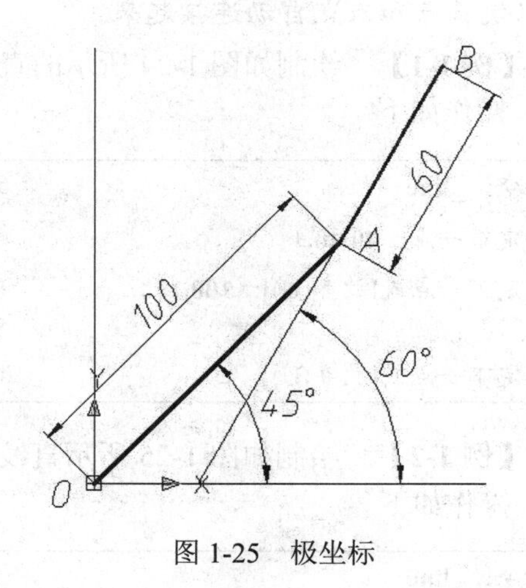

图 1-25　极坐标

4．相对极坐标

用相对于上一已知点之间的距离和与上一已知点的连线与 X 轴正向之间的夹角来确定输入点的位置。格式为“@长度<角度”。如图 1-25 所示，点 B 相对于点 A 的相对极坐标为“@60<60”，点 A 相对于点 B 的相对极坐标为“@-60<60”或“@60<-120”。

1.7 基本操作

1.7.1 直线的绘制

利用“直线”命令可以绘制出任意多条首尾相连的直线段，即折线。

调用命令的方式如下。

功能区：单击“默认”选项卡“绘图”面板中的图标按钮。

菜单：执行“绘图”|“直线”命令。

图标：单击“绘图”工具栏中的图标按钮。

键盘命令：LINE 或 L。

操作步骤如下。

第 1 步，调用“直线”命令。

第 2 步，命令提示为“指定第一点”时，通常用鼠标在屏幕上直接单击拾取或键盘输入直线起点的绝对坐标。

第 3 步，命令提示为“指定下一点或 [放弃(U)]”时，输入点的坐标，回车。

第 4 步，命令提示为“指定下一点或 [放弃(U)]”时，回车，结束直线的绘制。如果输入 U，回车，将取消刚绘制的一段直线。

注意：如果是绘制一系列首尾相连的直线段，可以在上述操作步骤第 4 步不回车，继续输入点的坐标。当命令提示为“指定下一点或 [闭合(C)/放弃(U)]”可以输入 C，回车，可以使首点和末点自动连接起来。

【例 1-1】 绘制如图 1-24 所示的直线 AB。

操作如下。

命令：**_line**	单击图标按钮，启动“直线”命令
指定第一点：**40,40↵**	输入点 A 的绝对直角坐标
指定下一点或[放弃(U)]：**100,100↵**	输入点 B 的绝对直角坐标，或者输入点 B 相对于点 A 相对直角坐标@60,60
指定下一点或[放弃(U)]：↵	回车，结束“直线”命令

【例 1-2】 绘制如图 1-25 所示直线 OA 和直线 AB。

操作如下。

命令：**_line**	单击图标按钮，启动“直线”命令
指定第一点：**0,0↵**	输入点 O 的绝对直角坐标
指定下一点或[放弃(U)]：**100<45↵**	输入点 A 的绝对极坐标
指定下一点或[放弃(U)]：**@60<60↵**	输入点 B 相对于点 A 相对极坐标
指定下一点或[闭合(C)/放弃(U)]：↵	回车，结束“直线”命令。如果输入 C，回车，点 B 和点 O 将自动相连

1.7.2　图线的删除

在图形中不需要的图线可以用“删除”命令将其删除。

调用命令的方式如下。

功能区：单击“默认”选项卡“修改”面板中的图标按钮。

菜单：执行“修改”|“删除”命令。

图标：单击“修改”工具栏中的图标按钮。

键盘命令：ERASE 或 E。

操作步骤如下。

第 1 步，调用“删除”命令。

第 2 步，命令提示为“选择对象”时，十字光标会显示为拾取框 □ 。用户可以根据需要选择某种对象选择方式选择[①]要删除的图线。

第 3 步，命令提示为“选择对象”时，回车，结束“删除”命令。

注意：

（1）在 AutoCAD 中，除了可以采用上述先调用操作命令，然后再选择对象的“动宾方式”外，还可以采用先选择对象，然后再调用操作命令的“主谓方式”。

（2）可以在对象上单击先选择对象，然后按 Delete 键来删除对象。

（3）可以用 OOPS 命令恢复最后一次用删除命令所删除的对象。

【例 1-3】　删除如图 1-25 所示的直线 OA 和直线 AB。

操作如下。

命令：**_erase**	单击图标按钮，启动“删除”命令
选择对象：	选择直线 OA
找到 1 个	系统提示
选择对象：	选择直线 AB
找到 1 个，总计 2 个	系统提示
选择对象：↵	回车，结束选择对象

1.7.3　命令的放弃

“放弃”命令可以实现从最后一个命令开始，逐一取消前面执行的命令。

调用命令的方式如下。

菜单：执行“编辑”|“放弃”命令。

图标：单击“标准”工具栏中的图标按钮或单击“快速访问工具栏”中的图标按钮。

键盘命令：U 或 UNDO。

注意：U 命令为仅取消前一次命令操作，相当于 UNDO1。可以输入任意次 U，直到图

① 参见本书 4.3 节。

形为当前编辑任务开始时为止。

1.7.4 命令的重做

调用“重做”命令可以恢复刚执行 U 或 UNDO 命令所放弃的命令操作。

调用命令的方式如下。

菜单：执行“编辑”|“重做”命令。

图标：单击“标准”菜单中的按钮或单击“快速访问工具栏”中的按钮。

键盘命令：REDO 或 MREDO。

操作及选项说明如下。

（1）“全部（a）”选项恢复前面的所有操作。

（2）如果输入一个正整数，则恢复该指定个数的操作。

（3）上一个(L)。只恢复上一个操作。

注意：

（1）REDO 只能恢复上一个用 UNDO 或 U 命令放弃的操作。

（2）MREDO 恢复前面几个用 UNDO 或 U 命令放弃的操作。必须紧跟在 U 或 UNDO 命令后使用才有效。

单击“放弃”或“重做”图标按钮的列表箭头，打开放弃或重做历史项目下拉列表，选中几个命令，可以执行多重放弃或重做，如图 1-26 和图 1-27 所示。

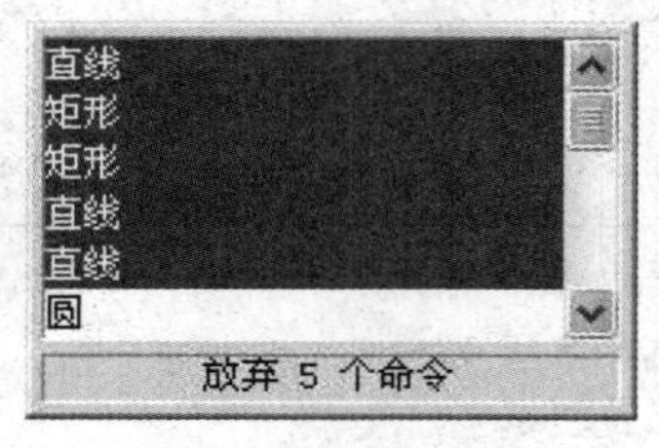

图 1-26 多重放弃

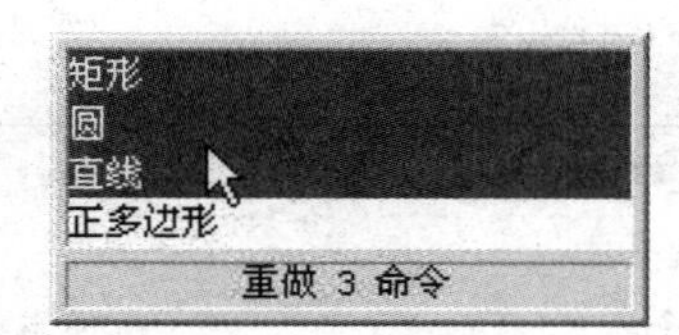

图 1-27 多重重做

1.7.5 命令的中止

按 Esc 键可以中断正在执行的命令，回到等待命令状态。或者也可以右击，从弹出的快捷菜单中选择“取消”命令。

注意：当某个命令正在执行，同时又启动其他命令，则退出正在执行的这个命令。

1.8 图形文件的管理

AutoCAD 中图形文件的管理与 Office 中文档文件管理基本相同，包括新建图形文件、打开图形文件、关闭图形文件、保存图形文件和改名保存图形文件，其操作方法也类似。

1.8.1 新建图形文件

利用“新建”命令可以创建新的图形文件。

调用命令的方式如下。

菜单：执行“文件”|“新建”命令或执行▲|“新建”命令。

图标：单击“标准”工具栏中的□图标按钮或单击“快速访问工具栏”中的□图标按钮。

键盘命令：NEW 或 QNEW。

操作步骤如下。

第 1 步，调用“新建”命令，弹出如图 1-28 所示的“选择样板”对话框。

第 2 步，在 AutoCAD 给出的样板文件名称列表框中，选择系统默认的样板文件或由用户自行创建的专用样板文件[①]。

注意：本书中的实例，如果没有特别说明即选择 acadiso.dwt 样板文件。

第 3 步，单击“打开”按钮。

图 1-28 “选择样板”对话框

1.8.2 打开图形文件

“打开”命令可以打开已保存的图形文件。

调用命令的方式如下。

菜单：执行“文件”|“打开”命令或执行▲|“打开”命令。

图标：单击“标准”工具栏中的📂图标按钮或单击“快速访问工具栏”中的📂图标按钮。

键盘命令：OPEN。

---

① 参见本书第 13 章。

操作步骤如下。

第 1 步，调用“打开”命令，弹出如图 1-29 所示的“选择文件”对话框。

第 2 步，在“查找范围”下拉列表框中选择要打开文件所在的文件夹，在文件名称列表框中双击该文件或者选中该文件。

第 3 步，单击“打开”按钮。

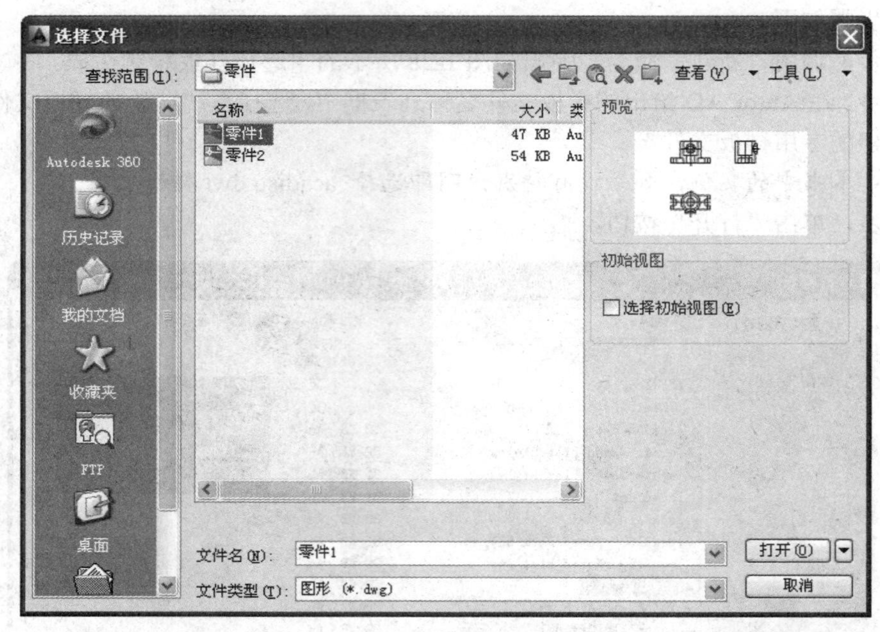

图 1-29　“选择文件”对话框

注意： 从 AutoCAD 2000 版本开始，AutoCAD 支持多文档操作功能，用户可以按住 Ctrl 键或 Shift 键选择多个文件同时打开。在打开的多个图形文件之间，可以用 Ctrl+F6 键或 Ctrl+Tab 键来切换。

1.8.3　关闭图形文件

利用“关闭”命令可以关闭已打开的图形文件。

调用命令的方式如下。

菜单：执行“文件”|“关闭”命令、执行“窗口”|“关闭”命令或执行 |“关闭”命令。

图标：单击文件窗口右上角的 图标按钮。

键盘命令：CLOSE。

操作步骤如下。

调用“关闭”命令，如果用户对图形所作修改尚未保存，则 AutoCAD 将弹出如图 1-30 所示警告对话框，提示用户保存文件。如果单击“是”按钮，将弹出如图 1-31 所示“图形另存为”对话框，要求确定图形文件存放的位置和名称，然后关闭图形文

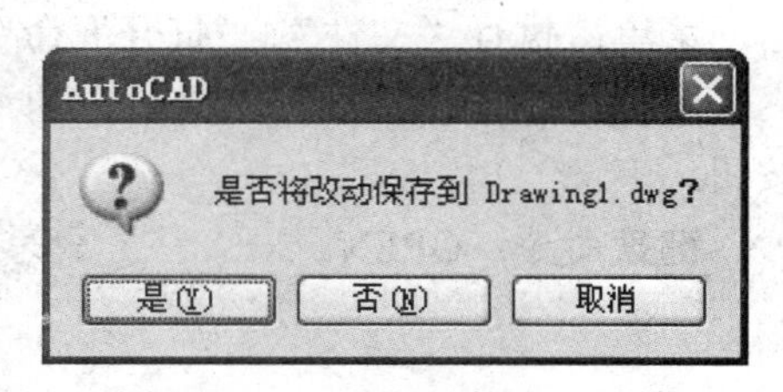

图 1-30　AutoCAD 提示对话框

件[1]。单击“否”按钮，则文件被关闭而不保存。单击“取消”按钮，则取消“关闭”命令。

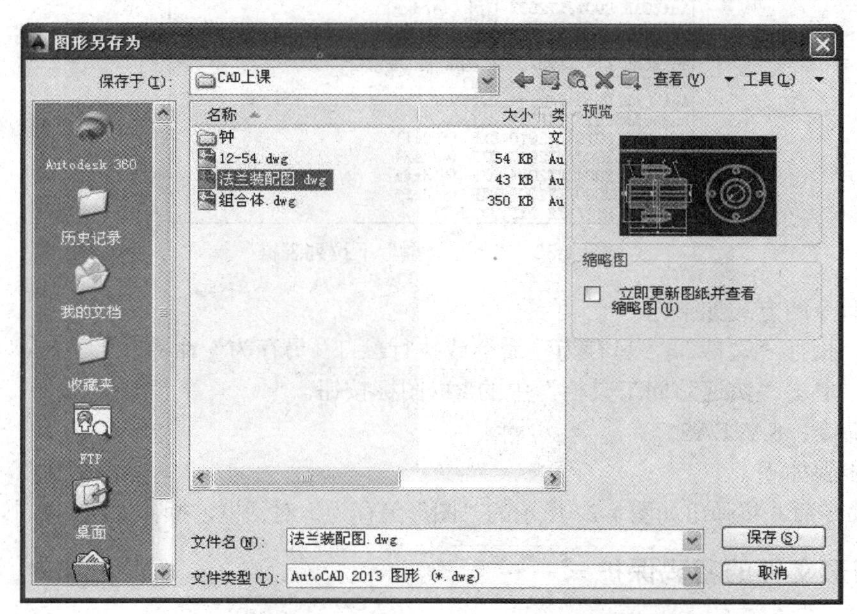

图 1-31 “图形另存为”对话框

注意：如果要关闭多个已打开的图形文件，而不退出 AutoCAD，则可以单击下拉菜单“窗口”|“全部关闭”或在键盘输入 CLOSEALL。

1.8.4 保存图形文件

可以利用“保存”命令保存当前图形文件。

调用命令的方式如下。

菜单：执行“文件”|“保存”命令或执行▲|“保存”命令。

图标：单击“标准”工具栏中的图标按钮或单击“快速访问工具栏”中的图标按钮。

键盘命令：QSAVE 或 SAVE。

操作步骤如下。

第 1 步，调用“保存”命令。如果当前图形文件已经命名，则系统将直接用当前图形文件名称保存图形，而不需要再进行其他操作；如果当前图形文件未命名，则弹出如图 1-31 所示的“图形另存为”对话框。

第 2 步，在“保存于”下拉列表框中可以指定文件保存的路径。

第 3 步，在“文件类型”下拉列表框中选择保存文件的格式或不同的版本，如图 1-32 所示。文件名可以用默认的 Drawingn.dwg 或者由用户自己输入。

第 4 步，单击“保存”按钮。

1.8.5 改名另存图形文件

“另存为”命令可以用新文件名保存当前图形。

---

① 参见本书 1.8.4 节。

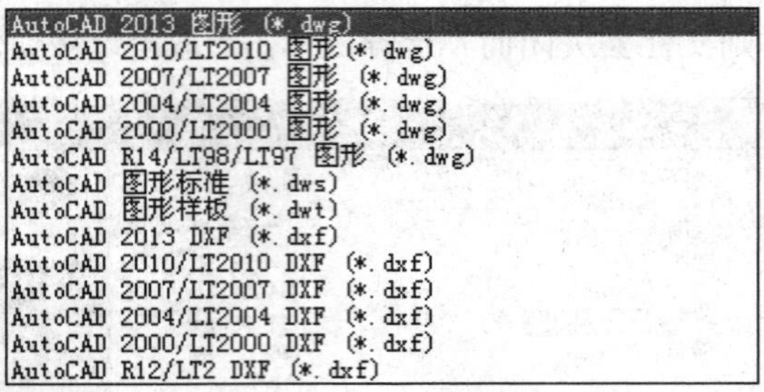

AutoCAD 2013 图形 (*.dwg)
AutoCAD 2010/LT2010 图形 (*.dwg)
AutoCAD 2007/LT2007 图形 (*.dwg)
AutoCAD 2004/LT2004 图形 (*.dwg)
AutoCAD 2000/LT2000 图形 (*.dwg)
AutoCAD R14/LT98/LT97 图形 (*.dwg)
AutoCAD 图形标准 (*.dws)
AutoCAD 图形样板 (*.dwt)
AutoCAD 2013 DXF (*.dxf)
AutoCAD 2010/LT2010 DXF (*.dxf)
AutoCAD 2007/LT2007 DXF (*.dxf)
AutoCAD 2004/LT2004 DXF (*.dxf)
AutoCAD 2000/LT2000 DXF (*.dxf)
AutoCAD R12/LT2 DXF (*.dxf)

图 1-32 “文件类型”下拉列表框

调用命令的方式如下。

菜单：执行“文件”|“另存为”命令或执行 |“另存为”命令。

图标：单击“快速访问工具栏”中的 图标按钮。

键盘命令：SAVEAS。

操作步骤如下。

启动命令后，将弹出如图 1-27 所示的“图形另存为”对话框，操作方法同本书 1.8.4 节。

1.8.6 图形文件的密码保护

从 AutoCAD 2004 开始新增了图形文件密码保护的功能，可以对文件进行加密保护，更好地确保图形数据的安全。

操作步骤如下。

第 1 步，在如图 1-31 所示的“图形另存为”对话框中，单击“工具”按钮，在弹出的下拉菜单中选择“安全选项”菜单命令。

第 2 步，在弹出的如图 1-33 所示的“安全选项”对话框的“密码”选项卡中的“用于打开此图形的密码或短语”文本框中输入密码，单击“确定”按钮。

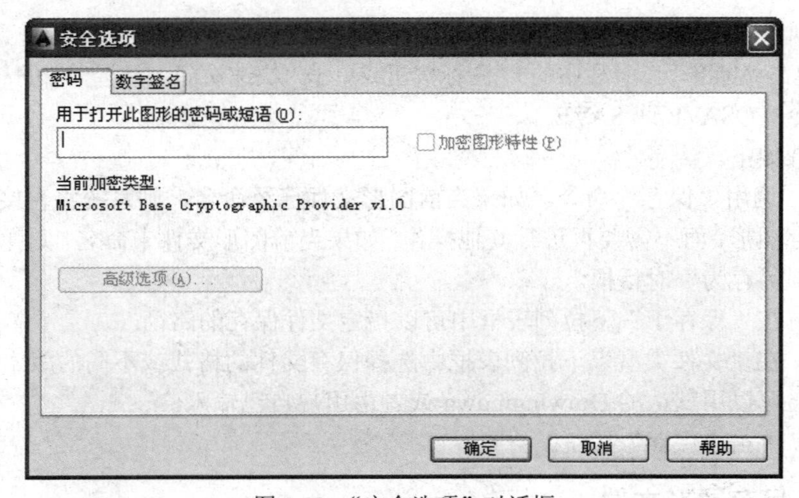

图 1-33 “安全选项”对话框

第 3 步，在随后弹出的如图 1-34 所示的“确认密码”对话框中将密码再输入一遍，单击“确定”按钮。

第 4 步，在“图形另存为”对话框中，单击“保存”按钮。

当下次打开该图形文件时，系统将弹出一个对话框，要求用户输入正确的密码，否则无法打开文件。

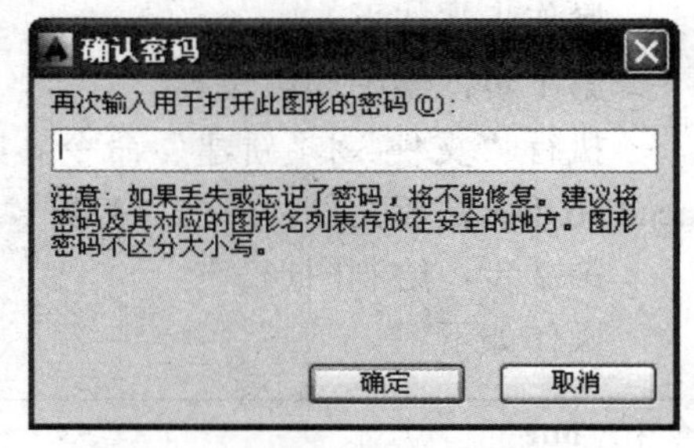

图 1-34 “确认密码”对话框

1.9 退出 AutoCAD 2014 的方法

退出 AutoCAD 2014 调用命令的方式如下。

菜单：执行“文件”|“退出”命令。

图标：单击 AutoCAD 2014 应用程序窗口标题栏右端的图标按钮或单击 | “退出 Autodesk AutoCAD 2014”按钮。

注意：应用程序窗口和本书 1.8.3 节所述文件窗口是两类不同的窗口。

键盘命令：EXIT 或 QUIT。

操作步骤如下：

调用“退出”命令，如果用户对图形所作修改尚未保存，在退出 AutoCAD 前，系统会弹出如图 1-26 所示的警告对话框，提示用户保存文件，操作方法同本书 1.8.3 节。

1.10 上机操作实验指导一 漏斗的绘制

本节介绍如图 1-35 所示的漏斗的绘制方法和步骤，主要涉及的命令包括“直线”命令、“新建”命令和“保存”命令。

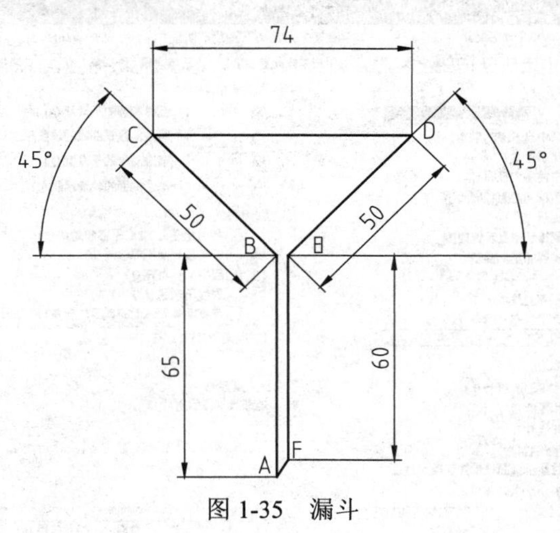

图 1-35 漏斗

操作步骤如下。

第 1 步，绘图环境设置。

执行“文件”|“新建”命令，则弹出如图 1-28 所示的“选择样板”对话框，选择 acadiso.dwt 样板文件，单击“打开“按钮。

第 2 步，绘制图形。

操作如下。

命令: **_line**	单击 图标按钮，启动“直线”命令
指定第一点:	用光标拾取点 A
指定下一点或 [放弃(U)]: **@0,65↵**	输入点 B 相对于点 A 的相对直角坐标
指定下一点或 [放弃(U)]: **@50<135↵**	输入点 C 相对于点 B 的相对极坐标
指定下一点或 [闭合(C)/放弃(U)]: **@74,0↵**	输入点 D 相对于点 C 的相对直角坐标
指定下一点或 [闭合(C)/放弃(U)]: **@50<-135↵**	输入点 E 相对于点 D 的相对极坐标
指定下一点或 [闭合(C)/放弃(U)]: **@0,-60↵**	输入点 F 相对于点 E 的相对直角坐标
指定下一点或 [闭合(C)/放弃(U)]: **c↵**	选择“闭合”选项，点 F 和点 A 自动相连

第 3 步，保存图形文件。

单击“标准”工具栏中的 图标按钮，弹出如图 1-31 所示的“图形另存为”对话框。在“保存于”下拉列表框中选择文件保存的路径，输入文件名为“漏斗”，单击“保存”按钮。

1.11 上机操作常见问题解答

1. 如何调整十字光标线的长度

在绘图区域中右击，从弹出的快捷菜单中选择“选项”命令，弹出如图 1-36 所示的“选

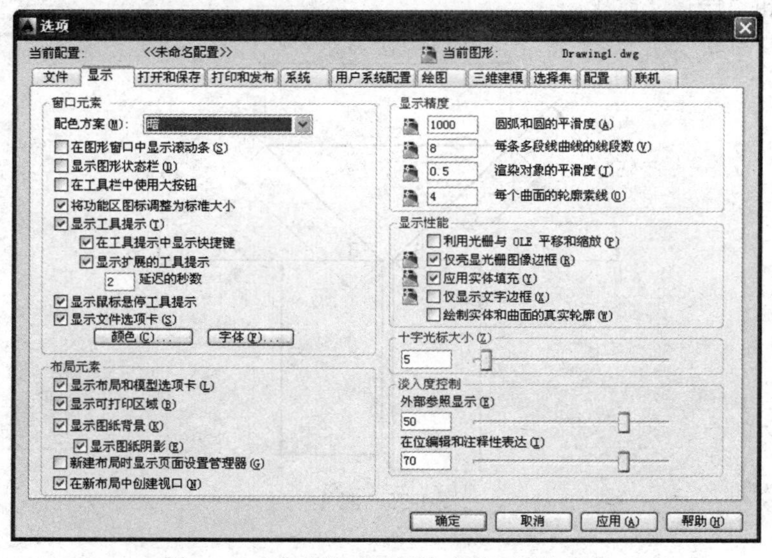

图 1-36 “选项”对话框的“显示”选项卡

项”对话框，在“显示”选项卡中的“十字光标大小”选项组中设置，可以在文本框中直接输入数值，也可以拖动滑块来调整十字光标线的长度。

2. 在 AutoCAD 中如果出现意外，图形文件有何补救的办法

（1） AutoCAD 有自动存盘的功能。在如图 1-37 所示的“选项”对话框的“打开和保存”选项卡中的“文件安全措施”选项组中，选中“自动保存”复选框，并在“保存间隔分钟数”文本框中输入自动存盘的时间间隔。用户可以在“选项”对话框的“文件”选项卡中，单击“自动保存文件位置”左侧的加号（+），可以查看自动保存文件的路径，如图 1-38 所示。接着，利用 Windows 资源管理器找到自动保存文件，将其扩展名 sv$改为 dwg。

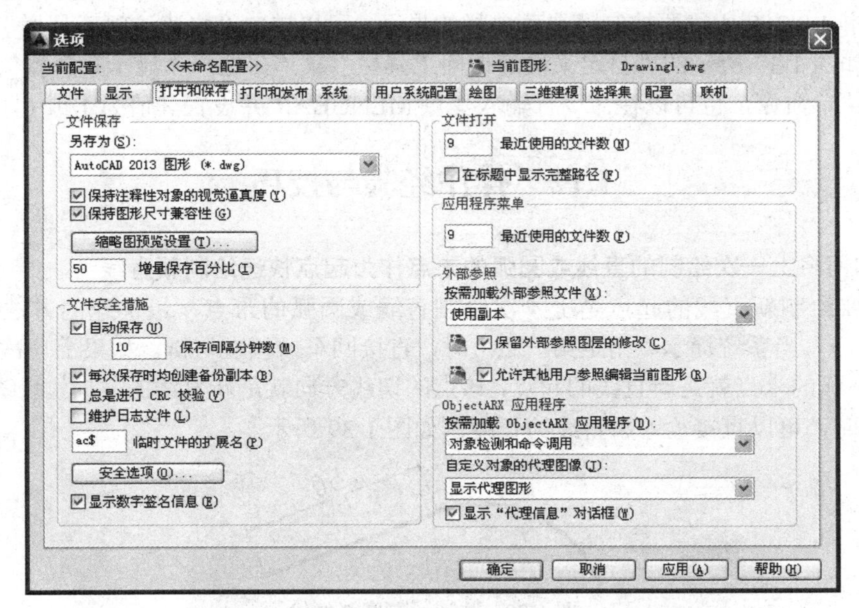

图 1-37 “选项”对话框的“打开和保存”选项卡

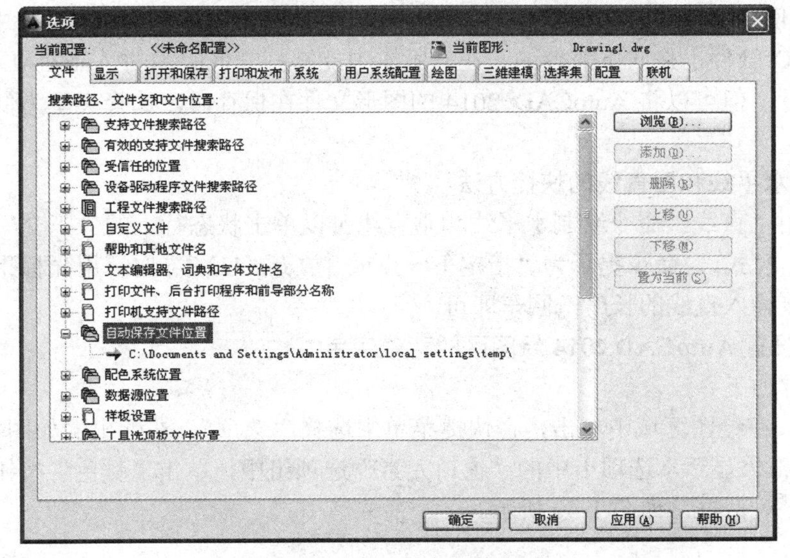

图 1-38 自动保存文件位置

（2）对同一个文件每次保存时，AutoCAD 会将前一次保存的图形文件备份为同名的扩展名为 bak 的文件，用户可以将该文件的扩展名改为 dwg（主名也应改变）。注意，应确定如图 1-37 所示的“选项”对话框的“打开和保存”选项卡的“文件安全措施” 选项组中“每次保存时均创建备份副本”复选框选中或变量 ISAVEBAK 设置其值为 1。

3. 如何控制图形文件管理对话框的显示

如本书 1.8 节所述，可以在命令行输入变量 FILEDIA 并设置其值为 1 或 0，以确定“打开”、“新建”等图形文件管理对话框是否显示。

4. 如何控制经典菜单栏的显示

如本书 1.3.2 节所述要控制经典菜单栏的显示，可以单击“快速访问工具栏”上的▾按钮，弹出如图 1-17 所示的“自定义快速访问工具栏”菜单，选择“显示菜单栏”或“隐藏菜单栏”菜单命令，也可以在命令行输入变量 MENUBAR 并设置其值为 1 或 0。

1.12 操作经验与技巧

1．如何将上一次绘制的直线或圆弧的末点作为起点快速绘制新直线

如果要绘制新直线的起点是上一次绘制直线或圆弧的末点，最快速的方法就是启动“直线”命令，当系统提示“指定第一点”时，直接回车或按空格键。如果上一次绘制的是圆弧，则圆弧的末点就是新直线的起点，该点的切线方向就是新直线的方向，系统提示“直线长度:”时，可以直接输入新直线的长度，如图 1-39 所示。

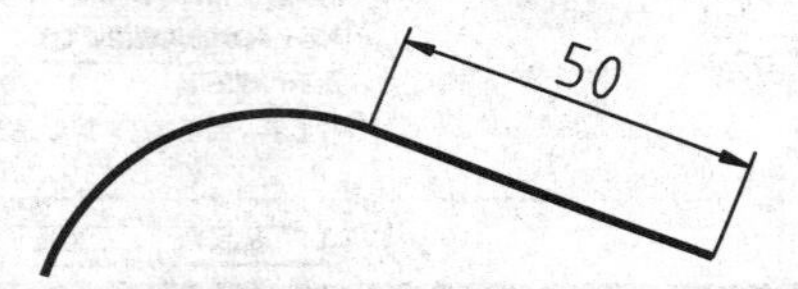

图 1-39 快速绘制圆弧的线

2．如何使在 AutoCAD 2014 中绘制的图形文件能在低版本的 AutoCAD 中打开

AutoCAD 软件也是向下兼容的，在高版本中能够打开低版本的 AutoCAD 图形文件。而反过来不行，但可以将 AutoCAD 2014 的图形文件在保存时，选择类型为低版本的，如图 1-32 所示。

3．绘制水平线和垂直线的快捷方法

如果要用“直线”命令绘制水平线和垂直线可以单击状态行上的“正交”图标按钮，打开“正交”模式①。命令提示为“指定下一点或 [放弃（U）]”时，用光标指定直线的方向，然后直接输入直线的长度，回车即可。

4. 如何设置 AutoCAD 2014 绘图区的背景颜色

操作步骤如下。

第 1 步，在绘图区域中右击，在快捷菜单中选择“选项”。在弹出的如图 1-36 所示的“选项”对话框“显示”选项卡中的“窗口元素”选项组中，单击“颜色”按钮，弹出“图形窗口颜色”对话框，如图 1-40 所示。

---

① 参见本书 3.2.3 节。

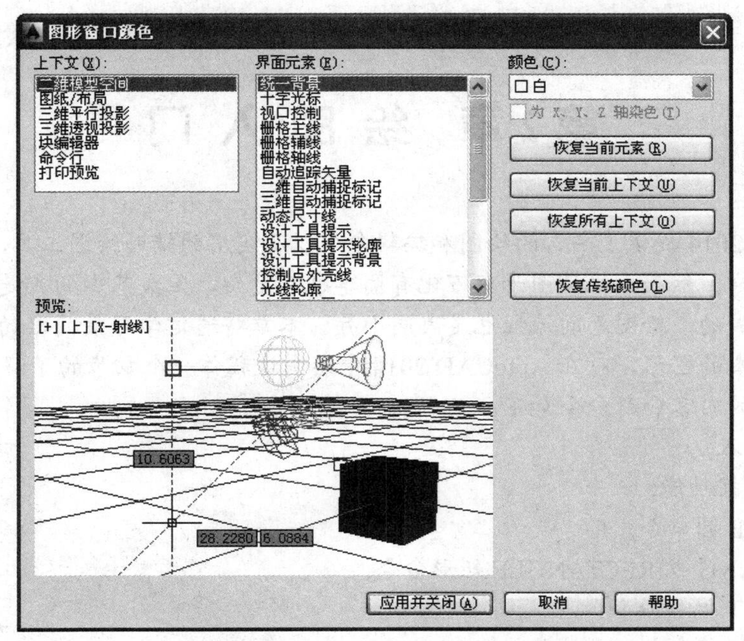

图 1-40 “图形窗口颜色”对话框

第 2 步，在“上下文”列表框中选择“二维模型空间”，在颜色下拉列表框中选择需要的颜色，单击“应用并关闭”按钮。返回如图 1-36 所示的“选项”对话框。

第 3 步，单击“应用”按钮，再单击“确定”按钮。

1.13 上 机 题

用“直线”命令绘制如图 1-41 和图 1-42 所示的平面图形。

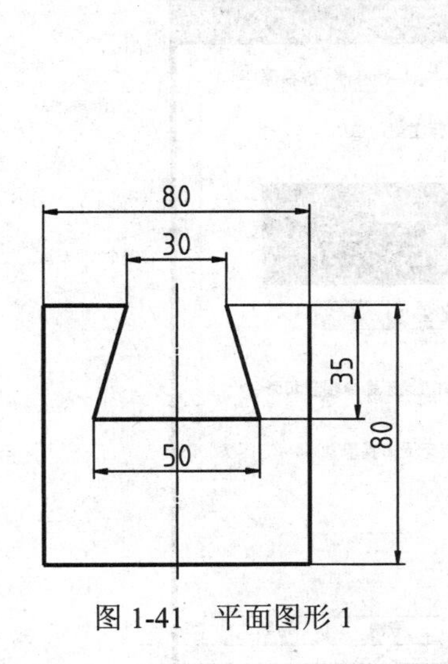

图 1-41 平面图形 1

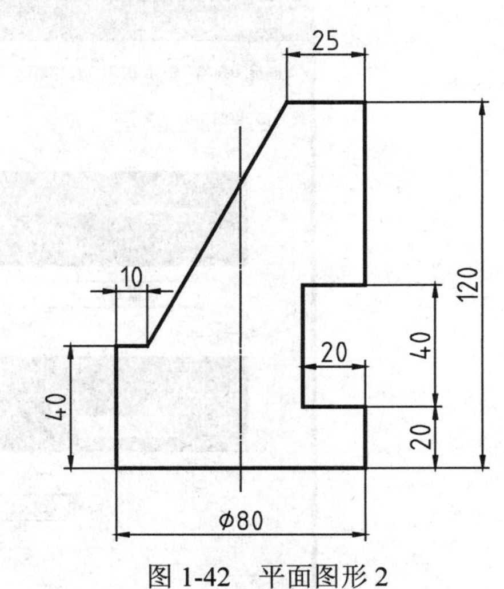

图 1-42 平面图形 2

第2章 绘图入门

AutoCAD 2014 提供了丰富的绘图和编辑命令以及实用的辅助绘图工具，能够精确快捷地绘制机械图样。然而，机械图千变万化有简单也有复杂，但最基本的都是由直线、圆和圆弧等图线组成的，绘图总的流程也是大同小异。本章将通过学习最简单的绘图和编辑命令，绘制最基本的图形，对在 AutoCAD 2014 中绘图过程作一个初步的了解。

本章介绍的内容和新命令如下。

- 动态输入；
- 对象捕捉功能；
- CIRCLE 圆命令；
- RECTANG 或 RECTANGLE 矩形命令；
- OFFSET 偏移命令；
- TRIM 修剪命令。

2.1 动态输入

动态输入是从 AutoCAD 2006 开始增加的一种比命令行输入更友好的人机交户方式。单击状态行上的图标按钮，可以打开动态输入功能。动态输入包括指针输入、标注输入和动态提示 3 项功能。动态输入的有关设置可以在“草图设置”对话框的“动态输入”选项卡中完成，如图 2-1 所示。

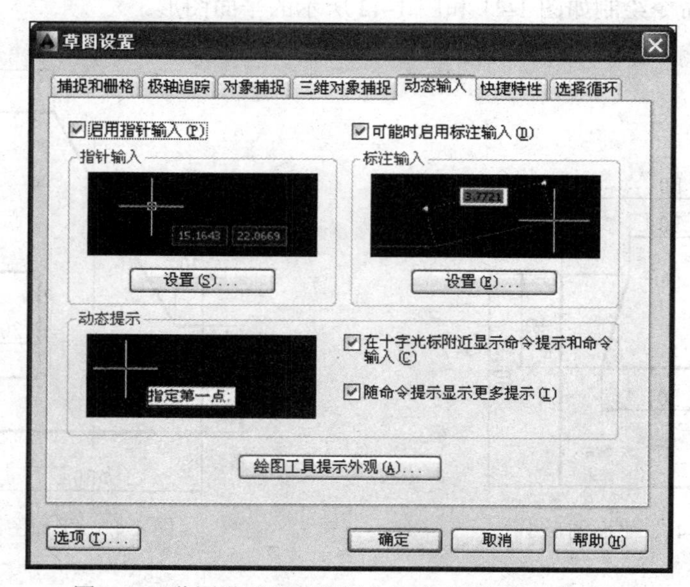

图 2-1 “草图设置”对话框中的“动态输入”选项卡

调用命令的方式如下。

菜单：执行“工具”|“绘图设置”命令。

键盘命令：DSETTINGS（DDRMODES、DS 或 SE）。

状态行：在状态行上的 9 个图标按钮中的任一个上右击，在弹出的快捷菜单中选择“设置”项，打开“草图设置”对话框，再选择“动态输入”选项卡。

2.1.1 指针输入

选中“启用指针输入”复选框，则启用指针输入功能。在绘图区域中移动光标时，光标附近的工具栏提示显示为坐标，如图 2-2 所示。 用户可以在工具栏提示中输入坐标值，并用 Tab 键在几个工具栏提示中切换。

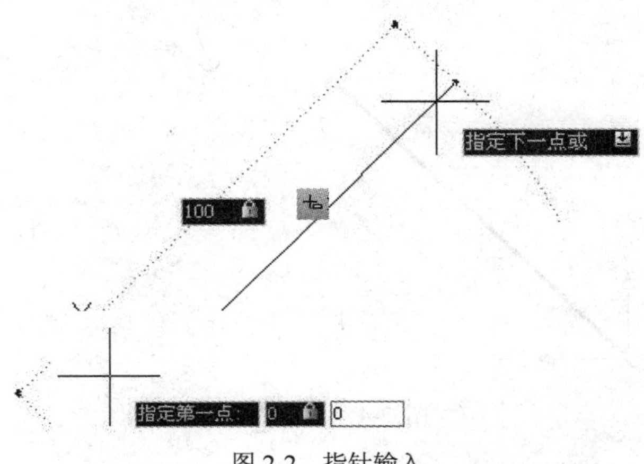

图 2-2 指针输入

2.1.2 标注输入

选中“可能时启用标注输入”复选框，则启用标注输入功能。当命令提示输入第二点时，工具栏提示中的距离和角度值将随着光标的移动而改变，如图 2-3 所示。用户可以在工具栏提示中输入距离和角度值，并用 Tab 键在它们之间切换。

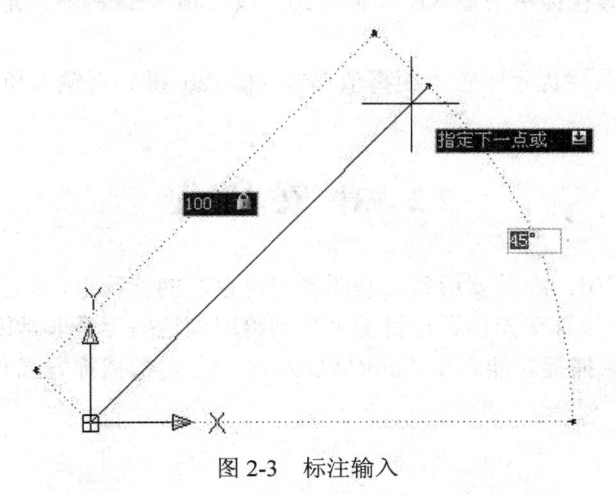

图 2-3 标注输入

2.1.3 动态提示

选中“在十字光标附近显示命令提示和命令输入”复选框，则启用动态提示。在光标附近会显示命令提示，用户可以使用键盘上“↓”键显示命令其他选项，如图 2-4 所示。然后在工具栏提示中对提示作出响应。

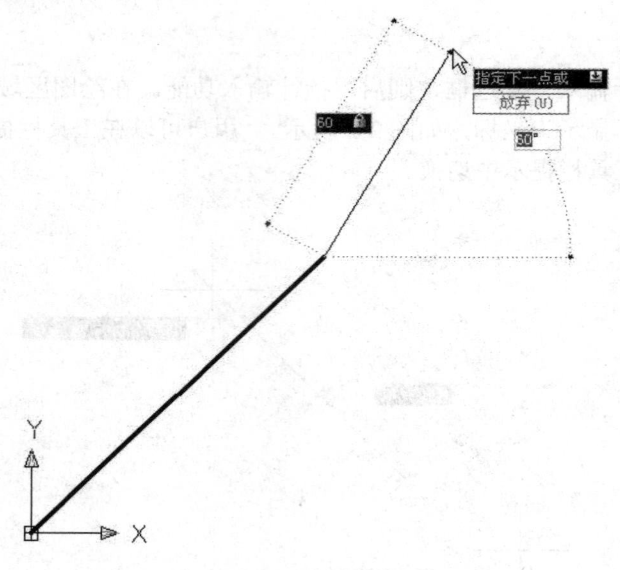

图 2-4　动态提示

【例 2-1】　利用动态输入功能绘制如图 1-21 所示的图形。

第 1 步，单击状态行上的 图标按钮，打开动态输入功能。

第 2 步，调用“直线”命令。

第 3 步，在工具栏提示中输入横坐标值 0，按 Tab 键，再输入纵坐标值 0，回车，如图 2-2 所示。

第 4 步，在工具栏提示中输入距离值 100，按 Tab 键，再输入角度值 45，回车，如图 2-3 所示。

第 5 步，在工具栏提示中输入距离值 60，按 Tab 键，再输入角度值 60，回车，如图 2-4 所示。

2.2 对 象 捕 捉

用户在绘图过程中，经常要用到一些图形中已存在的特殊点，如直线的中点、圆和圆弧的圆心等。如果直接移动光标通过目测来精确拾取到这些点是非常困难的，必须要借助 AutoCAD 提供的对象捕捉功能。在 AutoCAD 2014 中，对象捕捉方式共有 16 种，如表 2-1 所示。

表 2-1　对象捕捉方式一览表

名　称	图标	字　符	作　用
临时追踪点		Tt	捕捉临时追踪点，并沿某一追踪方向定点
捕捉自		Fro	捕捉与指定基准点有一定偏移的点
端点		End	捕捉直线段、圆弧或多段线等的端点
中点		Mid	捕捉直线段、圆弧或多段线等的中点
交点		Int	捕捉两图元（包括直线、圆、圆弧、椭圆、椭圆弧、多段线、样条曲线或构造线等）的交点
外观交点		App	捕捉三维空间两交叉对象的视图交点
范围		Ext	捕捉直线段、圆弧和多段线延长线上的点
圆心		Cen	捕捉圆、椭圆、椭圆弧或圆弧的圆心
象限点		Qua	捕捉圆、椭圆和圆弧的象限点（即 0°、90°、180°、270°）
切点		Tan	捕捉与圆、椭圆、圆弧或样条曲线相切的点
垂足		Per	捕捉与圆、圆弧、直线、椭圆、椭圆弧等垂直的点
平行线		Par	捕捉与指定直线平行的线上的点
插入		Ins	捕捉文本、图块、属性等的插入基点
节点		Nod	捕捉点对象和尺寸的定义点
最近点		Nea	捕捉对象上和拾取点最近的点
两点之间的中点	无	M2P	捕捉任意两点的中点

2.2.1　自动对象捕捉

用户在绘制和编辑图形时，常常会用到多种对象捕捉方式。在 AutoCAD 中，允许预设置多种捕捉方式，然后在命令操作过程中需要指定点时，轻松捕捉到符合要求的点。

调用命令的方式如下。

菜单：执行“工具”|“绘图设置”命令。

键盘命令：OSNAP 或 OS。

图标：单击“对象捕捉”工具栏中的图标按钮或者右击在状态行上的图标按钮，弹出如图 2-5 所示的自动对象捕捉快捷菜单。

状态行：在状态行上的 9 个图标按钮中的任一个上右击，在弹出的快捷菜单中选择“设置”项，都可以打开如图 2-6 所示的“草图设置”对话框，再选择“对象捕捉”选项卡。

操作步骤如下。

第 1 步，调用“绘图设置”命令，选择“对象捕捉”选项卡。

第 2 步，在“对象捕捉模式”选项组中将需要设置的捕捉方式的复选框选中。

第 3 步，单击“确定”按钮。

完成设置后只要将对象捕捉功能打开，那么当系统提示用户指定点时，将光标移动到欲捕捉的目标点附近，AutoCAD 就可以捕捉到该特殊点，即所谓的自动对象捕捉。对象捕

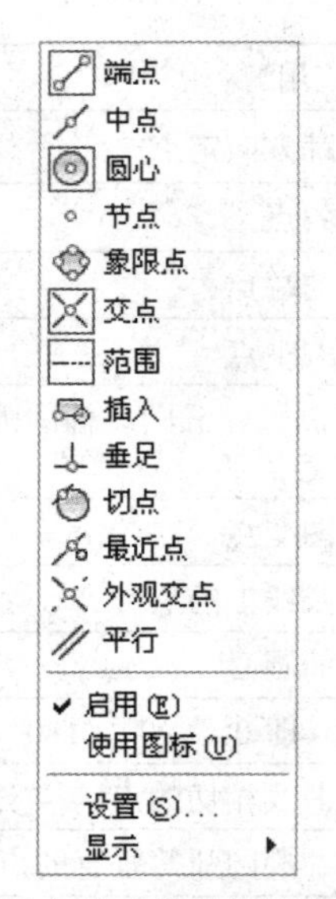

图 2-5 “自动对象捕捉”快捷菜单

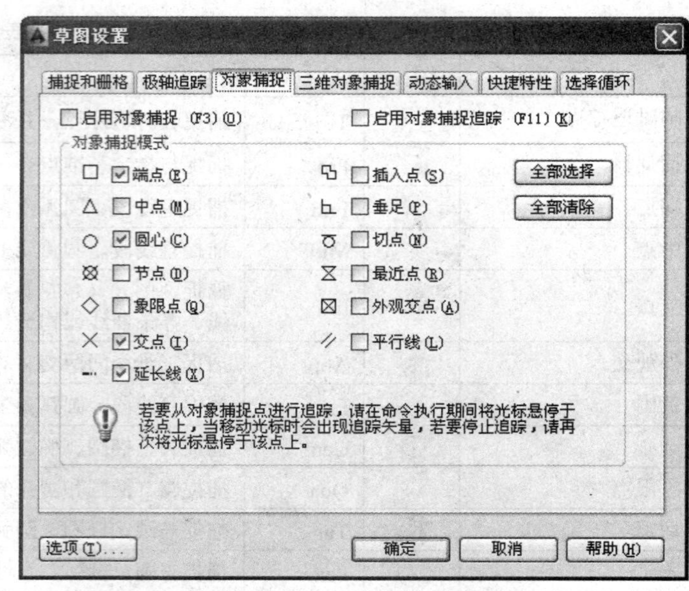

图 2-6 “草图设置”对话框中的“对象捕捉”选项卡

捉功能可以随时打开或关闭，其方法有以下 3 种。

（1）在“对象捕捉”选项卡中，选中“启用对象捕捉”复选框。

（2）单击状态行上的图标按钮。

（3）按 F3 键。

注意：

（1）自动对象捕捉方式不宜选择太多，一般只选中常用的几个捕捉方式。一些不常用的对象捕捉方式可以使用临时对象捕捉。

（2）可以在“自动对象捕捉”快捷菜单中单击需要设置的捕捉方式的图标按钮。

2.2.2 临时对象捕捉

用户在绘制和编辑图形时，除了要应用自动对象捕捉外，对于一些不常用的捕捉方式，用户可以临时指定，即所谓的临时对象捕捉。该种方式只对该指定点起作用。指定临时捕捉常用的方法有 4 种。

（1）单击如图 2-8 所示的“对象捕捉”工具栏中相应的图标按钮。

（2）输入捕捉名称关键字，如表 2-1 所示。

（3）同时按住 Shift 键（或 Ctrl 键）和右键，弹出如图 2-7 所示的“对象捕捉”快捷菜单。

（4）将系统变量 MBUTTONPAN 设置为 0，可以使用中键或滚轮打开“对象捕捉”快捷菜单。

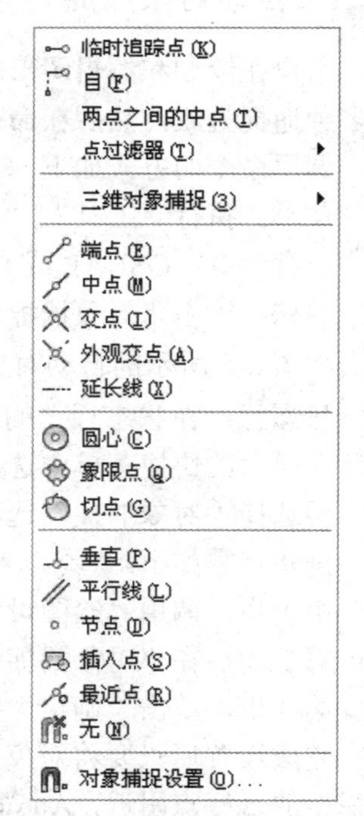

图 2-7 “对象捕捉”快捷菜单

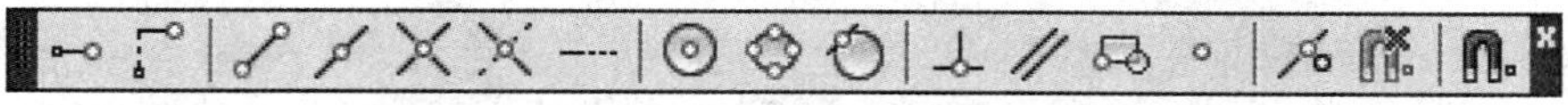

图 2-8 “对象捕捉”工具栏

注意：对象捕捉不是命令，只有在指定点时才有效。

【例 2-2】 利用“平行”捕捉方式绘制已知直线 AB 的平行线 CD 且长度为 100。

操作如下。

命令: _line	单击 图标按钮，启动“直线”命令
指定第一点:	单击鼠标拾取 C 点
指定下一点或 [放弃(U)]: _par 到 100↵	单击“对象捕捉”工具栏中的 图标按钮，将光标移到直线 AB 上停留，显示如图 2-9 所示的“平行”标记，移动光标到与直线 AB 大致平行的位置，待出现如图 2-10 所示的“平行”追踪辅助线和提示时，输入 100 并回车，得到 D 点
指定下一点或 [放弃(U)]: ↵	回车，结束“直线”命令

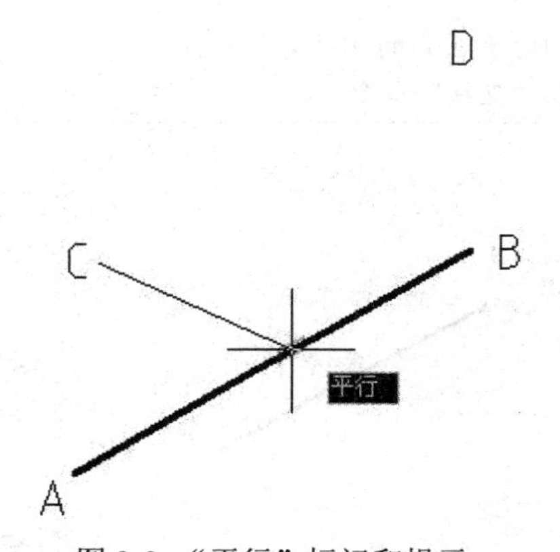

图 2-9 “平行”标记和提示

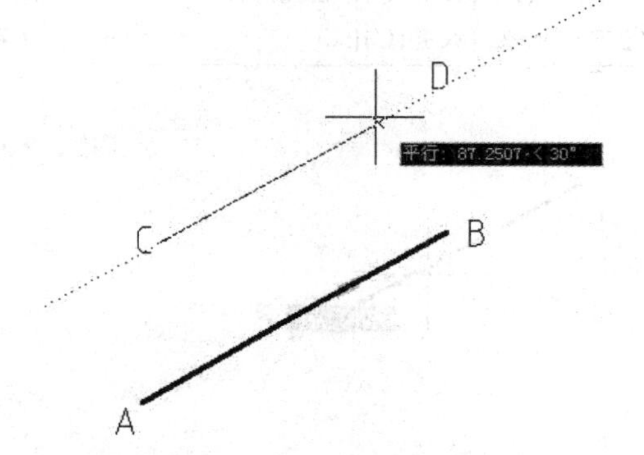

图 2-10 “平行”追踪辅助线和提示

【例2-3】 利用“相切”捕捉方式绘制已知两圆的公切线。

操作如下。

命令: _line	单击 图标按钮，启动“直线”命令
指定第一点: _tan 到	单击“对象捕捉”工具栏中的 图标按钮，移动光标至左边小圆上，显示如图 2-11 所示的“递延切点”标记后，单击
指定下一点或 [放弃(U)]: _tan 到	单击“对象捕捉”工具栏中的 图标按钮，移动光标至右边大圆上，显示如图 2-12 所示的“递延切点”标记后，单击
指定下一点或 [放弃(U)]: ↵	回车，结束“直线”命令

【例 2-4】 利用“交点”捕捉方式绘制过直线 AB 和直线 CD 的延伸交点 E 的水平线 EF 且长度为 100。

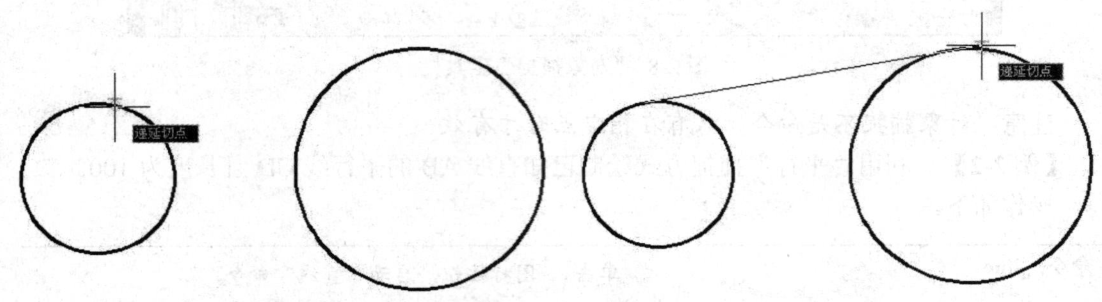

图 2-11　小圆上“递延切点”标记和提示　　　　图 2-12　大圆上“递延切点”标记和提示

操作如下。

命令: **_line**	单击图标按钮，启动“直线”命令
指定下一点或 [放弃(U)]: **_int** 于　和	单击“对象捕捉”工具栏中的图标按钮，移动光标至直线 AB 上，显示“递延交点”标记后，如图 2-13 所示，单击。再移动光标至直线 CD 上，显示“交点”标记后，如图 2-14 所示，单击
指定下一点或 [放弃(U)]: **@100,0**↵	输入点 F 相对于点 E 的相对直角坐标
指定下一点或 [放弃(U)]: ↵	回车，结束“直线”命令

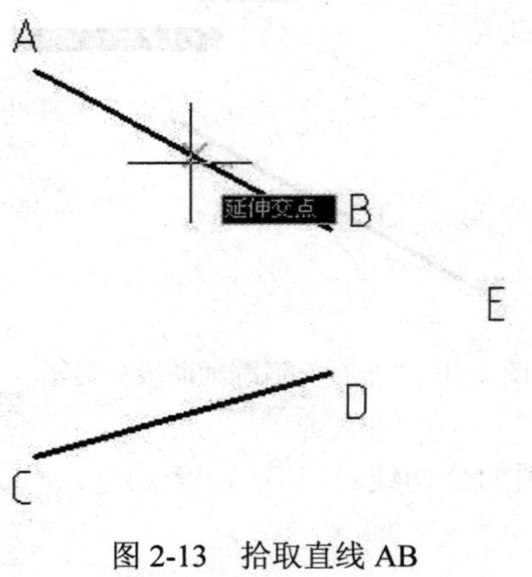

图 2-13　拾取直线 AB

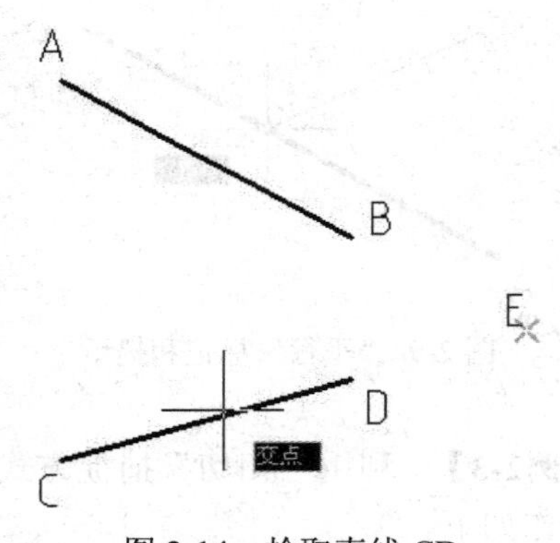

图 2-14　拾取直线 CD

【例 2-5】　已知圆 O1 利用“捕捉自”捕捉方式绘制如图 2-15 所示的圆 O2。

操作如下。

命令: **_circle**	单击图标按钮，启动“圆”命令
指定圆的圆心或 [三点(3P)/两点(2P)/切点、切点、半径(T)]: **_from** 基点:	单击“对象捕捉”工具栏中的图标按钮
_cen 于	移动光标至圆 O1 的轮廓上，出现“圆心”标记后，如图 2-16 所示，单击（在如图 2-6 所示的“对象捕捉模式”选项组中需要将“圆心”捕捉方式复选框选中，也可以单击“对象捕捉”工具栏中的图标按钮）

<偏移>: **@100,40** ↲	输入偏移 O1 相对坐标确定 O2 圆心的位置
指定圆的半径或 [直径(D)] <30.000>: **20** ↲	输入 O2 圆的半径为 20

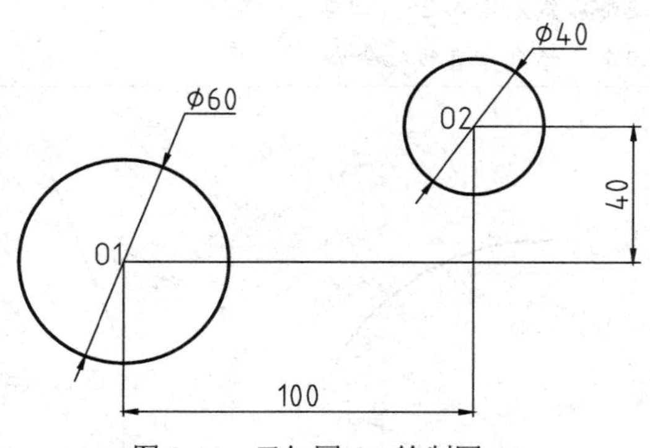

图 2-15　已知圆 O1 绘制圆 O2

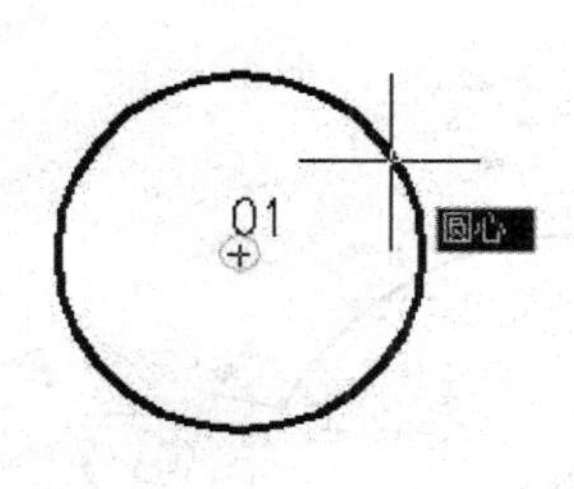

图 2-16　捕捉圆 O1 的圆心

【例 2-6】　利用"临时追踪点"捕捉方式绘制如图 2-17 所示的圆柱体视图的中心线。操作如下。

命令: **_line**	单击图标按钮，启动"直线"命令
指定第一点: **_tt** 指定临时对象追踪点:	单击"对象捕捉"工具栏中的图标按钮
_mid 于	单击"对象捕捉"工具栏中的图标按钮，移动光标至左端垂直线中点附近，出现"中点"标记后，单击。再向左移动光标，显示如图 2-18 所示水平追踪辅助线及相应提示
指定第一点: **5**↲	输入 5，回车
指定下一点或 [放弃(U)]: **@60,0**↲	输入右端点相对左端点的相对直角坐标
指定下一点或 [放弃(U)]: ↲	回车，结束"直线"命令

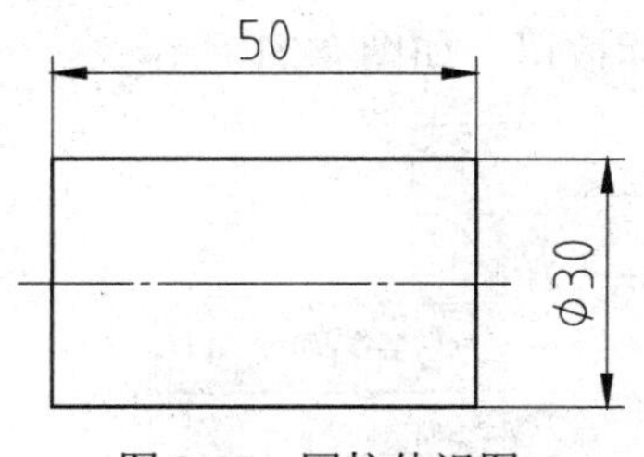

图 2-17　圆柱体视图

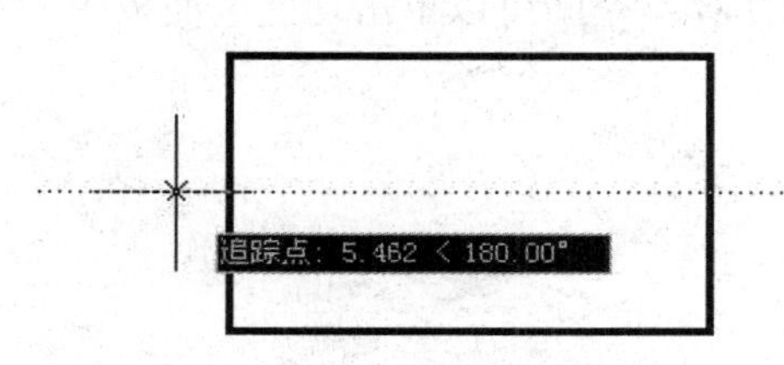

图 2-18　追踪中点

【例 2-7】　如图 2-19 所示圆弧 AB 和直线 CD，利用"延长线"捕捉方式绘制直线 EF。操作如下。

命令: **_line**	单击图标按钮，启动"直线"命令
指定第一点: **_ ext** 于 **30**↲	单击"对象捕捉"工具栏中的图标按钮，移动光标至 B 点上，稍停一会，B 点上会出现一个"+"，然后，顺着 AB 弧延长方向移动光标，会显示辅助追踪虚线，如图 2-20 所示，输入 30，回车

指定第一点: _ext 于 25↵	单击“对象捕捉”工具栏中的图标按钮，移动光标至 D 点上，稍停一会，D 点上会出现一个“+”，然后，顺着 CD 直线延长方向移动光标，会显示辅助追踪虚线，输入 25，回车
指定下一点或 [放弃(U)]: ↵	回车，结束“直线”命令

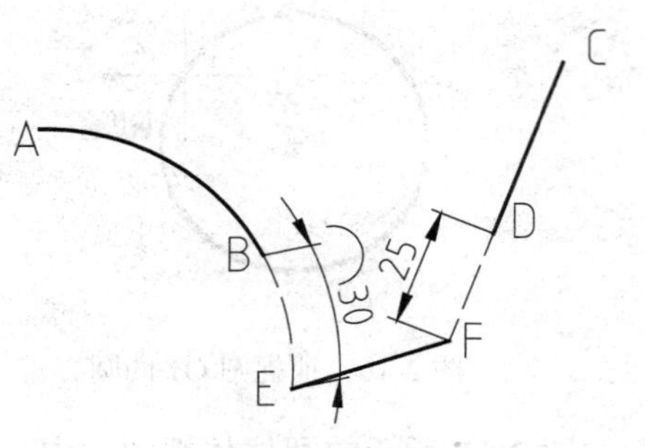

图 2-19 绘制直线 EF

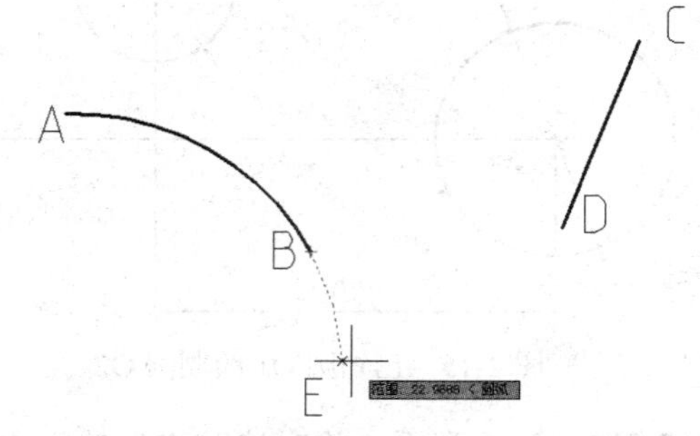

图 2-20 使用“延长线”捕捉方式

2.3 圆的绘制

利用“圆”命令可以用 6 种不同的方式绘制圆。

调用命令的方式如下。

功能区：单击“默认”选项卡“绘图”面板中的图标按钮。

菜单：执行“绘图”|“圆”命令。

图标：单击“绘图”工具栏中的图标按钮。

键盘命令：CIRCLE（或 C）。

通过选择不同选项组合成 6 种不同的绘制圆方式，也可以直接单击下拉菜单。在“草图与注释”空间可以单击功能区面板中的下拉式图标按钮，如图 2-21 所示。

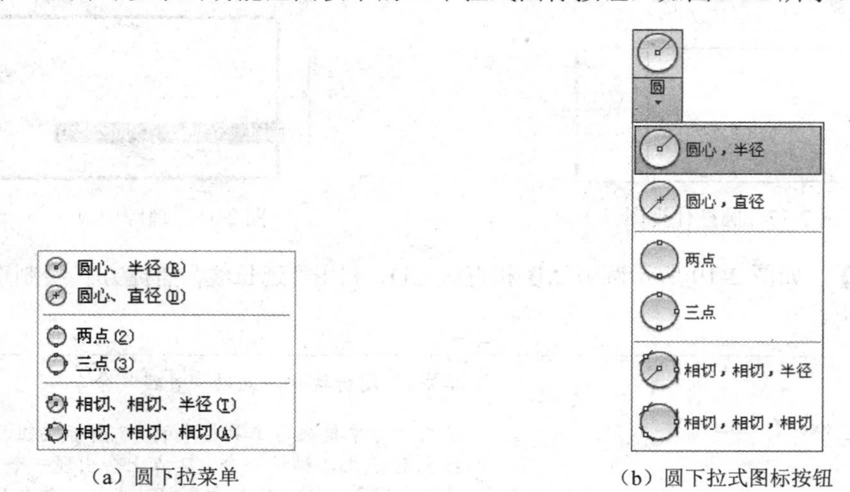

（a）圆下拉菜单　（b）圆下拉式图标按钮

图 2-21 直接选择不同的选项画圆

2.3.1 指定圆心和半径画圆

已知圆心和半径绘制圆。

操作步骤如下。

第 1 步，调用“圆”命令。

第 2 步，命令提示为“指定圆的圆心或 [三点(3P)/两点(2P)/切点、切点、半径(T)]:”时， 用一种定点方式指定圆的圆心。

第 3 步，命令提示为“指定圆的半径或 [直径(D)]:”时，输入半径值，回车。

【例 2-8】 已知圆心和半径绘制如图 2-22(a)所示的圆。

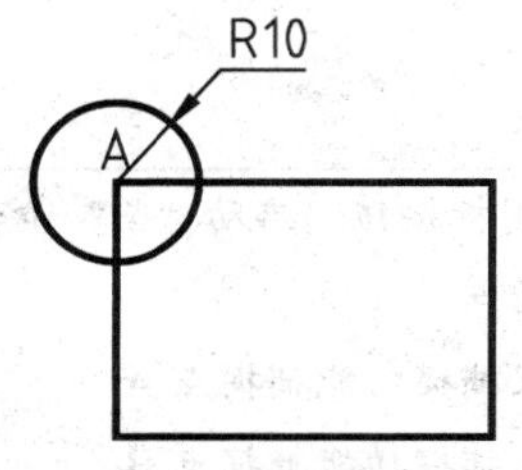

（a）指定圆心和半径画圆

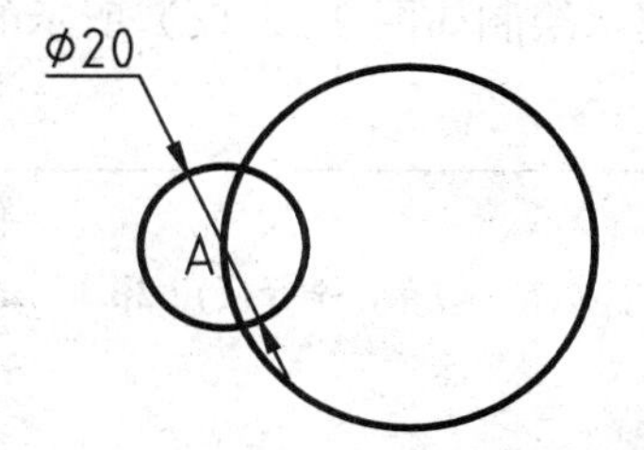

（b）指定圆心和直径画圆

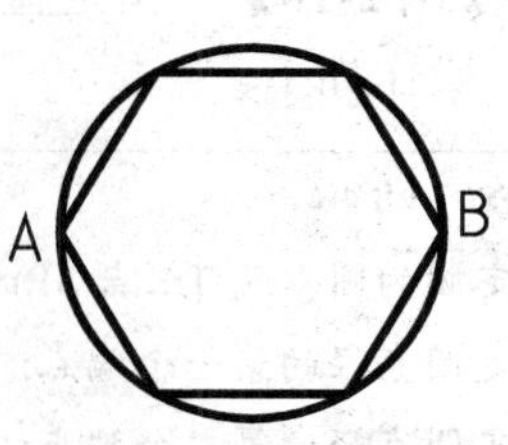

（c）指定直径两端点画圆

图 2-22 用前 3 种不同方法绘制圆

操作如下。

命令: **_circle**	单击图标按钮，启动“圆”命令
指定圆的圆心或 [三点(3P)/两点(2P)/切点、切点、半径(T)]:	利用交点捕捉功能捕捉点 A
指定圆的半径或 [直径(D)] <10.0000>: ↵	输入圆的半径为 10

注意：在 AutoCAD 中，<>中的数值为默认值(如上例中的 10.0000)，如果输入值与默认值相同，可以直接回车确认。否则，需要用户重新输入。

2.3.2 指定圆心和直径画圆

已知圆心和直径绘制圆。

操作步骤如下。

第 1 步～第 2 步，同本书 2.3.1 节第 1 步～第 2 步。

第 3 步，命令提示为“指定圆的半径或 [直径(D)]:”时，输入 D，回车。

第 4 步，命令提示为“指定圆的直径:”时，输入直径值，回车。

【例 2-9】 已知圆心和直径绘制如图 2-22（b）所示圆。

操作如下。

命令:**_circle**	单击图标按钮，启动“圆”命令
指定圆的圆心或 [三点(3P)/两点(2P)/切点、切点、半径(T)]:	利用象限点捕捉功能捕捉点 A
指定圆的半径或 [直径(D)] <20.0000>: **d**↵	选择“直径”选项
指定圆的直径 <40.0000>: **20**↵	输入直径为 20

2.3.3 指定直径两端点画圆

已知圆直径的两个端点绘制圆。

操作步骤如下。

第 1 步，调用“圆”命令。

第 2 步，命令提示为“指定圆的圆心或 [三点(3P)/两点(2P)/切点、切点、半径(T)]:”时，输入 2P，回车。

第 3 步～第 4 步，命令提示分别为“指定圆直径的第 n 个端点:”时，用定点方式分别响应。

【例 2-10】 指定直径两端点绘制如图 2-22（c）所示的圆。

操作如下。

命令: **_circle**	单击◎图标按钮，启动“圆”命令
指定圆的圆心或 [三点(3P)/两点(2P)/切点、切点、半径(T)]: **2p**↵	选择“两点”选项
指定圆直径的第一个端点:	利用交点捕捉功能捕捉点 A
指定圆直径的第二个端点:	利用交点捕捉功能捕捉点 B

2.3.4 指定三点画圆

已知圆上的任意三点绘制圆。

操作步骤如下。

第 1 步，调用“圆”命令。

第 2 步，命令提示为“指定圆的圆心或 [三点(3P)/两点(2P)/切点、切点、半径(T)]:”时，输入 3P，回车。

第 3 步～第 5 步，命令提示分别为“指定圆上的第 n 个点:”时，用定点方式分别响应。

【例 2-11】 绘制如图 2-23（a）所示矩形的外接圆和内切圆。

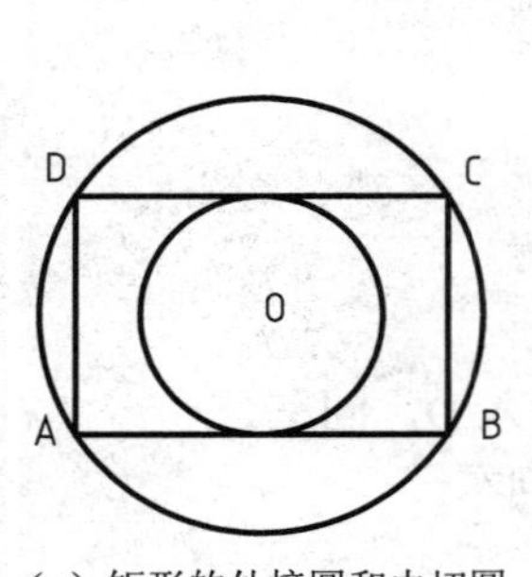

（a）矩形的外接圆和内切圆

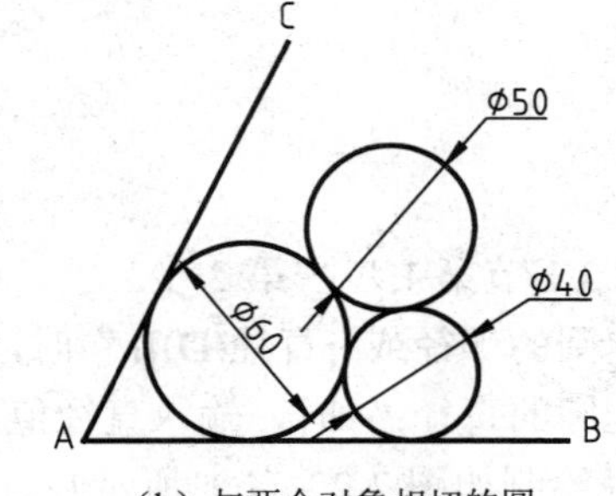

（b）与两个对象相切的圆

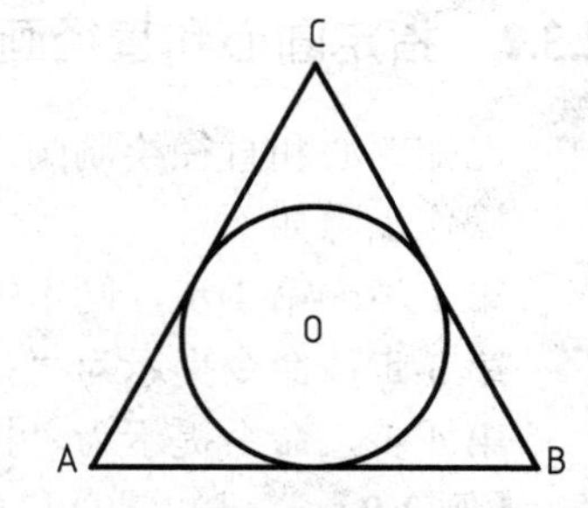

（c）三角形的外接圆和内切圆

图 2-23 用后 3 种不同方法绘制圆

操作如下。

命令:**_circle**	单击◎图标按钮，启动“圆”命令

指定圆的圆心或 [三点(3P)/两点(2P)/切点、切点、半径(T)]: **3p**↵	选择“三点”画圆选项
指定圆上的第一个点:	利用交点捕捉功能捕捉点 A
指定圆上的第二个点:	利用交点捕捉功能捕捉点 B
指定圆上的第三个点:	利用交点捕捉功能捕捉点 C
命令: ↵	回车，再次启动“圆”命令
CIRCLE 指定圆的圆心或 [三点(3P)/两点(2P)/切点、切点、半径(T)]: **_cen** 于	利用圆心捕捉功能捕捉点 O
指定圆的半径或 [直径(D)] <32.6536>: **_mid** 于	利用中点捕捉功能捕捉 DC 直线或 AB 直线的中点

2.3.5 指定两个相切对象和半径画圆

已知圆和两个对象相切以及圆的半径值绘制圆。

操作步骤如下。

第 1 步，调用“圆”命令。

第 2 步，命令提示为“指定圆的圆心或 [三点(3P)/两点(2P)/切点、切点、半径(T)]:”时，输入 T，回车。

第 3 步，命令提示为“指定对象与圆的第一个切点:”时，拾取直线、圆或圆弧。

第 4 步，命令提示为“指定对象与圆的第二个切点:”时，拾取直线、圆或圆弧。

第 5 步，命令提示为“指定圆的半径:”时，输入半径值，回车。

【例 2-12】 绘制如图 2-23（b）所示的公切圆。

操作如下。

命令: **_circle**	单击图标按钮，启动“圆”命令
指定圆的圆心或 [三点(3P)/两点(2P)/切点、切点、半径(T)]: **t**↵	选择“相切、相切、半径”选项
指定对象与圆的第一个切点:	选择直线 AB
指定对象与圆的第二个切点:	选择直线 AC
指定圆的半径 <29.8340>: **30**↵	输入半径为 30

注意:

（1）输入的半径值必须大于或等于两相切对象之间最小距离的一半。

（2）指定与圆相切的对象可以是直线、圆和圆弧等，如图 2-23（b）所示。

2.3.6 指定三个相切对象画圆

已知圆和三个对象相切绘制圆实际上是三点画圆的一种特殊形式，可以利用相切捕捉功能，指定三个相切对象捕捉三个切点来绘制圆。

操作步骤如下。

第 1 步，选择下拉菜单“绘图”|“圆”|“相切、相切、相切”或单击 相切、相切、相切(A) 图标按钮，命令行提示为“指定圆的圆心或 [三点(3P)/两点(2P)/切点、切点、半径(T)]: _3p”。

第 2 步，命令提示为“指定圆上的第一个点: _tan 到”时，拾取直线、圆或圆弧。

第 3 步，命令提示为“指定圆上的第二个点: _tan 到”时，拾取直线、圆或圆弧。

第 4 步，命令提示为“指定圆上的第三个点: _tan 到”时，拾取直线、圆或圆弧。

【例 2-13】 绘制如图 2-20（c）所示三角形的内切圆。

操作如下。

命令: **_circle** 指定圆的圆心或 [三点(3P)/两点(2P)/切点、切点、半径(T)]: **_3p**	单击 相切、相切、相切(A) 图标按钮
指定圆上的第一个点: **_tan** 到	选择直线 AB
指定圆上的第二个点: **_tan** 到	选择直线 AC
指定圆上的第三个点: **_tan** 到	选择直线 BC

2.4 矩形的绘制

利用矩形命令可以绘制出不同形式的矩形。

调用命令的方式如下。

功能区：单击“默认”选项卡中“绘图”面板中的 图标按钮。

菜单：执行“绘图”|“矩形”命令。

图标：单击“绘图”工具栏中的 图标按钮。

键盘命令：RECTANG、RECTANGLE 或 REC。

2.4.1 指定两点画矩形

通过指定矩形的两个对角点绘制矩形。

操作步骤如下。

第 1 步，调用“矩形”命令。

第 2 步，命令提示为“指定第一个角点或 [倒角(C)/标高(E)/圆角(F)/厚度(T)/宽度(W)]:”时，直接用定点方式指定矩形的第一个角点。

第 3 步，命令提示为“指定另一个角点或 [面积(A)/尺寸(D)/旋转(R)]:”时，用定点方式指定矩形的另一个角点。

【例 2-14】 绘制如图 2-24（a）所示的普通矩形。

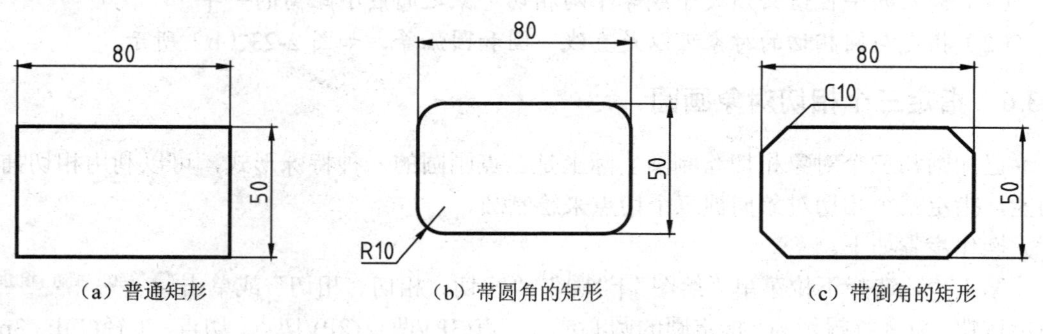

（a）普通矩形 （b）带圆角的矩形 （c）带倒角的矩形

图 2-24 绘制不同形式的矩形

操作如下。

命令: **_rectang**	单击 □ 图标按钮，启动“矩形”命令
指定第一个角点或 [倒角(C)/标高(E)/圆角(F)/厚度(T)/宽度(W)]:	移动光标，在合适位置拾取一点，作为矩形的一个角点
指定另一个角点或 [面积(A)/尺寸(D)/旋转(R)]: **d**↵	选择“尺寸”选项
指定矩形的长度 <10.0000>: **80**↵	输入矩形的长度为 80
指定矩形的宽度 <10.0000>: **50**↵	输入矩形的宽度为 50
指定另一个角点或 [面积(A)/尺寸(D)/旋转(R)]:	移动光标至右上方，拾取一点，指定矩形另一个角点的位置
命令: ↵	回车，再次启动“矩形”命令
RECTANG 指定第一个角点或 [倒角(C)/标高(E)/圆角(F)/厚度(T)/宽度(W)]:	移动光标，在合适位置拾取一点，作为矩形的一个角点
指定另一个角点或 [面积(A)/尺寸(D)/旋转(R)]: **@80,50**↵	输入另一角点相对第一个角点的相对坐标

2.4.2 绘制带圆角的矩形

绘制带圆角的矩形。

操作步骤如下。

第 1 步，调用“矩形”命令。

第 2 步，命令提示为“指定第一个角点或 [倒角(C)/标高(E)/圆角(F)/厚度(T)/宽度(W)]:”时，输入 F，回车。

第 3 步，命令提示为“指定矩形的圆角半径:”时，输入矩形的圆角半径值，回车。

第 4 步～第 5 步，同本书 2.4.1 节第 2 步～第 3 步。

【例 2-15】 绘制如图 2-24（b）所示的带圆角的矩形。

操作如下。

命令: **_rectang**	单击 □ 图标按钮，启动“矩形”命令
指定第一个角点或 [倒角(C)/标高(E)/圆角(F)/厚度(T)/宽度(W)]: **f**↵	选择“圆角”选项
指定矩形的圆角半径 <0.0000>: **10**↵	输入圆角半径为 10
指定第一个角点或 [倒角(C)/标高(E)/圆角(F)/厚度(T)/宽度(W)]:	移动光标，在合适位置拾取一点，作为矩形的一个角点
指定另一个角点或 [面积(A)/尺寸(D)/旋转(R)]: **@80,50**↵	输入另一角点相对第一个角点的相对坐标

2.4.3 绘制带倒角的矩形

绘制带倒角的矩形。

操作步骤如下。

第 1 步，调用“矩形”命令。

第 2 步，命令行提示为“指定第一个角点或 [倒角(C)/标高(E)/圆角(F)/厚度(T)/宽度(W)]:”时，输入 C，回车。

第 3 步，命令行提示为“指定矩形的第一个倒角距离:”时，输入矩形的第一个倒角距离值，回车。

第 4 步，命令行提示为“指定矩形的第二个倒角距离:”时，输入矩形的第二个倒角距离值，回车。

第 5 步～第 6 步，同本书 2.4.1 节第 2 步～第 3 步。

【例 2-16】 绘制如图 2-24（c）所示的带倒角的矩形。

操作如下。

命令: **_rectang**	单击 ▭ 图标按钮，启动“矩形”命令
指定第一个角点或 [倒角(C)/标高(E)/圆角(F)/厚度(T)/宽度(W)]: **c**↵	选择“倒角”选项
指定矩形的第一个倒角距离 <0.0000>: **10**↵	输入矩形的第一个倒角距离为 10
指定矩形的第二个倒角距离 <10.0000>:↵	回车，确认矩形第二个倒角距离也为 10
指定第一个角点或 [倒角(C)/标高(E)/圆角(F)/厚度(T)/宽度(W)]:	移动光标，在合适位置拾取一点，作为矩形的一个角点
指定另一个角点或 [面积(A)/尺寸(D)/旋转(R)]: **@80,50**↵	输入另一角点相对第一个角点的相对坐标

2.4.4 指定面积绘制矩形

已知矩形面积绘制矩形。

操作步骤如下。

第 1 步，调用“矩形”命令。

第 2 步，命令行提示为“指定第一个角点或 [倒角(C)/标高(E)/圆角(F)/厚度(T)/宽度(W)]:”时，直接用定点方式指定矩形的第一个角点。

第 3 步，命令行提示为“指定另一个角点或 [面积(A)/尺寸(D)/旋转(R)]:”时，输入 A，回车。

第 4 步，命令行提示为“输入以当前单位计算的矩形面积:”时，输入矩形面积值，回车。

第 5 步，命令行提示为“计算矩形标注时依据 [长度(L)/宽度(W)]:”时，输入 L 或 W，回车。

第 6 步，如果第 5 步输入 L，则命令行提示为“输入矩形长度:”时，输入矩形长度数值，回车；如果输入 W，则命令行提示为“输入矩形宽度:”，输入矩形宽度数值，回车。

【例 2-17】 指定面积为 4000 绘制矩形。

操作如下。

命令: **_rectang**	单击 ▭ 图标按钮，启动“矩形”命令
指定第一个角点或 [倒角(C)/标高(E)/圆角(F)/厚度(T)/宽度(W)]:	移动光标，在合适位置拾取一点，作为矩形的一个角点

指定另一个角点或 [面积(A)/尺寸(D)/旋转(R)]: **a**↵	选择"面积"选项
输入以当前单位计算的矩形面积 <4000.0000>: **4000**↵	输入矩形的面积为 4000
计算矩形标注时依据 [长度(L)/宽度(W)] <长度>: **l**↵	选择"长度"选项
输入矩形长度 <80.0000>: **80**↵	输入矩形的长度为 80

2.5 偏移对象

利用偏移命令可以将一个图形对象在其一侧作等距复制。

调用命令的方式如下。

功能区：单击"默认"选项卡中"修改"面板中的图标按钮。

菜单：执行"修改"|"偏移"命令。

图标：单击"修改"工具栏中的图标按钮。

键盘命令：OFFSET 或 O。

2.5.1 指定距离偏移对象

已知偏移的距离偏移复制对象。

操作步骤如下。

第 1 步，调用"偏移"命令。

第 2 步，命令提示为"指定偏移距离或 [通过(T)/删除(E)/图层(L)] <通过>:"时，输入偏移的距离，回车。

注意：选择"图层(L)"选项可以实现将偏移复制对象创建在当前层或在源对象层。[①]

第 3 步，命令行提示为"选择要偏移的对象，或 [退出(E)/放弃(U)] <退出>:"时，单击拾取要偏移的图形对象。

第 4 步，命令行提示为"指定要偏移的那一侧上的点，或 [退出(E)/多个(M)/放弃(U)] <退出>:"时，单击拾取一点确定偏移图形对象的位置。

第 5 步，命令行提示为"选择要偏移的对象，或 [退出(E)/放弃(U)] <退出>:"时，可以再选择要偏移的对象，或回车结束偏移命令。

【例 2-18】 指定距离偏移对象，如图 2-25 所示。

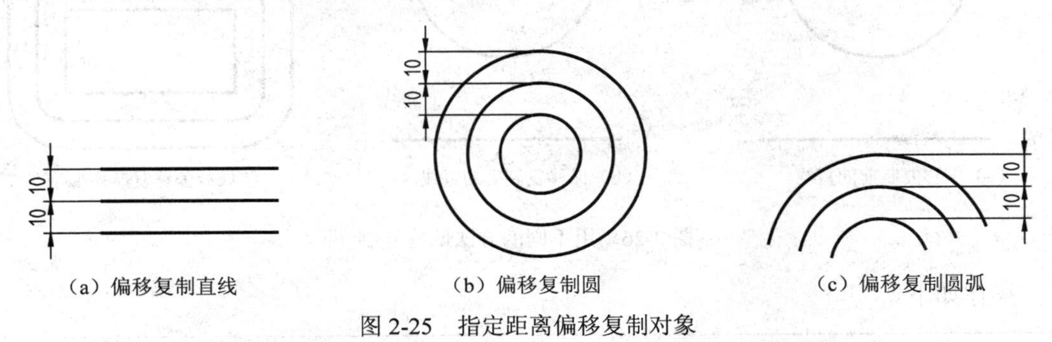

（a）偏移复制直线　（b）偏移复制圆　（c）偏移复制圆弧

图 2-25 指定距离偏移复制对象

① 参见本书第 3 章。

操作如下。

命令: **_offset**	单击图标按钮，启动“偏移”命令
当前设置: 删除源=否　图层=源　OFFSETGAPTYPE=0	系统提示
指定偏移距离或 [通过(T)/删除(E)/图层(L)] <0.0000>: **10**↲	输入偏移距离为 10
选择要偏移的对象，或 [退出(E)/放弃(U)] <退出>:	选择圆（圆弧、直线）
指定要偏移的那一侧上的点，或 [退出(E)/多个(M)/放弃(U)] <退出>:	在该圆外侧单击
选择要偏移的对象，或 [退出(E)/放弃(U)] <退出>:	再次选择该圆（圆弧、直线）
指定要偏移的那一侧上的点，或 [退出(E)/多个(M)/放弃(U)] <退出>:	在该圆内侧单击
选择要偏移的对象，或 [退出(E)/放弃(U)] <退出>:↲	回车，结束“偏移”命令

2.5.2　指定通过点偏移对象

指定偏移对象通过的点偏移复制对象。

操作步骤如下。

第 1 步，调用“偏移”命令。

第 2 步，命令行提示为“指定偏移距离或 [通过(T)/删除(E)/图层(L)]”时，输入 T，回车。

第 3 步，命令行提示为“选择要偏移的对象，或 [退出(E)/放弃(U)] <退出>:”时，单击拾取要偏移的图形对象。

第 4 步，命令行提示为“指定通过点或 [退出(E)/多个(M)/放弃(U)] <退出>:”时，指定偏移对象通过的点。

第 5 步，命令行提示为“选择要偏移的对象，或 [退出(E)/放弃(U)] <退出>: ”时，可以再选择要偏移的对象，或回车结束“偏移”命令。

【例 2-19】 将如图 2-26（a）所示的直线偏移复制，完成后的图形如图 2-26（b）所示。

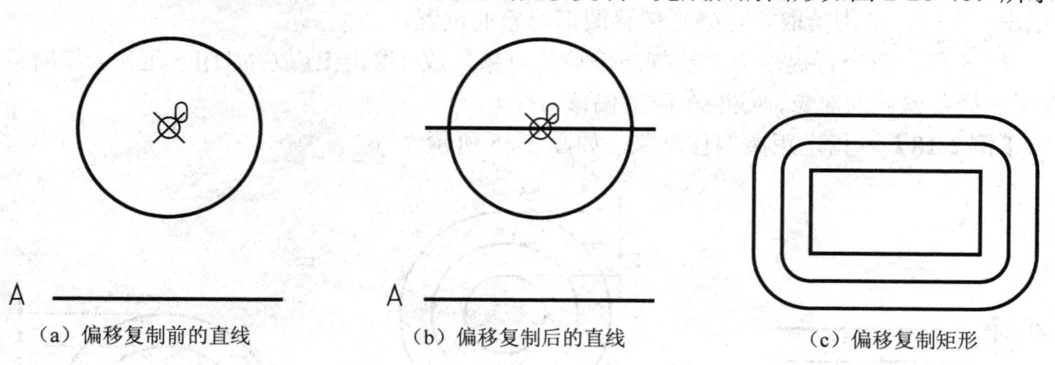

（a）偏移复制前的直线　（b）偏移复制后的直线　（c）偏移复制矩形

图 2-26　用不同的方法偏移复制

操作如下。

命令: **_offset**	单击图标按钮，启动“偏移”命令
当前设置: 删除源=否　图层=源　OFFSETGAPTYPE=0	系统提示

指定偏移距离或 [通过(T)/删除(E)/图层(L)] <通过>: **t**↵	选择“通过”选项
选择要偏移的对象，或 [退出(E)/放弃(U)] <退出>:	拾取直线 A
指定通过点或 [退出(E)/多个(M)/放弃(U)] <退出>: **_cen** 于	利用圆心捕捉功能捕捉圆心 O
选择要偏移的对象，或 [退出(E)/放弃(U)] <退出>:↵	回车，结束“偏移”命令

【例 2-20】 将如图 2-24（b）所示的矩形以偏移距离为 10 进行重复偏移复制，完成后的图形如图 2-26（c）所示。

操作如下。

命令: **_offset**	单击图标按钮，启动“偏移”命令
当前设置: 删除源=否 图层=源 OFFSETGAPTYPE=0	系统提示
指定偏移距离或 [通过(T)/删除(E)/图层(L)] <通过>: **10**↵	输入偏移距离为 10
选择要偏移的对象，或 [退出(E)/放弃(U)] <退出>:	拾取图 2-21（b）带圆角的矩形
指定要偏移的那一侧上的点，或 [退出(E)/多个(M)/放弃(U)] <退出>: **m**↵	选择“多个”选项，作多次偏移复制
指定要偏移的那一侧上的点，或 [退出(E)/放弃(U)] <下一个对象>:	在带圆角的矩形的内侧单击
指定要偏移的那一侧上的点，或 [退出(E)/放弃(U)] <下一个对象>:	在带圆角的矩形的外侧单击
指定要偏移的那一侧上的点，或 [退出(E)/放弃(U)] <下一个对象>:↵	回车，结束偏移位置的指定
选择要偏移的对象，或 [退出(E)/放弃(U)] <退出>:↵	回车，结束“偏移”命令

注意：

（1）偏移命令一次只能偏移复制一个对象。多段线[①]作为一个对象可以整体偏移复制。在图 2-26（c）中，用矩形命令绘制的矩形是多段线。

（2）在多段线中的圆弧如果无法偏移时，系统将忽略该圆弧，例如图 2-26（c）所示的最内侧的矩形。

2.6 修剪对象

利用修剪命令按其他对象定义的剪切边作为边界，来删除指定对象的一部分。

调用命令的方式如下。

功能区：单击“默认”选项卡“修改”面板中的图标按钮。

菜单：执行“修改”|“修剪”命令。

图标：单击“修改”工具栏中的图标按钮。

键盘命令：TRIM 或 TR。

执行修剪命令有 3 种模式，分别在下面 3 个小节中论述。

① 参见本书第 8 章。

2.6.1 普通方式修剪对象

普通方式修剪对象，必须首先选择剪切边界，然后再选择被修剪的对象，且两者必须相交。

操作步骤如下。

第 1 步，调用“修剪”命令。

第 2 步，命令提示为“选择对象<全部选择>:”时，依次单击拾取作为剪切边界的对象。

第 3 步，命令提示为“选择对象:”时，回车，结束剪切边界对象的选择。

第 4 步，命令提示为“选择要修剪的对象，或按住 Shift 键选择要延伸的对象，或[栏选(F)/窗交(C)/投影(P)/边(E)/删除(R)/放弃(U)]:”时，依次单击拾取被修剪的对象。

第 5 步，命令提示为“选择要修剪的对象，或按住 Shift 键选择要延伸的对象，或[栏选(F)/窗交(C)/投影(P)/边(E)/删除(R)/放弃(U)]:”时，回车，结束“修剪”命令。

注意：

（1）可以输入 F 或 C 选择栏选或窗交的方式选择对象[①]。

（2）如果按住 Shift 键选择要修剪的对象，则将该对象延伸到剪切边界（等价于执行 Extend 命令）[②]。

【例 2-21】 将如图 2-27（a）所示的圆 O3 修剪，完成后的图形如图 2-27（b）所示。

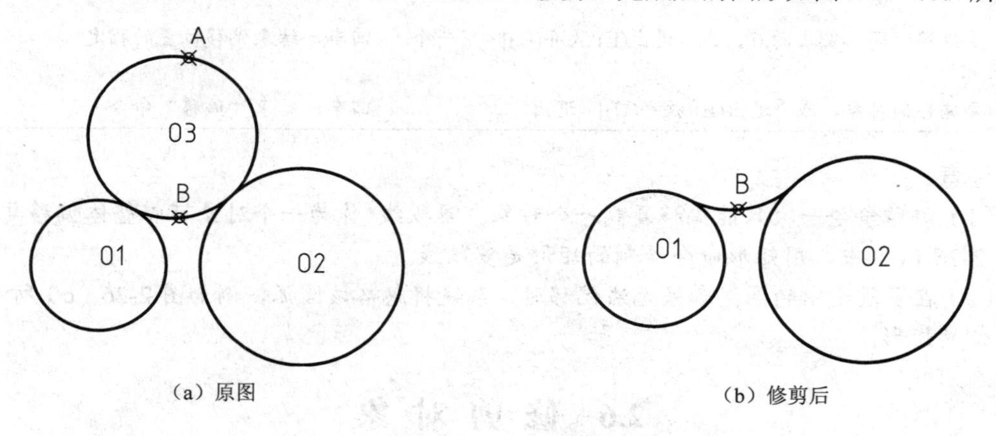

（a）原图　　（b）修剪后

图 2-27　普通方式修剪对象

操作如下。

命令: _ **trim**	单击 图标按钮，启动“修剪”命令
当前设置:投影=UCS，边=无	系统提示
选择剪切边...	
选择对象或 <全部选择>: 找到 1 个	选择 O1 圆
选择对象: 找到 1 个，总计 2 个	选择 O2 圆

① 参见本书第 4 章。

② 参见本书第 5 章。

选择对象:↵	回车，结束对象选择
选择要修剪的对象，或按住 Shift 键选择要延伸的对象，或	
[栏选(F)/窗交(C)/投影(P)/边(E)/删除(R)/放弃(U)]:	在点 A 处单击
选择要修剪的对象，或按住 Shift 键选择要延伸的对象，或	
[栏选(F)/窗交(C)/投影(P)/边(E)/删除(R)/放弃(U)]:↵	回车，结束被修剪对象的选择

2.6.2 延伸模式修剪对象

如果剪切边界与被修剪的对象不相交，则可以采用延伸模式修剪。如图 2-25 所示，可以修剪到隐含交点。

操作步骤如下。

第 1 步～第 3 步，同普通方式修剪对象。

第 4 步，命令提示为“选择要修剪的对象，或按住 Shift 键选择要延伸的对象，或[栏选(F)/窗交(C)/投影(P)/边(E)/删除(R)/放弃(U)]:”时，输入 E，回车。

第 5 步，命令提示为“输入隐含边延伸模式 [延伸(E)/不延伸(N)]:”时，输入 E，回车。

第 6 步～第 7 步，同普通方式修剪对象。

【例 2-22】 用延伸模式将如图 2-28（a）所示的图形修剪，完成后的图形如图 2-28（b）所示。

操作如下。

命令: **_trim**	单击 图标按钮，启动“修剪”命令
当前设置:投影=UCS，边=无	系统提示
选择剪切边...	
选择对象或 <全部选择>: 找到 1 个	选择水平直线
选择对象:↵	回车，结束对象选择
选择要修剪的对象，或按住 Shift 键选择要延伸的对象，或	
[栏选(F)/窗交(C)/投影(P)/边(E)/删除(R)/放弃(U)]: **e**↵	选择“边”选项
输入隐含边延伸模式 [延伸(E)/不延伸(N)] <不延伸>: **e**↵	选择“延伸”选项
选择要修剪的对象，或按住 Shift 键选择要延伸的对象，或	
[栏选(F)/窗交(C)/投影(P)/边(E)/删除(R)/放弃(U)]:	在点 A 处单击
选择要修剪的对象，或按住 Shift 键选择要延伸的对象，或	
[栏选(F)/窗交(C)/投影(P)/边(E)/删除(R)/放弃(U)]:	在点 B 处单击
选择要修剪的对象，或按住 Shift 键选择要延伸的对象，或	
[栏选(F)/窗交(C)/投影(P)/边(E)/删除(R)/放弃(U)]: ↵	回车，结束被修剪对象的选择

2.6.3 互剪方式修剪对象

剪切边同时又作为被修剪对象，两者可以相互剪切，称为互剪。操作步骤如下。

第 1 步，调用“修剪”命令。

第 2 步，命令提示为“选择对象<全部选择>:”时，拾取全部对象或直接回车。

第 3 步～第 4 步，同普通方式修剪对象。

【例 2-23】 用互剪方式将如图 2-29（a）所示的“井”字图形修剪，完成后的图形如图 2-29（b）所示。

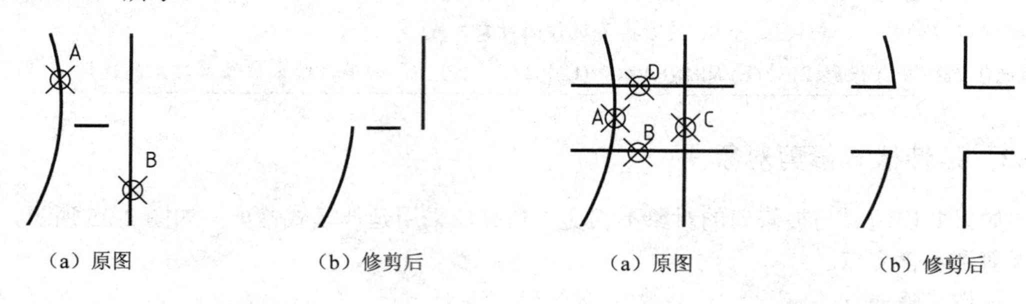

图 2-28　延伸模式修剪对象　　　　图 2-29　互剪方式修剪对象

操作如下。

命令：**_trim**	单击图标按钮，启动“修剪”命令
当前设置:投影=UCS，边=延伸	系统提示
选择剪切边...	
选择对象或 <全部选择>: ↲	回车，选择所有对象都作为剪切边
选择要修剪的对象，或按住 Shift 键选择要延伸的对象，或[栏选(F)/窗交(C)/投影(P)/边(E)/删除(R)/放弃(U)]: ……	依次在点 A、点 D、点 B 和点 C 处单击或选择“栏选”选项，也可以选择“窗交”选项，选择要修剪掉的部分
选择要修剪的对象，或按住 Shift 键选择要延伸的对象，或[栏选(F)/窗交(C)/投影(P)/边(E)/删除(R)/放弃(U)]: ↲	回车，结束被修剪对象的选择

2.7　上机操作实验指导二　垫圈的绘制

本节介绍如图 2-30 所示的垫圈的绘制方法和步骤，主要涉及的命令包括“圆”命令、“偏移”命令和“修剪”命令。

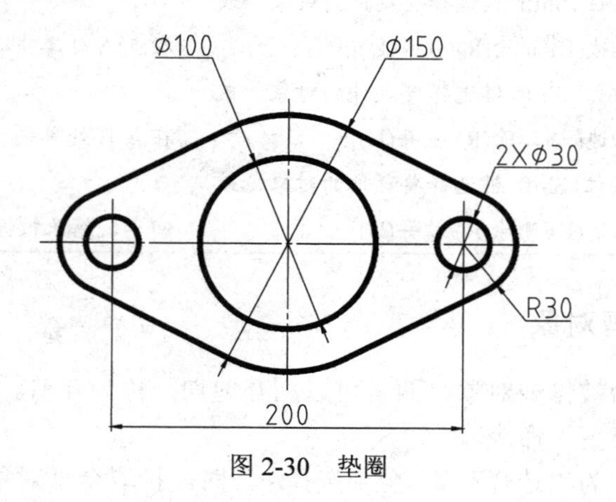

图 2-30　垫圈

操作步骤如下。

第 1 步，绘图环境设置。

单击“快速访问工具栏”中的图标按钮，弹出“选择样板”对话框，选择 acadiso.dwt 样板文件，单击“打开”按钮。

第 2 步，绘制中心线。

（1）利用“直线”命令绘制水平和垂直中心线，如图 2-31（a）所示。

（2）利用“偏移”命令偏移复制垂直中心线，如图 2-31（b）所示。

（a） 绘制水平和垂直中心线　　（b） 偏移复制垂直中心线

图 2-31　绘制中心线

操作如下。

命令: **_offset**	单击图标按钮，启动“偏移”命令
当前设置: 删除源=否　图层=源　OFFSETGAPTYPE=0	系统提示
指定偏移距离或 [通过(T)/删除(E)/图层(L)] <通过>: **100↵**	输入偏移距离为 100
选择要偏移的对象，或 [退出(E)/放弃(U)] <退出>:	点选如图 2-31（a）所示的垂直中心线
指定要偏移的那一侧上的点，或 [退出(E)/多个(M)/放弃(U)] <退出>: **m↵**	选择“多个”选项，作多次偏移复制
指定要偏移的那一侧上的点，或 [退出(E)/放弃(U)] <下一个对象>:	在垂直中心线左侧单击
指定要偏移的那一侧上的点，或 [退出(E)/放弃(U)] <下一个对象>:	在垂直中心线右侧单击
指定要偏移的那一侧上的点，或 [退出(E)/放弃(U)] <下一个对象>: **e↵**	选择“退出”选项，结束“偏移”命令

注意：在绘制中心线前，应首先设置线型为点画线的层，并将该层设置为当前层[①]。在这里这一步暂不作要求。

第 3 步，绘制 6 个圆。

利用交点捕捉功能捕捉水平和垂直中心线的交点分别绘制 ϕ100 和 ϕ150 圆各一个，ϕ30 和 ϕ60 圆各两个，如图 2-32 所示，操作过程略。

第 4 步，绘制四条公切线，如图 2-33 所示。

① 参见本书第 3 章。

利用切点捕捉功能绘制 4 条公切线，如图 2-34 所示，操作过程略，可参见例 2-3。

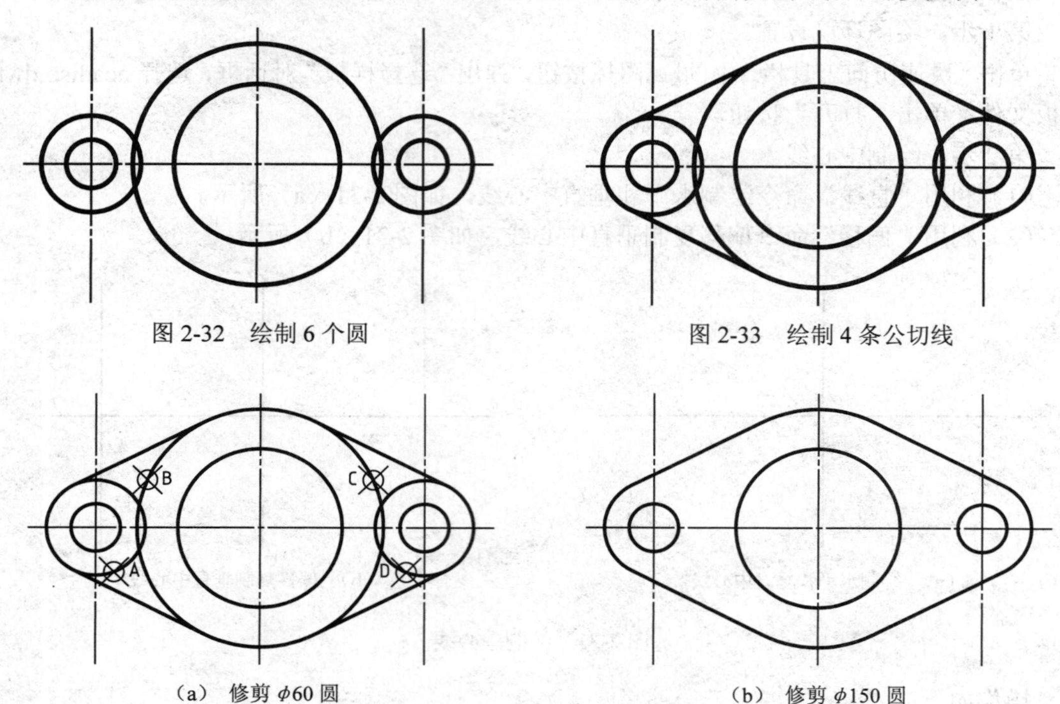

图 2-32　绘制 6 个圆　　　　图 2-33　绘制 4 条公切线

（a）修剪 ϕ60 圆　　　　（b）修剪 ϕ150 圆

图 2-34　修剪多余图线

第 5 步，修剪多余图线。

操作如下。

命令：**_trim**	单击图标按钮，启动“修剪”命令
当前设置:投影=UCS，边=无	系统提示
选择剪切边...	
选择对象或 <全部选择>:	依次选择 4 条公切线
……	
选择对象:↵	回车，结束对象选择
选择要修剪的对象，或按住 Shift 键选择要延伸的对象，或	
[栏选(F)/窗交(C)/投影(P)/边(E)/删除(R)/放弃(U)]:	依次在点 A、点 D、点 B 和点 C 处单击
……	
选择要修剪的对象，或按住 Shift 键选择要延伸的对象，或	
[栏选(F)/窗交(C)/投影(P)/边(E)/删除(R)/放弃(U)]:↵	回车，结束被修剪对象的选择

第 6 步，保存图形文件。

单击“快速访问工具栏”工具栏中的图标按钮，弹出“图形另存为”对话框。在“保存于”下拉列表框中选择文件保存的路径，输入文件名为“垫圈.dwg”，单击“保存”按钮。

2.8　上机操作常见问题解答

1．在例 2-21 中修剪圆 O3，采用同样的操作步骤，为何有时会出现如图 2-35 所示的结果

在修剪命令中选择被修剪的对象时，系统以剪切边为边界，将被剪切对象上位于拾取点一侧的部分剪切掉。出现如图 2-35 所示的结果是因为在 B 点处单击。

2．在例 2-3 中绘制的公切线，采用同样的操作步骤，为何有时会出现如图 2-36 所示的结果

系统确定的切点是以最靠近捕捉点的那个切点。所以，捕捉切点时的位置不同可以绘制出 4 条不同的公切线。

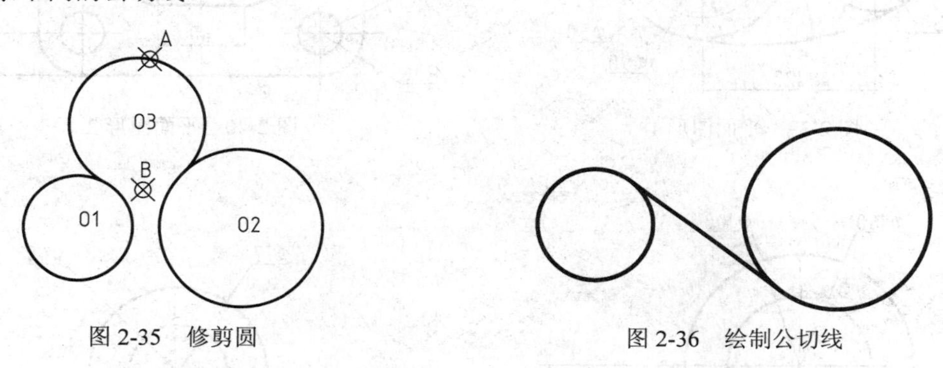

图 2-35　修剪圆

图 2-36　绘制公切线

2.9　操作经验与技巧

1．如何绘制已知长度和倾角与圆相切的切线

用切点捕捉功能在圆上拾取点作为指定直线的第一点，输入@ L< θ 指定直线的第二点，如图 2-37 所示。

2．在绘制圆输入半径时，通过指定一点确定半径

调用“圆”命令，当命令行提示指定圆的半径时，可以指定一点，系统以圆心到该点的距离为半径值。如图 2-38 所示，绘制两个大圆都可以通过捕捉小圆和中心线的交点来确定半径。

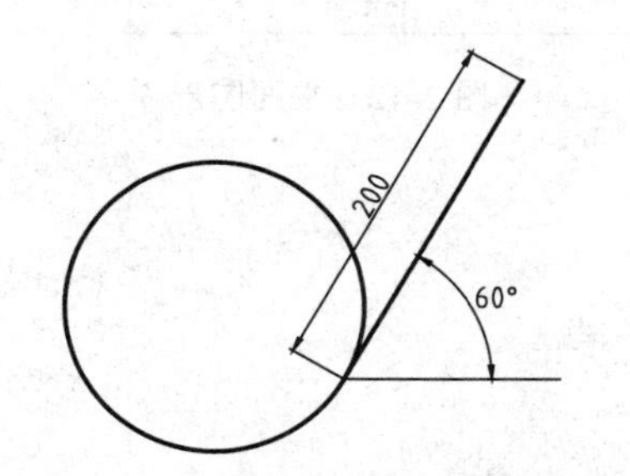

图 2-37　已知长度和倾角绘制圆的切线

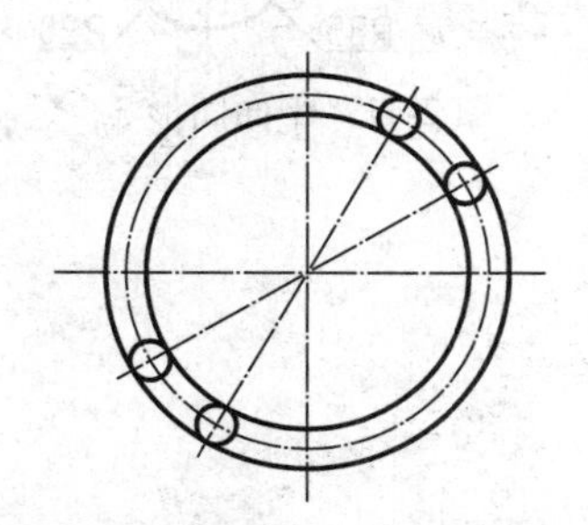

图 2-38　指定点确定半径

2.10 上 机 题

绘制如图 2-39～图 2-42 所示的平面图形。

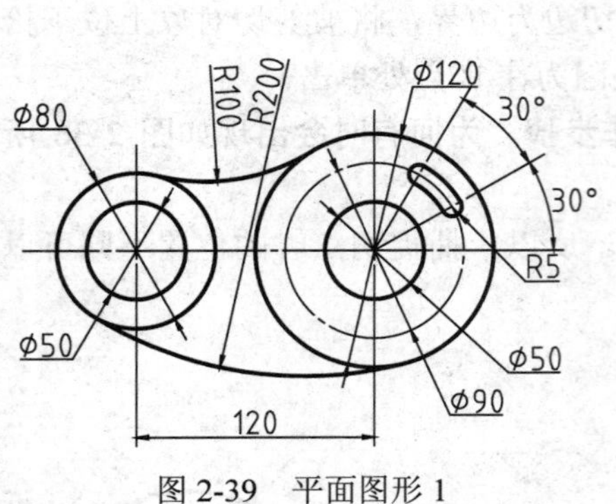

图 2-39　平面图形 1

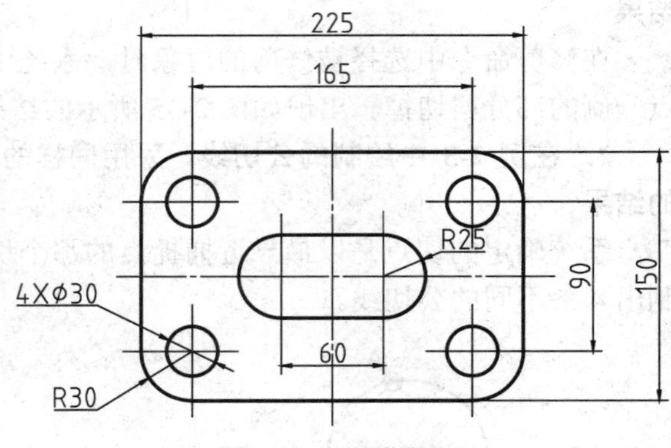

图 2-40　平面图形 2

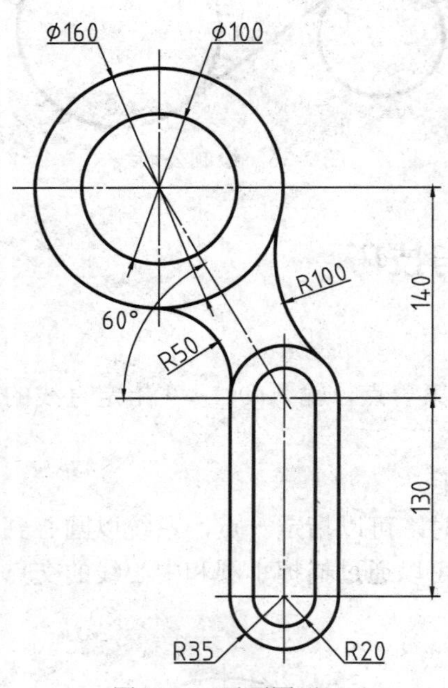

图 2-41　平面图形 3

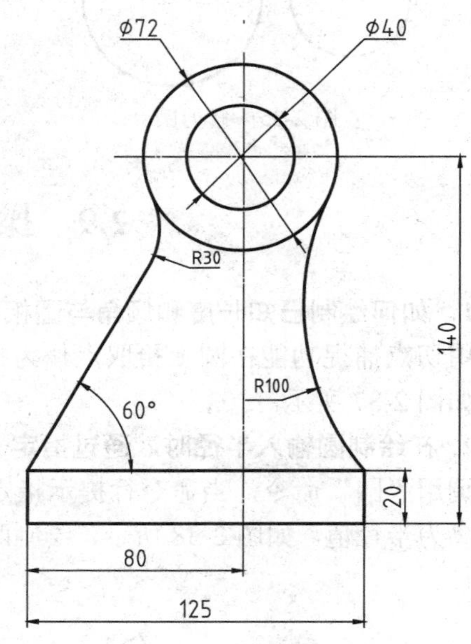

图 2-42　平面图形 4

第 3 章　绘图环境设置

在 AutoCAD 系统中，绘图环境的设置影响图形文件的规范性、图形的准确性与绘图的效率。

一张工程图样包含不同特性的对象，利用 AutoCAD 提供的“图层”工具可以将不同类型的图形对象进行分组，并用不同的特性加以识别，从而对各个对象进行有效地组织和管理，使各种图形信息更为清晰、有序。利用“图层”组织图形对象，不仅有利于图形的显示、编辑和输出，还提高了整个图形的表达能力和可读性。另外，绘图时灵活使用系统提供的“捕捉”、“栅格”、“正交”、“极轴追踪”、“对象捕捉”及“自动追踪”等工具辅助定点，可以有效提高绘图的速度和精确性，满足工程制图的要求。

本章介绍的内容和新命令如下。

（1）LAYER 图层命令;

（2）图层工具;

（3）SNAP 捕捉命令;

（4）GRID 栅格命令;

（5）ORTHO 正交命令;

（6）LIMITS 设置图形界限命令;

（7）自动追踪功能。

3.1　图层的应用

在工程图样中，不同的图形对象常用粗实线、细实线、细虚线和细点画线等不同的线型加以区分，此外还有尺寸标注与技术要求等注释对象。在 AutoCAD 中，颜色、线型和线宽为对象的基本特性，并用图层来管理这些特性。每一个图层相当于一张没有厚度的透明纸，且具有一种颜色、线型和线宽，在不同的纸上绘制不同特性的对象，这些透明纸重叠后便构成一个完整的图形。

3.1.1　图层的操作

图层的操作包括创建新图层、重命名或删除选定的图层、设置或更改选定图层的特性和状态等，用户可以使用“图层特性管理器”选项板进行上述操作。

调用命令的方式如下。

功能区：单击“默认”选项卡“图层”面板中的图标按钮。

菜单：执行 “格式”|“图层”命令或“工具”|“选项板”|“图层”命令。

图标：单击“图层”工具栏中的图标按钮。

键盘命令：LAYER（或 LA）。

执行该命令后，将弹出如图 3-1 所示的“图层特性管理器”选项板，默认的图层 0 层被选中。

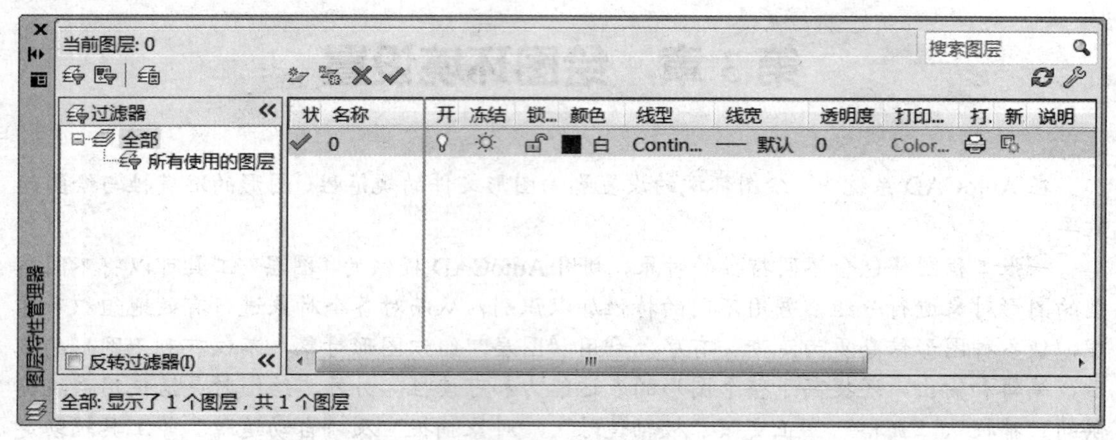

图 3-1 “图层特性管理器”选项板

注意：在打开“图层特性管理器”选项板时，仍然可以执行其他命令，且在切换图形文件后，图层特性管理器将更新显示当前图形文件中图层的设置及其特性①。AutoCAD 2009以前版本中的“图层特性管理器”对话框由classiclayer命令打开。

1. 创建新图层

系统默认创建的图层为“0”层。用户可以根据需要创建多个图层。

操作步骤如下。

第1步，调用“图层”命令。

第2步，在如图3-1所示的“图层特性管理器”选项板中，单击“新建图层”按钮，在图层列表中显示名称为“图层1”的新图层，且处于被选中状态，如图3-2所示。

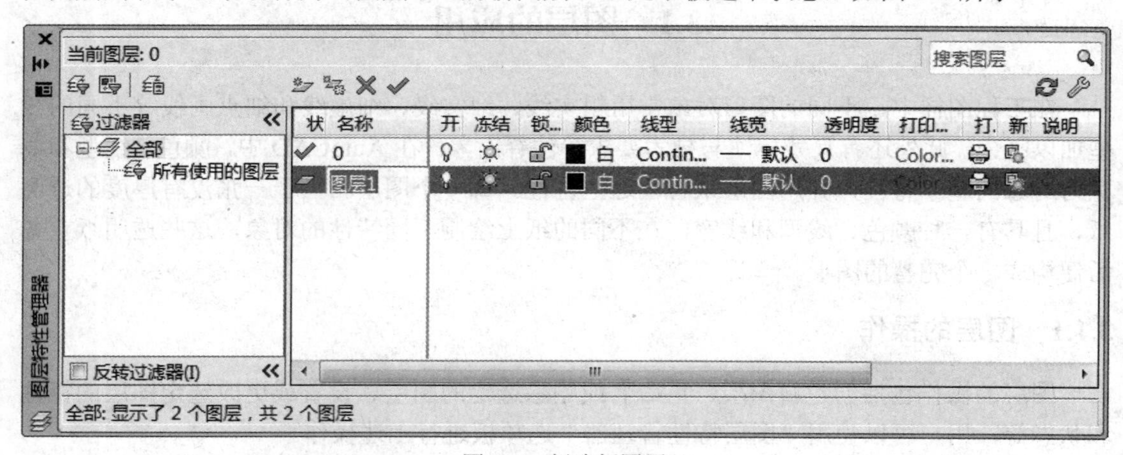

图 3-2 创建新图层

第3步，在新图层的“名称”文本框中输入图层的名称，为新图层重命名。

第4步，设置图层的特性和状态。

① 此为从AutoCAD 2009开始新增的功能。

第 5 步，进行其他设置，或继续创建其他图层，如图 3-3 所示。

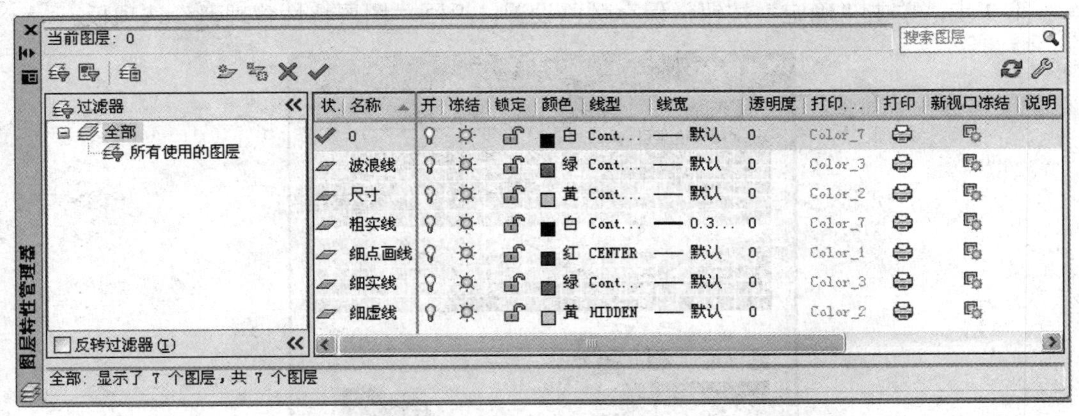

图 3-3　创建的图层

第 6 步，单击“关闭”按钮，保存设置，并关闭选项板。

操作及选项说明如下。

(1) 用户可以先创建多个新图层，然后再分别设置各个图层的特性。对图层命名后，紧接着按“,”键（英文状态），或命名回车后，再次按“回车”键，可以接着再创建另一个新图层。

(2) 若干个新图层默认的层名为“图层 *n*”，*n* 为依图层顺序排列的整数，用户可以直接重命名，也可以之后再重命名。

图层名最多可以由 255 个字符组成，可包括字母、数字、汉字和一些专用字符，如美元符号（$）、下划线（_）和连字符（-）等。一般情况下，图层可由国家标准规定的线型名称或对象类型命名，或企业（行业）标准规定命名。

(3) 选择某一图层，在图层名称上单击，或按 F2 键，或在图层列表中右击，在弹出的快捷菜单中选择“重命名图层”选项，均可重命名图层。

注意：

(1) 新图层的特性将继承当前列表中被选定的某一图层的特性。

(2) 图层列表中显示的图层由所选过滤器条件控制，该列表显示了当前图形中满足所选过滤器条件的所有图层的特性和状态。

2. 设置图层特性

图层的特性包括颜色、线型、线宽等，AutoCAD 系统提供了丰富的颜色、线型和线宽。用户可以在“图层特性管理器”选项板中为选定的图层设置上述特性。

1) 设置图层颜色

每一个图层具有一种颜色，系统默认设置的颜色为白色。将各图层设置为不同的颜色，不仅可以区分不同类型的对象，还可以在设置打印样式时，通过颜色控制对象的输出形式。

操作步骤如下。

第 1 步，单击某一图层“颜色”列中的色块图标或颜色名，打开如图 3-4 所示的“选择颜色”对话框。

第 2 步，在“索引颜色”选项卡的调色板中选择一种颜色，并显示所选颜色的名称和编号。

第 3 步，单击“确定”按钮，保存颜色设置，返回“图层特性管理器”选项板。

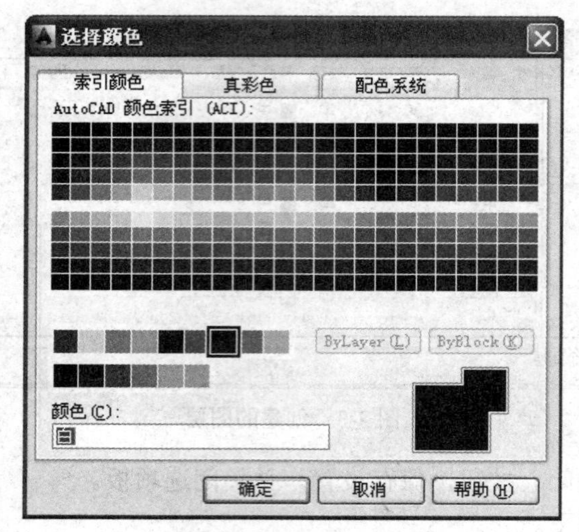

图 3-4 “选择颜色”对话框

2）设置图层线型

每一个图层具有一种线型，系统默认设置的线型为 Continuous（连续线）。为不同的图层指定相应的线型，用于绘制图形中不同线型的图线。

操作步骤如下。

第 1 步，单击某一图层“线型”列表中的线型名，打开如图 3-5 所示的“选择线型”对话框，默认情况下，“已加载的线型”列表中只显示一种线型 Continuous。

第 2 步，单击“加载”按钮，打开如图 3-6 所示的“加载或重载线型”对话框。

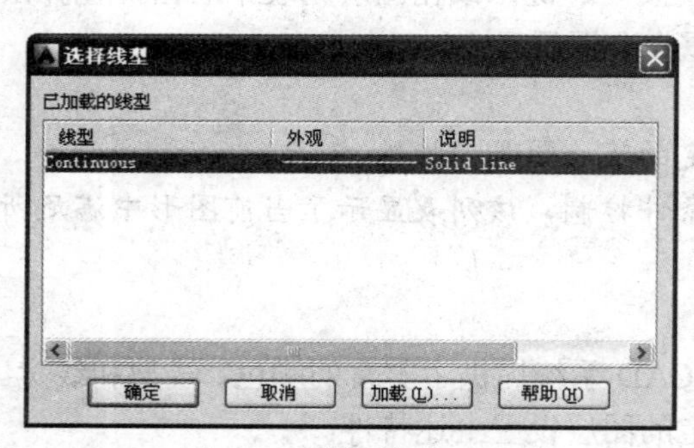

图 3-5 “选择线型”对话框

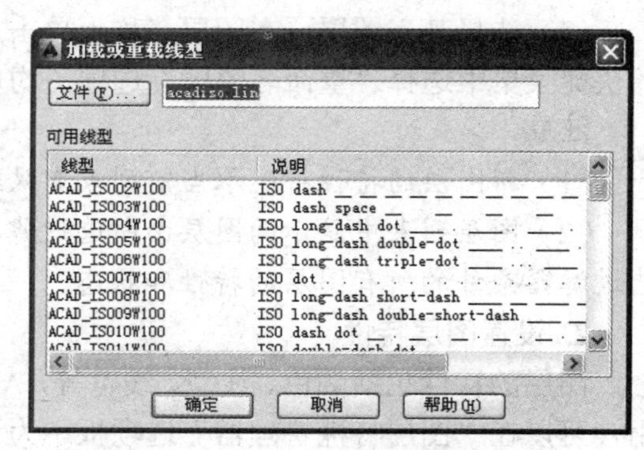

图 3-6 “加载或重载线型”对话框

第 3 步，在“可用线型”列表中选择“acadiso.lin”线型文件中定义的线型。或单击“文件”按钮，在打开的“选择线型文件”对话框中，选择用户自定义线型文件后，在“可用线型”列表中选择自定义的线型。

第 4 步，单击“确定”按钮，返回“选择线型”对话框，加载的线型显示在“已加载的线型”列表中。

第 5 步，选择所需的线型。

第 6 步，单击“确定”按钮，保存线型设置，返回“图层特性管理器”选项板。

注意：用户在“加载或重载线型”对话框的“可用线型”列表中，在选择线型的同时按下 Shift 键或 Ctrl 键可以选择多种线型。

3）设置图层的线型宽度

操作步骤如下。

第 1 步，单击某一图层“线宽”列表中的线宽图标或线宽名，打开如图 3-7 所示的“线宽”对话框。

第 2 步，选择所需要的线宽。

第 3 步，单击“确定”按钮，保存线宽设置，返回“图层特性管理器”选项板。

注意：

（1）只有在状态行上的“显示/隐藏线宽”图标按钮被打开后，线型宽度才能显示。

（2）在图标按钮上右击，在弹出的快捷菜单中选择“设置”项，打开如图 3-8 所示的“线宽设置”对话框。在“调整显示比例”选项组中，可以拖动滑块改变线宽的显示比例，从而改变图线的粗细。

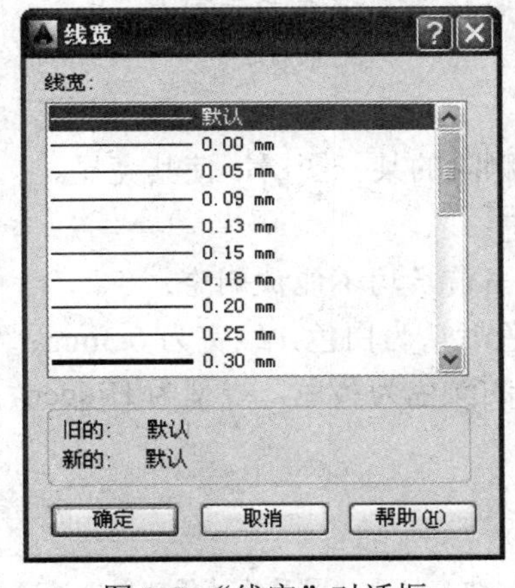

图 3-7 “线宽”对话框

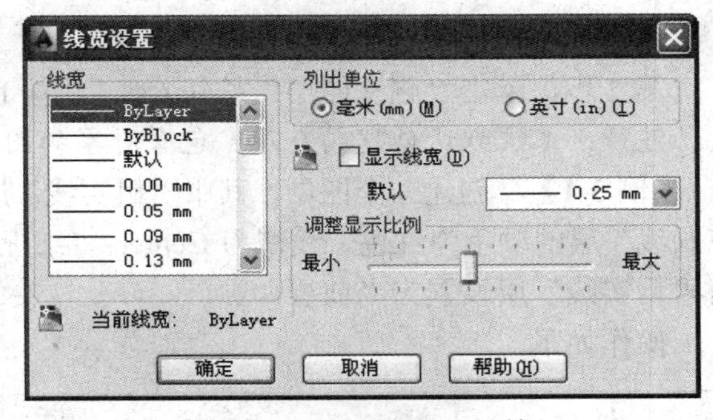

图 3-8 “线宽设置”对话框

4）设置图层的透明度[①]

操作步骤如下。

第 1 步，单击某一图层“透明度”列表中的透明度值，打开如图 3-9 所示的“图层透明度”对话框。

第 2 步，在“透明度值”文本框中输入透明度值（0～90），或从下拉列表中选择透明度值。

第 3 步，单击“确定”按钮，保存透明度设置，返回“图层特性管理器”选项板。

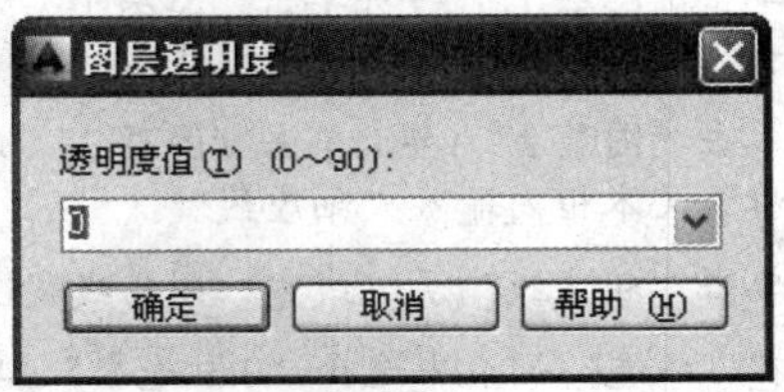

图 3-9 “图层透明度”对话框

注意：只有在状态行上的“显示/隐藏透明度”图标按钮被打开后（蓝显），对象的透明度才能显示。

① 此为从 AutoCAD 2011 开始新增的功能。

透明度值越大，对象越透明，如图 3-10 所示。

（a）透明度为 0

（b）透明度为 30

（c）透明度为 60

图 3-10　图层透明度控制对象的透明度

3. 设置当前层

AutoCAD 把当前作图所使用的图层称为当前层。一个图形文件的图层数量不受限制，但当前层只有一个，用户只能在当前层上绘制图形对象。

操作步骤如下。

第 1 步，在“图层特性管理器”选项板中，选定要置为当前层的图层，使其亮显。

第 2 步，单击“置为当前”按钮，在选定图层上出现标记，如图 3-3 所示，并在“当前图层”栏内显示，如当前图层：粗实线。

注意：在某一图层的状态图标或名称上双击，均可将该图层设置为当前层。

4. 删除图层

操作步骤如下。

第 1 步，在“图层特性管理器”选项板中，选定要删除的某一图层，使其亮显。

第 2 步，单击“删除图层”按钮，或按 Delete 键。

注意：系统默认创建的 0 层、包含对象的图层以及当前层均不能被删除。

【例 3-1】　创建三个图层，其中“粗实线”层的颜色默认为白色，线宽为 0.3mm；“细点画线”层的颜色为红色，线型为 Center；“细虚线”层的颜色为黄色，线型为 Hidden，并将“粗实线”层设置为当前层。

操作如下。

命令: _**layer**	单击图标按钮，打开“图层特性管理器”选项板
连续 3 次单击“新建图层”按钮	创建名为“图层 1”、“图层 2”、“图层 3”的 3 个新图层
直接在“图层 3”的“名称”文本框内输入“粗实线”	为新图层 3 更名为“粗实线”，如图 3-11 所示
单击“图层 1”，再次单击“图层 1”，在其“名称”文本框内输入“细点画线”	为新图层 1 更名为“细点画线”
单击“图层 2”，再次单击“图层 2”，在其“名称”文本框内输入“细虚线”	为新图层 2 更名为“细虚线”
单击“粗实线”层“线宽”列的线宽图标	打开“线宽”对话框，如图 3-7 所示
在“线宽”列表中选择“0.3 毫米”，单击“确定”按钮	设置“粗实线”层的线宽为 0.3mm
单击“细点画线”层“颜色”列的色块图标	打开“选择颜色”对话框，如图 3-4 所示
在标准颜色区中单击“红色”色块，“颜色”框中随即显示“红色”，单击“确定”按钮	设置“细点画线”层的颜色为红色

单击“细点画线”层“线型”列的线型名称	打开“选择线型”对话框，如图 3-5 所示
单击“加载”按钮	打开“加载或重载线型”对话框，如图 3-6 所示
在“可选择线型”列表中选择 Center，按住 Ctrl 键选择 Hidden，单击“确定”按钮	加载新线型 Center 和 Hidden，并返回“选择线型”对话框，如图 3-12 所示
在“已加载的线型”列表中，选择线型 Center，单击“确定”按钮	设置“细点画线”层的线型为 Center，并返回“图层特性管理器”对话框
单击“细虚线”层“颜色”列的色块图标	打开“选择颜色”对话框，如图 3-4 所示
在标准颜色区中单击“黄色”色块，“颜色”框中随即显示“黄色”，单击“确定”按钮	设置“细虚线”层的颜色为黄色
单击“细虚线”层“线型”列的线型名称	打开“选择线型”对话框，如图 3-5 所示
在“已加载的线型”列表中，选择线型 Hidden，单击“确定”按钮	设置“细虚线”层的线型为 Hidden，并返回“图层特性管理器”选项板
单击“粗实线”层，使其亮显，单击“置为当前”按钮，使“粗实线”层出现标记	将“粗实线”层设置为当前层，如图 3-13 所示
单击“关闭”按钮	保存图层设置，退出“图层特性管理器”对话框

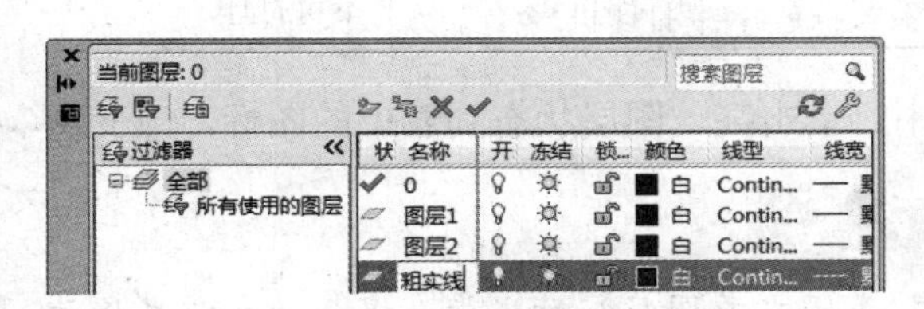

图 3-11　命名新图层

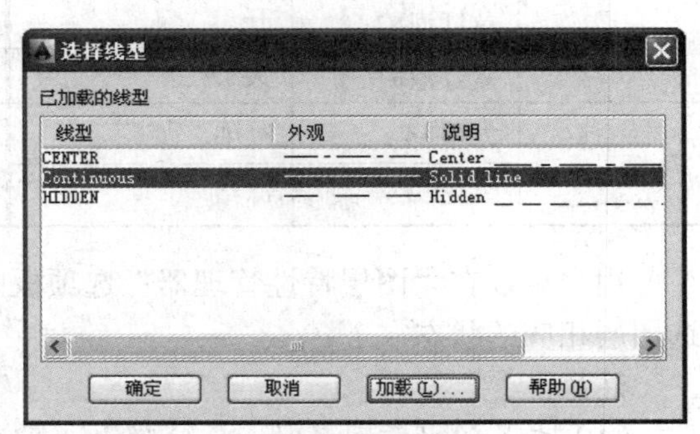

图 3-12　显示加载的线型

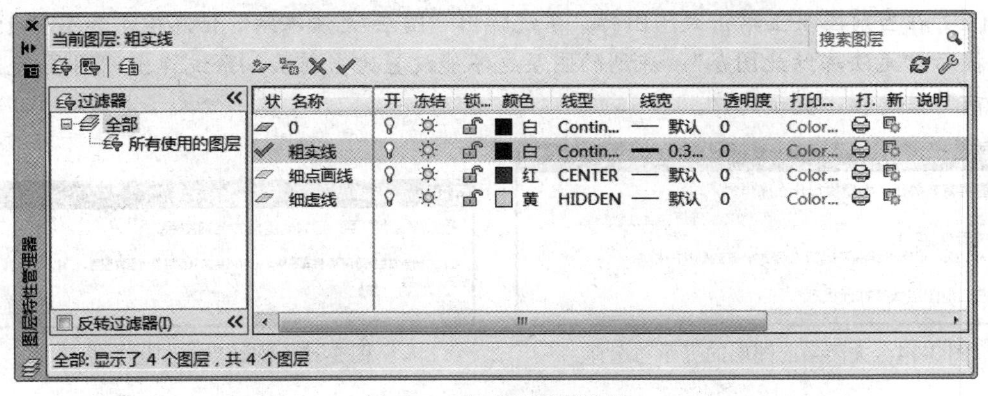

图 3-13　完成的图层设置

5. 设置图层的状态

如图 3-13 所示，每个图层的状态包括以下几种。

（1）图层的开与关：图层默认设置为打开状态。打开图层上的图形对象是可见的，而关闭图层上的图形对象不能被显示、编辑或打印输出，但关闭图层上的对象可以参与重生成，在关闭图层上仍然可以绘制新的对象。

（2）图层的冻结与解冻：图层默认设置为解冻状态。为加快图形重生成的速度，可以将那些与编辑无关的图层冻结，冻结的图层是不可见的，且不参与系统运算和重生成。当前层不能被冻结。

（3）图层的锁定与解锁：图层默认设置为解锁状态。为防止某图形对象被误修改，可将该对象所在的图层锁定，锁定的图层是可见的，且可以绘制新的对象，但不能编辑对象。

注意：仍然可以使用对象捕捉功能捕捉到锁定图层对象上的特征点。

（4）图层的打印与不打印：图层默认设置为可打印状态。打印设置只对打开和解冻的可见图层有效，当前图形中已被关闭或冻结的图层，即使设置为可打印，该图层的对象也不能打印出来。

AutoCAD 的图层状态用相应的图标表示，表 3-1 列出了各个图标所代表的图层状态。

表 3-1　图层状态的图标形式及其含义

状态列表	图标形式	表示的图层状态	状态列表	图标形式	表示的图层状态
开	黄灯泡	开	锁定	打开的小锁	解锁
	蓝灯泡	关		关闭的小锁	锁定
冻结	太阳	解冻	打印	打印机	可打印
	雪花	冻结		打印机	不可打印

用户可以在“图层特性管理器”选项板中，单击某一图层状态列表中的图标，改变所选图层相应的状态。

注意：

（1）在关闭当前图层时，系统弹出“图层-关闭当前图层”对话框，提示“当前层将被关闭”，如图 3-14 所示，用户可以选择是否关闭当前层。一般不关闭当前层。

（2）在当前图层上单击太阳图标，系统弹出“图层-无法冻结”信息框，如图 3-15 所示，提示“无法冻结此图层”。冻结的图层也不能设置为当前层，系统弹出“图层-无法置为当前”信息框，提示用户。

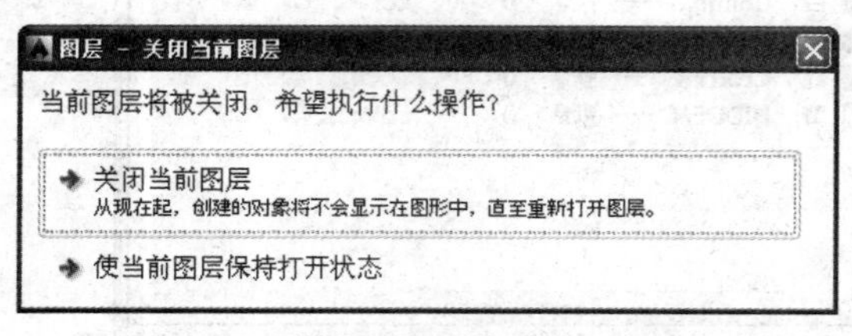

图 3-14　关闭当前图层的提示与选择

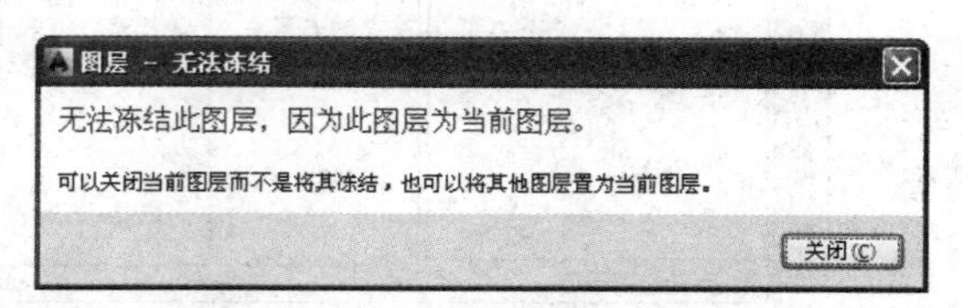

图 3-15　冻结当前图层的提示

3.1.2　图层控制与对象特性

“图层”面板的第 3 行提供了“图层”下拉列表，“特性”面板提供了“对象特性”下拉列表，如图 3-16 和图 3-17 所示，利用这些下拉列表可以方便、快捷地设置图层的状态和对象特性。

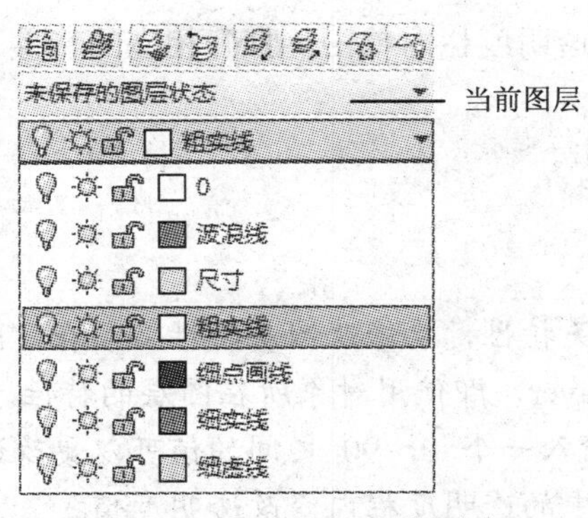

图 3-16 “图层”下拉列表

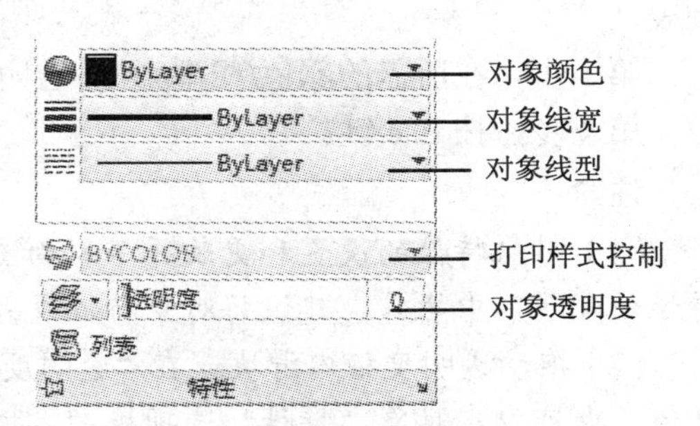

图 3-17 “特性”面板

1. 设置图层状态

“当前图层”栏显示了当前图层的状态及颜色特性。在“当前图层”栏内单击，打开“图层”下拉列表，即可显示当前图形文件中满足所选过滤器条件的所有图层及其状态。若用户没有选择任何对象，则可以进行如下操作。

（1）在下拉列表中单击某一图层的状态图标按钮，设置图层状态。

（2）在下拉列表中单击某一图层的层名，将该层设置为当前层。

（3）在下拉列表中单击某一图层的颜色色块图标，可打开如图 3-4 所示的“选择颜色”对话框，在其中可选择图层颜色。

2. 更改图形对象所在的图层

利用“图层”下拉列表，用户可以更改某一图形对象所在的图层。

操作步骤如下。

第 1 步，选择某一图形对象。

第 2 步，在“当前图层”栏内单击，打开“图层”下拉列表。

第 3 步，在某一图层名上单击。

第 4 步，按 Esc 键。

注意：当状态行的“快捷特性”按钮打开（即蓝显）时，选择某一图形对象后，会弹出“快捷特性”面板，如图 3-18 所示，用户可以更改所选对象的图层及有关特性[①]。

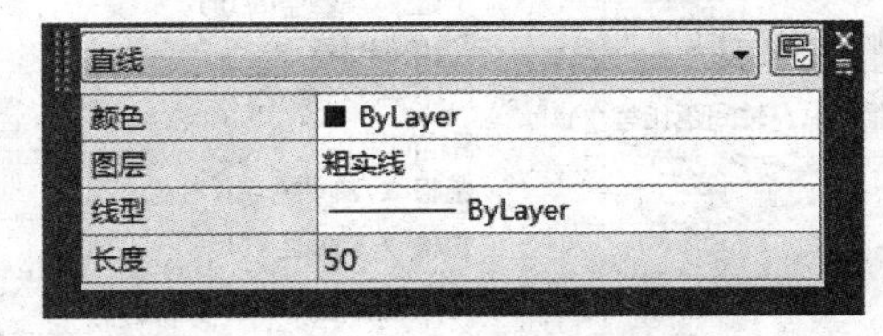

图 3-18 “快捷特性”面板

3. 更改对象特性

利用“特性”面板，可以为选定的图形对象更改颜色、线型、线宽、透明度等特性。

操作步骤如下。

第 1 步，选择某一图形对象。

① 参见本书第 4.6 节。

第 2 步，在“特性”面板中的颜色/线型/线宽/透明度栏内单击，打开相应的特性下拉列表。

第 3 步，在所需的颜色/线型/线宽/透明度上单击。

第 4 步，按 Esc 键。

注意：

（1）对象特性的设置和更改并不影响图层的有关特性，要修改图层特性必须在“图层特性管理器”中操作。建议将对象特性设置为 ByLayer，即使用对象所在图层的特性。

（2）拖动透明度栏内滑块或在“透明度”框中输入一个 0～90 之间的值可以更改透明度值。也可以在对象“特性”选项板“常规”列表中的透明度栏内修改透明度值。

（3）若不选择任何对象，利用“特性”面板进行的特性设置即为当前设置，将应用于新创建的对象。

3.2 作图状态的设置

绘图时，要确保图形的精确定位，可以利用系统提供的“捕捉”、“栅格”、“正交”等辅助工具控制作图状态。

3.2.1 捕捉

捕捉点是屏幕上不可见的网点，用以控制光标移动的最小步距。在绘图时，如果捕捉功能打开，光标便不能连续移动，而只能在捕捉点之间跳动，并吸附在捕捉点上，这样可以保证使用光标或箭头键精确定点。利用“草图设置”对话框的“捕捉和栅格”选项卡，可以设置“捕捉”模式和参数，如图 3-19 所示。

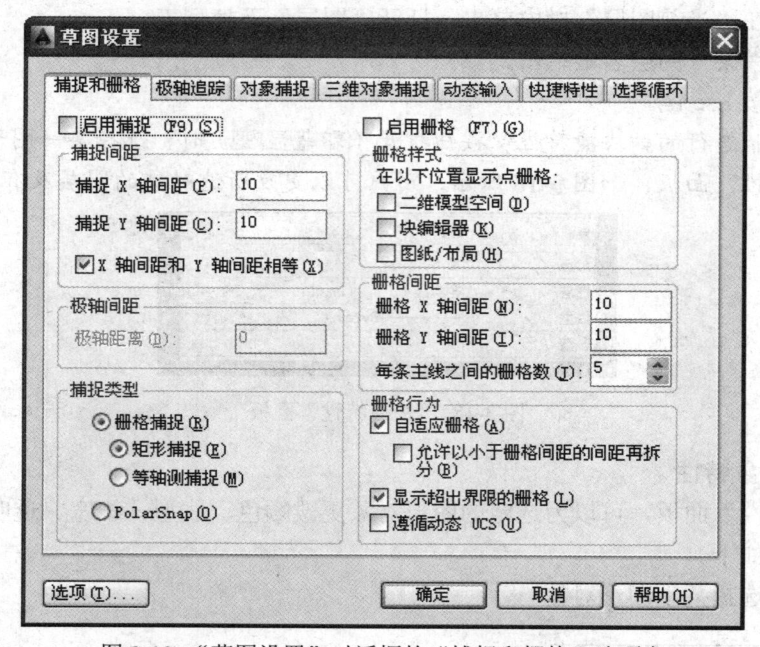

图 3-19 “草图设置”对话框的“捕捉和栅格”选项卡

调用命令的方式如下。

菜单：执行“工具”|“绘图设置”命令。

键盘命令：DSETTINGS（DDRMODES、DS 或 SE）。

状态行：在状态行上的 9 个图标按钮中的任一个上右击，在弹出的快捷菜单中选择“设置”项，打开“草图设置”对话框，再选择“捕捉和栅格”选项卡。

操作步骤如下。

第 1 步，调用“绘图设置”命令，打开“草图设置”对话框的“捕捉和栅格”选项卡，如图 3-19 所示。

第 2 步，在“捕捉 X 轴间距”文本框中输入水平方向的捕捉间距。

第 3 步，在“捕捉 Y 轴间距”文本框中输入垂直方向的捕捉间距。

第 4 步，在“捕捉类型”选项组中，选择“栅格捕捉”类型。

第 5 步，进行其他设置，或单击“确定”按钮，完成设置。

操作及选项说明如下。

（1）当选中“X 轴间距和 Y 轴间距相等”复选框时，只要用户改变任一方向的捕捉（或栅格）间距后，回车，或单击“确定”按钮，则关闭“草图设置”对话框，且系统保证 X 和 Y 两个方向的捕捉（或栅格）间距相等，并且将最后输入的 X 或 Y 捕捉（或栅格）间距数值作为最终的间距。

（2）在“栅格捕捉”类型中，“矩形捕捉”样式为标准矩形模式，即捕捉方向与当前用户坐标系的 X、Y 方向平行，为默认的选项，用于画一般的平面图形；“等轴测捕捉”样式是沿着等轴测方向捕捉，用于画等轴测图。“PolarSnap”类型为极轴捕捉，用于设置沿“极轴追踪”[①]方向的捕捉间距，并沿极轴方向捕捉。

注意：两个方向的捕捉间距值必须是正实数。

在绘图过程中，捕捉功能可以随时打开或关闭，其方法有以下 4 种。

（1）在“草图设置”对话框的“捕捉和栅格”选项卡中，选中/不选中“启用捕捉”复选框。

（2）单击状态行上的“捕捉模式”图标按钮。

（3）功能键 F9。

（4）在状态行上右击 “捕捉模式”图标按钮，在弹出的快捷菜单中选择“启用 PolarSnap”或“启用栅格捕捉”或“关”，如图 3-20 所示。

注意：

（1）捕捉按钮灰显表示“捕捉”功能关闭，蓝显表示“捕捉”功能打开。

（2） 在“捕捉”快捷菜单中，当不选择“使用图标”选项时，状态栏内的各按钮将转变为 AutoCAD 2009 以前版本的文字按钮。“显示”选项控制某些常用状态按钮的显示。

（3）编辑图形选择对象时“捕捉”不起作用。

---

① 参见本书 3.4.1 节。

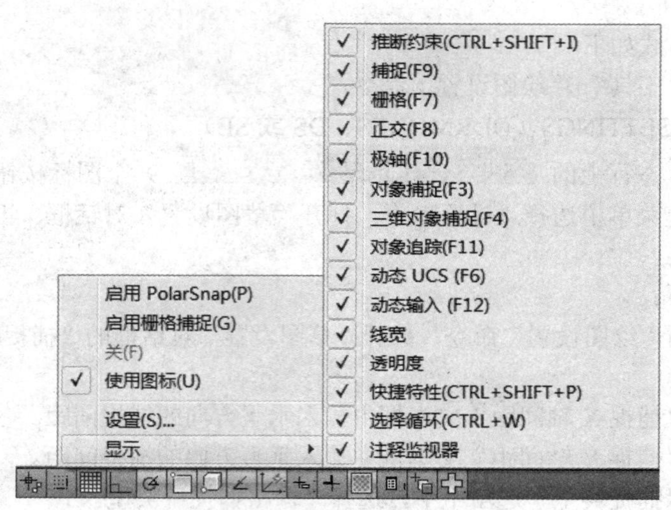

图 3-20 “捕捉”快捷菜单

3.2.2 栅格

栅格是线或点的矩阵，相当于坐标纸上的方格，栅格并不是图形的一部分，只作为视觉参考，不能打印出来。打开栅格显示时，屏幕上将显示栅格线[①]或点，如图 3-21 所示，可以直观显示对象之间的距离，以便于用户定位对象。“栅格”模式和参数在“草图设置”对话框中“捕捉和栅格”选项卡的“栅格”选项组内设进行置。

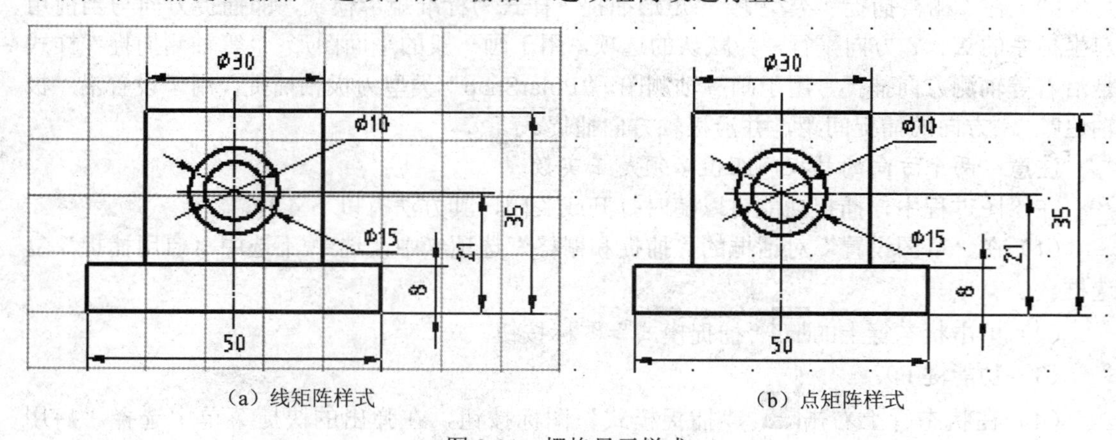

（a）线矩阵样式　　（b）点矩阵样式

图 3-21　栅格显示样式

操作步骤如下。

第 1 步，调用“绘图设置”命令，打开“草图设置”对话框的“捕捉和栅格”选项卡，如图 3-23 所示。

第 2 步，在“栅格 X 轴间距”文本框中输入水平方向的栅格间距。

第 3 步，在“栅格 Y 轴间距”文本框中输入垂直方向的栅格间距。

第 4 步，在“栅格行为”选项组内，根据需要选中/不选中“自适应栅格”和“显示超

① 此为从 AutoCAD 2011 开始新增的功能。

出界限的栅格”复选框。

第 5 步，进行其他设置，或单击“确定”按钮，完成设置。

操作及选项说明如下。

（1）“在以下位置显示点栅格”中可以为“二维模型空间”、“块编辑器”、“图纸/布局”中设置栅格样式为“点样式”，利用 GRIDSTYLE 系统变量进行设置。

（2）系统默认选中“自适应栅格”复选框，打开自适应栅格显示功能。系统根据图形显示的缩小，自动调整栅格密度来显示栅格点，此时栅格点间距不再是设置的栅格间距值。否则系统将不显示栅格点，并提示“栅格太密，无法显示”。还可以用系统变量 GRIDDISPLAY 加以控制。

（3）系统默认选中“显示超出界限的栅格”复选框，栅格显示范围可以超出图限范围。否则，栅格显示范围即为图限范围。图限范围由 LIMITS 命令指定[①]。栅格显示范围还可以用系统变量 GRIDDISPLAY 加以控制。

在绘图过程中，可以随时打开或关闭栅格显示，其方法有以下 4 种。

（1）在“捕捉和栅格”选项卡中，选中/不选中“启用栅格”复选框。

（2）单击状态行上的“栅格显示”按钮。

（3）功能键 F7。

（4）在状态行上右击“栅格显示”图标按钮上，在弹出的快捷菜单中选择“启用”。

注意：

（1）用户可以预先设置捕捉和栅格间距，也可以在绘图过程中随时打开或关闭“草图设置”对话框，修改捕捉和栅格间距。

（2）为便于作图，一般情况下，栅格间距设成捕捉间距的整数倍。如果栅格间距设置为 0，则栅格采用相应方向的捕捉间距值。

（3）用户可以执行键盘命令 SNAP 和 GRID，分别设置“捕捉”和“栅格”模式，打开或关闭“捕捉”功能和“栅格”显示。

3.2.3 正交

当打开正交模式后，系统将控制光标在与当前坐标系的 X、Y 坐标轴平行的方向上移动，这样可以方便地在水平或垂直方向上绘制和编辑图形。利用“正交”命令可以打开或关闭正交模式。

调用命令的方式如下。

键盘命令：ORTHO（或 OR）。

操作步骤如下。

第 1 步，调用“正交”命令。

第 2 步，命令提示为“输入模式 [开(ON)/关(OFF)] <关>”：时，输入 ON/OFF。

“正交”命令为透明命令，在绘图过程中可以随时打开或关闭“正交”模式，其方法还有以下 3 种。

---

① 参见本书 3.3 节。

（1）单击状态行上的“正交模式”按钮。

（2）功能键 F8。

（3）在状态行上右击“正交模式”图标按钮，在弹出的快捷菜单中选择“启用”。

注意：正交模式只作用于用鼠标等定点设备绘制编辑图形，而利用键盘输入点坐标绘制和编辑图形时，不受正交模式影响。

【例 3-2】 使用“捕捉”、“栅格”和“正交”功能，绘制如图 3-22 所示的粗实线图形。

提示：为保证操作方便，通常预先打开“栅格”显示，而“捕捉”和“正交”模式，根据需要随时打开或关闭。绘制斜线时，应关闭“正交”模式。

操作步骤如下。

第 1 步，绘图环境设置。

（1）在状态行上右击“捕捉模式”图标按钮，从弹出的快捷菜单中选择“设置”命令，打开如图 3-19 所示的“草图设置”对话框的“捕捉和栅格”选项卡，设置捕捉和栅格间距，确认“矩形捕捉”样式，如图 3-23 所示。单击“确定”按钮，回到绘图窗口。

（2）单击状态行上的和图标按钮，启用“捕捉”功能和“栅格”显示。

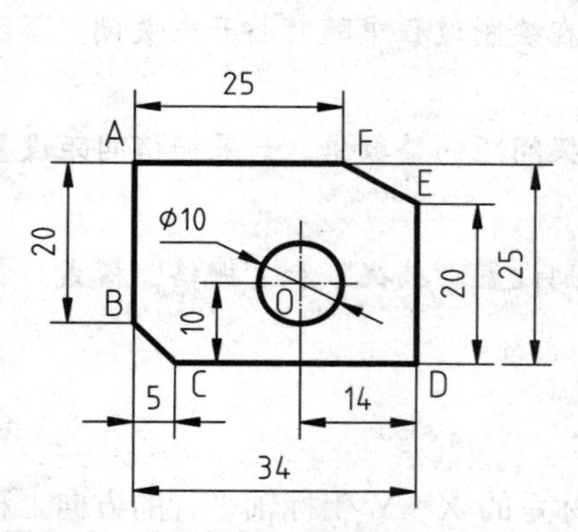

图 3-22 使用捕捉、栅格、正交功能绘图

草图设置
捕捉和栅格 | 极轴追踪 | 对象捕捉 | 三维对象捕捉 | 动态输入 | 快捷特性 | 选择循环
☐启用捕捉 (F9)(S)
捕捉间距
捕捉 X 轴间距(P): 5
捕捉 Y 轴间距(C): 5
☑X 轴间距和 Y 轴间距相等(X)
极轴间距
极轴距离(D): 0
捕捉类型
◉栅格捕捉(R)
◉矩形捕捉(E)
○等轴测捕捉(M)
○PolarSnap(O)
☐启用栅格 (F7)(G)
栅格样式
在以下位置显示点栅格:
☐二维模型空间(D)
☐块编辑器(K)
☐图纸/布局(H)
栅格间距
栅格 X 轴间距(N): 10
栅格 Y 轴间距(I): 10
每条主线之间的栅格数(J): 5
栅格行为
☑自适应栅格(A)
☐允许以小于栅格间距的间距再拆分(B)
☑显示超出界限的栅格(L)
☐遵循动态 UCS(U)
选项(T)... 确定 取消 帮助(H)

图 3-23 设置捕捉、栅格的参数和捕捉模式

第 2 步，绘制图形。

操作如下。

命令: _**line**	单击图标按钮，启动“直线”命令
指定第一点:	利用栅格捕捉，拾取某一栅格点，确定点 A，如图 3-24（a）所示
指定下一点或[放弃(U)]:	移动光标向下 2 个栅格点，单击，确定第二点 B
指定下一点或[放弃(U)]:	移动光标向右 1 个捕捉点，再向下 1 个捕捉点，单击，确定第三点 C，如图 3-24（a）所示
指定下一点或[放弃(U)]:**29**↵	向右移动光标，输入 29，回车，确定点 D

指定下一点或[放弃(U)]: <正交 开>	单击状态行上的按钮，打开“正交”模式，向上移动光标 2 个栅格点，单击，确定点 E，如图 3-24（b）所示
指定下一点或[放弃(U)]: <正交 关>	向上移动光标 1 个捕捉点，向左移动光标至如图 3-24（c）所示的捕捉点，单击，确定点 F
指定下一点或[放弃(U)]:	移动光标至 A 点，单击
指定下一点或[放弃(U)]:	回车，结束“直线”命令
命令: **_circle**	单击图标按钮，启动“圆”命令
指定圆的圆心或 [三点(3P)/两点(2P)/切点、切点、半径(T)]:	移动光标至捕捉点 O，单击，如图 3-24（d）所示，确定 ϕ10 圆的圆心
指定圆的半径或 [直径(D)]:	移动光标 1 个捕捉点，单击，绘制 ϕ10 圆

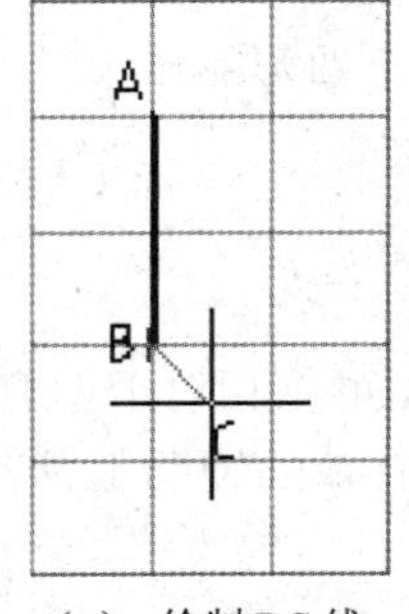

（a） 绘制 BC 线

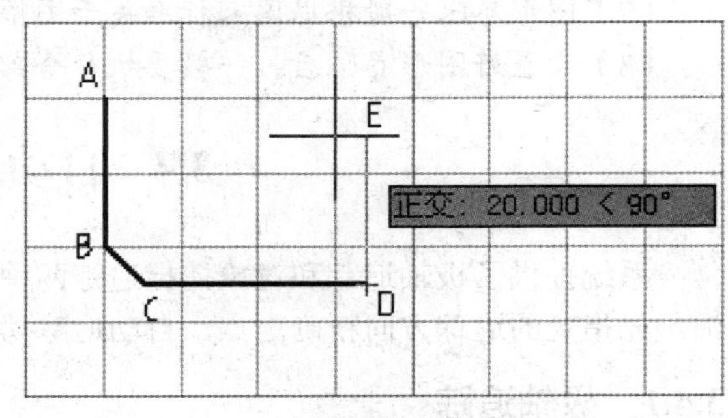

（b）绘制 DE 线

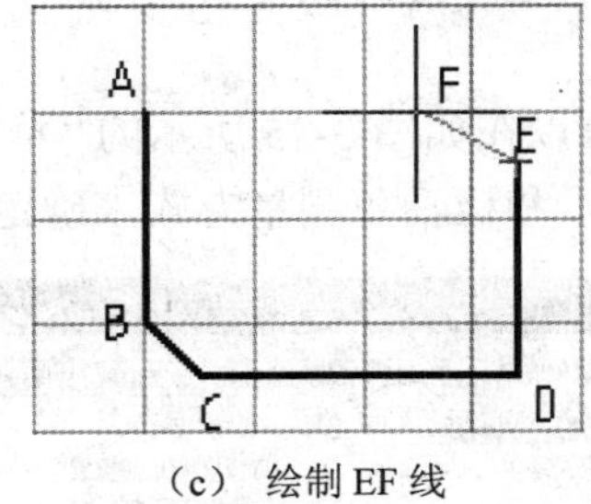

（c） 绘制 EF 线

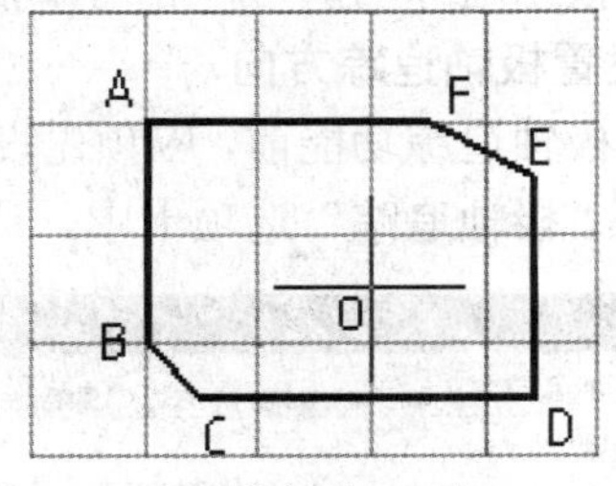

（d）确定圆心 O 点

图 3-24 使用捕捉、栅格、正交功能绘图操作

注意：本章各例题的绘图单位设置为：长度小数精度为 0.000，角度精度为 0。

3.3 图形界限的设置

绘制图形前，一般需要根据图纸幅面设置图形界限，控制绘图的范围。图形界限相当于图纸的大小，通过图限检查的开/关，防止/允许图形超出图限。

调用命令的方式如下。

菜单：执行“格式”|“图形界限”命令。

键盘命令： LIMITS（或 LIM）。

执行“图形界限”命令后，可以设置图形界限的范围和是否打开图限检查。

操作步骤如下。

第 1 步，调用“图形界限”命令。

第 2 步，命令行提示为“指定左下角点或[开(ON)/关(OFF)] <0.0000,0.0000>:”时，输入矩形图限左下角点的坐标，或直接回车，默认左下角点的坐标为（0，0）。

第 3 步，命令行提示为“指定右上角点 <420.0000,297.0000>:”时，输入矩形图限右上角点的坐标。

注意：

（1）在上述第 2 步命令提示下，输入 ON 或 OFF，回车，可以打开/关闭图限检查。当打开图限检查时，则无法输入图形界限以外的点，系统在命令行提示用户“**超出图形界限”。

（2）图形界限一般根据国家标准关于图幅尺寸的规定设置。

（3）设置好图形界限后，一般要执行全部缩放命令，显示图形界限[①]。

3.4 自动追踪功能

系统提供了极轴追踪和对象捕捉追踪两种自动追踪功能，可以相对于已有图形上的点，沿预先指定的追踪方向精确定点，自动追踪功能是精确绘图有效的辅助工具。

3.4.1 极轴追踪

利用极轴追踪功能可以相对于前一点，沿指定角度的追踪方向获得所需的点。

1. 设置极轴追踪方向

使用极轴追踪功能前，应预先设置极轴追踪方向。可以在如图 3-25 所示的“草图设置”对话框的“极轴追踪”选项卡中，通过设置极轴角度增量和极轴角测量方式来确定。

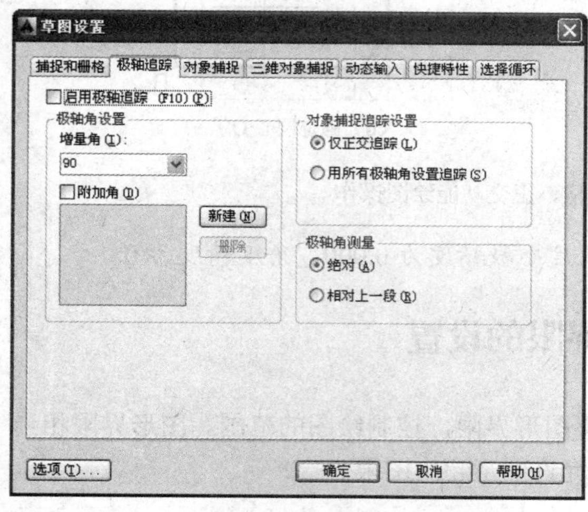

（a）“极轴追踪”选项卡

（b）设置极轴角

图 3-25 设置极轴追踪方向

① 参见本书 4.1.1 节。

操作步骤如下。

第 1 步，调用“绘图设置”命令。

第 2 步，打开“极轴追踪”选项卡。

第 3 步，在“极轴角设置”选项组的“增量角”文本框内，输入极轴角度增量，或从下拉列表框中，根据需要选择系统预设的某一极轴角增量。

第 4 步，按需要设置附加极轴角。选中“附加角”复选框，再单击“新建”按钮，然后在“附加角”文本框中输入所需要的极轴角。

第 5 步，在“极轴角测量”选项组内选择“绝对”或“相对上一段”单选按钮，确定极轴追踪增量是相对于当前用户坐标系（UCS）X 方向的绝对极轴，还是相对于前一个创建的线段的相对极轴。

第 6 步，进行其他设置，或单击“确定”按钮，完成设置。

注意：

（1）系统最多可以添加 10 个附加极轴角，对于不需要的附加极轴角，可以选中后，单击“删除”按钮，将其删除。

（2）在状态行上右击“极轴追踪”图标按钮，从弹出的快捷菜单中可以选择系统预设的极轴角增量，如图 3-26 所示。

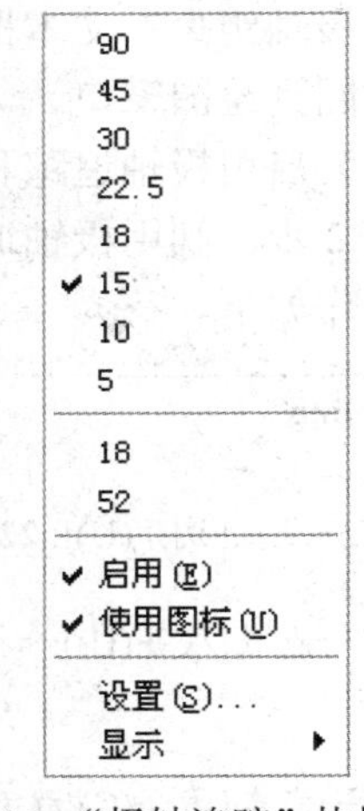

图 3-26 “极轴追踪”快捷菜单

在绘图过程中，可以随时打开或关闭极轴追踪功能，其方法有以下 4 种。

（1）在“草图设置”对话框的“极轴追踪”选项卡中，选中/不选中“启用极轴追踪”复选框。

（2）单击状态行上的图标按钮。

（3）功能键 F10。

（4）在状态行上右击“极轴追踪”图标按钮，在弹出的快捷菜单中选择“启用”。

2. 使用极轴追踪功能定点

在绘制或编辑图形时，当系统要求输入点时，打开极轴追踪功能，移动光标至追踪方向附近，则在极轴角度方向上出现一条带有标记符号×的追踪辅助虚线，并提示追踪方向以及标记点×与前一点的距离，用户可以直接拾取接受标记点或输入距离值定点，如图 3-27（a）所示。

操作及选项说明如下。

（1）使用极轴追踪时，配合使用自动对象捕捉功能的“交点”模式，可以捕捉到极轴追踪方向上与其他对象的交点，如图 3-27（b）所示。

（2）若在如图 3-23 所示的“草图设置”对话框的“捕捉和栅格”选项卡中，选择捕捉类型为 PolarSnap（极轴捕捉），并在“极轴距离”文本框中输入捕捉间距。打开“捕捉模式”，即可得到极轴方向上的捕捉点，如图 3-27（c）所示。

注意：

（1）使用极轴追踪时，系统将沿极轴角及其整数倍角度和附加角度方向进行追踪。

（2）“极轴”与“正交”不能同时打开，打开其中一个，系统会自动关闭另一个。

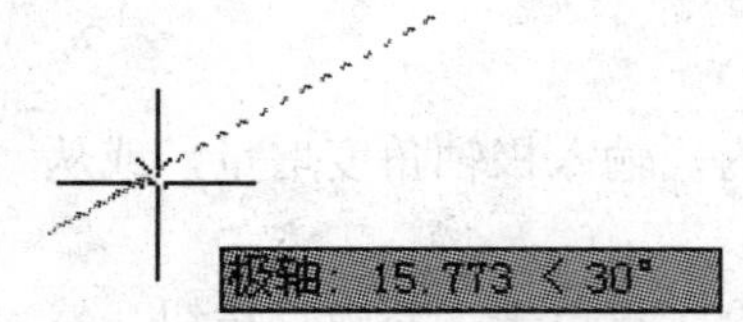

（a）沿极轴追踪方向上定点

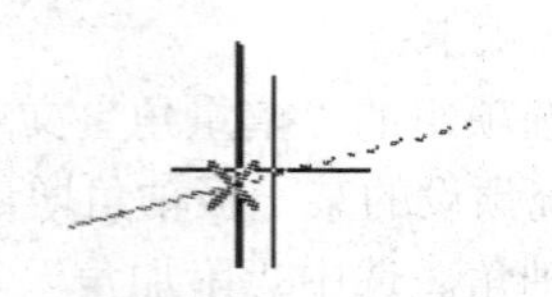

（b）捕捉极轴方向与对象的交点

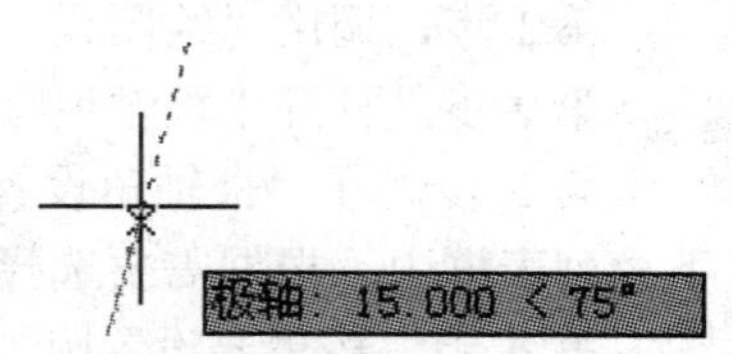

（c）极轴捕捉定点

图 3-27　利用极轴追踪功能定点

【例 3-3】 利用极轴追踪功能绘制如图 3-28 所示的图形。

操作步骤如下。

第 1 步，绘图环境设置。

（1）调用“绘图设置”命令，在“草图设置”对话框的“对象捕捉”选项卡中选择对象捕捉模式为“端点”。在“极轴追踪”选项卡中的极轴角增量下拉列表中选择 60，确定极轴追踪方向。“捕捉和栅格”选项卡中选择捕捉类型为 PolarSnap，并在“极轴距离”文本框中输入捕捉间距为 5，单击“确定”按钮，回到绘图窗口。

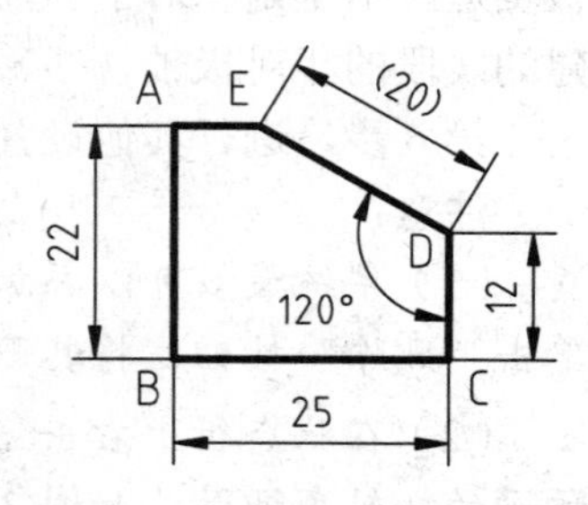

图 3-28　利用极轴追踪功能绘图

（2）启用极轴追踪和对象捕捉功能。

第 2 步，利用极轴追踪功能绘图。

操作如下。

命令: **_line**	单击图标按钮，启动“直线”命令
指定第一点:	用光标拾取点 A
指定下一点或[放弃(U)]: **22**↵	向下移动光标，显示 270° 追踪辅助线，输入 22，回车，确定点 B，如图 3-29（a）所示
指定下一点或[放弃(U)]: <捕捉 开>	按功能键 F9，打开“捕捉模式”，向右水平移动光标，显示 0° 追踪辅助线，以及如图 3-29（b）所示的工具栏提示，单击，确定点 C
指定下一点或[闭合(C)/放弃(U)] :	向上移动光标，显示 90° 追踪辅助线，输入 12，回车，确定点 D
指定下一点或[闭合(C)/放弃(U)]:	移动光标，显示 150° 追踪辅助线，以及如图 3-29（c）所示的工具栏提示，单击，确定点 E
指定下一点或[闭合(C)/放弃(U)]:	捕捉端点 A
指定下一点或[闭合(C)/放弃(U)]: ↵	回车，结束“直线”命令

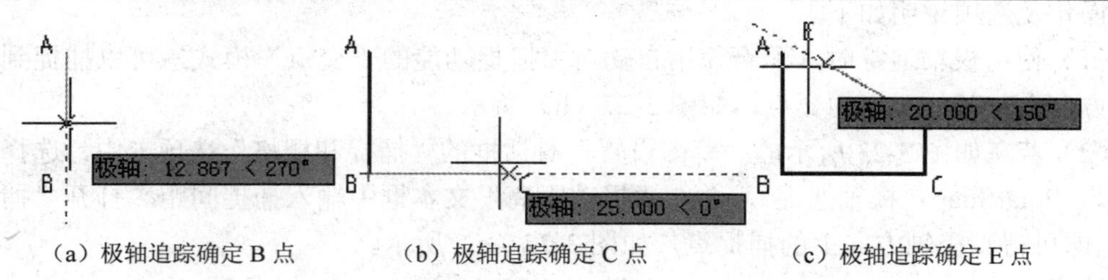

（a）极轴追踪确定 B 点　（b）极轴追踪确定 C 点　（c）极轴追踪确定 E 点

图 3-29　利用极轴追踪功能定点操作

3.4.2 对象捕捉追踪

利用对象捕捉追踪功能可以相对于对象捕捉点，并沿指定的追踪方向获得所需的点。

1. 设置对象捕捉追踪方向

使用对象捕捉追踪功能前，应预先设置对象捕捉追踪方向，同样在如图 3-25 所示的“草图设置”对话框的“极轴追踪”选项卡中进行设置。

操作步骤如下。

第 1 步，调用“绘图设置”命令。

第 2 步，打开“极轴追踪”选项卡。

第 3 步，选择“仅正交追踪”或“用所有极轴角设置追踪”单选按钮，确定启用“对象捕捉追踪”时，是沿 X 和 Y 方向进行追踪，还是沿任何极轴追踪方向进行追踪。

第 4 步，单击“确定”按钮，完成设置。

2. 使用对象捕捉追踪定点

使用对象捕捉追踪定点时必须同时启用对象捕捉和对象捕捉追踪功能。启用对象捕捉追踪功能的方法有以下 4 种。

（1）在“草图设置”对话框的“对象捕捉”选项卡中，选中“启用对象捕捉追踪”复选框。

（2）单击状态行上的“对象捕捉追踪”图标按钮。

（3）功能键 F11。

（4）在状态行上的图标按钮上右击，在弹出的快捷菜单中选择“启用”。

当需要定点时，移动光标至所需的对象捕捉点上，停留片刻，系统出现捕捉标记，如图 3-30（a）所示，并提示对象捕捉模式，在捕捉点上将出现“+”标记，表示已捕捉到追踪点。再次移动光标时随即显示一条追踪辅助虚线，并提示标记点×与追踪点之间的距离和极轴角度，用户可以直接拾取或输入某一数值定点，如图 3-30（b）所示。

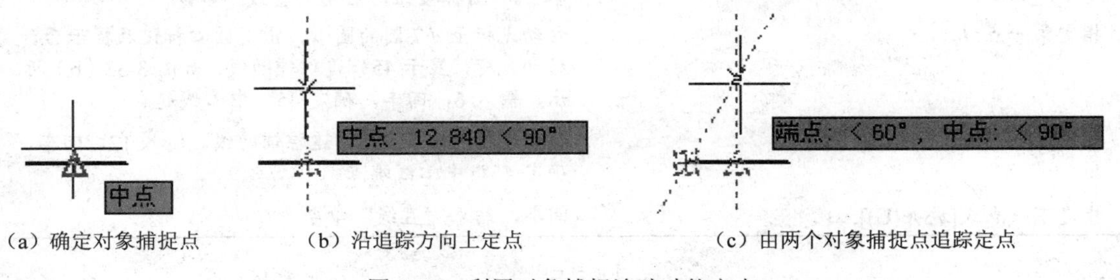

（a）确定对象捕捉点　（b）沿追踪方向上定点　（c）由两个对象捕捉点追踪定点

图 3-30　利用对象捕捉追踪功能定点

操作及选项说明如下。

（1）可以由两个对象捕捉点追踪，得到两个追踪方向的交点，即标记点×，如图 3-30（c）所示。

注意：默认设置下，对象捕捉追踪设置为“仅正交追踪”，只有当选择“用所有极轴角设置追踪”，如图 3-30（c）所示的 60° 追踪方向才可显示。

（2）当需要取消正在执行的某一对象捕捉追踪时，只需移动光标至对象捕捉点上。

【例 3-4】 如图 3-31 所示，利用对象捕捉追踪和极轴追踪功能绘制 $\phi 7$ 的圆和中心线。

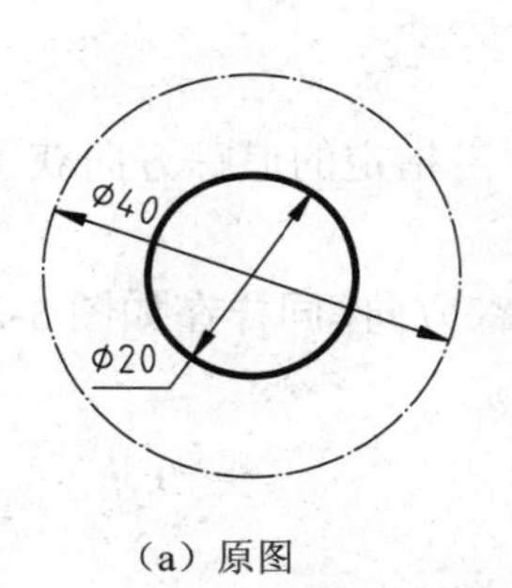

（a）原图

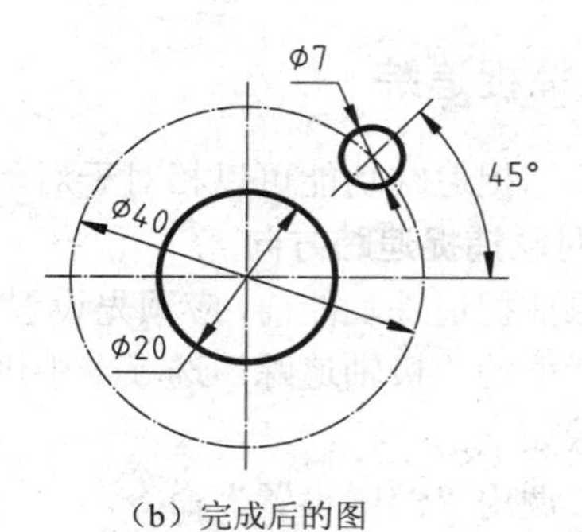

（b）完成后的图

图 3-31　利用对象追踪功能绘图

操作步骤如下。

第 1 步，绘图环境设置。

（1）利用“绘图设置”命令，设置自动对象捕捉模式为：“圆心”、“象限点”；在如图 3-25 所示的“极轴追踪”选项卡中设置极轴角增量为 15°，设置对象捕捉追踪方向为“用所有极轴角设置追踪”。

（2）启用极轴追踪、对象捕捉和对象捕捉追踪功能。

第 2 步，利用对象捕捉追踪和极轴追踪功能绘制 $\phi 7$ 圆及其中心线。

操作如下。

命令: **_circle**	单击图标按钮，启动“圆”命令
指定圆的圆心或 [三点(3P)/两点(2P)/切点、相点、半径(T)]:	移动光标至 $\phi 20$ 圆的圆心附近，出现圆心标记及提示后，移动光标，显示 45° 追踪辅助线，至出现与 $\phi 40$ 细点画线圆的交点，单击，如图 3-32（a）所示，确定 $\phi 7$ 圆的圆心
指定圆的半径或 [直径(D)]: **3.5**↲	指定圆的半径为 3.5，回车，绘制 $\phi 7$ 圆
命令: **_line**	单击图标按钮，启动“直线”命令
指定第一点: **6**↲	移动光标至 $\phi 7$ 圆的圆心，出现圆心标记及提示后，移动光标，显示 45° 追踪辅助线，如图 3-32（b）所示，输入 6，回车，确定 45° 中心线起点
指定下一点或[放弃(U)]: **12**↲	移动光标，出现 225° 追踪辅助线，输入 12，回车，确定 45° 中心线端点
指定下一点或[放弃(U)]: ↲	回车，结束“直线”命令

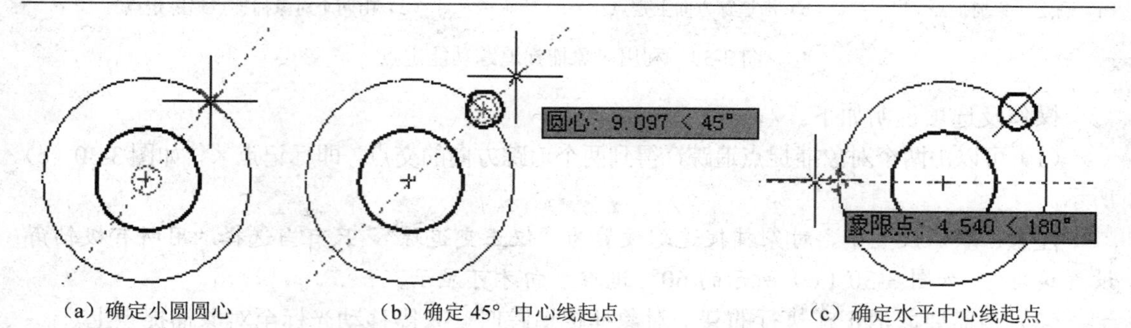

（a）确定小圆圆心　　（b）确定 45° 中心线起点　　（c）确定水平中心线起点

图 3-32　利用对象捕捉追踪功能定点操作

第 3 步，利用对象捕捉追踪和极轴追踪功能绘制 ϕ40 圆的中心线。

移动光标至 ϕ40 圆的左象限点，出现象限点标记及提示后，向左移动光标，显示 180° 追踪辅助线，如图 3-32（c）所示，输入 3，回车，确定水平中心线的起点，向右移动光标，显示 0° 追踪辅助线，输入 46，回车，确定水平中心线端点。

用同样方法绘制垂直中心线，将所有中心线所在图层改为“细点画线”层。

3.4.3 参考点捕捉追踪方式

利用“临时追踪点”和“捕捉自”两种对象捕捉模式自动追踪定点的方法称为参考点捕捉追踪方式。即先根据已知点，捕捉到一个（或一个以上）参考追踪点，再追踪到所需要的点。其特点是不需要绘制出已知点与参考点之间的连线，且可以不经过繁琐的计算，直接按给出的尺寸绘图，使作图方便、快捷。

【例 3-5】 设置绘图环境，利用参考点捕捉追踪方式，按如图 3-33 所示的尺寸绘制表面结构的基本图形符号。

提示： 根据国家标准有关规定，表面结构符号的大小与其评定参数的高度有关，图 3-33 所示为采用 7 号字时符号的大小。该符号已知两点之间的垂直距离（X 方向或 Y 方向）及两点连线与当前坐标系 X 方向的夹角，利用“极轴追踪”功能和“临时追踪点”对象捕捉模式实现参考点捕捉追踪，绘制图形。

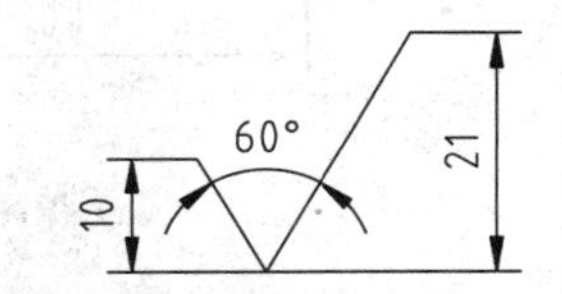

图 3-33　表面结构基本图形符号

操作步骤如下。

第 1 步，绘图环境设置。

（1）利用“草图设置”命令，在“草图设置”对话框中的“极轴追踪”选项卡中设置自动追踪方向，如图 3-36（b）所示。

（2）启用极轴追踪、对象捕捉和对象捕捉追踪功能，打开“对象捕捉”工具栏。

第 2 步，利用参考点捕捉追踪方式绘图。

操作如下。

命令: **_line**	单击图标按钮，启动“直线”命令
指定第一点:	用光标拾取点 A，如图 3-34（a）所示
指定下一点或[放弃(U)]: **_tt** 指定临时对象追踪点:**10**↲	单击“对象捕捉”工具栏上的临时追踪点图标按钮，向下移动光标，显示垂直追踪辅助线，及相应的提示，如图 3-34（a）所示，输入 10，回车，确定临时追踪点（+ 标记处即参考点）
指定下一点或[放弃(U)]:	向右移动光标（使 + 标记显示），显示水平和 300° 追踪辅助线及相应的提示时，如图 3-34（b）所示，单击，确定点 B
指定下一点或[放弃(U)]: **_tt** 指定临时对象追踪点: **21**↲	单击“对象捕捉”工具栏上的临时追踪点图标按钮，向上移动光标，显示垂直追踪辅助线，输入 21，回车，确定临时追踪点
指定下一点或[放弃(U)]:	向右移动光标（使 + 标记显示），显示水平和 60° 追踪辅助线及相应的提示时，如图 3-34（c）所示，单击，确定点 C
指定下一点或[闭合(C)/放弃(U)]:↲	回车，结束“直线”命令

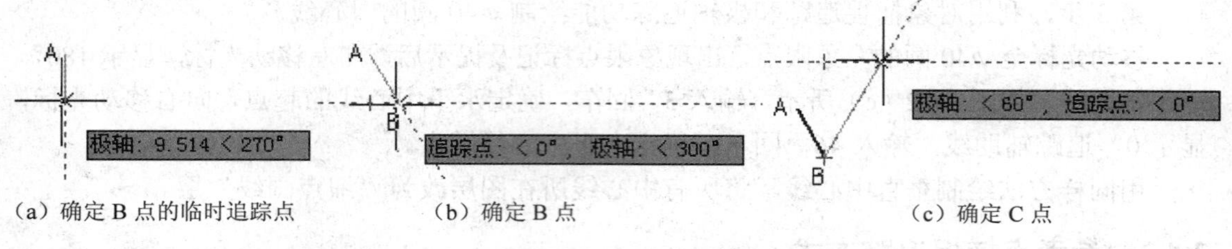

（a）确定 B 点的临时追踪点　　（b）确定 B 点　　（c）确定 C 点

图 3-34　利用自动追踪功能定点操作

【例 3-6】 利用自动追踪功能，在如图 3-35（a）所示图形的基础上完成图形。

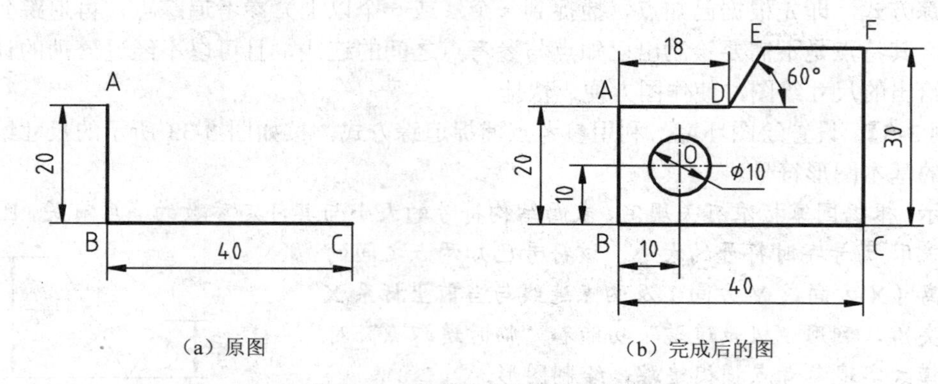

（a）原图　　（b）完成后的图

图 3-35　利用自动追踪功能绘图

操作步骤如下。

第 1 步，绘图环境设置。

（1）启用极轴追踪、对象捕捉和对象捕捉追踪功能。

（2）调用“绘图设置”命令，在“草图设置”对话框中的“捕捉和栅格”选项卡中选择捕捉类型为“PolarSnap”，并在“极轴距离”文本框中输入捕捉间距为 10，如图 3-36（a）所示；在“极轴追踪”选项卡中设置自动追踪方向，如图 3-36（b）所示。单击“确定”按钮，回到绘图窗口。

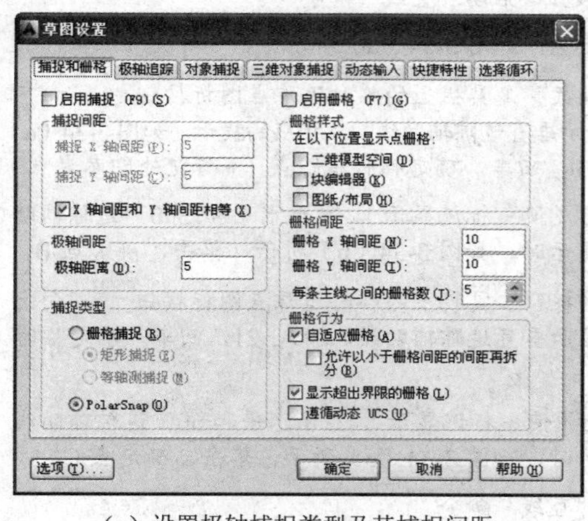

（a）设置极轴捕捉类型及其捕捉间距

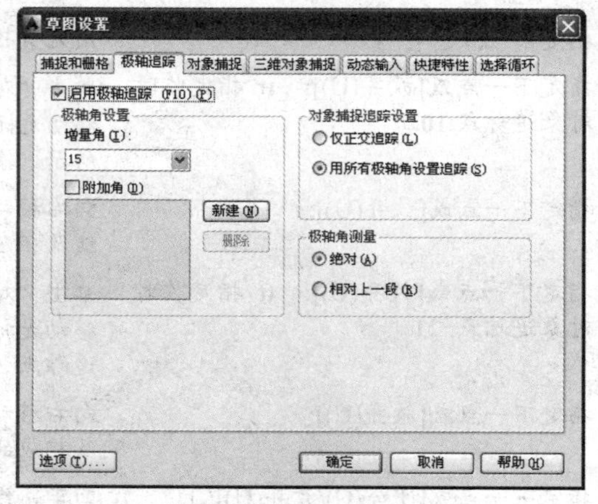

（b）设置极轴角以及对象捕捉追踪

图 3-36　“草图设置”对话框中的设置

第 2 步，利用自动追踪功能绘图。

操作如下。

命令: **_line**	单击图标按钮，启动“直线”命令
指定第一点:	捕捉端点 A
指定下一点或[放弃(U)]:	向右移动光标，显示 0° 追踪辅助线，如图 3-37（a）所示，输入 18，回车，确定点 D
指定下一点或[放弃(U)]: _from 基点: <偏移>: _from 基点: <捕捉 开>	单击“对象捕捉”工具栏上的“捕捉自”图标按钮，捕捉端点 C，再次单击“捕捉自”图标按钮，打开“捕捉模式”，向上移动光标，显示 90° 追踪辅助线，及如图 3-37（b）所示的提示，单击，确定参考追踪点
<偏移>:	向左移动光标至点 D，出现端点标记及提示，向上移动光标，显示 60° 和 180° 追踪辅助线及相应的提示，如图 3-37（c）所示，单击，确定点 E
指定下一点或[闭合(C)/放弃(U)]:	移动光标至点 C，出现端点标记及提示，向上移动光标，显示如图 3-37（d）所示的提示，单击，确定点 F
指定下一点或[闭合(C)/放弃(U)]:	捕捉端点 C
指定下一点或[闭合(C)/放弃(U)]: ↵	回车，结束“直线”命令
命令: **_circle**	单击图标按钮，启动“圆”命令
指定圆的圆心或 [三点(3P)/两点(2P)/切点、相点、半径(T)]: _from 基点: <偏移>: **@10,10**↵	单击“对象捕捉”工具栏上的“捕捉自”图标按钮，捕捉点 B，输入 ϕ10 圆心与点 B 的相对坐标，回车，确定 ϕ10 圆心
指定圆的半径或 [直径(D)]: **5**↵	指定圆的半径为 5，回车，绘制 ϕ10 圆

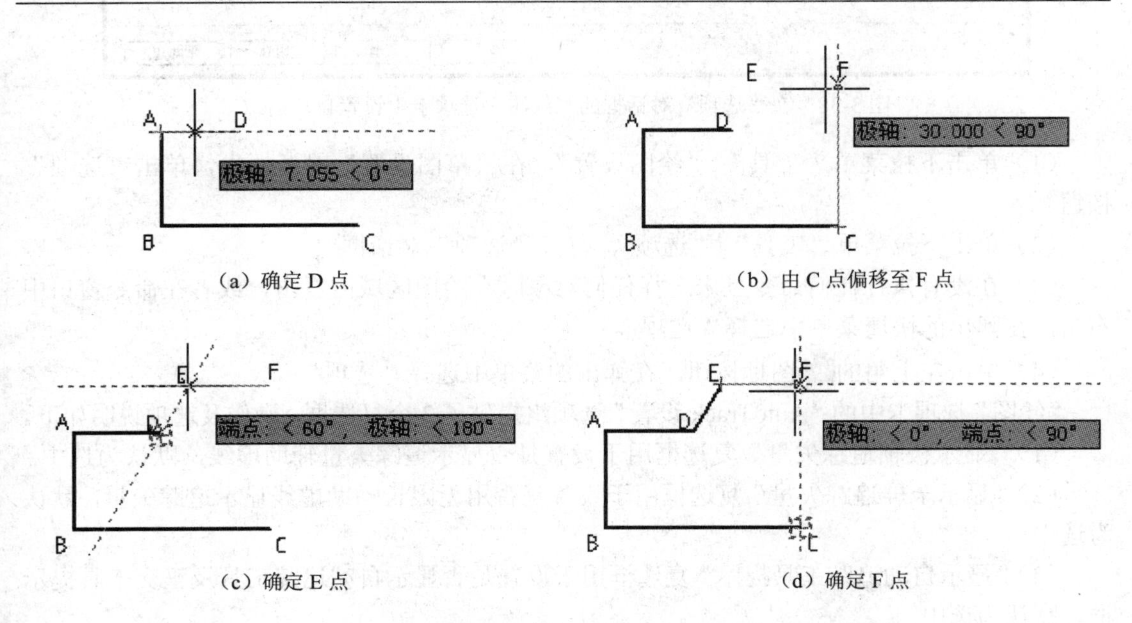

（a）确定 D 点　（b）由 C 点偏移至 F 点

（c）确定 E 点　（d）确定 F 点

图 3-37　利用自动追踪功能定点操作

注意：使用参考点捕捉追踪定点时，如果连续使用“临时追踪点”和“捕捉自”对象捕捉模式，可以得到多个参考追踪点。

3.4.4 自动追踪设置

使用自动追踪功能定点时，出现的捕捉标记、工具提示框以及追踪辅助虚线，给用户提供了直观、清晰的操作信息。自动追踪的有关设置在如图 3-38 所示的“选项”对话框的“绘图”选项卡中操作。打开“选项”对话框的方法常有以下 3 种。

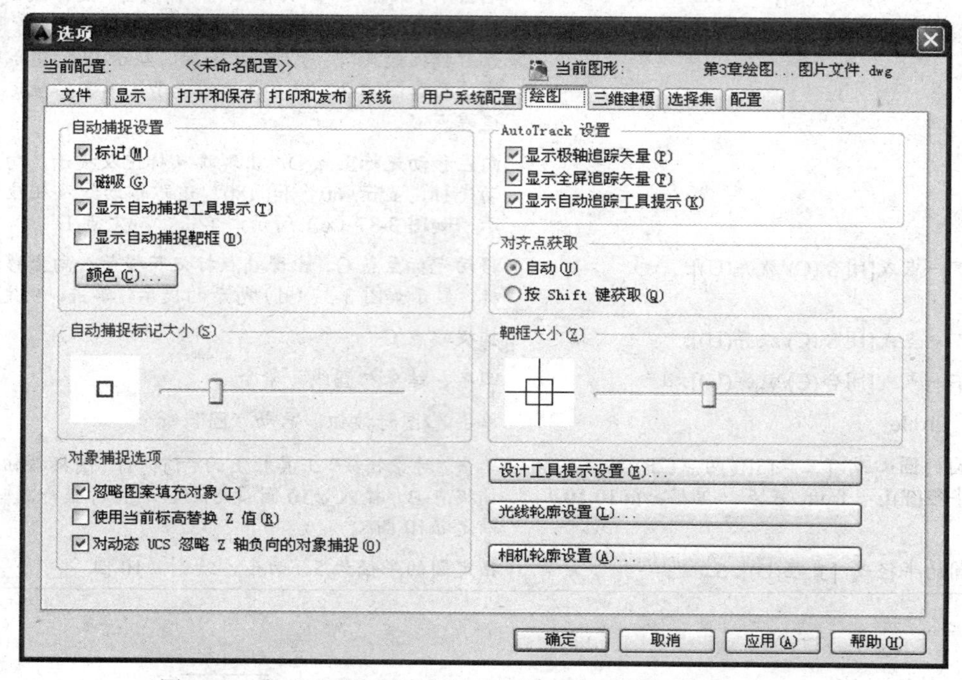

图 3-38　在“选项”对话框的“绘图”选项卡中设置自动追踪

（1）单击下拉菜单“工具”|“绘图设置”，在“草图设置”对话框中，单击“选项”按钮。

（2）单击下拉菜单“工具”|“选项”，打开“选项”对话框。

（3）在没有执行任何命令且未选择任何对象时在绘图区域内右击，或者在命令窗口中右击，在弹出的快捷菜单中选择“选项”。

（4）单击左上角的图标按钮，在弹出的菜单中选择“选项”。

“绘图”选项卡中的“AutoTrack 设置”选项组提供了 3 个复选框，操作及选项说明如下。

（1）“显示极轴追踪矢量”复选框用于设置是否显示追踪矢量辅助虚线，默认为选中。

（2）“显示全屏追踪矢量”复选框用于设置是否用无限长辅助虚线显示追踪矢量，默认为选中。

（3）“显示自动追踪工具提示”复选框用于设置是否显示自动追踪工具及正交工具提示框，默认为选中。

一般情况下，用户无须更改上述默认的设置，以方便操作。

另外，“设计工具提示外观”按钮用于设置工具提示框的颜色、大小和透明度。

3.5　功能键一览表

标准键盘上的 F1～F12 键称为功能键，AutoCAD 系统对这些键赋予了特定的功能，以控制作图状态的开关，并且有的还定义了相应的快捷键，以使用户方便、快捷地操作，如表 3-2 所示。

表 3-2　功能键一览表

功 能 键	快 捷 键	作 用
F1		打开帮助窗口
F2		系统文本窗口的切换
F3	Ctrl+F	控制自动对象捕捉功能的开关
F4	Ctrl+T	控制数字化仪模式的开关
F5	Ctrl+E	等轴测平面的切换
F6	Ctrl+D	控制动态 UCS 功能的开关
F7	Ctrl+G	控制栅格的开关
F8	Ctrl+L	控制正交模式的开关
F9	Ctrl+B	控制栅格捕捉模式的开关
F10	Ctrl+U	控制极轴追踪功能的开关
F11	Ctrl+W	控制对象捕捉追踪功能的开关
F12		控制动态输入功能的开关

3.6　上机操作实验指导三　平面图形的绘制

本节将介绍如图 3-39 所示的平面图形的绘制方法和步骤，主要涉及的命令包括“圆”命令、“直线”命令和“修剪”命令，以及本章所介绍的“图层”命令、“图形界限”命令和自动追踪功能等。

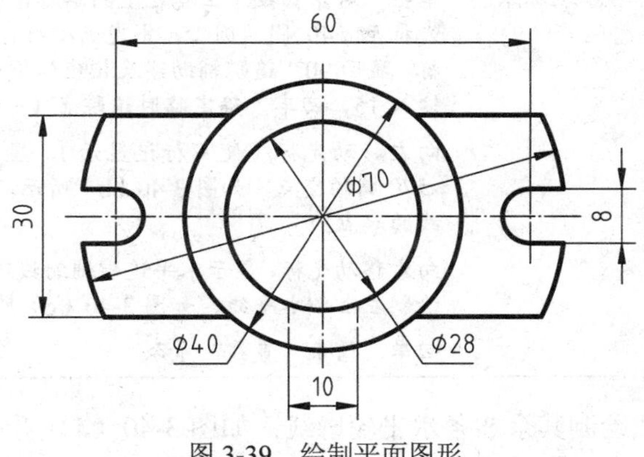

图 3-39　绘制平面图形

操作步骤如下。

第 1 步，设置绘图环境。

（1）单击图标按钮，启动“新建”命令，在弹出的“选择样板”对话框中，选择 acadiso.dwt 公制样板文件，单击“打开”按钮。

（2）单击“图层”面板上的图标按钮，启动“图层”命令，打开“图层特性管理器”对话框。按例 3-1 方法创建“粗实线”、“细点画线”、“虚线” 3 个图层，将“粗实线”层设置为当前层，如图 3-13 所示，单击“确定”按钮。

（3）在状态行的“对象捕捉”图标按钮上右击，弹出快捷菜单，选择“设置”项，打开“草图设置”对话框。在“草图设置”对话框中设置对象捕捉模式：端点、中点、圆心、象限点和交点。并设置自动追踪方向，如图 3-36（b）所示。

（4）在状态行上依次单击、、和等图标按钮，启用相应功能。

（5）设置图限范围。

操作如下。

命令: **_limits**	单击下拉菜单“格式”|“图形界限”，启动“图形界限”命令
重新设置模型空间界限:	系统提示
指定左下角点或[开（ON）/关（OFF）] <0.0000，0.0000>: ↵	指定原点为界限左下角点
指定右上角点<420.0000，297.0000>: **210,297**↵	指定界限的右上角点坐标为 210，297

（6）执行 ZOOM（图形缩放）命令的 All 选项，显示图形界限。

第 2 步，在合适的位置绘制 $\phi 28$ 的圆，并捕捉其圆心绘制 $\phi 40$ 和 $\phi 70$ 的圆，如图 3-40 所示。

第 3 步，绘制 4 条水平线。

（1）利用“参考点捕捉追踪”功能绘制轮廓线，如图 3-40 所示。

操作如下。

命令: **_line**	单击图标按钮，启动“直线”命令
指定第一点: **_tt** 指定临时对象追踪点: **15**↵	单击“对象捕捉”工具栏上的临时追踪点图标按钮，移动光标至 $\phi 40$ 圆的圆心，出现圆心标记及提示后，向上移动光标，显示 90° 追踪辅助线及相应的提示，如图 3-40（a）所示，输入 15，回车，确定临时追踪点（+ 标记处即参考点）
指定第一点:	向左移动光标（使 + 标记显示），显示水平追踪辅助线及与 $\phi 70$ 圆的交点，如图 3-40（b）所示，单击，确定左上侧水平线的起点
指定下一点或[放弃(U)]:	向右移动光标，显示水平追踪辅助线及与 $\phi 40$ 圆的交点单击，绘制左上侧水平线，如图 3-40（c）所示
指定下一点或[放弃(U)]:	回车，结束“直线”命令

（2）利用上述方法绘制其余 3 条水平轮廓线，如图 3-40（d）所示。

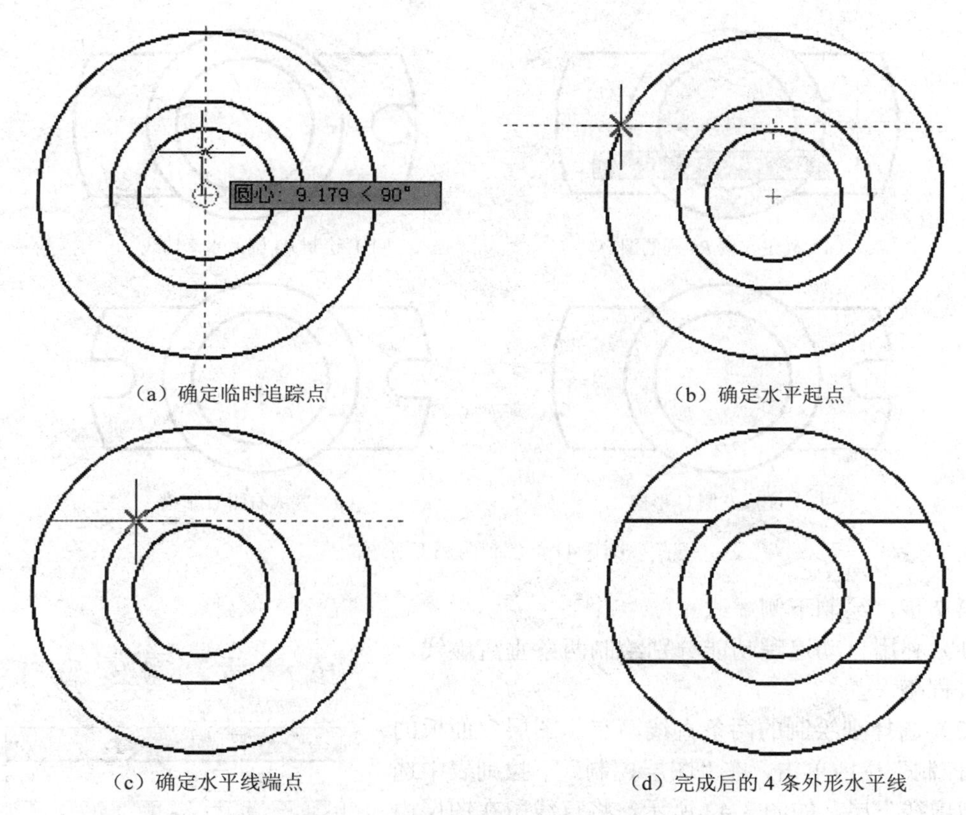

（a）确定临时追踪点　　（b）确定水平起点

（c）确定水平线端点　　（d）完成后的 4 条外形水平线

图 3-40　绘制俯视图同心圆及外形直线

第 4 步，利用“修剪”命令，以 4 条水平线为边界，修剪 ϕ70 圆的多余圆弧，如图 3-41（a）所示，操作过程略。

第 5 步，绘制左侧 U 形槽。

（1）利用“对象捕捉追踪”功能绘制左侧 *R*4 的圆。

操作如下。

命令: **_circle**	单击图标按钮，启动“圆”命令
指定圆的圆心或 [三点(3P)/两点(2P)/切点、切点、半径(T)]: **30↵**	利用对象捕捉追踪功能，捕捉 ϕ40 圆的圆心，向左追踪，如图 3-41（a）所示，输入 30，回车，得到左侧圆的圆心
指定圆的半径或 [直径(D)]:**4↵**	指定圆的半径为 4，绘制 *R*4 圆

（2）利用“对象捕捉”与“极轴追踪”功能，捕捉 *R*4 的上端象限点，移动光标，显示水平追踪辅助线及与 ϕ70 圆的交点，单击，绘制上侧水平切线。绘制 *R*4 圆的下侧水平切线，如图 3-41（b）所示。

（3）利用“修剪”命令，以上下两条水平切线为边界，修剪 ϕ70 和 *R*4 圆的多余圆弧，如图 3-41（c）所示，操作过程略。

第 6 步，绘制右侧 U 形槽。

用上述方法绘制右侧 U 形槽，或利用镜像复制、修剪命令完成，如图 3-41（d）所示。

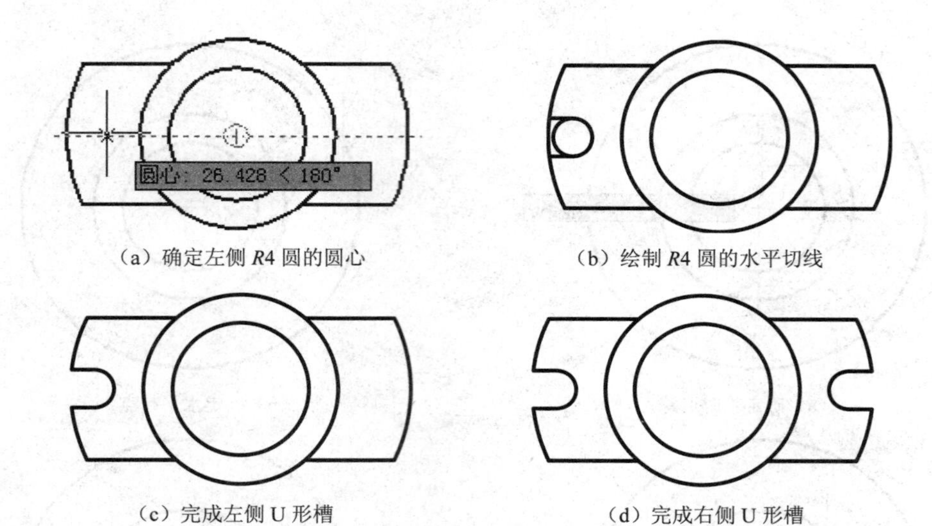

（a）确定左侧 *R*4 圆的圆心　　（b）绘制 *R*4 圆的水平切线

（c）完成左侧 U 形槽　　（d）完成右侧 U 形槽

图 3-41　绘制两侧 U 形槽

第 7 步，绘制下侧虚线。

（1）利用自动追踪功能分别绘制两条垂直虚线，操作过程略。

（2）选择刚绘制的两条直线，在“图层”面板的“图层控制”栏内单击，在“图层控制”下拉列表中选择“细虚线”层，如图 3-42 所示，将直线所在图层由“粗实线”层改为“细虚线”层。

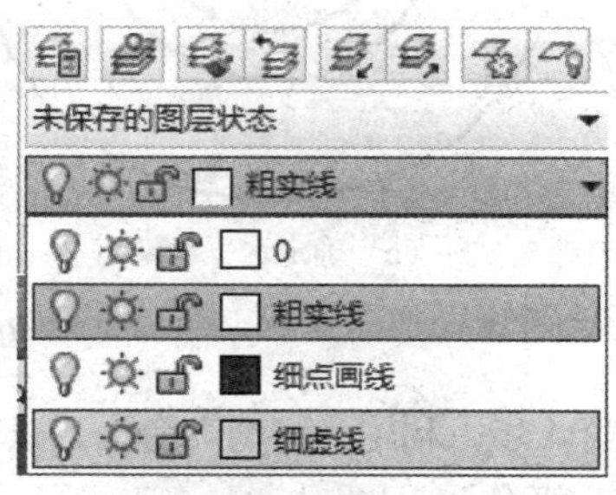

图 3-42　将直线设置为“细虚线”

第 8 步，绘制中心线。

（1）利用“对象捕捉追踪”功能绘制垂直中心线。操作如下。

命令: **_line**	单击图标按钮，启动“直线”命令
指定第一点: **4↵**	移动光标，捕捉 ϕ40 圆的上象限点，出现标记和提示后，向上移动光标，如图 3-43（a）所示，输入 4，回车，确定中心线起点
指定下一点或[放弃(U)]: **48↵**	向下移动光标，出现垂直追踪辅助线，输入 48，回车，确定中心线端点
指定下一点或[放弃(U)]: ↵	回车，结束“直线”命令

（2）捕捉左侧 *R*4 小圆弧的中点，水平向左追踪 12，如图 3-43（b）所示，得到水平中心线起点，再向右水平追踪 75，得到水平中心线端点，绘制水平中心线。

（3）利用“对象捕捉追踪”功能绘制两侧 *R*4 小圆弧的垂直中心线。

（4）选择刚绘制的 4 条直线，在“图层”工具栏的图层控制下拉列表框中选择“细点画线”层，将直线所在图层由“粗实线”层改为“细点画线”层。

第 9 步，保存图形，操作过程略。

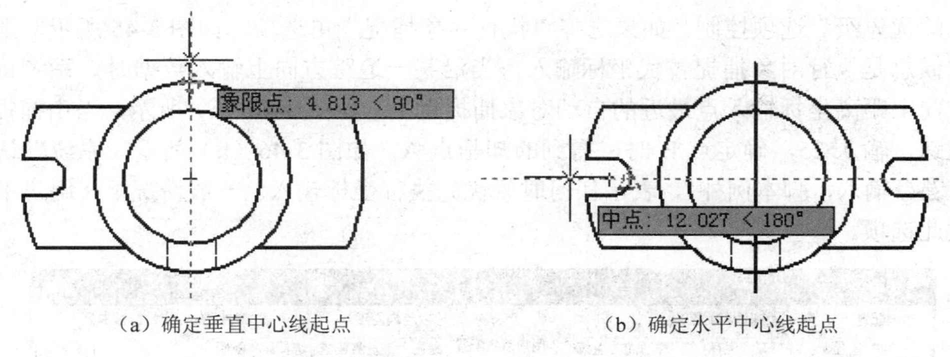

（a）确定垂直中心线起点　　（b）确定水平中心线起点

图 3-43　绘制中心线

3.7　上机操作常见问题解答

1. 在当前图层上绘制图形时，如何设置对象的基本特性

对象的基本特性可以通过图层确定或直接指定给对象。如果将各对象特性的值设为“随层（ByLayer）”，如图 3-17 所示，则对象的基本特性与其所在图层的相应特性相同。如果将对象特性设置为某一特定值，则该值将会替代对象所在图层中设置的值。例如，当前层“粗实线”层设置为白色，连续线（Continuous），0.3 毫米线宽，而用户在“特性”面板上预先设置了如图 3-44 所示的特性，则新创建的对象特性为指定值，即“红色、Center 线型、0.25 毫米线宽”。对象特性一般设为“随层”，这样便于利用图层管理对象。

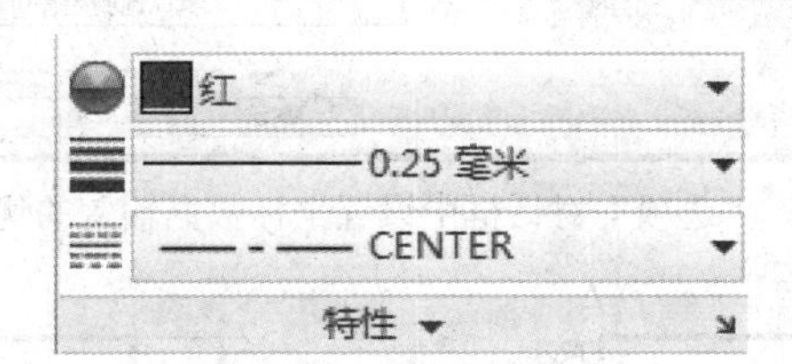

图 3-44　设置对象基本特性为某一指定值

2. 在绘制和编辑图形时，在绘图区域光标不见了

用户在绘制和编辑图形时，打开了“捕捉模式”，同时又由于执行了“图形缩放”命令，使得图形放大，显示区域缩小，这样捕捉点间距（即光标移动的步距）超过了图形显示区范围，光标在捕捉点之间跳动，在显示区就不可见了。此时可以关闭“捕捉模式”，光标便可以连续移动，还可以执行“图形缩放”命令，将图形显示缩小，显示范围放大，显示光标。

3. 在编辑图形时，有时对象无法被选中

当对象所在的图层被锁定后，该图层上的对象不能被编辑，当然也就无法被选择了。只要将对象所在的图层解锁就可以编辑选择对象了。

4. 利用自动追踪功能绘图时，如何保证得到距追踪点为键盘输入值的点

用户在绘制和编辑图形时，沿某一追踪方向输入距离后，却得不到所需的点，这是由于响应坐标数据输入的优先方式由“选项”对话框的“用户系统配置”选项卡中“坐标数据输入的优先级”选项控制。如果选择“执行对象捕捉”单选项，如图 3-45 所示，则表示任何时候总是执行对象捕捉替代坐标输入，当沿某一追踪方向上输入数据时，系统将会捕捉该方向上距离坐标输入点最近的自动对象捕捉点上。如图 3-46（a）所示，当由捕捉点 C 向上追踪，输入 25，确定点 B 时，得到的却是点 A，如图 3-46（b）所示。系统默认的选项是“键盘输入，脚本例外”，表示任何时候优先执行坐标输入。一般情况下，用户不要轻易更改此选项。

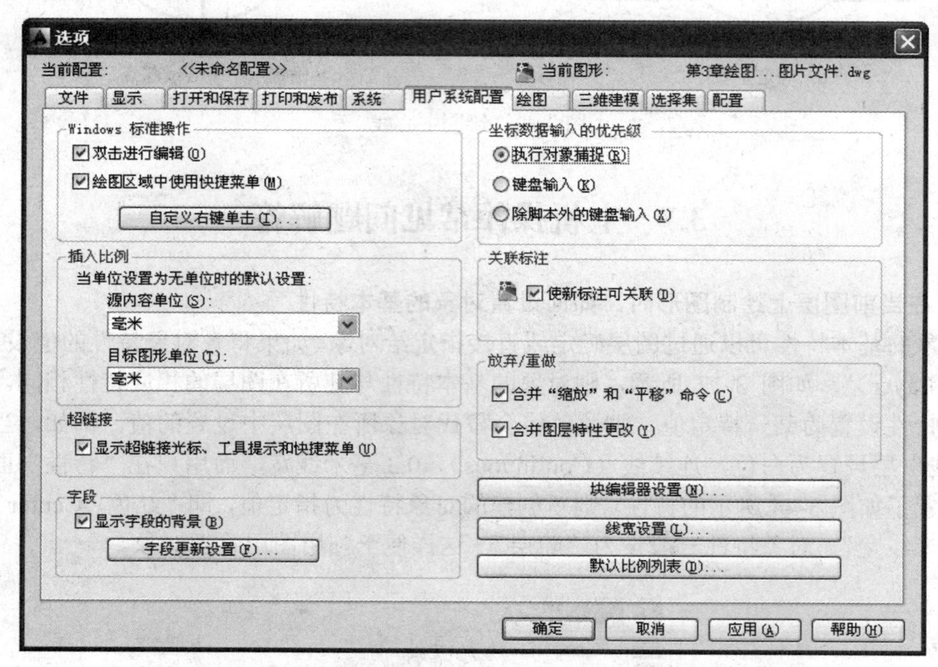

图 3-45 “选项”对话框中设置坐标数据输入的优先级

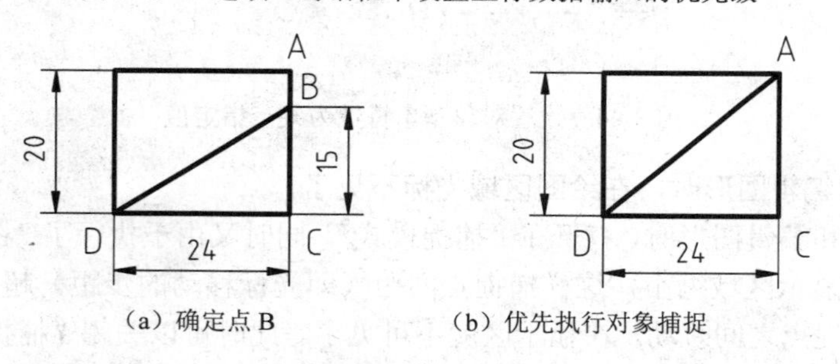

（a）确定点 B　　（b）优先执行对象捕捉

图 3-46 确定直线段 BD 的端点 B

3.8 操作经验与技巧

1. 使用 Shift 键临时打开/关闭正交功能

在绘制和编辑图形时，可根据需要随时打开和关闭正交功能。如果使用 shift 键，可以临时切换该功能。当正交功能关闭时，按住 Shift 键，临时打开正交功能；反之，如果正交功能打开时，按住 Shift 键，则临时关闭正交功能。而松开 Shift 键，则恢复原状态。

2. 在利用自动捕捉功能定点时，使用 Tab 键

在 AutoCAD 系统中绘图，自动捕捉功能是一种重要的定点方式。用户如果设置了多个自动捕捉模式，且某个局部的图形较为复杂，在光标附近有多个特殊点可以捕捉，但多种捕捉模式会发生干涉，此时需要观察捕捉到的点是否为所需要的点。如果不是，可以不断地按下 Tab 键，系统将会依次出现所有可能的捕捉点，且捕捉点所在对象的线段变为虚线，一旦确认，单击即可。

3.9 上 机 题

绘制如图 3-47 所示的平面图形。

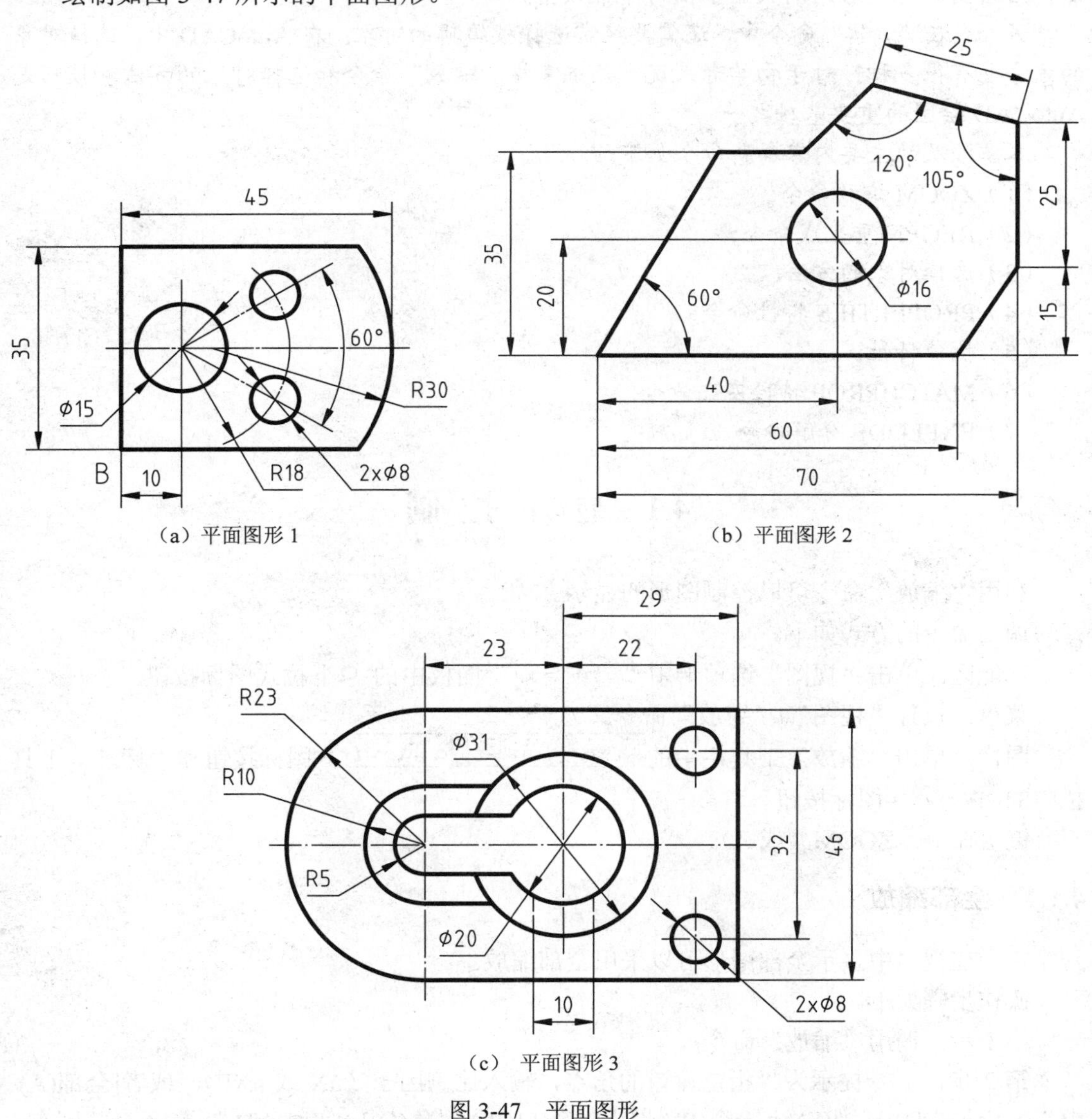

（a）平面图形 1

（b）平面图形 2

（c） 平面图形 3

图 3-47 平面图形

第 4 章 绘图辅助工具

在 AutoCAD 中一般都以 1∶1 的比例绘图，这样绘图时不需要进行任何换算，而且图样能反映真实大小。最后，根据图纸和图形大小的比例关系按 1∶n 或 n∶1 出图。但是，计算机屏幕的大小是一定的，计算机在屏幕上显示图形，相当于透过屏幕“窗口”观察图形。有时需要放大图形，观察局部细节；有时又需要缩小图形，增大查看图形的范围。所以，在绘图时对图形的缩放显示使用非常频繁。

另外，在“编辑”命令中，还需要经常选择被编辑的对象。在 AutoCAD 中，选择对象的方法也有很多种。对于初学者来说，熟练掌握“缩放”命令和选择对象的方法和技巧是 AutoCAD 绘图的重要基础之一。

本章涉及的主要内容和新命令如下。

（1）ZOOM 缩放命令；

（2）REGEN 重生成命令；

（3）选择对象的方法；

（4）PROPERTIES 特性命令；

（5）快捷特性；

（6）MATCHPROP 特性匹配命令；

（7）EXPLODE 分解命令。

4.1 显示控制

利用“缩放”命令可以控制图形的显示。

调用命令的方式如下。

功能区：单击“视图”选项卡中“二维导航”面板中的下拉式图标按钮。

菜单：执行“视图”|“缩放”命令。

图标：单击“缩放”工具栏中的图标按钮和“标准”工具栏中的图标按钮。

键盘命令：ZOOM（或 Z）。

4.1.1 全部缩放

在当前视口中显示全部图形可以采用全部缩放。

操作步骤如下。

第 1 步，调用“缩放”命令。

第 2 步，命令提示为“指定窗口的角点，输入比例因子（nX 或 nXP），或者[全部(A)/中心(C)/动态(D)/范围(E)/上一个(P)/比例(S)/窗口(W)/对象(O)] <实时>:时”，输入 A，回车。

也可以直接单击图标按钮。

注意：选择全部缩放时，在视口中所看到的图形范围是由 Limits 命令设定的图限和图形所占实际范围两者相比，其中较大的一个。

【例 4-1】 利用“缩放”命令，对如图 4-1 所示的螺母三视图进行全部缩放操作。

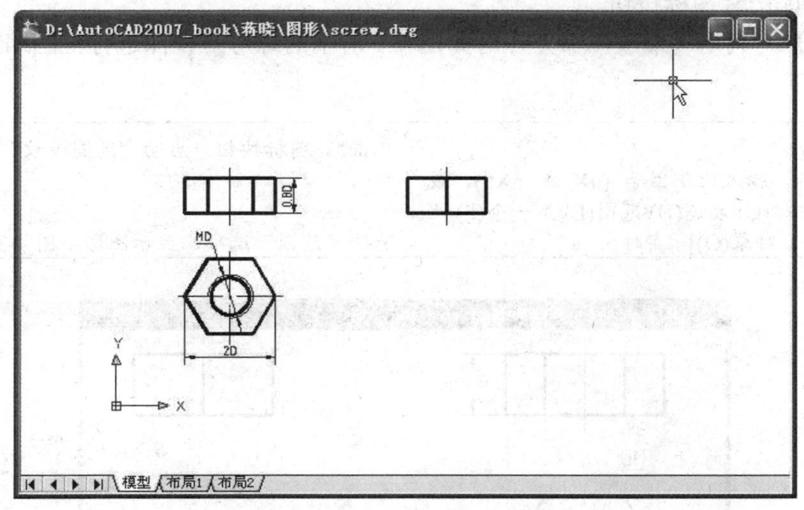

图 4-1 原图

操作如下。

命令: **'_zoom**	单击图标按钮，启动“全部缩放”命令
指定窗口角点，输入比例因子 (nX 或 nXP)，或者[全部(A)/中心(C)/动态(D)/范围(E)/上一个(P)/比例(S)/窗口(W) /对象(O)] <实时>: **_all**	选择“全部”选项，显示图形如图 4-2 所示

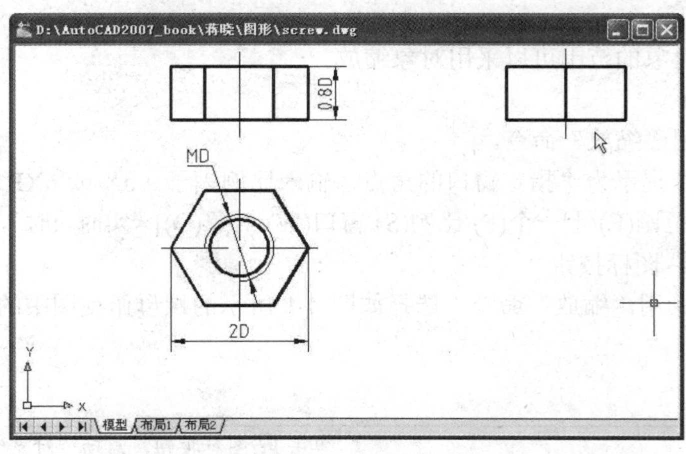

图 4-2 全部缩放

4.1.2 范围缩放

将所绘图形在当前视口中尽可能大地显示可以采用范围缩放。

操作步骤如下。

第 1 步，调用“缩放”命令。

第 2 步，命令提示为“指定窗口的角点，输入比例因子（nX 或 nXP），或者[全部(A)/中心(C)/动态(D)/范围(E)/上一个(P)/比例(S)/窗口(W)/对象(O)] <实时>:时”，输入 E，回车。也可以直接单击图标按钮。

【例 4-2】 利用“缩放”命令，对如图 4-1 所示的螺母三视图进行范围缩放操作。

操作如下。

命令: **'_zoom**	单击图标按钮，启动“范围缩放”命令
指定窗口角点，输入比例因子 (nX 或 nXP)，或者[全部(A)/中心(C)/动态(D)/范围(E)/上一个(P)/比例(S)/窗口(W) /对象(O)] <实时>: **_e**	选择“范围”选项，显示图形如图 4-3 所示

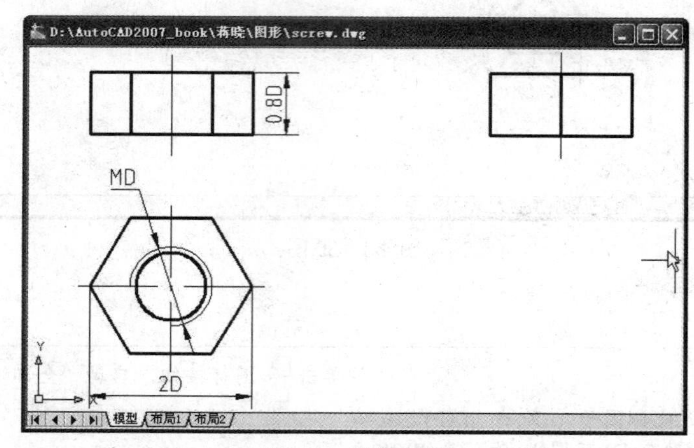

图 4-3　范围缩放

4.1.3　对象缩放

缩放到选定对象的范围可以采用对象缩放。

操作步骤如下。

第 1 步，调用“缩放”命令。

第 2 步，命令提示为“指定窗口的角点，输入比例因子（nX 或 nXP），或者[全部(A)/中心(C)/动态(D)/范围(E)/上一个(P)/比例(S)/窗口(W)/对象(O)] <实时>:时”，输入 O，回车。也可以直接单击图标按钮。

【例 4-3】 利用“缩放”命令，选择如图 4-1 所示的螺母俯视图中的正六边形进行对象缩放操作。

操作如下。

命令: **'_zoom**	单击图标按钮，启动“对象缩放”命令
指定窗口角点，输入比例因子 (nX 或 nXP)，或者[全部(A)/中心(C)/动态(D)/范围(E)/上一个(P)/比例(S)/窗口(W) /对象(O)] <实时>: **_o**	选择“对象”选项
选择对象: 找到 1 个	选择正六边形，显示图形如图 4-4 所示

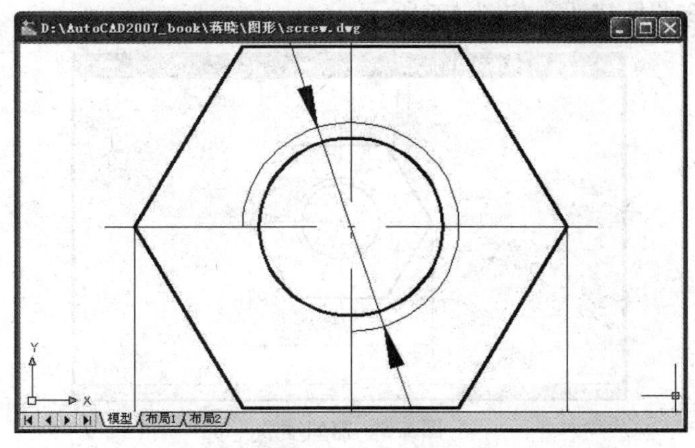

图 4-4　对象缩放

4.1.4　窗口缩放

定义两对角点，以此确定窗口的边界，把窗口内的图形放大到整个视口范围可以采用窗口缩放。

操作步骤如下。

第 1 步，调用“缩放”命令。

第 2 步，命令提示为“指定窗口的角点，输入比例因子（nX 或 nXP），或者[全部(A)/中心(C)/动态(D)/范围(E)/上一个(P)/比例(S)/窗口(W)/对象(O)] <实时>:时”，输入 W，回车。也可以直接单击图标按钮。

第 3 步，命令提示为“指定第一个角点:”时，拾取左下角点。

第 4 步，命令提示为“指定对角点:”时，拾取右上角点。

【例 4-4】　利用“缩放”命令，对如图 4-1 所示的螺母俯视图进行窗口缩放操作。

操作如下。

命令: **'_zoom**	单击图标按钮，启动“窗口缩放”命令
指定窗口角点，输入比例因子 (nX 或 nXP)，或者[全部(A)/中心(C)/动态(D)/范围(E)/上一个(P)/比例(S)/窗口(W) /对象(O)] <实时>: **_w**	选择“窗口”选项
指定第一个角点:	拾取俯视图左下角一点
指定对角点:	拾取俯视图右上角一点，显示图形如图 4-5 所示

4.1.5　比例缩放

以当前视口中心作为中心点，根据输入的比例大小显示图形可以采用比例缩放。

操作步骤如下。

第 1 步，调用“缩放”命令。

第 2 步，命令提示为“指定窗口的角点，输入比例因子（nX 或 nXP），或者[全部(A)/中心(C)/动态(D)/范围(E)/上一个(P)/比例(S)/窗口(W)/对象(O)] <实时>:时”，输入 S，回车。

也可以直接单击图标按钮，如图 4-5 所示。

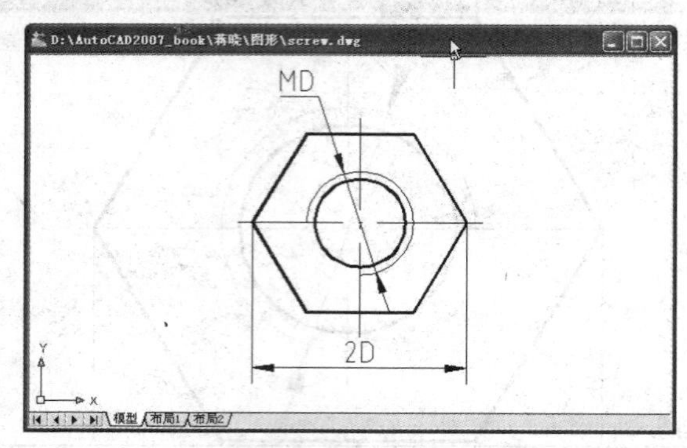

图 4-5　窗口缩放

第 3 步，命令提示为“输入比例因子（nX 或 nXP）：时”，输入 n、nX 或 nXP。

【例 4-5】　利用“缩放”命令，对如图 4-1 所示的螺母三视图进行比例缩放操作。

操作如下。

命令: **'_zoom**	单击图标按钮，启动“比例缩放”命令
指定窗口的角点，输入比例因子 (nX 或 nXP)，或者 [全部(A)/中心(C)/动态(D)/范围(E)/上一个(P)/比例(S)/窗口(W)/对象(O)] <实时>: **_s**	选择“比例”选项
输入比例因子 (nX 或 nXP): **0.5x**↲	输入比例因子为 0.5X，显示图形如图 4-6 所示

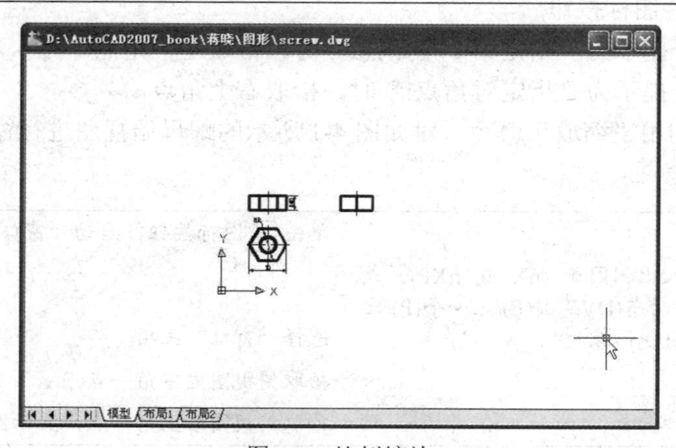

图 4-6　比例缩放

注意：

（1）选择比例缩放时，如果直接输入数值，表示相对于图形的实际大小缩放，称为绝对缩放。如果是相对缩放，必须在输入的数值后加上 X，表示相对于当前视口中所显示图形缩放。数值后加 XP 表示当前视口中所显示图形在图纸空间的缩放比例。

（2）单击图标按钮即比例缩放中的比例为 2X；单击图标按钮即比例缩放中的比例为 0.5X。

4.1.6 实时缩放

交互缩放当前图形窗口可以采用实时缩放。

操作步骤如下。

第 1 步，调用“缩放”命令。

第 2 步，命令提示为“指定窗口的角点，输入比例因子（nX 或 nXP），或者[全部(A)/中心(C)/动态(D)/范围(E)/上一个(P)/比例(S)/窗口(W)/对象(O)] <实时>:时”，回车。也可以直接单击“标准”工具栏上的图标按钮。

第 3 步，命令提示为“按 Esc 或 Enter 键退出，或单击右键显示快捷菜单。”时，进入实时缩放状态，光标呈带“+”和“–”的放大镜形状显示。按住鼠标左键向上放大图形显示，按住鼠标左键向下缩小图形显示。

注意：

（1）使用“缩放”命令时的所谓放大和缩小只是改变视图在屏幕上的显示比例，而图形的真实大小并没有发生变化。

（2）单击图标按钮，可以恢复当前视口内上一次显示的图形，最多可以恢复十个视图。

（3）滚动鼠标中间的滚轮可以实现实时缩放。向前，放大图形显示，向后，则缩小图形显示。

4.2 实时平移

利用“实时平移”命令可以在窗口中移动图形，而不改变图形的显示大小。

调用命令的方式如下。

功能区：在“视图”选项卡的“二维导航”面板中单击图标按钮。

菜单：执行“视图”|“平移”|“实时”命令。

图标：单击“标准”工具栏中的图标按钮。

键盘命令：PAN（或 P）。

操作步骤如下。

第 1 步，调用“实时平移”命令。

第 2 步，命令提示为“按 Esc 或 Enter 键退出，或单击右键显示快捷菜单。”时，光标呈小手形状显示，按住鼠标左键并移动，使图形平移。此操作类似于在桌上移动图纸。

注意：

（1）“实时缩放”和“实时平移”两个命令经常结合起来用，观察图形非常方便。

（2）按住鼠标中间的滚轮并移动鼠标可以实现实时平移。

4.3 选择对象的方法

在编辑图形时，需要选择被编辑的对象。命令提示为“选择对象：”时，光标则变成一正方形拾取框。系统提供了多种选择对象的方法，用户可以在不同的场合灵活使用这些方法。

4.3.1 点选方式

只要直接移动拾取框至被选对象上并单击，可以逐个地拾取所需的对象，而被选择的对象将亮显，回车则结束对象选择。这是系统默认的选择对象的方法。

4.3.2 窗口方式

通过指定两个角点确定一矩形窗口，完全包含在窗口内的所有对象被选中，与窗口相交的对象不在选中之列。

操作步骤如下。

第 1 步，命令提示为“选择对象:”时，输入 W，回车。

第 2 步，命令提示为“指定第一个角点:”时，单击拾取一点。

第 3 步，命令提示为“指定对角点:”时，单击拾取对角一点。

第 4 步，命令提示为“选择对象:”时，回车。

【例 4-6】 用窗口方式选择对象，如图 4-7 所示。

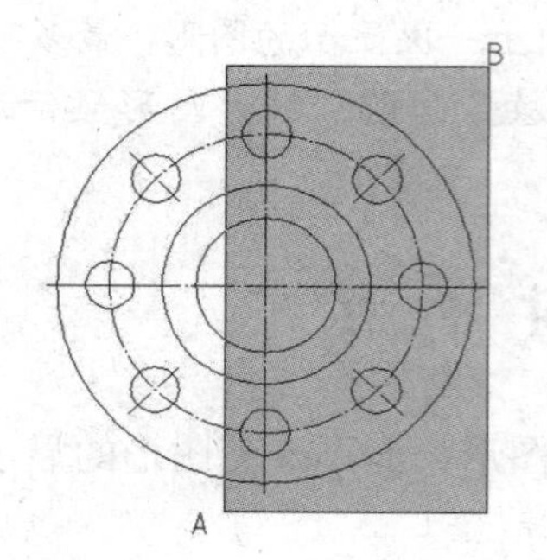

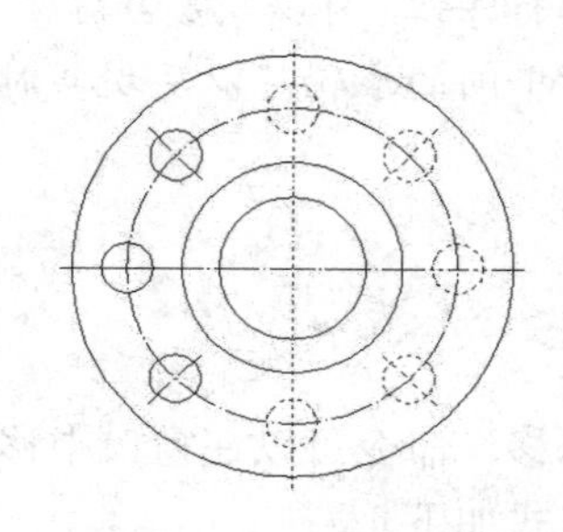

图 4-7 窗口方式选择对象

操作如下。

选择对象: **w**↵	选择窗口方式
指定第一个角点:	拾取点 A
指定对角点:	拾取点 B
找到 8 个	系统提示
选择对象: ↵	结束对象选择

4.3.3 窗交方式

操作方式类似于窗口方式。不同之处是在窗交方式下，与窗口相交的对象和窗口内的所有对象都在选中之列。

操作步骤如下。

第 1 步，命令提示为“选择对象:”时，输入 C，回车。

第 2 步～第 4 步，同本书 4.3.2 节第 2 步～第 4 步。

注意： 在默认情况下，命令提示为“选择对象:”时，不需要输入选项关键字母。可以直接单击拾取两个角点，如果从左向右构成窗口则等同于窗口方式；如果从右向左构成窗口则等同于窗交方式。

【例 4-7】 用窗交方式选择对象，如图 4-8 所示。

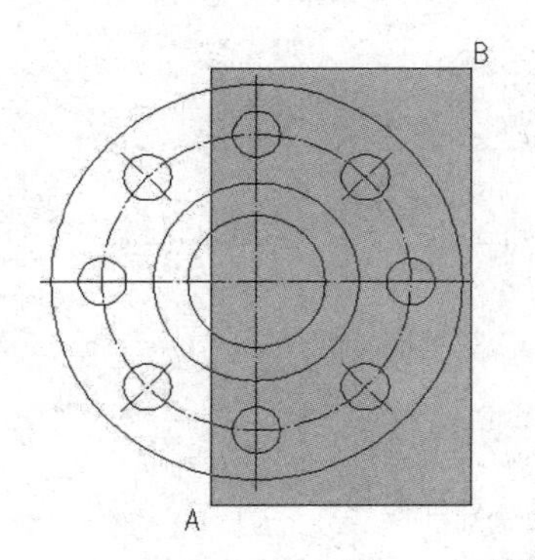

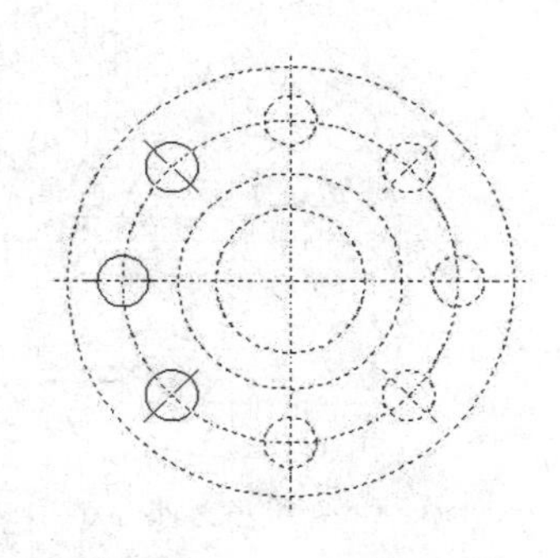

图 4-8 窗交方式选择对象

操作如下。

选择对象: **c**↵	选择窗交方式
指定第一个角点:	拾取点 A
指定对角点:	拾取点 B
找到 13 个	系统提示
选择对象: ↵	结束对象选择

4.3.4 栏选方式

通过绘制一条开放的穿过被选对象的多段线（该多段线可以自交）栅栏来选择对象，凡是与该多段线相交的对象均被选中。

操作步骤如下。

第 1 步，命令提示为“选择对象：”时，输入 F，回车。

第 2 步，命令提示为“指定第一个栏选点:”时，单击拾取第一点。

第 3 步，命令提示为“指定下一个栏选点或 [放弃(U)]:”时，单击拾取第二点。根据提示可以拾取多个点，直至回车。

……

第 n 步，命令提示为“选择对象：”时，回车。

【例 4-8】 用栏选方式选择对象，如图 4-9 所示。

操作如下。

选择对象: **f**↵	选择栏选方式
指定第一个栏选点:	单击，指定第一个栏选点
指定下一个栏选点或 [放弃(U)]:	单击，指定第二个栏选点
……	……
指定下一个栏选点或 [放弃(U)]: ↵	回车，结束栏选方式

找到 n 个	系统提示
选择对象: ↲	结束对象选择

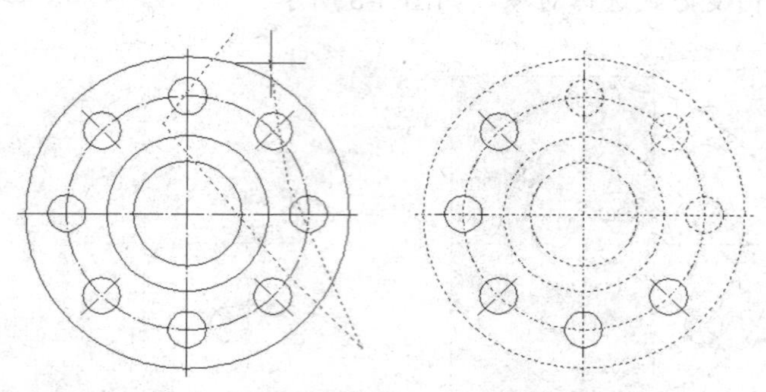

图 4-9　栏选方式选择对象

4.3.5　全部方式

将图形中除冻结、锁定层上的所有对象选中可以使用全部方式选择对象。当命令提示为“选择对象:”时，输入 ALL，回车。

4.3.6　上一个方式

将图形窗口内可见的元素中最后一个创建的对象选中可以使用上一个方式选择对象。当命令提示为“选择对象:”时，输入 L，回车。

注意：在选择对象时，如果多选了对象，此时并不需要取消命令，只需在“选择对象”的提示后输入 r，回车，再一一选择那些多选的对象即可。

4.3.7　选择类似对象①

选择当前图形中与选定对象匹配的所有对象，添加到选择集中。

键盘命令：SelectSimilar。

快捷菜单：选择一个或多个对象，在绘图区中右击弹出快捷菜单，选择“选择类似对象”选项。

操作步骤如下。

第 1 步，调用“选择类似对象”命令。

第 2 步，命令提示为“选择对象或 [设置(SE)]:”时，选择对象，回车。这里如果选择 SE 选项，将弹出如图 4-10 所示的“选择类似设置”对话框，在该对话框中可以设置选择类似对象的特性。

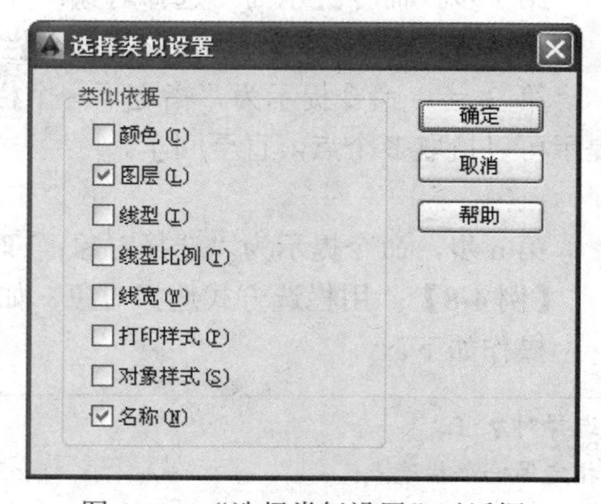

图 4-10　“选择类似设置”对话框

① 此为 AutoCAD 2011 开始新增的功能。

第 3 步，命令提示为“选择对象或 [设置(SE)]:”时，回车。

4.4　重生成图形

利用“重生成”命令可以刷新当前视口中整个图形。

调用命令的方式如下。

菜单：执行“视图”|“重生成”命令。

键盘命令：REGEN（或 RE）。

执行该命令后，系统重新计算当前视口中所有图形对象的屏幕坐标。

4.5　对象特性编辑

利用“特性”命令可以打开如图 4-11 所示的对象“特性”选项板，在该选项板中查看和修改被选中对象的特性。

调用命令的方式如下。

功能区：单击“视图”选项卡“选项板”面板中的图标按钮。

菜单：执行“修改”|“特性”命令或“工具”|“选项板”|“特性” 命令。

图标：单击“标准”工具栏中的图标按钮。

键盘命令：PROPERTIES（DDMODIFY、PR、DDCHPROP 或 PROPS）。

操作步骤如下。

第 1 步，调用“特性”命令。系统显示对象“特性”选项板。

第 2 步，在绘图窗口单击，选择要查看和修改的对象。

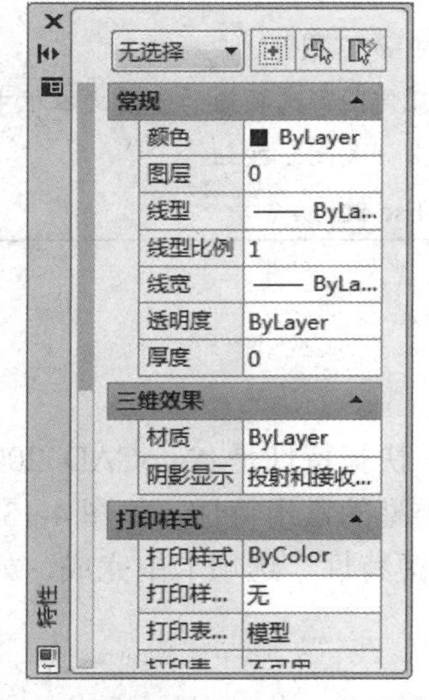

图 4-11　对象“特性”选项板

第 3 步，在对象“特性”选项板中，可以修改对象的颜色、图层、线型、线型比例、线宽、打印样式、厚度等基本特性，以及长度、坐标、角度、直径、半径、面积和周长等几何特性。

第 4 步，单击对象“特性”选项板的“关闭”按钮。

第 5 步，按 Esc 键。

注意：

（1）如果选择的是多个对象时，对象“特性”选项板显示选择集中所有对象的公共特性。如果未选择对象，对象“特性”选项板将只显示当前图层和布局等基本特性。

（2）在 AutoCAD 中双击大多数的图形对象都将自动打开对象“特性”选项板。

（3）对于文字、多行文字、标注、剖面线、公差、多重引线、引线、图块、属性等常用于注释图形的对象，可以利用“特性”选项板更改注释性特性[①]。

---

① 此为 AutoCAD 2008 开始新增的功能。

【例 4-9】 利用“特性”命令修改如图 4-12 所示圆的直径。

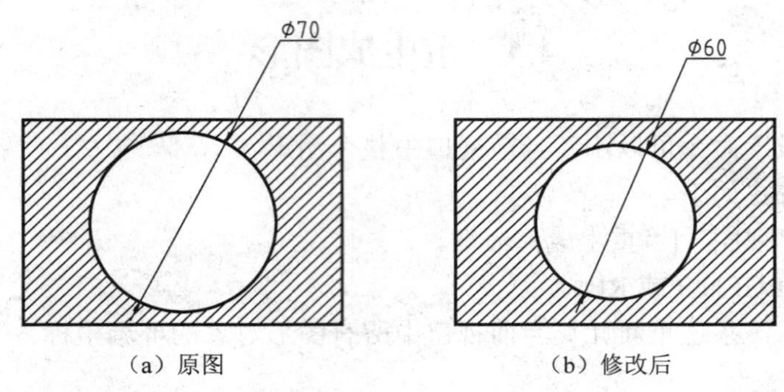

（a）原图　　　　（b）修改后

图 4-12 “特性”命令应用

操作如下。

命令: **_properties**	单击图标按钮，启动“特性”命令
选中 ϕ70 圆	选择要修改的对象
在几何图形选项组的直径文本框中将 70 改为 60	修改直径
单击“关闭”按钮	关闭对象“特性”选项板
按 Esc 键	取消夹点

4.6 快 捷 特 性①

快捷特性是 AutoCAD 2009 新增功能。在“快捷特性”面板中可以显示和编辑每种对象类型的常用特性，如图 4-13 所示。快捷特性的有关设置可以在“草图设置”对话框中的“快捷特性”选项卡中完成，如图 4-14 所示。

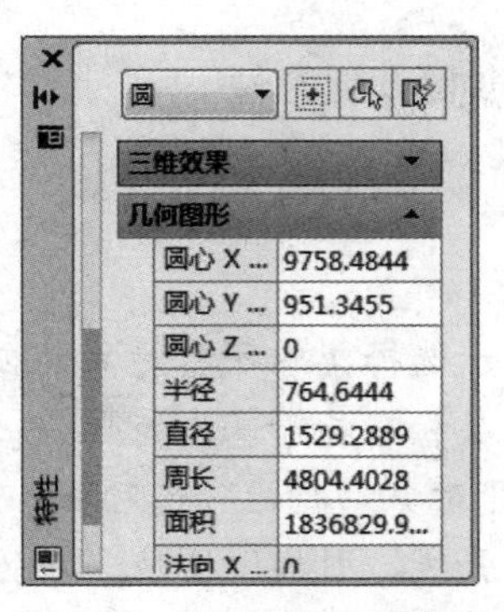

图 4-13 “快捷特性”面板

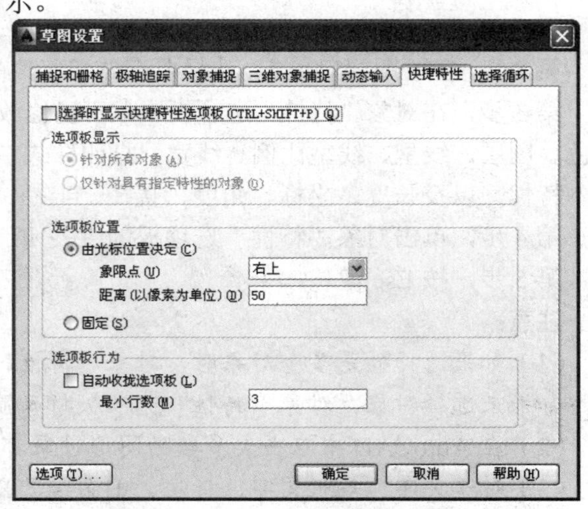

图 4-14 “草图设置”对话框中的“快捷特性”选项卡

① 此为 AutoCAD 2009 开始新增的功能。

调用命令的方式如下。

菜单：执行“工具”|“绘图设置”命令。

键盘命令：DSETTINGS（DDRMODES、DS或SE）。

状态行：在状态行上的 9 个图标按钮中的任一个上右击，在弹出的快捷菜单中选择“设置”项，打开“草图设置”对话框，再选择“快捷特性”选项卡。

操作及选项说明如下。

（1）在按对象类型显示选项组中可以设置对什么对象显示快捷特性。

① “对任何对象都显示快捷特性面板”单选按钮。可以将“快捷特性”面板设置为对选择的任何对象都显示。

② “仅对已定义快捷特性的对象显示快捷特性面板”单选按钮。可以将“快捷特性”面板设置为仅对已在自定义用户界面 (CUI) 编辑器中定义为显示特性的对象显示。

（2）在“位置模式”选项组中可以设置“快捷特性”面板的显示位置。

①“光标”单选按钮。“快捷特性”面板将显示在相对于所选对象的位置。

②“浮动”单选按钮。“快捷特性”面板将显示在同一位置，但可以手动重新定位。

（3）在“大小设置”选项组中可以设置“快捷特性”面板的大小。

4.7 特性匹配

利用“特性匹配”命令可以将源对象指定的特性复制到其他的对象。

调用命令的方式如下。

功能区：单击“默认”选项卡中“剪贴板”面板中的图标按钮。

菜单：执行“修改”|“特性匹配”命令。

图标：单击“标准”工具栏中的图标按钮。

键盘命令：MATCHPROP（PAINTER或MA）。

操作步骤如下。

第1步，调用“特性匹配”命令。

第2步，命令提示为“选择源对象:”时，选择要复制其特性的对象。

第3步，命令提示为“选择目标对象或 [设置(S)]:”时，光标呈刷子状显示，选择一个或多个要复制源对象指定特性的对象。这里如果输入S，回车，将弹出如图4-15所示的“特性设置”对话框，在该对话框中可以设置欲复制的特性类型。

第4步，命令提示为“选择目标对象或 [设置(S)]:”时，回车。

【例 4-10】 利用“特性匹配”命令，将如图 4-16 所示矩形的粗实线特性复制给虚线圆。

操作如下。

命令: **'_matchprop**	单击图标按钮，启动“特性匹配”命令
选择源对象:	选择矩形
当前活动设置: 颜色 图层 线型 线型比例 线宽 透明	

度 厚度 打印样式 标注 文字 图案填充 多段线 视口	
表格 材质 阴影显示 多重引线	系统提示
选择目标对象或 [设置(S)]:	选择虚线圆
选择目标对象或 [设置(S)]: ↵	回车，结束“特性匹配”命令

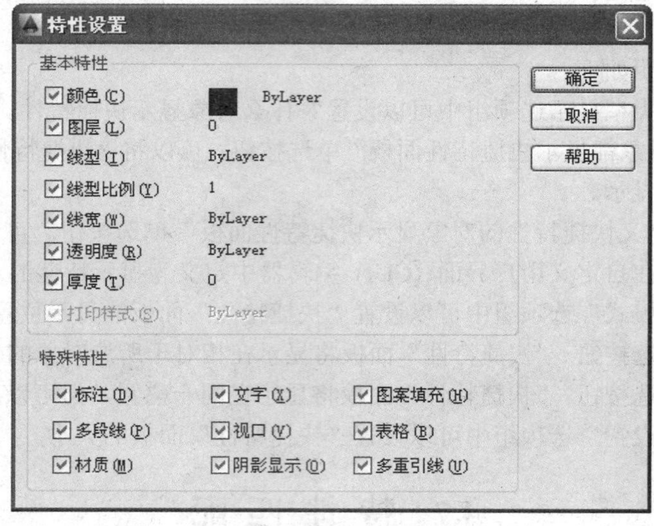

图 4-15 “特性设置”对话框

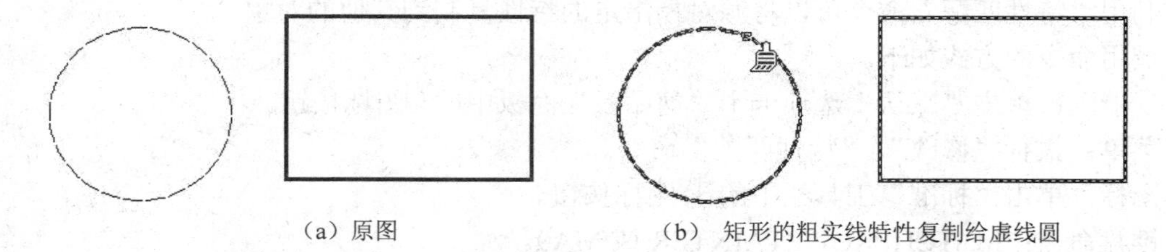

（a）原图　　（b） 矩形的粗实线特性复制给虚线圆

图 4-16 “特性匹配”命令应用

4.8 分 解 对 象

利用“分解”命令可以将组合对象如多段线、尺寸、填充图案及块分解为组合前的单个元素。

调用命令的方式如下。

功能区：单击“默认”选项卡“修改”面板中的图标按钮。

菜单：执行“修改”|“分解”命令。

图标：单击“修改”工具栏中的图标按钮。

键盘命令：EXPLODE（或 X）。

操作步骤如下。

第 1 步，调用“分解”命令。

第 2 步，命令提示为“选择对象：”时，用合适的选择对象的方式选择欲分解的对象。

第 3 步，命令提示为“选择对象：”时，回车。

【例 4-11】 用“分解”命令分解如图 4-17 所示正五边形。

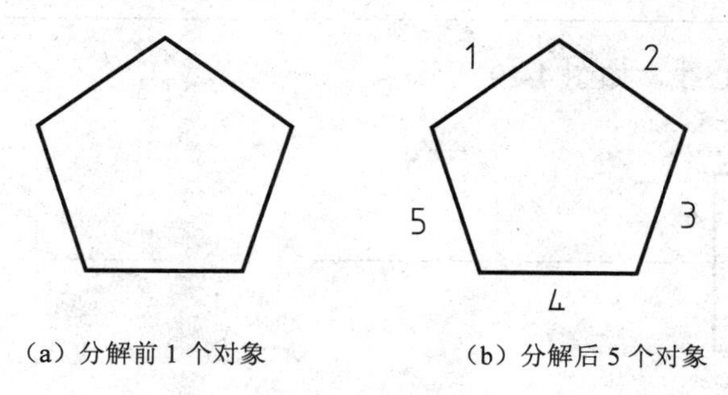

（a）分解前 1 个对象　　（b）分解后 5 个对象

图 4-17　分解正五边形

操作如下。

命令：**_explode**	单击图标按钮，启动“分解”命令
选择对象:	选取正五边形
选择对象：↵	结束对象选择

4.9　上机操作实验指导四　螺钉的绘制

本节将介绍如图 4-18 所示螺钉的绘制方法和步骤。主要涉及的命令包括“圆”命令、“矩形”命令、“修剪”命令、“偏移”命令和本章介绍的“缩放”命令、“分解”命令和“特性匹配”命令。

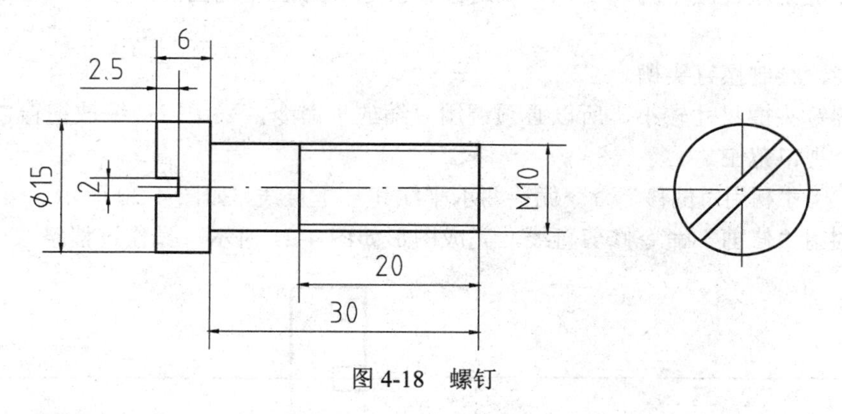

图 4-18　螺钉

操作步骤如下。

第 1 步，设置绘图环境，操作过程略。

第 2 步，绘制螺钉头矩形 15×6 并分解。

操作如下。

命令: **_explode**	单击图标按钮，启动“分解”命令
选择对象:	选取矩形
选择对象: ↵	结束对象选择

第 3 步，绘制中心线，如图 4-19 所示。

图 4-19　绘制中心线

（1）绘制主视图中心线。

操作如下。

命令: **_line**	单击图标按钮，启动“直线”命令
指定第一点: **_from**	单击“捕捉自”，对象捕捉功能图标按钮
基点:	利用中点捕捉功能捕捉点 A
<偏移>: **@-3,0**↵	输入相对于点 A 的相对坐标
指定下一点或 [放弃(U)]: **@42,0**↵	输入中心线另一端点的相对坐标
指定下一点或 [放弃(U)]: ↵	回车，结束直线命令

（2）绘制左视图中心线。

为了保证主左视图平齐，可以利用对象捕捉追踪绘制左视图圆的水平中心线，操作过程略。

第 4 步，绘制螺钉头槽。

因为螺钉头槽尺寸较小，所以必须调用“缩放”命令，采用窗口缩放把窗口内的图形放大到整个视口范围。

（1）按尺寸利用“偏移”命令偏移两水平线和一垂直线，如图 4-20 所示，操作过程略。

（2）利用“修剪”命令修剪直线，完成图形如图 4-21 所示，操作过程略。

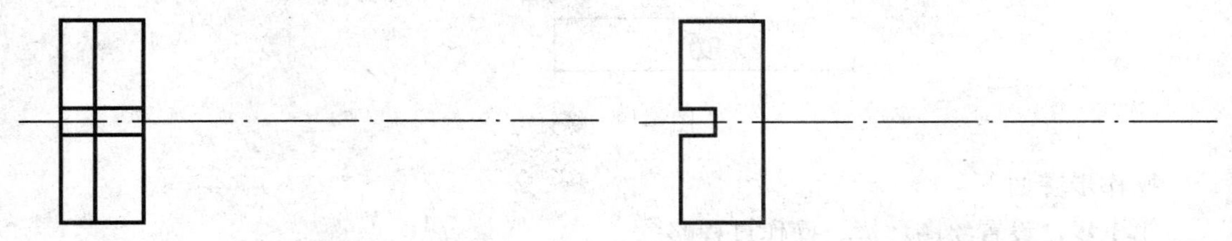

图 4-20　偏移直线　　　　图 4-21　修剪直线

第 5 步，绘制螺钉的螺杆部分。

（1）按尺寸利用“偏移”命令偏移直线，如图 4-22 所示，其中螺纹的小径为大径的 0.85

倍，操作过程略。

（2）用“特性匹配”命令将粗实线特性复制给偏移复制生成的直线，如图 4-23 所示。

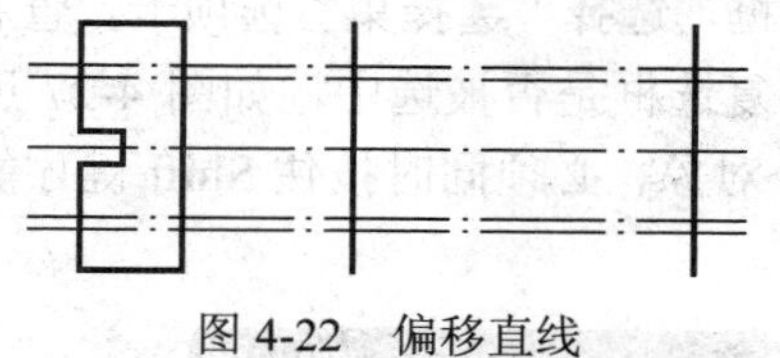

图 4-22 偏移直线

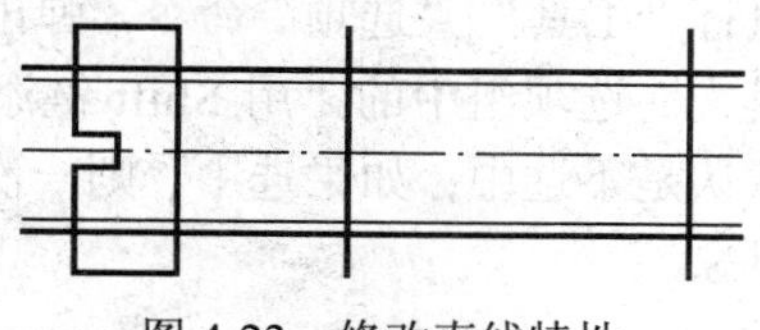

图 4-23 修改直线特性

操作如下。

命令: '_matchprop	单击图标按钮，启动“特性匹配”命令
选择源对象:	选择任一粗实线
当前活动设置: 颜色 图层 线型 线型比例 线宽 透明度 厚度 打印样式 标注 文字 图案填充 多段线 视口 表格 材质 阴影显示 多重引线	系统提示
选择目标对象或 [设置(S)]:	选择偏移复制生成的直线
选择目标对象或 [设置(S)]: ↵	回车，结束“特性匹配”命令

（3）将螺纹小径线改为细实线层，操作过程略。

（4）利用“修剪”命令修剪直线，操作过程略。

第 6 步，绘制左视图。

（1）绘制 ϕ15 圆，操作过程略。

（2）用极轴追踪和对象捕捉功能绘制如图 4-24 所示的 45°直线，操作过程略。

（3）按尺寸利用“偏移”命令偏移直线，如图 4-25 所示，操作过程略。

（4）利用“缩放”命令指定两个角点进行窗口缩放操作，如图 4-26 所示，操作过程略。

（5）利用“修剪”命令修剪多余直线，操作过程略。

（6）利用“删除”命令，删除多余的直线，操作过程略。

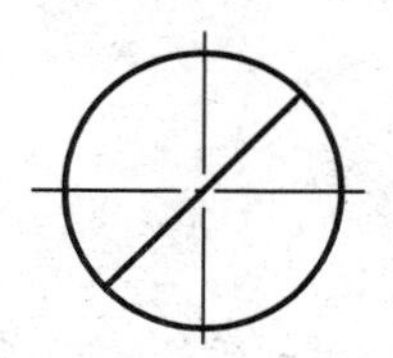

图 4-24 绘制 45º 直线

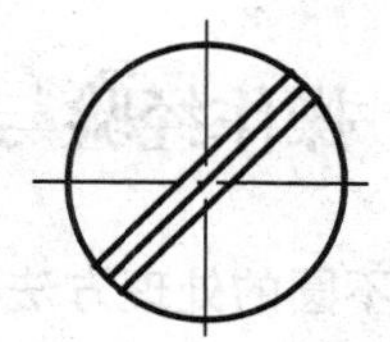

图 4-25 偏移直线

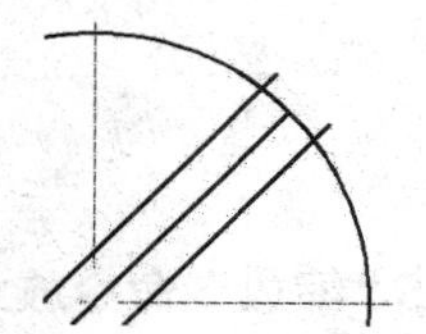

图 4-26 窗口缩放

第 7 步，保存图形，操作过程略。

4.10 上机操作常见问题解答

1．如何显示在屏幕窗口外的图形

绘制的图形如果显示在屏幕窗口外，用户就观察不到。这时，可以单击图标按钮，采用全部缩放方式，在当前视口中显示全部图形。或者可以单击图标按钮，利用“实时平移”命令，将图形平移到窗口内。

2．选择对象时，为何有时只能一次选中一个对象

执行“工具”|“选项”命令，弹出“选项”对话框，选择“选择集”选项卡，查看“选择集模式”选项组中的“用 Shift 键添加到选择集”复选框是否被选中，如图 4-27 所示。系统默认是不选中；如果选中，则一次只能选中一个对象，必须同时按住 Shift 键才能选择多个对象。

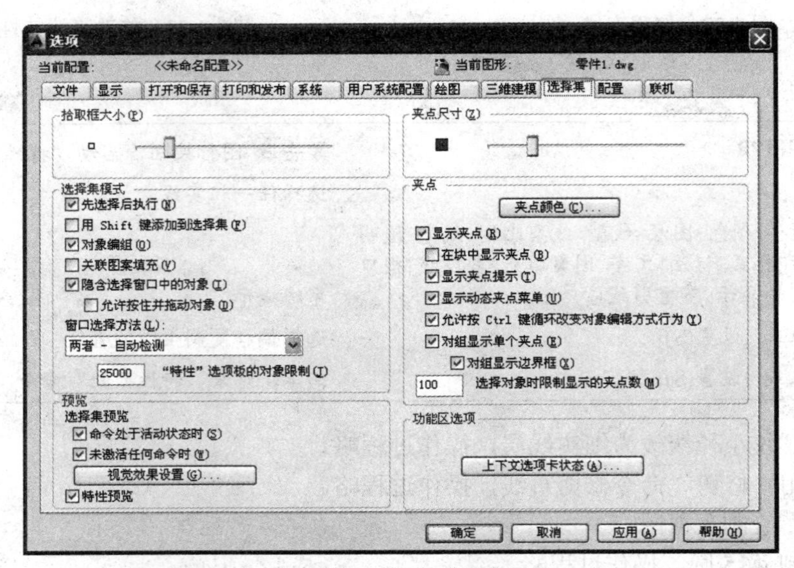

图 4-27 “选项”对话框“选择集”选项卡

3．选择对象时，在屏幕上拾取两点，为何有时不能构成一矩形窗口

在如图 4-27 所示对话框中，选择“选择集”选项卡，查看“选择模集式”选项组中的“隐含窗口”复选框是否被选中。系统默认是选中，则可以在屏幕上拾取两点构成一矩形窗口。

4.11 操作经验与技巧

1．“缩放”命令放大圆后圆变得不圆的处理方法

由于在 AutoCAD 中圆是用正多边形矢量代替的，所以相对于屏幕较小的圆，正多边形的边数较少，放大后就“不圆”了。这时只要执行“重生成”命令，则系统即按当前视口对图形重新计算，圆就变得光滑了，如图 4-28 所示。

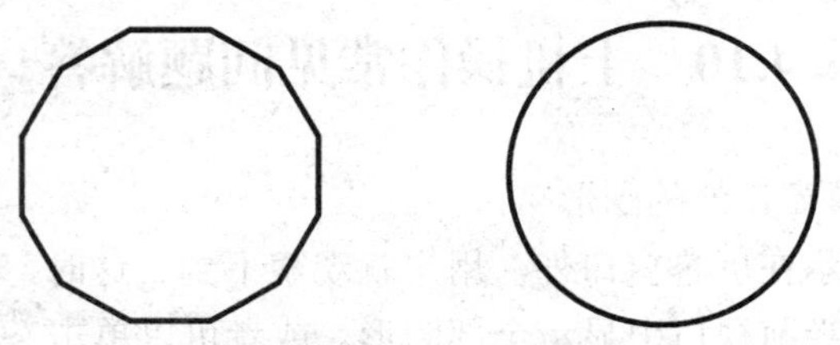

图 4-28 圆在重生成前后对比

2．相同的边界，一次修剪多条图线

利用“修剪”命令选择两个小圆为边界，在命令提示“选择要修剪的对象……”时，输入 F，回车即选择栏选方式，绘制一条开放的穿过被选对象的多段线，如图 4-29（a）所示，回车，则多条多余的线条被修剪掉，完成图形如图 4-29（b）所示。

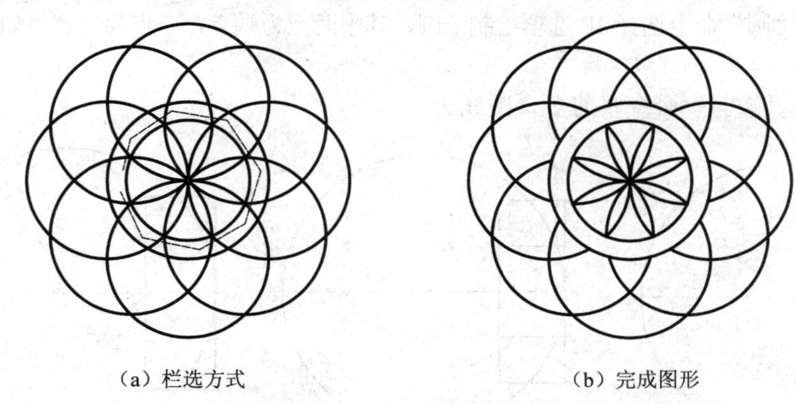

（a）栏选方式　　　　（b）完成图形

图 4-29　一次修剪多条图线

4.12 上 机 题

1．用近似比例画法绘制螺栓，如图 4-30 所示，其中螺栓左视图的正六边可以参见本书第 3 章例 3-5 利用极轴追踪绘制或参考第 5 章用“正多边形”命令绘制。

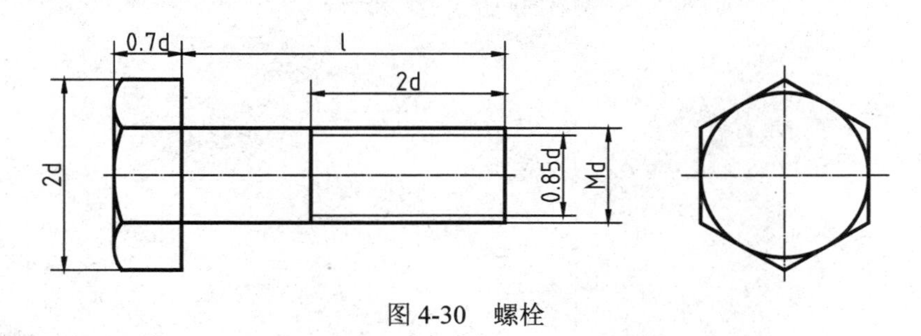

图 4-30　螺栓

2．绘制如图 4-31 和图 4-32 所示平面图形。

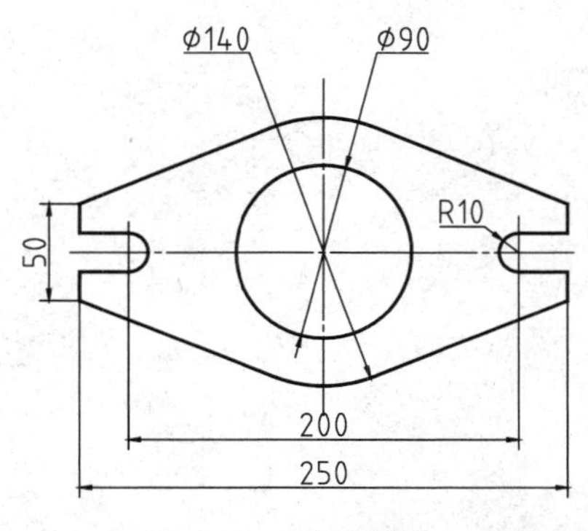

图 4-31　平面图形 1

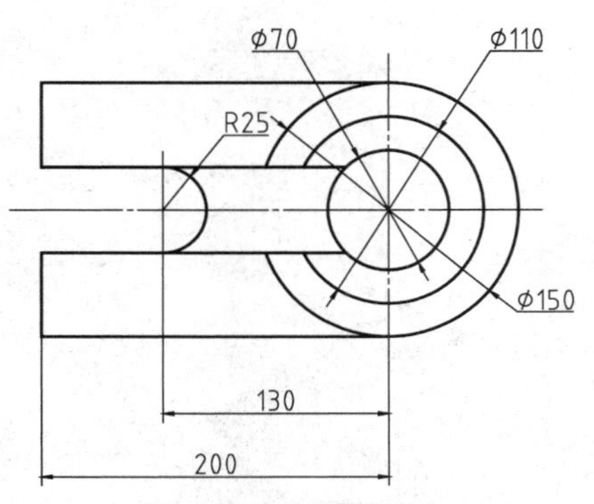

图 4-32　平面图形 2

绘图提示。

如图 4-30 所示螺栓头部的绘制方法和步骤如下。

（1）利用“圆”命令绘制圆心在轴线上，半径为 1.5d 的圆，如图 4-33（a）所示。

（2）利用“直线”命令绘制一直线, 如图 4-33（b）所示。

（3）利用“圆”命令选择 3P 选项绘制一圆，其中两点为端点，一点为切点，如图 4-33（c）所示。

（4）利用“修剪”命令修剪多余图线。

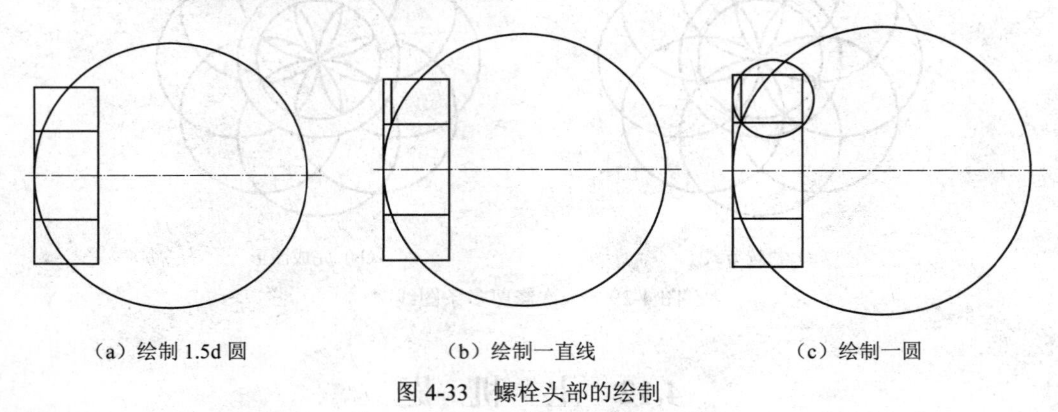

（a）绘制 1.5d 圆　　（b）绘制一直线　　（c）绘制一圆

图 4-33　螺栓头部的绘制

第 5 章　简单平面图形绘制

在机械图样中，经常需要绘制一些复杂的图形。利用 AutoCAD 绘制这些图形时，首先，必须熟练掌握有关的绘图和编辑命令；其次，还应分析图形，设计合理的绘图步骤；最后，多积累一些经验和技巧，对提高绘图的效率也是十分必要的。

本章将介绍的内容和新命令如下。

（1）DONUT 圆环命令；

（2）POLOYGON 多边形命令；

（3）ELLIPSE 椭圆命令；

（4）ARRAY 阵列命令；

（5）EXTEND 延伸命令；

（6）BREAK 打断与打断于点命令；

（7）SCALE 比例缩放命令。

5.1　圆环的绘制

利用“圆环”命令可以通过指定圆环内圈和外圈直径，绘制填充或不填充的圆环或实心圆。

调用命令的方式如下。

功能区：单击“默认”选项卡|“绘图”面板中的◎图标按钮。

菜单：执行“绘图”|“圆环”命令。

键盘命令：DONUT（或 DO）。

操作步骤如下。

第 1 步，调用“圆环”命令。

第 2 步，命令提示为“指定圆环的内径”时，输入圆环内圈直径的数值，回车。

第 3 步，命令提示为“指定圆环的外径”时，输入圆环外圈直径的数值，回车。

第 4 步，命令提示为“指定圆环的中心点或 <退出[①]>”时，利用合适的定点方式指定圆环的中心点。

第 5 步，命令提示再次为“指定圆环的中心点或 <退出>”时，可以指定不同的中心点。“圆环”命令一次可绘制出多个相同的圆环。也可以回车，结束命令。

注意：

（1）圆环是否填充，可用 FILL 命令或系统变量 FILLMODE 加以控制。当值为 1 时，圆环被填充，如图 5-1 所示；当值为 0 时，圆环不被填充，如图 5-2 所示。

（2）如果指定的内径为 0，则绘制实心圆，如图 5-1（b）和图 5-2（b）所示。

---

① 此为 AutoCAD 2008 开始新增的功能。

（3）如果输入的外径值小于内径值，系统会自动将内外径值互换。

（4）圆环的内外径可以相等，此时的圆环如同一圆，如图 5-1（c）所示，但实际上是零宽度的多段线。因为，圆环是由两个等宽度的半圆弧多段线构成。

（a）内外径不等

（b）内径为 0

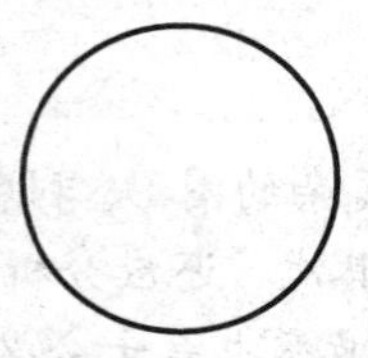
（c）内外径相等

图 5-1　填充的圆环

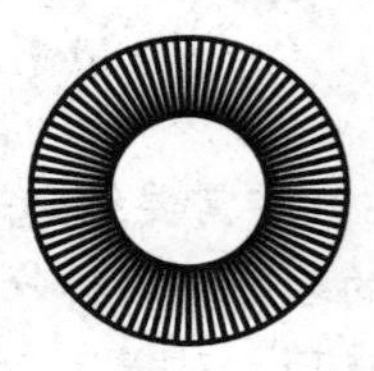
（a）内外径不等

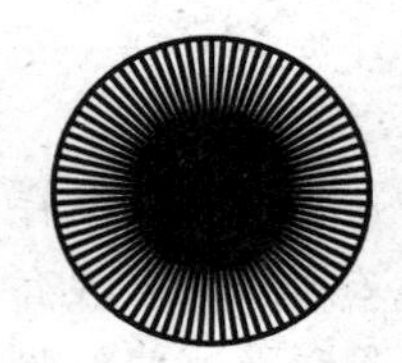
（b）内径为 0

图 5-2　不填充的圆环

5.2　正多边形的绘制

利用“多边形”命令可以绘制边数最少为 3，最多为 1024 的正多边形。

调用命令的方式如下。

功能区：单击“默认”选项卡|“绘图”面板中的图标按钮。

菜单：执行“绘图”|“多边形”命令。

图标：单击“绘图”工具栏中的图标按钮。

键盘命令：POLYGON（或 POL）。

5.2.1　内接于圆方式绘制正多边形

内接于圆方式绘制正多边形，就是已知正多边形的边数和其外接圆的圆心和半径绘制正多边形。

操作步骤如下。

第 1 步，调用“多边形”命令。

第 2 步，命令提示为“输入侧面数”时，输入正多边形的边数，回车。

第 3 步，命令提示为“指定正多边形的中心点或 [边(E)]”时，利用合适的定点方式指定正多边形的中心点。

第 4 步，命令提示为“输入选项 [内接于圆(I)/外切于圆(C)]”时，输入 I，回车。

第 5 步，命令提示为“指定圆的半径”时，输入外接圆的半径值，回车。

【例 5-1】 以内接于圆方式绘制正六边形，如图 5-3（a）所示。

操作如下。

命令: **_polygon**	单击图标按钮，启动“多边形”命令
输入侧面数 <4>: **6** ↵	输入正六边形的边数为 6
指定正多边形的中心点或 [边(E)]:	拾取点 A
输入选项 [内接于圆(I)/外切于圆(C)] <I>: **i**↵	选择“内接于圆”方式
指定圆的半径: **60** ↵	指定正六边形外接圆半径为 60

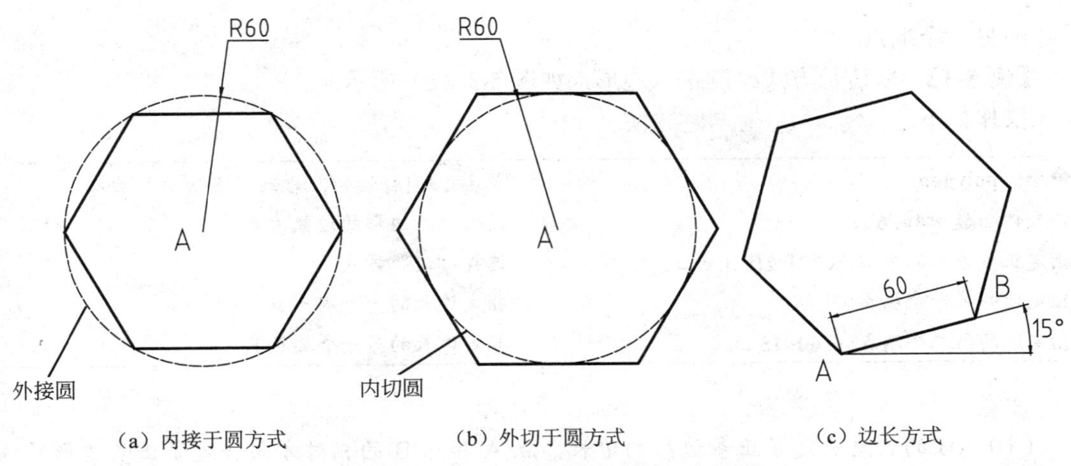

(a) 内接于圆方式　　(b) 外切于圆方式　　(c) 边长方式

图 5-3　用三种不同的方式绘制的正六边形

5.2.2　外切于圆方式绘制正多边形

外切于圆方式绘制正多边形，就是已知正多边形的边数和其内切圆的圆心和半径绘制正多边形。

操作步骤如下。

第 1 步～第 3 步，同本书 5.2.1 节第 1 步～第 3 步。

第 4 步，命令提示为“输入选项 [内接于圆(I)/外切于圆(C)]”时，输入 C，回车。

第 5 步，命令提示为“指定圆的半径”时，输入内切圆的半径值，回车。

【例 5-2】 以外切于圆方式绘制正六边形，如图 5-3（b）所示。

操作如下。

命令: **_polygon**	单击图标按钮，启动“多边形”命令
输入侧面数 <4>: **6** ↵	输入正六边形的边数为 6
指定正多边形的中心点或 [边(E)]:	拾取点 A
输入选项 [内接于圆(I)/外切于圆(C)] <I>: **c** ↵	选择“外切于圆”方式
指定圆的半径: **60** ↵	指定正六边形内切圆半径为 60

5.2.3　边长方式绘制正多边形

边长方式绘制正多边形，就是指定正多边形一条边的两个端点，然后按逆时针方向绘制出其余的边。

操作步骤如下。

第 1 步～第 2 步，同本书 5.2.1 节第 1 步～第 2 步。

第 3 步，命令提示为“指定正多边形的中心点或 [边(E)]”时，输入 E，回车。

第 4 步，命令提示为“指定边的第一个端点”时，利用合适的定点方式指定正多边形任一边的一个端点。

第 5 步，命令提示为“指定边的第二个端点”时，利用合适的定点方式指定正多边形该边的另一个端点。

【例 5-3】 以边长方式绘制正六边形，如图 5-3（c）所示。

操作如下。

命令: **_polygon**	单击图标按钮，启动“多边形”命令
输入侧面数 <4>: **6** ↵	输入正六边形的边数为 6
指定正多边形的中心点或 [边(E)]: **e** ↵	选择“边”方式
指定边的第一个端点:	指定边长的一个端点 A
指定边的第二个端点: **@60<15** ↵	指定边长的另一个端点 B

注意：

（1）AB 的长度决定了正多边形的边长，点 A 和点 B 的相对方向决定了正多边形的放置角度。系统按 AB 的顺序以逆时针方向生成正多边形。

（2）调用“多边形”命令生成的是多段线构成的作为一个整体的正多边形，可以用“分解”命令将其分解成独立的线段，参见例 4-11。

5.3 椭圆和椭圆弧的绘制

利用“椭圆”命令可以绘制椭圆和椭圆弧。

调用命令的方式如下。

功能区：单击“默认”选项卡|“绘图”面板中的图标按钮。

菜单：执行“绘图”|“椭圆”命令。

图标：单击“绘图”工具栏中的图标按钮。

键盘命令：ELLIPSE（或 EL）。

5.3.1 指定两端点和半轴长绘制椭圆

已知椭圆一轴的两端点和另一轴的半轴长绘制椭圆。

操作步骤如下。

第 1 步，调用“椭圆”命令。

第 2 步，命令提示为“指定椭圆的轴端点或 [圆弧(A)/中心点(C)]:”时，用合适的定点方式，指定椭圆轴的一个端点。

第 3 步，命令提示为“指定轴的另一个端点”时，用合适的定点方式，指定椭圆轴的另一个端点。

第 4 步，命令提示为“指定另一条半轴长度或 [旋转(R)]:”时，输入椭圆另一轴的半轴长度。

【例 5-4】 指定两端点和半轴长绘制椭圆，如图 5-4（a）所示。

操作如下。

命令: **_ellipse**	单击图标按钮，启动“椭圆”命令
指定椭圆的轴端点或 [圆弧(A)/中心点(C)]:	拾取一点，指定椭圆轴的一个端点 A

指定轴的另一个端点: **@120<30↵**	输入椭圆轴的另一个端点 B 的相对坐标
指定另一条半轴长度或 [旋转(R)]: **40↵**	输入椭圆另一条半轴长度为 40

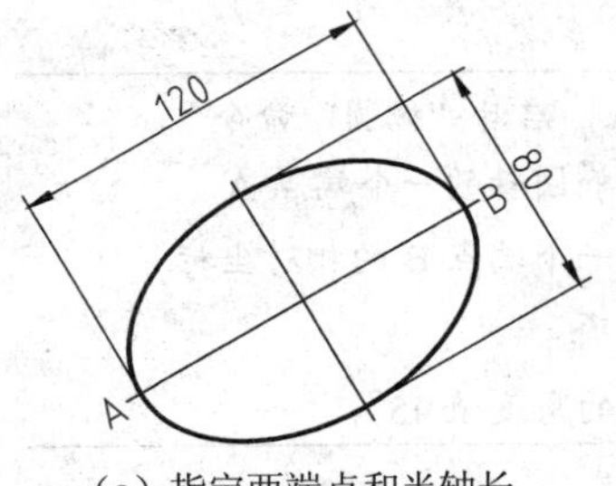

（a）指定两端点和半轴长

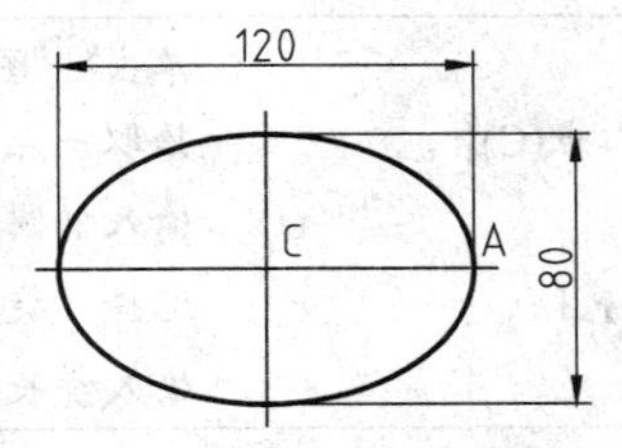

（b）指定中心点、端点和半轴长

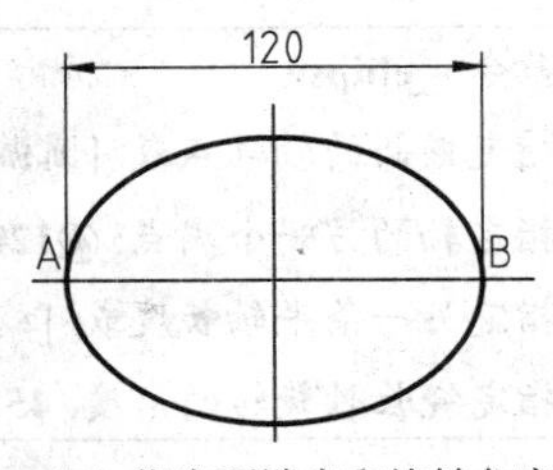

（c）指定两端点和旋转角度

图 5-4　用三种不同的方式绘制椭圆

5.3.2　指定中心点、端点和半轴长绘制椭圆

已知椭圆的中心点、一轴的端点和另一轴的半轴长绘制椭圆。

操作步骤如下。

第 1 步，调用“椭圆”命令。

第 2 步，命令提示为“指定椭圆的轴端点或 [圆弧(A)/中心点(C)]:”时，输入 C，回车。

第 3 步，命令提示为“指定椭圆的中心点:”时，用合适的定点方式，指定椭圆的中心点。

第 4 步，命令提示为“指定轴的端点:”时，用合适的定点方式，指定椭圆轴的端点。

第 5 步，命令提示为“指定另一条半轴长度或 [旋转(R)]:”时，输入椭圆另一条的半轴长度。

注意：在“草图与注释”工作空间，指定中心点、端点和半轴长绘制椭圆可以直接单击图标按钮。

【例 5-5】 指定中心点、端点和半轴长绘制椭圆，如图 5-4（b）所示。

操作如下。

命令: **_ellipse**	单击图标按钮，启动“椭圆”命令
指定椭圆的轴端点或 [圆弧(A)/中心点(C)]: **c↵**	选择“中心点”选项
指定椭圆的中心点:	拾取一点，指定椭圆的中心点
指定轴的端点: **@60,0↵**	输入椭圆轴的一个端点 A 的相对坐标
指定另一条半轴长度或 [旋转(R)]: **40↵**	输入椭圆另一条半轴长度为 40

5.3.3　指定两端点和旋转角绘制椭圆

已知椭圆一轴的两端点和旋转角绘制椭圆。

操作步骤如下。

第 1 步～第 3 步，同本书 5.3.1 节第 1 步～第 3 步。

第 4 步，命令提示为“指定另一条半轴长度或 [旋转(R)]: ”时，输入 R，回车。

第 5 步，命令提示为“指定绕长轴旋转的角度:”时，输入绕长轴旋转的角度值。

【例 5-6】 指定两端点和旋转角绘制椭圆，如图 5-4（c）所示。

操作如下。

命令: **_ellipse**	单击图标按钮，启动“椭圆”命令
指定椭圆的轴端点或 [圆弧(A)/中心点(C)]:	拾取一点，指定椭圆轴的一个端点 A
指定轴的另一个端点: **@120,0↵**	输入椭圆轴的另一个端点 B 的相对坐标
指定另一条半轴长度或 [旋转(R)]: **r↵**	选择“旋转”选项
指定绕长轴旋转的角度: **45↵**	输入绕长轴旋转的角度值 45°

注意:

（1）方式三通过绕轴旋转圆创建椭圆，旋转角范围为 0°～89.4°。

（2）椭圆类型由变量 PELLIPSE 控制，如果为 0 创建真正符合数学定义的椭圆，如果为 1 创建由多段线近似表示的椭圆。

5.3.4 绘制椭圆弧

绘制椭圆弧也可以直接单击图标按钮或调用“椭圆”命令。

操作步骤如下。

第 1 步，调用“椭圆”命令。

第 2 步，命令提示为“指定椭圆的轴端点或 [圆弧(A)/中心点(C)]:”时，输入 A，回车。

第 3 步～第 4 步，同绘制椭圆。

第 5 步，命令提示为“指定起始角度或 [参数(P)]:”时，指定椭圆弧起始角度。

第 6 步，命令提示为“指定端点角度或 [参数(P)/包含角度(I)]:”时，指定椭圆弧终止角度。

注意：椭圆的第一个端点定义了基准点，如图 5-5 所示点 A，椭圆弧的角度从该点按逆时针方向计算。

【例 5-7】 绘制如图 5-5 所示的椭圆弧。

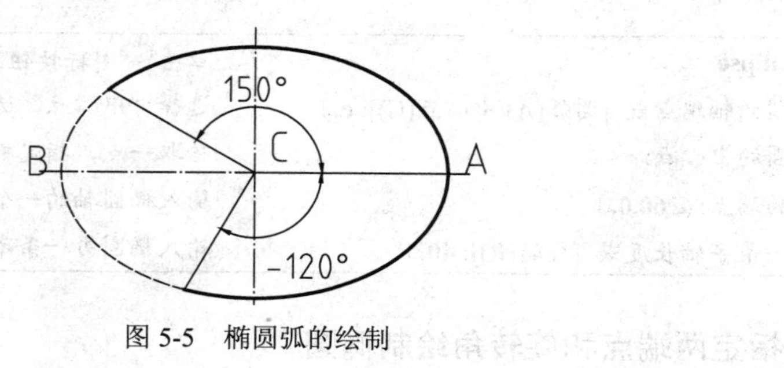

图 5-5 椭圆弧的绘制

操作如下。

命令: **_ellipse**	单击图标按钮，启动“椭圆弧”命令
指定椭圆的轴端点或 [圆弧(A)/中心点(C)]: **_a**	
指定椭圆弧的轴端点或 [中心点(C)]:	拾取一点，指定椭圆轴的一个端点 A

指定轴的另一个端点: @ **-120,0↵**	输入椭圆轴的另一个端点的相对坐标
指定另一条半轴长度或 [旋转(R)]: **40↵**	输入椭圆另一条半轴长度为 40
指定起始角度或 [参数(P)]: **–120↵**	输入起始角度值为–120°
指定端点角度或 [参数(P)/包含角度(I)]: **150↵**	输入终止角度值 150°

5.4 阵列对象

利用“阵列”命令可以通过矩形阵列、环形阵列和路径阵列三种方式来实现复制指定的对象。

5.4.1 矩形阵列对象

矩形阵列即创建由选定对象按指定的行数、行间距、列数和列间距作多重复制的阵列。

调用命令的方式如下。

功能区：单击“默认”选项卡“修改”面板中的▦图标按钮。

菜单：执行“修改”|“矩形阵列”命令。

图标：单击“修改”工具栏中的▦图标按钮。

键盘命令：ARRAYRECT（或 AR)。

操作步骤如下。

第 1 步，调用“矩形阵列”命令。

第 2 步，命令提示为“选择对象:”时， 用合适的选择对象的方法选择欲矩形阵列的对象，如图 5-6 所示圆和中心线，回车。

第 3 步，命令提示为“选择对象:”时，回车，结束对象选择。

第 4 步，命令提示为 “选择夹点以编辑阵列或 [关联(AS)/基点(B)/计数(COU)/间距(S)/列数(COL)/行数(R)/层数(L)/退出(X)] <退出>:”时，输入 COU，回车。

第 5 步，命令提示为“输入列数数或 [表达式(E)] <4>:”时，输入列数为 2。

第 6 步，命令提示为“输入行数数或 [表达式(E)] <3>:”时，输入行数为 2。

第 7 步，命令提示为“选择夹点以编辑阵列或 [关联(AS)/基点(B)/计数(COU)/间距(S)/列数(COL)/行数(R)/层数(L)/退出(X)] <退出>:”时，输入 S，回车。

第 8 步，命令提示为“指定列之间的距离或 [单位单元(U)] <6.2>:”时，输入列间距为 60。

第 9 步，命令提示为“指定行之间的距离 <6.2>:”时，输入行间距为 40。

第 10 步，命令提示为选择夹点以编辑阵列或 [关联(AS)/基点(B)/计数(COU)/间距(S)/列数(COL)/行数(R)/层数(L)/退出(X)] <退出>:”时，回车，结束命令。完成“矩形阵列”，如图 5-7 所示。

操作及选项说明如下。

（1）关联（AS)：指定阵列中的对象是关联的还是独立的。

（2）层数（L)：指定三维阵列的层数和层间距。

注意： 如果行、列偏移值为正数，则阵列复制的对象向上、向右排列，如果行、列偏移值为负数，则阵列复制的对象向下、向左排列。

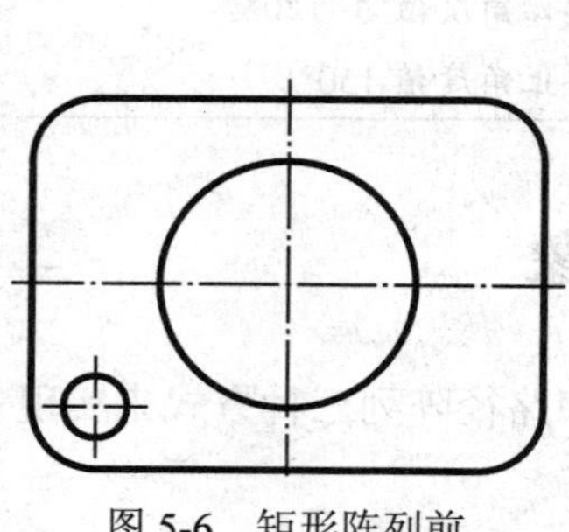

图 5-6　矩形阵列前

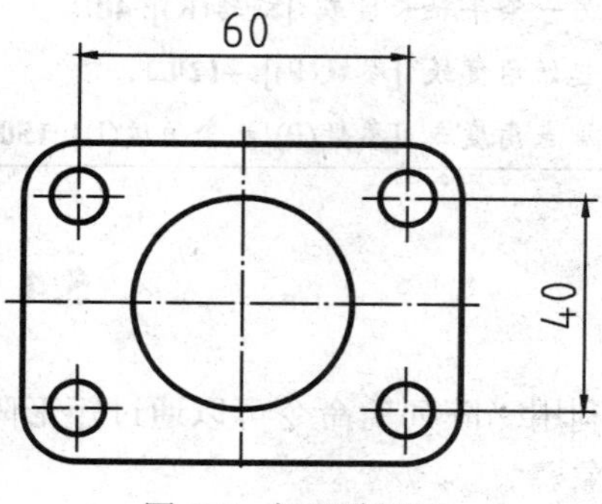

图 5-7　矩形阵列后

5.4.2　环形阵列对象

环形阵列即创建绕中心点复制选定对象的阵列。

调用命令的方式如下。

功能区：单击“默认”选项卡“修改”面板中的图标按钮。

菜单：执行“修改”|“环形阵列”命令。

图标：单击“修改”工具栏中的图标按钮。

键盘命令：ARRAYPOLAR（或 AR）。

操作步骤如下。

第 1 步，调用“环形阵列”命令。

第 2 步，命令提示为“选择对象:”时，用合适的选择对象的方法选择欲环形阵列的对象，如图 5-8 所示的圆和中心线，回车。

第 3 步，命令提示为“选择对象:”时，回车，结束对象选择。

第 4 步，命令提示为“指定阵列的中心点或 [基点(B)/旋转轴(A)]: 时，利用对象捕捉功能捕捉大圆的圆心。

第 5 步，命令提示为“选择夹点以编辑阵列或 [关联(AS)/基点(B)/项目(I)/项目间角度(A)/填充角度(F)/行(ROW)/层(L)/旋转项目(ROT)/退出(X)] <退出>:”时，输入 I，回车。

第 6 步，命令提示为“输入阵列中的项目数或 [表达式(E)] <6>:”时，输入阵列个数为 8（包括源对象）。

第 7 步，命令提示为“选择夹点以编辑阵列或 [关联(AS)/基点(B)/项目(I)/项目间角度(A)/填充角度(F)/行(ROW)/层(L)/旋转项目(ROT)/退出(X)] <退出>:”时，输入 F，回车。

第 8 步，命令提示为“指定填充角度(+=逆时针、－=顺时针)或 [表达式(EX)] <360>:”时，回车，确认默认填充角度 360°。

第 9 步，命令提示为“选择夹点以编辑阵列或 [关联(AS)/基点(B)/项目(I)/项目间角度(A)/填充角度(F)/行(ROW)/层(L)/旋转项目(ROT)/退出(X)] <退出>:”时，回车，结束命令。完成“环形阵列”，如图 5-9 所示。

操作及选项说明如下。

（1）关联（AS）：指定阵列中的对象是关联的还是独立的。

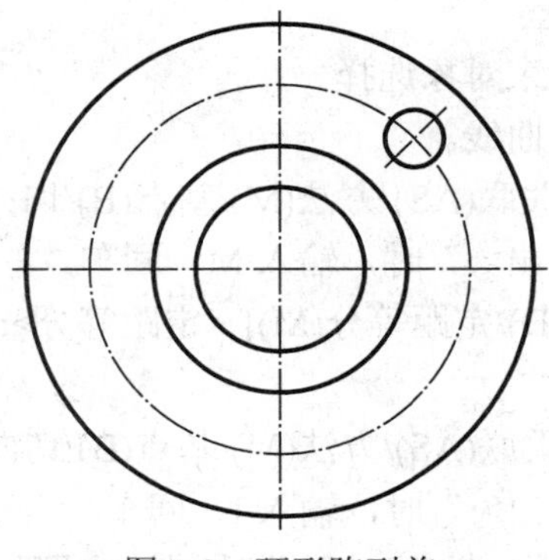

图 5-8　环形阵列前

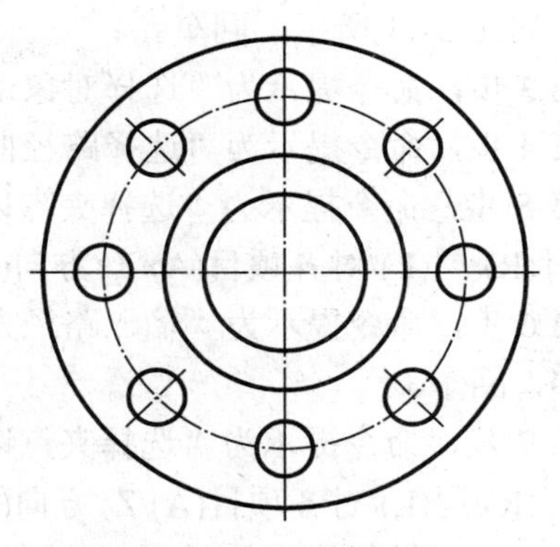

图 5-9　环形阵列后

（2）旋转项目（ROT）：复制时是否旋转项目，如图 5-10 所示，阵列时复制的对象将绕中心点旋转。否则，不旋转。

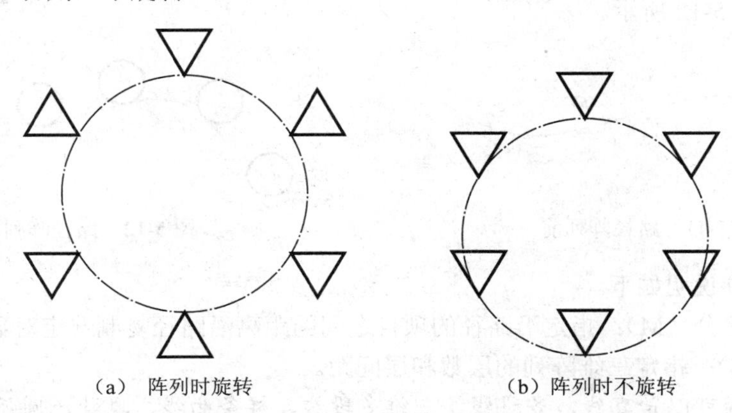

（a）　阵列时旋转　　　　（b）阵列时不旋转

图 5-10　复制时是否旋转的比较

（3）项目间角度（A）：指定项目之间的角度。

注意：角度值为正，则按逆时针方向阵列。角度值为负，则按顺时针方向阵列。

5.4.3　路径阵列对象[①]

路径阵列即创建沿指定的路径复制选定对象的阵列。

调用命令的方式如下。

功能区：单击“默认”选项卡“修改”面板中的图标按钮。

菜单：执行“修改”|“路径阵列”命令。

图标：单击“修改”工具栏中的图标按钮。

键盘命令：ARRAYPATH（或 AR）。

操作步骤如下。

第 1 步，调用“路径阵列”命令。

第 2 步，命令提示为：“选择对象:”时，用合适的选择对象的方法选择欲路径阵列的

① 此为 AutoCAD 2012 开始新增的功能。

对象，如图 5-11 所示，回车。

第 3 步，命令提示为“选择对象:”时，回车，结束对象选择。

第 4 步，命令提示为“选择路径曲线:”时，选择曲线。

第 5 步，命令提示为“选择夹点以编辑阵列或 [关联(AS)/方法(M)/基点(B)/切向(T)/项目(I)/行(R)/层(L)/对齐项目(A)/Z 方向(Z)/退出(X)] <退出>:”时，输入 M，回车。

第 6 步，命令提示为“输入路径方法 [定数等分(D)/定距等分(M)] <定距等分>:”时，输入 D，回车。

第 7 步，命令提示为“选择夹点以编辑阵列或 [关联(AS)/方法(M)/基点(B)/切向(T)/项目(I)/行(R)/层(L)/对齐项目(A)/Z 方向(Z)/退出(X)] <退出>:”时，输入 I，回车。

第 8 步，命令提示为“输入沿路径的项目数或 [表达式(E)] <7>:”时，输入项目数为 6。

第 9 步，命令提示为“选择夹点以编辑阵列或 [关联(AS)/方法(M)/基点(B)/切向(T)/项目(I)/行(R)/层(L)/对齐项目(A)/Z 方向(Z)/退出(X)] <退出>:”时，回车，结束命令。完成“路径阵列”，如图 5-12 所示。

图 5-11　路径阵列前　　　　图 5-12　路径阵列后

操作及选项说明如下。

（1）定距等分（M）：指定沿路径的项目之间的距离沿路径复制选定对象。

（2）层（L）：指定三维阵列的层数和层间距。

注意：路径可以是直线、多段线、三维多段线、样条曲线、螺旋、圆弧、圆或椭圆。

5.5　延伸对象

利用“延伸”命令可以将指定的对象延伸到选定的边界。

调用命令的方式如下。

功能区：单击“默认”选项卡“修改”面板中的图标按钮。

菜单：执行“修改”|“延伸”命令。

图标：单击“修改”工具栏中的图标按钮。

键盘命令：EXTEND（或 EX）。

5.5.1　普通方式延伸对象

当边界与被延伸对象实际是相交的，可以采用普通方式延伸对象，如图 5-13 所示。

操作步骤如下。

第 1 步，调用“延伸”命令。

第 2 步，命令提示为“选择对象或 <全部选择>:”时，依次单击拾取作为延伸边界的对象（或直接回车，选择全部对象）。当结束延伸边界对象的选择时，回车。

第 3 步，命令提示为“选择要延伸的对象，或按住 Shift 键选择要修剪的对象，或[栏选(F)/窗交(C)/投影(P)/边(E)/放弃(U)]:”时，单击拾取要延伸的对象。

注意：选择对象时，如果按住 Shift 键则执行“修剪”命令①。

第 4 步，命令提示为“选择要延伸的对象，或按住 Shift 键选择要修剪的对象，或[栏选(F)/窗交(C)/投影(P)/边(E)/放弃(U)]:”时，回车，结束“延伸”命令。

【例 5-8】 以普通方式延伸直线，如图 5-13 所示。

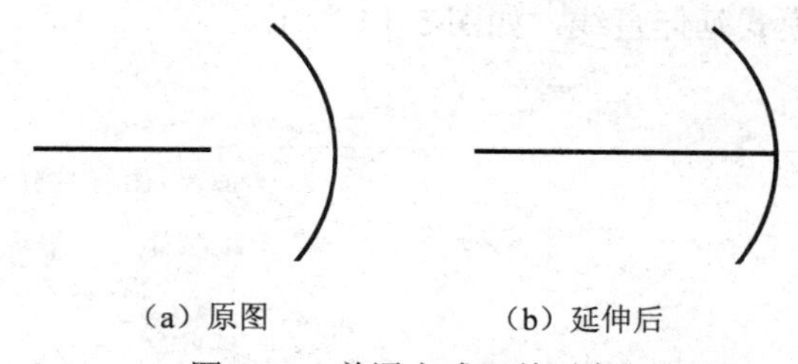

（a）原图　　（b）延伸后

图 5-13　普通方式延伸对象

操作如下。

命令: **_extend**	单击图标按钮，启动“延伸”命令
当前设置:投影=UCS，边=无	系统提示
选择边界的边...	
选择对象或 <全部选择>:	选择圆弧
找到 1 个	系统提示
选择对象: ↵	结束对象选择
选择要延伸的对象，或按住 Shift 键选择要修剪的对象，或 [栏选(F)/窗交(C)/投影(P)/边(E)/放弃(U)]:	选择水平直线
选择要延伸的对象，或按住 Shift 键选择要修剪的对象，或 [栏选(F)/窗交(C)/投影(P)/边(E)/放弃(U)]: ↵	结束被延伸对象的选择

5.5.2　延伸模式延伸对象

如果边界与被延伸对象不相交，则可以采用延伸模式延伸对象，如图 5-14 所示。

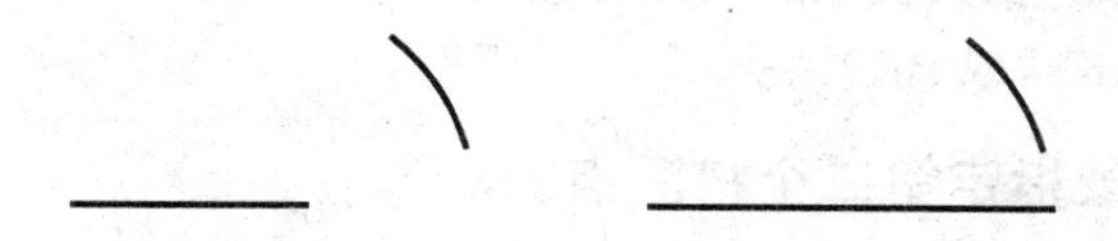

（a）原图　　（b）延伸后

图 5-14　延伸模式延伸对象

操作步骤如下。

① 参见本书第 2 章。

第 1 步～第 2 步，同本书 5.5.1 节第 1 步～第 2 步。

第 3 步，命令提示为“选择要延伸的对象，或按住 Shift 键选择要修剪的对象，或[栏选(F)/窗交(C)/投影(P)/边(E)/放弃(U)]:”时，输入 E，回车。

第 4 步，命令提示为“输入隐含边延伸模式 [延伸(E)/不延伸(N)] <不延伸>:”时，输入 E，回车。

第 5 步～第 6 步，同本书 5.5.1 节第 3 步～第 4 步。

【例 5-9】 以延伸模式延伸直线，如图 5-14 所示。

操作如下。

命令: **_extend**	单击图标按钮，启动“延伸”命令
当前设置:投影=UCS，边=无	系统提示
选择边界的边...	
选择对象或 <全部选择>:	选择圆弧
找到 1 个	系统提示
选择对象: ↵	结束对象选择
选择要延伸的对象，或按住 Shift 键选择要修剪的对象，或[栏选(F)/窗交(C)/投影(P)/边(E)/放弃(U)]: **e**↵	选择“边”选项
输入隐含边延伸模式 [延伸(E)/不延伸(N)] <不延伸>: **e**↵	选择“延伸”选项
选择要延伸的对象，或按住 Shift 键选择要修剪的对象，或[栏选(F)/窗交(C)/投影(P)/边(E)/放弃(U)]:	选择水平直线
选择要延伸的对象，或按住 Shift 键选择要修剪的对象，或[栏选(F)/窗交(C)/投影(P)/边(E)/放弃(U)]: ↵	结束被延伸对象的选择

5.6 打断对象

利用“打断”命令可以在两点之间或一点处打断选定对象。

调用命令的方式如下。

功能区：单击“默认”选项卡“修改”面板中的图标按钮。

菜单：执行“修改”|“打断”命令。

图标：单击“修改”工具栏中的图标按钮。

键盘命令：BREAK（或 BR）。

5.6.1 选择打断对象指定第二个打断点

以选择对象时的选择点作为第一个打断点，再指定第二个打断点打断对象。

操作步骤如下。

第 1 步，调用“打断”命令。

第 2 步，命令提示为“选择对象:”时，选择欲打断的对象。

第 3 步，命令提示为“指定第二个打断点 或 [第一点(F)]:”时，指定第二个打断点。

注意：第二个打断点可以在对象上指定也可以在对象外指定。也可以输入@，那么在选择对象时的选择点处将对象一分为二。

【例 5-10】 用“打断”命令修改如图 5-15（a）所示中心线。

操作如下。

命令: _break	单击图标按钮，启动“打断”命令
选择对象:	在点 A 拾取中心线
指定第二个打断点或[第一点(F)]:	在点 B 单击

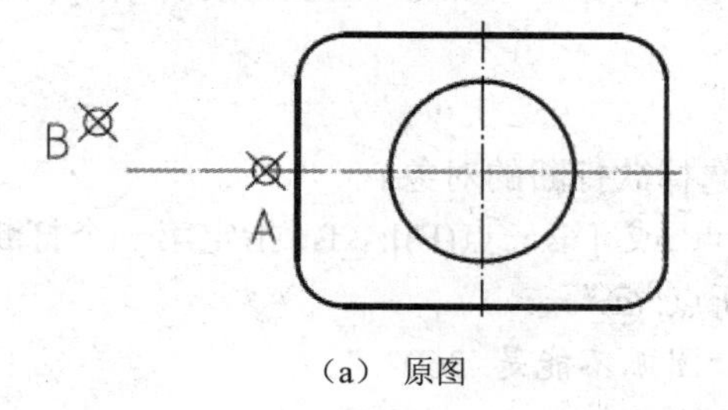

（a） 原图

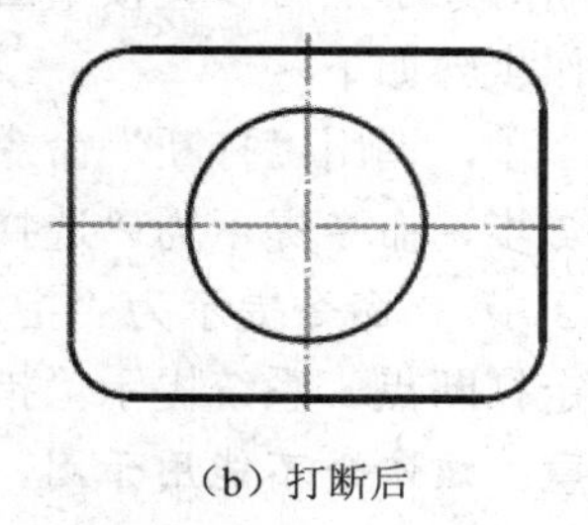

（b）打断后

图 5-15 打断中心线

5.6.2 选择打断对象指定两个打断点

选择对象后，重新指定第一点和第二点打断对象。

操作步骤如下。

第 1 步～第 2 步，同本书 5.6.1 节的第 1 步～第 2 步。

第 3 步，命令提示为“指定第二个打断点 或 [第一点(F)]:”时，输入 F，回车。

第 4 步，命令提示为“指定第一个打断点:”时，重新指定第一个打断点。

第 5 步，命令提示为“指定第二个打断点:”时，指定第二个打断点。

注意：如果重新指定第一个打断点后，指定第二个打断点输入@，则相当于“打断于点”命令。

【例 5-11】 用“打断”命令修改如图 5-16（a）所示内螺纹细实线。

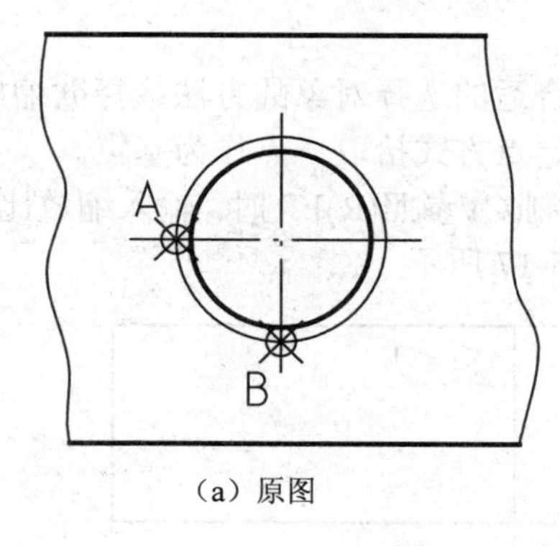

（a）原图

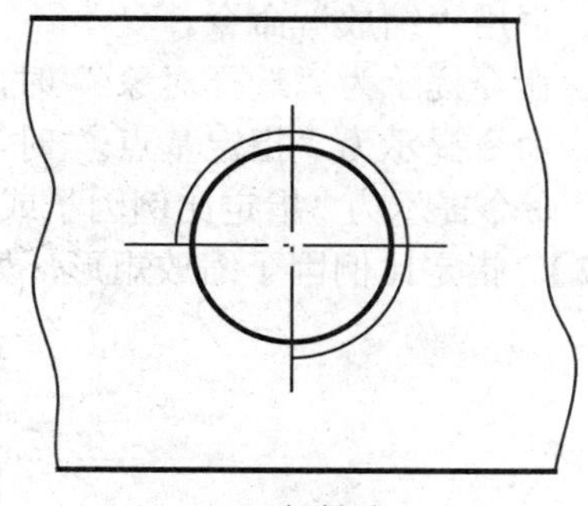

（b）打断后

图 5-16 打断内螺纹细实线

操作如下。

命令: _break	单击图标按钮，启动“打断”命令
选择对象:	选择细实线圆

指定第二个打断点或[第一点(F)]: f↵	选择“第一点”选项
指定第一个打断点:	利用交点对象捕捉功能捕捉交点 A
指定第二个打断点:	利用交点对象捕捉功能捕捉交点 B

5.6.3 打断对象于点

打断对象于点可以直接单击功能区“默认”选项卡“修改”面板中的 图标按钮。

操作步骤如下。

第 1 步，调用“打断”命令。

第 2 步，命令提示为“选择对象:”时，选择欲打断的对象。

第 3 步， 命令提示为“指定第二个打断点 或 [第一点(F)]: _f，指定第一个打断点:”时，指定打断点。系统提示“指定第二个打断点: @”。

注意：该命令不能用于圆，系统将提示“圆弧不能是 360° ”。

5.7 比例缩放对象

利用“缩放”命令可以将指定的对象以指定的基点为中心按指定的比例放大或缩小。

调用命令的方式如下。

功能区：单击“默认”选项卡“修改”面板中的 图标按钮。

菜单：执行“修改”|“缩放”命令。

图标：单击“修改”工具栏中的 图标按钮。

键盘命令：SCALE（或 SC）。

5.7.1 指定比例因子缩放对象

直接输入比例因子缩放对象。

操作步骤如下。

第 1 步，调用“缩放”命令。

第 2 步，命令提示为“选择对象:”时，用合适的选择对象的方法选择欲缩放的对象。

第 3 步，命令提示为“指定基点:”时，用定点方式拾取一点作为基点。

第 4 步，命令提示为“指定比例因子或 [复制(C)/参照(R)]:”时，输入缩放比例的数值。

【例 5-12】 指定比例因子缩放矩形，如图 5-17 所示。

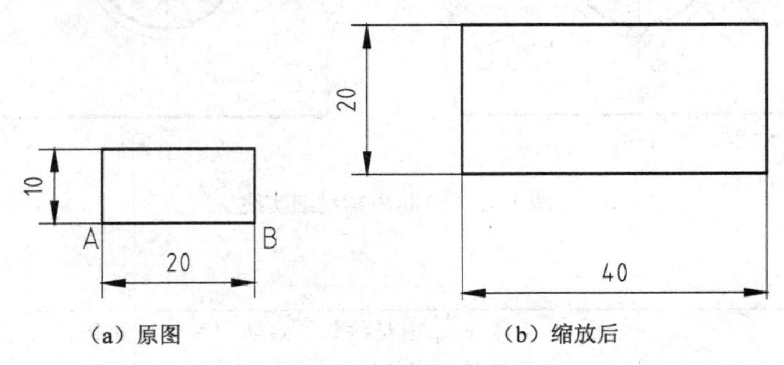

（a）原图　　（b）缩放后

图 5-17 比例缩放矩形

操作如下。

命令: **_scale**	单击图标按钮，启动“缩放”命令
选择对象: 找到 1 个	选择矩形
选择对象: ↵	回车，结束对象选择
指定基点:	利用对象捕捉功能捕捉交点 A
指定比例因子或 [复制(C)/参照(R)] <1.0000>: **2.**↵	输入比例因子为 2

注意：比例因子也可以直接输入一个代数式，例如 73/20。

5.7.2 指定参照方式缩放对象

以系统自动计算出的参照长度与新长度的比值确定比例因子缩放对象。

操作步骤如下。

第 1 步～第 3 步，同本书 5.7.1 节第 1 步～第 3 步。

第 4 步，命令提示为“指定比例因子或 [复制(C)/参照(R)]:”时，输入 R，回车。

第 5 步，命令提示为“指定参照长度:”时，可以直接输入参照长度值，或者指定两点确定参照长度。

第 6 步，命令提示为“指定新的长度或 [点(P)]”时，输入新长度值。

【例 5-13】 以参照方式缩放矩形，如图 5-17 所示。

操作如下。

命令: **_ scale**	单击图标按钮，启动“缩放”命令
选择对象: 找到 1 个	选择矩形
选择对象: ↵	回车，结束对象选择
指定基点:	利用对象捕捉功能捕捉交点 A
指定比例因子或 [复制(C)/参照(R)]: **r**↵	选择“参照”方式
指定参照长度<1>:	利用对象捕捉功能捕捉交点 A
指定第二点:	利用对象捕捉功能捕捉交点 B
指定新长度或[点(P)] <1>:**40**↵	输入新长度为 40

5.8 上机操作实验指导五 垫片的绘制

本节将介绍如图 5-18 所示垫片的绘制方法和步骤。主要涉及的命令包括“圆”命令、“直线”命令和本章介绍的“阵列”命令和“打断”命令。

操作步骤如下。

第 1 步，设置绘图环境，操作过程略。

第 2 步，绘制对称中心线，如图 5-19 所示，操作过程略。

第 3 步，绘制圆和中心线，如图 5-20 所示，操作过程略。

第 4 步，去除多余的轮廓线。

（1）利用“打断”命令去除 ϕ128 圆多余的轮廓线。

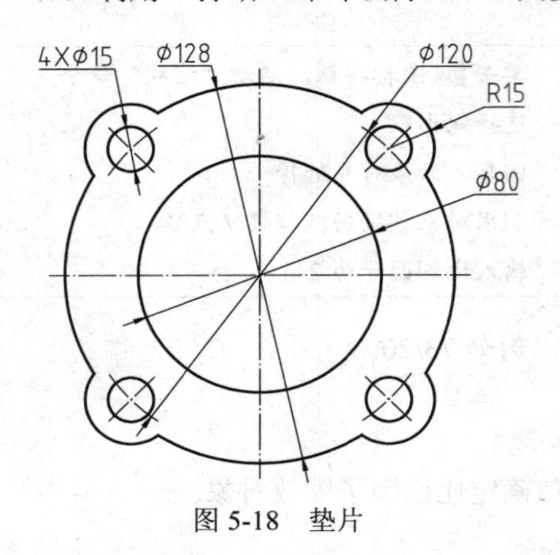

图 5-18　垫片

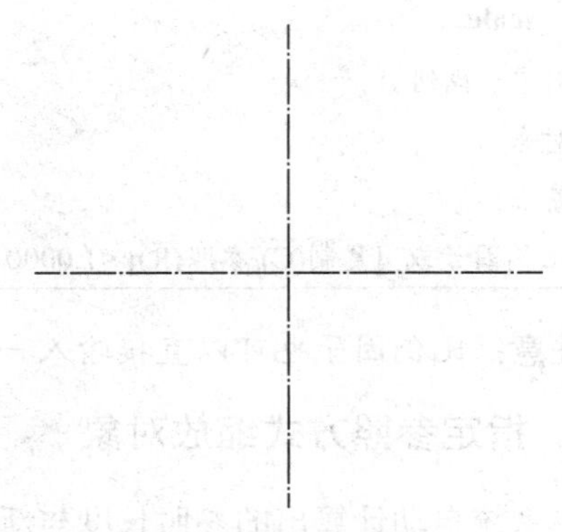
图 5-19　绘制中心线

操作如下。

命令: **_break**	单击图标按钮，启动“打断”命令
选择对象:	用点选方式，ϕ128 的圆
指定第二个打断点 或 [第一点(F)]: **f** ↵	选择打断“第一点”选项
指定第一个打断点:	利用对象捕捉功能捕捉交点 B
指定第二个打断点:	利用对象捕捉功能捕捉交点 A

（2）利用“打断”命令去除 R15 圆多余的轮廓线，方法同上，操作过程略。

第 5 步，整理中心线，如图 5-21 所示。

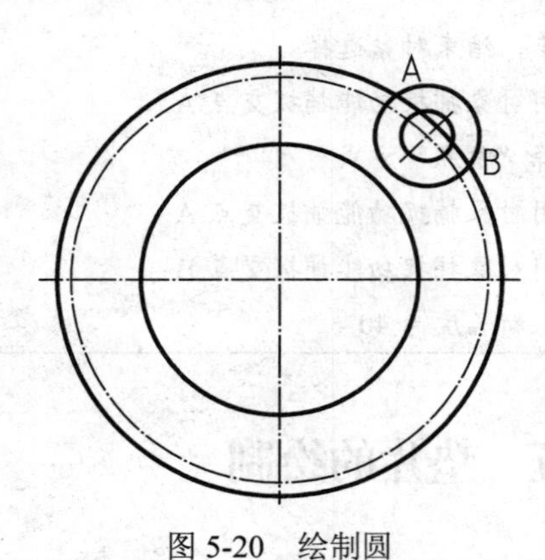

图 5-20　绘制圆

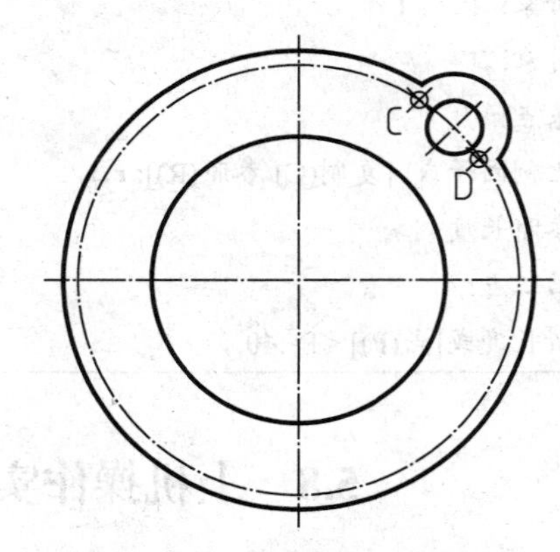

图 5-21　打断中心线圆

操作如下。

命令: **_break**	单击图标按钮，启动“打断”命令
选择对象:	移动光标在中心线圆上方超出圆轮廓线约 3～4 处（点 C 处）单击
指定第二个打断点 或 [第一点(F)]：	移动光标在中心线圆下方超出圆轮廓线约 3～4 处（点 D 处）单击

第 6 步，环形阵列均布对象，如图 5-22 所示。

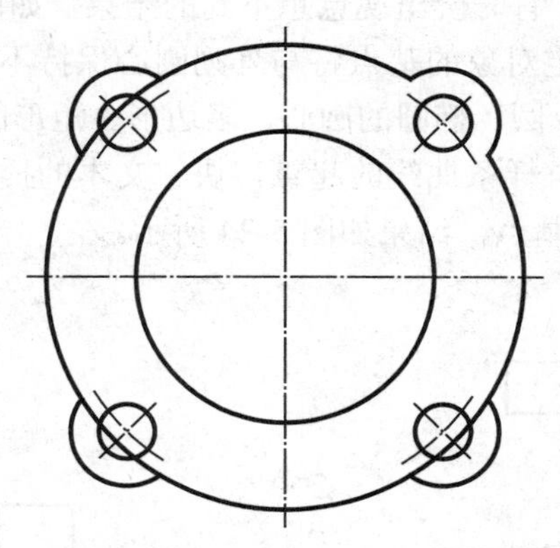

图 5-22　环形阵列均布对象

操作如下。

命令: **_arraypolar**	单击“修改”工具栏中的图标按钮，启动“环形阵列”命令
选择对象:	选择阵列对象
找到 1 个	系统提示
……	
选择对象:↵	回车，结束对象选择
类型 = 极轴　关联 = 是	系统提示
指定阵列的中心点或 [基点(B)/旋转轴(A)]:	利用对象捕捉功能捕捉 ϕ128 圆的圆心
选择夹点以编辑阵列或 [关联(AS)/基点(B)/项目(I)/项目间角度(A)/填充角度(F)/行(ROW)/层(L)/旋转项目(ROT)/退出(X)] <退出>: **I**↵	选择“项目”选项
输入阵列中的项目数或 [表达式(E)] <6>: **4**↵	输入阵列个数为 4
选择夹点以编辑阵列或 [关联(AS)/基点(B)/项目(I)/项目间角度(A)/填充角度(F)/行(ROW)/层(L)/旋转项目(ROT)/退出(X)] <退出>:↵	回车，结束“环形阵列”命令

第 7 步，去除 ϕ128 圆多余的轮廓线。

第 8 步，保存图形，操作过程略。

5.9　上机操作常见问题解答

1. 如何控制正六边形的放置角度

调用“多边形”命令绘制正六边形，有时生成的正六边形放置角度不合要求。这是因为在绘制正六边形时，如果回答圆半径值时，是在命令行直接输入数值，则默认绘制的正六边形上下边为水平。如果改用输入点方式（常用相对坐标），则系统根据中心点和输入点之间的距离来确定圆半径值，同时根据这两点连线的方向确定正六边形的放置角度。

2．在环形阵列中，如何设置参照点

使用“环形阵列”命令，有时会出现意想不到的结果，如图 5-23 所示，这是因为在进行环形阵列操作时，这些选定对象的基点将与阵列圆心保持不变的距离。但不同的对象有不同的基点。系统默认圆弧、圆、椭圆的圆心，多边形、矩形的第一个角点，圆环、直线、多段线、三维多段线、射线、样条曲线的起点，块、文本的插入点为基点。可以选择“基点（B）”选项，捕捉点 B 为基点，结果如图 5-24 所示。

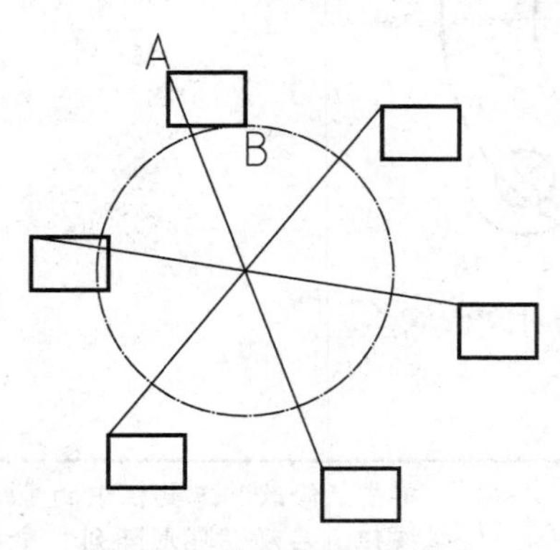

图 5-23　以点 A 为参考点

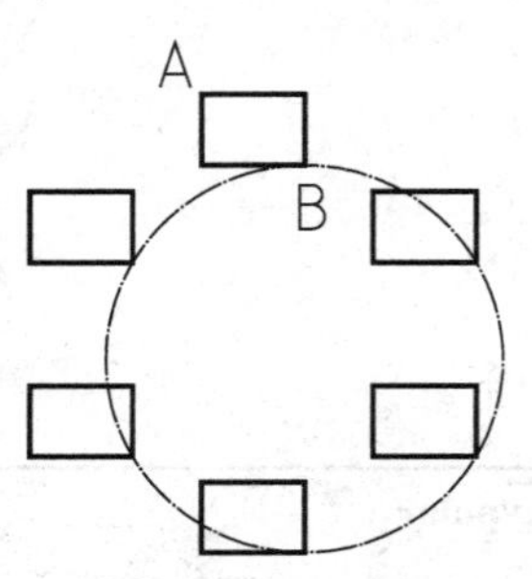

图 5-24　以点 B 为参考点

3．在打断圆时，如何控制被去除和保留的部分

在上机操作实验五的第 4 步中调用打断命令删除多余轮廓线时，当拾取两个打断点后，发现要想保留的一段劣弧没有了，留下的反而是不想保留的一段优弧。这是因为打断命令是按逆时针来打断该圆的，所以与选择该两点的先后次序有关，删除 $\phi128$ 圆多余的轮廓线时，应先选择点 B，后选择点 A。而删除 R15 圆多余的轮廓线，应先选择点 A，后选择点 B。

5.10　操作经验与技巧

1．在 AutoCAD 中绘制星形的方法

在 AutoCAD 中一直没有星形的命令。可以先用“多边形”命令绘制一正多边形，然后将对角线连起来，再作修剪，如图 5-25 所示。

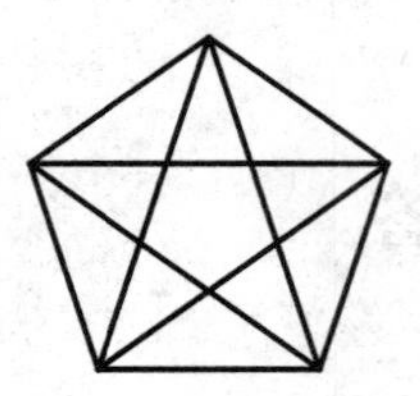

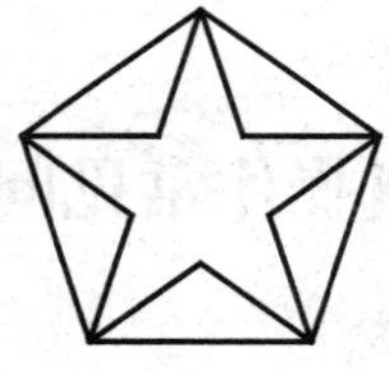

图 5-25　绘制星形

2．用“阵列”命令快捷地处理一些规则排列的文字和图形

如图 5-26 和图 5-27 所示，可以先用“阵列”命令将图形和文字一起阵列复制，然后再用 DDEDIT“编辑文字”命令分别修改。

学号	姓　　名	班　　级	专　　业
学号	姓　　名	班　　级	专　　业
学号	姓　　名	班　　级	专　　业
学号	姓　　名	班　　级	专　　业
学号	姓　　名	班　　级	专　　业
学号	姓　　名	班　　级	专　　业

图 5-26　矩形阵列文字

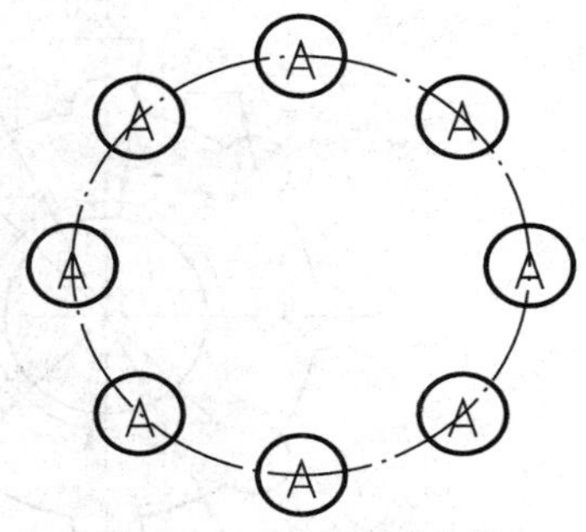

图 5-27　环形阵列文字

3. 利用“打断”命令打断对象时，指定第二点可以选在对象外

如图 5-28（a）所示，当指定第二点在对象一端点之外，则该端点将作为被打断对象的第二点，如图 5-28（b）所示。

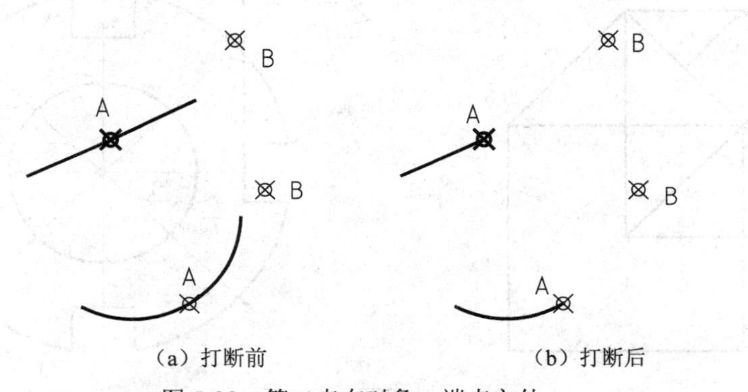

（a）打断前　　（b）打断后

图 5-28　第二点在对象一端点之外

如图 5-29（a）所示，当指定第二点在对象端点之内，而不在对象上时，系统自动过该点向对象作垂线，垂足作为被打断对象的第二点，如图 5-29（b）所示。

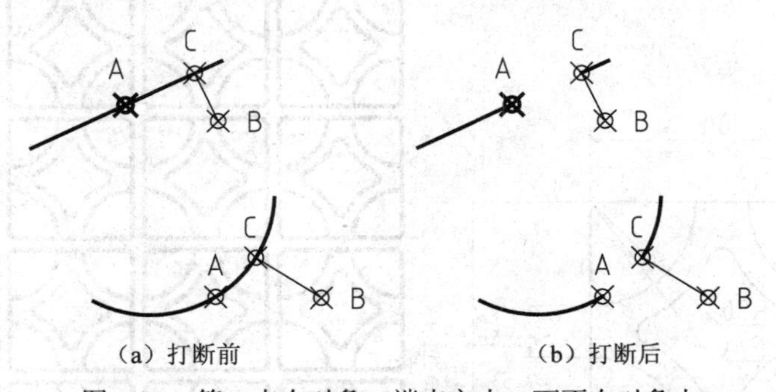

（a）打断前　　（b）打断后

图 5-29　第二点在对象一端点之内，而不在对象上

5.11　上　机　题

1. 绘制如图 5-30 所示止转螺母。
2. 绘制如图 5-31 所示 LOGO 和如图 5-32 所示卡圈。

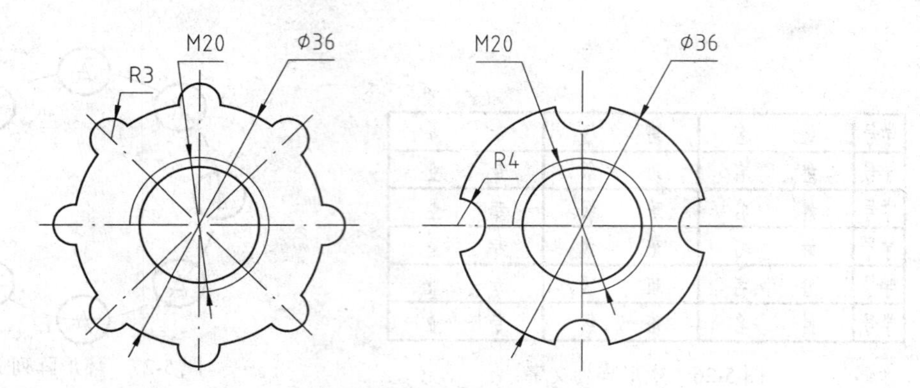

图 5-30　止转螺母

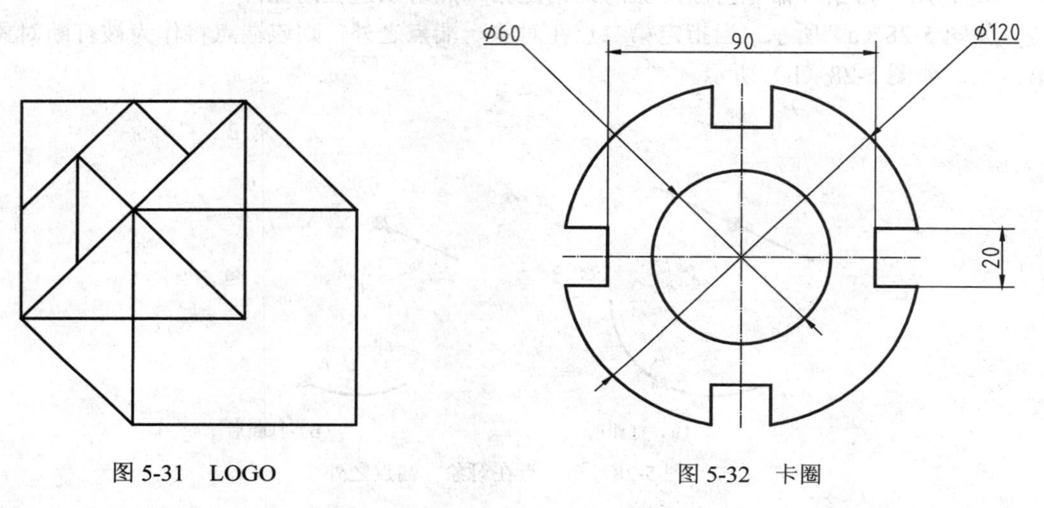

图 5-31　LOGO　　　图 5-32　卡圈

3. 绘制如图 5-33 所示人行道面砖图案。

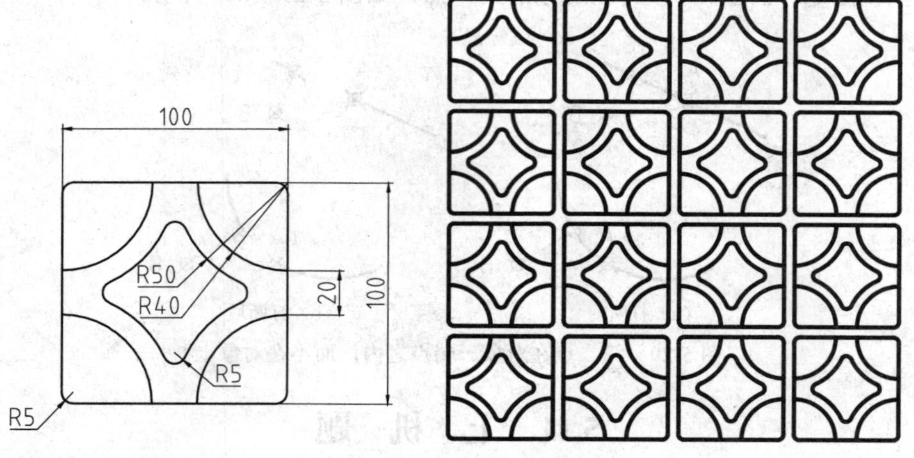

图 5-33　人行道面砖图案

4. 绘制如图 5-34 所示煤气灶示意图。

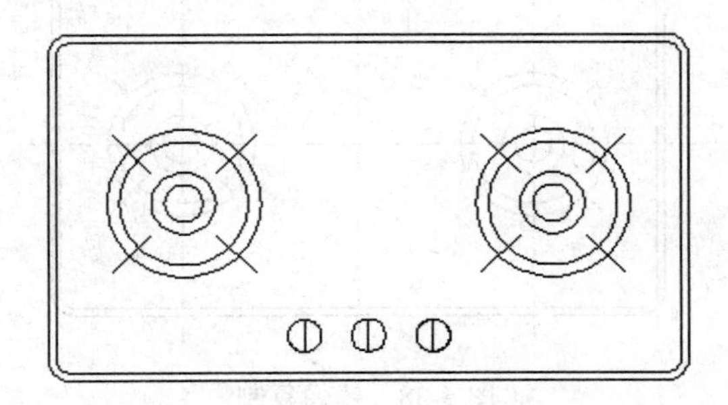

图 5-34　煤气灶示意图

绘图提示：

（1）利用“矩形”命令绘制 800×450 圆角矩形，设置圆角半径为 20。

（2）利用“偏移”命令偏移复制圆角矩形，偏移距离为 10。

（3）绘制矩形的中心线，利用“偏移”命令，将垂直中心线偏移复制，距离为 230。

（4）利用“圆”命令分别绘制 R24、R40、R80、R96 的 4 个同心圆，如图 5-35 所示。

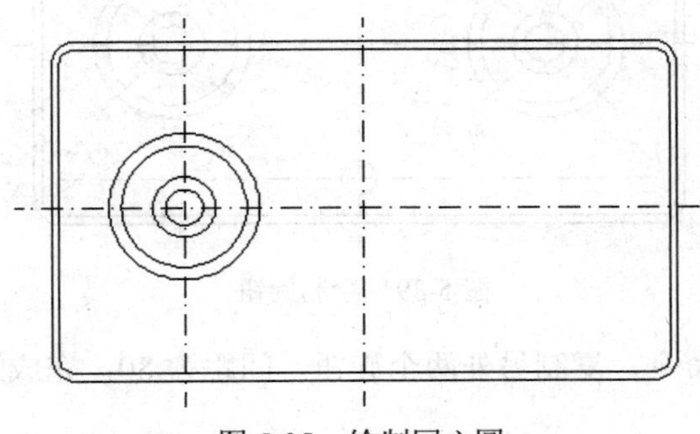

图 5-35　绘制同心圆

（5）利用“直线”命令绘制过圆心与水平方向呈 45° 夹角的直线，如图 5-36 所示。

（6）利用“打断”命令编辑直线，并利用“环形阵列”夹角的命令对直线进行阵列，如图 5-37 所示。

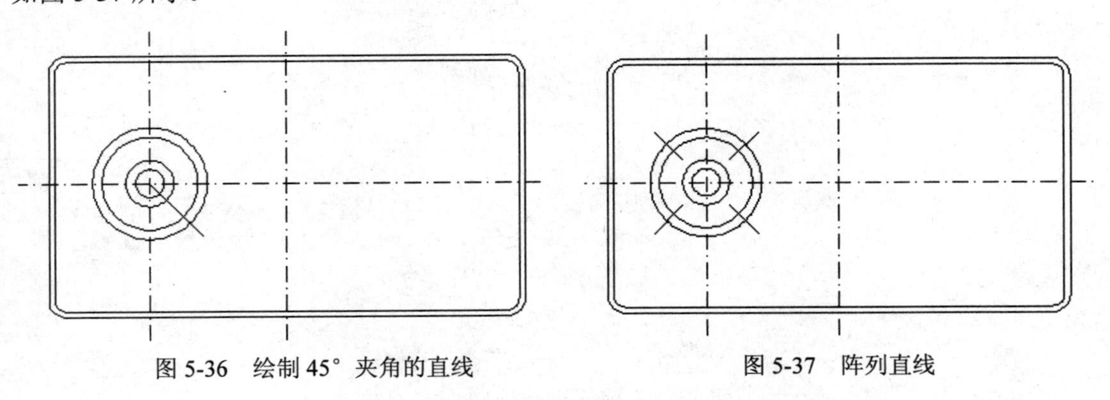

图 5-36　绘制 45° 夹角的直线　　　　图 5-37　阵列直线

（7）利用“镜像”命令对绘制好的同心圆和直线镜像复制，如图 5-38 所示。

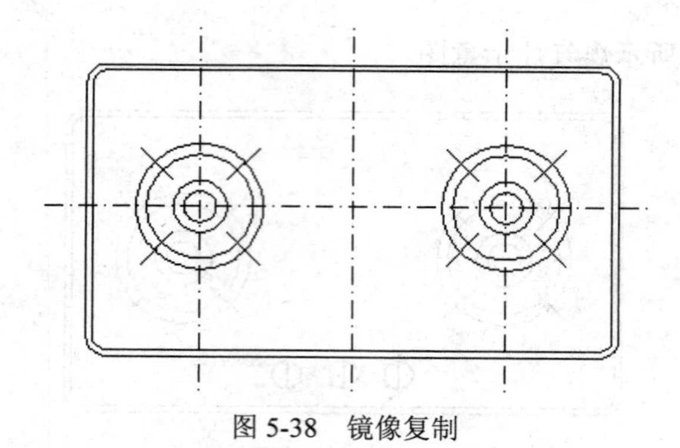

图 5-38　镜像复制

（8）利用“圆”命令，在距离底边 48 处绘制 R20 圆，用“直线”命令绘制垂直方向的直径，完成中间旋钮的绘制，如图 5-39 所示。

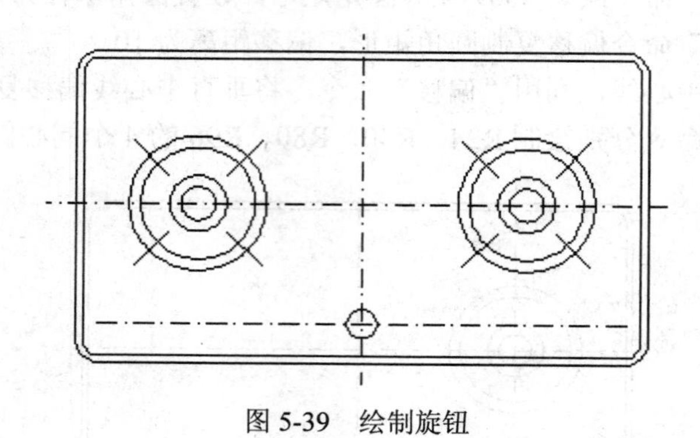

图 5-39　绘制旋钮

（9）利用“复制”命令，复制另外两个旋钮，间距为 80，完成煤气灶示意图的绘制，如图 5-34 所示。

第 6 章　复杂平面图形绘制

在绘制机械图时，经常需要用到圆弧连接，即以已知半径的圆弧将圆、圆弧和直线中的两个对象光滑连接起来。在 AutoCAD 中，可以灵活地利用“圆角”命令完成绝大多数情况下的圆弧连接。而对于一些比较复杂的平面几何图形首先必须进行尺寸分析和线段性质分析。先画出可以直接作出的已知线段；再依次画出缺一个定位尺寸的中间线段；最后，再画出连接线段。

本章将介绍的内容和新命令如下。

（1）ARC 圆弧命令；

（2）FILLET 圆角命令；

（3）CHAMFER 倒角命令；

（4）COPY 复制命令；

（5）MOVE 移动命令；

（6）MIRROR 镜像命令；

（7）STRETCH 拉伸命令；

（8）LENGTHEN 拉长命令。

6.1　圆弧的绘制

利用“圆弧”命令只要已知 3 个参数就可以绘制圆弧。

调用命令的方式如下。

功能区：单击“默认”选项卡“绘图”面板中的图标按钮。

菜单：执行“绘图”|“圆弧”命令。

图标：单击“绘图”工具栏中的图标按钮。

键盘命令：ARC（或 A）。

可以通过选择不同选项组合成 11 种不同的方式，也可以直接在下拉菜单中选择绘制圆弧，在“草图与注释”空间可以单击功能区面板中的下拉式图标按钮如图 6-1 所示。

6.1.1　指定三点画圆弧

已知圆弧的起点、终点(在 AutoCAD 中文版中译为端点)和圆弧上的任一点绘制圆弧。

操作步骤如下。

第 1 步，调用“圆弧”命令。

第 2 步，命令提示为“指定圆弧的起点或 [圆心(C)]:”时，用定点方式指定一点作为圆弧的起点。

第 3 步，命令提示为“指定圆弧的第二个点或 [圆心(C)/端点(E)]:”时，用定点方式指定一点作为圆弧上的第二个点。

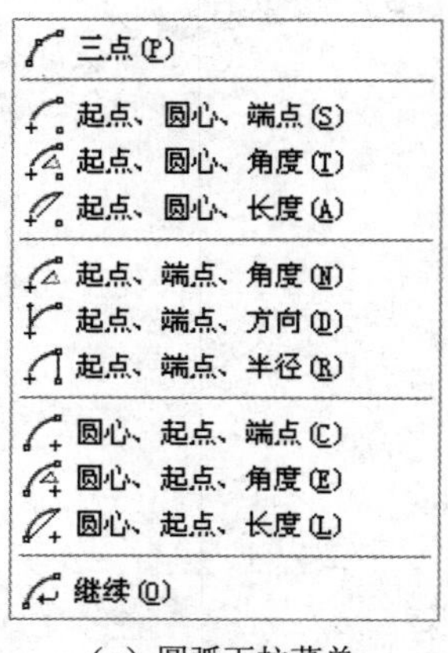

（a）圆弧下拉菜单

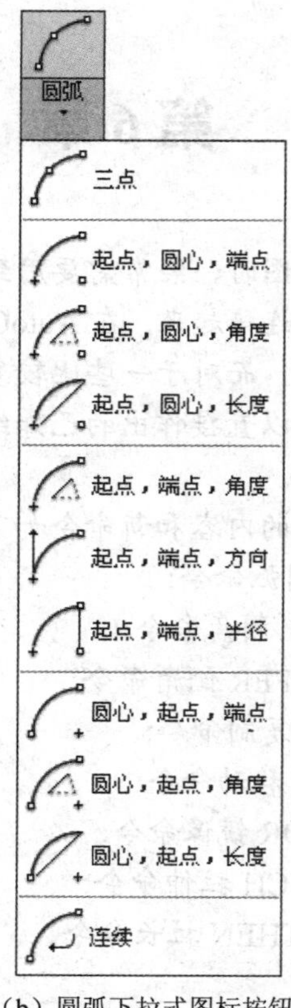

（b）圆弧下拉式图标按钮

图 6-1 直接选择不同的选项画圆弧

第 4 步，命令提示为“指定圆弧的端点:”时，用定点方式指定一点作为圆弧的端点，如图 6-2（a）所示。

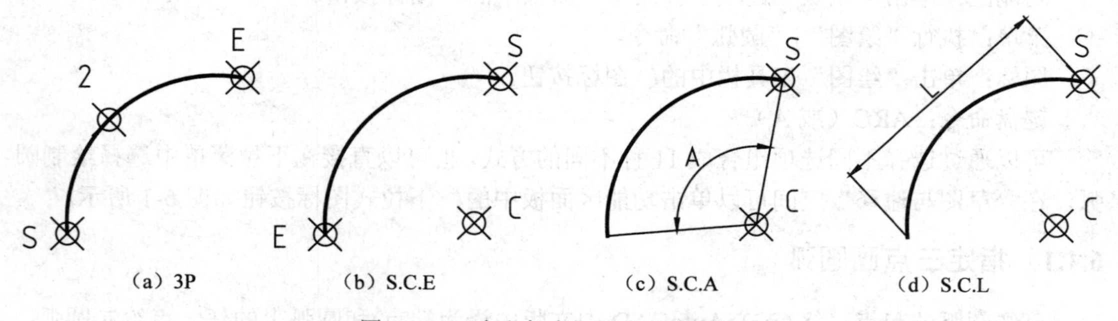

（a）3P （b）S.C.E （c）S.C.A （d）S.C.L

图 6-2 三点和起点、圆心方式画圆弧

6.1.2 指定起点、圆心和端点画圆弧

已知圆弧的起点、圆心和终点绘制圆弧。

操作步骤如下。

第 1 步～第 2 步，同本书 6.1.1 节第 1 步～第 2 步。

第 3 步，命令提示为“指定圆弧的第二个点或 [圆心(C)/端点(E)]:”时，输入 C，回车。

第 4 步，命令提示为“指定圆弧的圆心:”时，用定点方式指定一点作为圆心。

第 5 步，命令提示为“指定圆弧的端点或 [角度(A)/弦长(L)]:”时，用定点方式指定一点作为圆弧的端点，如图 6-2（b）所示。

注意：AutoCAD 总是从起点开始，到端点为止，沿逆时针方向绘制圆弧。

6.1.3 指定起点、圆心和角度画圆弧

已知圆弧的起点、圆心和圆弧包含的圆心角绘制圆弧。

操作步骤如下。

第 1 步～第 4 步，同本书 6.1.2 节第 1 步～第 4 步。

第 5 步，命令提示为“指定圆弧的端点或 [角度(A)/弦长(L)]:”时，输入 A，回车。

第 6 步，命令提示为“指定包含角:”时， 输入圆弧包含的圆心角值，回车，如图 6-2（c）所示。

注意：如果角度为正，逆时针绘制圆弧；如果角度为负，顺时针绘制圆弧。

6.1.4 指定起点、圆心和弦长画圆弧

已知圆弧的起点、圆心和圆弧的弦长绘制圆弧。

操作步骤如下。

第 1 步～第 4 步，同本书 6.1.2 节第 1 步～第 4 步。

第 5 步，命令提示为“指定圆弧的端点或 [角度(A)/弦长(L)]:”时，输入 L，回车。

第 6 步，命令提示为“指定弦长:”时，输入圆弧的弦长值，回车，如图 6-2（d）所示。

注意：如果弦长为正，绘制一条劣弧。如果弦长为负，绘制一条优弧。

6.1.5 指定起点、端点和半径画圆弧

已知圆弧的起点、终点和半径绘制圆弧。

操作步骤如下。

第 1 步，调用“圆弧”命令。

第 2 步，命令提示为“指定圆弧的起点或 [圆心(C)]:”时，用定点方式指定一点作为圆弧的起点。

第 3 步，命令提示为“指定圆弧的第二个点或 [圆心(C)/端点(E)]:”时，输入 E，回车。

第 4 步，命令提示为“指定圆弧的端点:”时，用定点方式指定一点作为圆弧的端点。

第 5 步，命令提示为“指定圆弧的圆心或 [角度(A)/方向(D)/半径(R)]:”时，输入 R，回车。

第 6 步，命令提示为“指定圆弧的半径:”时，输入圆弧的半径值，回车，如图 6-3（a）所示。

6.1.6 指定起点、端点和方向画圆弧

已知圆弧的起点、终点和圆弧的起点切线方向绘制圆弧。

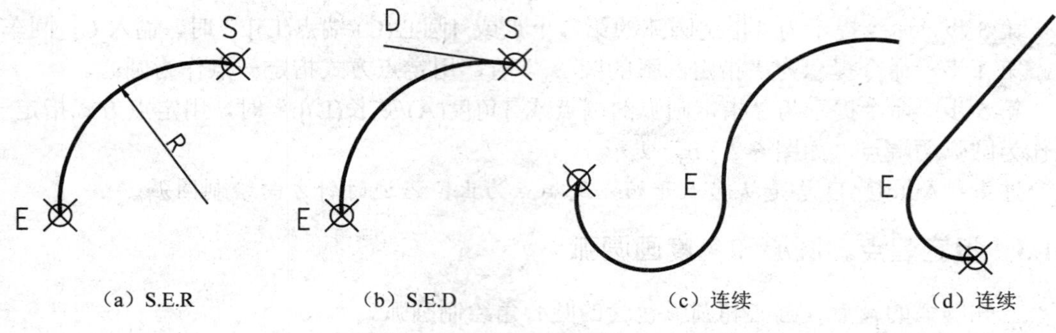

图 6-3　起点、端点方式画圆弧

操作步骤如下。

第 1 步～第 4 步，同本书第 6.1.5 节第 1 步～第 4 步。

第 5 步，命令提示为“指定圆弧的圆心或 [角度(A)/方向(D)/半径(R)]:”时，输入 D，回车。

第 6 步，命令提示为“指定圆弧的起点切向:”时，通过单击拾取点或输入角度值指定圆弧起点切向，如图 6-3（b）所示。

6.1.7　连续方式画圆弧

圆弧命令还可以绘制以刚画完的直线或圆弧的终点为起点与该直线或圆弧相切的圆弧。

操作步骤如下。

第 1 步，命令提示为“指定圆弧的起点或 [圆心(C)]:”时，回车。

第 2 步，命令提示为“指定圆弧的端点:”时，用定点方式指定一点作为圆弧的端点。这种绘制圆弧的方式实际上相当于 6.1.6 节所述 S.E.D 方式，如图 6-3（c）和图 6-3（d）所示。

另外，还有 S.E.A、C.S.E、C.S.A 和 C.S.L 4 种方式绘制圆弧，操作步骤可以参考上述几种方式，在此不再赘述。

【例 6-1】 用简化画法绘制如图 6-4 所示两正交圆柱的相贯线。

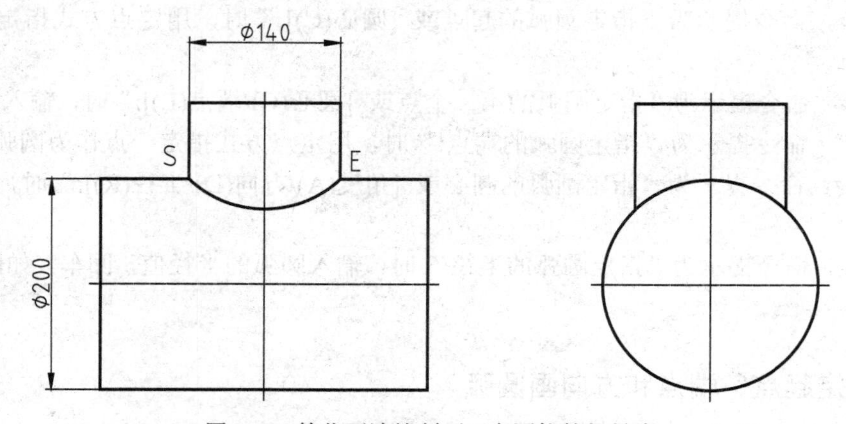

图 6-4　简化画法绘制两正交圆柱的相贯线

提示：根据国家标准规定，当正交的两个圆柱直径相差较大时，其相贯线在与两圆柱轴线所确定的平面平行的投影面上的投影可以用圆弧近似代替，该圆弧以大圆柱半径为半径，圆心在小圆柱轴线上，圆弧由小圆柱向大圆柱面弯曲。

操作如下。

命令: **_arc**	单击 图标按钮，启动“圆弧”命令
指定圆弧的起点或 [圆心(C)]:	利用对象捕捉功能捕捉点 S
指定圆弧的第二个点或 [圆心(C)/端点(E)]: **e**↵	选择“端点”选项
指定圆弧的端点:	利用对象捕捉功能捕捉点 E
指定圆弧的圆心或 [角度(A)/方向(D)/半径(R)]: **r**↵	选择“半径”选项
指定圆弧的半径: **100**↵	输入圆弧半径 100（两相交圆柱中较大的圆柱半径）

6.2 倒 圆 角

利用“圆角”命令可以用指定半径的圆弧为两个对象添加圆角。

调用命令的方式如下。

功能区：单击“默认”选项卡“修改”面板中的 图标按钮。

菜单：执行“修改”|“圆角”命令。

图标：单击“修改”工具栏中的 图标按钮。

键盘命令：FILLET（或 F）。

6.2.1 修剪方式倒圆角

修剪方式创建圆角就是在倒圆角时，除了增加一圆角圆弧外，原对象将作自动修剪或延伸，而拾取的部分将保留，如图 6-6（b）所示。

操作步骤如下。

第 1 步，调用“圆角”命令。

第 2 步，命令提示为“当前设置: 模式 = 修剪，半径 = 0.0000 选择第一个对象或 [放弃(U)/多段线(P)/半径(R)/修剪(T)/多个(M)]:”时，输入 R，回车。

第 3 步，命令提示为“指定圆角半径 <0.0000>:”时，输入半径值，回车。

第 4 步，命令提示为“选择第一个对象或 [放弃(U)/多段线(P)/半径(R)/修剪(T)/多个(M)]:”时，选择圆角操作的第一个对象。

第 5 步，命令提示为“选择第二个对象，或按住 Shift 键选择对象以应用角点或 [半径(R)]:”时，选择圆角操作的第二个对象。

注意：这里，如果在选择直线时按下 Shift 键，则以 0 值代替当前圆角半径。所谓圆角半径为 0，即在修剪模式下，对两条不平行直线倒圆角将自动延伸或修剪，使它们相交，如图 6-5 所示。

【例 6-2】 以修剪方式对如图 6-6（a）所示正五边形倒圆角，最终效果如图 6-6（b）所示。

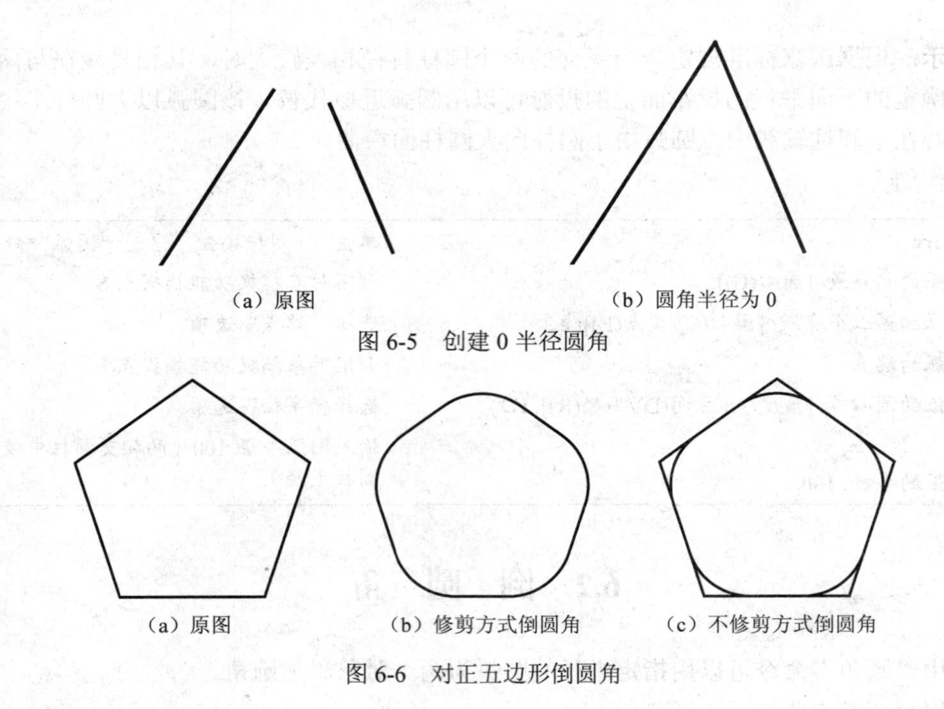
（a）原图　　（b）圆角半径为 0

图 6-5　创建 0 半径圆角

（a）原图　　（b）修剪方式倒圆角　　（c）不修剪方式倒圆角

图 6-6　对正五边形倒圆角

操作如下。

命令: **_fillet**	单击图标按钮，启动“圆角”命令
当前设置: 模式 = 修剪，半径 = 0.0000	系统提示
选择第一个对象或 [放弃(U)/多段线(P)/半径(R)/修剪(T)/多个(M)]: **r**↵	选择“半径”选项
指定圆角半径 <0.0000>: **40**↵	输入圆角半径为 40
选择第一个对象或 [放弃(U)/多段线(P)/半径(R)/修剪(T)/多个(M)]: **p**↵	选择“多段线”选项
选择二维多段线或 [半径(R)]:	点选正五边形
5 条直线已被圆角	系统提示

6.2.2　不修剪方式倒圆角

不修剪方式创建圆角就是在倒圆角时，原对象保持不变，仅增加一个圆角圆弧，如图 6-6（c）所示。

操作步骤如下。

第 1 步～第 3 步，同本书 6.2.1 节第 1 步～第 3 步。

第 4 步，命令提示为“选择第一个对象或 [放弃(U)/多段线(P)/半径(R)/修剪(T)/多个(M)]:”时，输入 T，回车。

第 5 步，命令提示为“输入修剪模式选项 [修剪(T)/不修剪(N)] <修剪>:”时，输入 N，回车。

第 6 步～第 7 步，同本书 6.2.1 节第 4 步～第 5 步。

【例 6-3】 以不修剪方式对如图 6-6（a）所示正五边形倒圆角，最终效果如图 6-6（c）

所示。

操作如下。

命令: **_fillet**	单击▢图标按钮，启动“圆角”命令
当前设置: 模式 = 修剪，半径 = 40.0000	系统提示
选择第一个对象或 [放弃(U)/多段线(P)/半径(R)/修剪(T)/多个(M)]: **t**↵	选择“修剪”选项
输入修剪模式选项 [修剪(T)/不修剪(N)] <修剪>: **n**↵	选择“不修剪”选项
选择第一个对象或 [放弃(U)/多段线(P)/半径(R)/修剪(T)/多个(M)]: **p**↵	选择“多段线”选项
选择二维多段线或 [半径(R)]:	点选正五边形
5 条直线已被圆角	系统提示

注意：

（1）在例 6-2 中因为正五边形是多段线，所以可以选择多段线(P)对整个正五边形倒圆角。

（2）除了上述对直线和多段线圆角外，还可以对圆弧、圆、椭圆弧、射线、样条曲线或构造线添加圆角操作。如图 6-7 所示对圆和圆倒圆角，如图 6-8 所示对直线和圆倒圆角，在绘制机械图样时会经常要接触到，即圆弧连接。

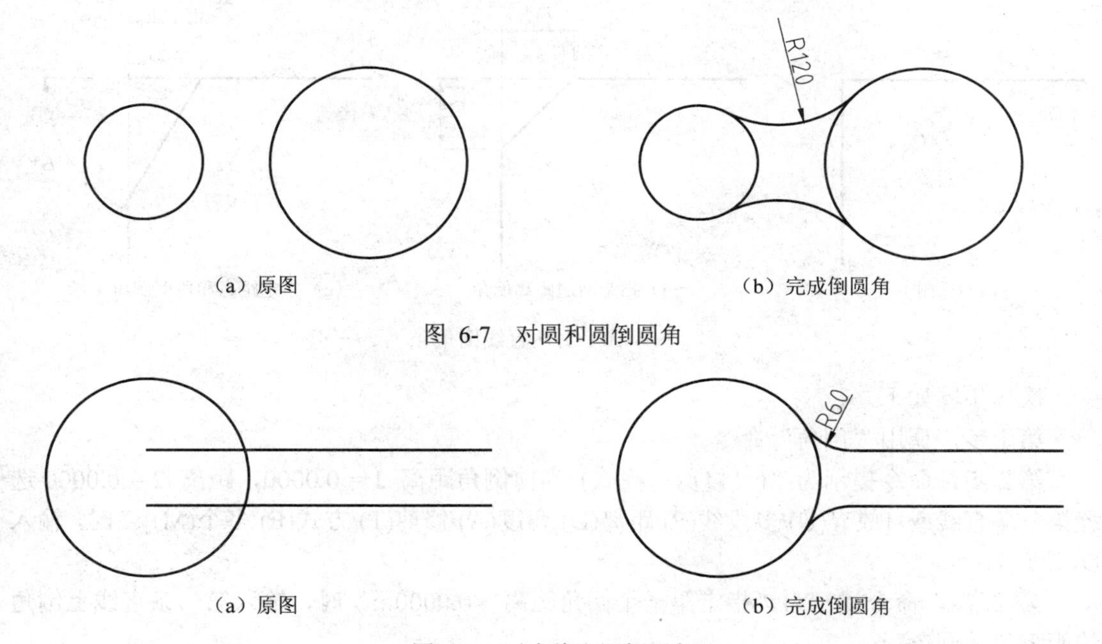

（a）原图　　（b）完成倒圆角

图 6-7　对圆和圆倒圆角

（a）原图　　（b）完成倒圆角

图 6-8　对直线和圆倒圆角

（3）对两条平行直线倒圆角，圆角半径由系统自动计算设为平行直线距离的 1/2，如图 6-9 所示。

（a）原图　　　　　　　　　　　　（b）完成倒圆角

图 6-9　对两平行线倒圆角

6.3 倒　角

利用“倒角”命令可以连接两不平行的直线对象。

调用命令的方式如下。

功能区：单击“默认”选项卡“修改”面板中的图标按钮。

菜单：执行“修改”|“倒角”命令。

图标：单击“修改”工具栏中的图标按钮。

键盘命令：CHAMFER（或 CHA）。

6.3.1 指定两边距离倒角

可以分别设置两条直线的倒角距离进行倒角处理，如图 6-10（b）所示。

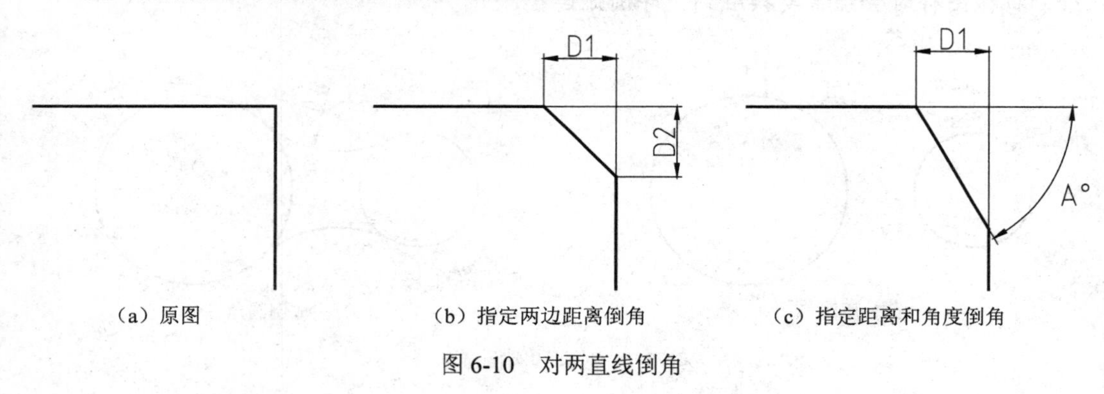

（a）原图　　　　（b）指定两边距离倒角　　　　（c）指定距离和角度倒角

图 6-10　对两直线倒角

操作步骤如下。

第 1 步，调用“倒角”命令。

第 2 步，命令提示为“(‘修剪’模式) 当前倒角距离 1 = 0.0000，距离 2 = 0.0000 选择第一条直线或 [放弃(U)/多段线(P)/距离(D)/角度(A)/修剪(T)/方式(E)/多个(M)]:”时，输入 D，回车。

第 3 步，命令提示为“指定第一个倒角距离 <0.0000>:”时，输入第一条直线上倒角的距离值，回车。

第 4 步，命令提示为“指定第二个倒角距离 <80.0000>:”时，输入第二条直线上倒角的距离值，回车。

第 5 步，命令提示为“选择第一条直线或 [放弃(U)/多段线(P)/距离(D)/角度(A)/修剪(T)/方式(E)/多个(M)]:”时，拾取倒角操作的第一条直线。

第 6 步，命令提示为“选择第二条直线，或按住 Shift 键选择直线以应用角点或 [距离(D)/角度(A)/方法(M)]:”时，拾取倒角操作的第二条直线。

6.3.2 指定距离和角度倒角

可以分别设置第一条直线的倒角距离和倒角角度进行倒角处理，如图 6-10（c）所示。

操作步骤如下。

第 1 步，调用“倒角”命令。

第 2 步，命令提示为“(‘修剪’模式) 当前倒角距离 1 = 0.0000，距离 2 = 0.0000 选择第一条直线或 [放弃(U)/多段线(P)/距离(D)/角度(A)/修剪(T)/方式(E)/多个(M)]:”时，输入 A，回车。

第 3 步，命令提示为“指定第一条直线的倒角长度 <0.0000>:”时，输入第一条直线上倒角的距离值，回车。

第 4 步，命令提示为“指定第一条直线的倒角角度 <0>:”时，输入第一条直线上倒角的角度值，回车。

第 5 步～第 6 步，同本书 6.3.1 节第 5 步～第 6 步。

【例 6-4】 绘制如图 6-11 所示轴的倒角。

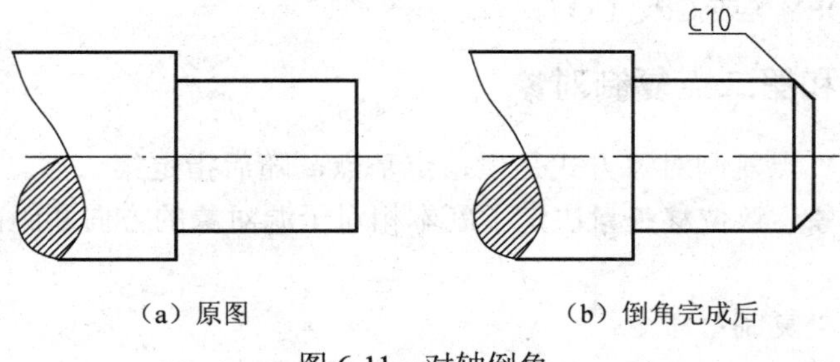

（a）原图　　（b）倒角完成后

图 6-11　对轴倒角

操作如下。

命令: **_chamfer**	单击图标按钮，启动“倒角”命令
(“修剪”模式) 当前倒角距离 1 = 0.0000，距离 2 = 0.0000	系统提示
选择第一条直线或 [放弃(U)/多段线(P)/距离(D)/角度(A)/修剪(T)/方式(E)/多个(M)]: **d**↵	选择“距离”选项，设置倒角距离
指定第一个倒角距离 <0.0000>: **10**↵	设置第一条直线上倒角的距离为 10
指定第二个倒角距离 <10.0000>:↵	回车，确认第二条直线上倒角的距离也为 10
选择第一条直线或 [放弃(U)/多段线(P)/距离(D)/角度(A)/修剪(T)/方式(E)/多个(M)]: **m**↵	选择“多个”选项，对多个对象倒角
选择第一条直线或 [放弃(U)/多段线(P)/距离(D)/角度(A)/修剪(T)/方式(E)/多个(M)]:	点选上方水平线
选择第二条直线，或按住 Shift 键选择直线以应用角点或 [距离(D)/角度(A)/方法(M)]:	点选垂直线
选择第一条直线或 [放弃(U)/多段线(P)/距离(D)/角度(A)/修剪(T)/方式(E)/多个(M)]:	点选下方水平线

选择第二条直线，或按住 Shift 键选择直线以应用角点或 [距离(D)/角度(A)/方法(M)]:	点选垂直线
选择第一条直线或 [放弃(U)/多段线(P)/距离(D)/角度(A)/修剪(T)/方式(E)/多个(M)]: ↵	回车，结束“倒角”命令

注意：类似“圆角”命令，“倒角”命令也有修剪和不修剪两种模式，也可以对多段线倒角。如果将两个倒角距离设为 0（或者按住 Shift 键，选择直线），在修剪模式下，对两条不平行直线倒角将自动延伸或修剪，使它们相交。

6.4 复制对象

利用“复制”命令可以将选择的对象根据指定的位置复制一个或多个副本。

调用命令的方式如下。

功能区：单击“默认”选项卡“修改”面板中的 图标按钮。

菜单：执行“修改”|“复制”命令。

图标：单击“修改”工具栏中的 图标按钮。

键盘命令：COPY（或 CP、CO）。

6.4.1 指定基点和第二点复制对象

指定基点和第二点复制对象方式是先指定基点，随后指定第二点。系统将按两点确定的位移矢量复制对象。该位移矢量决定了副本相对于源对象的方向和距离。

操作步骤如下。

第 1 步，调用“复制”命令。

第 2 步，命令提示为“选择对象:”时，用合适的选择对象的方法选择欲复制的对象。

第 3 步，命令提示为“指定基点或 [位移(D)/模式(O)] <位移>:”时，用定点方式拾取一点作为基点。

注意：这里，如果输入 O 回车（即选择“模式”选项），系统提示“输入复制模式选项 [单个(S)/多个(M)] <多个>:”，可以选择单个复制还是多个复制。①

第 4 步，命令提示为“指定第二个点或 [阵列(A)] <使用第一个点作为位移>:”时，用定点方式拾取点（或者输入相对于基点的相对坐标）。如果选择系统默认的多个复制模式，该提示会反复出现， 则系统相对于同一个基点可以复制多个副本。

第 5 步，命令提示为“指定第二个点或 [阵列(A)/退出(E)/放弃(U)] <退出>:”时，回车，结束“复制”命令。

【例 6-5】 利用“复制”命令以指定基点和第二点复制对象的方式复制出另外 3 个内螺纹孔，如图 6-12 所示。

操作如下。

命令: **_copy**	单击 图标按钮，启动“复制”命令

① 此为 AutoCAD 2008 开始新增的功能。

选择对象: 找到 1 个	选择粗实线圆
选择对象: 找到 1 个，总计 2 个	选择细实线 3/4 圆
选择对象:↵	回车，结束对象选择
当前设置: 复制模式 = 多个	系统提示
指定基点或 [位移(D)/模式(O)] <位移>:	利用对象捕捉功能捕捉圆心点 A
指定第二个点或 [阵列(A)] <使用第一个点作为位移>:	利用对象捕捉功能捕捉圆心点 B
指定第二个点或 [阵列(A)/退出(E)/放弃(U)] <退出>:	利用对象捕捉功能捕捉圆心点 C
指定第二个点或 [阵列(A)/退出(E)/放弃(U)] <退出>:	利用对象捕捉功能捕捉圆心点 D
指定第二个点或 [阵列(A)/退出(E)/放弃(U)] <退出>:↵	回车，结束“复制”命令

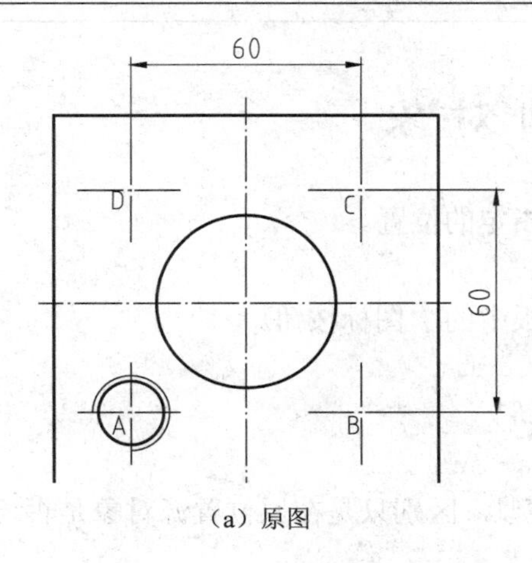

（a）原图

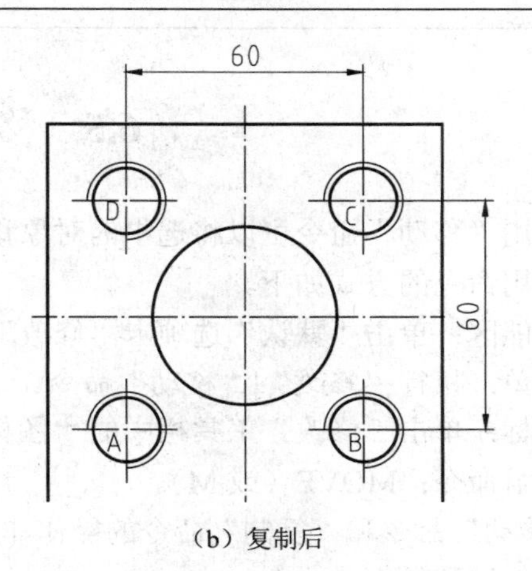

（b）复制后

图 6-12　复制内螺纹孔

注意：在上例中指定基点也可以任意拾取一点，命令提示为“指定位移的第二点”时，分别输入@60,0、@60,60 及@0,60。

6.4.2　指定位移复制对象

指定位移复制对象方式是输入被复制对象的位移。

操作步骤如下。

第 1 步～第 2 步，同本书 6.4.1 节第 1 步～第 2 步。

第 3 步，命令提示为“指定基点或 [位移(D)/模式(O)] <位移>:”时，输入 D，回车。

注意：这里，也可以输入一个坐标，系统将把该点坐标值作为复制对象所需的位移。当随后出现“指定第二个点或 [阵列(A)] <使用第一个点作为位移>:”的提示时，直接回车即可。

第 4 步，命令提示为“指定位移 <0.0000, 0.0000, 0.0000>:”时，输入一个坐标，系统把该点坐标值作为复制对象所需的位移。

注意：这里，坐标应输入绝对直角坐标或绝对极坐标，不应该含有“@”符号。

【例 6-6】 利用“复制”命令以指定位移复制对象方式复制出另外 3 个内螺纹孔，如图 6-12 所示。

操作如下。

命令: **_copy**	单击 图标按钮，启动“复制”命令
选择对象: 找到 1 个	选择粗实线圆
选择对象: 找到 1 个，总计 2 个	选择细实线 3/4 圆
选择对象:↵	回车，结束对象选择
当前设置: 复制模式 = 多个	系统提示
指定基点或 [位移(D)/模式(O)] <位移>:**60,0**↵	输入坐标
指定第二个点或 [阵列(A)] <使用第一个点作为位移>:↵	回车，使用第一个点作为位移
……	……

6.5 移 动 对 象

利用“移动”命令可以将选中的对象移到指定的位置。

调用命令的方式如下。

功能区：单击“默认”选项卡“修改”面板中的图标按钮。

菜单：执行“修改”|“移动”命令。

图标：单击“修改”工具栏中的图标按钮。

键盘命令：MOVE（或 M）。

“移动”命令和“复制”命令的操作非常类似，区别只是在原位置源对象是否还保留。

操作步骤如下。

第 1 步，调用“移动”命令。

第 2 步，命令提示为“选择对象:”时，用合适的选择对象的方法选择欲移动的对象。

第 3 步，命令提示为“指定基点或 [位移(D)] <位移>:”时，用定点方式拾取一点作为基点或直接输入一个坐标作为移动对象的位移。

第 4 步，命令提示为“指定第二个点或 <使用第一个点作为位移>:”时，用定点方式拾取点（或者输入相对于基点的相对坐标），系统根据这两个点定义一个位移矢量。如果直接回车，第一点坐标值将认为是移动所需的位移。

【例 6-7】 利用“移动”命令将内螺纹孔从点 A 移动到点 B，如图 6-13 所示。

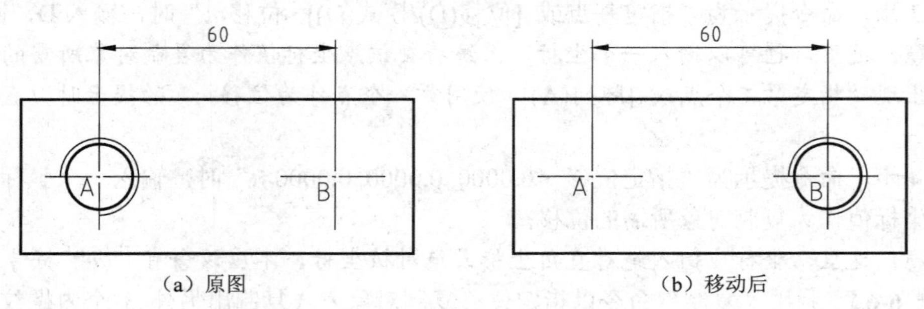

（a）原图　　（b）移动后

图 6-13　将内螺纹孔移动

操作如下。

命令: _move	单击✣图标按钮，启动“移动”命令
选择对象: 找到 1 个	选择粗实线圆
选择对象: 找到 1 个，总计 2 个	选择细实线四分之三圆
选择对象:↵	回车，结束对象选择
指定基点或 [位移(D)] <位移>:	利用对象捕捉功能捕捉交点 A
指定位移的第二点或 <用第一点作为位移>:	利用对象捕捉功能捕捉交点 B

6.6 镜像复制对象

利用“镜像”命令可以将选中的对象按指定的镜像轴创建轴对称图形。

调用命令的方式如下。

功能区：单击“默认”选项卡“修改”面板中的图标按钮。

菜单：执行“修改”|“镜像”命令。

图标：单击“修改”工具栏中的图标按钮。

键盘命令：MIRROR（或 MI）。

操作步骤如下。

第 1 步，调用“镜像”命令。

第 2 步，命令提示为“选择对象:”时，用合适的选择对象的方法选择欲镜像对象。

第 3 步，命令提示为“指定镜像线的第一点:”时，用定点方式指定镜像轴上的第一个端点。

第 4 步，命令提示为“指定镜像线的第二点:”时，用定点方式指定镜像轴上的第二个端点。

第 5 步，命令提示为“要删除源对象吗？[是(Y)/否(N)] <N>:”时，输入 N，回车，则保留源对象，否则输入 Y，回车，则删除源对象。

【例 6-8】 利用“镜像”命令镜像复制螺母的右半图形，如图 6-14 所示。

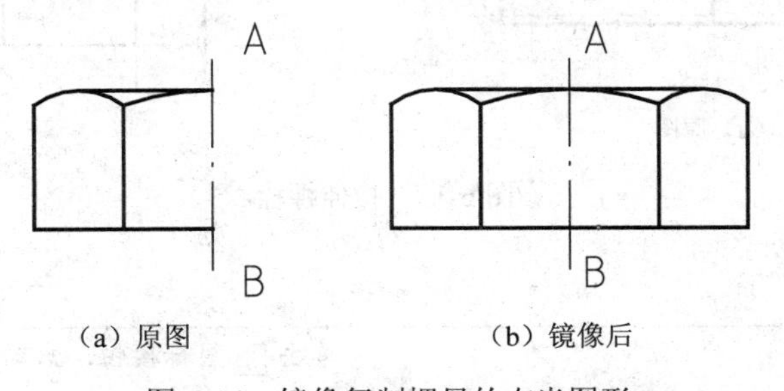

（a）原图　　（b）镜像后

图 6-14　镜像复制螺母的右半图形

操作如下。

命令: _mirror	单击图标按钮，启动“镜像”命令
选择对象: 指定对角点: 找到 6 个	用窗口选择螺母的左半图形

选择对象:↵	回车，结束对象选择
指定镜像线的第一点:	利用对象捕捉功能捕捉端点 A
指定镜像线的第二点:	利用对象捕捉功能捕捉端点 B
要删除源对象吗？[是(Y)/否(N)] <N>: ↵	选择“否”选项，保留源对象

6.7 拉 伸 对 象

利用“拉伸”命令可以以交叉窗口或交叉多边形选择要拉伸（或压缩）的对象。

调用命令的方式如下。

功能区：单击“默认”选项卡“修改”面板中的图标按钮。

菜单：执行“修改”|“拉伸”命令。

图标：单击“修改”工具栏中的图标按钮。

键盘命令：STRETCH（或 S）。

操作步骤如下。

第 1 步，调用“拉伸”命令。

第 2 步，命令提示为“以交叉窗口或交叉多边形选择要拉伸的对象... 选择对象:”时，用 C 窗口方式或 CP 方式选择对象。

注意：如果选择的图形对象完全在窗口内（如图 6-15 所示圆孔和倒角），则图形对象形状不变，只作移动（相当于“移动”命令的操作），与窗口相交图形的对象，将拉伸（或压缩）。

第 3 步～第 4 步，同“移动”和“复制”命令的操作步骤。

【例 6-9】 利用“拉伸”命令拉伸如图 6-15（a）所示螺栓。

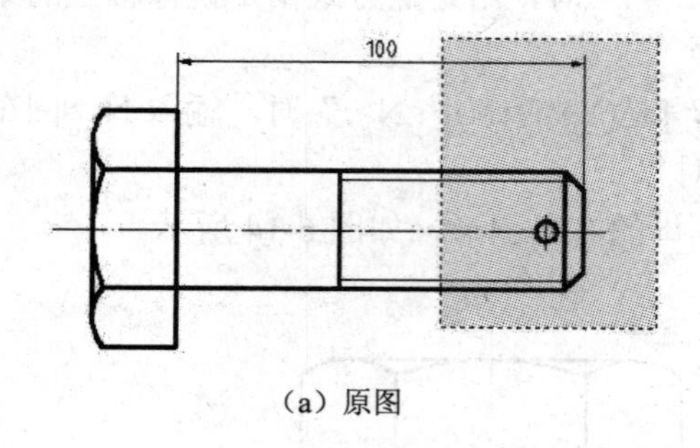

（a）原图

120

（b）拉伸后

图 6-15　拉伸螺栓

操作如下。

命令: **_stretch**	单击图标按钮，启动“拉伸”命令
以交叉窗口或交叉多边形选择要拉伸的对象...	系统提示
选择对象:	用 C 窗口选择拉伸对象，如图 6-15（a）所示，拾取右下角点
指定对角点:	拾取左上角点
找到 12 个	系统提示

选择对象: ↵	结束对象选择
指定基点或[位移(D)] <位移>:**20,0**↵	输入坐标
指定第二个点或 <使用第一个点作为位移>:↵	回车，使用第一个点作为位移

6.8 拉长对象

利用“拉长”命令可以拉长或缩短直线、圆弧的长度。

调用命令的方式如下。

功能区：单击“默认”选项卡“修改”面板中的图标按钮。

菜单：执行“修改”|“拉长”命令。

键盘命令：LENGTHEN（或 LEN）。

6.8.1 指定增量拉长或缩短对象

指定增量拉长或缩短对象方式可以通过输入长度增量，按增量拉长或缩短对象。输入正值为拉长，输入负值则为缩短。

操作步骤如下。

第 1 步，调用“拉长”命令。

第 2 步，命令提示为“选择对象或 [增量(DE)/百分数(P)/全部(T)/动态(DY)]:”时，输入 DE，回车。

第 3 步，命令提示为“输入长度增量或 [角度(A)] <0.0000>:”时，输入长度的增量值，回车。

第 4 步，命令提示为“选择要修改的对象或 [放弃(U)]:”时，拾取欲拉长或缩短的对象。

第 5 步，命令提示为“选择要修改的对象或 [放弃(U)]:”时，回车，结束“拉长”命令。

注意：拉长（或缩短）直线或圆弧，拾取点的一侧即为改变长度的一侧。

【例 6-10】 利用“拉长”命令以指定增量方式拉长如图 6-16（a）圆的中心线。

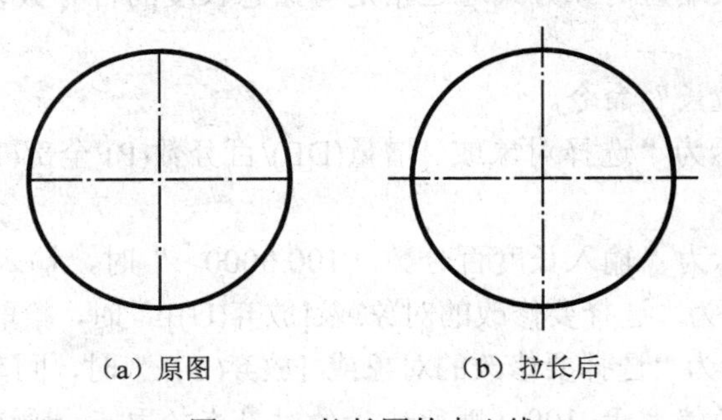

（a）原图　　（b）拉长后

图 6-16　拉长圆的中心线

操作如下。

命令: **_lengthen**	单击图标按钮，启动“拉长”命令
选择对象或 [增量(DE)/百分数(P)/全部(T)/动态(DY)]: **de**↵	选择“增量”选项
输入长度增量或 [角度(A)] <0.0000>: **5**↵	输入长度增量为 5

选择要修改的对象或 [放弃(U)]:	拾取中心线
…	拾取其他 3 条中心线
选择要修改的对象或 [放弃(U)]: ↵	回车，结束“拉长”命令

6.8.2 动态拉长或缩短对象

动态拉长或缩短对象方式可以动态拉长或缩短对象。

操作步骤如下。

第 1 步，调用“拉长”命令。

第 2 步，命令提示为“选择对象或 [增量(DE)/百分数(P)/全部(T)/动态(DY)]:”时，输入 DY，回车。

第 3 步，命令提示为“选择要修改的对象或 [放弃(U)]:”时，拾取欲拉长或缩短的对象，通过鼠标拖动动态确定对象的新端点位置。

第 4 步，命令提示为“指定新端点:”时，在确定位置后单击。

【例 6-11】 利用“拉长”命令动态方式拉长如图 6-16（a）圆的中心线。

操作如下。

命令: **_lengthen**	单击图标按钮，启动“拉长”命令
选择对象或 [增量(DE)/百分数(P)/全部(T)/动态(DY)]: **dy**↵	选择“动态”选项
选择要修改的对象或 [放弃(U)]:	在中心线的一端单击
指定新端点:	拖动鼠标，在合适的位置单击
选择要修改的对象或 [放弃(U)]:	在中心线的另端单击
……	……

6.8.3 指定百分数拉长或缩短对象

指定百分数拉长或缩短对象方式通过指定对象总长度的百分数设置对象长度。

操作步骤如下。

第 1 步，调用“拉长”命令。

第 2 步，命令提示为“选择对象或 [增量(DE)/百分数(P)/全部(T)/动态(DY)]:”时，输入 P，回车。

第 3 步，命令提示为“输入长度百分数 <100.0000>:”时，输入非零正值，回车。

第 4 步，命令提示为“选择要修改的对象或 [放弃(U)]:”时，拾取欲拉长或缩短的对象。

第 5 步，命令提示为“选择要修改的对象或 [放弃(U)]:”时，回车，结束“拉长”命令。

注意：如果输入的值大于 100，则所选择的对象在拾取点一侧变长，如果输入的值小于 100，则所选择的对象在拾取点一侧变短。

6.8.4 全部拉长或缩短对象

全部拉长或缩短对象方式可以通过指定对象新长度来设置选定对象的长度。还可以按照指定的总角度设置选定圆弧的圆心角。

操作步骤如下。

第 1 步，调用“拉长”命令。

第 2 步，命令提示为“选择对象或 [增量(DE)/百分数(P)/全部(T)/动态(DY)]:”时，输入 T，回车。

第 3 步，命令提示为“指定总长度或 [角度(A)] <1.0000>:”时，输入直线或圆弧的新值。

第 4 步，命令提示为“选择要修改的对象或 [放弃(U)]:”时，拾取欲拉长或缩短的对象。

第 5 步，命令提示为“选择要修改的对象或 [放弃(U)]:”时，回车，结束“拉长”命令。

【例 6-12】 利用“拉长”命令拉长如图 6-17（a）所示圆弧，使其圆心角为 75°。

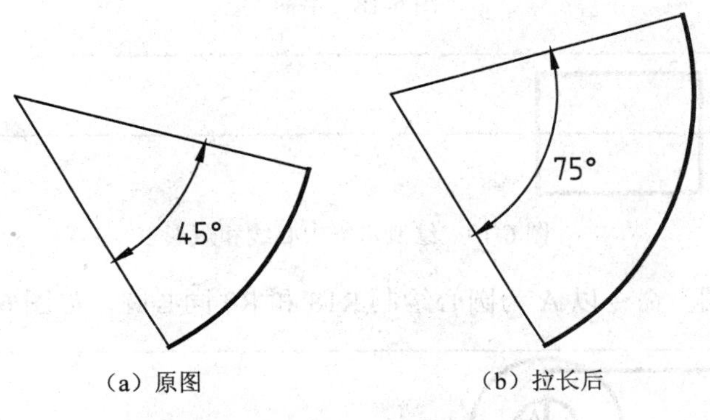

（a）原图　（b）拉长后

图 6-17　拉长圆弧使其圆心角为 75°

操作如下。

命令: **_lengthen**	单击图标按钮，启动“拉长”命令
选择对象或 [增量(DE)/百分数(P)/全部(T)/动态(DY)]: **t**↵	选择“全部”选项
指定总长度或 [角度(A)] <1.0000>: **a**↵	选择“角度”选项
指定总角度 <57>: **75**↵	输入圆弧的总圆心角为 75
选择要修改的对象或 [放弃(U)]:	拾取圆弧
选择要修改的对象或 [放弃(U)]: ↵	回车，结束“拉长”命令

6.9　上机操作实验指导六　手柄的绘制

本节将介绍如图 6-18 所示手柄的绘制方法和步骤。将涉及本章介绍的“圆角”命令、“倒角”命令、“移动”命令、“镜像”复制命令和“拉长”命令。

操作步骤如下。

第 1 步，设置绘图环境，操作过程略。

第 2 步，用“矩形”命令绘制 40×30 矩形，并用“分解”命令分解该矩形。

第 3 步，用“直线”命令绘制水平中心线，并用“偏移”命令偏移复制该直线距离为 20，如图 6-19 所示。

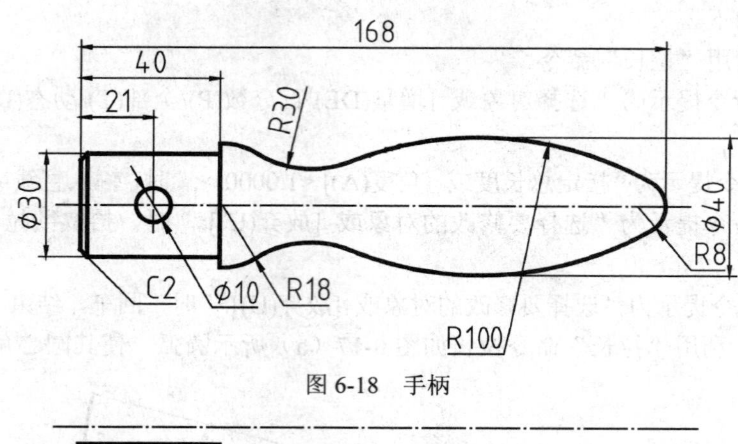

图 6-18　手柄

图 6-19　绘制水平中心线和矩形

第 4 步，用“圆”命令以 A 为圆心绘制 R18 和 R8 同心圆，如图 6-20 所示。

图 6-20　绘制 R18 和 R8 圆

第 5 步，用“移动”命令平移 R8 圆。

操作如下。

命令: **_move**	单击图标按钮，启动“移动”命令
选择对象: 找到 1 个	选择 R8 圆
选择对象: ↵	回车，结束对象选择
指定基点或 [位移(D)] <位移>:	任意拾取一点
指定位移的第二点或 <用第一点作为位移>:**@120,0**↵	输入第二点相对于基点的相对坐标

第 6 步，用“圆”命令中的“相切、相切、半径(T)”方式绘制 R100 圆，如图 6-21 所示。

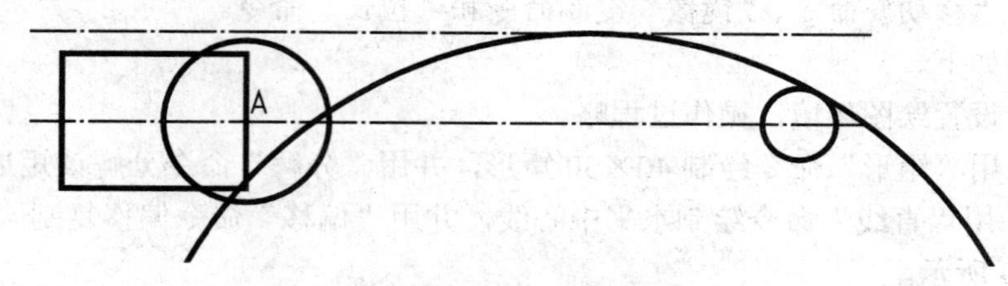

图 6-21　绘制 R100 圆

第 7 步，用“圆角”命令绘制 R30 连接圆弧，如图 6-22 所示。

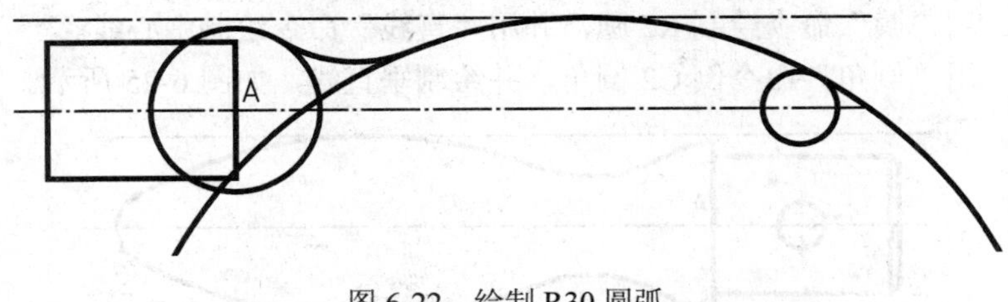

图 6-22　绘制 R30 圆弧

操作如下。

命令: **_fillet**	单击图标按钮，启动“圆角”命令
当前设置: 模式 = 修剪，半径 = 0.0000	系统提示
选择第一个对象或 [放弃(U)/多段线(P)/半径(R)/修剪(T)/多个(M)]: **r**↵	选择“半径”选项
指定圆角半径 <0.0000>: **30**↵	输入圆角半径为 30
选择第一个对象或 [放弃(U)/多段线(P)/半径(R)/修剪(T)/多个(M)]:	拾取 R100 圆
选择第二个对象，或按住 Shift 键选择对象以应用角点或 [半径(R)]:	拾取 R18 圆

第 8 步，用“延伸”命令以 R18 圆为边界延伸矩形的垂直线。

第 9 步，用“修剪”命令修剪多余的图线，如图 6-23 所示。

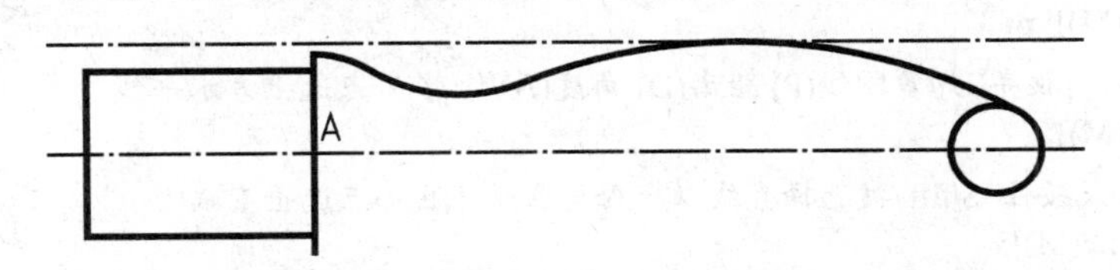

图 6-23　修剪多余的图线

第 10 步，用“镜像”命令镜像复制另一半图形，如图 6-24 所示。

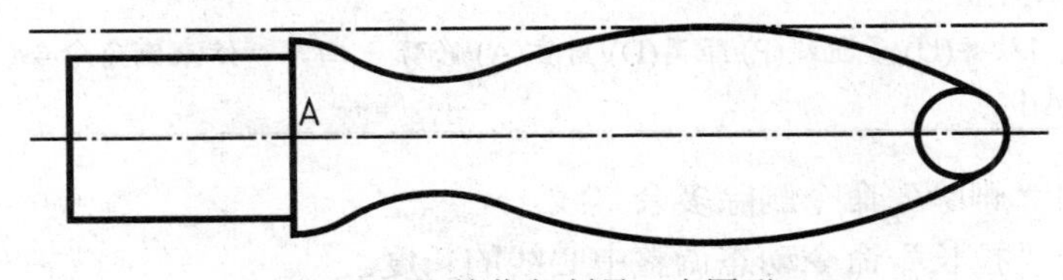

图 6-24　镜像复制另一半图形

操作如下。

命令: **_mirror**	单击图标按钮，启动“镜像”命令
选择对象: 指定对角点: 找到 3 个	用窗口选择手柄的上半部分图形
选择对象: ↵	回车，结束对象选择
指定镜像线的第一点:	利用对象捕捉功能捕捉水平中心线左端点
指定镜像线的第二点:	利用对象捕捉功能捕捉水平中心线右端点
要删除源对象吗? [是(Y)/否(N)] <N>: ↵	选择“否”选项，保留源对象

第 11 步，用“修剪”命令修剪多余的图线。

第 12 步，用“圆”命令绘制 R5 圆，并用“直线”命令绘制中心线。

第 13 步，用“倒角”命令倒 C2 倒角，并绘制垂直线，如图 6-25 所示。

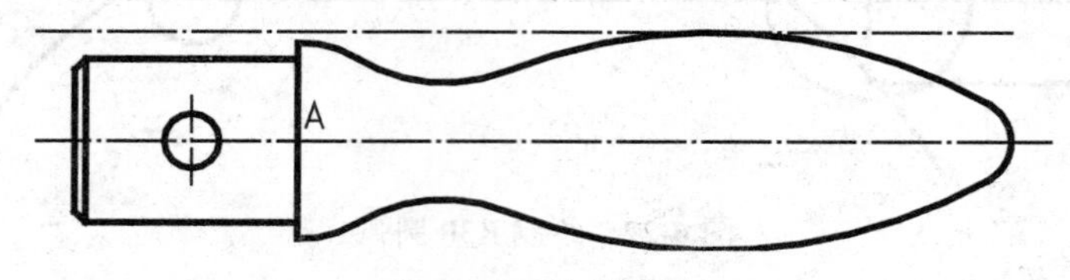

图 6-25　绘制倒角

操作如下。

命令: **_chamfer**	单击图标按钮，启动“倒角”命令
(“修剪”模式) 当前倒角距离 1 = 0.0000，距离 2 = 0.0000	系统提示
选择第一条直线或 [放弃(U)/多段线(P)/距离(D)/角度(A)/修剪(T)/方式(E)/多个(M)]: **d**↵	选择“距离”选项，设置倒角距离
指定第一个倒角距离 <0.0000>: **2**↵	设置第一条直线上倒角的距离为 2
指定第二个倒角距离 <2.0000>:↵	回车，确认第二条直线上倒角的距离也为 2
选择第一条直线或 [放弃(U)/多段线(P)/距离(D)/角度(A)/修剪(T)/方式(E)/多个(M)]: **m**↵	选择“多个”选项，对多个对象倒角
选择第一条直线或 [放弃(U)/多段线(P)/距离(D)/角度(A)/修剪(T)/方式(E)/多个(M)]:	点选上方水平线
选择第二条直线，或按住 Shift 键选择直线以应用角点或 [距离(D)/角度(A)/方法(M)]:	点选垂直线
选择第一条直线或 [放弃(U)/多段线(P)/距离(D)/角度(A)/修剪(T)/方式(E)/多个(M)]:	点选下方水平线
选择第二条直线，或按住 Shift 键选择直线以应用角点或 [距离(D)/角度(A)/方法(M)]:	点选垂直线
选择第一条直线或 [放弃(U)/多段线(P)/距离(D)/角度(A)/修剪(T)/方式(E)/多个(M)]: ↵	回车，结束倒角命令

第 14 步，用“删除”命令删除多余直线。

第 15 步，用“拉长”命令动态调整中心线的长度。

操作如下。

命令: **_lengthen**	单击图标按钮，启动“拉长”命令
选择对象或 [增量(DE)/百分数(P)/全部(T)/动态(DY)]: **dy**↵	选择“增量”选项
选择要修改的对象或 [放弃(U)]:	拾取欲拉长或缩短的对象，拖动鼠标动态确定对象的新端点位置
指定新端点:	在合适的位置单击
……	拾取其他条中心线
选择要修改的对象或 [放弃(U)]: ↵	回车，结束“拉长”命令

第16步，保存图形文件，操作过程略。

6.10 上机操作常见问题解答

1．在对两个对象圆角操作后，有时会发现没有生成圆角

这种情况可能是圆角半径设置太大，无法对所选对象圆角。系统会提示“半径太大，无效”。或者是因为圆角半径设置太小，虽然已经完成了圆角，但必须放大才能观察到。

2．用“圆弧”命令绘制的相贯线，有时会不符合要求

用S.E.R方式绘制圆弧时，是根据选择的起点和端点逆时针绘制圆弧。如图6-26所示的圆弧是由于选择了起点为点E，端点为点S。

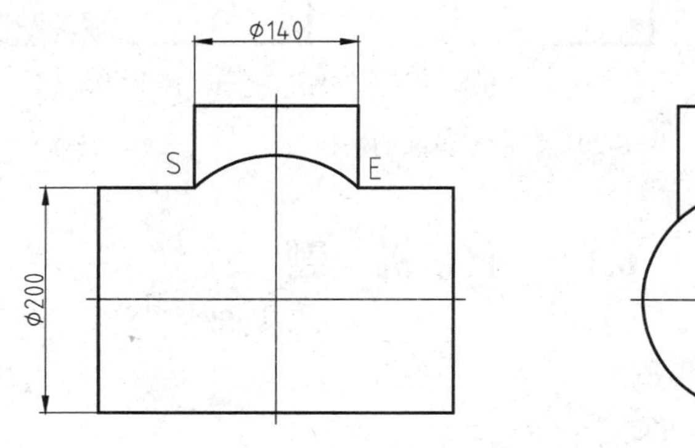

图 6-26 绘制相贯线

6.11 操作经验与技巧

1．如何快速绘制两圆的内公切圆弧和外公切圆弧

绘制两圆的外公切圆弧最快速方法是用“圆角”命令设置半径后分别选择两圆①。但绘制两圆的内公切圆弧在AutoCAD中没办法用“圆角”命令来实现，只能用“圆”命令中的T选项，分别选择两相切圆后再输入半径，然后再用“修剪”命令修剪②，完成图形如图6-27所示。

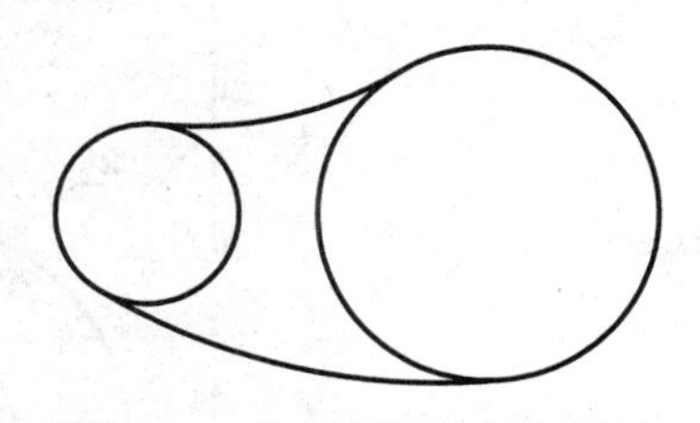

图 6-27 绘制两圆的相切圆弧

2．在使用镜像命令时，如何控制文字的显示

文字的镜像由系统变量MIRRTEXT控制，为0保持文字方向，为1镜像显示文字，如图6-28所示。但是要注意的是系统变量必须在调用命令前设置。

3．在AutoCAD中用“圆弧”命令绘制相贯线的快捷方法

单击 起点，端点，半径 图标按钮，不用输入任何选项，直接利用对象捕捉指定圆弧起点A和

① 参见本书6.2节。

② 参见本书第2章。

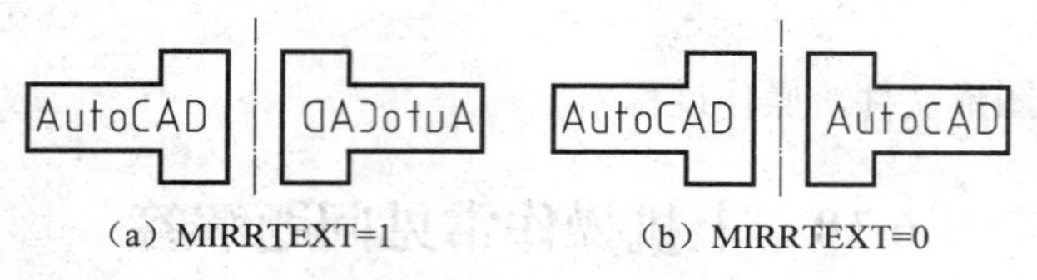

（a）MIRRTEXT=1　　（b）MIRRTEXT=0

图 6-28　镜像文字

端点 B，再利用“极轴追踪”和“对象捕捉”功能，响应“指定圆弧的半径”提示，如图 6-29 所示。

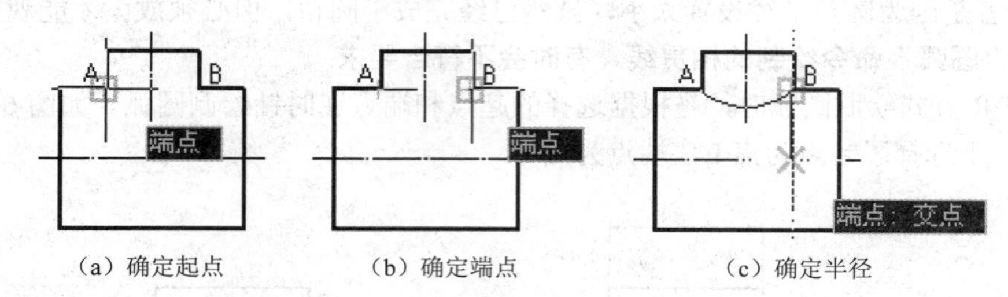

（a）确定起点　　（b）确定端点　　（c）确定半径

图 6-29　绘制相贯线的快捷方法

6.12　上　机　题

1. 绘制如图 6-30 所示挂轮架。

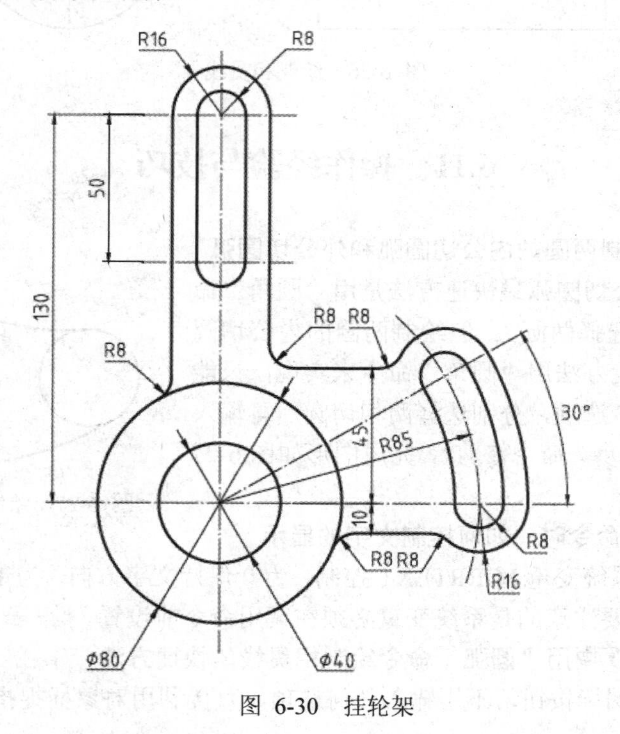

图 6-30　挂轮架

绘图提示。

（1）利用“直线”命令绘制中心线，如图 6-31 所示。

（2）利用“圆”命令绘制有关的圆，如图 6-32 所示。

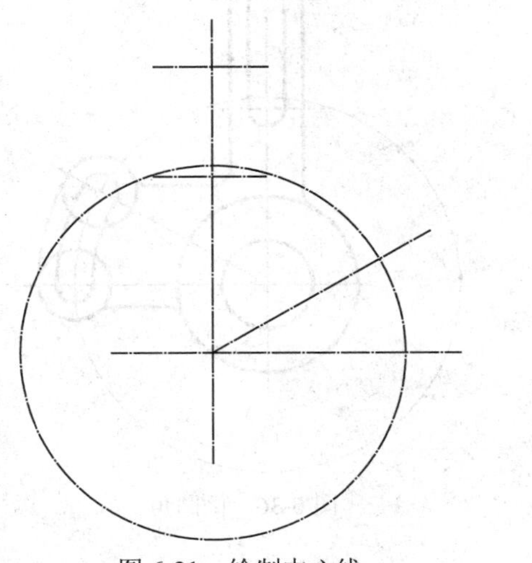

图 6-31　绘制中心线

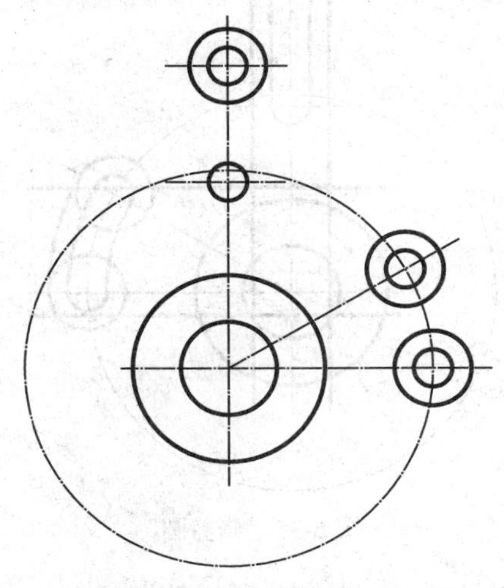

图 6-32　绘制圆

（3）利用“偏移”命令复制中心线并利用“特性匹配”命令将粗实线特性复制给它们，如图 6-33 所示。

（4）利用“修剪”命令删除多余直线，参考本书第 2 章操作技巧 2 绘制圆，如图 6-34 所示。

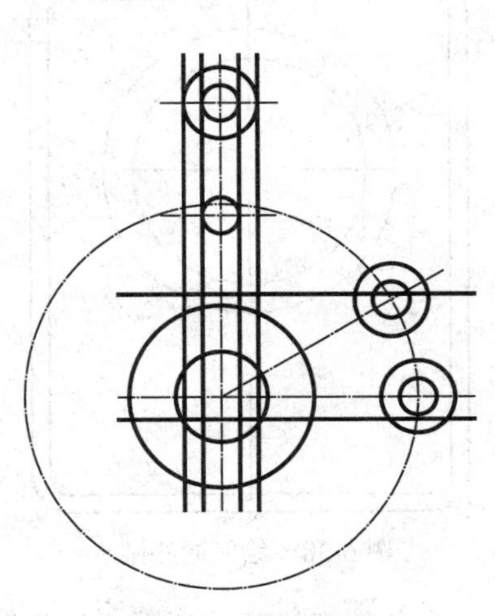

图 6-33　偏移直线

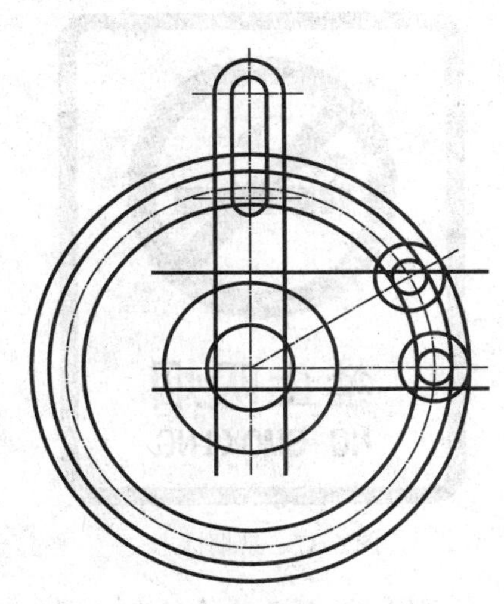

图 6-34　修剪直线并绘制圆

（5）利用“修剪”命令修剪圆，如图 6-35 所示。

（6）利用“圆角”命令倒圆角，如图 6-36 所示。

（7）利用“修剪”命令修剪圆，利用“打断”命令打断 R85 中心线圆，完成图形的绘制。

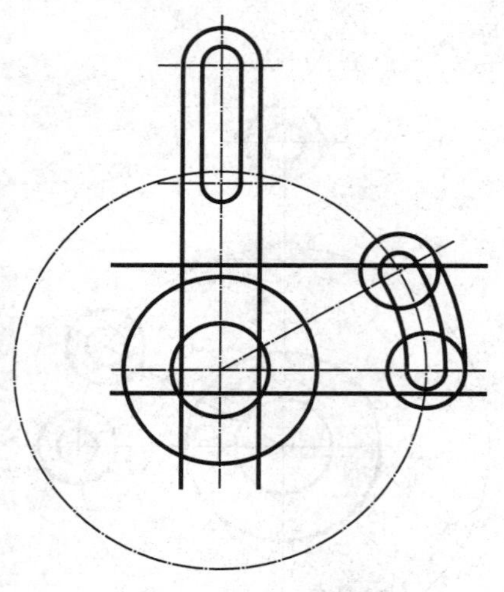

图 6-35　修剪圆

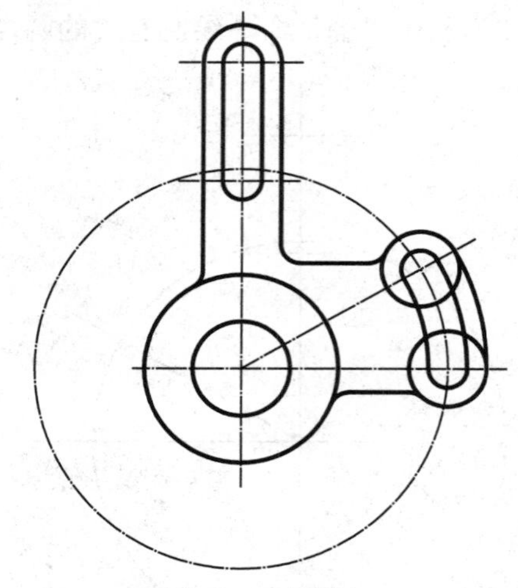

图 6-36　倒圆角

2. 绘制如图 6-37 所示禁烟标志。

绘图提示。

（1）利用“矩形”命令绘制 120×150 圆角矩形，圆角半径为 10。

（2）利用“偏移”命令偏移复制圆角矩形，偏移距离为 4。

（3）利用“圆”命令绘制 R40 和 R30 同心圆，圆心在矩形 1/3 处，如图 6-38 所示。

图 6-37　禁烟标志

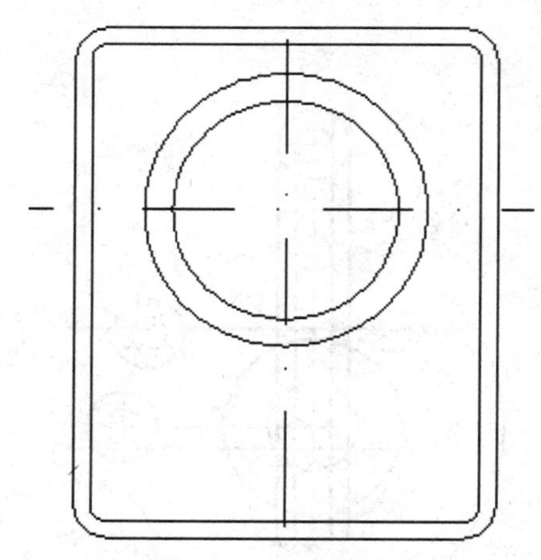

图 6-38　绘制同心圆

（4）利用“直线”命令绘制过圆心与水平方向成 45°角的直线。并利用“偏移”命令偏移复制距离为 4 的两条直线，如图 6-39 所示。

（5）利用“修剪”命令修剪多余的图线，如图 6-40 所示。

（6）利用“矩形”命令绘制 50×8 矩形，并利用“分解”命令将其分解，选中左边直线，偏移复制 4 条直线，偏移距离为 2。并利用“修剪”命令修剪多余的图线，完成香烟的绘制，如图 6-41 所示。

（7）利用“样条曲线”命令绘制曲线，并用“修剪”命令修剪多余的图线。

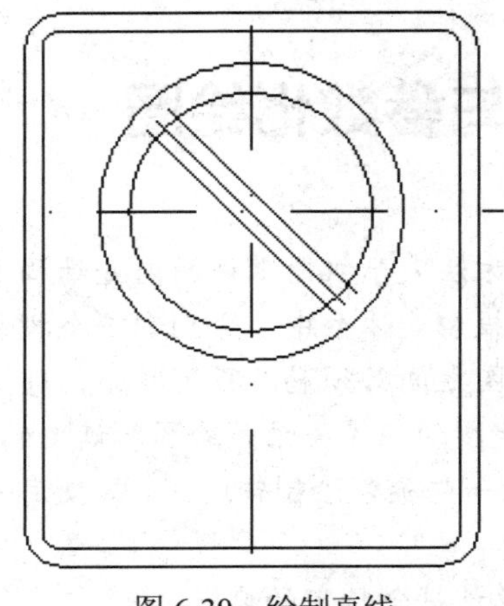

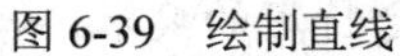

图 6-39 绘制直线

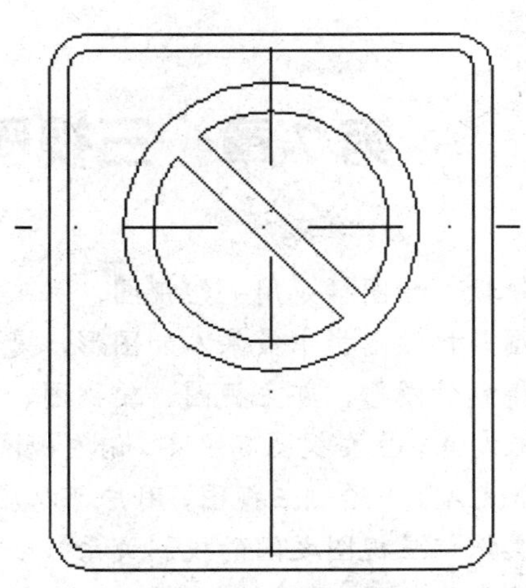

图 6-40 修剪直线

（8）利用“文字”命令输入文字“禁止吸烟”和“NO SMOKING”，如图 6-42 所示。

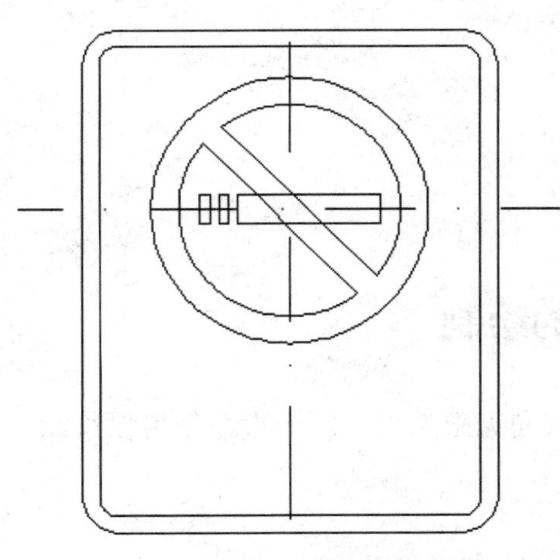

图 6-41 绘制香烟

图 6-42 输入文字

（9）利用“图案填充”命令对绘制的禁烟标志填充，完成图形如图 6-37 所示。

第 7 章　三视图的绘制与参数化绘图

机械工程图样是用一组视图，并采用适当的表达方法表示机器零件的内外结构形状。三视图是机械图样中最基本的图形，是将物体放在三投影面体系中，分别向三个投影面投射所得到的图形，即主视图、俯视图、左视图。三视图之间必须满足投影特性，即“主俯视图长对正，主左视图高平齐，俯左视图宽相等”，三视图的三等关系是绘图和读图的依据。在 AutoCAD 中绘制三视图，用户可以应用系统提供的一些命令绘制辅助线，或使用一些辅助工具保证三视图之间的投影关系。

参数化绘图①通过对二维几何图形添加约束，使设计符合特定的要求。

本章将介绍的内容和新命令如下。

（1）XLINE 构造线命令；

（2）ROTATE 旋转命令；

（3）ALIGN 对齐命令；

（4）夹点编辑功能；

（5）几何约束和标注约束；

（6）绘制三视图的方法。

7.1　构造线的绘制

利用“构造线”命令可以绘制通过给定点的双向无限长直线。一次命令可以绘制多条构造线，通常用于绘制作图辅助线。

调用命令的方式如下。

功能区：单击“默认”选项卡“绘图”面板中的图标按钮。

菜单：执行“绘图”|“构造线”命令。

图标：单击“绘图”工具栏中的图标按钮。

键盘命令：XLINE（或 XL）。

绘制构造线有 6 种方式，如图 7-1 所示，其中 O 点为根点，即概念上的构造线中点。默认为两点方式，依次指定第一点（根点）和若干个通过点，即可绘制通过根点的直线族，如图 7-1（a）所示。以下介绍另外常用的 3 种方式。

7.1.1　绘制水平或垂直构造线

水平或垂直构造线通过根点并与当前坐标系的 X 轴或 Y 轴平行，如图 7-1（b）所示。

操作步骤如下。

第 1 步，调用“构造线”命令。

---

① 此为 AutoCAD 2010 开始新增功能。

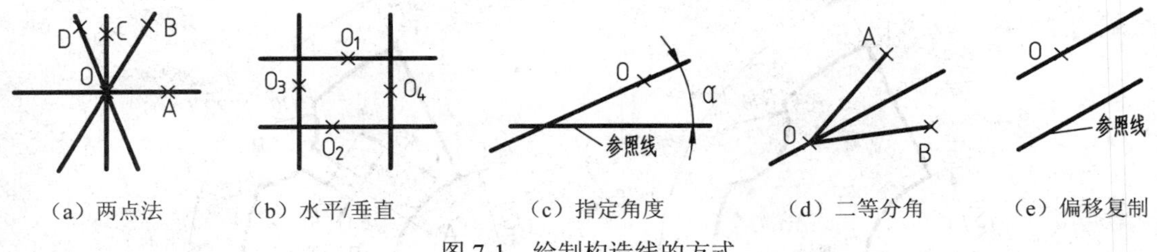

（a）两点法　（b）水平/垂直　（c）指定角度　（d）二等分角　（e）偏移复制

图 7-1　绘制构造线的方式

第 2 步，命令提示为“指定点或 [水平（H）/垂直（V）/角度（A）/二等分（B）/偏移（O）]:”时，输入 H 或 V，回车，选择水平或垂直选项绘制构造线。

第 3 步，命令提示为“指定通过点:”时，用合适的定点方式指定构造线的根点。

第 4 步，命令再次提示为“指定通过点:”时，用合适的定点方式指定另一条构造线的根点，或回车。

注意：提示“指定通过点:”多次出现，用户可以指定多个根点，直至回车结束命令，绘制出通过各根点的一系列水平或垂直构造线。

7.1.2　绘制二等分角的构造线

二等分角的构造线通过指定角的顶点（根点），并且平分两条线之间的夹角。

操作步骤如下。

第 1 步，调用“构造线”命令。

第 2 步，命令提示为“指定点或[水平（H）/垂直（V）/角度（A）/二等分（B）/偏移（O）]:”时，输入 B，回车。

第 3 步，命令提示为“指定角的顶点:”时，用合适的定点方式指定需要平分的角的顶点（根点）。

第 4 步，命令提示为“指定角的起点:”时，用合适的定点方式指定角的第一条边上一点。

第 5 步，命令提示为“指定角的端点:”时，用合适定点的方式指定角的第二条边上一点。

第 6 步，命令再次提示为“指定角的端点:”时，继续指定角的端点，或回车。

注意：提示“指定角的端点:”多次出现，用户可指定多个端点，直至回车结束命令，绘制一系列平分各指定角（起点与顶点连线以及端点与顶点连线之间的夹角）的构造线。

【例 7-1】 利用如图 7-2 所示图形的外形轮廓绘制对称中心线 AB。

提示：对称中心线 AB 在两条外形轮廓直线的角平分线上。绘制二等分角构造线后，进行适当的编辑即可。

操作步骤如下。

第 1 步，利用“构造线”命令确定中心线 AB 位置。

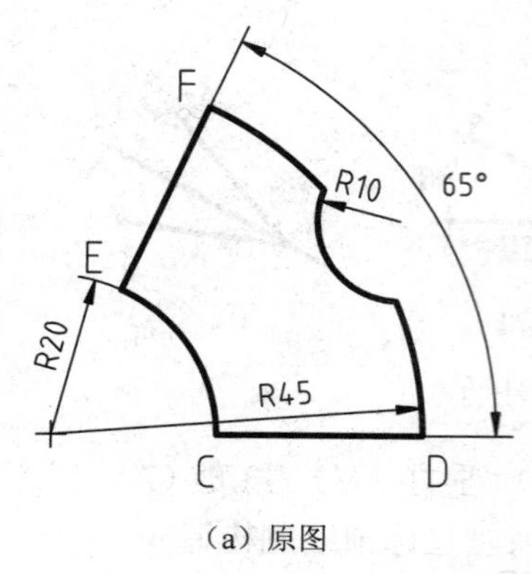

（a）原图

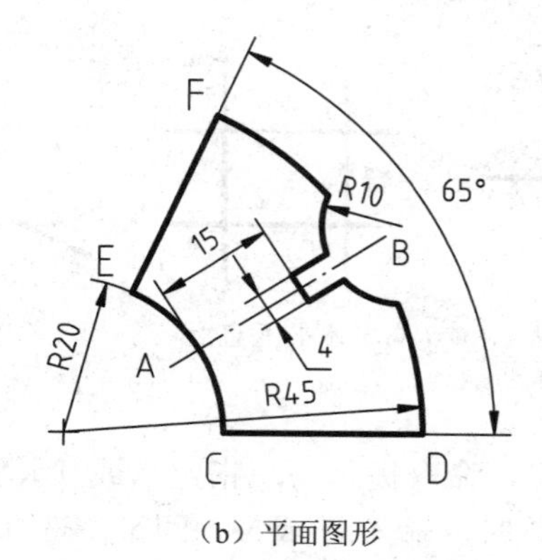

（b）平面图形

图 7-2　利用构造线命令绘制图形

操作如下。

命令: **_xline**	单击图标按钮，启动“构造线”命令
指定点或 [水平(H)/垂直(V)/角度(A)/二等分(B)/偏移(O)]: **b**↵	选择“二等分”选项，绘制两条外形轮廓直线的角平分线
指定角的顶点: **int** 于　和	利用对象捕捉功能，移动鼠标至水平边 CD，出现如图 7-3（a）所示的标记及提示，单击；再移动鼠标至斜边 EF，出现如图 7-3（b）所示的标记及提示，单击，捕捉两边的延伸交点
指定角的起点:	利用对象捕捉功能捕捉端点 D
指定角的端点:	利用对象捕捉功能捕捉端点 F，绘制构造线，如图 7-3（c）所示
指定角的端点: ↵	回车，结束“构造线”命令

第 2 步，利用“打断于点”命令将构造线打断成 3 段。

第 3 步，删除两端的线段，留下 AB 段，并将其改为“细点画线”层上。

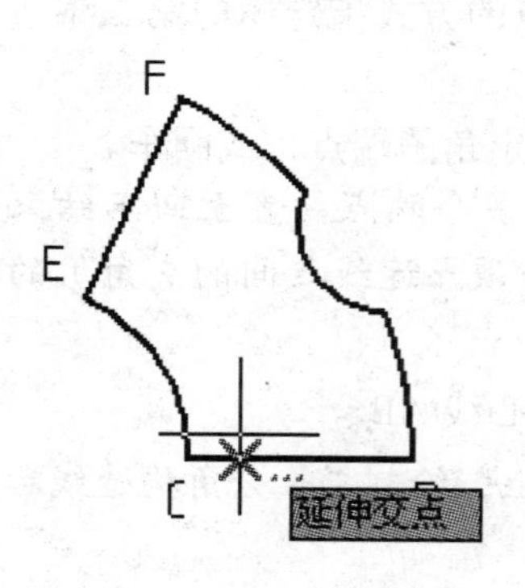

（a）确定二等分角顶点

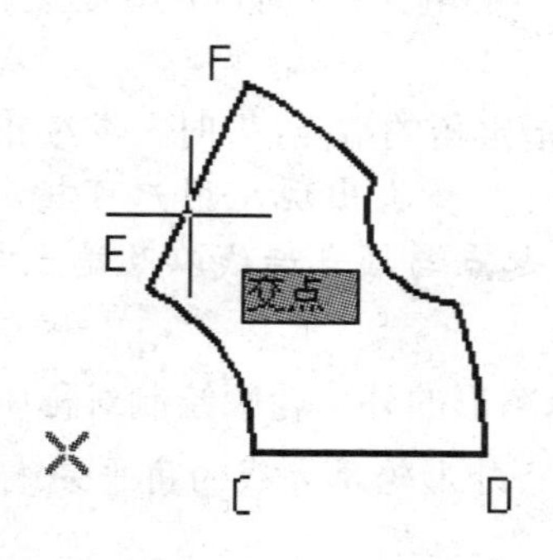

（b）确定二等分角顶点

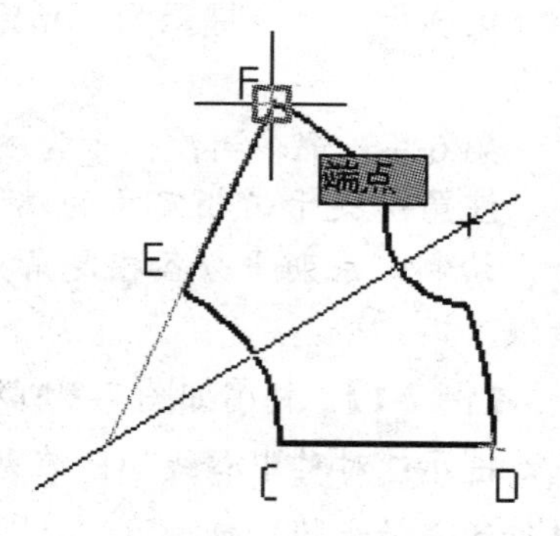

（c）指定二等分角的端点

图 7-3　绘制二等分角构造线

7.1.3 指定角度和通过点绘制构造线

指定角度和通过点绘制构造线，就是以指定的角度，并通过指定点绘制构造线。

操作步骤如下。

第1步，调用“构造线”命令。

第2步，命令提示为“指定点或 [水平(H)/垂直(V)/角度(A)/二等分(B)/偏移(O)]:”时，输入A，回车。

第3步，命令提示为“输入构造线的角度(0.00)或 [参照(R)]:”时，直接输入构造线与X轴正方向所成的角度。或输入R，回车，采用参照方式指定与选定的参照线之间的夹角。

第4步，命令提示为“指定通过点：”时，用合适的定点方式指定构造线的根点。

第5步，命令再次提示为“指定通过点：”时，用合适的定点方式指定另一条构造线的根点，或回车。

注意：角度为正值，则从X轴正方向或参照线开始按逆时针方向确定构造线的方向。

【例7-2】 在例7-1的基础上完成图形，如图7-2（b）所示。

提示：如图7-2所示的方槽的两条侧边可以用偏移构造线确定位置，方槽底边利用指定角度和通过点绘制与中心线AB垂直的构造线，再偏移15。

操作步骤如下。

第1步，利用“构造线”命令偏移复制线段AB，确定方槽两侧边的位置，如图7-4（a）所示。

操作如下。

命令: **_xline**	单击图标按钮，启动“构造线”命令
指定点或 [水平（H）/垂直（V）/角度（A）/二等分（B）/偏移（O）]: **o**↵	选择“偏移”选项，绘制与中心线AB平行的构造线
指定偏移距离或 [通过(T)] <通过>: **2**↵	输入偏移距离为2
选择直线对象:	选择线段AB
指定向哪侧偏移:	在AB一侧单击
选择直线对象: ↵	再次选择线段AB
指定向哪侧偏移:	在AB另一侧单击
选择直线对象: ↵	回车，结束“构造线”命令

注意：选择“偏移”选项，偏移复制的直线对象可以是一般直线、多段线、构造线、射线等直线对象。当选择的是多段线时，则仅偏移复制被选中的那一段。

第2步，利用“构造线”命令，确定方槽底边的方向，如图7-4（b）所示。

操作如下。

命令: **_xline**	单击图标按钮，启动“构造线”命令
指定点或 [水平（H）/垂直（V）/角度（A）/二等分（B）/偏移（O）]: **a**↵	选择“角度”选项，绘制与中心线AB垂直的构造线
输入构造线的角度 (0.00) 或 [参照(R)]: **r**↵	选择“参照”选项

选择直线对象:	选择参照线，如中心线 AB
输入构造线的角度 <0.00>: **90**↵	输入与参照线 AB 夹角为 90°
指定通过点:	捕捉 *R*20 与 AB 的交点，确定构造线通过的点，如图 7-4（b）所示，绘制与中心线 AB 垂直的构造线 L
指定通过点:↵	回车，结束“构造线”命令

第 3 步，利用 “构造线”命令，偏移复制线段 L，输入偏移距离为 15，确定方槽底边的位置，如图 7-4（c）所示。操作过程略。

第 4 步，利用“修剪”命令修剪多余线段，完成图形。操作过程略。

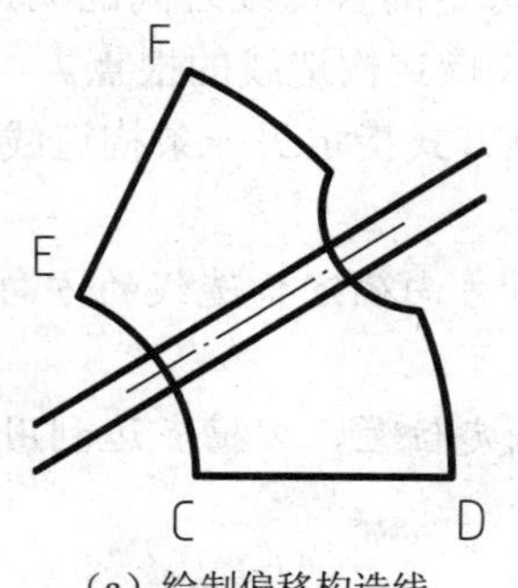

（a）绘制偏移构造线

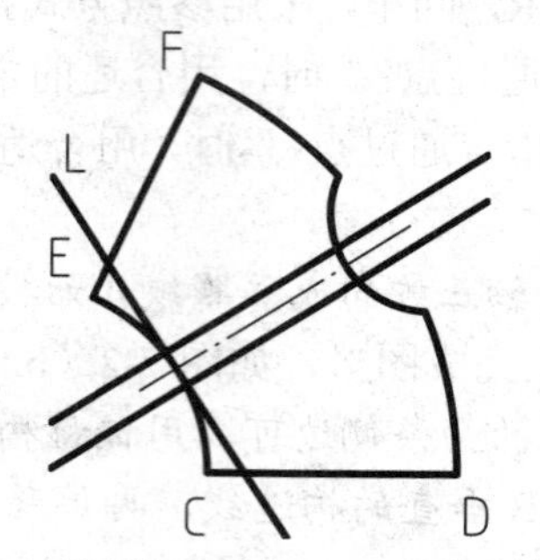

（b）绘制指定角度和通过点构造线

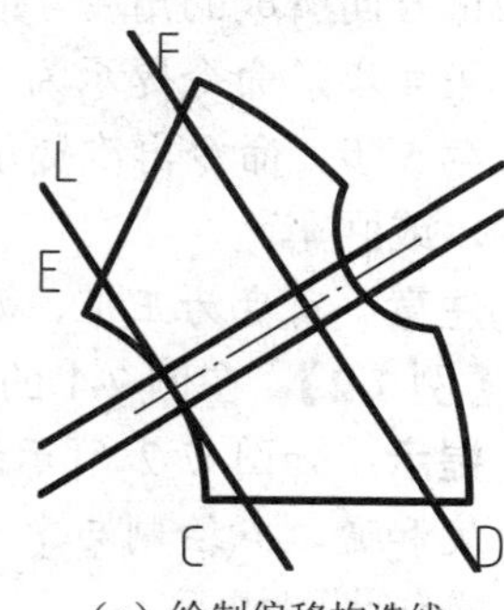

（c）绘制偏移构造线

图 7-4　确定方形槽各边

7.2　旋 转 对 象

利用“旋转”命令可以将选定的对象绕指定中心点旋转。

调用命令的方式如下。

功能区：单击“默认”选项卡“修改”面板中的图标按钮。

菜单：执行“修改”|“旋转”命令。

图标：单击“修改”工具栏中的图标按钮。

键盘命令：ROTATE（或 RO）。

执行旋转命令后，可以按以下 3 种方式旋转对象。

7.2.1　指定角度旋转对象

按指定角度旋转对象，就是将选定的对象绕指定基点，并按给定的绝对角度值旋转。

操作步骤如下。

第 1 步，调用“旋转”命令。

第 2 步，命令提示为“选择对象：”时，选择需要旋转的对象。

第 3 步，命令提示为“指定基点：”时，指定旋转基准点，如图 7-5 所示的旋转中心点 O。

第 4 步，命令提示为“指定旋转角度，或[复制(C)/参照(R)]<0.00>：”时，输入旋转的绝对角度值，如图 7-5 所示的旋转角度 30°。

【例 7-3】 将如图 7-6（a）所示的表面粗糙度代号旋转成如图 7-6（b）所示的方向。

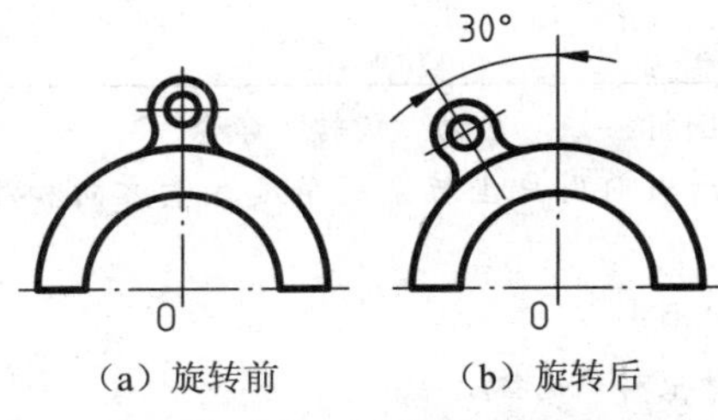

（a）旋转前　　（b）旋转后

图 7-5　指定角度旋转对象

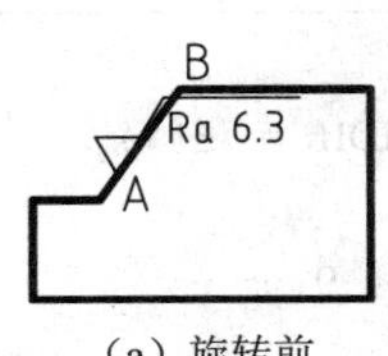

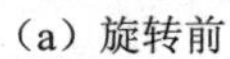

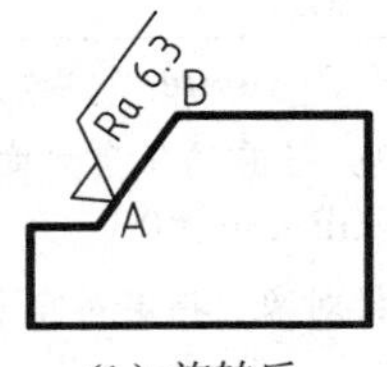

（a）旋转前　　（b）旋转后

图 7-6　旋转粗糙度代号

提示：表面粗糙度代号的标注应符合国家标准的有关规定，如图 7-6（a）所示表面粗糙度代号的旋转角度实际就是 AB 边与水平线的夹角，该角度可以通过捕捉 B 点确定，则 B 点与基点连线与 X 轴正方向的夹角即为旋转角度。

操作如下。

命令: _**rotate**	单击图标按钮，启动“旋转”命令
UCS 当前的正角方向: ANGDIR=逆时针 ANGBASE = 0.00	系统提示当前用户坐标系的角度测量方向和测量基点
选择对象: 找到 1 个	选择表面结构代号（图块）
选择对象:↵	回车，结束对象选择
指定基点:	捕捉表面粗糙度代号插入点 A
指定旋转角度，或 [复制(C)/参照(R)] <0.00>:	捕捉 AB 边的端点 B，结束“旋转”命令，如图 7-6（b）所示

注意：角度为正值时逆时针旋转对象，角度为负值时顺时针旋转对象。

7.2.2　参照方式旋转对象

按参照方式旋转对象时，旋转角度由指定的参照角度和新角度确定。

操作步骤如下。

第 1 步～第 3 步，同上述指定角度旋转对象的第 1 步～第 3 步。

第 4 步，命令提示为“指定旋转角度，或[复制(C)/参照(R)]<0.00>：”时，输入 R，回车。

第 5 步，命令提示为“指定参照角<0.00>：”时，输入参考角度值，或指定两点。

第 6 步，命令提示为“指定新角度或[点(P)]：”时，直接输入新角度，或指定一点（该点与基点连线与 X 轴正方向的夹角为新角度），或使用“点”选项指定两点。

注意：指定的参照角和新角度都是相对于 X 轴正方向的绝对角度，实际旋转角度即为新角度减去参考角度，多用于旋转角度未知的情况。

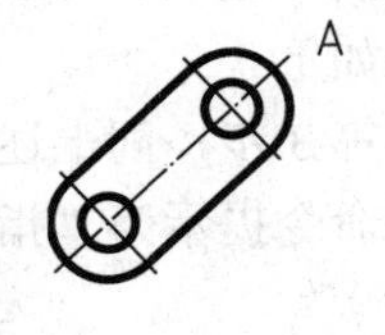

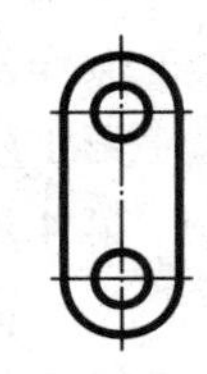

（a）旋转前　　（b）旋转后

图 7-7　参照方式旋转图形

【例 7-4】将如图 7-7（a）所示的图形旋转成如图 7-7（b）所示的位置。

提示：如图 7-7（a）所示，将中心线 A 旋转至垂直方向即可，由于旋转角度未知，故利用参照方式旋转。

操作如下。

命令: _ **rotate**	单击图标按钮，启动“旋转”命令
UCS 当前的正角方向: ANGDIR = 逆时针 ANGBASE = 0	系统提示当前用户坐标系的角度测量方向和测量基点
选择对象: 指定对角点: 找到 9 个	选择整个图形
选择对象: ↵	回车，结束对象选择
指定基点:	捕捉右上侧圆的圆心
指定旋转角度或 [复制(C)/参照(R)]: **r**↵	选择参照方式
指定参照角<0>:	捕捉右上侧圆的圆心，如图 7-8（a）所示
指定第二点:	捕捉中心线 A 的端点，参考角度为圆心与该点连线与 X 轴正方向的夹角，如图 7-8（b）所示
指定新角度或[点(P)]:	利用极轴追踪功能垂直向上追踪，如图 7-8（c）所示，单击，确定新角度为 90°，即拾取点与基点连线的角度

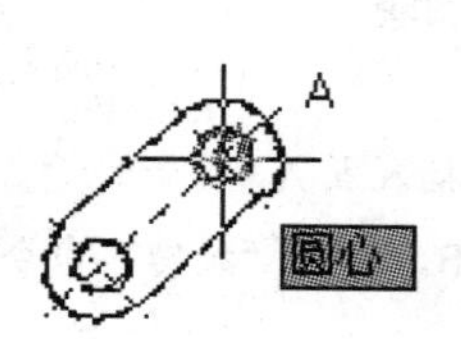

（a）指定参照角的第一点

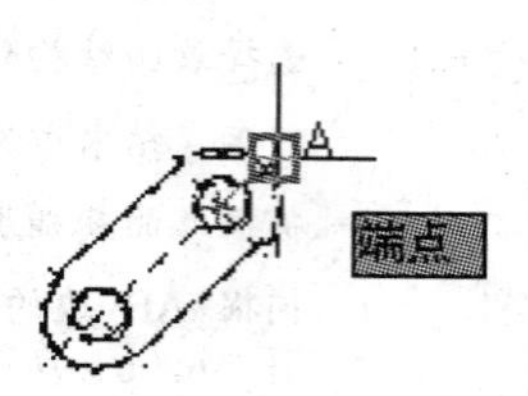

（b）指定参照角的第二点

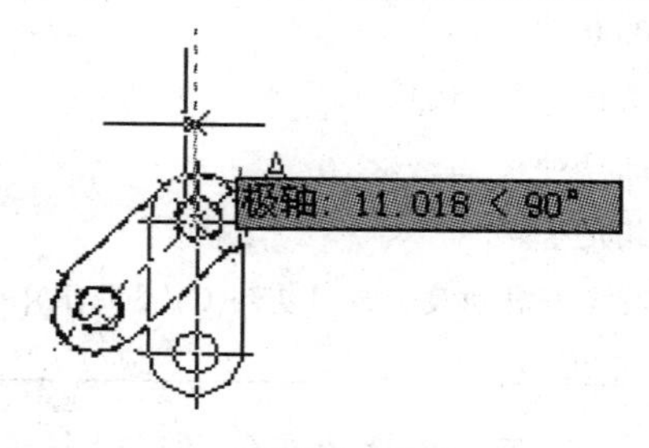

（c）指定新角度

图 7-8　参照方式指定旋转角度

注意：如果参照角度或新角度均未知，则可以通过指定两点来确定，系统将以该两点的连线与 X 轴正方向的夹角作为参照角度或新角度。一般使用对象捕捉或极轴追踪功能指定两点。

7.2.3　旋转并复制对象

使用“复制”选项，可以将选定的对象旋转指定角度，并保留原对象。

操作步骤如下。

第 1 步～第 3 步，同上述指定角度旋转对象的第 1 步～第 3 步。

第 4 步，命令提示为“指定旋转角度，或[复制(C)/参照(R)]<0.00>：”时，输入 C，回车。

第 5 步，命令提示为“指定旋转角度，或[复制(C)/参照(R)]<0.00>：”时，用适当方法指定对象旋转的角度。

【例 7-5】 将如图 7-9（a）所示的拨杆复制到另一极限位置，并用双点画线表示，如图 7-9（b）所示。

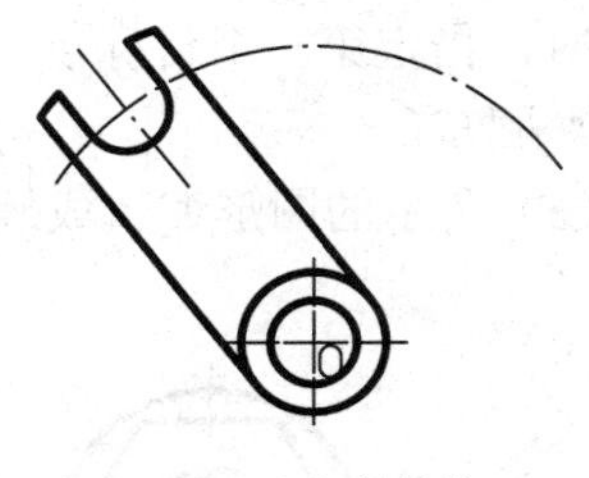

（a）旋转前

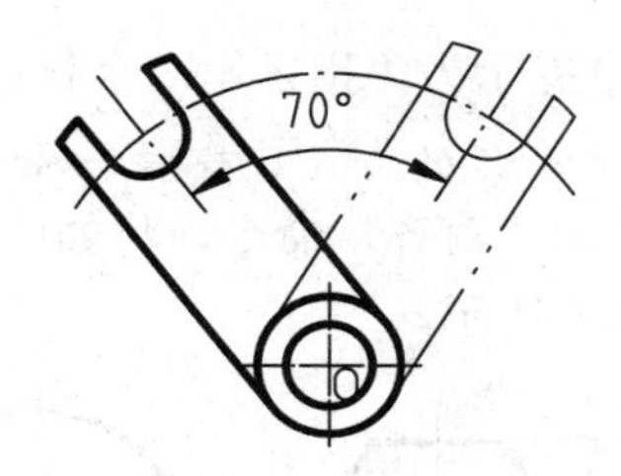

（b）旋转后

图 7-9　旋转并复制对象

操作步骤如下。

第 1 步，利用旋转命令，将左侧拨杆图形旋转复制到右侧极限位置。

操作如下。

命令: _ **rotate**	单击图标按钮，启动“旋转”命令
UCS 当前的正角方向: ANGDIR=逆时针 ANGBASE=0	系统提示当前用户坐标系的角度测量方向和测量基点
选择对象: 指定对角点: 找到 6 个，总计 8 个	选择如图 7-9（a）所示的拨杆及其中心线
选择对象:↵	回车，结束对象选择
指定基点:	捕捉圆心 O 点，确定旋转中心
指定旋转角度或 [复制(C)/参照(R)] <0>: **c**↵	选择“复制”选项
旋转一组选定对象。	系统提示
指定旋转角度或 [复制(C)/参照(R)] <0>: **–70**↵	指定旋转角度为–70°，结束“旋转”命令

第 2 步，将拨杆的右侧极限位置图形轮廓线的图层改为“细双点画线”层。

7.3　对 齐 对 象

利用对齐命令可以将选定的对象移动、旋转或倾斜，使其与另一个对象对齐。

调用命令的方式如下。

功能区：单击“默认”选项卡“修改”面板中的图标按钮。

菜单：执行“修改”|“三维操作”|“对齐”命令。

键盘命令：ALIGN（或 AL）。

执行“对齐”命令后，可以按一对点或两对点方式在二维空间对齐对象。三对点方式用于在三维空间对齐对象。

7.3.1　用一对点对齐两对象

用一对点对齐两对象可以将选定对象从源点（基点）移动到目标点。

操作步骤如下。

第 1 步，调用“对齐”命令。

第 2 步，命令提示为“选择对象:”时，选择要对齐的对象。

第 3 步，命令提示为“指定第一个源点:”时，用合适的定点方式指定第一个源点。

第 4 步，命令提示为“指定第一个目标点:”时，指定第一个目标点。

第 5 步，命令提示为“指定第二个源点:”时，回车。

【例 7-6】 使用“对齐”命令，将如图 7-10（a）所示的图形编辑成螺栓连接组件端视图，如图 7-10（b）所示。

（a）对齐前　　（b）对齐后

图 7-10　一对点对齐两对象

操作如下。

命令: **_align**	单击图标按钮，启动“对齐”命令
选择对象: 指定对角点: 找到 3 个	选择如图 7-10（a）所示的左侧图形对象
选择对象:↵	回车，结束对象选择
指定第一个源点:	捕捉圆心 O 点
指定第一个目标点:	捕捉圆心 Q 点
指定第二个源点:↵	回车，结束“对齐”命令

7.3.2　用两对点对齐两对象

用两对点对齐两对象可以将选定对象从源点移动到目标点，并旋转对象，必要时可以缩放选定对象，同时与指定边对齐，如图 7-11 所示。

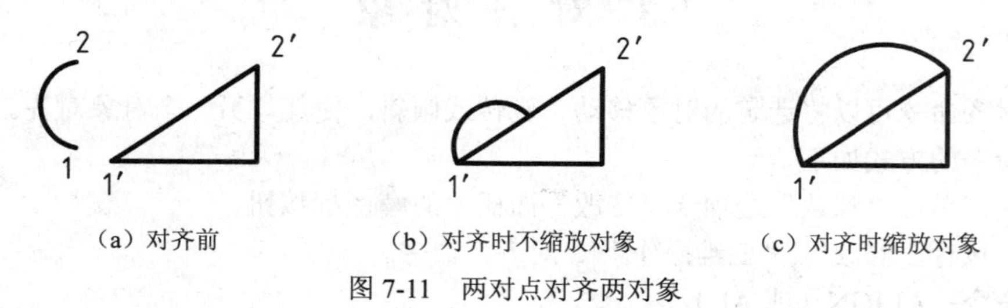

（a）对齐前　　（b）对齐时不缩放对象　　（c）对齐时缩放对象

图 7-11　两对点对齐两对象

操作步骤如下。

第 1 步～第 4 步，同上述用一对点对齐两对象的第 1 步～第 4 步。

第 5 步，命令提示为“指定第二个源点:”时，在选定的对象上指定第二个源点。

第 6 步，命令提示为“指定第二个目标点:”时，指定第二个目标点。

第 7 步，命令提示为“指定第三个源点<继续>:”时，回车。

第 8 步，命令提示为“是否基于对齐点缩放对象？[是(Y)/否(N)]<否>:”时，回车；或输入 Y，回车，将选定对象进行缩放。

注意：如图 7-11（c）所示，系统以第一源点 1 和第二源点 2 之间的距离为参照长度，以第一目标点 1′ 和第二目标点 2′ 之间的距离为新长度，使选定的半圆缩放。

【例 7-7】 使用“对齐”命令的两对点对齐方式，将如图 7-12（a）所示的法兰盘零件图形与右侧的零件对齐，如图 7-12（b）所示。

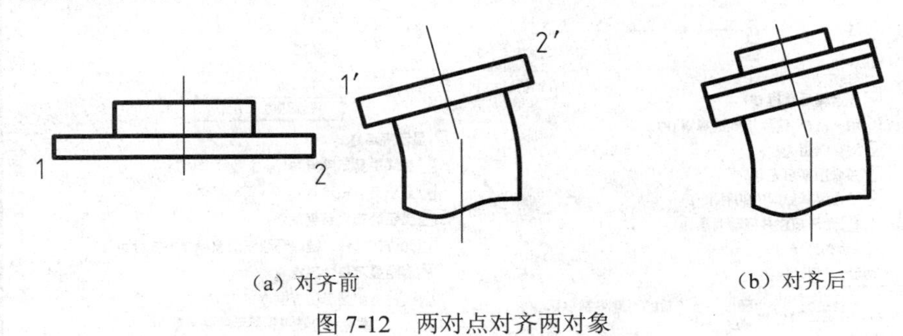

（a）对齐前　　（b）对齐后

图 7-12　两对点对齐两对象

操作如下。

命令: **_align**	单击图标按钮，启动“对齐”命令
选择对象: 找到 1 个	选择图 7-12（a）左侧图形中粗实线对象
选择对象: ↵	回车，结束对象选择
指定第一个源点:	捕捉左侧图形的端点 1
指定第一个目标点:	捕捉右侧图形的端点 1′
指定第二个源点:	捕捉左侧图形的端点 2
指定第二个目标点:	捕捉右侧图形的端点 2′
指定第三个源点<继续>: ↵	回车，结束定点操作
是否基于对齐点缩放对象？[是(Y)/否(N)] <否>: **y**↵	选择“是”选项，缩放选定对象，结束“对齐”命令，完成图形，如图 7-12（b）所示

7.4　夹点编辑功能

夹点是实心的彩色小方框。在命令执行前，使用定点设备选择对象后，则对象变为虚线，且在其特征点上会出现若干个夹点。利用夹点编辑功能，可以使用定点设备快捷地编辑修改图形，如快速拉伸、移动、复制、旋转、缩放以及镜像对象等。

在“选项”对话框的“选择集”选项卡中，系统默认的设置是“显示夹点”，用户可以使用夹点编辑功能，必要时还可以在选项卡中设置夹点样式，如图 7-13 所示。如果选择的对象是多段线，则可以进行多功能夹点编辑①。

注意： 系统变量 GRIPS 控制夹点在选定对象上的显示。GRIPS 默认为 2，即可显示一般对象的夹点以及多段线等的中点夹点。GRIPS 为 1 为显示夹点；而 GRIPS 为 0 则隐藏夹点，无法进行夹点编辑。

① 参见本书 8.2.2 节。

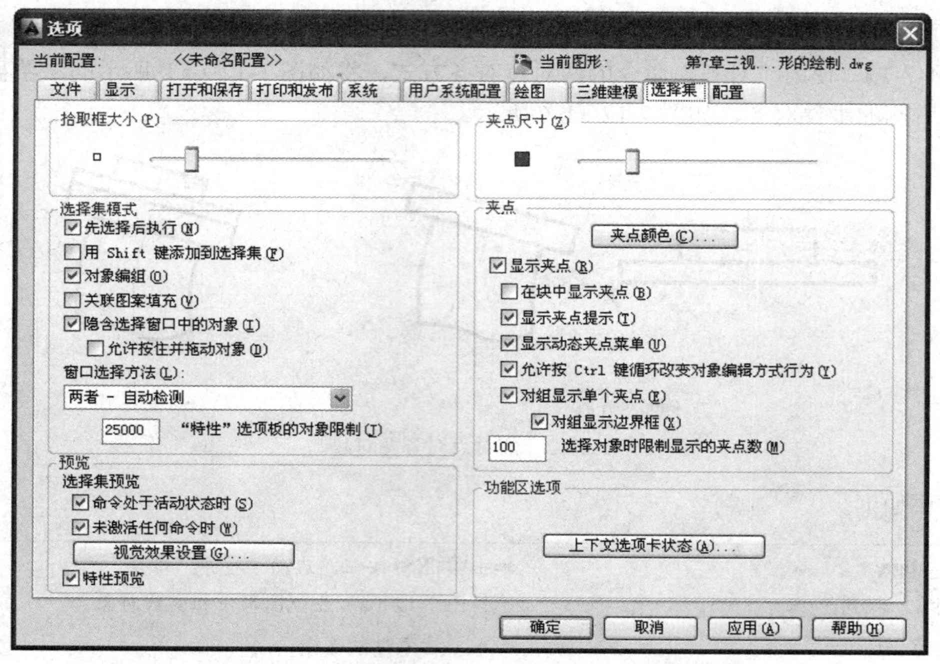

图 7-13　在“选项”对话框的“选择集”选项卡

7.4.1　使用夹点拉伸对象

夹点默认显示为蓝色。要使用夹点编辑对象，需要在其中的一个夹点上单击，这个选定的夹点被激活，称为基准夹点，默认显示为 12 号色（绛红）。然后系统自动进入默认的“拉伸”编辑模式。

操作步骤如下。

第 1 步，用合适的方法选择对象，出现蓝色夹点，如图 7-14（a）所示。

第 2 步，选择基准夹点，如图 7-14（b）所示的上端点。

第 3 步，命令提示为“指定拉伸点或 [基点(B)/复制(C)/放弃(U)/退出(X)]:”时，移动鼠标，则选定对象随着基准夹点的移动被拉伸，至合适位置单击，如图 7-14（c）所示。用户还可以输入新点的坐标确定拉伸位置。

第 4 步，按 Ecs 键，取消夹点。

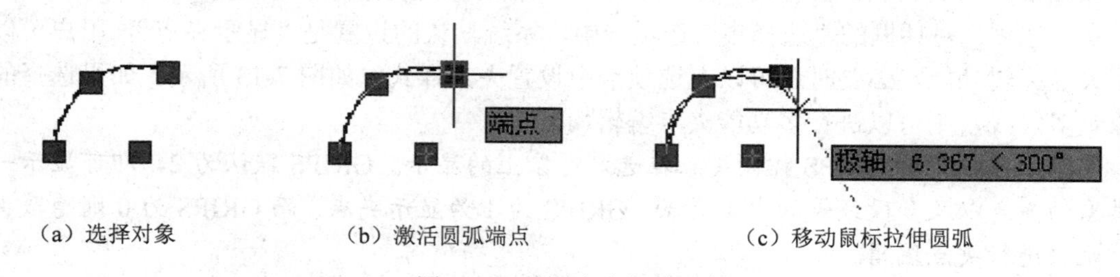

（a）选择对象　　（b）激活圆弧端点　　（c）移动鼠标拉伸圆弧

图 7-14　使用夹点拉伸对象

注意：

（1）当选择锁定图层上的对象，将不显示夹点。

（2）选择对象后，当光标悬停在线段的端点夹点上时，如图 7-15（a）所示，为圆弧和直线的端点夹点，则显示多功能夹点菜单。当选择“拉伸”，则基准夹点被拉伸至光标位置，此时直线段的方向和长度或圆弧的端点位置及半径均会发生变化；如果选择“拉长”，则只改变线段的长度，而直线的方向或圆弧的半径不会改变，如图 7-15（b）所示。当选择某一选项后，可以按 Ctrl 键在这两个选项中循环切换。

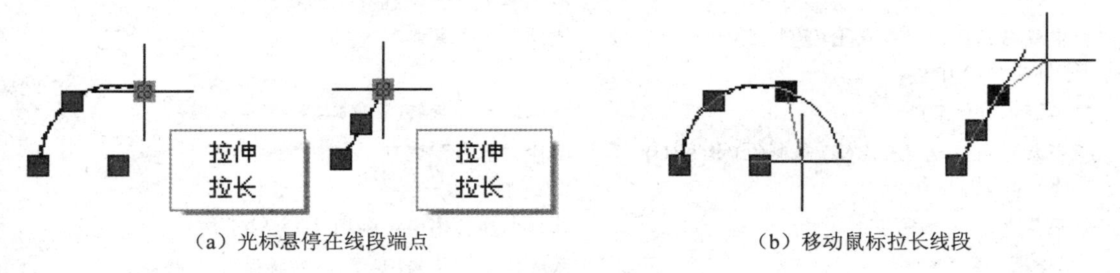

（a）光标悬停在线段端点　　（b）移动鼠标拉长线段

图 7-15　使用夹点拉长对象

7.4.2　使用夹点功能进行其他编辑

使用夹点编辑功能还可以将选定的对象进行移动、旋转、比例缩放以及镜像操作。编辑模式的切换采用如下方法：

（1）以回车或按空格键响应上述第 3 步提示，系统将在编辑模式中依次循环切换。

（2）选择基准夹点后右击，从弹出的快捷菜单中选择相应的编辑选项，如图 7-16 所示。

（3）输入相应的编辑模式名：移动 mo，旋转 ro，比例缩放 sc，镜像 mi，拉伸 st。

【例 7-8】 使用夹点旋转复制功能，将如图 7-17（a）所示的图形编辑成如图 7-17（b）所示的图形。

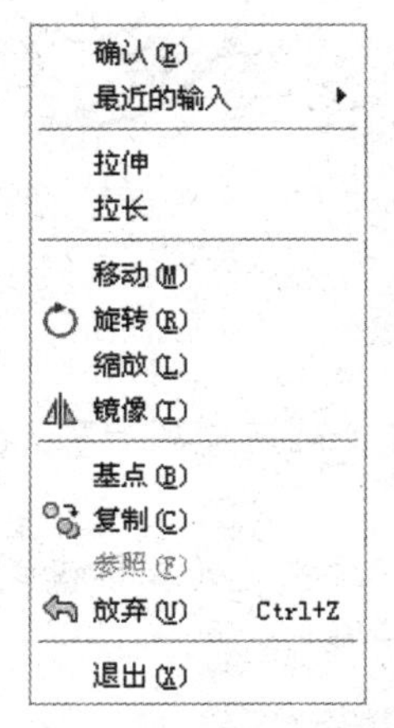

图 7-16　夹点编辑快捷菜单

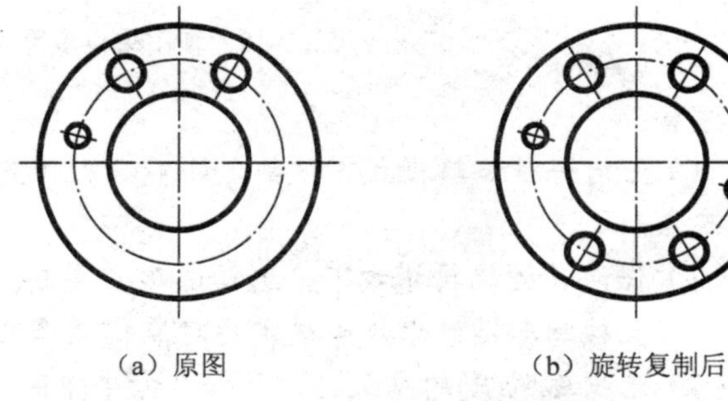

（a）原图　　（b）旋转复制后

图 7-17　使用夹点旋转复制对象

操作如下。

命令:	选择 3 个小圆及其中心线，出现夹点，选择任意一个夹点作为基准夹点，如图 7-18（a）所示
** 拉伸 **	系统提示默认的编辑模式为“拉伸”

指定拉伸点或 [基点(B)/复制(C)/放弃(U)/退出(X)]: ↵	回车，切换夹点编辑模式
** MOVE **	系统提示编辑模式为“移动”
指定移动点 或 [基点(B)/复制(C)/放弃(U)/退出(X)]: ↵	回车，切换夹点编辑模式
** 旋转 **	系统提示编辑模式为“旋转”
指定旋转角度或 [基点(B)/复制(C)/放弃(U) /参照(R)/退出(X)]: **c** ↵	选择“多重复制”选项
** 旋转 (多重)**	系统提示“旋转(多重)”编辑模式
指定旋转角度或 [基点(B)/复制(C)/放弃(U) /参照(R)/退出(X)]: **b** ↵	选择“基点”选项
指定基点:	捕捉大圆的圆心，如图 7-18（b）所示
** 旋转 (多重) **	系统提示“旋转(多重)”编辑模式
指定旋转角度或 [基点(B)/复制(C)/放弃(U) /参照(R)/退出(X)]: **180** ↵	输入旋转角度，如图 7-18（c）所示
** 旋转 (多重) **	系统提示“旋转(多重)”编辑模式
指定旋转角度或 [基点(B)/复制(C)/放弃(U) /参照(R)/退出(X)]: ↵	回车，结束编辑
按 Esc 键	取消夹点，结束编辑

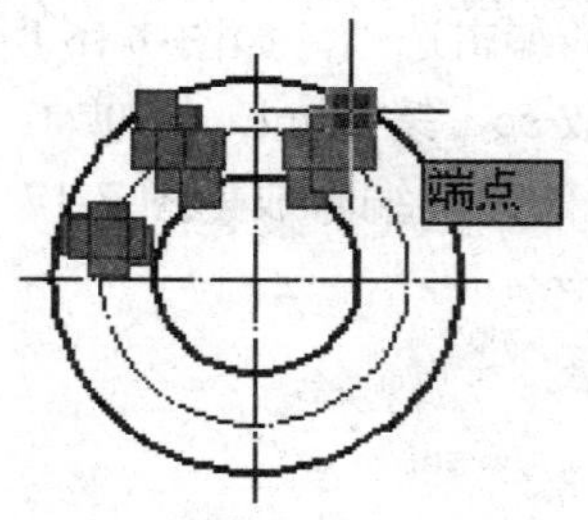

（a）选择对象，激活任一夹点

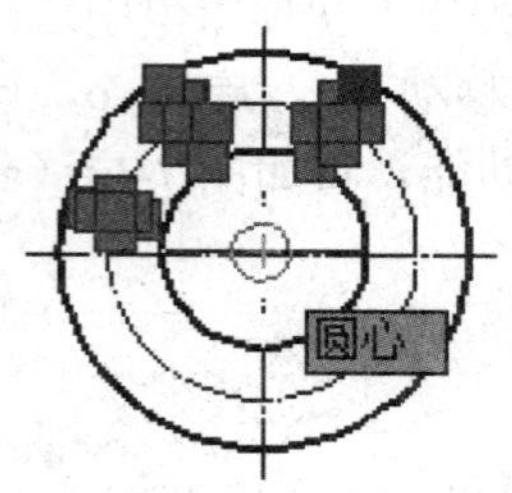

（b）重新指定基准点

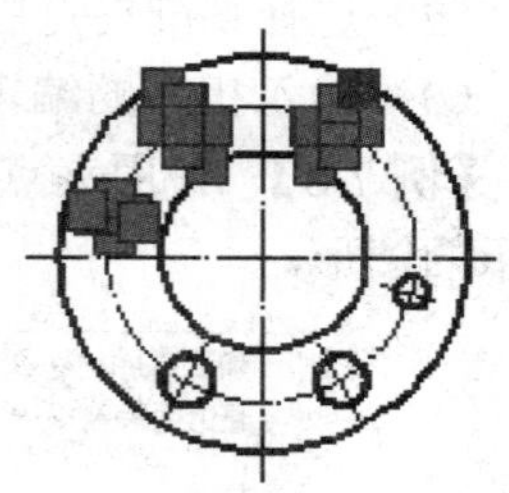
（c）旋转复制后

图 7-18 使用夹点多重旋转复制对象

注意：

（1）任何一种编辑模式下，都允许不以基准夹点为基准点，利用选项“基点(B)”重新指定基点。

（2）任何一种编辑模式下，选择选项“复制(C)”，系统将按指定的编辑模式多重复制对象，直至按回车键结束，被选定的对象仍然保留。

（3）选项参照(R)的意义与“旋转”命令中的参照相同。

7.5 绘制三视图的方法

三视图的线型和投影规律都必须遵守机械制图相关国家标准的规定。根据三视图的投影规律，绘制三视图常用的方法有辅助线法和对象捕捉追踪法。

在实际绘图中，用户可以灵活运用这两种方法，保证图形的准确性。同时还要根据物体的结构特点，对视图中的对称图形、重复要素等，灵活运用镜像、复制、阵列等编辑命令，提高绘图的效率。

7.5.1 辅助线法

利用构造线作为作图辅助线，确保视图之间的“三等”关系，并结合图形进行必要的编辑，完成图形。

【例 7-9】 如图 7-19 所示，利用辅助线法，由主视图绘制俯视图。

操作步骤如下。

第 1 步，绘图环境设置，操作过程略。

第 2 步，绘制俯视图垂直轮廓线及中心线的辅助线，如图 7-20 所示。

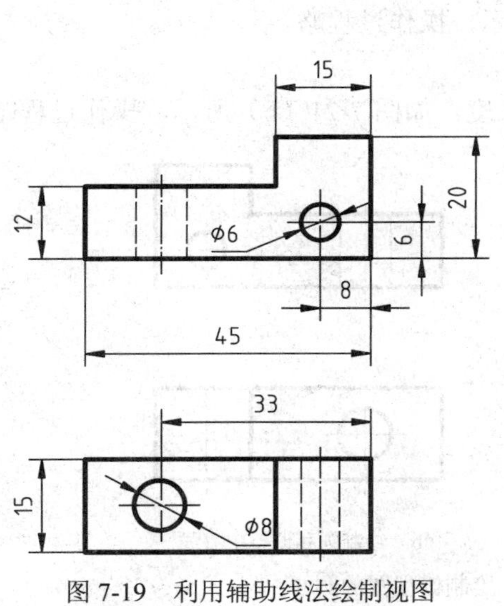

图 7-19 利用辅助线法绘制视图

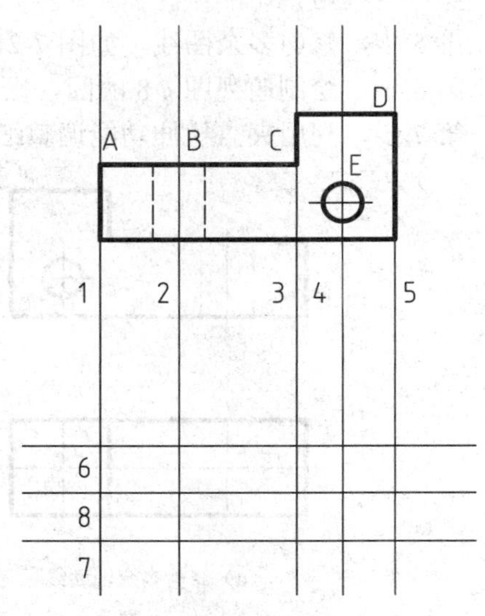

图 7-20 绘制辅助线

操作如下。

命令: **_xline**	单击图标按钮，启动“构造线”命令
指定点或 [水平(H)/垂直(V)/角度(A)/二等分(B)/偏移(O)]: **v**↵	选择“垂直”选项
指定通过点:	捕捉主视图顶点 A，绘制辅助线 1
指定通过点:	捕捉主视图中的交点 B，绘制辅助线 2
指定通过点:	捕捉主视图顶点 C，绘制辅助线 3
指定通过点:	捕捉主视图 ϕ6 圆的垂直中心线端点 E，绘制辅助线 4
指定通过点:	捕捉主视图顶点 D，绘制辅助线 5
指定通过点: ↵	回车，结束“构造线”命令

第 3 步，绘制俯视图水平轮廓线及中心线的辅助线，如图 7-20 所示。

操作如下。

命令: _xline	单击图标按钮，启动“构造线”命令
指定点或 [水平(H)/垂直(V)/角度(A)/二等分(B)/偏移(O)]: h↵	选择“水平”选项
指定通过点:	在合适的位置单击拾取点，绘制辅助线 6
指定通过点: 15↵	捕捉刚绘制的构造线 6 的中点，垂直向下追踪，输入板的厚度 15，绘制辅助线 7
指定通过点:	捕捉刚绘制的构造线 6 的中点，垂直向下追踪，输入板的厚度 7.5，绘制辅助线 8
指定通过点: ↵	回车，结束“构造线”命令

第 4 步，将辅助线 2、4 和 8 设置为“细点画线”层，其余各辅助线设置为“粗实线”层，操作过程略。

第 5 步，修剪多余图线，如图 7-21（a）所示，操作过程略。

第 6 步，绘制俯视图 $\phi 8$ 的圆，操作过程略。

第 7 步，利用夹点拉伸功能调整细点画线长度，如图 7-21（b）所示，操作过程略。

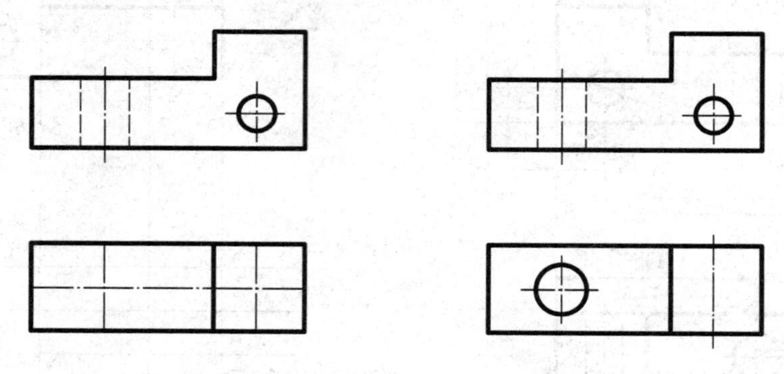

（a）修剪多余辅助线　　　　（b）绘制圆和调整中心线

图 7-21　编辑辅助线，绘制俯视图的圆

第 8 步，利用“构造线”命令绘制俯视图 $\phi 6$ 圆柱孔的两条转向轮廓线，并设置为“细虚线”层，最后修剪多余虚线，完成图形，操作过程略。

7.5.2　对象捕捉追踪法

利用对象捕捉追踪功能并结合极轴、正交等辅助工具，保证视图之间的“三等”关系，再进行必要的编辑，完成图形。此方法与辅助线法比较，图面简洁，操作方便、快捷。对象捕捉追踪法的操作方法和技巧将在本书 7.7 节结合上机操作实验作详细介绍。

7.6　参数化绘图

参数化绘图在 CAD 技术中得到了广泛应用。参数化绘图就是在二维草图的基础上，首先使用几何约束条件确定满足设计要求的图形形状，然后应用标注约束修改几何图形的数据，以确定对象的大小，从而得到精确的设计图形。常用的约束类型有以下两种：

（1）几何约束。控制对象之间的几何关系，如图 7-22 所示。

（2）标注约束。控制几何对象之间的距离、长度、角度、半径等。

7.6.1 创建几何约束

几何约束用以确定二维几何对象之间或对象上的点之间的关系，将几何对象关联起来，并可指定固定的位置或角度。用户可以为绘制好的草图手动添加几何约束，或让系统自动创建几何约束，也可以在绘制草图时使用推断约束[①]功能使系统自动判断添加几何约束。指定几何约束条件后，在编辑受约束的几何图形时，将保持约束关系。

默认情况下，创建几何约束后系统将显示约束栏，显示一个或多个与图形对象关联的几何约束图标。当鼠标悬停在某个对象上，可以亮显与该对象关联的所有约束图标，如图 7-22（a）所示，与直线 AB 关联的约束为两个相切与平行约束；当鼠标悬停在约束图标上，可以亮显与该约束关联的所有对象，如图 7-22（b）所示，与“对称点”约束关联的对象为左右两段圆弧和铅直中心线，表示这两个圆弧的圆心关于铅直中心线对称。

注意：重合约束显示为蓝色小方块，其他约束显示为灰色图标。

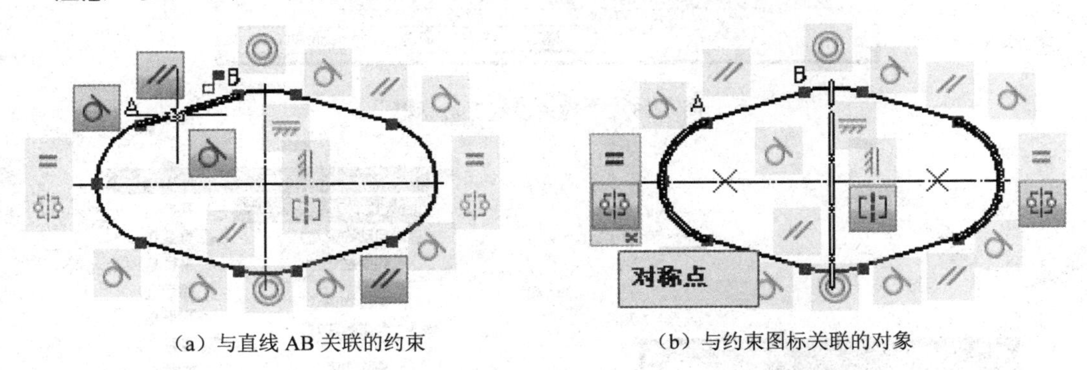

（a）与直线 AB 关联的约束　　（b）与约束图标关联的对象

图 7-22　几何约束栏

用户可以在如图 7-23 所示的“约束设置”对话框的“几何”选项卡设置约束栏上显示的约束类型。打开“约束设置”对话框的方法如下。

（1）单击“参数化”选项卡“几何”面板中的按钮。

（2）执行“参数”|“约束设置”命令。

（3）单击“参数化”工具栏中的图标按钮。

1. 手动添加几何约束

一般情况下，绘制二维草图时无须拘泥于几何对象之间的关系，可以根据几何形状粗略地绘图，然后手动添加几何约束，保证几何对象之间的关联。

调用命令的方式如下。

功能区：单击“参数化”选项卡“几何”面板中的图标按钮，如图 7-24 所示。

菜单：执行“参数”|“几何约束”命令，如图 7-25 所示。

图标：单击“几何约束”工具栏中的图标按钮。

① 此为 AutoCAD 2011 开始新增功能。

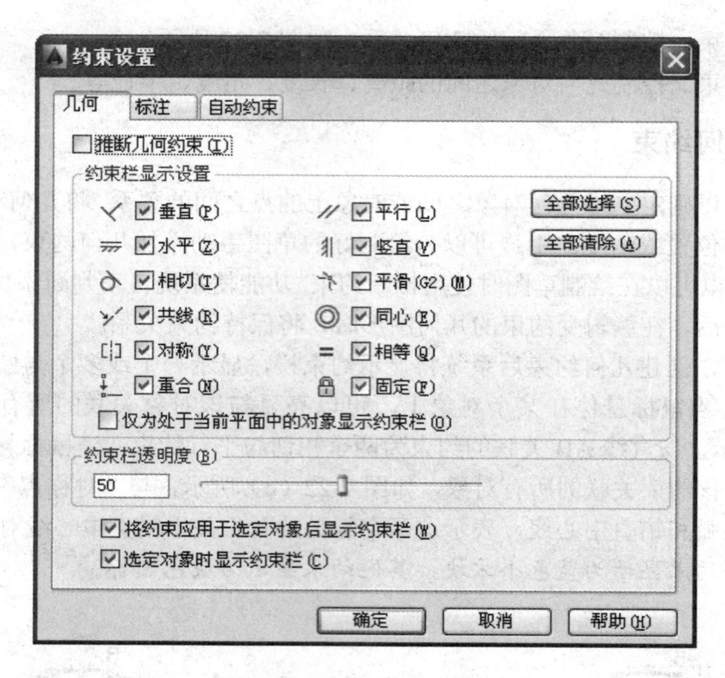

图 7-23 “约束设置”对话框

图 7-24 “几何”面板

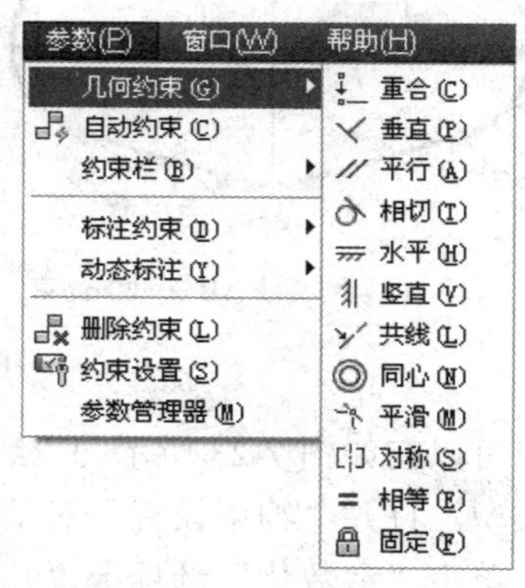

图 7-25 “几何约束”菜单

键盘命令：GEOMCONSTRAINT。

操作步骤如下。

第 1 步，调用“几何约束”命令。

第 2 步，命令提示为“输入约束类型[水平(H)/竖直(V)/垂直(P)/平行(PA)/相切(T)/平滑(SM)/重合(C)/同心(CON)/共线(COL)/对称(S)/相等(E)/固定(F)]<重合>：”时，选择约束类型选项，回车。

第 3 步，根据命令提示，选择需要约束的对象或对象上的点。

系统提供的几何约束类型有 12 种，各约束功能如表 7-1 所示。

如果约束指定为约束点，当光标移动到对象上时，将在对象上显示约束点图标和约束符号，如图 7-26 所示，表示将重合约束应用到倾斜直线段的左端点。

表 7-1　几何约束类型、符号及其功能

名称	图标	选项	功　　能
重合		C	使两个点重合，或者使一个点位于直线、曲线或其延长线上
垂直		P	保持两条直线或多段线互相垂直
平行		PA	保持两条直线或多段线互相平行
相切		T	使直线与曲线或两曲线保持相切，或者其延长线彼此相切
水平		H	保持一直线或一对点与当前 UCS 的 X 轴平行
竖直		V	保持一直线或一对点与当前 UCS 的 Y 轴平行
共线		COL	使两直线处于同一无限长直线上
同心		CON	使选定的圆、圆弧或椭圆具有相同的中心点
平滑		SM	使选定的一条样条曲线与其他样条曲线、直线、圆弧或多段线彼此相连，并保持 G2 连续性
对称		S	使两条线段或两个点以选定的直线为对称线，保持彼此对称
相等		E	使两直线或多段线具有相同长度，或使两圆或圆弧具有相同半径
固定		FIX	保持一个点或样条曲线相对于世界坐标系具有特定的位置和方向

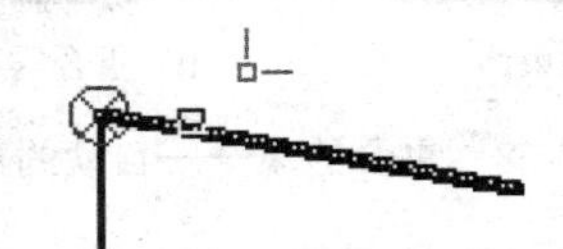

图 7-26　指定对象上的约束点

约束点应是系统规定的有效约束点，如表 7-2 所示。

表 7-2　对象的有效约束点

对　　象	有效约束点	对　　象	有效约束点
直线	端点、中点	椭圆	圆心、长轴和短轴
圆弧	圆心、端点、中点	多段线	直线的端点、中点和圆弧子对象、圆弧子对象的圆心
样条曲线	端点	块、外部参照、属性、表格	插入点
圆	圆心	文字、多行文字	插入点、对齐点

注意：选择对象、约束点的顺序，会影响对象彼此间的放置方式，第 1 个所选的对象或约束点保持位置不变。

操作及选项说明如下。

（1）重合约束。选择重合选项后，命令提示为“选择第一个点或 [对象(O)/自动约束(A)] <对象>：”，用户可以实现如下重合约束。

① 依次选择需要约束的点，如图 7-27（a）所示的点 A、点 C，结果点 C 与点 A 重合，如图 7-27（b）所示。

② 先选择一个点，如图 7-27（a）所示的点 A，再使用 “对象” 选项，选择一个对象，如图 7-26 中的直线 CD，则所选线段平移，使其延长线与点 A 重合，如图 7-27（c）所示。

③ 先选择对象，如图 7-27 中的直线 AB，再选择需要与该对象重合的 1 个点，或多个点，如图 7-26 中的点 C、E，则选择的点将位于所选的对象上，如图 7-27（d）所示。

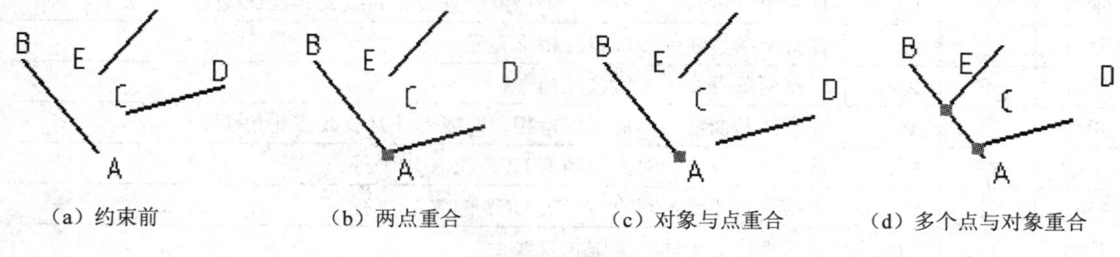

（a）约束前　（b）两点重合　（c）对象与点重合　（d）多个点与对象重合

图 7-27　重合约束

④ 使用“自动约束”，则可以选择多个未受约束、具有重合点的对象，在所选对象的重合点处创建重合约束，并提示“已应用 *n* 个重合约束”，如图 7-28 所示。

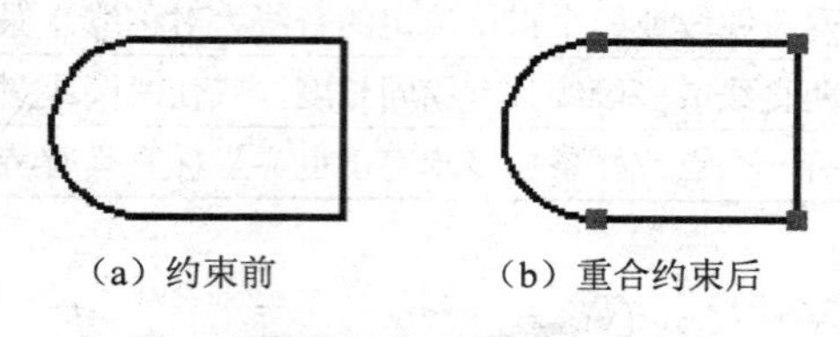

（a）约束前　（b）重合约束后

图 7-28　重合约束——自动约束

（2）垂直/平行/相切/同心约束。选择垂直/平行/相切/同心选项后，依次选择需要约束的两个对象。如图 7-29（b）、图 7-29（c）所示为所选的第 2 条直线与第 1 条直线垂直与平行；如图 7-30（b）所示为所选的直线与圆相切；如图 7-31（b）所示为所选的小圆与大圆同心。

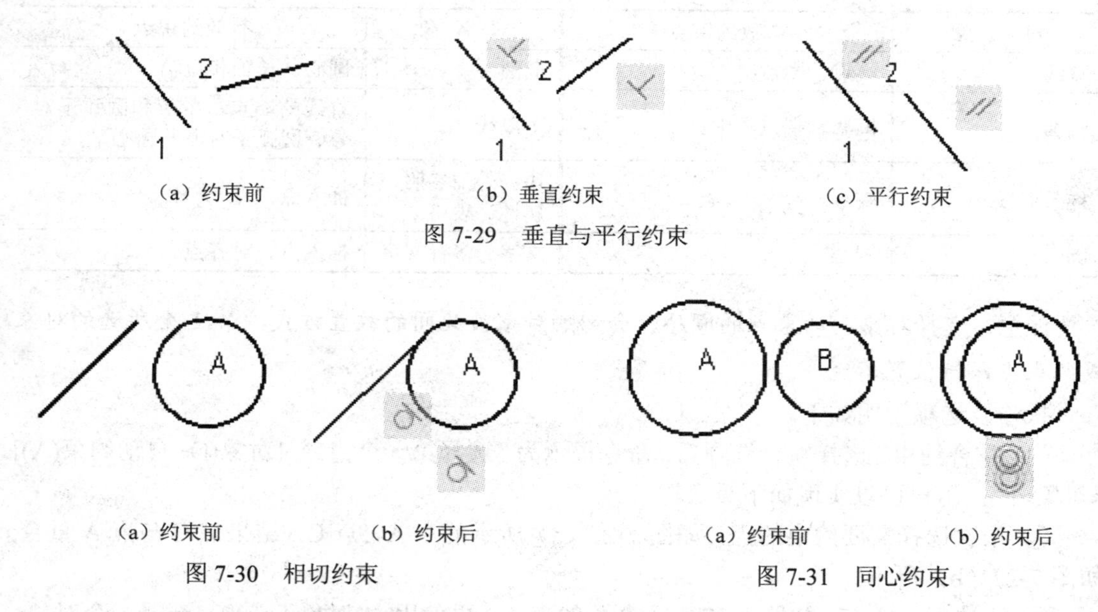

（a）约束前　（b）垂直约束　（c）平行约束

图 7-29　垂直与平行约束

（a）约束前　（b）约束后

图 7-30　相切约束

（a）约束前　（b）约束后

图 7-31　同心约束

（3）水平/竖直约束。选择水平/竖直选项后，可以选择需要约束的直线；或使用“两点”选项，依次选择同一对象或不同对象上两个需要约束的点，如图 7-32 所示。

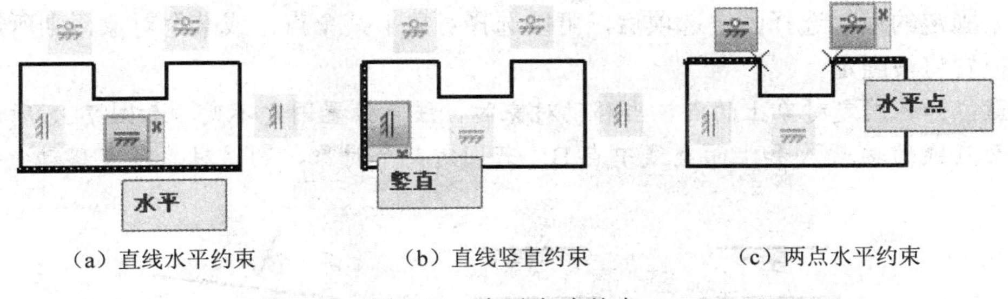

（a）直线水平约束　　（b）直线竖直约束　　（c）两点水平约束

图 7-32　水平/竖直约束

注意：对于倾斜线，选择对象的位置靠近哪一点，则该点位置不变。

（4）共线约束。选择共线选项后，依次选择两条直线，如图 7-33（a）所示的 L_0、L_1，则直线 L_1 与 L_0 共线；或使用“多个”选项，选择多个直线与第一条直线共线，如图 7-33（c）所示。

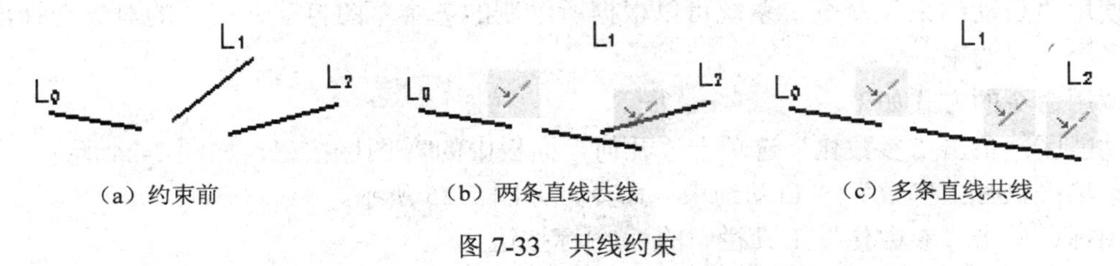

（a）约束前　　（b）两条直线共线　　（c）多条直线共线

图 7-33　共线约束

（5）对称约束。选择对称选项后，可以依次选择两个对象和对称直线，如图 7-34（b）所示，选择的两个圆相对于中心线对称；或使用“两点”选项，依次选择两个点，如图 7-34（c）所示，水平直线的两个端点相对于中心线对称。

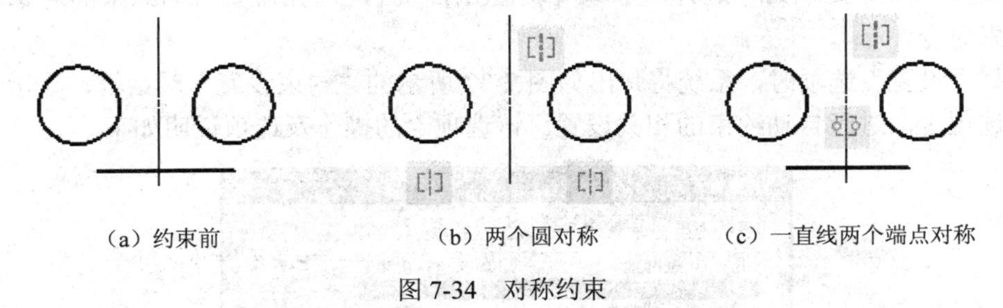

（a）约束前　　（b）两个圆对称　　（c）一直线两个端点对称

图 7-34　对称约束

（6）相等约束。选择相等选项后，可以依次选择两个同类型的对象，如图 7-35 所示的 A、B 两个圆，使两圆等径；或使用“多个”选项，选择多个同类型的对象，如图 7-35（c）所示，圆 B、圆 C 与圆 A 等径。

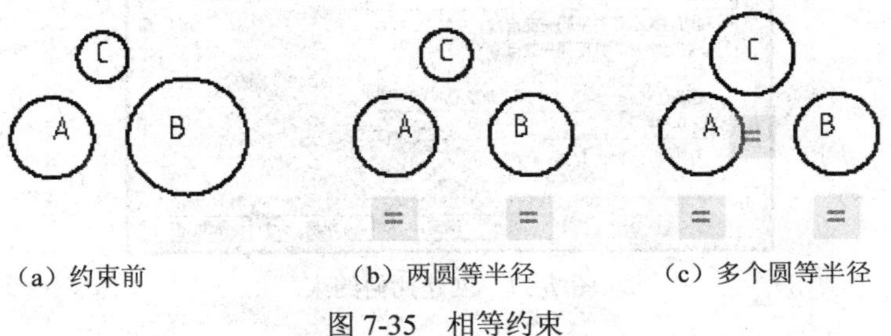

（a）约束前　　（b）两圆等半径　　（c）多个圆等半径

图 7-35　相等约束

（7）固定约束。选择固定选项后，可以选择对象上某个点，或某个对象，则所选点或对象的位置将被固定。

注意：如果固定对象上的点，当移动对象时，该点位置固定不变，如图 7-36 所示，固定了下面直线的端点 A 和上面直线中点 B；若固定某个对象，则该对象不可移动。

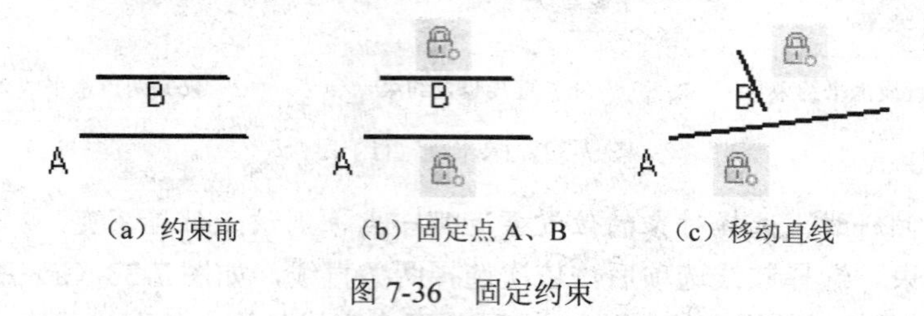

（a）约束前　　（b）固定点 A、B　　（c）移动直线

图 7-36　固定约束

2. 自动创建几何约束

使用“自动约束”命令，系统可以根据所绘制的二维草图自动在所选的对象选择集中创建多个几何约束。

调用命令的方式如下。

功能区：单击“参数化”选项卡“几何”面板中的图标按钮，如图 7-24 所示。

菜单：执行“参数”|“自动约束”命令，如图 7-25 所示。

图标：单击“参数化”工具栏中的图标按钮。

键盘命令：AUTOCONSTRAIN。

操作步骤如下。

第 1 步，调用“自动约束”命令。

第 2 步，命令提示为“选择对象或 [设置(S)]:”时，选择需要自动约束的对象，直至回车结束命令。

选择“设置”选项时，系统将弹出如图 7-37 所示的“约束设置”对话框，显示“自动约束”选项卡，进行自动约束的相关设置。该选项卡的操作及选项说明如下。

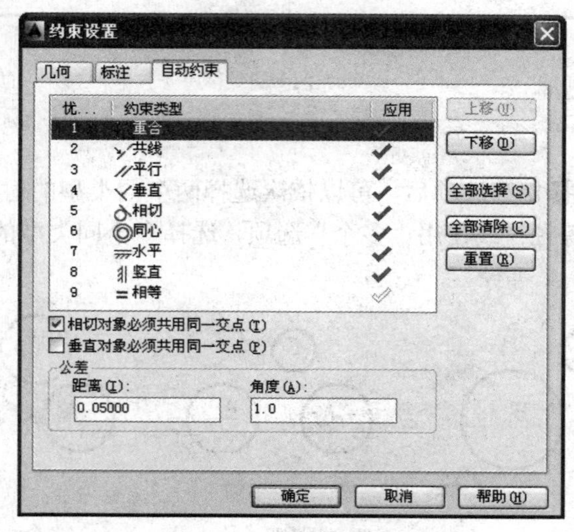

图 7-37　创建几何约束

（1）在某个约束类型的“应用”栏内单击，可以选择应用自动约束的约束类型，“应用”栏内标记亮显的为选中的约束类型。

（2）“优先级”是控制约束类型的应用顺序，选中某个约束类型，单击“上移”、“下移”按钮可以改变该约束类型的优先级。

（3）选中“相切对象必须共用同一交点”复选框，在应用相切约束时，两个对象必须相交；或是不相交时，两对象的最短距离必须小于等于距离公差值。如果不选中该复选框，两个对象也必须满足角度公差条件才能应用相切约束。

（4）可以在“公差”栏的“角度”文本框内输入 0～5 的值，则应用“垂直”约束时，两条直线的角度可以偏离 90° 为角度公差值。选中“垂直对象必须共用同一交点”复选框，在应用垂直约束时，两条直线还必须相交；或是不相交时，一条直线的端点与另一条直线或直线的端点的最短距离必须小于等于距离公差值。

注意：“公差”栏内“距离”文本框中只能输入 0～1 的公差值，“角度”文本框中输入 0～5 的角度公差值。

【例 7-10】 创建如图 7-38 所示的二维草图，并添加几何约束。

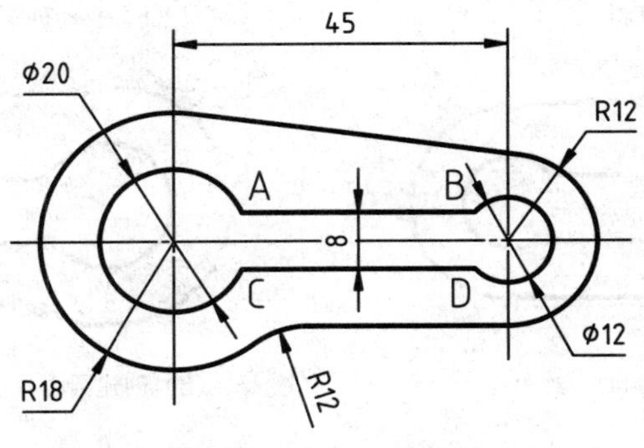

图 7-38 创建二维草图

操作步骤如下。

第 1 步，绘制如图 7-39（a）所示的平面草图，操作过程略。

第 2 步，使用“自动约束”命令，选择所有几何对象，创建几何约束，如图 7-39（b）所示。

第 3 步，创建左侧两个圆弧的“同心”约束，如图 7-39（c）所示。

操作如下。

命令: **_ GcConcentric**	单击图标按钮，启动几何约束“同心”命令
选择第一个对象:	选择左侧小圆弧
选择第二个对象:	选择左侧大圆弧

第 4 步，创建左右两侧圆弧圆心的“水平”约束，如图 7-36（d）所示。

操作如下。

命令: **_ GcHorizontal**	单击图标按钮，启动几何约束“水平”命令
选择对象或 [两点(2P)] <两点>: ↵	回车，选择“两点”选项

选择第一个点:	移动光标至左内侧小圆弧，出现圆弧的圆心标记，单击，则选择左侧小圆弧圆心
选择第二个点:	移动光标至右内侧小圆弧，出现圆弧的圆心标记，单击，则选择右侧小圆弧圆心

第 5 步，绘制水平和垂直中心线，并使用“自动约束”命令，选择左右两侧四段圆弧以及各中心线，创建几何约束。如图 7-39（e）所示，系统自动创建两条垂直中心线“平行”约束，以及各中心线与圆弧圆心的“重合”约束。

第 6 步，创建内部两条水平线 AB、CD 的“对称”约束，如图 7-39（f）所示。

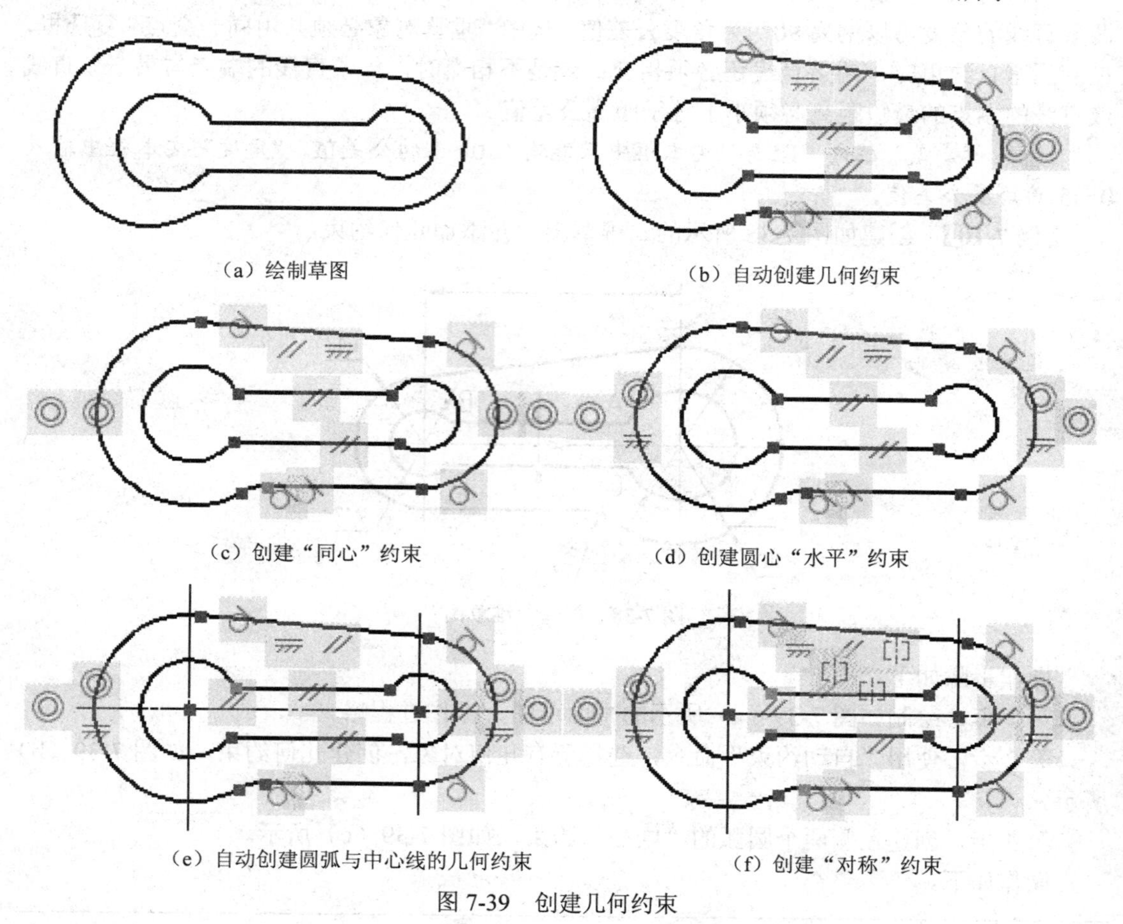

（a）绘制草图　（b）自动创建几何约束

（c）创建“同心”约束　（d）创建圆心“水平”约束

（e）自动创建圆弧与中心线的几何约束　（f）创建“对称”约束

图 7-39　创建几何约束

操作如下。

命令: _ **GcSymmetric**	单击图标按钮，启动几何约束“对称”命令
选择第一个对象或 [两点(2P)] <两点>:	选择直线 AB
选择第二个对象:	选择直线 CD
选择对称直线:	选择水平中心线

注意：

（1）可以使用夹点、编辑命令编辑受约束的几何对象。

（2）在约束栏的某个约束图标上右击，从弹出的快捷菜单中选择“删除”，即可删除该几何约束。

3. 推断几何约束

在绘制或编辑草图时，使用推断约束功能，系统将根据所绘图形的形状了解设计者意图，如果对象符合某个约束条件，系统会自动推断约束类型，添加约束。推断约束常与对象捕捉和极轴追踪配合使用。

在状态行上的按钮上右击，弹出如图 7-40 所示的快捷菜单，用于推断约束的设置。在绘图过程中，推断约束功能可以随时打开或关闭，其方法有以下 4 种。

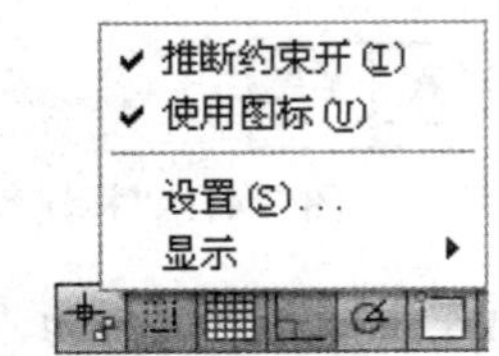

图 7-40 “推断约束”快捷菜单

（1）在“约束设置”对话框的“几何”选项卡中，选中“推断几何约束”复选框，如图 7-23 所示。

（2）单击状态行上的“推断约束”图标按钮。

（3）在如图 7-40 所示的快捷菜单中选中“推断约束开”。

7.6.2 创建标注约束

标注约束可以用指定值来控制二维几何对象或对象上的点之间的距离、角度、圆弧和圆的大小等，也可以通过变量和方程式约束几何图形，以确定所设计的二维图形的大小和比例。在图形的设计阶段，利用标注约束，实现尺寸驱动图形的参数化设计。

系统提供的标注约束如表 7-3 所示。

表 7-3 几何约束类型、符号及其功能

名称	图标	选项	功 能
对齐		A	标注约束对象上两个点，或不同对象上两个点之间的距离
水平		H	标注约束对象上两个点，或不同对象上两个点之间的 X 方向的距离
竖直		V	标注约束对象上两个点，或不同对象上两个点之间的 Y 方向的距离
角度		AN	标注约束直线段或多段线之间的角度、圆弧或多段线圆弧的中心角、对象上 3 个点之间的角度
半径		R	标注约束圆或圆弧的半径
直径		D	标注约束圆或圆弧的直径

调用命令的方式如下。

功能区：单击“参数化”选项卡“标注”面板中的图标按钮，如图 7-41 所示。

菜单：执行“参数”|“标注约束”命令，如图 7-42 所示。

图标：单击“标注约束”工具栏中的图标按钮。

键盘命令：DIMCONSTRAINT。

操作步骤如下。

第 1 步，调用“标注约束”命令。

第 2 步，命令提示为“选择要转换的关联标注或 [线性(LI)/水平(H)/竖直(V)/对齐(A)/角度(AN)/半径(R)/直径(D)/ /形式(F)] <对齐>：”时，输入标注约束类型选项，回车。

第 3 步，根据命令提示，选择需要约束的对象或对象上的有效约束点。

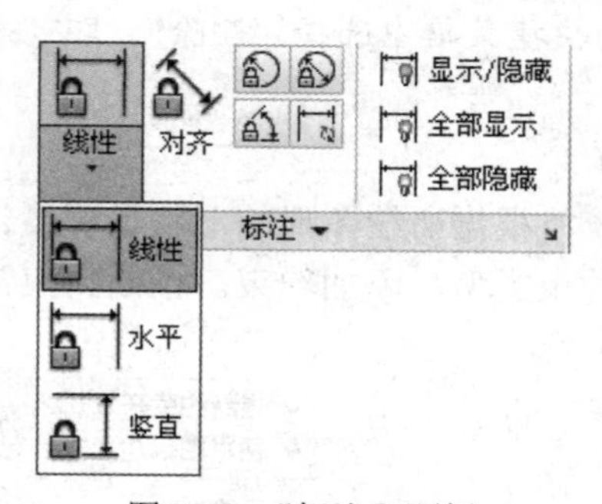

图 7-41 “标注”面板

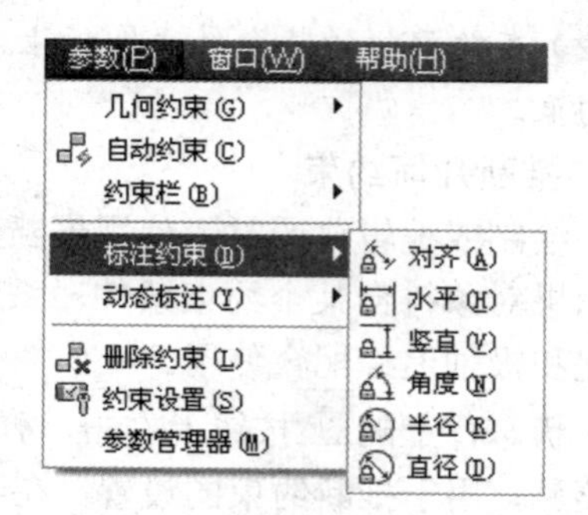

图 7-42 “标注约束”菜单

第 4 步，命令提示为“指定尺寸线位置:”时，在适当位置单击。

第 5 步，系统显示约束变量以及约束值，并亮显。单击，接受默认值；或输入新值，回车。

【例 7-11】 在例 7-10 的基础上，创建如图 7-39（f）所示的二维草图的标注约束，如图 7-43（a）所示，并更改标注约束值，更新图形，如图 7-43（b）所示，完成参数化图形。

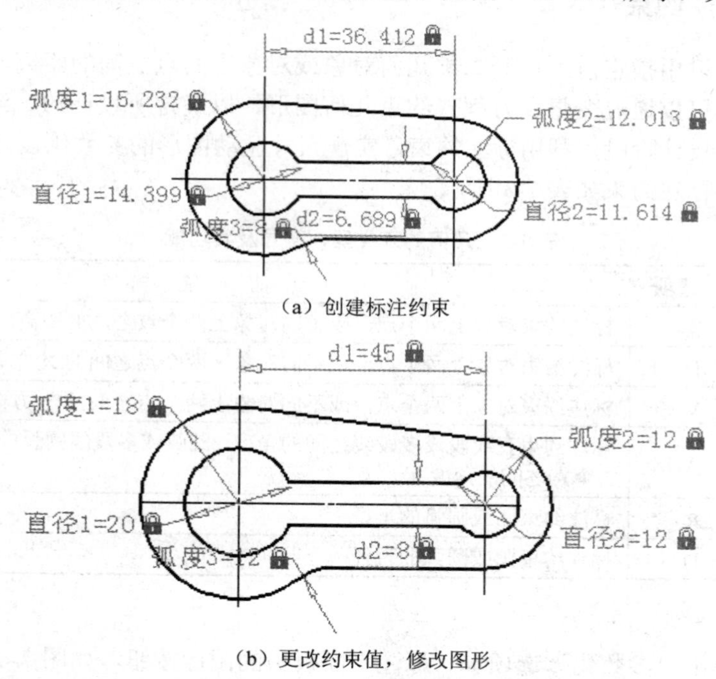

（a）创建标注约束

（b）更改约束值，修改图形

图 7-43 创建标注约束并更改约束值

注意：本例已将几何约束隐藏[①]。

操作步骤如下。

第 1 步，创建水平标注约束 d1。

操作如下。

① 参见本书 7.6.3 节。

命令: _ DcLinear	单击图标按钮，启动标注约束“水平”命令
指定第一个约束点或 [对象(O)] <对象>:	选择左侧垂直中线上端点
指定第二个约束点:	选择右侧垂直中线上端点
指定尺寸线位置:	在适当位置单击，确定尺寸线位置
标注文字 =36.412	系统提示并亮显标注文字，单击结束命令

用“竖直”命令，创建竖直标注约束 d2。

第 2 步，创建直径标注约束“直径 1”和“直径 2”。

操作如下。

命令: _ DcDiameter	单击图标按钮，启动标注约束“直径”命令
选择圆弧或圆:	选择左边内侧圆弧
标注文字 =14.399	系统提示
指定尺寸线位置:	在适当位置单击，确定尺寸线位置，系统亮显标注文字，单击结束命令，标注“直径 1”

用同样方法创建左侧小圆弧“直径 2”。

第 3 步，创建半径标注约束“弧度 1”、“弧度 2”、“弧度 3”，操作过程略，方法同直径标注约束。

第 4 步，分别双击各标注约束，修改约束值，利用夹点拉伸功能拉长中心线，结果如图 7-43（b）所示。

操作及选项说明如下。

（1）当更改标注约束值，系统将计算对象上的所有约束，并自动更新受约束的对象。

（2）创建标注约束时，系统会自动生成一个表达式，其名称和约束值显示在文本框中，用户可以接着编辑该表达式的名称和数值。

（3）选择某一标注约束，打开“特性”选项板，如图 7-44 所示，更改“表达式”文本框中的值，可以修改约束值。

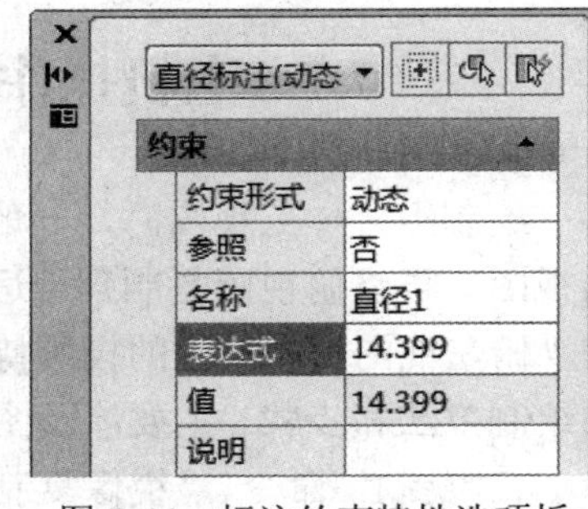

图 7-44　标注约束特性选项板

注意：默认情况下，标注约束为动态约束。标注约束并不是对象，只是以一种标注样式显示，在缩放操作过程中保持大小相同，且不能打印。

7.6.3　约束的显示

“几何”与“标注”面板的右侧提供了控制约束显示的按钮，如表 7-4 与图 7-41 所示。

表 7-4　“参数化”工具栏主要命令及其功能

名　称	图标	功　能
显示约束		显示或隐藏选定对象上的几何约束
全部显示		显示图形中所有的几何约束

续表

名　称	图标	功　能
全部隐藏		隐藏图形中所有的几何约束
显示动态标注约束		显示或隐藏选定对象上的动态标注约束
显示所有动态约束		显示图形中所有的动态标注约束
隐藏所有动态约束		隐藏图形中所有的动态标注约束

7.6.4 删除约束

调用命令的方式如下。

功能区：单击“参数化”选项卡“管理”面板中的图标按钮。

菜单：执行“参数”|“删除约束”命令。

图标：单击“参数化”工具栏中的图标按钮。

键盘命令：DELCONSTRAINT。

操作步骤如下。

第1步，调用“删除约束”命令。

第2步，命令提示为“选择对象:”时，选择需要删除其约束的对象。

第3步，命令提示为“选择对象:”时，继续选择其他对象，或回车结束命令。

注意： 光标移至某一约束图标上使其亮显，右击，从弹出的快捷菜单中选择“删除”，可以将选定的约束删除。

7.7 上机操作实验指导七 组合体三视图的绘制

绘制组合体三视图时，一般先根据“主俯视图长对正”的投影特性，绘制与编辑主、俯视图，再将俯视图复制到合适的位置，并逆时针旋转90°，再根据“主左视图高平齐”和“俯左视图宽相等”的投影特性，绘制左视图。本节介绍如图7-45所示的组合体三视图的绘制方法和步骤。主要涉及图层的操作、自动追踪，“圆弧”命令、“修剪”命令、“打断”命令、“复制”命令、“镜像复制”命令，以及本章介绍的“旋转”命令、夹点编辑功能等。

操作步骤如下。

第1步，设置绘图环境。

（1）执行“文件”|“新建”命令，从弹出的“选择样板”对话框中，选择acadiso.dwt公制样板文件，单击“打开”按钮。

（2）利用“图层”命令，创建“粗实线”层，设置颜色为白色，线型为Continuous，线宽为0.3mm；“细点画线”层，设置颜色为红色，线型为Center；“细虚线”层，设置颜色为黄色，线型为Hidden；“尺寸”层，设置颜色为黄色，线型为Continuous。将“粗实线”层设置为当前层。

（3）利用“草图设置”命令，设置对象捕捉模式为：端点、中点、圆心、象限点、交点，并设置极轴角增量为15°，确定追踪方向。

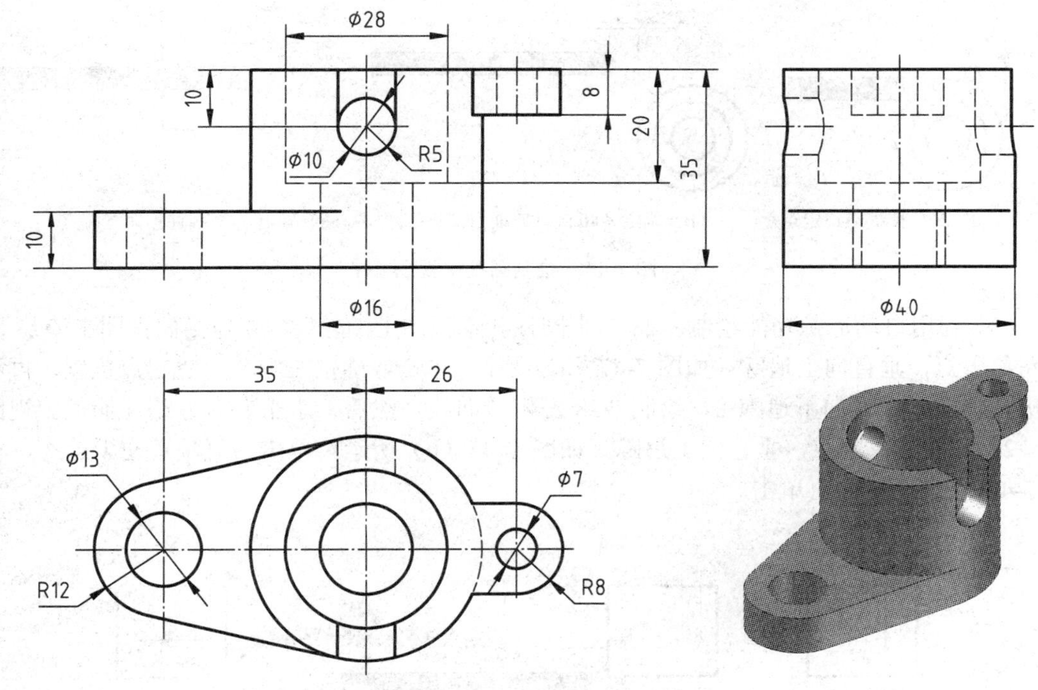

图 7-45　组合体三视图

（4）在状态行上依次单击图标、图标、图标和图标等图标按钮，启用相应功能。启用“对象捕捉”、“极轴追踪”、“对象捕捉追踪”、“显示线宽”功能。

（5）设置图限范围，用“图形界限”命令设置图限，左下角为(0,0)，右上角为(210,297)。

（6）执行 ZOOM（图形缩放）命令的 All 选项，显示图形界限。

第 2 步，形体分析。将组合体分解成底板、铅垂圆柱、右侧 U 形板，并在铅垂圆柱内部切孔及槽，注意分析各部分相对位置。

第 3 步，绘制铅垂圆柱及其孔的三视图，如图 7-46 所示。

（1）绘制铅垂圆柱及其孔的俯视图同心圆 $\phi40$、$\phi28$、$\phi16$ 的圆，操作过程略。

（2）利用自动追踪功能绘制 $\phi40$ 圆柱主视图。

操作如下。

命令: **_line**	单击图标按钮，启动“直线”命令
指定第一点:	移动光标至 $\phi40$ 圆的左象限点，出现象限点标记及提示，向上移动光标至合适位置，单击，如图 7-46（a）所示
指定下一点或[放弃(U)]:	向右移动光标，水平追踪，并移动鼠标至俯视图上 $\phi40$ 圆的右象限点，出现象限点标记及提示，向上移动光标，至如图 7-46（b）所示，单击
指定下一点或[放弃(U)]: **35↵**	向上移动鼠标，垂直追踪，输入 35，回车
指定下一点或[放弃(U)]:	向左移动鼠标，水平追踪，并移动鼠标至主视图 $\phi40$ 圆柱底面左端点，出现端点标记及提示，向上移动光标，至如图 7-46（c）所示，单击
指定下一点或[放弃(U)]: **c↵**	封闭图形

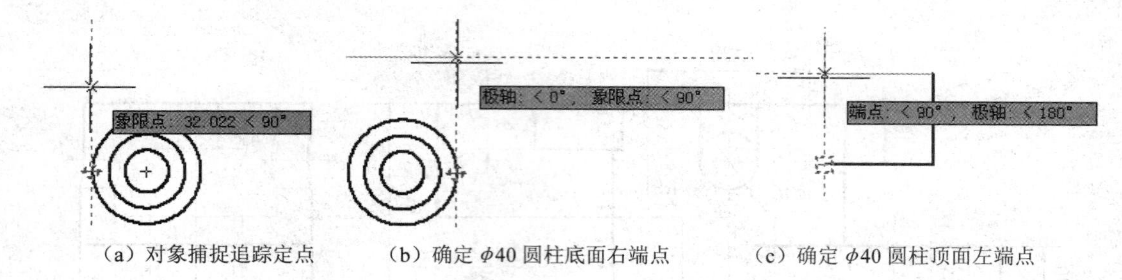

（a）对象捕捉追踪定点　　（b）确定 ϕ40 圆柱底面右端点　　（c）确定 ϕ40 圆柱顶面左端点

图 7-46　绘制圆柱主视图

（3）利用自动追踪功能绘制 ϕ28 铅垂圆柱孔主视图上的轮廓线。捕捉俯视图上 ϕ28 圆的左象限点，垂直向上追踪，如图 7-47（a）所示，单击，确定左侧转向线起点位置。再利用极轴功能，垂直向下追踪 8，绘制 ϕ28 左侧转向线。然后，水平向右追踪并捕捉俯视图上 ϕ28 圆的右象限点，垂直向上追踪，如图 7-47（b）所示。单击，再垂直向上追踪，如图 7-47（c）所示，再单击。

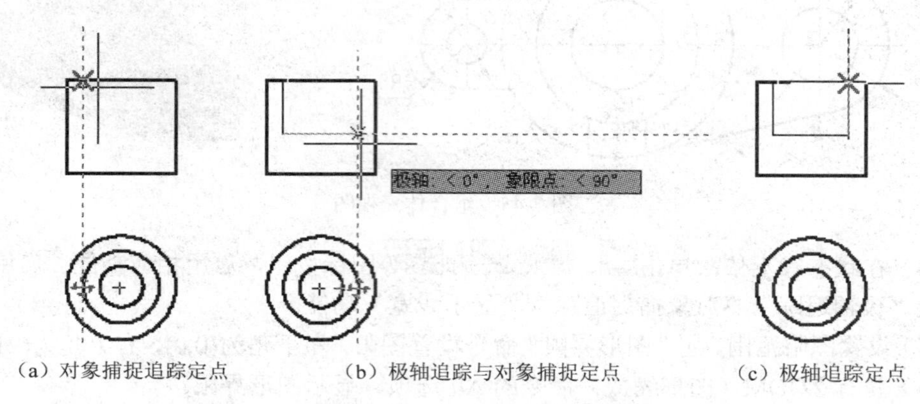

（a）对象捕捉追踪定点　　（b）极轴追踪与对象捕捉定点　　（c）极轴追踪定点

图 7-47　绘制铅垂孔主视图

（4）利用自动追踪功能绘制铅垂圆柱孔 ϕ16 主视图上的转向轮廓线，操作过程略。

（5）将孔的轮廓线所在的图层改为细虚线层。

（6）将主视图水平向右复制至适当位置，得到铅垂圆柱及其孔左视图，操作过程略。

第 4 步，绘制底板俯视图。

（1）执行“圆”命令，捕捉 ϕ40 圆心水平向左追踪 35，确定圆心，绘制 ϕ13 的圆。再捕捉 ϕ13 圆心，绘制 R12 同心圆。

（2）绘制 ϕ40 圆和 R12 圆的公切线，操作过程略。

（3）以公切线为边界，修剪 R12 圆的右侧圆弧。

第 5 步，绘制底板主视图。

（1）选择 ϕ40 圆柱主视图的底边，激活左端点，水平向左拉伸，如图 7-48（a）所示。单击，保证与俯视图长对正。

（2）绘制底板其余轮廓线。捕捉底边左端点，利用极轴追踪功能垂直向上追踪 10，绘制左侧垂直边；再水平向右追踪，且捕捉俯视图上公切线右端点，垂直向上追踪，如图 7-48（b）所示。单击，绘制底板上边。

（3）绘制 ϕ13 圆孔的转向轮廓线，并将其改到细虚线层上。

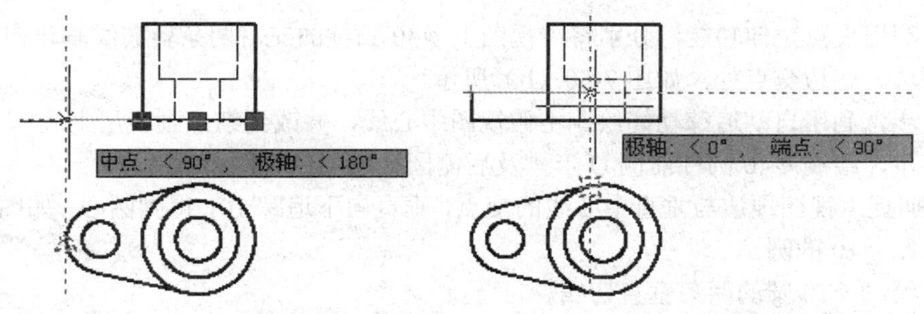

（a）使用夹点拉伸和对象捕捉追踪功能定点　　（b）确定底板上表面右端点

图 7-48　绘制底板主视图

第 6 步，绘制右上侧 U 形板俯视图。

（1）捕捉 ϕ40 圆心水平向右追踪 26，确定圆心，绘制 ϕ7 圆。

（2）捕捉 ϕ7 圆心，垂直向上追踪，输入 8，回车，再向左水平追踪，如图 7-49（a）所示。单击，绘制 U 形板上水平边。用同样方法或用镜像复制命令得到 U 形板下水平边。

（3）用“圆弧”命令的“圆心、起点、端点”选项绘制右侧 R8 圆弧。

（4）用“修剪”或“打断”命令，在俯视图上将 ϕ40 圆在 U 形板内的圆弧修剪掉；再用“圆弧”命令的“起点、端点、半径”选项，绘制 ϕ40 圆柱的不可见圆弧，并将其改到细虚线层上，如图 7-49（b）所示。

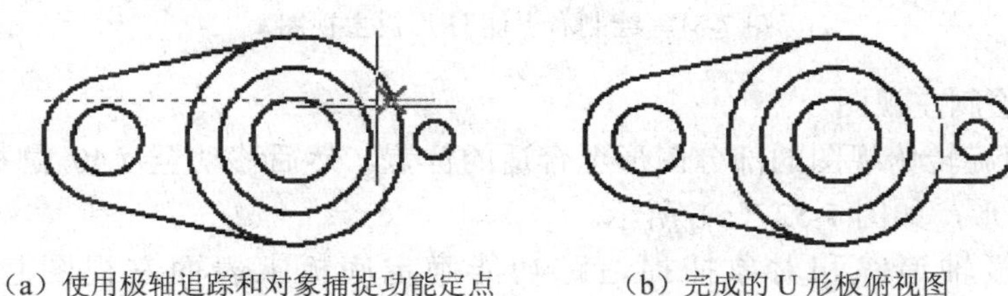

（a）使用极轴追踪和对象捕捉功能定点　　（b）完成的 U 形板俯视图

图 7-49　绘制右上侧 U 形板俯视图

第 7 步，绘制右上侧 U 形板主视图。

（1）选择 ϕ40 圆柱主视图的顶边，激活右端点，利用极轴追踪和对象捕捉追踪功能，将其水平向右拉伸至与俯视图上 R8 圆弧最右点长对正。

（2）绘制 U 形板其余外形轮廓线，操作过程略。

（3）绘制 U 形板内 ϕ7 的转向轮廓线，并将其改到细虚线层上，如图 7-50（a）所示，操作过程略。

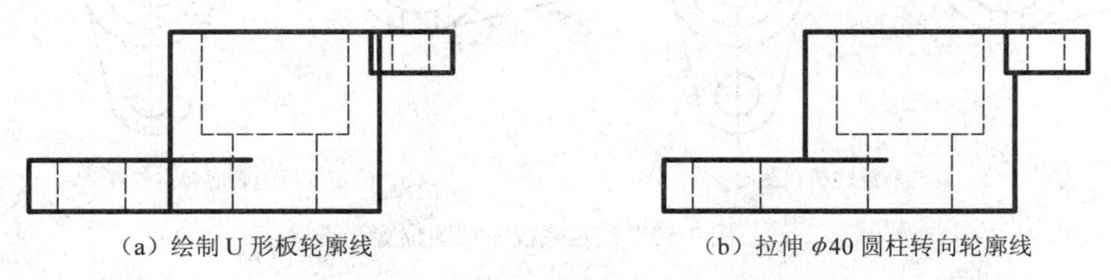

（a）绘制 U 形板轮廓线　　（b）拉伸 ϕ40 圆柱转向轮廓线

图 7-50　绘制右上侧 U 形板主视图

（4）利用夹点拉伸功能，分别将主视图上 ϕ40 圆柱的左右两条转向线垂直向上、向下拉伸至顶边、底边交点处，如图 7-50（b）所示。

第 8 步，利用自动追踪功能绘制主俯视图中心线，并改到细点画线层上。

第 9 步，绘制 ϕ40 圆柱前侧 U 形槽及后侧圆孔的主俯视图。

（1）捕捉主视图顶边与垂直中心线的交点，垂直向下追踪 10，得到圆心，如图 7-51（a）所示，绘制 ϕ10 的圆。

（2）绘制 ϕ10 圆的两条垂直切线。

（3）绘制 ϕ10 圆水平中心线，并将其改到点画线层上，如图 7-51（b）所示，完成主视图。

（4）利用对象捕捉追踪功能绘制 U 形槽及孔的俯视图，并将后侧 ϕ10 孔的转向线改到细虚线层上，操作过程略。

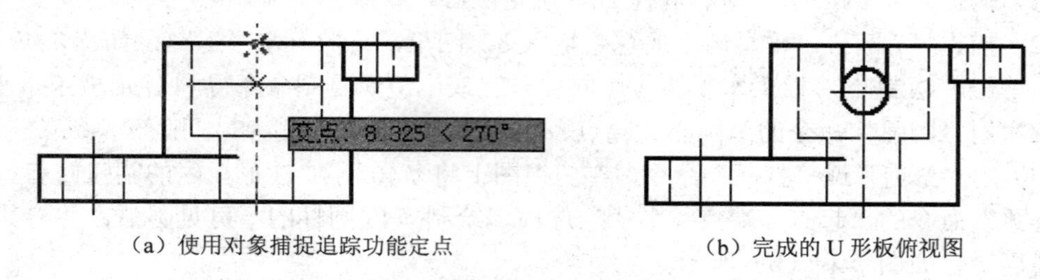

（a）使用对象捕捉追踪功能定点　　（b）完成的 U 形板俯视图

图 7-51　绘制右上侧 U 形板主视图

第 10 步，绘制左视图。

（1）复制和旋转俯视图的部分图形至合适的位置，然后移动至 ϕ40 圆柱左视图正下方，作为辅助图形，如图 7-52（a）所示。

（2）利用极轴追踪和对象捕捉追踪功能确定底板上表面左视图起点位置，如图 7-52（b）所示，绘制底板上表面左视图。

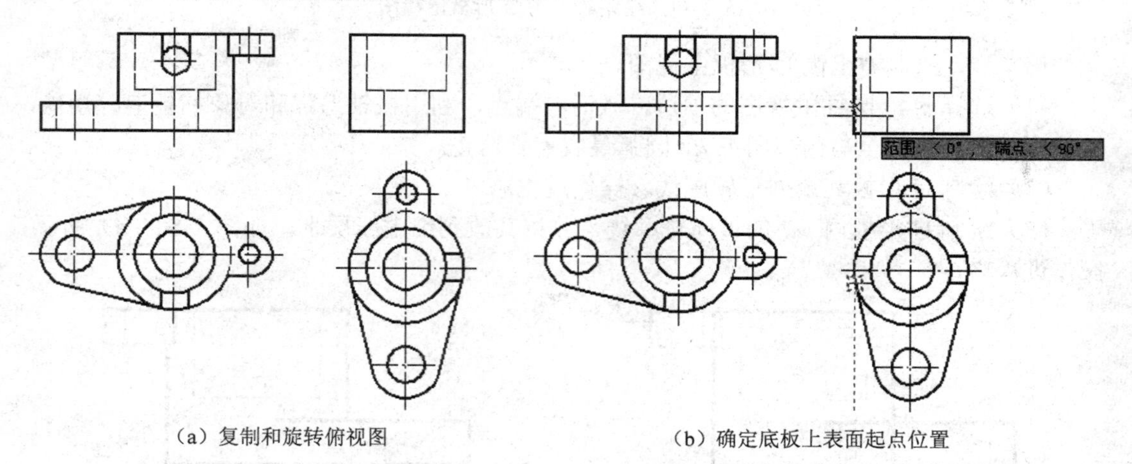

（a）复制和旋转俯视图　　（b）确定底板上表面起点位置

图 7-52　确定底板左视图位置

（3）将主视图上底板 ϕ13 圆柱孔轴线及转向线复制到左视图上，并使用夹点拉伸功能将轴线垂直向上拉伸至合适位置，如图 7-53（a）所示。

（4）利用自动追踪功能绘制 U 形板左视图，并将轮廓线改到“细虚线”层上，如图 7-53（b）所示，操作过程略。

（5）利用“对象捕捉追踪”功能，绘制 ϕ40 圆柱前侧 U 形槽及后侧圆孔的轴线、孔的转向线，并修剪多余图线，如图 7-53（c）所示，操作过程略。

（6）用“圆弧”命令的“起点、端点、半径”选项绘制相贯线 12 及其内孔相贯线 34，并将相贯线 34 改为细虚线层，以轴线为镜像线，镜像复制相贯线 12、34，如图 7-53（d）所示。

（7）以 U 形槽水平轴线为边界，将镜像复制得到的相贯线上半部分修剪掉，再使用极轴追踪功能绘制截交线 56、78，如图 7-53（e）所示。

（8）将左视图顶边有端点拉伸至点 6，完成左视图。

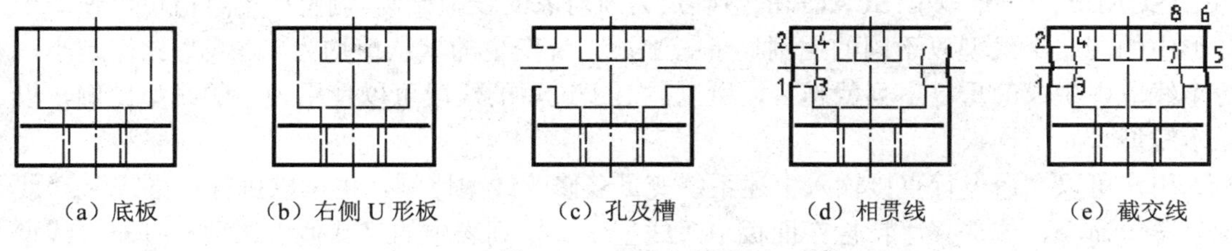

（a）底板　（b）右侧 U 形板　（c）孔及槽　（d）相贯线　（e）截交线

图 7-53　完成左视图

注意：用弧线代替相贯线时，圆弧的半径为相交两圆柱中大圆柱的半径，如弧线 12 的半径为外圆柱 ϕ40 的半径，弧线 34 的半径为铅垂孔 ϕ28 的半径。画圆弧时，系统以起点到端点逆时针方向画弧线，如弧线 12 的起点为 1，端点为 2，半径用极轴追踪功能由 2 点水平向右追踪，显示水平追踪辅助线与 ϕ40 圆柱的垂直中心轴线交点时单击。

第 11 步，删除复制旋转后的辅助图形，完成三视图绘制。

第 12 步，保存图形，命名为“组合体三视图”，操作过程略。

7.8　上机操作常见问题解答

1. 使用夹点拉伸或移动对象时，如何选择基准夹点

对于不同的对象，特征点的数量和位置各不相同，表 7-5 列出了常见对象的特征点，即默认设置下选择对象时出现的夹点。

表 7-5　常见对象的特征点

对　象	特 征 点	对　象	特 征 点
直线段	直线段的两端点、中点	填充图案	填充图案区域内的插入点
圆（椭圆）	圆（椭圆）的象限点、圆心	文本	文本的插入点、对齐点
圆（椭圆）弧	圆（椭圆）弧两端点、圆心	属性、图块	属性、图块各插入点
多边形	多边形的各顶点	尺寸	尺寸界线原点、尺寸线端点、尺寸数字的中心点
多段线	多段线各线段的端点、中点		

使用夹点拉伸对象时，基准夹点应选择在线段的端点、圆（椭圆）的象限点、多边形

的顶点上，这样可以通过将选定基准夹点移动到新位置实现拉伸对象操作。但基准夹点如果选在直线、文字的中点、圆的圆心和点对象上，系统将执行的是移动对象而不是拉伸对象，这是移动对象、调整尺寸标注位置的快捷方法。

2. 如何控制点画线和虚线的显示

在 AutoCAD 中，对象的线型由线型文件定义，其中简单线型（如点画线、虚线）都是由线段、点、空格所组成的重复序列，且线型定义中确定了线段、空格的相对长度。如果一条线段过短以至于不能容纳一个点画线或虚线序列时，就不能显示完整的线型，只在两端点之间显示连续线。此时，用户可以通过设置线型比例来控制线段和空格的大小。

系统用 LTSCALE 系统变量设置“全局比例因子”，控制现有和新建的所有对象的线型比例；用 CELTSCALE 系统变量设置“当前对象比例”，控制新建对象的线型比例，系统将 CELTSCALE 的值乘以 LTSCALE 的值确定为新对象的线型比例，调整该变量值可以使一个图形中的同一个线型以不同的比例显示。上述系统变量的默认值均为 1，线型比例越小，每个线段中生成的重复序列就越多，所以，对于过短的线段可以使用较小的线型比例，以显示线型。

用户可以在命令行直接输入上述系统变量名修改线型比例，也可以执行“格式”|“线型”菜单命令，或选择“特性”面板中“线型”下拉列表中的“其他”选项，打开“线型管理器”对话框，如图 7-54（a）所示，选择“显示细节”，在“详细信息”选项组内，输入“全局比例因子”或“当前对象缩放比例”的新值。

如果需要改变某个对象的线型比例因子，可以选定该对象，打开“特性”选项板，输入线型比例的新值，如图 7-54（b）所示。

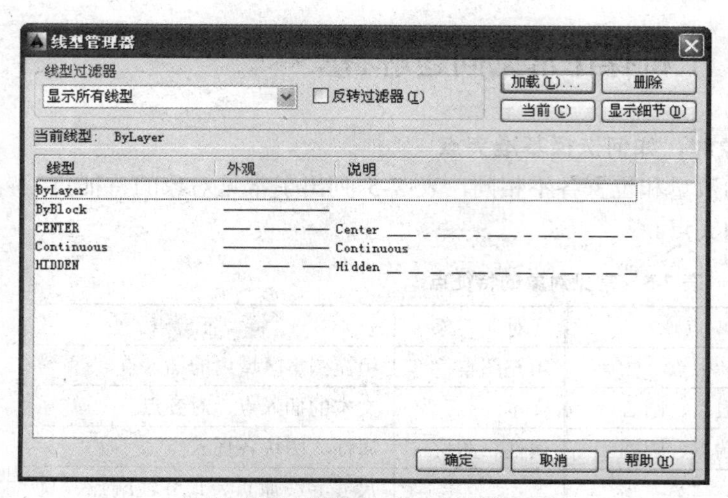

（a）使用“线型管理器”修改线型比例因子

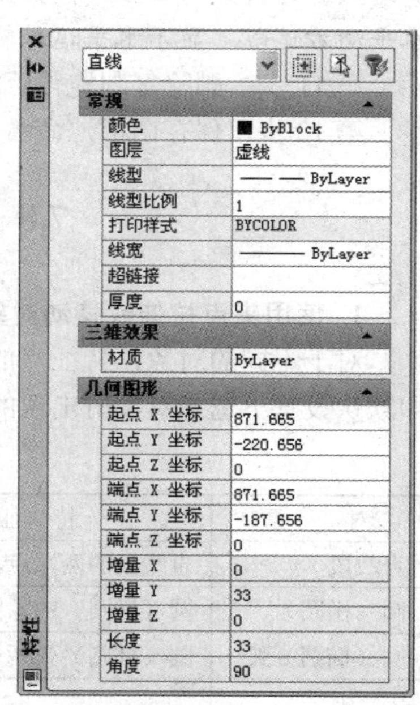

（b）修改选定对象的线型比例因子

图 7-54　修改线型比例因子

3. 使用夹点拉伸对象时，如何保证基准夹点随鼠标移动到指定位置

在利用夹点拉伸对象时，有时激活端点后移动鼠标并单击，基准夹点还在原位置，并没有移到光标位置。这是因为在操作时打开了自动捕捉功能，如果鼠标在对象附近移动，系统将捕捉到对象上离光标中心最近的特征点，即只能将基准夹点拉伸到对象的特征点上。如果鼠标移动距离小，则系统仍捕捉到原端点，线段就不能被拉伸了。此时，可以关闭自动捕捉功能，保证正常操作。此外，在绘制和编辑图形时，由于打开自动捕捉模式，也可能出现意想不到的结果，所以用户应灵活应用自动捕捉功能，注意状态行上“对象捕捉”按钮的切换。

4. 使用夹点拉伸功能拉伸圆弧时，如何保证圆弧的半径不变

使用夹点拉伸圆弧时，激活需改变位置的端点后，按住 Ctrl 键，再移动鼠标，将所选夹点移至新位置，且可保证圆弧的半径不变。

7.9 操作经验与技巧

1. 使用 Shift 键实现多个夹点拉伸

在选择要编辑的对象后，可以按下 Shift 键的同时，用鼠标依次单击要拉伸的多个夹点，同时激活多个夹点，再用鼠标单击其中一个基准夹点，移动鼠标至合适位置单击。如图 7-55 所示，快捷地将矩形拉伸成四边形。

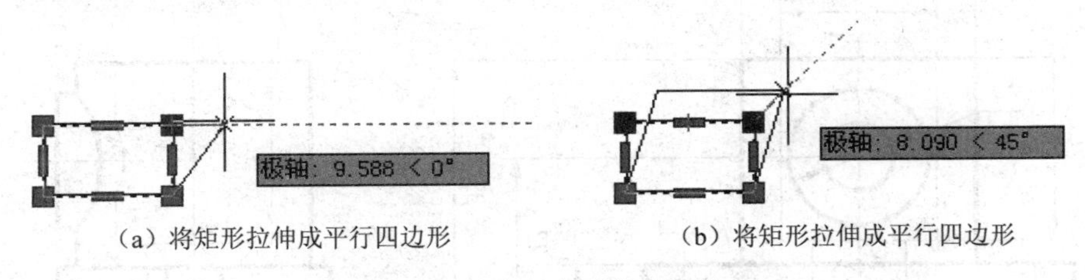

（a）将矩形拉伸成平行四边形　　（b）将矩形拉伸成平行四边形

图 7-55　实现多个夹点拉伸

2. 使图形中的构造线不打印

构造线作为作图辅助线一般不需要打印出来，如果用户需要保留构造线，可以在图形文件中创建一个构造线图层，将构造线绘制在该层上。打印图形前，将构造线图层关闭或冻结。

3. 已知主俯视图，利用 45°辅助线绘制左视图

利用 45°辅助线可以方便快捷地绘制左视图，如图 7-56 所示，由主俯视图确定左视图位置。

首先用极轴追踪功能绘制一条 45°辅助线，然后用参考点捕捉追踪方式（“临时追踪点”和对象捕捉追踪）由 A 点追踪确定参考点，如图 7-56（a）所示，单击，再移动鼠标，利用对象捕捉追踪由 B 点追踪，得到底板的端点，如图 7-56（b）所示，确定左视图的位置。用上述方法确定底板底面另一端点位置，再利用对象捕捉追踪和极轴追踪功能完成底板的矩形。将主视图中的铅垂圆柱及孔的图形复制到左视图中正确的位置。

4. Ctrl 键在夹点编辑功能中作用

利用夹点编辑功能编辑对象时，在激活基准夹点后，使用鼠标定点的同时按住 Ctrl 键，

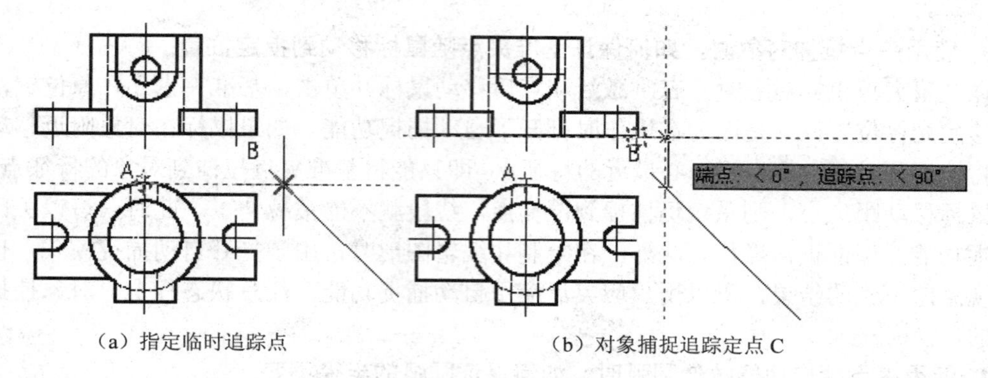

(a) 指定临时追踪点　　(b) 对象捕捉追踪定点 C

图 7-56　确定左视图位置

命令行便出现“** 编辑名 (多重) **”的提示，表示系统自动处于多重复制的编辑模式下，随后如果松开 Ctrl 键，移动鼠标，拾取点，可以方便、快捷地进行多重复制。

7.10　上　机　题

1. 绘制如图 7-57 所示的组合体三视图。

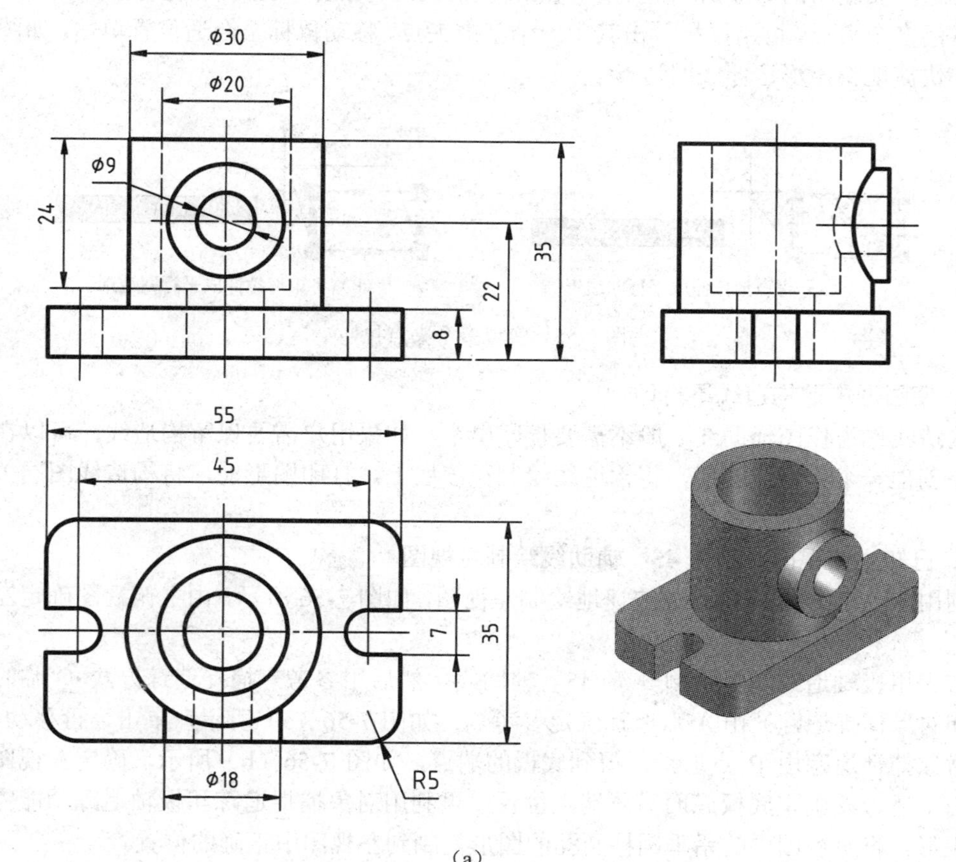

(a)

图 7-57　组合体三视图

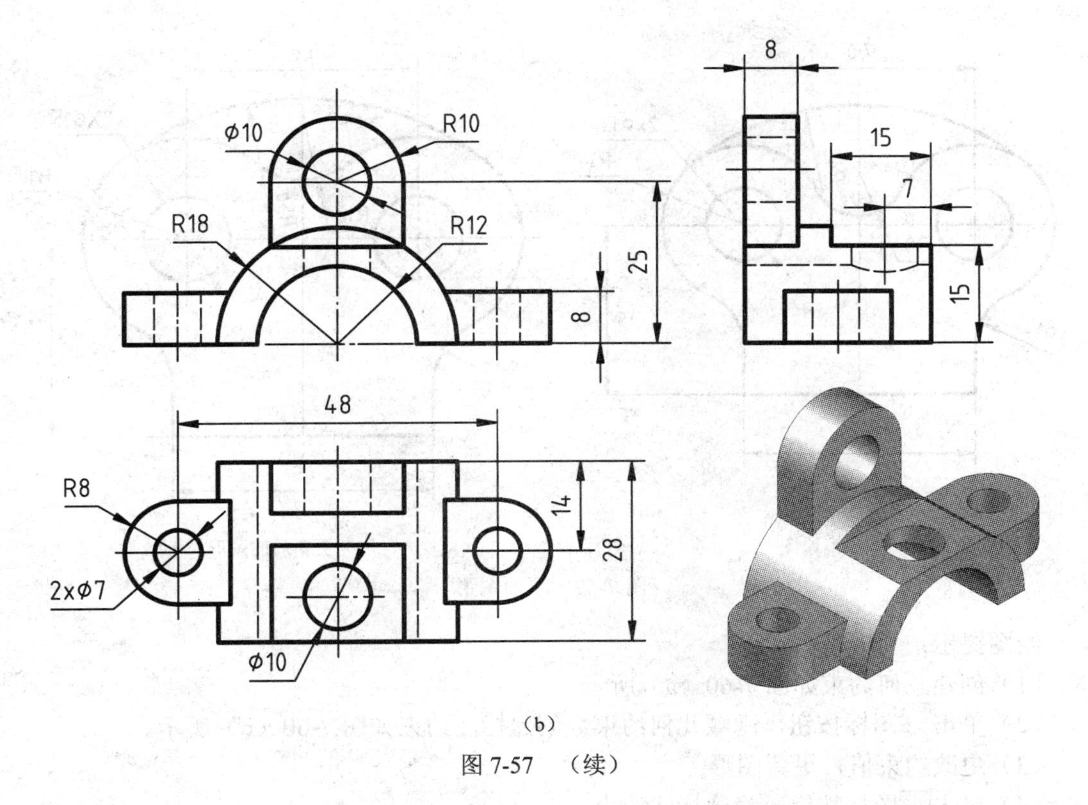

（b）

图 7-57 （续）

2. 绘制如图 7-58 所示的烟灰缸视图。

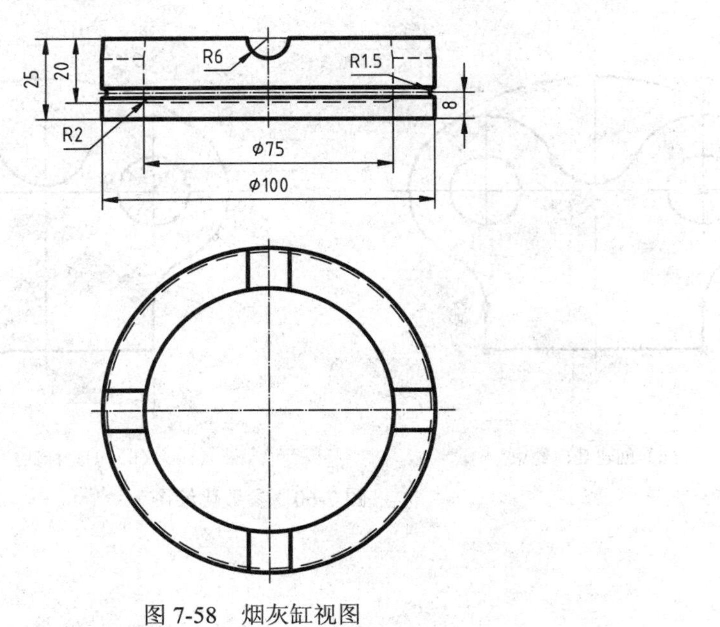

图 7-58 烟灰缸视图

3. 绘制如图 7-59（a）所示的平面图形，并创建几何约束、标注约束得到参数化图形，然后更改标注约束值，得到如图 7-59（b）所示的平面图形。

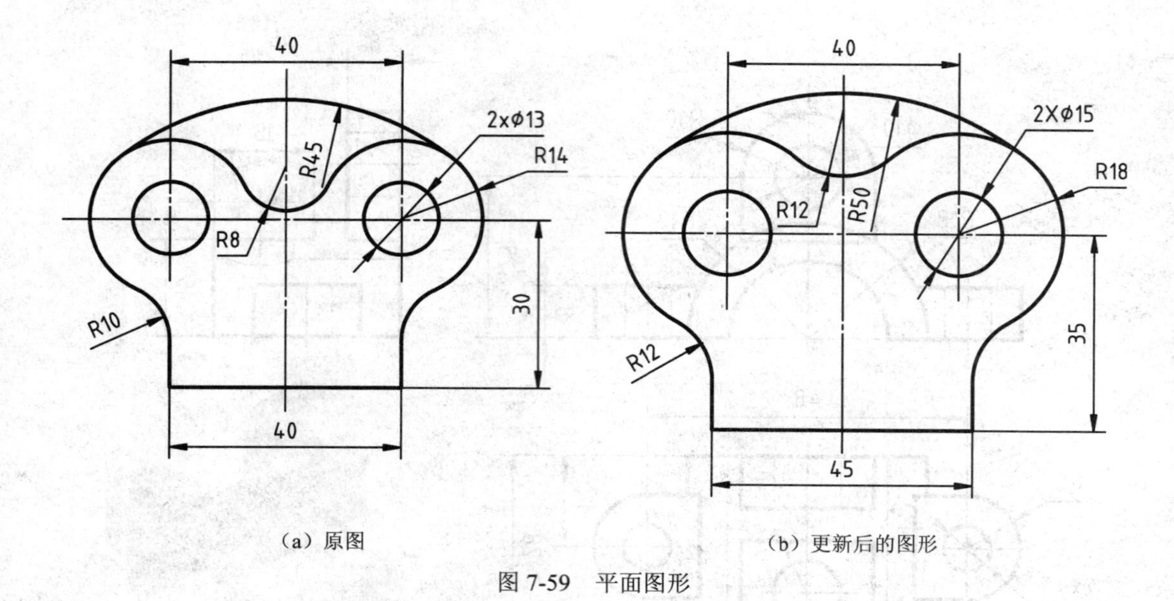

（a）原图　　（b）更新后的图形

图 7-59　平面图形

绘图提示：

（1）创建几何约束如图 7-60（a）所示。

（2）单击图标按钮，隐藏几何约束。创建标注约束如图 7-60（b）所示。

（3）更改约束值，更新图形。

（4）单击图标按钮，隐藏标注约束。

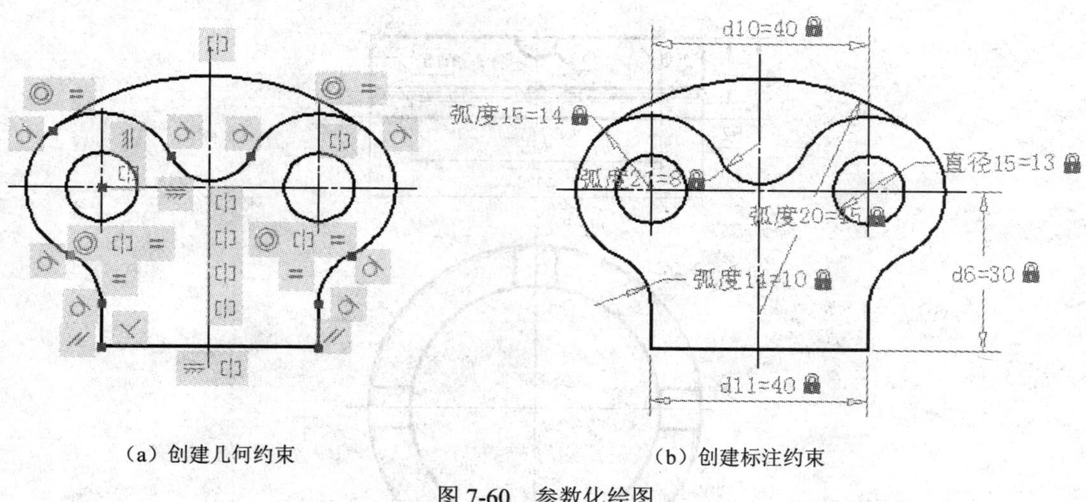

（a）创建几何约束　　（b）创建标注约束

图 7-60　参数化绘图

第 8 章　剖视图的绘制

当机件的内部结构较为复杂时，一般需要用剖视图进行表达，使用第 7 章介绍的方法绘制好视图后，利用 AutoCAD 提供的一些命令可以方便地绘制剖面线和波浪线，以及剖视图的标注。

本章将介绍的内容和新命令如下。

（1）PLINE 多段线绘制命令；

（2）PEDIT 多段线编辑命令；

（3）SPLINE 样条曲线绘制命令；

（4）REVCLOUD 修订云线命令；

（5）BHATCH 图案填充命令；

（6）GRADIENT 渐变色填充命令；

（7）图案填充的编辑；

（8）剖视图绘制的方法及一般步骤。

8.1　多段线的绘制

多段线（Polyline）是由直线段、弧线段或两者组合而成的相互连接的序列线段，如图 8-1 所示，系统将多段线作为单一的对象处理。多段线的线宽和圆弧段的曲率均可以改变，可以是闭合的或打开的。对于一些特殊图形的绘制将十分方便。

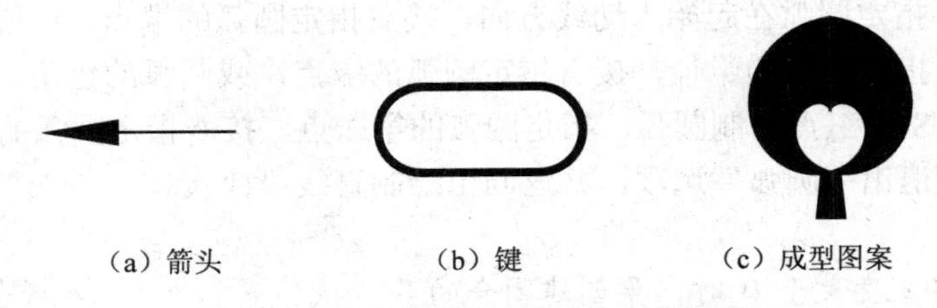

（a）箭头　　（b）键　　（c）成型图案

图 8-1　用“多段线”命令绘制的图形

调用命令的方式如下。

功能区：单击“默认”选项卡“绘图”面板中的图标按钮。

菜单：执行“绘图”|“多段线”命令。

图标：单击“绘图”工具栏中的图标按钮。

键盘命令：PLINE（或 PL）。

操作步骤如下。

第 1 步，调用“多段线”命令。

第 2 步，命令提示为“指定起点：”时，用定点方式确定多段线的起点。

第 3 步，命令提示为“指定下一个点或 [圆弧(A)/半宽(H)/长度(L)/放弃(U)/宽度(W)]：”

时，用定点方式指定多段线下一点，绘制第一条直线段。

第 4 步，命令提示为“指定下一点或[圆弧(A)/闭合(C)/半宽(H)/长度(L)/放弃(U)/宽度(W)]：”时，指定多段线的下一点，绘制下一段直线；或回车，结束命令，绘制开口的直线段；或输入 C，绘制闭合的直线段，并结束命令。

注意：上述操作使用的是默认选项，可以绘制多段转折的直线段，且线段使用当前线宽，即上一段多段线的线宽。

操作及选项说明如下。

提示“指定下一点或[圆弧(A)/闭合(C)/半宽(H)/长度(L)/放弃(U)/宽度(W)]：”重复出现，用户可以根据需要选择操作选项。

（1）宽度(W) /半宽(H)。为下一条直线段指定宽度/一半的宽度。接着分别设置下一线段的始点与末点的宽度/半宽。

（2）长度(L)。将沿上一直线段相同的方向或上一段圆弧线段的切线方向绘制指定长度的直线段。

（3）闭合(C)。从当前位置到多段线的起点，绘制一条直线段将多段线闭合。

（4）放弃(U)。取消前一次绘制的线段。用户可以连续选择该选项，直至回到所需要的点上，重新绘制。

（5）圆弧(A)。进入绘制圆弧线段模式，系统出现命令行提示：“指定圆弧的端点或[角度(A)/圆心(CE)/闭合(CL)/方向(D)/半宽(H)/直线(L)/半径(R)/第二个点(S)/放弃(U)/宽度(W)]：”。

① 角度(A)。指定圆弧的包角。包角为正，则按逆时针方向画圆弧，反之顺时针画圆弧。接着指定圆弧的端点，或圆弧的圆心，或圆弧的半径。

② 圆心(CE)。指定圆弧的圆心。接着指定圆弧的端点，或圆弧的包角，或圆弧的弦长。

③ 闭合(CL)。从当前位置到多段线的起点绘制一条圆弧将多段线闭合，并结束命令。

④ 方向(D)。指定圆弧在起始点切线方向，接着指定圆弧的端点。

⑤ 半径(R)。指定圆弧的半径，接着指定圆弧的端点，或圆弧的包角。

⑥ 第二个点(S)。三点绘制圆弧。指定圆弧的第二点，接着指定圆弧的端点。

⑦ 直线(L)。退出“圆弧”选项，并返回至绘制直线段模式。

注意：

（1）当多段线宽度大于 0 时，要创建闭合的多段线，必须选择“闭合”选项。采用对象捕捉绘制封闭的多段线，其实没有真正闭合，而属于打开的多段线，在起点与终点的重合处会产生缺口，如图 8-2 所示。

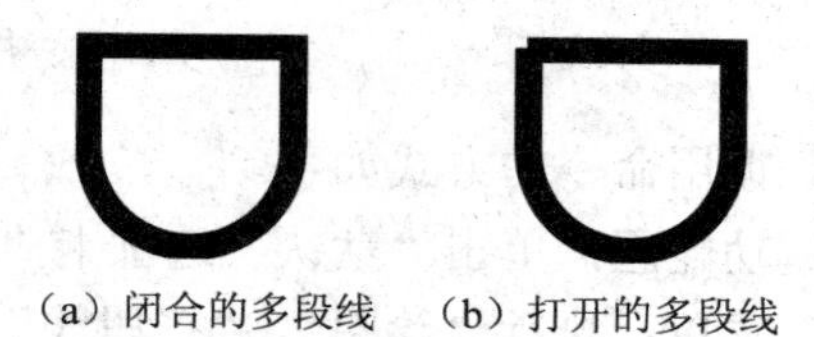

（a）闭合的多段线　（b）打开的多段线

图 8-2　闭合与打开的多段线比较

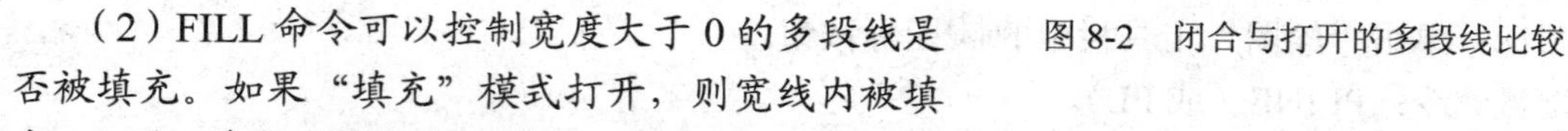

（2）FILL 命令可以控制宽度大于 0 的多段线是否被填充。如果“填充”模式打开，则宽线内被填充；如果“填充”模式关闭，则只画出宽线的轮廓。用系统变量 FILLMODE 同样可以控制。

【例 8-1】 用“多段线”命令绘制二极管图形，如图 8-3 所示。

图 8-3　绘制二极管

操作如下。

命令: **_pline**	单击图标按钮，启动“多段线”命令
指定起点:	在合适的位置单击，拾取起点
当前线宽为 0.000	系统提示当前线宽为 0
指定下一点或 [圆弧(A)/闭合(C)/半宽(H)/长度(L)/放弃(U)/宽度(W)]: **20↵**	启用极轴追踪功能，水平向右追踪，输入 20，回车
指定下一点或 [圆弧(A)/闭合(C)/半宽(H)/长度(L)/放弃(U)/宽度(W)]: **w↵**	选择“宽度”选项，指定直线段的宽度
指定起点宽度<0.000>: **12↵**	设置三角形线段起点宽度为 12
指定端点宽度<12.000>: **0↵**	设置三角形线段端点宽度为 0
指定下一点或[圆弧(A)/闭合(C)/半宽(H)/长度(L)/放弃(U)/宽度(W)]: <极轴　开>**13↵**	水平向右追踪，输入 13，得到三角形的右端点
指定下一点或[圆弧(A)/闭合(C)/半宽(H)/长度(L)/放弃(U)/宽度(W)]: **h↵**	选择“半宽”选项，重新指定直线段的宽度
指定起点半宽<0.000>: **6↵**	设置粗直线段起点宽度一半为 6
指定端点半宽<6.000>: ↵	回车，默认粗直线段右端点半宽为 6
指定下一点或[圆弧(A)/闭合(C)/半宽(H)/长度(L)/放弃(U)/宽度(W)]: **1↵**	水平向右追踪，输入 1，回车
指定下一点或[圆弧(A)/闭合(C)/半宽(H)/长度(L)/放弃(U)/宽度(W)]: **w↵**	选择“宽度”选项，重新指定直线段的宽度
指定起点宽度<12.000>: **0↵**	设置直线段起点宽度为 0
指定端点宽度<0.000>: ↵	默认直线段端点宽度为 0
指定下一点或[圆弧(A)/闭合(C)/半宽(H)/长度(L)/放弃(U)/宽度(W)]: **20↵**	水平向右追踪，输入 20，回车
指定下一点或[圆弧(A)/闭合(C)/半宽(H)/长度(L)/放弃(U)/宽度(W)]: ↵	回车，结束“多段线”命令

【例 8-2】 用“多段线”命令绘制闭合的轮廓线，线宽为 1，如图 8-4 所示。

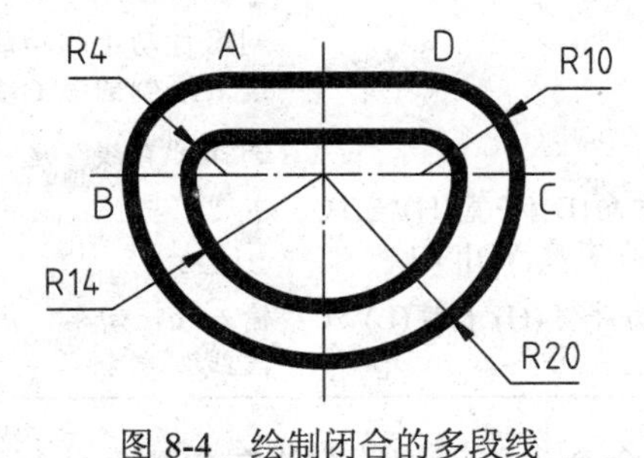

图 8-4　绘制闭合的多段线

操作步骤如下。

第 1 步，绘制外侧轮廓线。

操作如下。

命令: **_pline**	单击图标按钮，启动“多段线”命令
指定起点:	拾取起点 A
当前线宽为 0.000	系统提示当前线宽为 0
指定下一点或 [圆弧(A)/闭合(C)/半宽(H)/长度(L)/放弃(U)/宽度(W)]: **w**↵	选择“宽度”选项，指定线段的宽度
指定起点宽度<0.000>: **1**↵	设置线段起点宽度为 1
指定端点宽度<1.000>: ↵	默认线段端点宽度为 1
指定下一点或[圆弧(A)/闭合(C)/半宽(H)/长度(L)/放弃(U)/宽度(W)]: **a**↵	选择“圆弧”选项，进入绘制圆弧线段模式
指定圆弧的端点或 [角度(A)/圆心(CE)/闭合(CL)/方向(D)/半宽(H)/直线(L)/半径(R)/第二个点(S)/放弃(U)/宽度(W)]: **a**↵	选择“角度”选项，指定圆弧线段的包含角
指定包含角: **90** ↵	输入 90，回车，指定左侧小圆弧的包含角
指定圆弧的端点或 [圆心(CE)/半径(R)]: **r**↵	选择“半径”选项，指定圆弧的半径
指定圆弧的半径: **10**↵	输入半径 10，回车
指定圆弧的弦方向 <0>: <极轴 开>**225**↵	利用“极轴追踪”功能，移动光标，沿 225° 追踪，单击。或输入 225，回车，绘制圆弧 AB
指定圆弧的端点或 [角度(A)/圆心(CE)/闭合(CL)/方向(D)/半宽(H)/直线(L)/半径(R)/第二个点(S)/放弃(U)/宽度(W)]: **ce**↵	选择“圆心”选项，指定 R20 圆弧圆心
指定圆弧的圆心: **20**↵	利用“对象捕捉追踪”功能，由端点 B 向右水平追踪 20，确定圆心，如图 8-5（a）所示
指定圆弧的端点或 [角度(A)/长度(L)]:	继续向右移动光标，显示水平追踪辅助线，单击鼠标，得到点 C，绘制圆弧 BC
指定圆弧的端点或 [角度(A)/圆心(CE)/闭合(CL)/方向(D)/半宽(H)/直线(L)/半径(R)/第二个点(S)/放弃(U)/宽度(W)]: **r**↵	选择“半径”选项，指定圆弧的半径
指定圆弧的半径: **10**↵	输入半径 10，回车
指定圆弧的端点或 [角度(A)] :	利用自动追踪功能，确定点 D，如图 8-5（b）所示，绘制圆弧 CD
指定圆弧的端点或 [角度(A)/圆心(CE)/闭合(CL)/方向(D)/半宽(H)/直线(L)/半径(R)/第二个点(S)/放弃(U)/宽度(W)]: **l**↵	选择“直线”选项，进入绘制直线段模式
指定下一点或 [圆弧(A)/闭合(C)/半宽(H)/长度(L)/放弃(U)/宽度(W)]: **c**↵	输入 c，回车，用直线段闭合多段线，结束“多段线”命令

第 2 步，利用“偏移”命令，将外侧轮廓线向内侧偏移复制 6，得到内侧轮廓线。

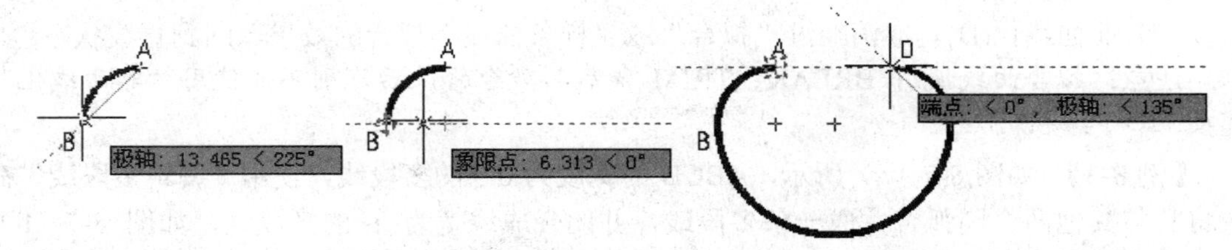

（a）确定 R10 圆弧弦方向　（b）确定 R20 圆弧圆心　（c）确定右侧 R10 圆弧端点 D

图 8-5　绘制多段线圆弧线段

8.2　多段线的编辑

8.2.1　使用“编辑多段线”命令编辑多段线

利用“编辑多段线”命令可以对多段线进行编辑，改变其宽度，将其打开或闭合，增减或移动顶点、样条化、直线化等。

调用命令的方式如下。

功能区：单击“默认”选项卡“修改”面板中的图标按钮。

菜单：执行“修改”|“对象”|“多段线”命令。

图标：单击“修改Ⅱ”工具栏中的图标按钮。

键盘命令：PEDIT（或 PE）。

操作步骤如下。

第 1 步，调用“编辑多段线”命令。

第 2 步，命令提示为“选择多段线或[多条(M)]:”时，选择要编辑的对象。

第 3 步，命令提示为“输入选项[闭合(C)/合并(J)/宽度(W)/编辑顶点(E)/拟合(F)/样条曲线(S)/非曲线化(D)/线型生成(L) /反转(R)/放弃(U)]:”时，选择相应的选项，编辑多段线。

注意：若上述第 2 步选择的是直线、圆弧或样条曲线，系统会提示“选定的对象不是多段线 是否将其转换为多段线? <Y>”，回车，将所选对象转换成可编辑的多段线。

常用的操作及选项说明如下。

（1）闭合(C)。所选的多段线是打开的，则出现该选项。可生成一条多段线连接始末顶点，形成闭合多段线。

（2）合并(J)。将直线、圆弧或多段线连接到已有的并打开的多段线的端点，合并成一条多段线。对于合并到多段线的对象，一般情况下，连接端点必须精确重合。

（3）宽度(W)。为整条多段线重新指定统一的宽度。

（4）编辑顶点(E)。增加、删除、移动多段线的顶点，改变某段线宽等。

（5）拟合(F)。用圆弧拟合二维多段线，生成一条平滑曲线，如图 8-6（b）所示。

（6）样条曲线(S)。生成近似样条曲线，如图 8-6（c）所示。

（a）拟合前的多段线　（b）用圆弧曲线拟合　（c）用样条曲线拟合

图 8-6　拟合多段线

（7）非曲线化(D)。取消经过“拟合”或“样条曲线”拟合的效果，回到直线状态。

注意： 拟合曲线使用 BREAK、TRIM 等编辑命令修改后，则不能使用“非曲线化”选项。

【例 8-3】 如图 8-7（a）所示，ABCD 为宽度为 0.5 的多段线，使用“编辑多段线”命令将其与其他两个圆弧合并成一条多段线，并闭合成线宽为 1 的多段线，如图 8-7（b）所示。

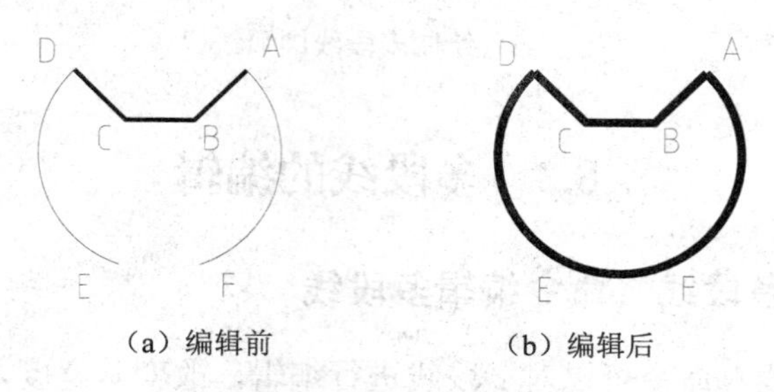

（a）编辑前　　（b）编辑后

图 8-7　编辑多段线

操作如下。

命令: **_pedit**	单击图标按钮，启动“编辑多段线”命令
选择多段线或 [多条(M)]:	选择圆弧 DE
选定的对象不是多段线	系统提示选择的对象不是多段线
是否将其转换为多段线? <Y>↵	回车，将圆弧 DE 转换成一段多段线
输入选项 [闭合(C)/合并(J)/宽度(W)/编辑顶点(E)/拟合(F)/样条曲线(S)/非曲线化(D)/线型生成(L)/放弃(U)]: **j**↵	选择“合并”选项，将多个对象合并成一条多段线
选择对象: 指定对角点: 找到 2 个	用窗交方式选择圆弧 AF 以及多段线 ABCD
选择对象: ↵	回车，结束对象选择
多段线已增加 4 条线段	系统提示有 4 条线段与 DE 圆弧合并
输入选项 [闭合(C)/合并(J)/宽度(W)/编辑顶点(E)/拟合(F)/样条曲线(S)/非曲线化(D)/线型生成(L)/放弃(U)]: **c**↵	选择“闭合”选项，将打开的多段线，生成连接始末顶点 C、B 一条多段线，形成闭合多段线
输入选项 [打开(O)/合并(J)/宽度(W)/编辑顶点(E)/拟合(F)/样条曲线(S)/非曲线化(D)/线型生成(L)/放弃(U)]: **w**↵	选择“宽度”选项，重新为多段线指定线宽
指定所有线段的新宽度: **1**↵	输入 1，指定所有线段宽度均为 1
输入选项 [闭合(C)/合并(J)/宽度(W)/编辑顶点(E)/拟合(F)/样条曲线(S)/非曲线化(D)/线型生成(L)/放弃(U)]: ↵	回车，结束“编辑多段线”命令

注意：

（1）编辑多段线时，所选的多段线本身是用闭合选项得到的闭合多段线，如图 8-2（a）所示，则系统将“打开(O)”选项替换“闭合(C)”选项，选择“打开”选项，可将闭合的多段线打开。

（2）将轮廓线闭合成多段线后，可以利用“特性”选项板查询其面积及周长等信息。

8.2.2 使用多功能夹点编辑多段线①

多功能夹点为多段线编辑提供了更方便快捷的方法。默认设置下，可以有如下两种操作方法。

（1）当选择多段线后，将显示编辑夹点：顶点夹点、边夹点（线段中点），当光标悬停在某个夹点上时，将弹出动态菜单，显示该夹点的编辑选项，如图 8-8 所示。通过夹点编辑选项可以移动、添加、删除顶点，还可以将直线段转换为圆弧或将圆弧转换为直线段。

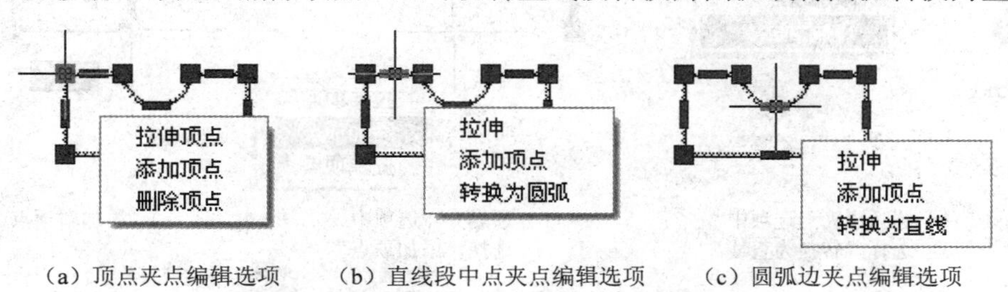

（a）顶点夹点编辑选项　（b）直线段中点夹点编辑选项　（c）圆弧边夹点编辑选项

图 8-8　多段线夹点编辑选项

（2）激活某一夹点后，按 Ctrl 键，在夹点编辑选项之间循环切换，如图 8-9 所示为直线的边夹点循环编辑选项。依次显示拉伸、添加顶点、转换为圆弧。执行某个选项时，移动鼠标至适当位置单击，结果如图 8-9（d）～图 8-9（f）所示。

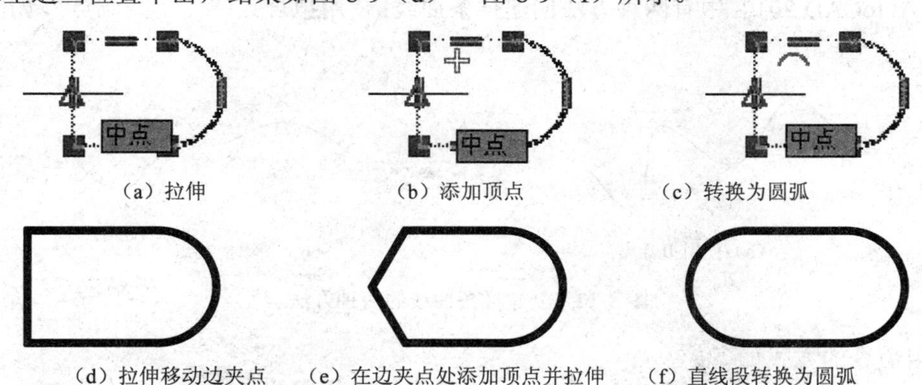

（a）拉伸　（b）添加顶点　（c）转换为圆弧

（d）拉伸移动边夹点　（e）在边夹点处添加顶点并拉伸　（f）直线段转换为圆弧

图 8-9　循环选择多段线边夹点的编辑选项编辑多段线

【例 8-4】 使用多功能夹点编辑多段线，如图 8-10 所示。

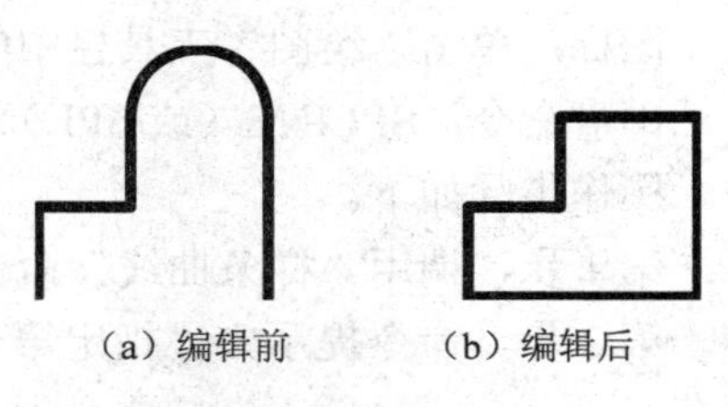

（a）编辑前　（b）编辑后

图 8-10　编辑多段线顶点

操作步骤如下。

第 1 步，选择需要编辑的多段线。

第 2 步，将光标悬停在圆弧的边夹点上，弹出夹点编辑选项，选择“转换为直线”，如图 8-11（a）所示，所选圆弧转换为直线。

---

① 此为 AutoCAD 2011 开始新增的功能。

第 3 步，将光标悬停在右侧直线段的顶点夹点上，在夹点编辑选项中选择“添加顶点”，如图 8-11（b）所示。

第 4 步，命令提示为“指定新顶点：”时，捕捉左下角端点，如图 8-11（c）所示，结果如图 8-10（b）所示。

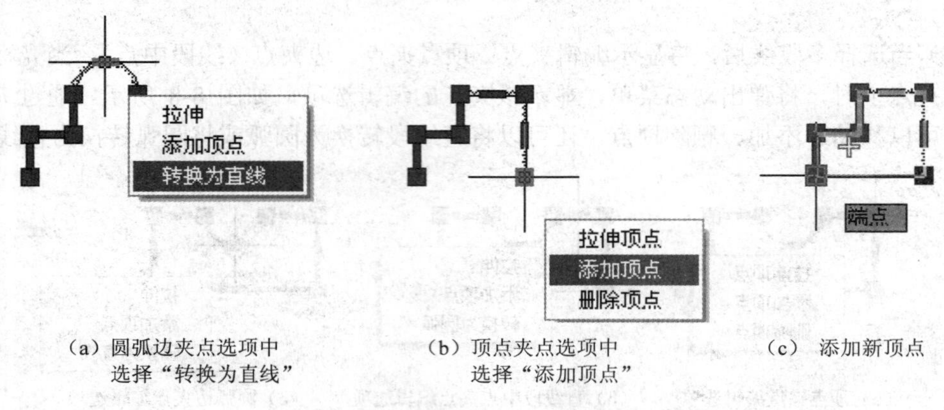

（a）圆弧边夹点选项中选择“转换为直线”　（b）顶点夹点选项中选择“添加顶点”　（c）添加新顶点

图 8-11　多功能夹点编辑多段线

8.3　样条曲线的绘制

在 AutoCAD 2014 中有两种方法创建样条曲线：使用拟合点或使用控制点①，如图 8-12 所示。

（a）使用拟合点　（b）使用控制点

图 8-12　创建样条曲线的两种方法

调用命令的方式如下。

功能区：单击“默认”选项卡“绘图”面板中的或图标按钮。

菜单：执行“绘图”|“样条曲线”|“拟合点”或“控制点”命令。

图标：单击“绘图”工具栏中的图标按钮。

键盘命令：SPLINE（或 SPL）。

操作步骤如下。

第 1 步，调用“样条曲线”命令。

第 2 步，命令提示为“指定第一个点或 [方式(M)/节点(K)/对象(O)]：”时，输入 M，回车。

第 3 步，命令提示为“输入样条曲线创建方式 [拟合(F)/控制点(CV)] < 拟合 >：”时，

① 此为 AutoCAD 2011 开始新增的功能。

输入 F，回车，选择“拟合”方式；或输入 CV，回车，选择“控制点”方式。

然后根据选择的方式，按系统提示进行操作。

注意：

（1）系统使用系统变量 SPLMETHOD 控制样条曲线的绘制方法。当启动 AutoCAD 时，SPLMETHOD 始终默认为 0，即使用拟合点方式。更改方式后，SPLMETHOD 即存储最近使用的方式。

（2）启动“样条曲线”命令后，系统会提示当前方式，用户确认使用当前方式，则跳过第 2 步，直接指定拟合点或控制点。

8.3.1 “拟合”方式绘制样条曲线

“拟合”方式绘制的样条曲线是经过或者接近一系列拟合点的光滑曲线，样条曲线通过首末两点，其形状受拟合点控制，但并不一定通过中间点，曲线与点的拟合程度受拟合公差控制。样条曲线可以是打开的或闭合的。

操作步骤如下。

第 1 步，执行“样条曲线”|“拟合点”命令。

第 2 步，命令提示为“指定第一个点或 [方式(M)/节点(K)/对象(O)]:”时，在适当位置指定样条曲线的起点。

第 3 步，命令提示为“输入下一个点或 [起点切向(T)/公差(L)]:”时，使用“起点切向”选项指定起点切线方向，或使用“公差”选项设置拟合公差，或指定样条曲线的拟合点。

第 4 步，命令提示为“输入下一个点或 [端点相切(T)/公差(L)/放弃(U)]:”时，继续指定样条曲线的中间点，或回车结束命令，或使用“端点相切”选项指定端点切线方向后结束命令。

第 5 步，命令提示为“输入下一个点或 [端点相切(T)/公差(L)/放弃(U)/闭合(C)]:”时，继续指定样条曲线的中间点，或进行其他选项操作。

操作及选项说明如下。

（1）按 U 键，可以删除前一个指定的点，取消前一段样条曲线。

（2）起点和端点切向影响样条曲线的形状，如图 8-13 所示。若在样条曲线的两端都指定切向，则在当前光标与起点或端点之间出现一根拖曳线，拖动鼠标，切向发生变化。此时可以输入一点，也可以输入切向角度。

（a）起点切向 150°　　（b）起点切向 105°，端点切向 330°　　（c）端点切向 120°

图 8-13　起点、端点切向对样条曲线形状的影响

（3）默认的拟合公差为 0，拟合公差只影响当前样条曲线的形状，公差值越小，曲线越接近拟合点。如图 8-14 所示，“×”标记的点为拟合点。

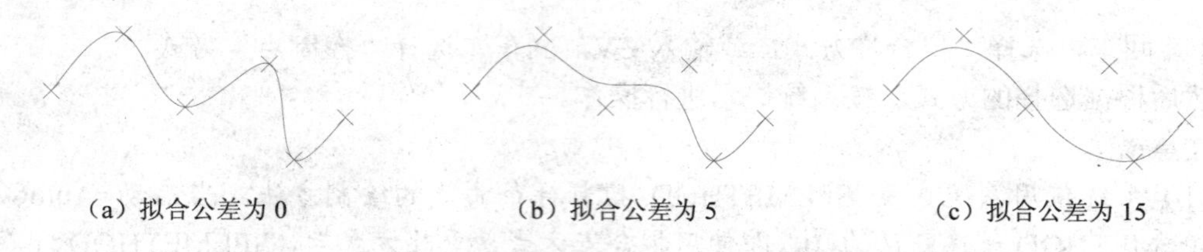

（a）拟合公差为 0　　（b）拟合公差为 5　　（c）拟合公差为 15

图 8-14　拟合公差所控制的样条曲线比较

（4）若上述第 5 步选择“闭合(C)”，则绘制闭合的样条曲线，即曲线的最后一点与第一点重合，并在连接处相切。

（5）若上述第 2 步选择“对象(O)”，则将所选择的样条拟合多段线转换为等价的真样条曲线。

（6）若上述第 2 步选择“节点(K)”，则可设置节点参数化，控制曲线在通过拟合点时的形状如图 8-15 所示。

【例 8-5】 用“样条曲线”命令绘制局部视图中的波浪线 12，如图 8-16 所示。

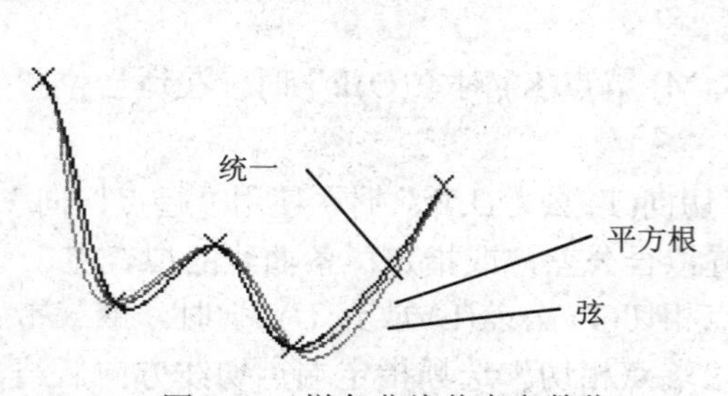

图 8-15　样条曲线节点参数化

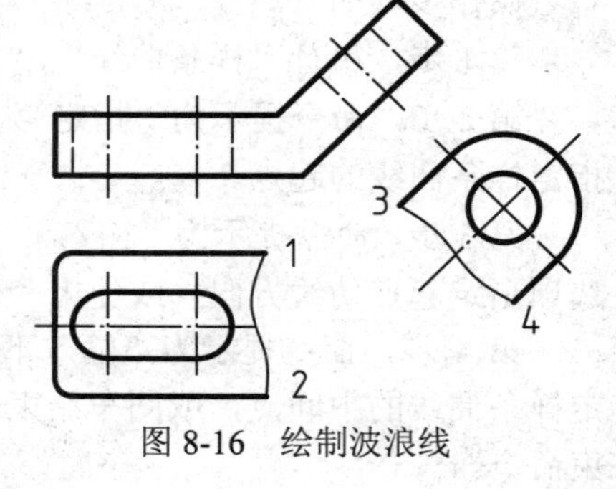

图 8-16　绘制波浪线

操作如下。

命令: **_spline**	单击图标按钮，启动“样条曲线”命令
当前设置: 方式=拟合　　节点=弦	系统提示当前方式为“拟合”，节点参数化为“弦”
指定第一个点或 [方式(M)/节点(K)/对象(O)]:	利用对象捕捉功能捕捉直线上的端点 1，如图 8-16 所示，确定第一点
输入下一个点或 [起点切向(T)/公差(L)]:	在合适位置指定第二点
输入下一个点或[端点相切(T)/公差(L)/放弃(U)]:	在合适位置指定第三点
输入下一个点或[端点相切(T)/公差(L)/放弃(U)/闭合(C)]:	利用对象捕捉功能捕捉直线上的端点 2，如图 8-16 所示
输入下一个点或[端点相切(T)/公差(L)/放弃(U)/闭合(C)]: ↵	回车，结束“样条曲线”命令

注意：可以利用“捕捉到最近点”捕捉模式得到上述端点 1 和端点 2。

8.3.2　“控制点”方式绘制样条曲线

“控制点”方式绘制的样条曲线是接近控制点的平滑曲线。

操作步骤如下。

第 1 步，调用“样条曲线”|“控制点”命令。

第 2 步，命令提示为“指定第一个点或 [方式(M)/阶数(D)/对象(O)]:”时，在适当位置指定样条曲线的起点。

第 3 步，命令提示为“输入下一个点：”时，指定样条曲线的控制点。

第 4 步，命令提示为“输入下一个点或 [闭合(C)/放弃(U)]:”时，继续指定样条曲线的控制点，或回车结束命令。

8.4 修订云线的绘制

修订云线是由连续圆弧组成的多段线，可以是打开的或关闭的。在检查或阅读图形时，可以使用修订云线绘制醒目标记，以提高工作效率。

调用命令的方式如下。

功能区：单击“默认”选项卡“绘图”面板中的图标按钮。

菜单：执行“绘图”|“修订云线”命令。

图标：单击“绘图”工具栏中的图标按钮。

键盘命令：REVCLOUD。

操作步骤如下。

第 1 步，调用“修订云线”命令。

第 2 步，命令提示为“指定起点或 [弧长(A)/对象(O)/样式(S)] <对象>：”时，使用定点方式确定云线的起点。

第 3 步，命令提示为“沿云线路径引导十字光标...：”时，沿云线路径移动鼠标，回车。

第 4 步，命令提示为“反转方向 [是(Y)/否(N)] <否>：”时，回车，或输入 Y，确定是否反转云线中弧线的方向，结束命令，如图 8-17 所示。

（a）弧线不反向　　（b）弧线反向

图 8-17 修订云线的弧线方向

操作及选项说明如下。

（1）弧长（A）。指定修订云线的最小与最大弧长。最大弧长不能大于最小弧长的三倍。

（2）对象（O）。将圆、椭圆、多段线、样条曲线等闭合的对象转换为云线，并可选择是否反转云线中弧线的方向。

（3）样式（S）。指定修订云线样式。默认样式为“普通”，可以选择“手绘”样式。

注意：上述第 3 步，沿云线路径移动鼠标，使开始线段与结束线段相接，则绘制闭合的修订云线，且直接结束命令。

【**例 8-6**】 绘制如图 8-18 所示的修订云线。

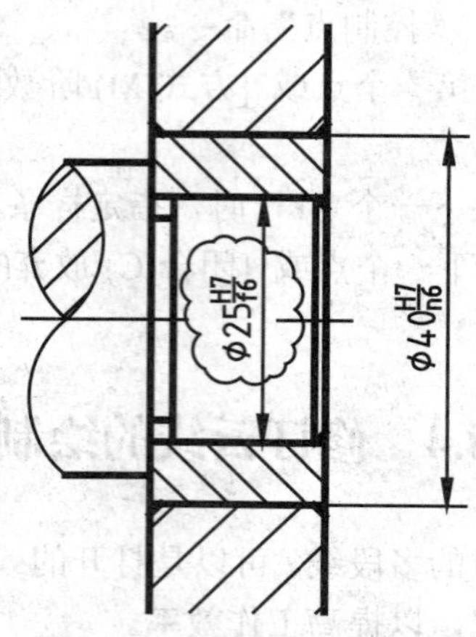

图 8-18 绘制修订云线标记

操作如下。

命令: **_revcloud**	单击图标按钮，启动“修订云线”命令
最小弧长: 15 最大弧长: 15 样式: 普通	系统提示
指定起点或 [弧长(A)/对象(O)/样式(S)] <对象>: **a**↵	选择“弧长”选项，修改修订云线的弧长
指定最小弧长 <15>: **2**↵	将最小弧长设定为 2
指定最大弧长 <5>: **4**↵	将最大弧长设定为 4
指定起点或 [弧长(A)/对象(O)/样式(S)] <对象>:	在适当位置单击，确定修订云线的起点
沿云线路径引导十字光标...	系统提示，沿云线路径移动鼠标至云线起点
修订云线完成	系统提示，完成修订云线的绘制

8.5 创建图案填充

在工程图中，剖视图或断面图都需要在剖切面的断面上绘制剖面线，用来区分不同的机件或表示机件的材质。在其他设计图上也常需要在某个区域内填入某种图案，这种操作在 AutoCAD 中称为图案填充。

利用“图案填充”命令，用户可以选择图案类型、设置图案特性、定义填充边界，并将图案填入指定的封闭区域内。

调用命令的方式如下。

功能区：单击“默认”选项卡“绘图”面板中的图标按钮。

菜单：执行“绘图”|“图案填充”命令。

图标：单击“绘图”工具栏中的图标按钮。

键盘命令：BHATCH（或 HATCH，BH，H）。

执行该命令后，将弹出“图案填充创建”上下文选项卡，如图 8-19 所示。

注意：如果功能区关闭，将显示“图案填充和渐变色”对话框，如图 8-33 所示。

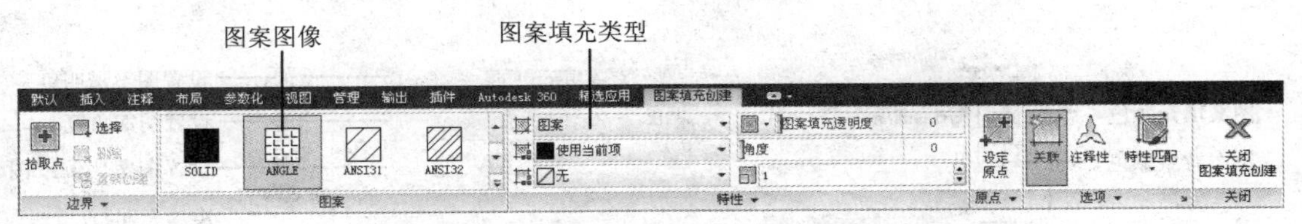

图 8-19 “图案填充创建”上下文选项卡

8.5.1 定义填充图案的外观

1. 填充图案类型及图案

系统提供了“预定义”、“自定义”和“用户定义”3 种类型的填充图案；以及“实体”、“渐变色” 两种类型的填充。可以从“特性”面板的“图案填充类型”下拉列表中选择，如图 8-20 所示。

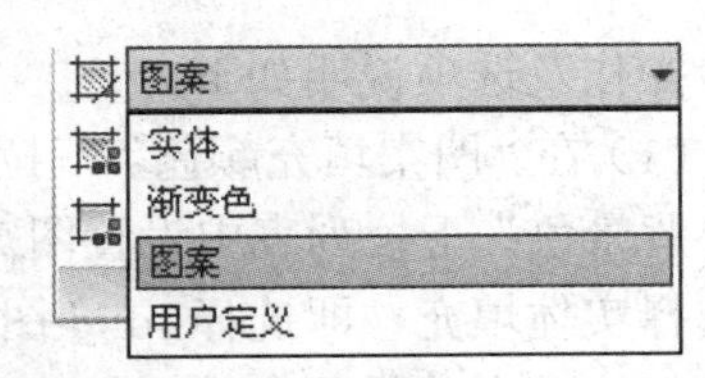

图 8-20 “图案填充类型”下拉列表

“预定义”类型图案是 AutoCAD 系统预先定义命名的填充图案，包括 70 多种符合 ANSI、ISO（国际标准化组织）及其他行业标准填充图案，这些图案由 acad.pat 和 acadiso.pat 文本文件定义，并存放于系统的 support 文件夹中。

“自定义”类型图案是用户根据需要在自定义图案的文本文件（PAT 文件）中自行设计、定义的图案，并且已保存到系统的 Support 文件夹中，或保存到系统支持文件搜索路径中。也可以直接在 acad.pat 和 acadiso.pat 文本文件中添加填充图案定义。

注意： 自定义类型图案的创建与使用必须具备一定的知识、经验和耐心，一般新用户不进行此操作。

“用户定义”类型图案是使用当前线型定义一组平行线，或两组互相正交的平行线网格图案。机械图样中的剖面线常用这种类型，如图 8-21 所示。

（a）金属材料（通用）剖面线　　（b）非金属材料剖面线

图 8-21 机械图样中常用的剖面线

“实体”填充是使用预定义图案 SOLID，在某个区域内进行纯色填充。

“图案”面板显示了所有预定义和自定义图案的预览图像，通过单击上下箭头按钮可依次浏览图案；或单击▾按钮，展开图案列表，通过拖动滚动条浏览图案。用户可在某个图案上单击选择该图案。

2. 填充图案特性[①]

在“特性”面板上设置图案特性，包括图案颜色、背景色、透明度、角度、比例等，如图 8-22 所示。

① AutoCAD 2011 新增“颜色”、“图层”、“透明度”功能。

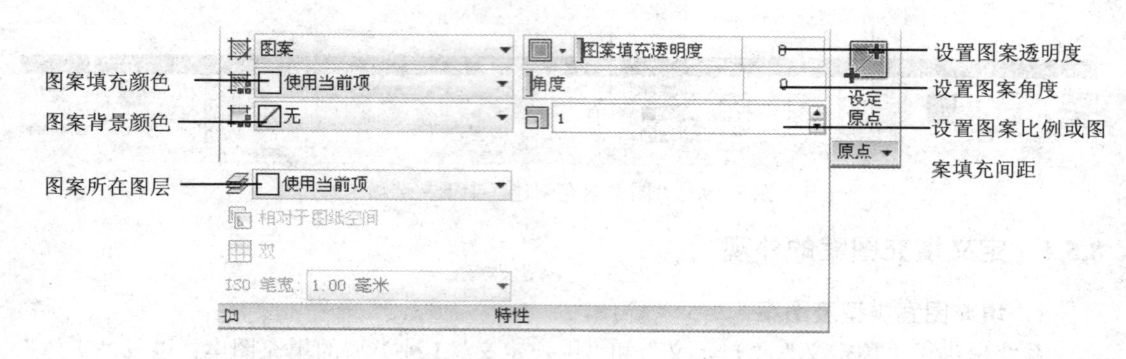

图 8-22 “特性”面板

操作及选项说明如下。

（1）在“图案填充颜色”下拉列表中设置填充图案颜色。默认的颜色是“使用当前项”。在“背景色”下拉列表中设置图案填充对象的背景色，如图 8-23 所示，背景色为黄色。如果选择实体填充，即选择 solid 图案，则“背景色”不可用。

（2）单击“透明度”下拉列表设置图案填充对象的透明度，拖动透明度栏内滑块更改透明度值，或在“透明度”文本框内输入透明度值，如图 8-23 所示。

（3）拖动“图案填充角度”栏内的滑块更改角度值，或在其文本框中输入角度值（0～359）。

（4）在“填充图案比例”文本框内输入图案的比例值。

（5）默认设置下，创建的填充图案位于当前层，单击“特性”面板按钮，打开下滑面板，在“图案填充图层替代”下拉列表中重新指定填充图案对象所在的图层。

注意：如填充图案的颜色、透明度以及所在图层设置为“使用当前项”，即为“默认”选项卡的“特性”面板上设置的对象颜色、透明度以及当前图层。

3．填充图案原点

填充图案的对齐方式确定填充图案生成的起始位置，影响填充图案的外观，如图 8-24 所示。默认设置下，填充图案与当前用户坐标系的原点对齐。如需要与填充边界上某点对齐图案，单击“原点”面板按钮 原点 ▾，在下滑面板上选择对齐方式，单击“设定原点”，在图形中指定一点。“图案填充原点”选项组设置该特性。

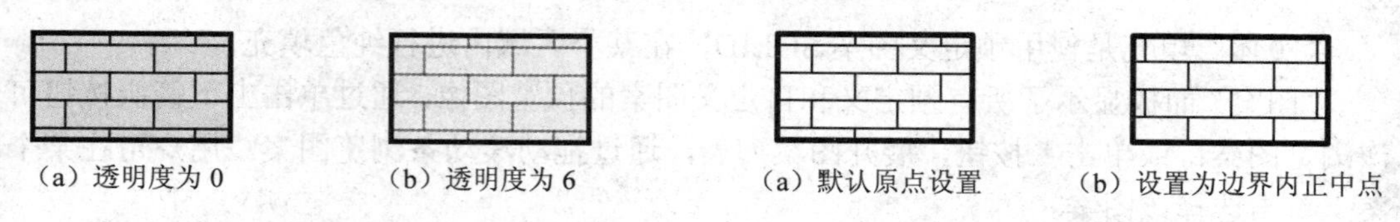

（a）透明度为 0　（b）透明度为 6

图 8-23 图案填充背景及透明度设置

（a）默认原点设置　（b）设置为边界内正中点

图 8-24 图案填充原点特性图

8.5.2 指定填充方式

AutoCAD 把位于图案填充区域内的封闭区域、文字、属性、形或实体填充对象等内部边界作为孤岛。用户可以选择孤岛检测方式设置在最外层填充边界内的填充方式。

“选项”下滑面板上提供了 3 种孤岛检测方式，如图 8-25 所示。

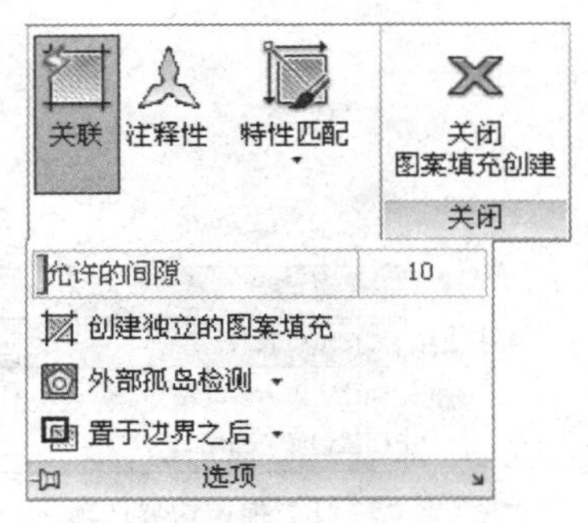

（a）“选项”下滑面板

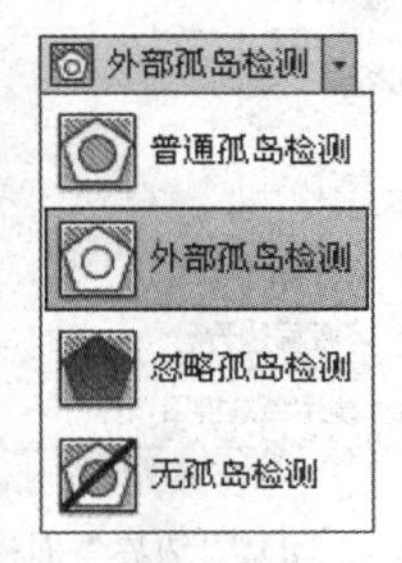

（b）孤岛检测方式

图 8-25　“选项”面板

（1）“普通孤岛检测”是从外部边界向内在交替的区域内填充图案。每奇数个相交区域被填充，每偶数个相交区域不填充，如图 8-26（a）所示。

（a）普通

（b）外部

（c）忽略

图 8-26　孤岛检测样式

（2）“外部孤岛检测”为默认的填充方式，只在最外层区域内填充图案，如图 8-26（b）所示。

（3）“忽略孤岛检测”样式是指忽略填充边界内部的所有对象（孤岛），最外层所围边界内部全部填充，如图 8-26（c）所示。

注意：如指定边界不存在内部封闭区域，使用“普通孤岛检测”和“外部孤岛检测”均可，这样填充边界内的文字、属性等对象将不会被填充图案覆盖，保证图形清晰易读。

8.5.3　指定填充边界

图案填充的边界一般是直线、圆、圆弧和多段线等任意对象构成的封闭区域。指定填充边界后，系统会自动检测边界内的孤岛，并按设置的填充方式填充图案。“边界”面板上提供了两种方法指定填充边界：拾取内部点、选择边界对象，如图 8-19 所示。

（1）“拾取点”为默认方式，若在图案填充区域内拾取任一点，系统会自动按指定的边界集（当前视口或现有集合）分析、搜索环绕指定点最近的对象作为边界，并分析内部孤岛，确定的填充边界对象变为虚线，并亮显。

（2）“选择”方式用于直接选择组成填充边界的对象。

注意：用“选择”指定填充边界时，填充边界对象必须首尾相接，且系统不会自动检测选定对象边界内的孤岛，用户必须自行选择选定边界内的对象，以确保正确的填充。

8.5.4　创建图案填充边缘

“边界”下拉面板保留边界选项可以设置是否创建新的封闭图案填充的边缘对象。默认为不保留边界，如图 8-27 所示。用户可以选择边缘对象类型为多段线还是面域。

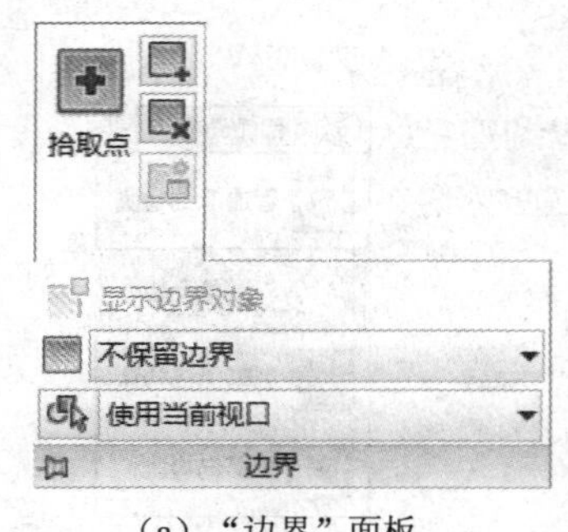

（a）“边界”面板

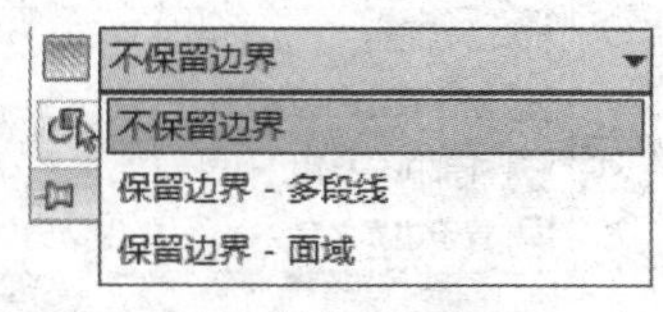

（b）保留边界选项

图 8-27　保留图案填充对象的设置

8.5.5　设置图案填充的关联性

图案填充的关联性是指填充图案是否随填充边界的变化而自动更新调整，如图 8-28 所示。默认设置下，“选项”面板中“关联”按钮蓝显，如图 8-25 所示，创建关联的填充图案，即图案关联边界，该特性给图形编辑带来了极大的方便。单击“关联”按钮，使其显示为白色，则关闭关联边界。图案填充的关联性由系统变量 HPASSOC 控制，默认值为 1，设置为关联。

（a）填充边界修改前

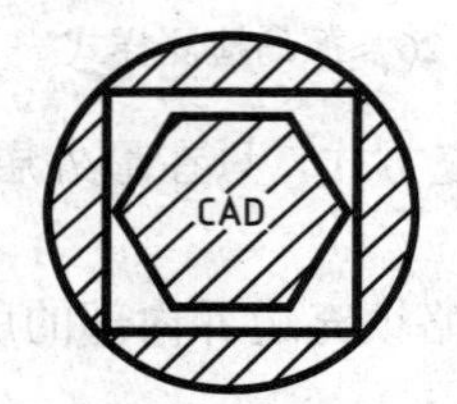

（b）修改关联的填充边界后

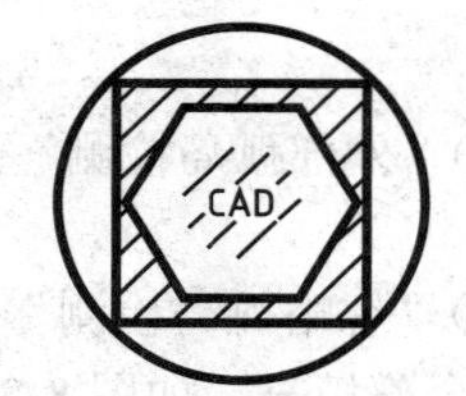

（c）修改不关联的填充边界后

图 8-28　图案填充的关联性

8.5.6　图案的特性匹配

用户可以选择特性匹配方式，使新创建的图案填充设定为所选图案填充对象的特性，“选项”面板提供了两种方式，如图 8-29 所示。

当选择“使用当前原点”选项，创建的图案填充对象使用当前原点，而其他特性将继承选定的图案填充对象特性。当选择“用源图案填充原点”选项，创建的图案填充对象将继承选定图案填充对象的所有特性，包括图案填充原点。

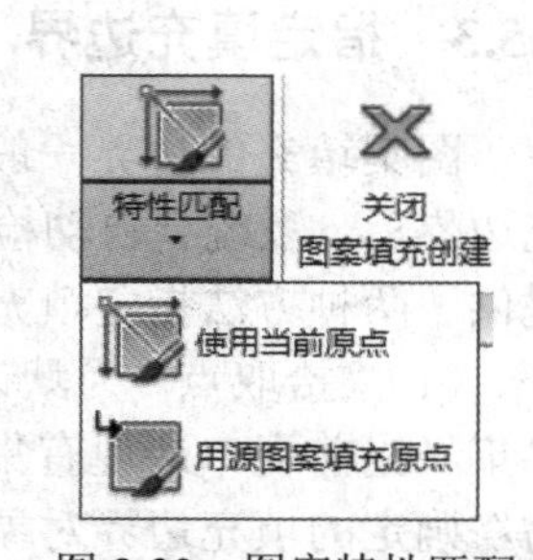

图 8-29　图案特性匹配

8.5.7　机械图样中剖面线的绘制

利用“图案填充”命令可以方便、快捷地绘制机械图样中的剖面线。

操作步骤如下。

第 1 步，调用“图案填充”命令，弹出“图案填充创建”上下文选项卡。

第 2 步，在“特性”面板的“图案填充类型”下拉列表中选择“用户定义”类型。

第 3 步，在“特性”面板的“图案填充颜色”下拉列表中设置填充图案颜色。

第 4 步，在“特性”下滑面板上的“图案填充图层替代”下拉列表中选择“剖面符号”图层。

第 5 步，在“特性”面板的“角度”和“间距”文本框中分别输入一组平行线的角度与间距。

注意：当选择“用户定义”类型，“特性”面板的“填充图案比例”文本框将更换为“图案填充间距”文本框。

第 6 步，单击“边界”面板的“拾取点”按钮。

第 7 步，系统提示为“拾取内部点或 [选择对象(S)/放弃(U)/设置(T)]:”时，依次在各填充区域内拾取任意一点。

第 8 步，回车，或单击“关闭”面板的关闭按钮，结束命令，关闭“图案填充创建”上下文选项卡。

注意：当执行一次图案填充命令后，系统将记录上一次操作所作的填充图案的特性与选项设置，直至下一次命令执行中重新设置。

操作及选项说明如下。

（1）在“特性”下滑面板中，单击“交叉线”按钮，使其蓝显为 双，可以创建非金属材料的剖面线，如图 8-21（b）所示。

（2）可以在多个区域内指定点，当光标移到闭合区域内时，即可预览图案填充[1]。用户还可以按“U”放弃前一个指定的边界。

（3）指定填充边界后，“边界”面板的删除边界按钮亮显。单击该按钮，可以选择边界内的孤岛或已经指定的边界对象，将其从边界选择集中删除。

（4）系统要求填充边界是一个封闭的区域。如果选择的边界不封闭，则系统会检测到无效的图案填充边界，并以红色圆标识有间隙的区域[2]，如图 8-30（a）所示，同时弹出如图 8-30（b）所示的“图案填充-边界定义错误”对话框。

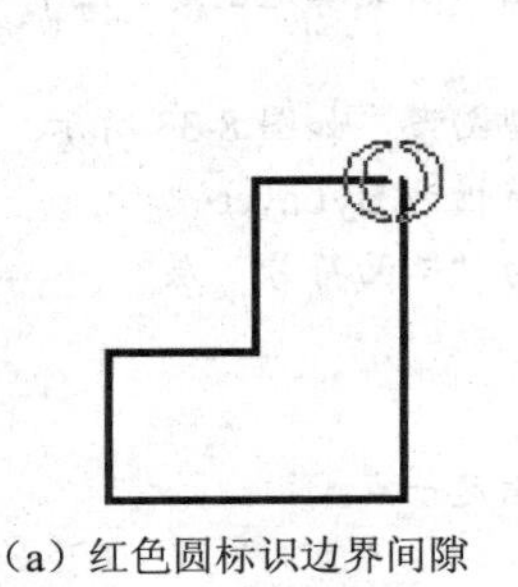

（a）红色圆标识边界间隙

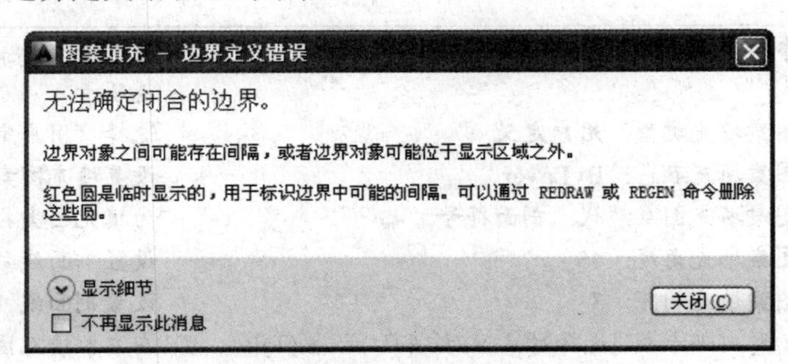

（b）“图案填充-边界定义错误”对话框

图 8-30　具有间隙的边界提示

注意：当退出“图案填充”命令后，红色圆仍处于显示状态，从而有助于用户查找和

① 此为 AutoCAD 2011 开始新增的功能。

② 此为 AutoCAD 2010 开始新增的功能。

修复图案填充边界。当再次启动“图案填充”命令时，或者执行“重生成”、“重画”命令，则红色圆将消失。

（5）填充边界允许的最大间隙默认为 0，即不允许填充边界有间隙。如果在“选项”下滑面板的“允许间隙”文本框中按图形单位输入一个值（0～5000），即填充边界可以忽略的最大间隙，系统将小于等于此间隙的边界均作为封闭区域，且弹出如图 8-31 所示的“图案填充-开放边界警告”对话框，用户可以选择是否进行图案填充操作。

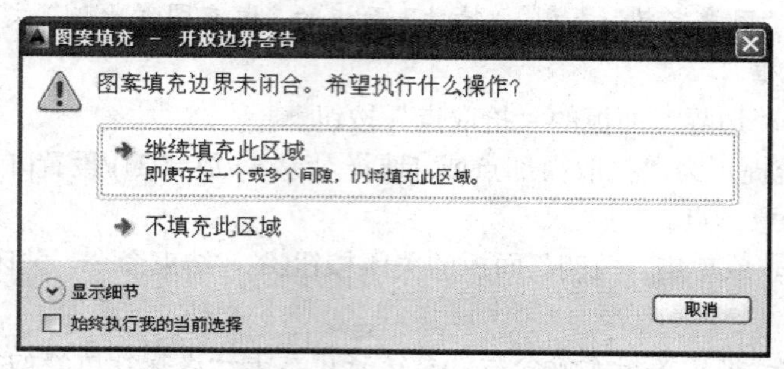

图 8-31 “图案填充-开放边界警告”对话框

【例 8-7】 如图 8-32 所示连接图，用“图案填充”命令分别绘制各零件的剖面线。

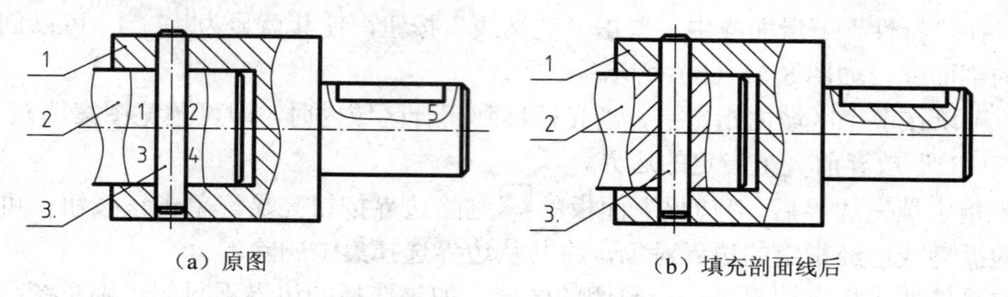

（a）原图 （b）填充剖面线后

图 8-32 绘制剖面线

操作如下。

命令: **_bhatch**	单击图标按钮，弹出“图案填充创建”上下文选项卡
图案填充类型: **用户定义**	选择“用户定义”类型图案，如图 8-33 所示
图案填充颜色: **ByLayer**	设置填充图案的颜色特性为 ByLayer
图案填充图层替代: **剖面符号**	为填充图案指定图层为“剖面符号”层
图案填充角度: **45**	设置剖面线“角度”
图案填充间距: **3**	设置剖面线“间距”
拾取内部点或 [选择对象(S)/放弃(U)/设置(T)]:	在左侧填充区域 1 内指定一点
正在选择所有对象...	系统提示
正在选择所有可见对象... 正在分析所选数据... 正在分析内部孤岛...	
拾取内部点或 [选择对象(S)/放弃(U)/设置(T)]:	依次在填充区域 2、3、4 内指定一点
...正在分析内部孤岛...	系统提示
拾取内部点或 [选择对象(S)/放弃(U)/设置(T)]: ↵	结束“图案填充”命令
	再次执行“图案填充”命令

单击“选项”面板上的“特性匹配”按钮	使用选定填充图案对象的特性
拾取内部点或 [选择对象(S)/放弃(U)/设置(T)]: MA	
选择图案填充对象:	选择2号件左侧销孔局部剖中的剖面线
拾取内部点或 [选择对象(S)/放弃(U)/设置(T)]:	在俯视图填充区域5内指定一点
正在选择所有对象...	系统提示
拾取内部点或 [选择对象(S)/放弃(U)/设置(T)]: ↵	结束“图案填充”命令

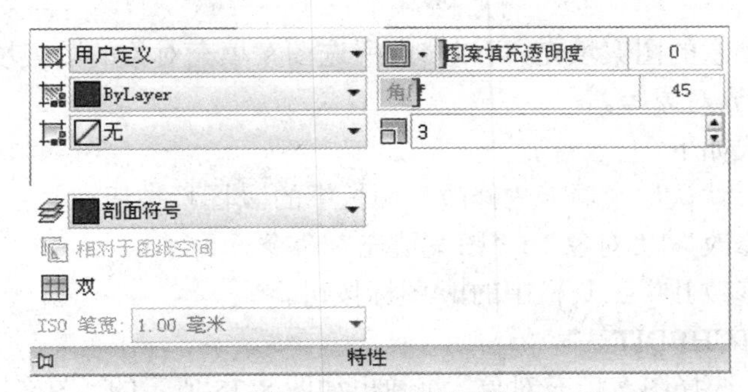

图 8-33 定义剖面线

注意：单击“选项”面板上的按钮，或在系统提示“拾取内部点或 [选择对象(S)/放弃(U)设置(T)]:”时，选择“设置(T)”选项，都将打开“图案填充和渐变色”对话框，如图 8-34 所示。

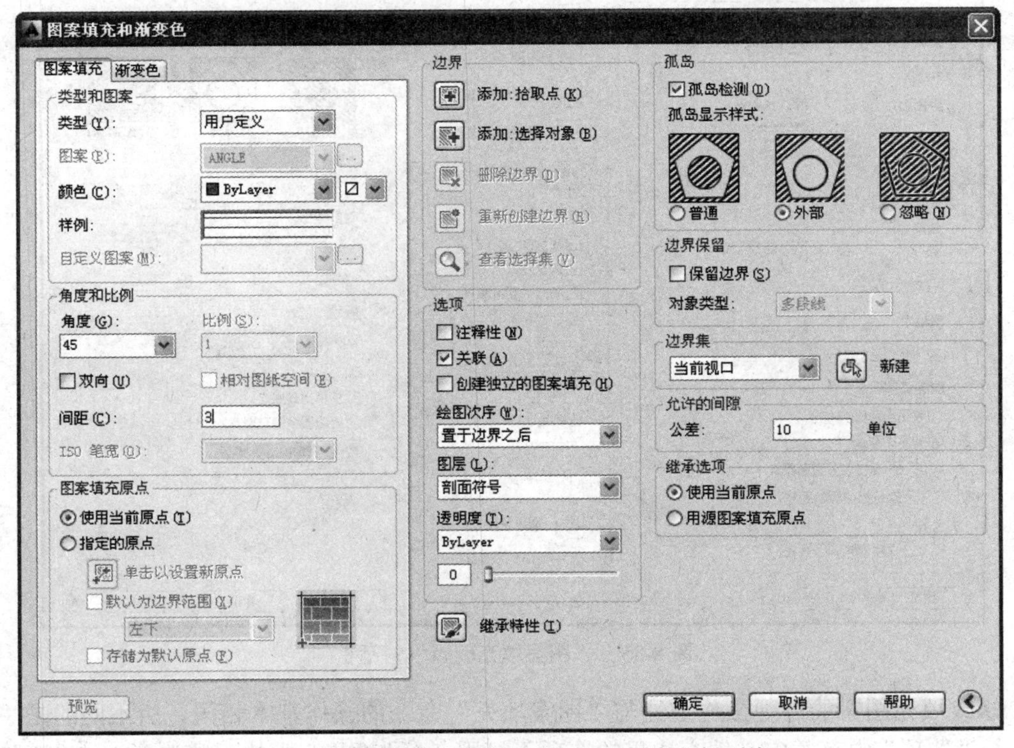

图 8-34 “图案填充和渐变色”对话框定义剖面线

8.6 图案填充的编辑

对图案填充对象的编辑修改主要包括图案的外观、填充边界以及填充图案一般特性的编辑修改。

8.6.1 利用“图案填充编辑器”和“图案填充编辑”对话框编辑

如果创建了不满意的图案填充，可以修改所选图案填充对象的图案填充对象的外观(类型、特性)，以及边界对象等。

调用命令的方式如下。

功能区：单击“默认”选项卡“修改”面板中的图标按钮。

菜单：执行“修改”|“对象”|“图案填充”命令。

图标：单击“修改Ⅱ”工具栏中的图标按钮。

键盘命令：HATCHEDIT。

执行该命令后，选择图案填充对象，将弹出如图 8-35 所示的“图案填充编辑”对话框，该对话框与“图案填充和渐变色”对话框基本相同。如果直接单击填充图案对象，则弹出“图案填充编辑器”上下文选项卡，如图 8-36 所示。

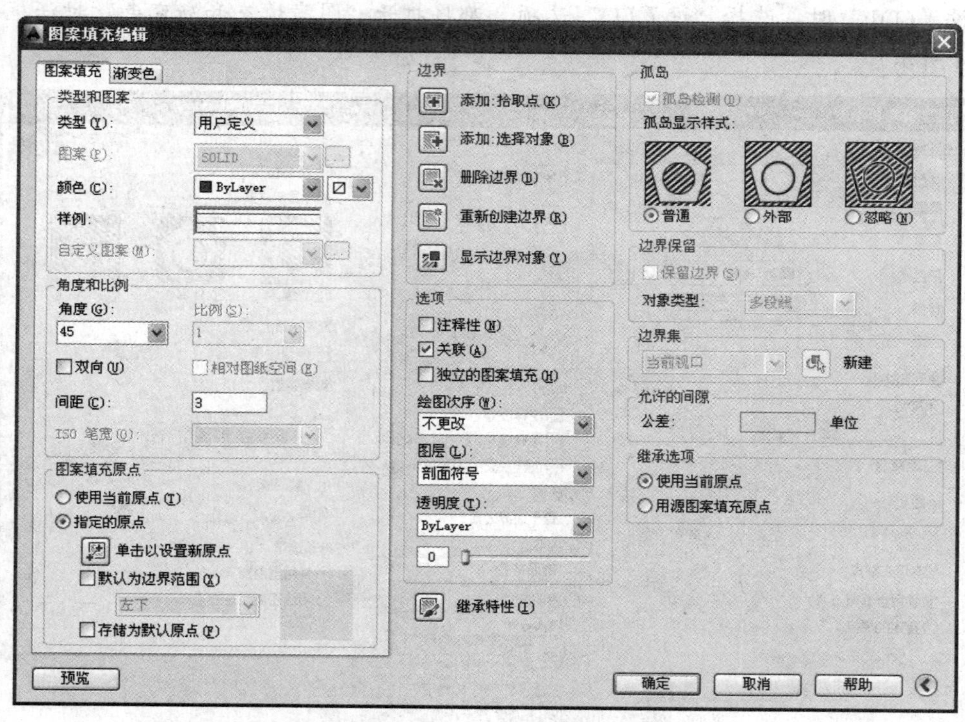

图 8-35 “图案填充编辑”对话框

修改填充图案的外观操作方法与“图案填充”命令的操作基本相同，所不同的是“边界”与“选项”中有关定义填充边界的选项不可用，而“边界”中的一些选项，如“删除”、“重新创建”可用，如图 8-35～图 8-37 所示。

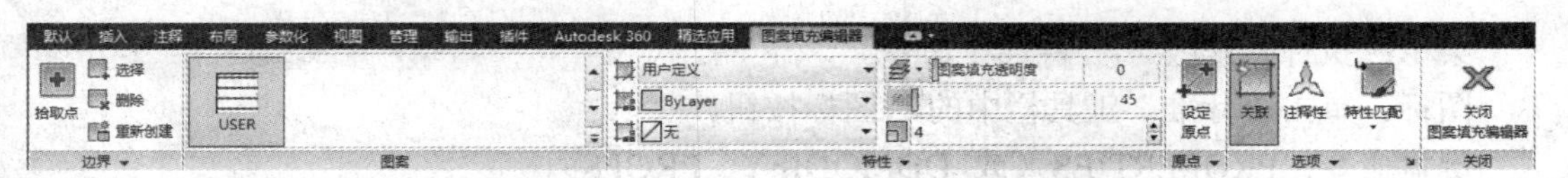

图 8-36 “图案填充编辑器”上下文选项卡

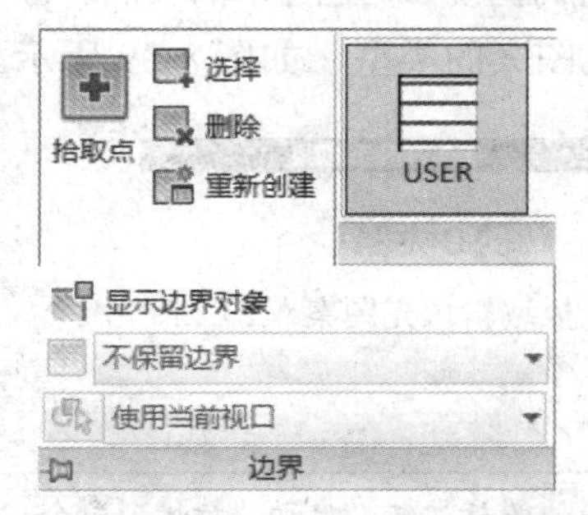

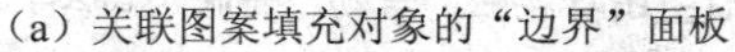

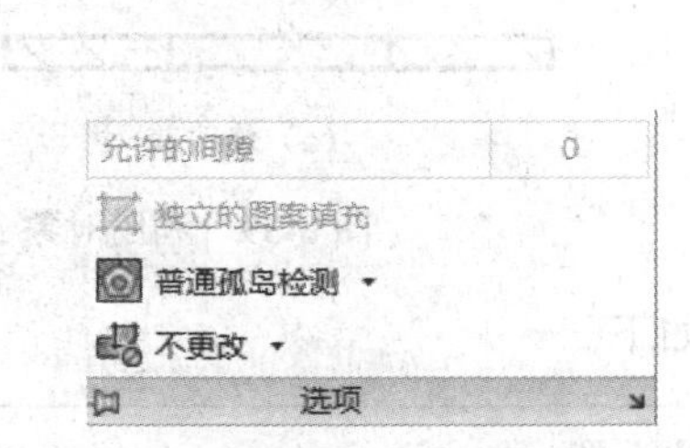

（a）关联图案填充对象的“边界”面板　　（b）图案填充对象的“选项”下列面板

图 8-37 “图案填充编辑器”的“边界”面板和“选项”下列面板

修改填充边界时，用户除了可以继续添加或删除填充边界对象，还可以单击“重新创建边界”按钮，重新为填充图案创建填充边界，如图 8-53 所示。

【例 8-8】 如图 8-38（a）所示，采用“普通孤岛检测”方式填充的剖面线，现用“图案填充编辑”命令修改剖面线的填充边界，如图 8-38（b）所示。

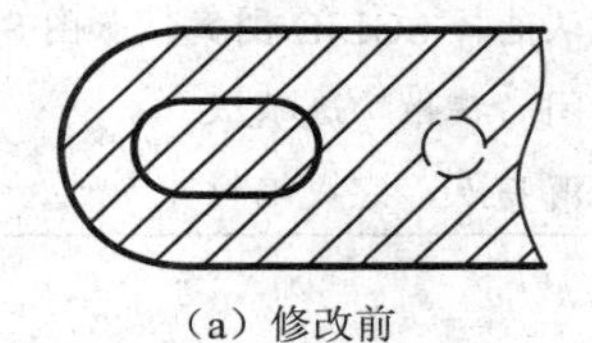

（a）修改前　　（b）修改后

图 8-38 利用“图案填充编辑”命令修改填充边界

操作如下。

命令: **_hatchedit**	单击图标按钮，启动“图案填充编辑”命令，弹出“图案填充编辑”对话框
单击“删除边界”按钮,	选择“删除边界”选项，回到绘图窗口，图案边界均变虚
选择对象或 [添加边界(A)]:	选择左侧腰形边界
选择对象或 [添加边界(A)]:	选择右侧小圆
选择对象或 [添加边界(A)]: ↵	回车，结束对象选择，回到“图案填充编辑”对话框
单击“确定”按钮	结束“图案填充编辑”命令

8.6.2 利用对象“特性”选项板编辑

利用对象“特性”选项板，可以显示选定填充图案的所有特性和内容，如图 8-40（a）所示。通过各选项列表编辑修改选定填充图案的外观和其他特性。

调用命令的方式如下。

功能区：单击“视图”选项卡“选项板”面板中的图标按钮。

菜单：执行“修改”|“特性”命令。

图标：单击“标准”工具栏中的图标按钮。

键盘命令：PROPERTIES（或 DDMODIFY、PROPS）。

注意：单击“默认”选项卡中“特性”面板右下角的按钮，也可以打开“特性”选项板。

【例 8-9】 利用对象“特性”选项板，修改填充图案的类型，如图 8-39 所示。

（a）修改前　　（b）修改后

图 8-39　利用对象“特性”选项板编辑填充图案

操作如下。

命令: **_properties**	单击图标按钮，启动“特性”命令，打开对象“特性”选项板
选择填充图案	选择如图 8-39（a）所示的剖面线，出现“夹点”，“特性”选项板如图 8-40（a）所示
在“图案”选项列表中单击“类型”或“用户定义”，右侧出现按钮，并单击该按钮	打开“填充图案类型”对话框
从“图案类型”下拉列表中选择“预定义”图案类型	修改填充图案类型为“预定义”，如图 8-40（b）所示
单击“确定”按钮	默认选择 SOLID 图案，如图 8-40（c）所示
单击“特性”选项板的 × 按钮	关闭“特性”选项板
按 Esc 键	取消夹点，完成编辑

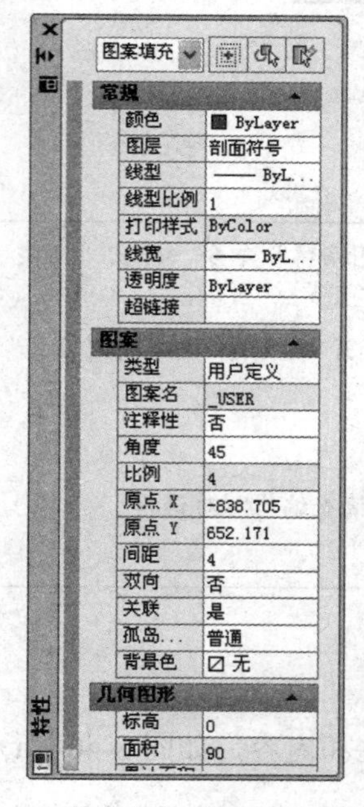

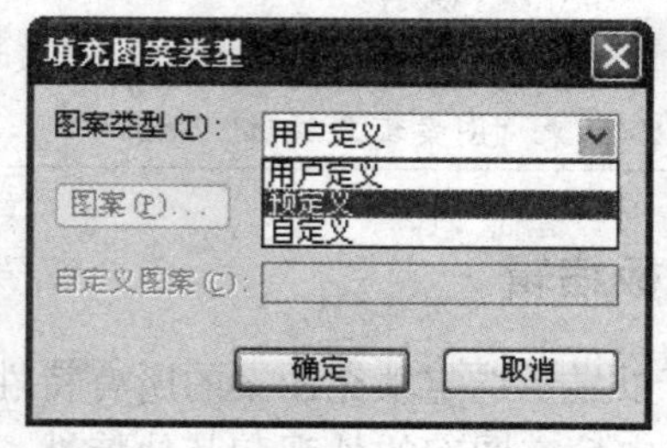

（a）填充图案“特性”选项板　　（b）选择“预定义”类型　　（c）选择预定义图案

图 8-40　“填充图案类型”对话框中选择图案

注意：单击如图 8-40（c）所示的“图案”按钮，将打开如图 8-41 所示的“填充图案选项板”对话框，可以选择系统预先定义命名的填充图案。

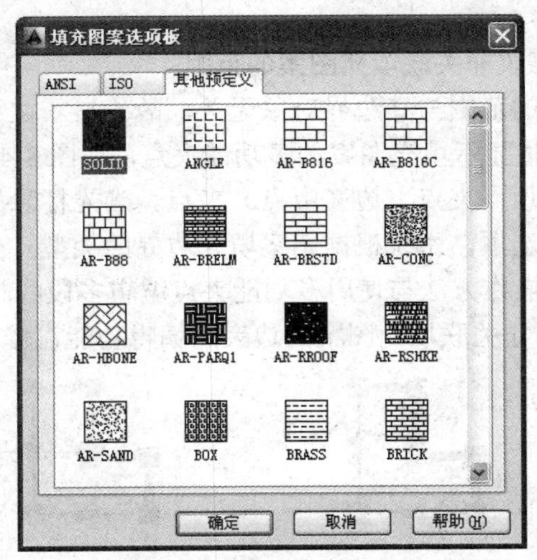

图 8-41　“填充图案选项板”对话框

8.6.3　编辑图案填充范围

1．修改关联图案的填充边界更新图案填充范围

对于关联的图案填充对象，其范围与其边界有关，如同其他对象一样，图案填充的边界可以被移动、拉伸和修剪等。当拉伸、移动、旋转、缩放了关联的填充图案的边界，且保持边界闭合，则填充图案会自动随其边界的变化而自动更新。如图 8-42 所示，为使用夹点拉伸功能修改填充边界的结果。

如图 8-43（a）所示，选择的是关联的填充图案，如单击“边界”下滑面板或对话框中的“显示边界对象”选项，即可显示所选填充图案的所有边界对象，并且显示边界夹点，如图 8-43（b）所示。当需要选择复杂边界的所有对象时，采用这种方法方便快捷。

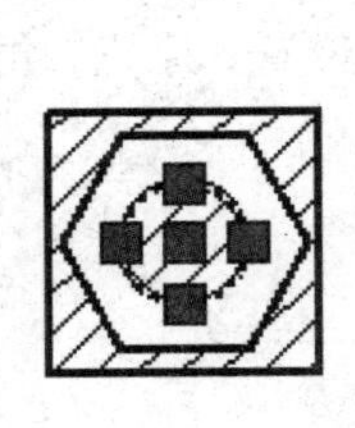

（a）选择边界圆

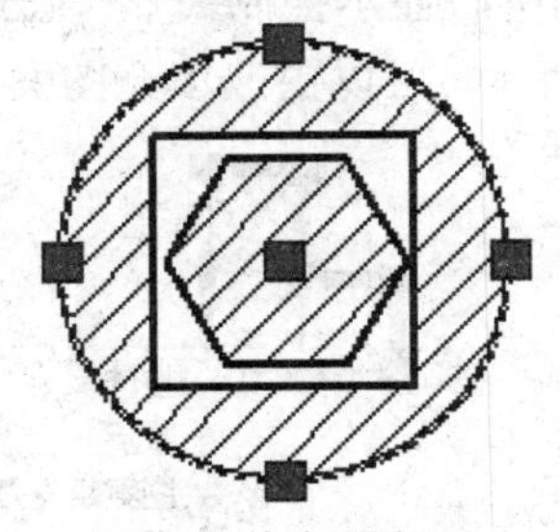

（b）拉伸边界圆

图 8-42　拉伸边界后的变化

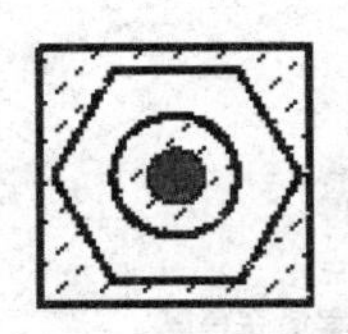

（a）选择关联图案

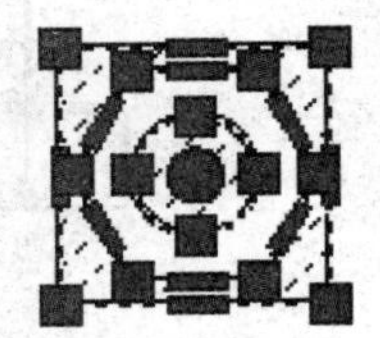

（b）关联图案的所有边界

图 8-43　显示关联图案填充对象的边界

注意：

（1）如果通过编辑造成边界不封闭，系统将自动删除图案填充的关联性且不能再重建。用户只能重新创建图案填充，或重新创建新的图案填充边界并将其与此图案填充关联。

（2）如果创建关联的图案填充对象时创建了边缘对象，则图案仅对新建的边缘对象关联，而与原有的边界无关联。

（3）系统默认将一次操作的填充图案作为单一的图形对象，用户尽量不要将其分解，以免造成编辑上的麻烦。

2．利用多功能夹点修改非关联填充图案的范围[①]

非关联图案填充对象的范围与其边界对象无关，故“显示边界对象”选项不可用。选择非关联的填充图案后，将显示填充图案的多功能夹点，如图 8-44（b）所示。非关联图案填充对象的边界夹点有：顶点夹点、边（中点）夹点。当光标悬停在某个夹点上时，工具提示将显示该夹点的编辑选项，系统根据图案填充边界的类型（多段线、圆、样条曲线或椭圆）显示不同的选项。操作方法与使用多功能夹点编辑多段线相同[②]。

如图 8-44 所示，利用非关联填充图案的边夹点编辑功能，修改其填充范围。

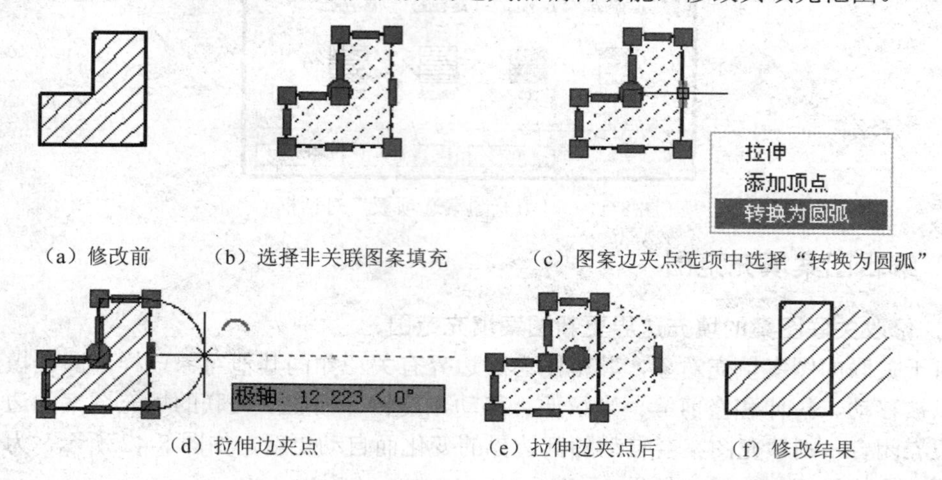

图 8-44　非关联图案填充的修改

8.6.4　利用图案填充对象的控制夹点编辑图案填充特性[③]

选择图案填充对象时，在图案填充范围的中心显示控制夹点（圆形夹点）。当光标悬停在控制夹点上即可显示快捷菜单，如图 8-45 所示，可以更改填充图案的位置、原点、角度、

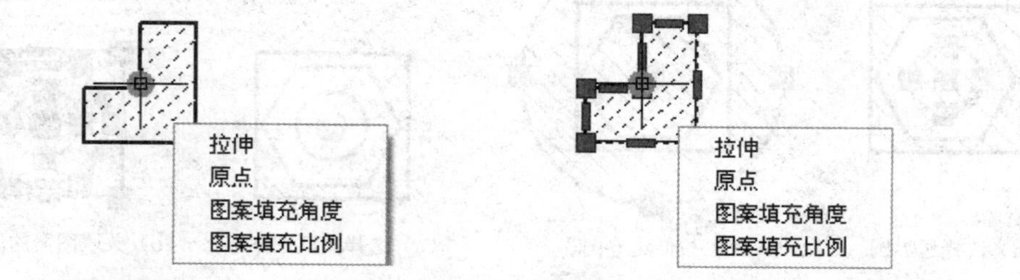

图 8-45　填充图案的控制夹点编辑选项

① 此为 AutoCAD 2010 开始新增的功能。

② 参见本书 8.2.2 节。

③ 此为 AutoCAD 2011 开始新增的功能。

比例等特性。选择某一选项，将在命令行出现相应提示，根据提示进行操作。按 Ctrl 键，可以在各选项中切换，命令行中将显示相应选项提示。移动鼠标，可以动态显示图案的变化。

8.6.5 利用“修剪”命令修剪填充图案

如同其他图形对象一样，图案填充对象可以被修剪，如图 8-46 所示。

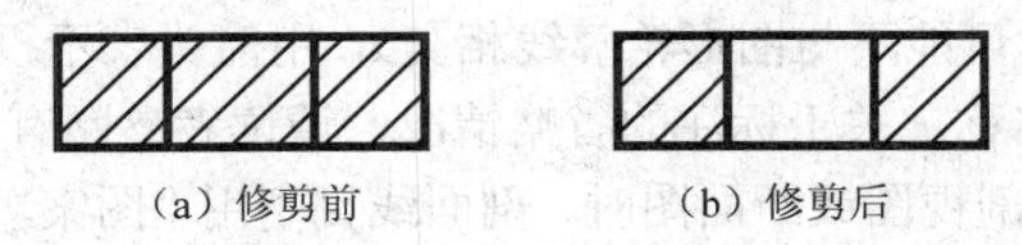

（a）修剪前　　（b）修剪后

图 8-46　修剪填充图案

8.7 剖视图绘制的方法及步骤

如果机件的内部结构比较复杂，视图上会出现许多虚线，这些虚线和其他图线重叠往往会影响图形的清晰，给读图以及尺寸标注带来不便。为了清晰地表达机件的内部结构，常采用剖视图的表达方法。

假想用剖切面剖开机件，移去观察者和剖切面之间的部分，将其余部分向投影面投射所得到的图形称为剖视图，简称剖视，如图 8-47 所示。按剖切面剖开机件范围的不同，剖视图分为全剖视图、半剖视图和局部剖视图。按剖切平面的位置和数量的不同，剖切面可分为单一剖切面（投影面平行面、投影面垂直面）、几个平行剖切面、几个相交剖切面。

本节结合图 8-47 介绍绘制剖视图的方法及一般步骤。

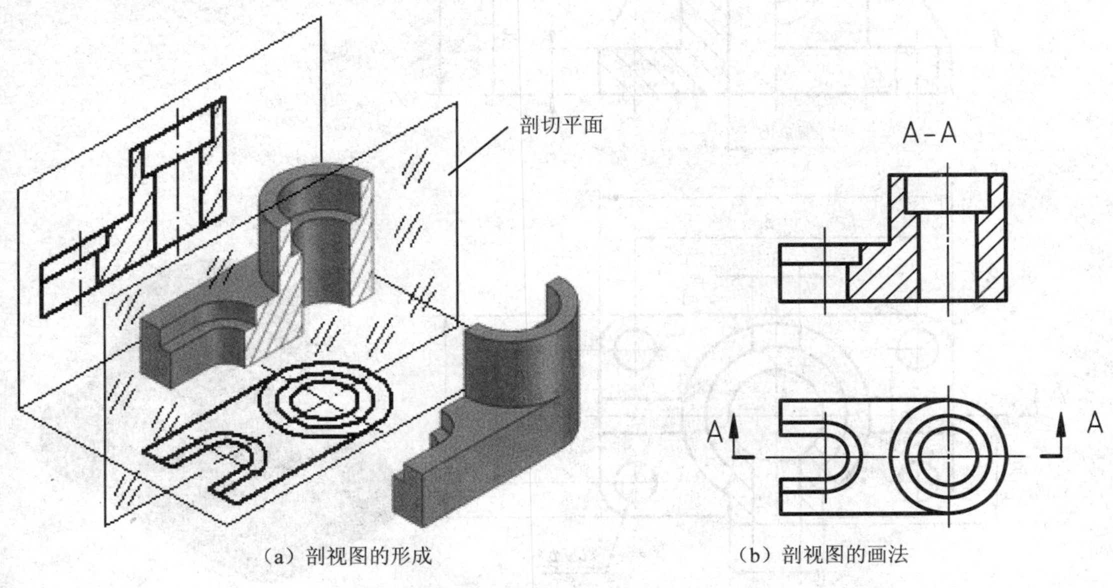

（a）剖视图的形成　　（b）剖视图的画法

图 8-47　剖视图

（1）确定剖切平面的位置。为了清晰地表达机件的内部结构，避免剖切后产生不完整的结构要素，剖切平面应尽量与机件的对称面重合或通过机件上孔、槽的轴线、对称中心线，并且使剖切平面平行或垂直于某一投影面，如图 8-47 所示的前后对称面。

（2）画出剖切后的投影。将剖切平面与机件相接触的截断面（剖面区域）的轮廓以及剖切平面后机件的可见部分，一并向投影面投射，如图 8-47 所示的主视图。

（3）画剖面符号。在剖面区域内画上剖面符号，机件的剖面符号按国家标准（GB/T 4457.5—1984）规定，不同材料用不同的剖面符号表示。

（4）标注剖切符号和名称。在与剖视图相对应的视图上用粗实线短划标出剖切面的起、讫和转折位置（粗短划尽可能不与图形轮廓线相交），用箭头表示投射方向，并用大写的拉丁字母注写出剖视图的名称。关于标注的省略情况，请读者参阅有关标准。

利用 AutoCAD 绘制剖视图或断面图时，剖面线可利用“图案填充”命令绘制，箭头可用“多段线”命令绘制，名称可用文字注写的相关命令标注[①]。

8.8 上机操作实验指导八 剖视图的绘制

本节将详细介绍用 AutoCAD 绘制如图 8-48 所示的剖视图的方法和步骤。主要涉及的

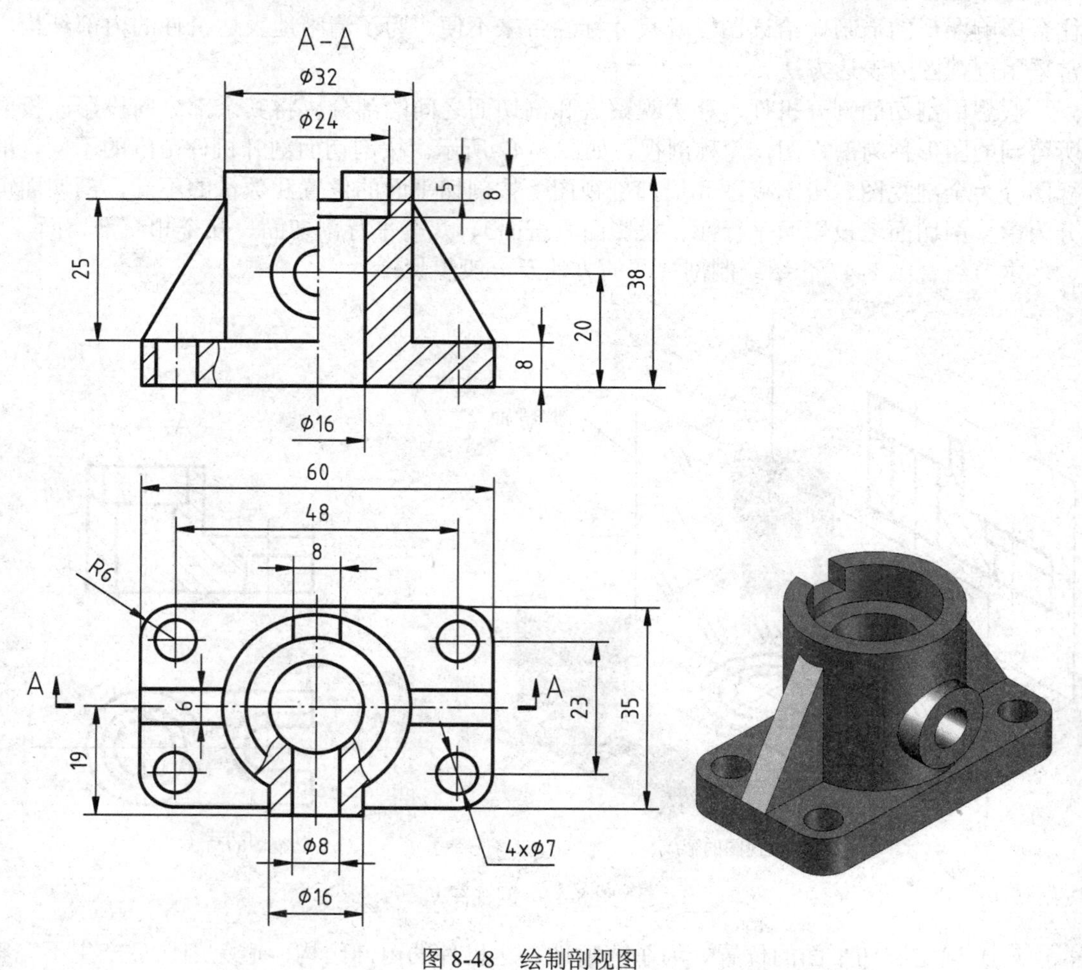

图 8-48 绘制剖视图

① 参见本书第 9 章。

命令包括本章介绍的“样条曲线”命令、“多段线”命令、“图案填充”命令等。

第 1 步，绘图环境设置，操作过程略。

第 2 步，利用自动追踪功能以及绘图与编辑命令绘制主、俯视图，如图 8-49 所示。

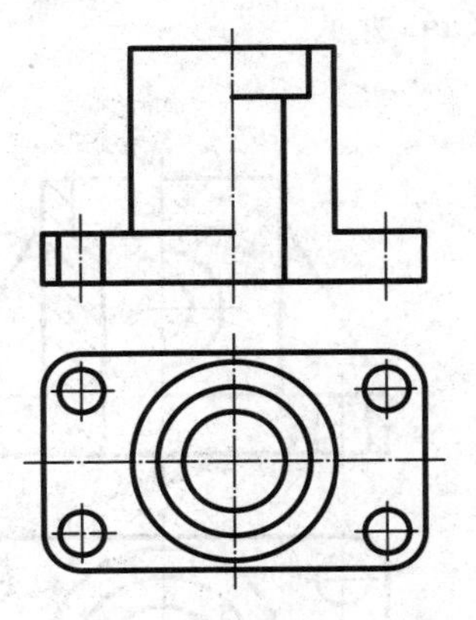

（a）绘制底板、圆柱体及中心线

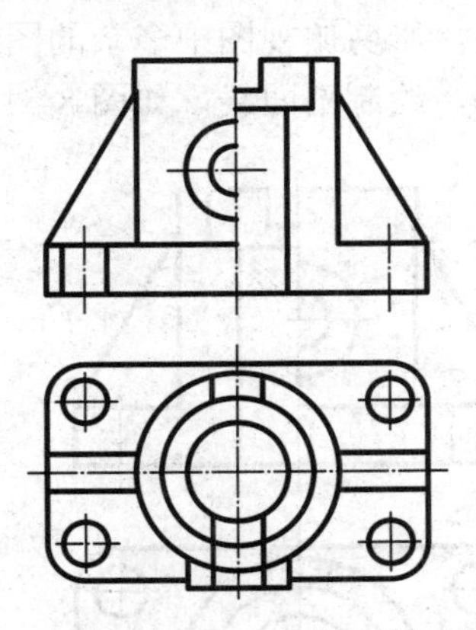

（b）绘制圆柱凸台、肋板及挖切结构

图 8-49 绘制视图

第 3 步，将“波浪线”层设置为当前层，绘制波浪线，如图 8-50 所示。

（1）利用“缩放”命令，在屏幕上放大显示出俯视图上凸台结构。

（2）利用“样条曲线”命令，绘制俯视图上的波浪线。

操作如下。

命令: **_spline**	单击图标按钮，启动“样条曲线”命令
当前设置: 方式=拟合 节点=弦	系统提示当前方式为“拟合”，节点参数化为“弦”
指定第一个点或 [方式(M)/节点(K)/对象(O)]: _nea 到	用“最近点”捕捉方式，在俯视图 ϕ32 大圆上确定第一点，如图 8-50（a）所示
输入下一个点或 [起点切向(T)/公差(L)]:	指定第二点
输入下一个点或 [端点相切(T)/公差(L)/放弃(U)]:	指定第三点
输入下一个点或 [端点相切(T)/公差(L)/放弃(U)/闭合(C)]:	利用极轴追踪功能，在俯视图的内孔小圆上指定端点，如图 8-50（b）所示
输入下一个点或 [端点相切(T)/公差(L)/放弃(U)/闭合(C)]: ↵	回车，结束“样条曲线”命令

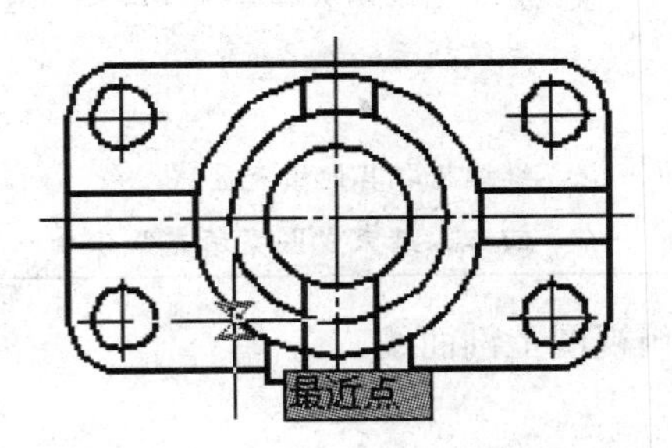

（a）指定波浪线起点

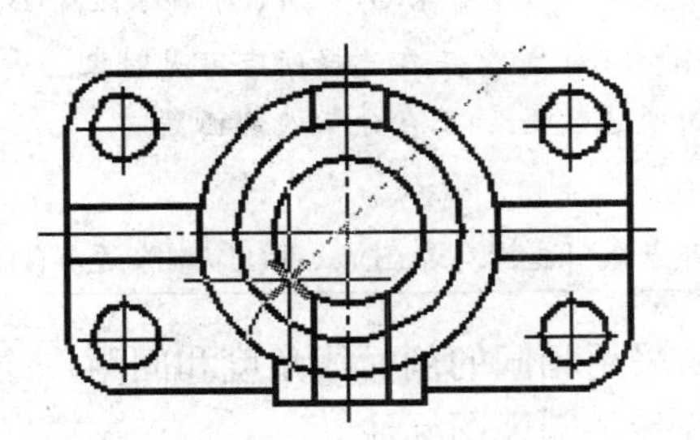

（b）指定波浪线端点

图 8-50 绘制波浪线

重复上述步骤，绘制俯视图上另一条波浪线。

（3）平移视图，在屏幕上显示出主视图上底板的左侧孔。

（4）利用“样条曲线”命令，绘制主视图上的波浪线。

第 4 步，修剪俯视图中多余的图线，如图 8-51（a）所示。

第 5 步，绘制剖面线，如图 8-51（b）所示。

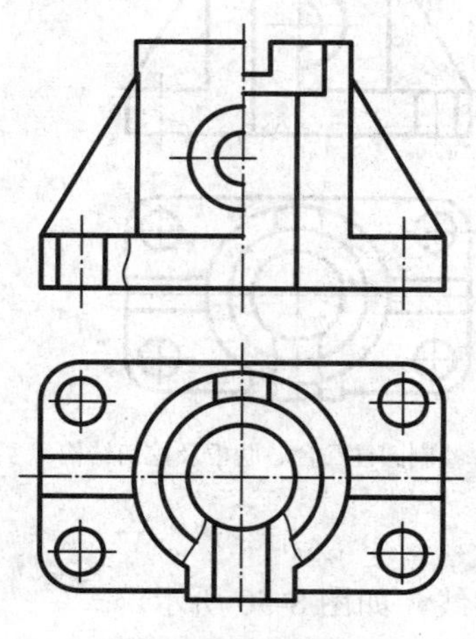

（a）绘制波浪线，修剪多余图线

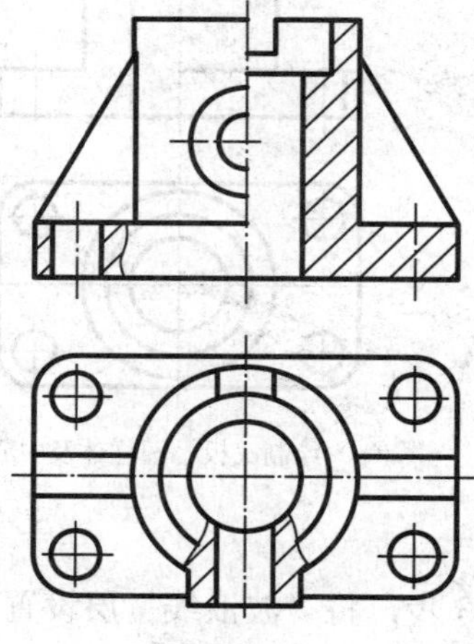

（b）绘制剖面线

图 8-51　完成剖视图图形

（1）绘制主视图上剖面线。

操作如下。

命令: **_hatch**	单击图标按钮，弹出“图案填充创建”上下文选项卡
图案填充类型：用户定义	在“特性”面板上选择“用户定义”类型图案
图案填充颜色：**ByLayer**	设置填充图案的颜色特性为 ByLayer
图案填充图层替代：剖面符号	为填充图案指定图层为“剖面符号”层
图案填充角度：**45**	设置“角度”
图案填充间距：**3**	设置“间距”
拾取内部点或 [选择对象(S)/放弃(U)/删除边界(B)]:	在半剖一侧填充区域内指定一点
正在选择所有对象... 正在选择所有可见对象...	系统提示
正在分析所选数据... 正在分析内部孤岛...	
…	继续拾取其他填充区域
拾取内部点或 [选择对象(S)/放弃(U)/删除边界(B)]: ↵	回车，结束“图案填充”命令

（2）采用相同的剖面线角度和间距，绘制俯视图上剖面线。

第 6 步，剖视图标注。

（1）利用“多段线”命令，绘制左侧剖切符号。

操作如下。

命令: **_pline**	单击图标按钮，启动“多段线”命令
指定起点:	捕捉俯视图水平中心线左端点，水平向左追踪，拾取起点
当前线宽为 0.0000	系统提示当前线宽为 0
指定下一点或 [圆弧(A)/闭合(C)/半宽(H)/长度(L)/放弃(U)/宽度(W)]: **w**↵	选择“宽度”选项，指定直线段的宽度
指定起点宽度<0.0000>: **0.5**↵	设置直线段起点宽度为 0.5
指定端点宽度<0.5000>: ↵	回车，默认直线段端点宽度为 0.5
指定下一点或[圆弧(A)/闭合(C)/半宽(H)/长度(L)/放弃(U)/宽度(W)]: **3**↵	沿 180° 方向输入 3，得到端点
指定下一点或[圆弧(A)/闭合(C)/半宽(H)/长度(L)/放弃(U)/宽度(W)]: **w**↵	选择“宽度”选项，重新指定直线段的宽度
指定起点宽度<0.5000>: **0**↵	设置直线段起点宽度为 0
指定端点宽度<0.0000>: ↵	回车，默认直线段端点宽度为 0
指定下一点或[圆弧(A)/闭合(C)/半宽(H)/长度(L)/放弃(U)/宽度(W)]: **5**↵	垂直向上追踪，输入 5
指定下一点或[圆弧(A)/闭合(C)/半宽(H)/长度(L)/放弃(U)/宽度(W)]: **w**↵	选择“宽度”选项，重新指定直线段的宽度
指定起点宽度<0.0000>: **0.5**↵	设置直线段起点宽度为 0.5
指定端点宽度<0.5000>: 0↵	回车，默认直线段端点宽度为 0
指定下一点或[圆弧(A)/闭合(C)/半宽(H)/长度(L)/放弃(U)/宽度(W)]: **3**↵	垂直向上追踪，输入 3
指定下一点或[圆弧(A)/闭合(C)/半宽(H)/长度(L)/放弃(U)/宽度(W)]: ↵	回车，结束“多段线”命令

（2）用“镜像”命令镜像复制左侧剖切符号得到右侧剖切符号。

（3）注写剖视图名称。用大写拉丁字母表示，完成图形。

第 7 步，保存图形，操作过程略。

8.9　上机操作常见问题解答

1. 在使用“选择对象”方式指定填充边界时，如何保证得到正确的图案填充

当使用“选择对象”方式指定填充边界时，AutoCAD 不会自动形成一个封闭边界，所选的边界对象必须是在各端点首尾相连，自行封闭；否则，由于边界对象有重叠或交叉，会出现错误填充。如图 8-52（a）所示，选择直线 AB、AD、DC、EF 作为填充边界时，填充图案超出了预想的边界。用户可以在填充图案之前，先利用“打断于点”命令将超出边界的对象在交点处打断，即将图 8-52 中的直线 AB、CD 在点 F、E 处打断，使所选对象构成一个封闭区域，以便正确填充图案，如图 8-52（b）所示。

2. 当用夹点拉伸填充边界时，为什么关联的填充图案不会自动更新

当用户将填充图案所在的图层冻结或锁定后，填充图案便失去了与其边界的关联性，因此，当使用夹点拉伸填充边界对象时，即使填充图案具有关联性，也不会随其边界自动

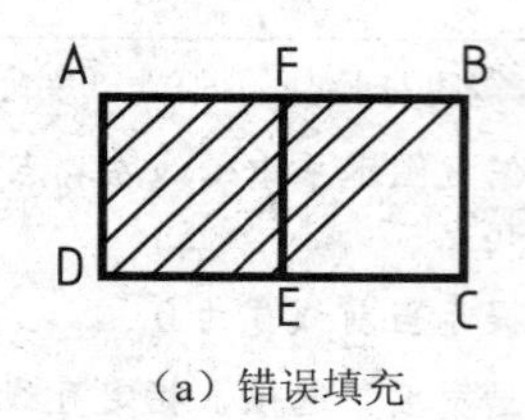

（a）错误填充

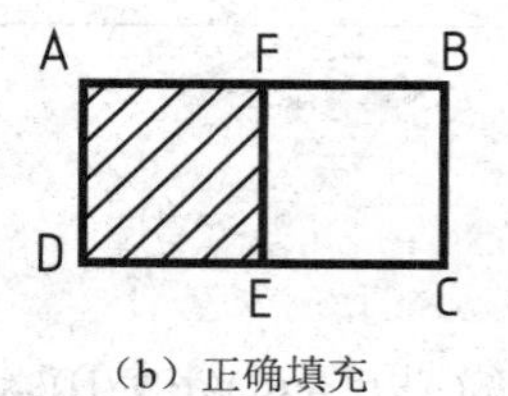

（b）正确填充

图 8-52 选择填充边界对象不同的填充结果

更新。所以，用户在编辑填充边界时，务必检查填充图案所在图层的状态，确保图案的关联性。

3. 为什么有些边界无法用“图案填充编辑”对话框中的“删除边界”选项删除

在例 8-8 中，如图 8-38（a）所示的腰形轮廓线如果是在填充剖面线之后绘制的，则用“图案填充编辑”对话框中的“删除边界”选项，在绘图窗口选择该轮廓线时，系统将在命令行提示：“所选对象不是导出的孤岛。”，说明腰形轮廓并不是填充图案的边界，故无法作为边界删除。此时可以用对话框的“添加：拾取点”选项，在腰形轮廓内拾取一点，得到如图 8-38（b）所示的结果。或者使用“修剪”命令，将腰形轮廓作为图案的修剪边界，进行修剪。

8.10 操作经验与技巧

1. 恢复被误删除的填充边界

用户在编辑图形时，如果误操作而删除了填充边界，如图 8-53（a）所示，可以利用“图案填充编辑”对话框的“重新创建边界”选项，为填充图案重新创建填充边界，所创建的边界可以是面域或多段线，并可以设置填充图案与新边界的关联性，如图 8-53（b）所示。

（a）无边界的填充图案

（b）重新创建填充边界

图 8-53 重新创建填充边界

2. 在一张图样中，同一机件的不同剖视图上或不同机件内，创建独立的填充图案对象

AutoCAD 默认将一次操作的填充图案作为单一的图形对象，如果创建的是关联的填充图案，用 W 窗口方式选择需要移动的图形后，移动图形内的图案会随着边界位置的改变而更新位置。为方便图形的移动，一张图样中，同一零件的不同剖视图上的剖面线一般使用多次“图案填充”命令进行绘制，以保证其中一个剖视图移动后，不会影响另一剖视图中的剖面线位置。如果用户在“图案填充编辑”对话框中，选中“创建独立的图案填充”复选框，就可以在一次“图案填充”命令执行中，在多个填充区域内创建各自独立的具有同一个特性的填充图案，保证不同区域内剖面线的独立性，以便于对视图的编辑。由于一次命令能在不同区域创建独立的剖面线对象，编辑其中一个区域内的填充图案，不会改变其他区域内的图案，如图 8-54 所示。这一特点用于装配图中，使得不同机件剖面线的绘制与编辑，非常方便。

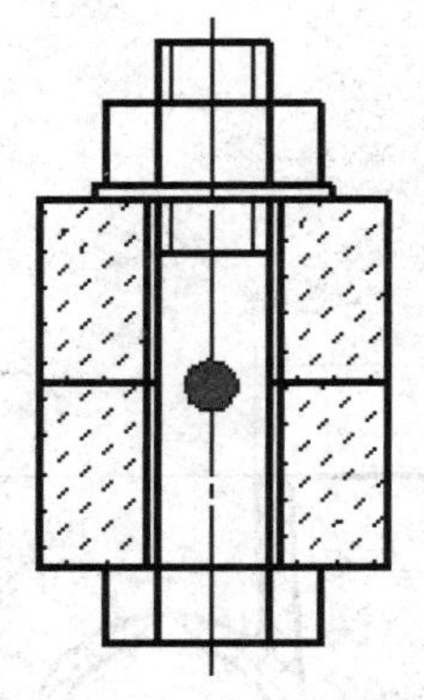

（a）不同区域的一个填充图案

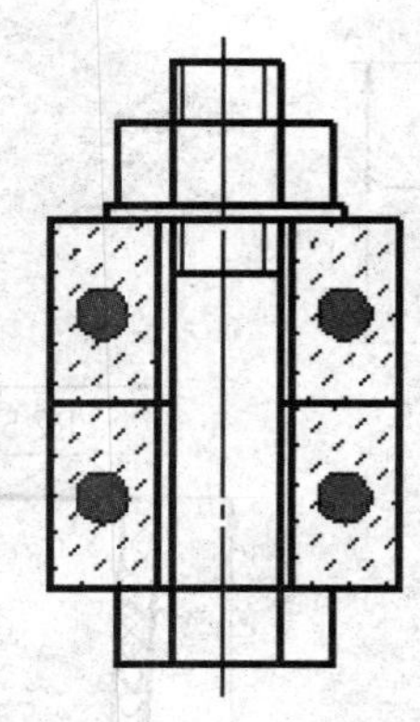

（b）不同区域的多个填充图案

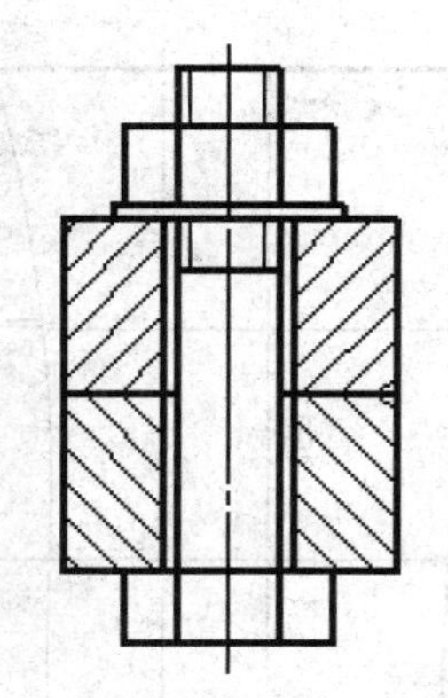

（c）修改其中的填充图案

图 8-54　创建独立的填充图案对象

8.11　上　机　题

1. 绘制如图 8-55 和图 8-56 所示机件的剖视图。

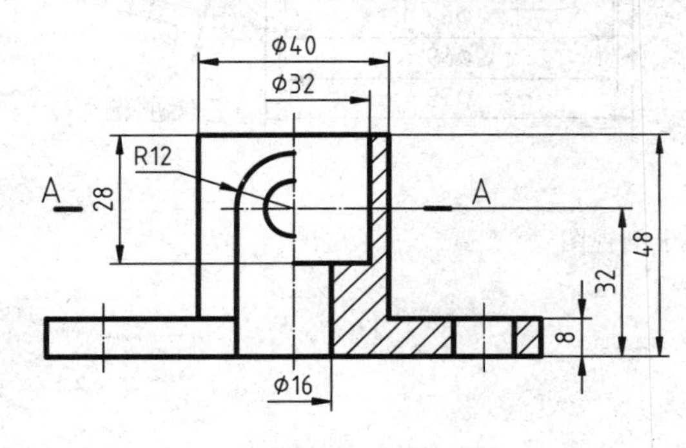

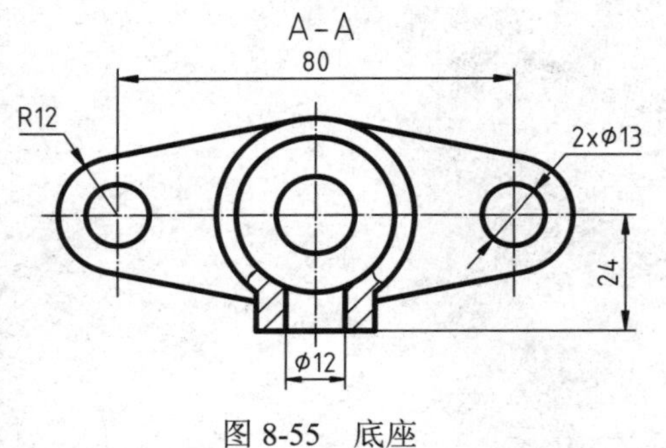

图 8-55　底座

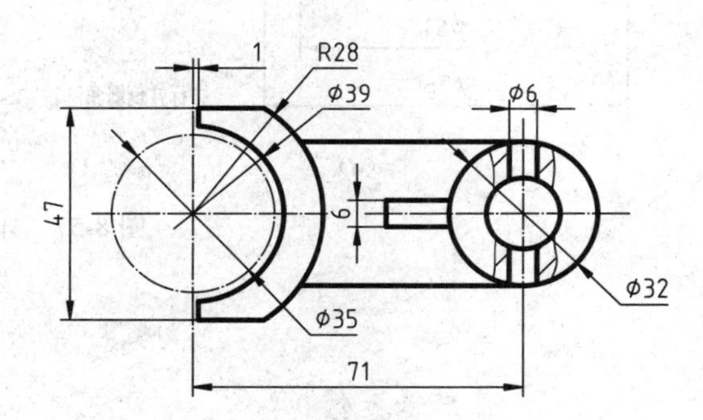

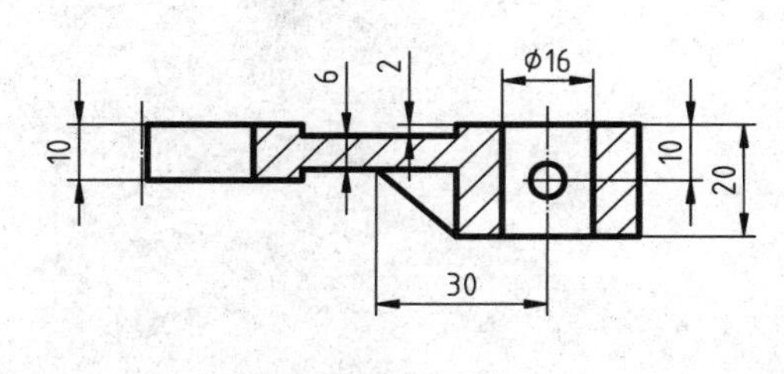

图 8-56　拨叉

2. 绘制如图 8-57 所示杯子的剖视图。

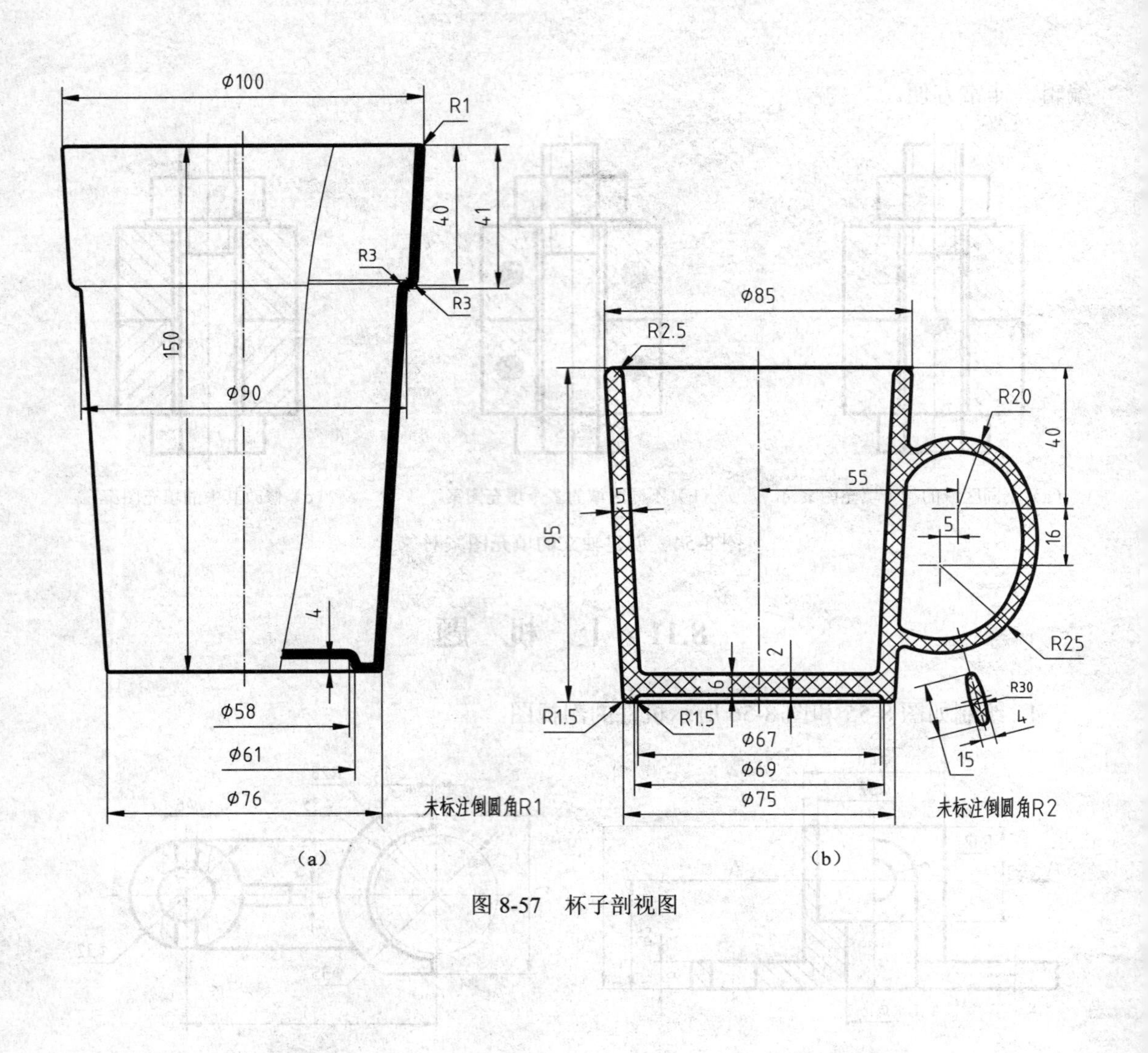

（a）　　　　（b）

图 8-57　杯子剖视图

第9章　工程文字的注写

一张完整的工程图样除了用图形完整、正确、清晰地表达物体的结构形状外，还必须用尺寸表示物体的大小，另外还应有相应的文字信息，如注释说明、技术要求、标题栏和明细表等。AutoCAD 提供了强大的文字注写和文本编辑功能。

本章将介绍的内容和新命令如下。

（1）STYLE 设置文字样式命令；

（2）文字对齐方式；

（3）TEXT 或 DTEXT 注写单行文字命令；

（4）MTEXT 注写多行文字命令；

（5）特殊字符的输入；

（6）注释性文字；

（7）文字的编辑。

9.1　文字样式的设置

文字样式定义了文字的外观，是对文字特性的一种描述，包括字体、高度、宽度比例、倾斜角度以及排列方式等。默认文字样式为 Standard，工程图样中所标注的文字往往需要采用不同的文字样式，因此，在注写文字之前首先应设置所需要的文字样式。

调用命令的方式如下。

功能区：单击“默认”选项卡“注释”面板中的图标按钮或“注释”选项卡“文字”面板中的按钮。

菜单：执行“格式”|“文字样式”命令。

图标：单击“样式”工具栏中的图标按钮。

键盘命令：STYLE（或 ST）。

执行该命令后，将弹出如图 9-1 所示的“文字样式”对话框。“样式”列表中显示了当前图形文件中已创建的所有文字样式，并在相应栏内显示所选文字样式的有关设置、外观预览。用户可以新建并设置文字样式，还可以修改或删除已有的文字样式等。

操作步骤如下。

第 1 步，调用“文字样式”命令。

第 2 步，在“文字样式”对话框中，单击“新建”按钮，弹出如图 9-2 所示的“新建文字样式”对话框。

第 3 步，在“样式名”文本框中输入新样式名。

第 4 步，单击“确定”按钮，返回到主对话框，新的样式名显示在样式列表中，且被选中。

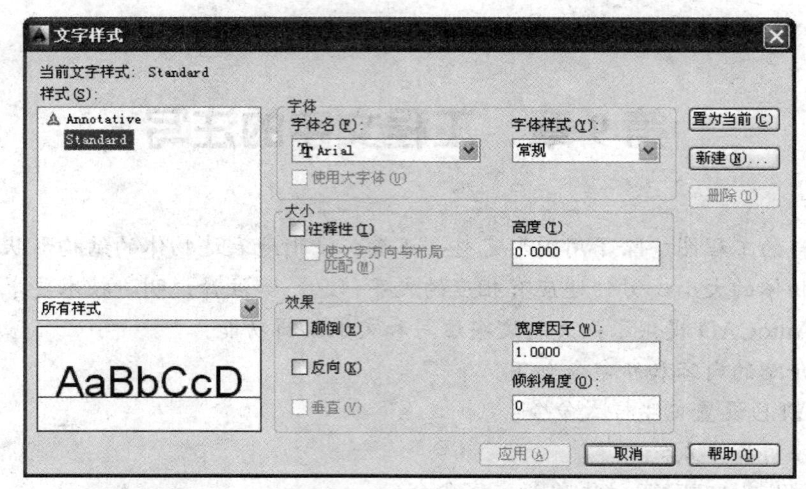

图 9-1 “文字样式”对话框

第 5 步，在“字体名”下拉列表框中选择某一字体。

第 6 步，在“高度”文本框中设置文字的高度。

第 7 步，在“效果”选项组中设置文字的宽度因子、排列方式、倾斜角度等，确定文字的书写效果。

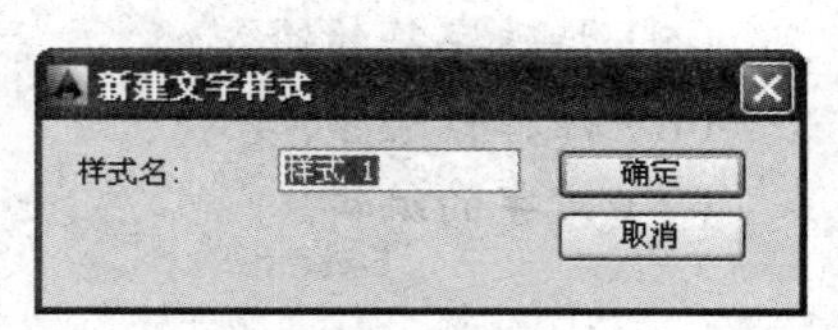

图 9-2 “新建文字样式”对话框

第 8 步，单击“应用”按钮，确认对文字样式的设置。

第 9 步，进行其他操作，或单击“关闭”按钮，关闭“文字样式”对话框。

操作及选项说明如下。

（1）“字体名”下拉列表中显示了系统提供的字体。表中有两类字体，其中 True Type 字体是由 Windows 系统提供的已注册的字体，SHX 字体为 AutoCAD 本身编译的存放在 AutoCAD Fonts 文件夹中的字体，在字体名前分别用“T”、“A”前缀区别。

（2）当选择了 SHX 字体时，“使用大字体”复选框亮显，选中该复选框，然后在“大字体”下拉列表中为汉字等亚洲文字指定大字体文件，常用的大字体文件为 gbcbig.shx。

（3）文字倾斜角度为相对于 Y 轴正方向的倾斜角度，其值在−85°～85°之间选取，文字各种书写效果如图 9-3～图 9-5 所示。

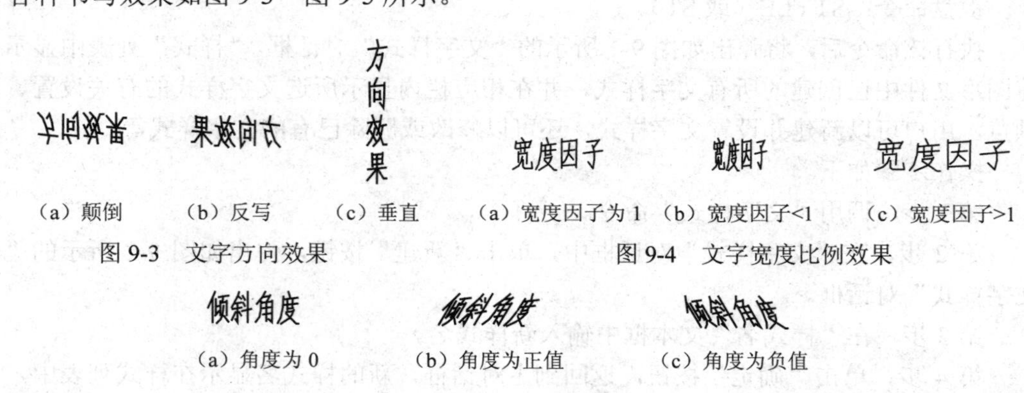

（a）颠倒　（b）反写　（c）垂直

图 9-3 文字方向效果

（a）宽度因子为 1　（b）宽度因子<1　（c）宽度因子>1

图 9-4 文字宽度比例效果

（a）角度为 0　（b）角度为正值　（c）角度为负值

图 9-5 文字倾斜效果

注意：

① True Type 字体不能设置垂直效果。

② 设置颠倒、反向效果不影响多行文字，而宽度因子和倾斜角度可应用于新注写的文字和已注写的多行文字。

（4）新文字样式一旦创建，系统自动将其设置为当前文字样式。如需改变当前样式，可以在“样式”列表中选择某一文字样式，再单击“置为当前”按钮。

（5）在“样式”列表中选择某一文字样式，可以修改其设置，或单击“删除”按钮，将其删除。

注意：在“样式”列表中的某一文字样式名上右击，利用弹出的快捷菜单可以将所选文字样式置为当前、重命名以及删除。AutoCAD 默认的“Standard（标准样式）”不允许重命名和删除，图形文件中已使用的文字样式不能被删除。

【例 9-1】 设置两种新文字样式：“工程字”选用 gbeitc.shx 字体，及 gbcbig.shx 大字体；“长仿宋字”选用“仿宋_GB2312”字体，宽度因子为 0.7，并将“工程字”设置为当前文字样式。

操作如下。

命令：**_style**	单击图标按钮，弹出“文字样式”对话框
单击“新建”按钮	弹出如图 9-2 所示的“新建文字样式”对话框
在“样式名”文本框中输入“工程字”	定义新文字样式名为“工程字”
单击“确定”按钮	返回到主对话框
在“字体名”下拉列表框中选择 **gbeitc.shx** 字体	设置“工程字”采用的字体文件为 gbeitc.shx
选中“使用大字体”复选框	使用大字体
选择“大字体”下拉列表框中的 **gbcbig.shx** 字体文件	设置“工程字”的大字体文件为“gbcbig.shx”，完成“工程字”设置
单击“应用”按钮	确认“工程字”文字样式的设置，如图 9-6（a）所示
再次单击“新建”按钮	再次弹出“新建文件样式”对话框
在对话框的“样式名”文本框中输入“长仿宋字”	定义新文字样式名为“长仿宋字”
单击“确定”按钮	单击“确定”按钮，回到主对话框
不选中“使用大字体”复选框	不使用大字体
在“字体名”下拉列表框中选择“仿宋_GB2312”	设置“长仿宋字”的字体文件为“仿宋_GB2312”
在“宽度因子”文本框内输入宽度比例值 0.7	设置“长仿宋字”的宽度比例为 0.7，完成长仿宋字设置
单击“应用”按钮	确认“长仿宋字”文字样式的设置，如图 9-6（b）所示
在“样式”列表中选择“工程字”	选择“工程字”文字样式
单击“置为当前”按钮	将“工程字”文字样式设置为当前文字样式
单击“关闭”按钮	关闭对话框，结束“文字样式”命令

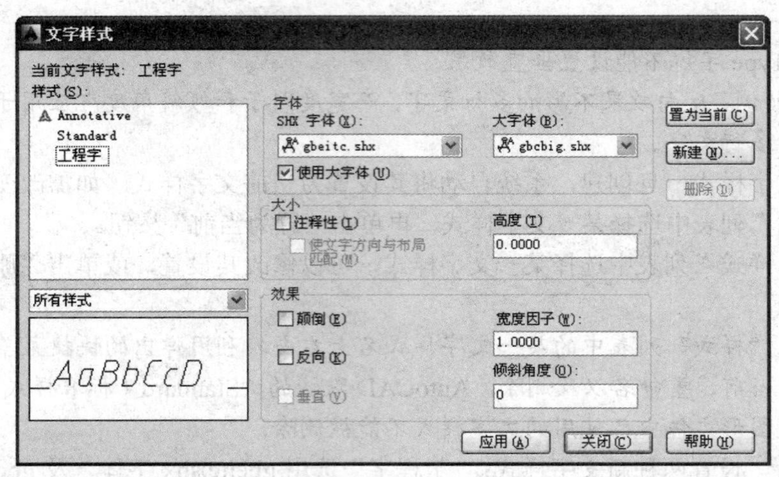

（a）设置“工程字”文字样式

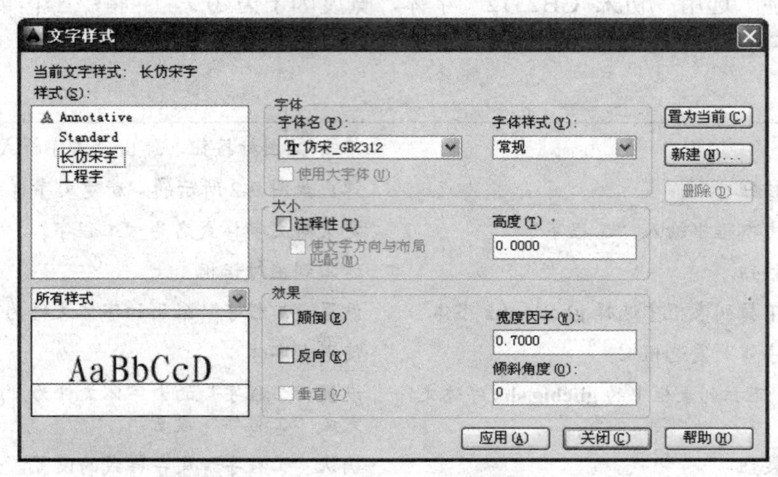

（b）设置“长仿宋字”文字样式

图 9-6 设置文字样式

注意：

（1）当选中“使用大字体”复选框，“字体名”下拉列表中只显示 SHX 字体。

（2）本例所设置的“工程字”采用了 gbeitc.shx 字体，用该样式注写的中文字为正体字，注写的英文或数字为斜体字，符合国标对字体的规定。

9.2 文字的注写

AutoCAD 提供了两种文字注写方式：单行文字、多行文字。

9.2.1 注写单行文字

利用“单行文字”命令，可以在图形中按指定文字样式、对齐方式和倾斜角度，以动态方式注写一行或多行文字，每行文字是一个独立的对象。

调用命令的方式如下。

功能区：单击“默认”选项卡“注释”面板中的A图标按钮。

菜单：执行“绘图”|“文字”|“单行文字”命令。

图标：单击“文字”工具栏中的A图标按钮。

键盘命令：DTEXT（或 TEXT、DT）。

1. 创建单行文字

操作步骤如下。

第 1 步，调用“单行文字”命令。

第 2 步，命令提示为“指定文字的起点或 [对正(J)/样式(S)]：”时，在合适位置指定注写单行文字的起点。

第 3 步，命令提示为“指定高度 <2.5000>：”时，输入文字的高度值，回车。

第 4 步，命令提示为“指定文字的旋转角度 <0>：”时，输入文本行绕对齐点旋转的角度值，回车。或利用极轴追踪确定文字行旋转角度。

第 5 步，在屏幕上的“在位文字编辑器”中，输入文字，回车。

第 6 步，继续输入第二行文字，或回车结束命令。

操作及选项说明如下。

（1）上述第 3 步如果用一点响应，则该点与起点的距离即为文字高度。

（2）指定文字的旋转角度后，屏幕上在指定的文字对齐点处出现单行文字的“在位文字编辑器”，该编辑器是一个带有光标的矩形框，每输入一个文字都会在光标处显示出来（动态注写），且编辑器边框随着文字的输入而展开。输入一行文字后，回车，光标自动下移一行，则新一行文字的对齐方式和文字属性不变。如果新一行文字的位置有变化，可在不退出命令的状态下，移动光标到新的位置上拾取，“在位文字编辑器”就出现在新位置，可以继续输入文字。

（3）创建的文字使用系统提示的当前文字样式，可以在指定文字的起点前，选择“样式”选项，将当前图形中已定义的某种文字样式设置为当前文字样式。

（4）默认为左对齐（L），可以在指定文字的起点前，选择“对正”选项，根据需要指定文本行的对齐方式。如图 9-7 所示，AutoCAD 为单行文字的文本行规定了 4 条定位线：顶线（Top Line）、中线（Middle Line）、基线（Base Line）、底线（Bottom Line）。顶线为大写字母顶部所对齐的线，基线为大写字母底部所对齐的线，中线处于顶线与基线的正中间，底线为长尾小写字母底部所在的线，汉字在顶线和基线之间。系统提供了 13 个对齐点以及 15 种对齐方式。其余各对齐点分别对应的对齐方式为：居中对齐（C）、中间对齐（M）、

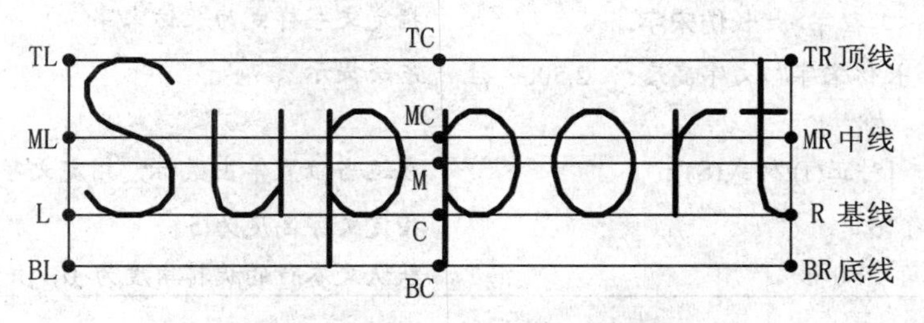

图 9-7　文字对齐方式（对齐、调整除外）

右对齐（R）、左上对齐（TL）、中上对齐（TC）、右上对齐（TR）、左中对齐（ML）、正中对齐（MC）、右中对齐（MR）、左下对齐（BL）、中下对齐（BC）、右下对齐（BR）。各对齐点即为文本行的插入点。

另外的两种对齐方式如下。

① 对齐（A）。指定文本行基线的两个端点确定文字的高度和方向。系统将自动调整字符高度使文字在两端点之间均匀分布，而字符的宽高比例不变，如图 9-8（a）所示。

② 布满（F）。指定文本行基线的两个端点确定文字的方向。系统将调整字符的宽高比例以使文字在两端点之间均匀分布，而文字高度不变，如图 9-8（b）所示。

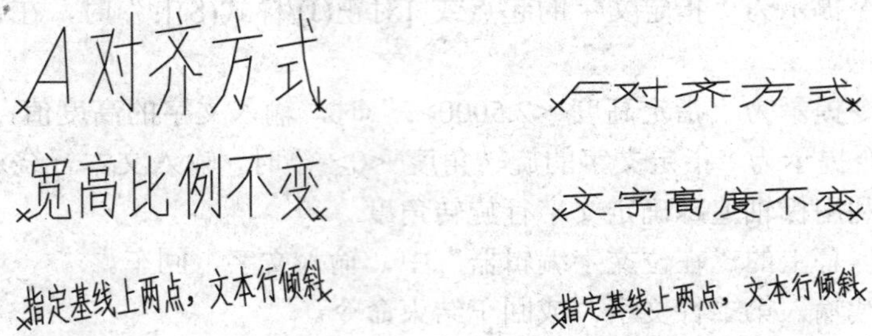

（a）对齐　　（b）布满

图 9-8　文字对齐方式

注意：以上两种对齐方式中 × 表示所指定的文本行基线的两个端点，文本行的倾斜角度为起点与终点连线与当前 X 正方向的角度确定，因此，指定这两点的先后次序不同会得到不同的注写结果。

（5）再次执行该命令时，如果以回车响应“指定文字的起点”提示，则跳过输入高度和旋转角度的提示，直接在上一命令注写的最后一行单行文字的对齐点下方出现“在位文字编辑器”，且文字的对齐方式和文字属性不变。

【例 9-2】 利用“单行文字”命令，注写如图 9-9 所示的文本，要求用例 9-1 中设置的“长仿宋字”样式，字高为 5。

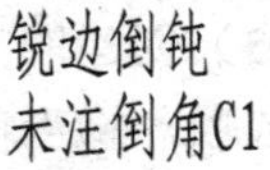

图 9-9　注写单行文字

操作如下。

命令：**_dtext**	单击 A 图标按钮，启动“单行文字”命令
当前文字样式：“工程字”　文字高度：　2.500 注释性：否　对正：左	系统提示当前文字样式、文字高度、是否为注释性文字[1]及文字对齐方式
指定文字的起点或[对正(J)/样式(S)]：**s**↵	选择“样式”选项
输入样式名或[?] <工程字>：**长仿宋字**↵	指定文字样式为长仿宋字
当前文字样式：　长仿宋字　文字高度：　2.500　注 释性：否　对正：左	系统提示
指定文字的起点或[对正(J)/样式(S)]：	在适当位置单击鼠标，指定文字左对齐点
指定高度<2.500>：**5**↵	指定文字高度为 5
指定文字的旋转角度<0>：↵	默认文本行的旋转角度为 0，并显示“在位文字

① 参见本书 9.5 节。

	编辑器”
在“在位文字编辑器”中输入文字：**锐边倒钝↵**	输入第一行文本，回车，换行
在“在位文字编辑器”中输入文字：**未注倒角 C1↵**	输入第二行文本，回车
↵	回车，结束“单行文字”命令

注意：在命令提示为“输入样式名或[?] <当前样式名>”时，如果输入“?”，将列出当前图形文件中的所有文件样式及其设置，用户可以从中选择合适的文字样式。

2. 单行文字快捷菜单

在输入文字过程中，右击，弹出如图 9-10 所示的快捷菜单。除了顶层与底部的一些基本编辑选项外，其余是编辑单行文字特有的选项，下面介绍主要的几个选项。

（1）编辑器设置。设置在注写单行文字时，“在位文字编辑器”的背景。“在位文字编辑器”的背景默认为透明，用户在注写文字时可以看到与文字重叠的其他图形对象，如图 9-11（a）所示。如果选择“不透明背景”选项，则关闭编辑器的透明度，文字后的图形将被挡住，如图 9-11（b）所示。当选择“文字亮显颜色”选项，将打开“选择颜色”对话框，可以设置编辑文字时“在位文字编辑器”的背景颜色。

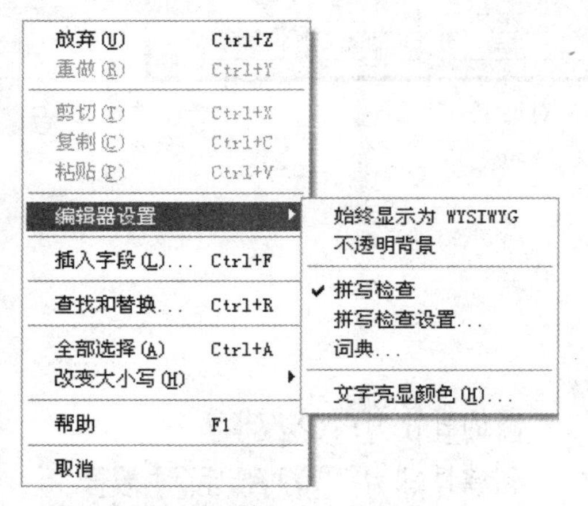

图 9-10 单行文字快捷菜单

（a）透明背景

单行文字不透明背景

（b）不透明背景

图 9-11 单行文字背景

（2）插入字段。字段是图形中的一些说明文字，显示当前图形中可能会发生变化的数据。选择“插入字段”，打开如图 9-12 所示的“字段”对话框，从中选择要插入文字中的字段类别和字段名称。关闭对话框后，字段的当前值将显示在文字对象中。

（3）查找和替换。打开如图 9-13 所示的“查找和替换”对话框，在该对话框中可以查找指定的文本，也可以用指定的文本去替换某文本。

注意：如果选中“全字匹配”复选框，只有当文字是一个单独的词语时，才与“查找内容”文本框中的文字相匹配。如果不选中该复选框，无论文字是单独的词语还是其他词语的一部分，AutoCAD 都将查找与指定的字符串相匹配的所有文字。

【例 9-3】 利用“单行文字”命令，注写如图 9-14 所示带字段的文字，采用“工程字”文字样式，左中对齐，字高为 7。

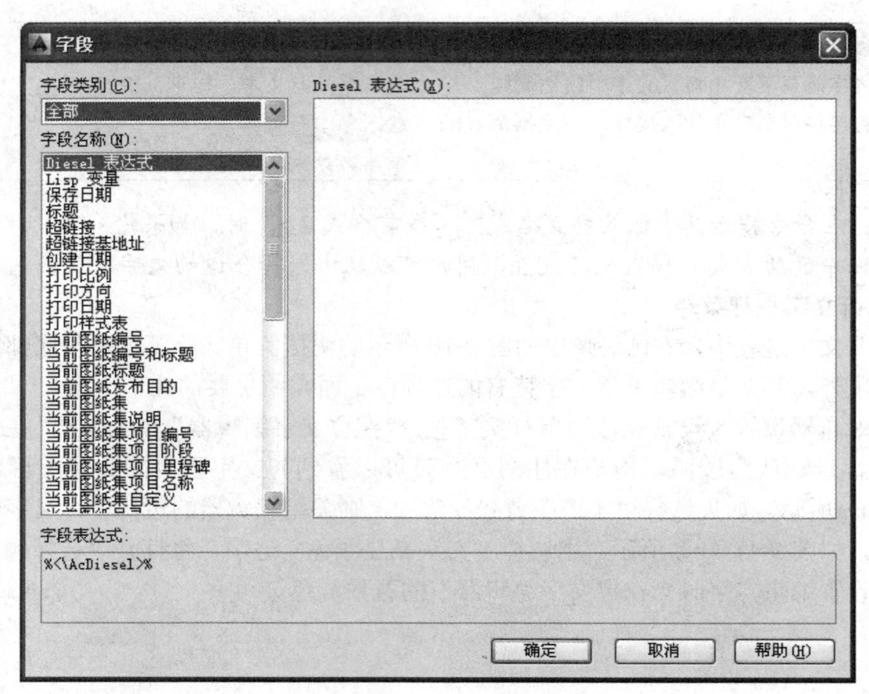

图 9-12 “字段”对话框

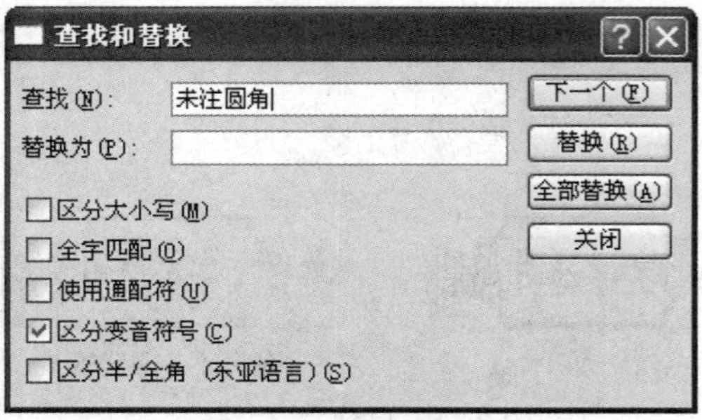

图 9-13 “查找和替换”对话框

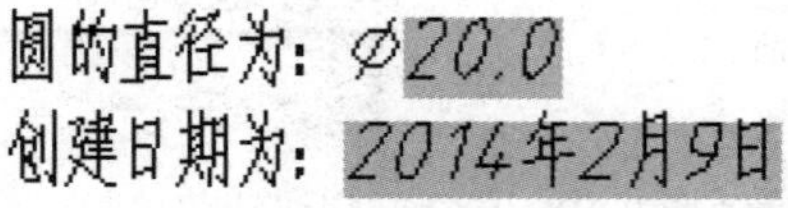

图 9-14 注写带字段的单行文字

操作如下。

命令: **_dtext**	单击A图标按钮，启动“单行文字”命令
当前文字样式: “工程字” 文字高度: 5.000 注释性: 否 对正: 左	系统提示
指定文字的起点或[对正(J)/样式(S)]: **j**↵	选择“对正”选项
输入选项	系统提示
[左(L)/居中(C)/右(R)/对齐(A)/中间(M)/布满(F)/左上(TL)/中上(TC)/右上(TR)/左中(ML)/正中(MC)/右中(MR)/左下(BL)/中下(BC)/右下(BR)]: **ml**↵	选择“左中”对齐方式
指定文字的左中点:	在适当位置单击，确定文字左上对齐点
指定高度<5.000>: **7**↵	指定文字高度为 7
指定文字的旋转角度<0>: ↵	默认文本行的旋转角度为 0，并显示“在位文字

	编辑器”
在“在位文字编辑器”中输入文字“**圆的直径为:%%C**”[①]	输入第一行文字
在文本框内右击	弹出快捷菜单
选择“插入字段”选项	打开“字段”对话框
在“字段名称”列表中选择“对象”	选择字段类别
单击“对象类型”右侧的“选择对象”按钮	回到绘图窗口，选择对象
选择对象:	选择 ϕ20 的圆，返回“字段”对话框
在“特性”列表中选择“直径”	在“预览”框内显示圆的直径值，如图 9-15（a）所示
单击“确定”按钮	回到“在位文字编辑器”，在光标处显示对象特性的当前值
↵	回车，换行
输入文字“**创建日期为:**”之后，以上述同样方法插入当前时间	输入第二行文字，插入当前时间字段，如图 9-15（b）所示
↵↵	回车，换行；再回车，结束“单行文字”命令

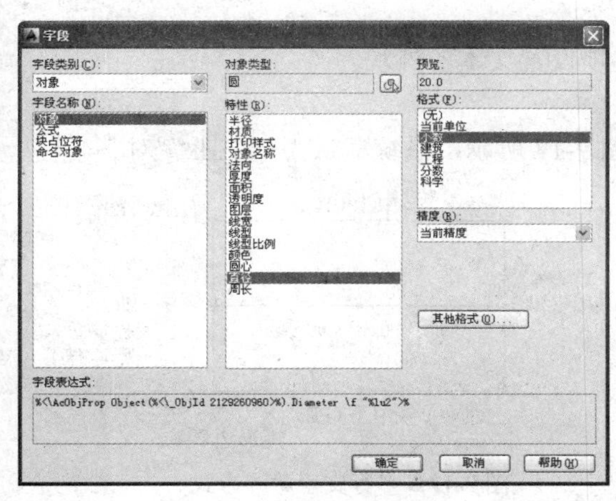

（a）插入字段显示对象特性

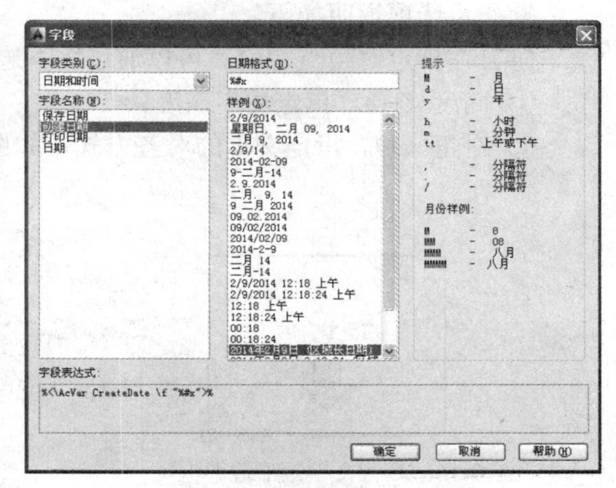

（b）插入字段显示创建对象的日期

图 9-15　插入“字段”

9.2.2　注写多行文字

利用“多行文字”命令，在绘图窗口指定矩形边界，弹出“文字编辑器”上下文选项卡，在编辑器内创建、编辑其特性可以控制的多行文字，并作为一个单独的对象。

调用命令的方式如下。

功能区：单击“默认”选项卡“注释”面板中的**A**图标按钮。

菜单：执行“绘图”|“文字”|“多行文字”命令。

① 特殊字符的输入参见本书 9.4 节。

图标：单击“绘图”或“文字”工具栏中的A图标按钮。

键盘命令：MTEXT 或 MT。

1．创建多行文字

操作步骤如下。

第 1 步，调用“多行文字”命令。

第 2 步，命令提示为“指定第一角点：”时，在适当位置指定多行文字矩形边界的一个角点。

第 3 步，命令提示为“指定对角点或 [高度（H）/对正（J）/行距（L）/旋转（R）/样式（S）/宽度（W）/栏（C）]：”时，在适当位置指定多行文字矩形边界的另一个角点，弹出如图 9-18 所示的“文字编辑器”。

注意：矩形边界宽度即为段落文本的宽度，多行文字对象每行中的单字可自动换行，以适应文字边界的宽度。矩形框底部向下的箭头说明整个段落文本的高度可根据文字的多少自动伸缩，如图 9-16 所示，不受边界高度的限制。

第 4 步，在“文字编辑器”中，根据需要设置文字格式及多行文本的段落外观。

第 5 步，在“文字编辑器”的文本框中输入文字。

第 6 步，单击“关闭”面板中的按钮（或在绘图区内单击），完成多行文字注写。

操作及选项说明如下。

（1）在指定对角点之前，可以通过以下选项设置文本的外观。

① 高度（H）。指定文字高度。

② 对正（J）。指定文本的对齐方式，如图 9-17 所示，系统默认为“左上”对齐。

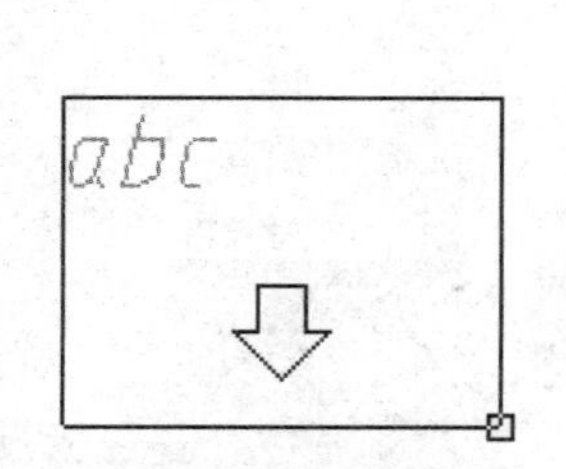

图 9-16　多行文字矩形边界框

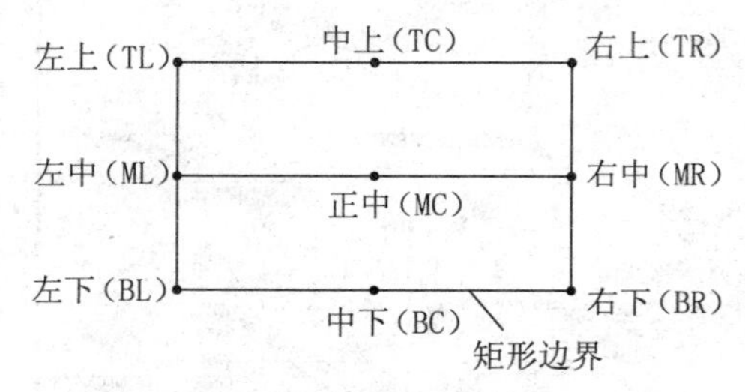

图 9-17　多行文字对齐方式

③ 行距（L）。设置多行文本的行距。

④ 旋转（R）。指定文字边界的旋转角度。

⑤ 样式（S）。指定当前文字样式。

⑥ 宽度（W）。设置矩形多行文本边界的宽度。

⑦ 栏（C）。创建分栏格式的多行文字。可以指定每一栏的宽度、两栏之间的距离、每一栏的高度等。

注意：如果用“宽度”选项，指定文本行宽度后，直接打开“在位文字编辑器”；如果设置的宽度值为 0，文字换行功能将关闭，只能按回车键换行，而段落文本的宽度与最长的文字行宽度一致。

在确定文字边界旋转角度时，如果使用光标定点，则旋转角度通过 X 轴与由第一角点和指定点定义的直线之间的角度来确定。

（2）输入字符时，如果单击如图 9-18 所示的“放弃”、“重做”按钮，可以取消、恢复前一步对文字内容或文字格式进行修改的操作。

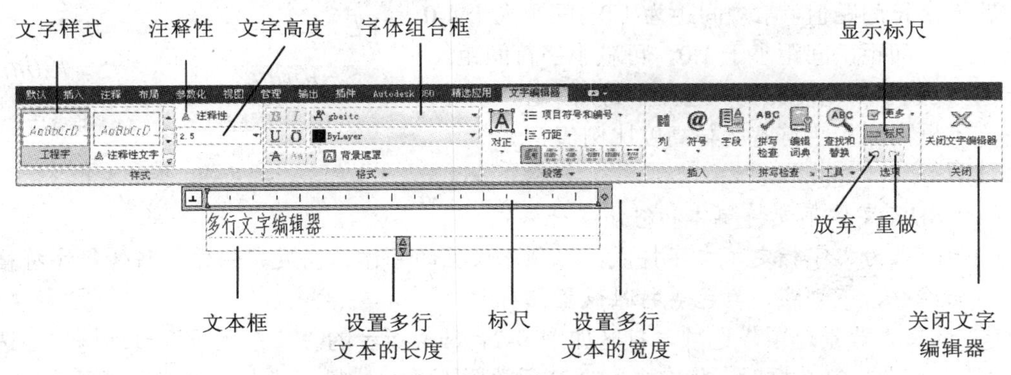

图 9-18　多行文字“文字编辑器”上下文选项卡

2. 利用多行文字“文字编辑器”上下文选项卡编辑文本

多行文字“文字编辑器”上下文选项卡由“样式”、“格式”、“段落”、“插入”等 8 个选项卡，以及带标尺的文本框，如图 9-18 所示。用户首先在“样式”面板上选择文字样式，并设置字高，然后对多行文字的字符及段落进行各种编辑。

（1）设置文字格式。文字格式包括文字所采用的字体、颜色、背景遮罩以及其他格式等，可以在如图 9-19 所示的“格式”面板内进行设置。

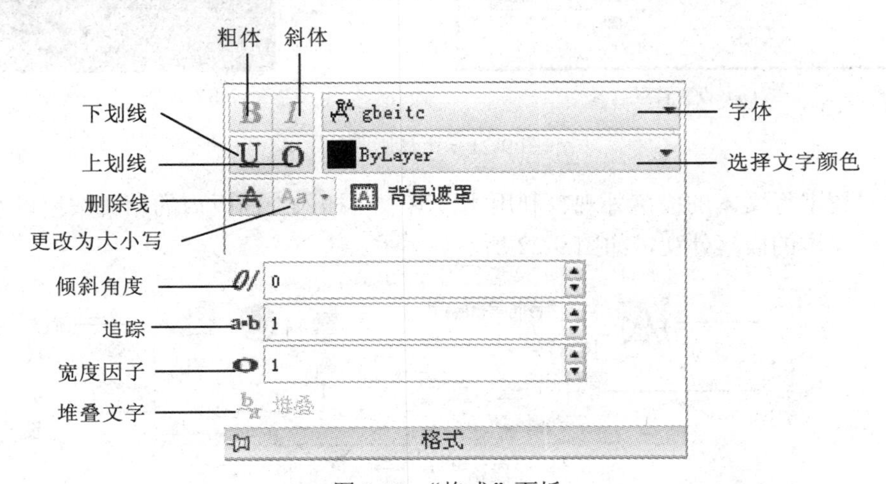

图 9-19　“格式”面板

文字的字符格式中粗体、斜体、下划线、上划线、添加删除线、大小写转换等可以通过单击相应的按钮进行设置，其余格式设置的操作及选项说明如下。

① 创建堆叠的文字。用堆叠字符（^、#、/）将文字字符分隔成两个文字串，如图 9-20（a）所示。选定需要堆叠的字符，单击“堆叠”按钮即可，堆叠形式如图 9-20（b）所示，可以注写上下标文字、分式等。如果选定堆叠文字，单击“堆叠”按钮，则取消堆叠。

② 设置字符倾角。在选择字符后，在“倾斜角度”文本框内输入字符相对于 Y 轴正方向的倾斜角度。

③ 设置字符间距。选择字符后，在“追踪”文本框内输入字符间距值，常规间距为 1.0。间距大于 1.0，则增大字符间距，间距小于 1.0，可减小字符间距。

④ 设置字符宽度比例。选择字符后，在“宽度因子”文本框内输入字符宽度与高度比例值。

（a）堆叠前	（b）堆叠后
Ø50+0.027^0	$\phi 50^{+0.027}_{0}$
Ø30H7#f6	$\phi 30^{H7}/_{f6}$
L^1=4/7	$L_1=\frac{4}{7}$
S=100m2^	$S=100m^2$

图 9-20　堆叠文字

注意：

（1）SHX 字体不支持粗体和斜体字符格式。

（2）如果为文字指定了文字样式，则预先设置的字体、高度、粗体、斜体等字符格式无效。而堆叠、下划线、颜色等特性设置仍有效。

⑤ 选择“背景遮罩”选项，打开如图 9-21（a）所示的“背景遮罩”对话框。当选中“使用背景遮罩”复选框时，将在多行文字后放置不透明背景，其大小由偏移因子确定，偏移因子默认为 1.5，结果如图 9-21（b）所示。偏移因子为 1.0 时，背景正好布满多行文字的矩形边框。

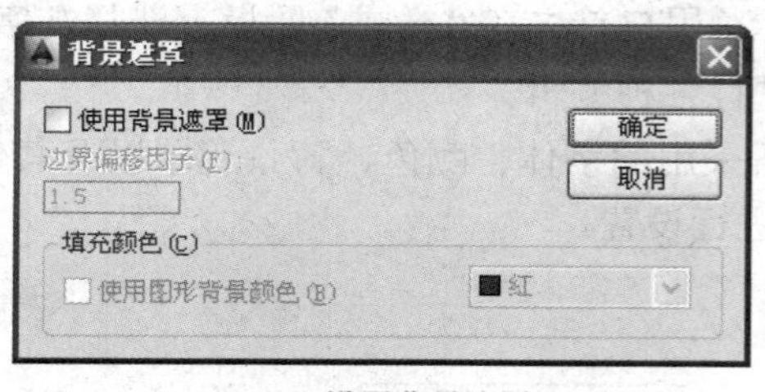

（a）设置背景遮罩

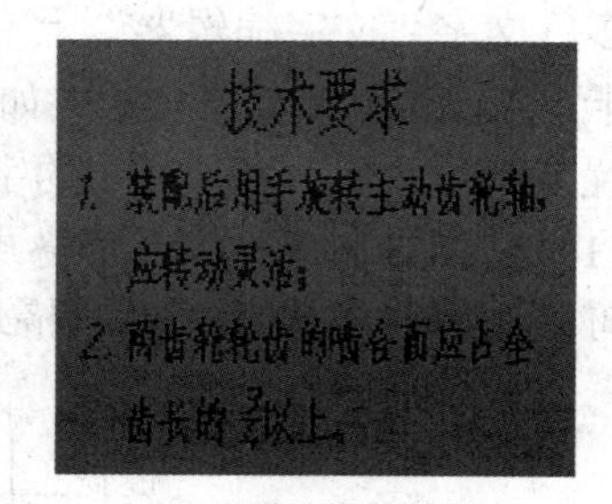

（b）背景遮罩的效果

图 9-21　背景遮罩

（2）设置多行文本的段落外观。利用“段落”、“插入”面板内的相关按钮以及标尺可以控制多行文本的段落外观，如图 9-22 所示。

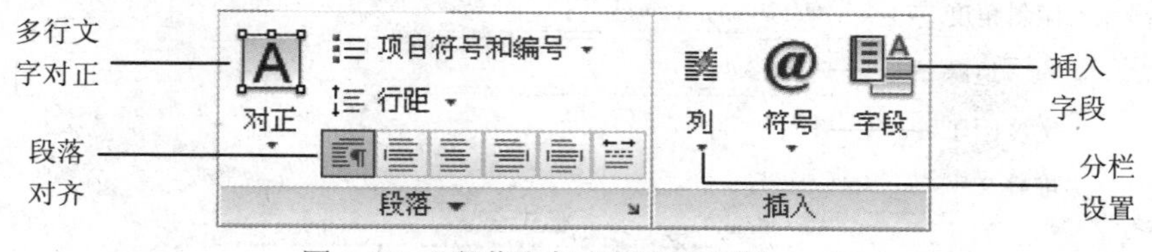

图 9-22　“段落”与“插入”面板

操作及选项说明如下。

① 单击“对正”按钮，在其下拉菜单的 9 个选项中，选择对齐方式，默认为“左上”对齐。

② 单击“段落对齐”栏内的各个按钮，如图 9-22 所示，设置当前段落或选定段落的左右文字边界的对齐方式。

③ 单击“项目符号和编号”下拉列表，打开如图 9-23 所示的项目与编号菜单。可以

为新输入或选定的文本创建带有字母、数字编号或项目符号标记形式的列表，如图 9-24 所示。选择“关闭”选项，则从选定的文本中删除标记列表格式，而不修改缩进。

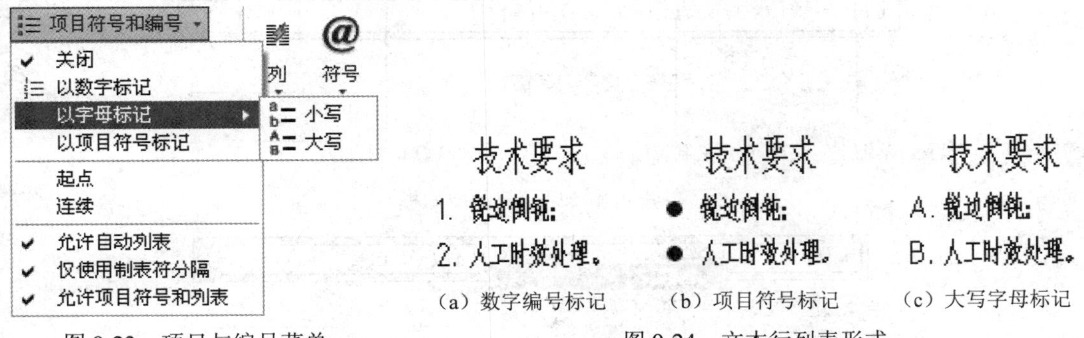

图 9-23　项目与编号菜单　　　　图 9-24　文本行列表形式

④ 单击“段落”面板上的按钮，弹出如图 9-25 所示的“段落”对话框，可以精确设置段落缩进、指定制表位；设置段落对齐方式、段落间距和行距。

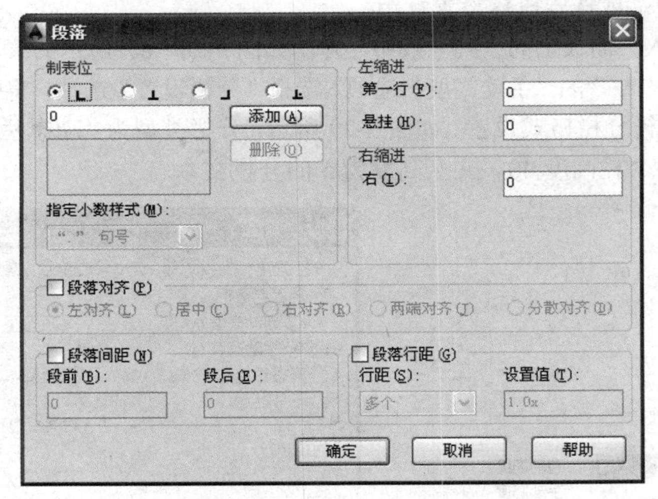

图 9-25　“段落”对话框

⑤ 标尺显示当前段落的设置，其中滑块显示左缩进。拖动标尺上的首行缩进滑块，可以设置段落的首行缩进；拖动段落缩进滑块，可以设置段落其他行的缩进（悬挂），如图 9-26 所示。在标尺上单击要插入制表位的位置，可以自定义制表位。在标尺区域右击，弹出如图 9-27 所示的快捷菜单，选择“段落”选项，弹出“段落”对话框，进行设置。

注意：

- 如果在输入文字前设置缩进和制表位，将应用于整个多行文本对象。
- 若不同段落使用不同的缩进和制表位，可将光标停留在某个段落进行修改。
- 若几个段落使用相同的缩进和制表位，可以选择多个段落，再进行修改。
- 如图 9-27 所示的快捷菜单中设置多行文字宽度和高度两个选项由设置的分栏类型确定是否可用。

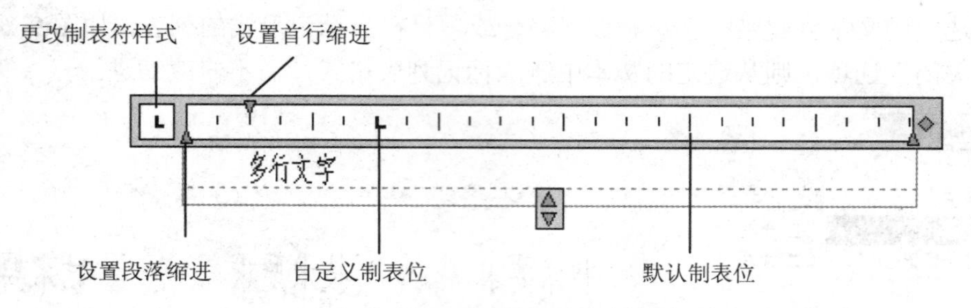

图 9-26　带标尺的文本框

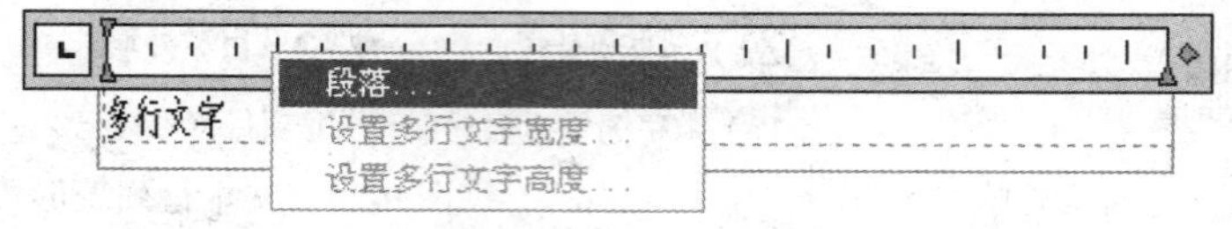

图 9-27　利用快捷菜单打开“段落”对话框

⑥ 单击“行距”下拉菜单，从中选择合适的行距，或选择“更多……”，打开“段落”对话框，为当前段落或选定段落设置行距。

⑦ 单击“插入”面板上的“列”按钮，弹出如图 9-28（a）所示的菜单，可以选择分栏类型，默认为“动态栏”的“手动高度”选项。选择“分栏设置”选项，将弹出如图 9-28（b）所示的对话框，进行分栏格式设置。如图 9-29 所示，分栏类型为“动态栏”的“自动高度”，栏宽 50、栏间距 5、栏高度 40，文字高度为 5 的分栏文本。

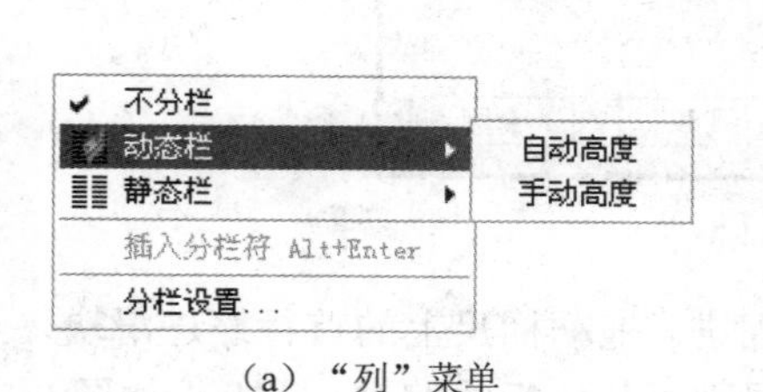

（a）“列”菜单

（b）“分栏设置”对话框

图 9-28　多行文本段落的分栏设置

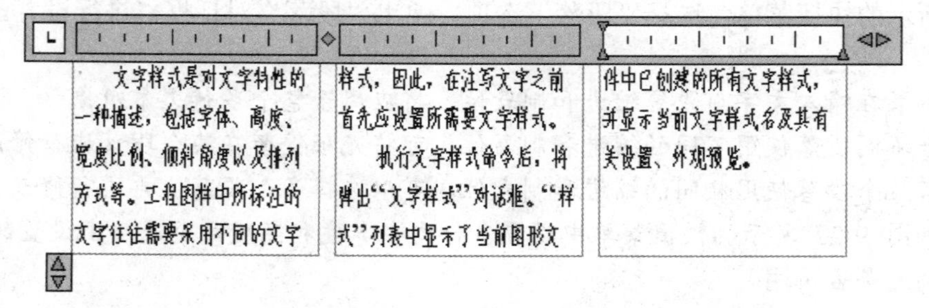

图 9-29　输入分栏显示的多行文字

【例 9-4】 利用“多行文字”命令注写如图 9-30 所示的多行文本。要求采用“工程字”文字样式，文本段落不分栏，其宽度为 50，“左上”对齐方式，“技术要求”字高为 7、居中对齐，段落缩进及悬挂值均为 0；两点具体内容字高为 5，第一行段落缩进为 0，悬挂缩进值为 5。

技术要求

1. 装配后用手旋转主动齿轮轴，应转动灵活；
2. 两齿轮轮齿的啮合面应占全齿长的 $\frac{3}{4}$以上。

图 9-30　注写多行文字

操作如下。

命令: **_mtext**	单击图标按钮，启动“多行文字”命令
当前文字样式: “Standard”　文字高度: 7　注释性: 否	系统提示
指定第一角点	指定文本框文字左上对齐点
指定对角点或 [高度(H)/对正(J)/行距(L)/旋转(R)/样式(S)/宽度(W)/栏(C)]: **w**↵	选择“宽度”选项，设置文本段落的宽度
指定宽度: **50**↵	输入文本段落宽度值，回车，弹出“文字编辑器”上下文选项卡
在“文字编辑器”中进行如下操作:	
在“样式”面板的文字样式栏内选择“工程字”	指定“工程字”为当前文字样式
单击“段落”面板的“居中”按钮	设置第一行文字居中对齐
分别拖动“首行缩进”和“段落缩进”滑块至 0	设置首行缩进和段落缩进方式
输入文字: **技术要求**↵	输入文字“技术要求”，回车，换行
在“样式”面板的“字高”下拉列表中选择“5”，或直接在文本框中输入“5”	指定文字高度为 5
在“段落”面板的“项目符号和编号”下拉列表中选择“以数字标记”	为输入的文字设置成数字编号的列表形式
单击“段落”面板的按钮，弹出“段落”对话框，在左缩进选项组的“悬挂”文本框内输入 5，段落对齐为“左对齐”，单击“确定”按钮	设置段落缩进和段落对齐方式，如图 9-31 所示
输入文字: **装配后用手旋转主动齿轮轴，应转动灵活；**↵	输入技术要求第一点内容，回车，换行
输入文字: **两齿轮轮齿的啮合面应占全齿长的 3/4 以上。**	输入技术要求第二点内容，如图 9-32 所示
选中“3/4”后，单击堆叠按钮 堆叠	使用“文字堆叠”，将“3/4”堆叠为 $\frac{3}{4}$
在绘图区内单击	结束“多行文字”命令

（3）合并段落。选择需要合并的段落，单击“段落”下滑面板上的“合并段落”按钮，可以将选定的几个段落合并为一个段落，同时用空格键替换每个段落的回车键。

（4）使用符号。当需要在光标位置输入特殊符号（标准键盘无法直接输入的字符）或不间断空格时，用户可以单击“插入”面板的“@符号”按钮，在如图 9-33 所示的“符号”菜单中选择相应的符号。选择“其他”选项，弹出如图 9-34 所示的“字符映射表”对话框。该对话框中显示了当前字体的所有字符集，选中所需的字符，单击“选择”按钮，将其放

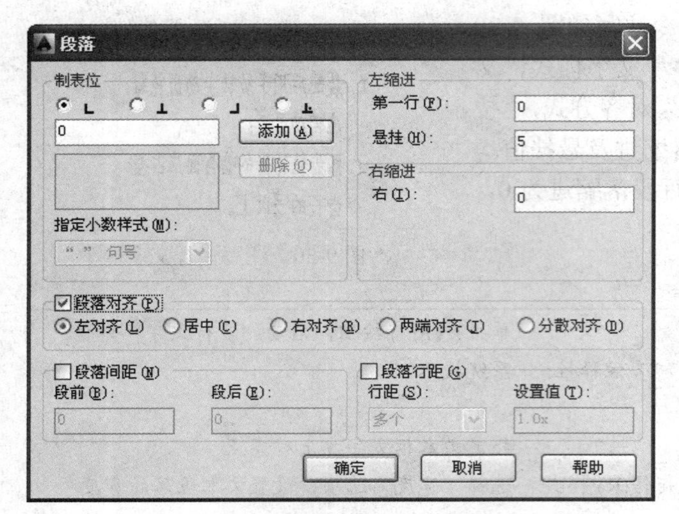

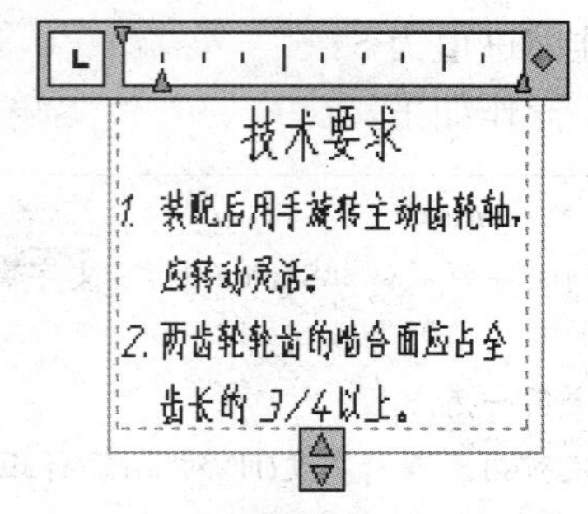

图 9-31 “段落”对话框设置文本段落　　　图 9-32 在编辑器文本框中输入文字

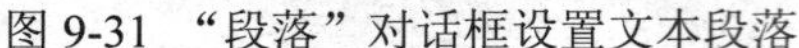

在“复制字符”框中，选择要使用的所有字符，然后再单击“复制”按钮，在文字编辑器文本框中右击，从弹出的快捷菜单中选择“粘贴”命令，可以插入一个或多个字符。

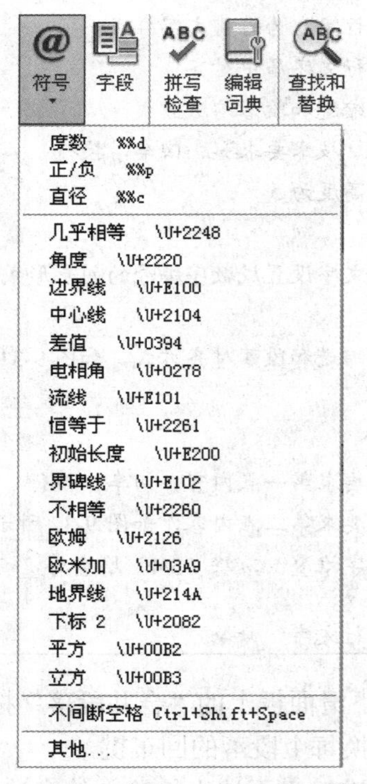

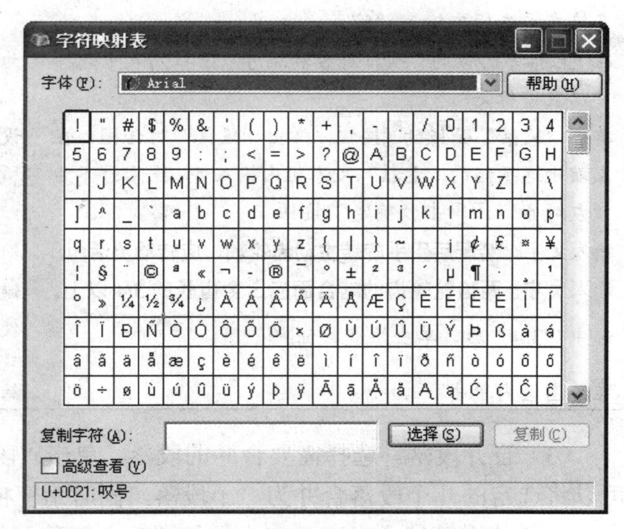

图 9-33 “符号”菜单　　　图 9-34 “字符映射表”对话框

【例 9-5】 利用“多行文字”命令及其“符号”选项，注写如图 9-35 所示沉孔的标注文字。要求采用“工程字”文字样式，正中对齐，字高为 3.5。

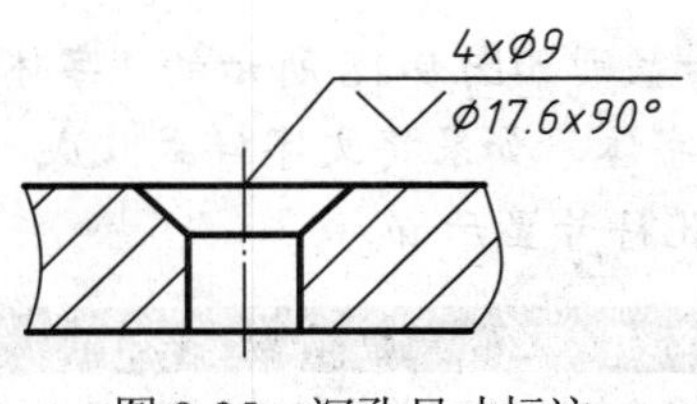

图 9-35　沉孔尺寸标注

操作如下。

命令：**_mtext**	单击**A**图标按钮，启动“多行文字”命令
当前文字样式：“工程字”　文字高度：5　注释性：否	系统提示
指定第一角点：**3**↲	捕捉水平引线左端点，并垂直向上追踪，输入 3，确定文本框文字第一角点
指定对角点或［高度(H)/对正(J)/行距(L)/旋转(R)/样式(S)/宽度(W)/栏(C)]：**3**↲	捕捉水平引线右端点，并垂直向下追踪，输入 3，确定文本框另一角点
在“文字编辑器”中进行如下操作：	
单击“段落”面板的“对正”按钮，在下拉菜单中选择“正中 MC”	设置文字对齐方式为“正中”
在“样式”面板的“字高”文本框中输入“3.5”	指定文字高度为 3.5
在文本框中输入“**4 ×**”之后，单击“插入”面板的“符号”按钮，选择“直径”，如图 9-33 所示，再输入文字 **9**↲	输入第一行文字 4 × ϕ9，如图 9-36（a）所示，回车，换行
单击“符号”按钮，分别选择“直径”、“度数”选项，将光标移至两个符号之间，输入文字“**17.6 × 90**”	输入第二行文字 ϕ17.6 × 90°，如图 9-36（a）所示
单击“符号”按钮，选择“其他”菜单	弹出“字符映射表”对话框
选择 GDT 字体，单击如图 9-36（b）所示的符号，单击“选择”按钮	选择沉孔符号
在文本框中将光标移至 ϕ 之前，右击，在快捷菜单中选择“粘贴”选项，自动将 ϕ17.6 × 90° 换行，按 Backspace 键。	在第二行行首插入沉孔符号
在绘图区内单击	结束“多行文字”命令

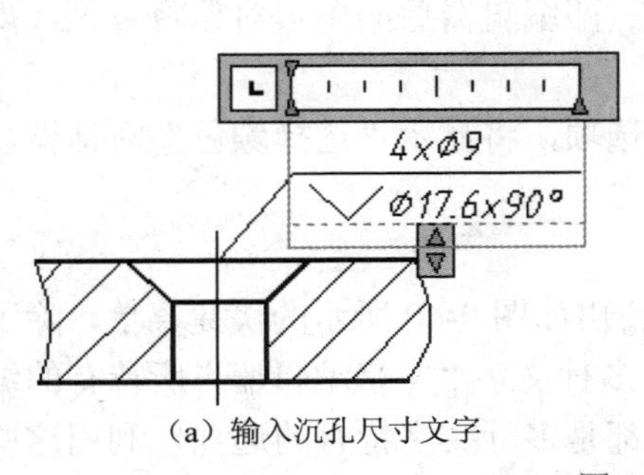

（a）输入沉孔尺寸文字

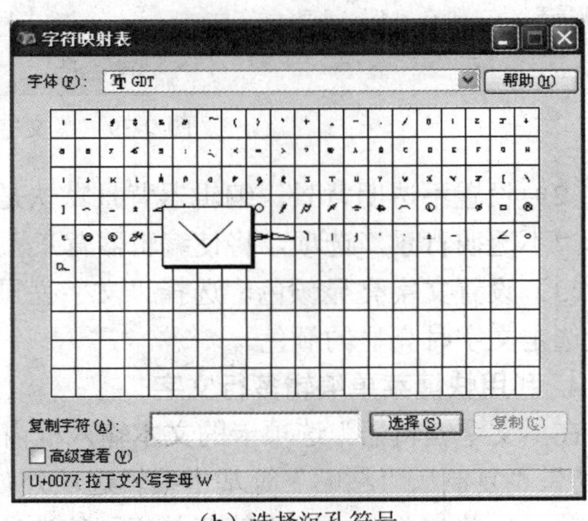

（b）选择沉孔符号

图 9-36　注写沉孔尺寸文字

注意： 如果先插入沉孔符号，则如图 9-18 所示的“字体组合框”内自动显示 gdt 字体，则影响后续输入 ϕ17.6×90° 的字体，如果将文字样式改成“工程字”，则弹出如图 9-37 的对话框，单击确认更改，则沉孔符号显示 *w*。

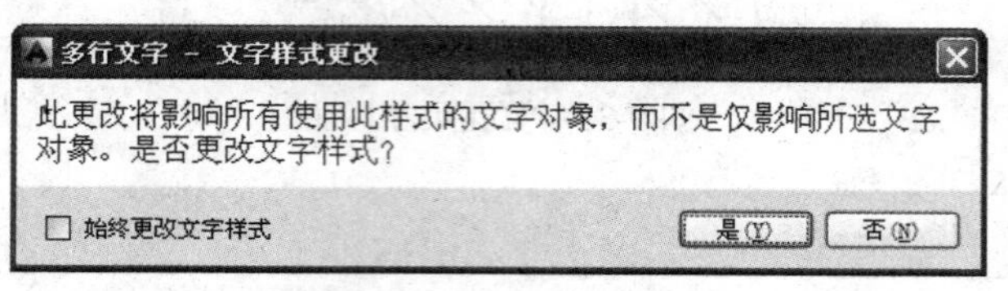

图 9-37 “多行文字-文字样式更改”对话框

（5）删除格式。单击“选项”面板的“更多”按钮，打开其下拉菜单，如图 9-38 所示。如果需要删除选定字符、段落的格式，用户可以选择某个字符或某个段落后，选择“删除格式”的“删除段落格式”选项，也可以删除选定段落中的所有格式，如图 9-38（a）所示。

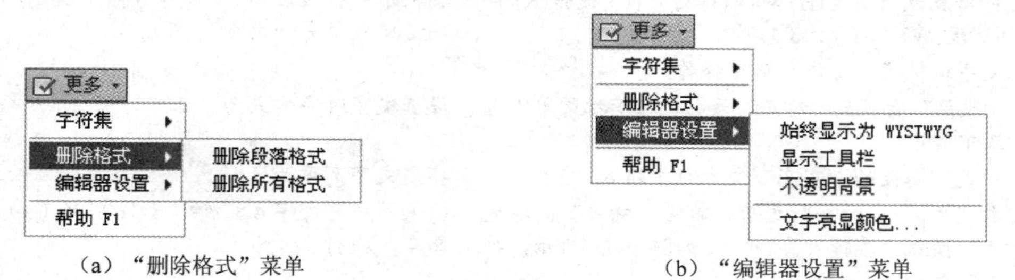

（a）“删除格式”菜单　　（b）“编辑器设置”菜单

图 9-38 “更多”下拉菜单

3. 编辑器设置

在“更多”下拉菜单中，提供了“编辑器设置”选项，如图 9-38（b）所示。

（1）显示工具栏。如选择“显示工具栏”选项，将显示多行文字的“文字格式”工具栏，如图 9-39 所示。利用该工具栏可以对多行文字的字符及段落的格式、外观进行各种编辑、设置。

图 9-39 “文字格式”工具栏

（2）设置不透明背景。编辑器背景默认是透明的，即编辑器后的图形对象将可见，如选择“不透明背景”选项，将使编辑器背景不透明。

（3）设置文字亮显颜色。选择“文字亮显颜色”选项，将显示“选择颜色”对话框，设置选定文字时亮显的颜色。

4. 利用快捷菜单编辑多行文字

在“文字编辑器”选项卡的文本输入框内右击，弹出如图 9-40 所示的快捷菜单，除了“剪切”、“复制”、“粘贴”等基本编辑选项外，提供了多行文字“文字编辑器”所特有的编辑选项，一些与单行文字快捷菜单相同的选项，其余都是多行文字特有的选项，利用这些选项，可以对多行文字进行编辑。

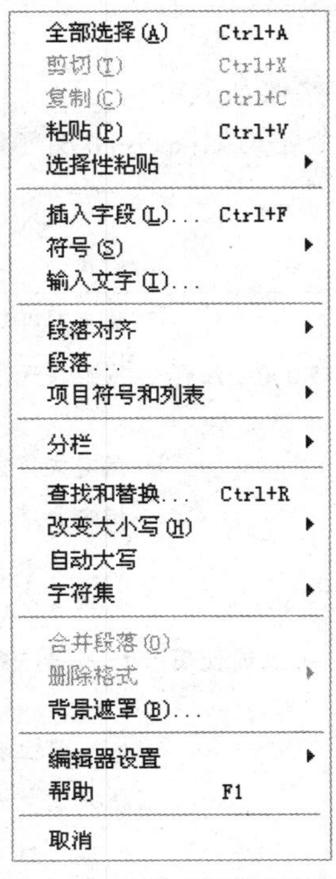

图 9-40　多行文字快捷菜单

9.3　特殊字符的输入

在工程图样中，经常要标注一些字符，如：度符号“°”、公差符号“±”、直径符号“ϕ”，有时还要给文字添加上划线、下划线等修饰。这些字符无法通过键盘直接输入，故称为特殊字符。利用“多行文字”命令，用户可以在“文字编辑器”的“插入”面板中由“符号”选项选择所需要的字符，如图 9-33 所示。而在用“单行文字”命令时，用户需要输入特定的控制代码或 Unicode 字符串来创建特殊字符或符号。表 9-1 列出了部分常用特殊字符的控制代码、Unicode 字符串及其含义。

表 9-1　特殊字符的控制代码、Unicode 字符串及其含义

特 殊 字 符	控 制 代 码	Unicode 字符串	特 殊 字 符	控 制 代 码
度符号（°）	%%d	\U+00B0	上划线（‾）	%%o
公差符号（±）	%%p	\U+00B1	下划线（_）	%%u
直径符号（ϕ）	%%c	\U+2205	百分号（%）	%%%
角度（∠）		\U+2220	ASCII 码 nnn	%%nnn

注意：

（1）在输入上、下划线符号时，第一次出现控制代码时上、下划线开始，第二次出现控制代码时上、下划线结束。如果不输入第二个控制代码，则上、下划线在文字字符串结束处自动关闭。

（2）在输入这些字符时，代码字符会直接出现在屏幕上，控制代码输入完整后将自动转换为相应的符号。

（3）有些特殊字符，可以通过软键盘来输入。

【例 9-6】 用“单行文字”命令注写如图 9-41 所示的文本。

欢迎使用AutoCAD2014

Ø30±0.016

∠A=30°

图 9-41 特殊字符标注示例

操作如下。

命令：**_dtext**	单击图标按钮，启动“单行文字”命令
当前文字样式： 工程字 文字高度： 5.000 注释性： 否 对正： 左	系统提示
指定文字的起点或 [对正(J)/样式(S)]:	指定文字左对齐点
指定高度 <5.000>：**7**↲	指定文字高度为 7
指定文字的旋转角度 <0>：↲	默认文本行的旋转角度为 0，并显示“在位文字编辑器”
在“在位文字编辑器”中输入文字：**%%o 欢迎使用 %%uAutoCAD%%o 2014**↲	输入第一行文本，回车，换行
%%c30%%p0.016↲	输入第二行文本，回车，换行
\U+2220A=30%%d ↲	输入第三行文本，回车，换行
↲	回车，结束“单行文字”命令

9.4 注释性文字

注释性文字用于注释说明图形，且可以根据当前注释比例进行自动缩放，以正确的大小显示或打印在图纸上。

9.4.1 创建注释性文字样式

在创建注释性文字之前，一般需要设置注释性文字样式。可以创建新的注释性文字样式，也可以将当前图形文件中已有的非注释性文字样式修改为注释性文字样式。设置与修改均可在如图 9-1 所示的“文字样式”对话框中操作，其中“样式”列表中带有专用图标的文字样式表示为注释性文字样式，Annotative 为系统默认的注释性文字样式。

创建注释性文字样式的方法如本书 9.1.1 节所述，只是需要在“大小”选项组内，选中“注释性”复选框，并在“图纸文字高度”文本框中输入数字，确定文字在图纸上显示的高度，如图 9-42 所示。

注意：

（1）如果重定义文字样式的注释性，则图形中使用该样式的文字将不会自动更新，用户可以使用 Annoupdate 命令，更新这些文字的注释性特性。

（2）如果注释性文字样式中没有指定固定的文字高度，即高度值为 0，则注写的注释性文字的图纸高度由注写文字时指定的高度和注释比例通过计算确定。

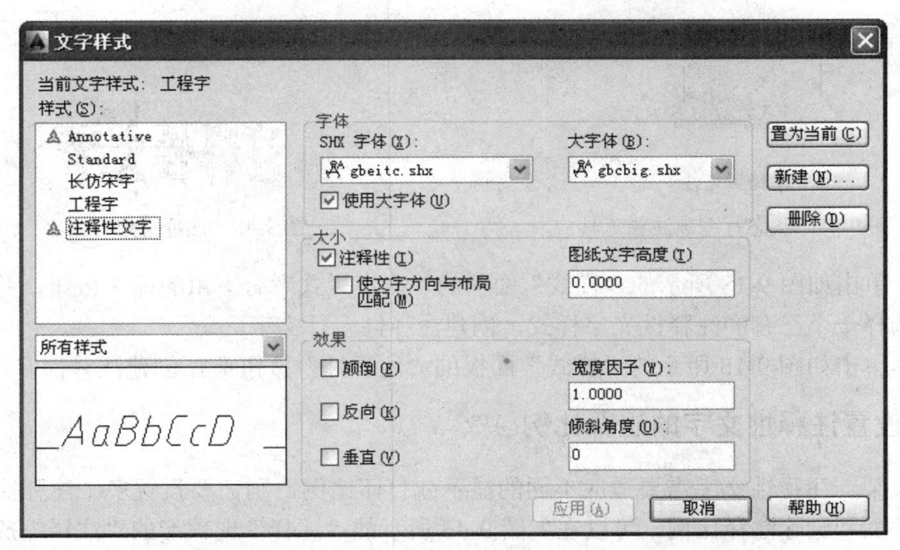

图 9-42　设置注释性文字样式

9.4.2　创建注释性文字

首次利用注释性文字样式创建注释性文字时，系统将弹出如图 9-43 所示的“选择注释比例”对话框，可以选择所需要的比例，并自动设为当前注释比例。此后，创建的注释性文字将具有当前注释比例，如果需要采用不同的比例，一般在创建文字前需要重新设置当前注释比例。在状态行右侧显示控制自动缩放注释的 3 个工具按钮，如图 9-44 所示。注释比例工具显示当前注释比例，在注释比例区内单击，将显示比例下拉列表，从中选择所需的比例，即可更改当前注释比例。

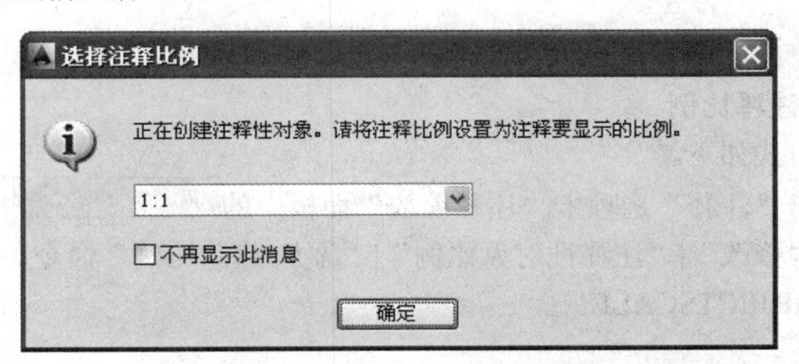

图 9-43　“选择注释比例”对话框

1. 创建注释性单行文字

利用“单行文字”命令创建注释性单行文字的操作方法与创建一般的单行文字完全相同，只是利用的是注释性文字样式。如图 9-45 所示，将光标悬停在注释性文字上时，将显示注释性图标。

2. 创建注释性多行文字

利用“多行文字”命令创建注释性多行文字，用户同样需要设置注释性特性，在多行文字“文字编辑器”上下文选项卡中，有以下两种操作方法。

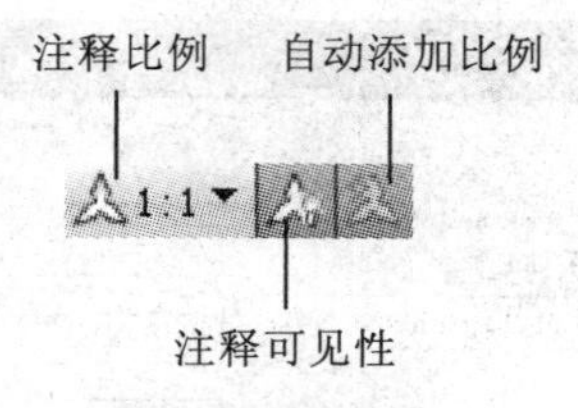

图 9-44　状态行缩放注释工具

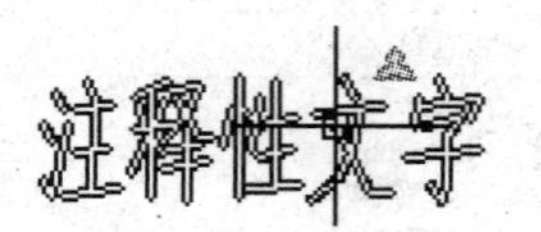

图 9-45　注释性单行文字

（1）单击如图 9-18 所示的“样式”面板的“文字样式”右下角的箭头按钮，并从下拉列表中选择一个已有的注释性文字样式，创建注释性多行文字。

（2）单击如图 9-18 所示的“样式”面板的“注释性”按钮，创建注释性多行文字。

9.4.3　设置注释性文字的注释比例

如果某一注释性文字需要适应不同的显示或打印比例，则需要设置多个注释比例。有时还需添加和删除注释比例，可以在如图 9-46 所示的“注释”选项卡的“注释缩放”面板中进行设置。

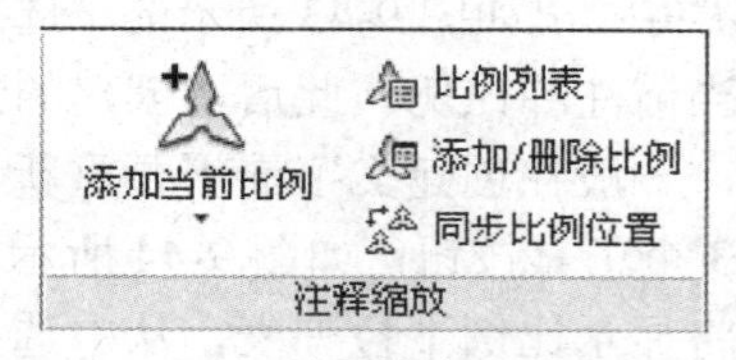

（a）“注释缩放”面板

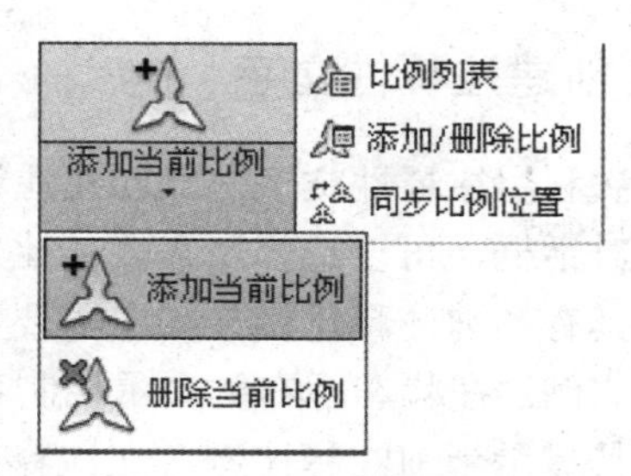

（b）添加和删除当前比例

图 9-46　“注释缩放”面板

1．添加/删除注释比例

调用命令的方式如下。

功能区：单击“注释”选项卡“注释缩放”面板中的 添加/删除比例 按钮。

菜单：执行“修改”|“注释性对象比例”|“添加/删除比例”命令。

键盘命令：OBJECTSCALE。

操作步骤如下。

第 1 步，调用“添加/删除比例”命令。

第 2 步，命令提示为“选择注释性对象:”时，选择需要设置注释比例的注释性文字，直至回车，结束选择。弹出“注释对象比例”对话框，如图 9-47（a）所示。

第 3 步，单击“添加”按钮，弹出“将比例添加到对象”对话框，如图 9-47（b）所示。

第 4 步，选择所需要的比例，单击“确定”按钮，返回“注释对象比例”对话框。

第 5 步，单击“确定”按钮，完成设置。

注意：

（1）在选择比例的同时，按 Shift 键或 Ctrl 键，可以选择多个比例。

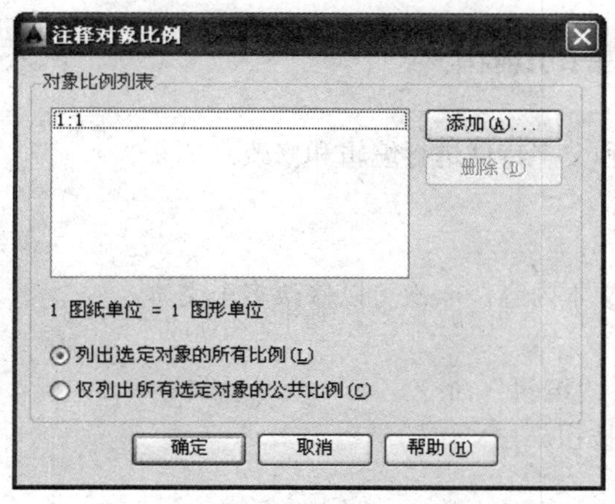

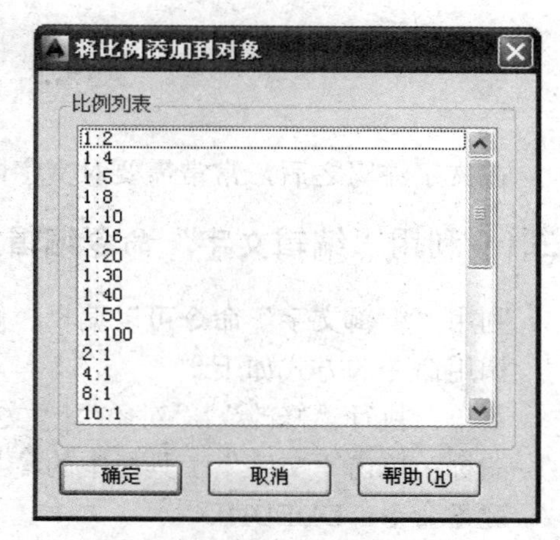

（a）“注释对象比例”对话框

（b）“将比例添加到对象” 对话框

图 9-47　设置注释性文字的注释比例

（2）选择注释性文字后，右击，从弹出的快捷菜单中选择“注释性对象比例”|“添加/删除比例”命令，可以打开“注释对象比例”对话框。

（3）注释比例值应选择与显示或打印图形时的比例一致，注释性文字显示的高度是当前注释比例值的倒数，即当前显示比例为 1∶2，注释性文字显示的高度为字高的两倍。

（4）如图 9-44 所示，“自动添加比例”按钮默认处于关闭状态，当该按钮处于打开状态时，一旦更改当前注释比例，就会将该比例自动添加给所有注释性对象。

2. 添加/删除当前注释比例

功能区：单击“注释”选项卡“注释缩放”面板中的“添加当前比例”或“删除当前比例”按钮。

菜单：执行“修改”|“注释性对象比例”|“添加当前比例”或“删除当前比例”命令。

键盘命令：AIOBJECTSCALEADD（或 AIOBJECTSCALEREMOVE）。

操作步骤如下。

第 1 步，调用“添加当前比例”或“删除当前比例”命令。

第 2 步，命令提示为“选择注释性对象:”时，选择需要添加或删除当前注释比例的注释性文字，直至回车，结束选择。系统提示所选对象已更新以支持注释比例，或所选对象比例已删除。

9.4.4　注释性文字的可见性

当前图形文件可能创建了多个注释性文字，每一个注释性文字对象又可能具有多个注释比例。注释性文字是否显示，取决于注释可见性状态。单击状态行右侧的“注释可见性”图标按钮，如图 9-44 所示，可以设置注释性文字的显示。默认情况下，图标显示为，表示注释可见性处于打开状态，则显示所有的注释性文字。当图标显示为，则“注释可见性”处于关闭状态，系统仅显示具有当前注释比例的注释性文字。

9.5 文字的编辑

在文字注写之后，常常需要对文字内容和文字特性进行编辑和修改。

9.5.1 利用“编辑文字”命令编辑文本

利用“编辑文字”命令可以编辑、修改文本内容，一次可以修改多个文本。

调用命令的方式如下。

菜单：执行“修改”|“对象”|“文字”|“编辑”命令。

图标：单击“文字”工具栏中的图标按钮。

键盘命令：DDEDIT。

操作步骤如下。

第 1 步，调用“编辑文字”命令。

第 2 步，命令提示为“选择注释对象或[放弃(U)]:”时，选择需要编辑、修改的单行文字或多行文字，系统出现“在位文字编辑器”。

第 3 步，在“在位文字编辑器”内，选中需要修改的文字，使其亮显，输入新文字内容，回车（如修改的是多行文字，则单击“文字编辑器”上下文选项卡中的“关闭”按钮）。

第 4 步，命令再次提示为“选择注释对象或[放弃(U)]:”时，选择另一个文字对象进行修改，或回车结束命令。

打开“在位文字编辑器”的快捷方法：

（1）双击要编辑、修改的文字。

（2）单击要编辑、修改的文字后，右击，在弹出的快捷菜单中选择“编辑”，或“编辑多行文字”。

注意：编辑多行文字时，在多行文字“文字编辑器”内，不仅可以修改文本内容，还可以修改文字特性与段落外观，操作与“多行文字”命令相同。

9.5.2 利用对象“特性”选项板编辑文本

可以利用对象“特性”选项板，修改所选文本的内容和特性。调用命令的方式参见本书 8.6.2 节。

执行该命令后，弹出文字对象“特性”选项板，该选项板列出了选定文本的所有特性和内容，如图 9-48 所示。在“常规”选项栏内修改文字特性，在“文字”选项栏内修改文字内容、文字样式等。单行文字可直接在内容栏内编辑文字，如图 9-48（a）所示。多行文字需要单击“内容”栏右侧的按钮，如图 9-48（b）所示，打开“文字编辑器”，进行修改。

在“文字”选项栏内，“注释性”选项用于设置选定文字的注释性特性。单击“注释性”，在其右侧按钮，在下拉列表中选择“是”或“否”，如图 9-48（c）所示。当文字的注释性特性为“是”时，才显示“注释比例”，在“注释性比例”栏内单击，再单击栏右侧的按钮，可打开“注释对象比例”对话框，设置选定对象的注释比例。

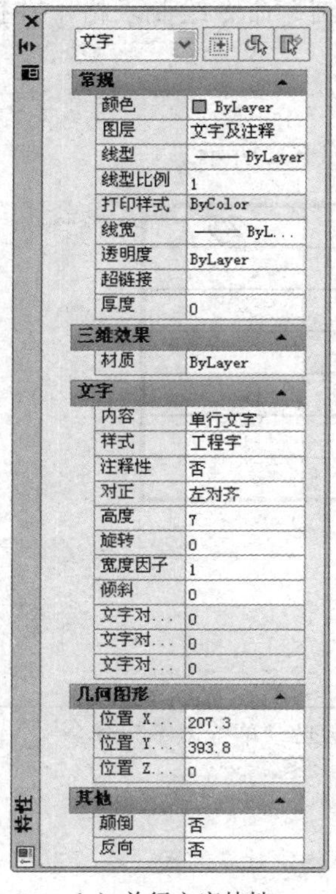

（a）单行文字特性

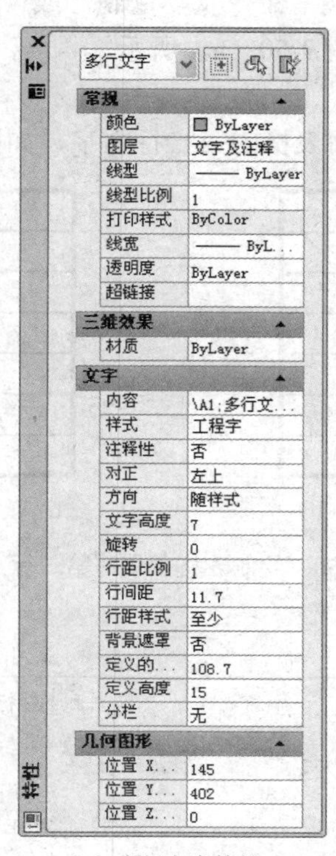

（b）多行文字特性

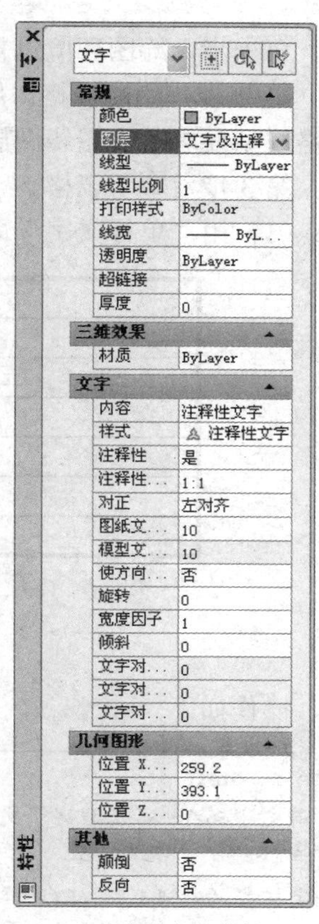

（c）注释性文字特性

图 9-48　文字“特性”选项板

9.6　上机操作实验指导九　注写表格文字与技术要求

为齿轮零件图绘制表格，并填写表格内容，注写如图 9-49 所示的技术要求。采用本章例 9-1 设置的“工程字”文字样式，“技术要求”字高为 7，其余字高为 5。主要涉及的命令包括“直线”命令、“复制”命令和“偏移复制”命令以及本章介绍的“单行文字”命令和“多行文字”命令。

技术要求

1. 锐边倒钝；
2. 调质处理230-280HBS；
3. 未注圆角R0.3。

模数	2.5
齿数	16
压力角	20°
精度等级	8DC
公法线长度及偏差	$26.882^{-0.095}_{-0.143}$
跨测齿数	2
中心距及偏差	57.5±0.037

8　40　70

图 9-49　填写表格、注写技术要求

第 1 步，绘图环境设置，操作过程略。

第 2 步，绘制表格。用“直线”命令及“复制”或“偏移复制”命令绘制表格，并按表格线型要求改变图线图层，如图 9-50（a）所示。

第 3 步，填写表格。

（1）用“单行文字”命令填写表格的第一行文字，如图 9-50（b）所示。

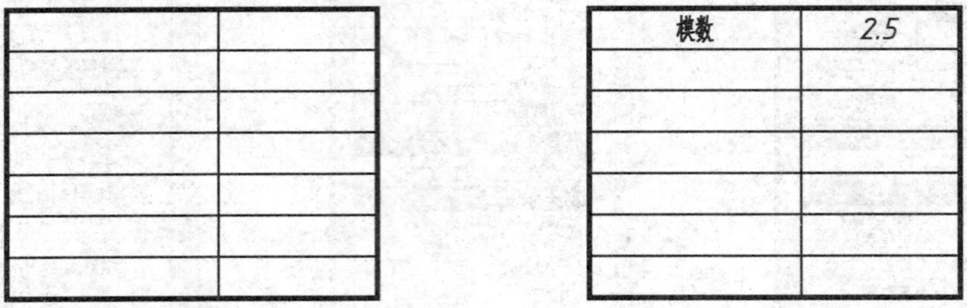

（a）绘制表格

模数	2.5

（b）填写第一行文字

图 9-50　绘制表格并填写第一行文字

操作如下。

命令: **_dtext**	单击图标按钮，启动“单行文字”命令
当前文字样式:　工程字　文字高度:　7.000　注释性:　否　对正: 左	系统提示
指定文字的起点或[对正(J)/样式(S)]: **j**↵	选择“对正”选项，指定对齐方式
输入选项[左(L)/居中(C)/右(R)/对齐(A)/中间(M)/布满(F)/左上(TL)/中上(TC)/右上(TR)/左中(ML)/正中(MC)/右中(MR)/左下(BL)/中下(BC)/右下(BR)]: **m**↵	选择“中间”对齐方式
指定文字的中间点:	在第一行左侧框格中间指定文字中间对齐点
指定高度<7.000>: **5**↵	指定文字高度为 5
指定文字的旋转角度<0>: ↵	默认文本行的旋转角度为 0，并显示“在位文字编辑器”
在“在位文字编辑器”中输入文字: **模数**	输入文字“模数”
在第一行右侧表格中间单击，将光标移到下一文字对齐点	指定第一行右侧框格文字中间对齐点
在“在位文字编辑器”中输入文字: **2.5**↵	输入文字“2.5”，回车
↵	回车，结束“单行文字”命令

（2）用“复制”命令复制第一行文字，并删除第五行右侧框格文字，如图 9-51（a）所示。

（3）双击要修改的文字，在“在位文字编辑器”内，输入新文字内容，回车。依次选择其他文字进行修改，如图 9-51（b）所示。

注意：压力角值中“°”以及中心距及偏差值中的“±”这两个特殊字符用控制代码输入。

（4）用“多行文字”命令，注写公法线长度及偏差值 $26.882_{-0.143}^{-0.095}$。

模数	2.5
模数	2.5
模数	2.5
模数	2.5
模数	
模数	2.5
模数	2.5

（a）复制文字

模数	2.5
齿数	16
压力角	20°
精度等级	8DC
公法线长度及偏差	
跨测齿数	2
中心距及偏差	57.5±0.037

（b）编辑文字

图 9-51　编辑修改表格文字内容

操作如下。

命令	说明
命令: **_mtext**	单击 A 图标按钮，启动“多行文字”命令
当前文字样式: “工程字” 文字高度: 5 注释性: 否	系统提示
指定第一角点	指定表格框的左上点
指定对角点或 [高度(H)/对正(J)/行距(L)/旋转(R)/样式(S)/宽度(W)/栏(C)]: **j**↵	设定对齐方式
输入对正方式 [左上(TL)/中上(TC)/右上(TR)/左中(ML)/正中(MC)/右中(MR)/左下(BL)/中下(BC)/右下(BR)] <左上(TL)>: **mc**↵	设定“正中”对齐方式
指定对角点或 [高度(H)/对正(J)/行距(L)/旋转(R)/样式(S)/宽度(W)/栏(C)]:	指定表格框的右下点，显示“文字编辑器”上下文选项卡
在“文字编辑器”中进行如下操作:	
输入文字: **26.882-0.095^-0.143**	输入文字
选中“-0.095^-0.143”后，单击 堆叠 堆叠按钮	“-0.095^-0.143”即表示为 $^{-0.095}_{-0.143}$
在绘图区内单击	结束“多行文字”命令

第 4 步，用“多行文字”命令，注写技术要求，如图 9-49 所示，参见本章例 9-4。

第 5 步，保存图形，操作过程略。

9.7　上机操作常见问题解答

1. 在注写单行文字时，怎样才能指定文字高度

如果文字样式中的字高设置为非 0，即该样式文字高度就为固定值，则使用该文字样式注写单行文字时，系统将直接使用这个高度值，而不会在命令行提示用户指定文字高度，用户可以在文字注写后，利用“特性”选项板更改文字高度。如果字高设置为 0，说明该样式文字高度为可变的，则使用该样式注写文字时，系统将提示用户指定文字高度。因此，建议字高设置为默认高度 0，在注写文字时可以根据需要任意指定文字高度。

2. 如何保证在注写中文字和特殊字符时正常显示

在注写文字时，应该注意当前文字样式的字体与中文字和特殊字符的兼容。如果使用的字体无法辨认，系统就不能正常显示。

（1）设置文字样式时，如果选择的是 SHX 字体，要保证正常显示中文字，应该选中“使用大字体”复选框，并选择大字体文件 gbcbig.shx。否则使用这种文字样式注写中文时，中文字就会显示若干“？”。

（2）需要注意特殊字符的控制代码和 Unicode 字符串只适用于部分 SHX 字体和 TrueType 文字字体。如果当前文字样式是例 9-1 中的长仿宋字，其字体为 True Type 字体“仿宋_GB2312”，使用该样式注写单行文字时，在输入%%c 控制代码后，符号将显示为“□”。要保证一些特殊字符正常显示，可以通过软键盘输入。而使用该样式注写多行文字时，在“在位文字编辑器”中，系统自动将%%c 的字体转化为 Isocpeur，使直径符号正常显示。

3. 注写的文字使用“仿宋字”文字样式，为什么文字的方向与排列会出现异常

由于在设置“仿宋字”样式时，选择了字体文件@仿宋_GB2312，结果会出现如图 9-52 所示的反常方向和排列，用户应该选择字体文件仿宋_GB2312。

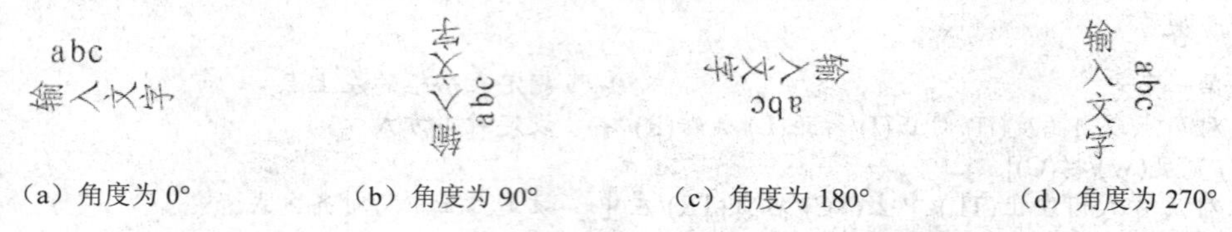

（a）角度为 0°　（b）角度为 90°　（c）角度为 180°　（d）角度为 270°

图 9-52　不同的旋转角度文字的排列方式与效果

4. 为什么无法打开“字符映射表”对话框

如果操作系统中没有预先安装“charmap.exe”，则无法打开“字符映射表”对话框。

9.8　操作经验与技巧

1. 在注写文字前预先设置当前文字样式

在注写文字前，单击“注释”选项卡“文字”面板或“默认”选项卡|“注释”下滑面板的“文字样式”下拉列表右侧的箭头，从下拉列表中选择某一文字样式，如图 9-53 所

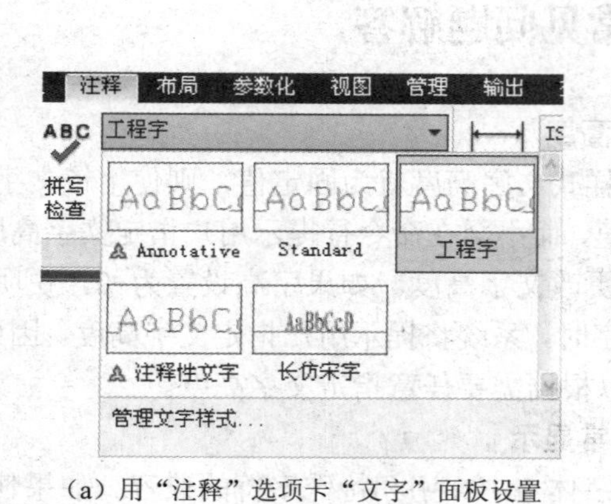

（a）用“注释”选项卡“文字”面板设置　（b）用“默认”选项卡“注释”面板设置

图 9-53　设置当前文字样式

示。该样式将作为当前文字样式显示在样式框中，方便了注写文字的操作。

2．在图样上填写表格时，创建位于表格中央的文字

在图样中填写表格时，要使表格文字排列整齐，最好使文字注写在表格的中央。注写单行文字时可以使用“中间”对齐方式，对齐点可利用“对象捕捉”以及“对象捕捉追踪”功能，得到矩形框格的中央点，如图 9-54（a）所示；必要时可以作一条框格的对角线作为辅助线，其中点即为对齐点，如图 9-54（b）所示。注写多行文字时可以使用“正中”对齐方式，利用对象捕捉功能捕捉矩形框格的对角点。

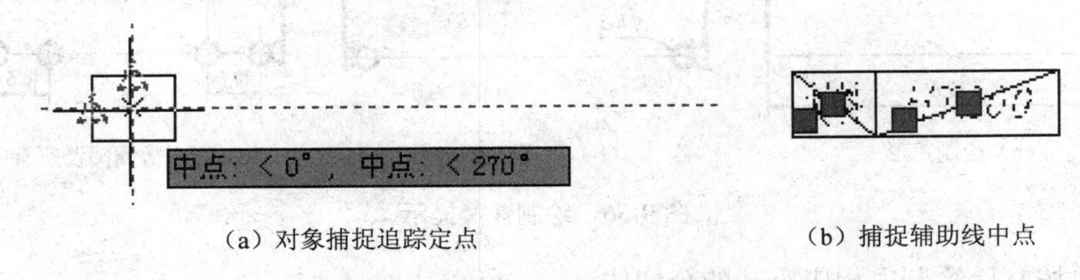

（a）对象捕捉追踪定点　　（b）捕捉辅助线中点

图 9-54　获取矩形表格中央点的方法

3．图样中创建多处文字的快捷方法

在工程图样中，往往需要在多处注写文字，可以用以下两种方法快捷地完成。

（1）用“单行文字”命令注写时，可以只使用一次命令完成。写完一处文字后，移动光标至另一个适当位置（对齐点）单击，继续输入文字……完成所有文字内容的注写后，结束命令。再根据需要更改各个文字的大小。

（2）在注写单行文字或多行文字时，可以先在一处创建文字，然后用“复制”命令将其复制到其他位置，再利用编辑文字的方法修改各文字内容及文字大小。

9.9　上　机　题

绘制如图 9-55 所示的弹簧，并注写技术要求（尺寸可不标注），图中力的大小用 3.5 号字，“技术要求”用 7 号字，各项具体要求用 5 号字，均采用“工程字”文字样式。

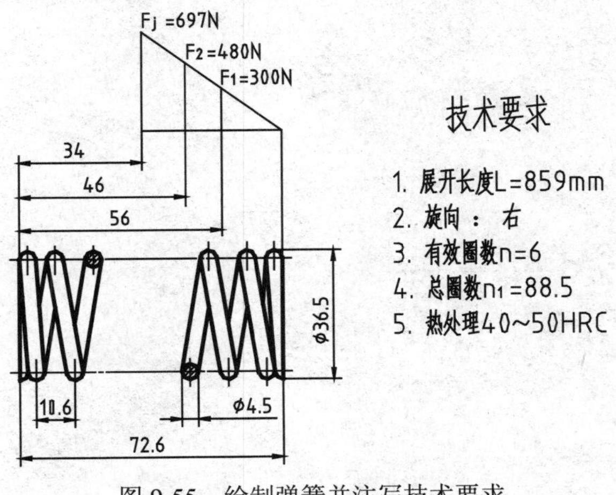

图 9-55　绘制弹簧并注写技术要求

弹簧绘制提示：

（1）由自由高度和中径绘制矩形，如图 9-56（a）所示。

（2）由弹簧丝直径画表示支承圈的圆，如图 9-56（b）所示。

（3）由弹簧丝直径画表示有效圈的圆，绘制各圆中心线，如图 9-56（c）所示。

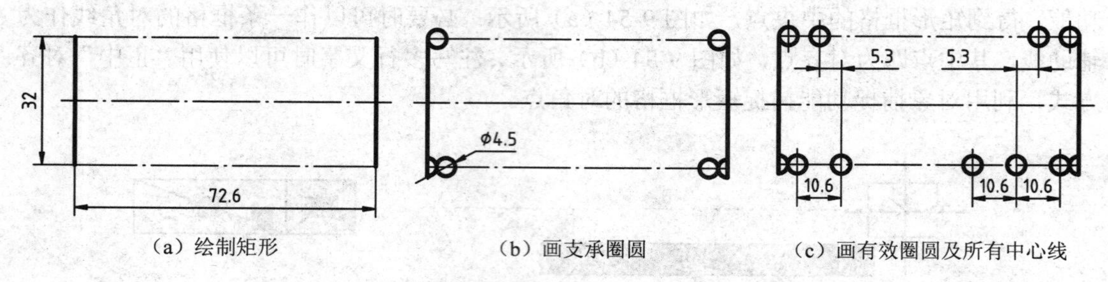

（a）绘制矩形　　（b）画支承圈圆　　（c）画有效圈圆及所有中心线

图 9-56　绘制弹簧提示

（4）按右旋绘制出相应小圆的公切线。

（5）修剪多余图线，并绘制剖面线。

第10章 尺 寸 标 注

在工程设计中，图形用以表达机件的结构形状，而机件的真实大小由尺寸确定。尺寸是工程图样中不可缺少的重要内容，是零部件生产加工的重要依据，必须满足正确、完整、清晰的基本要求。AutoCAD提供了一套完整、灵活、方便的尺寸标注系统，具有强大的尺寸标注和尺寸编辑功能。可以创建多种标注类型，还可以通过设置标注样式或编辑单独的标注来控制尺寸标注的外观，以满足国家标准对尺寸标注的要求。

本章将介绍的内容和新命令如下。

（1）尺寸标注的有关规定；

（2）设置尺寸样式命令；

（3）机械尺寸样式的设置；

（4）尺寸的标注；

（5）尺寸的编辑；

（6）尺寸公差的标注；

（7）形位公差的标注；

（8）组合体的尺寸标注。

10.1 尺寸标注的有关规定

尺寸标注是一项极为重要、严肃的工作，必须严格遵守国家标准《GB/T 4458.4—2003 机械制图　尺寸注法》与《GB/T 16675.2—1996 技术制图　尺寸注法》中的规定，了解尺寸标注的规则和尺寸的组成元素以及尺寸的标注方法。

10.1.1 尺寸标注的基本规则

尺寸标注时应遵循以下基本规则。

（1）机件的真实大小应以图样上所注的尺寸数值为依据，与图样的大小及绘图的准确度无关。

（2）图样中的尺寸以毫米（mm）为单位时，不需要标注计量单位的代号或名称；如采用其他单位，则必须注明相应计量单位的代号或名称。

（3）图样中所标注的尺寸为该图样所示机件的最后完工尺寸，否则应另行说明。

（4）机件的每一个尺寸一般只标注一次，并应标注在反映该结构最清晰的图形上。

10.1.2 尺寸的组成

尺寸一般由尺寸界线、尺寸线、尺寸线终端符号和尺寸数字等组成，如图10-1所示。

1. 尺寸界线

尺寸界线用细实线绘制，并应从图形的轮廓线、轴线、对称中心线引出，也可以直接用轮廓线、轴线、对称中心线作为尺寸界线，尺寸界线超出尺寸线 2mm。

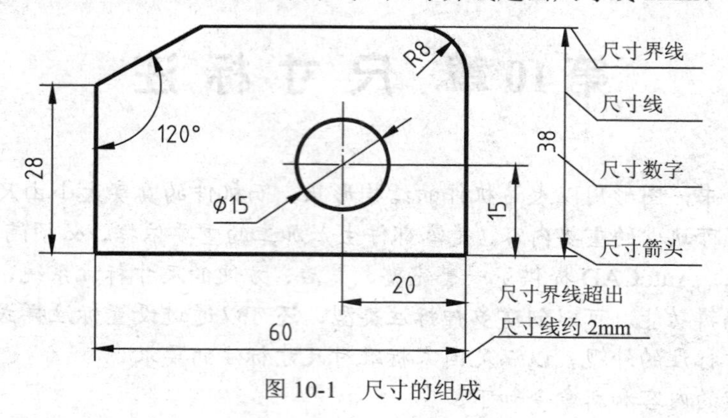

图 10-1　尺寸的组成

2. 尺寸线

尺寸线必须用细实线单独画出，既不能用其他图线代替，也不能与其他图线重合或画在其延长线上。尺寸线一般与尺寸界线垂直，与所标注的对象平行，若干平行的尺寸应做到大尺寸在小尺寸的外面，以免尺寸界线与尺寸线相交。

3. 尺寸线终端符号

尺寸线终端符号常用的两种形式为箭头、斜线，机械图样中一般采用实心闭合箭头。

4. 尺寸数字

线性尺寸的数字一般应写在尺寸线的上方，其方向一般随尺寸线的方向而改变且垂直于尺寸线；角度尺寸的数字一般应写在尺寸线弧的中断处或外围，角度数字一律水平书写。同一图样中所有尺寸数字的高度一致，一般采用 3.5 磅字。

10.2　机械尺寸样式设置

尺寸样式是一组尺寸参数设置的集合，控制标注中各组成部分的格式和外观。标注尺寸之前，应首先根据国家标准的要求设置尺寸样式。用户可以按需要，利用“标注样式管理器”设置多个尺寸样式，以便于标注尺寸时灵活应用，且确保尺寸标注的标准化。

调用命令的方式如下。

功能区：单击“默认”选项卡“注释”面板中的图标按钮，或“注释”选项卡“标注”面板中的按钮。

菜单：执行“格式”|“标注样式”或“标注”|“标注样式”命令。

图标：单击“样式”或“标注”工具栏中的图标按钮。

键盘命令：DIMSTYLE。

执行该命令后，弹出如图 10-2 所示的“标注样式管理器”对话框，“样式”列表中列出了当前图形文件中所有已创建的尺寸样式，并显示了当前样式名及其预览图。默认的公制尺寸样式为 ISO-25，英制尺寸样式为 Standard，Annotative 为注释性尺寸样式。

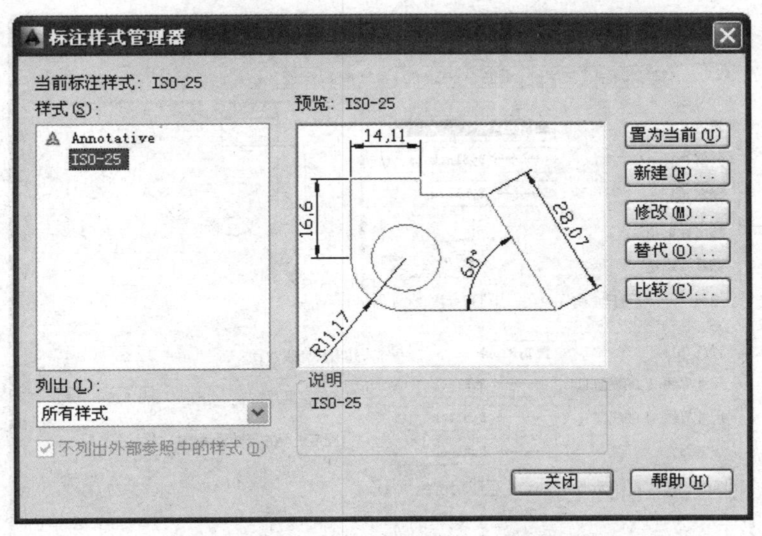

图 10-2 “标注样式管理器”对话框

10.2.1 新建尺寸样式

操作步骤如下。

第 1 步，调用“标注样式”命令。

第 2 步，在“标注样式管理器”对话框中，单击“新建”按钮，弹出如图 10-3 所示的“创建新标注样式”对话框。

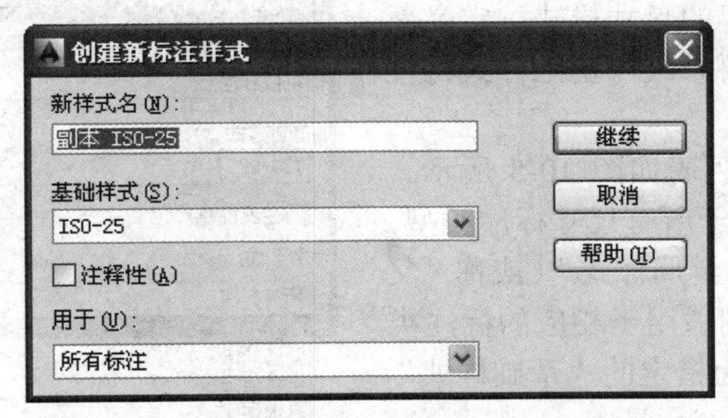

图 10-3 “创建新标注样式”对话框

第 3 步，在“新样式名”文本框中输入新的尺寸样式名称，如“机械标注”。

第 4 步，在“基础样式”下拉列表中选择一个尺寸样式作为新建样式的基础样式。

第 5 步，在“用于”下拉列表中选择新建样式所适用的标注类型为“所有标注”。

第 6 步，单击“继续”按钮，弹出如图 10-4 所示的“新建标注样式：机械标注”对话框。

第 7 步，在对话框的各选项卡中设置新标注样式的各种特性[①]。

第 8 步，单击“确定”按钮，返回到主对话框，新标注样式显示在“样式”列表中。

第 9 步，进行其他操作，或单击“关闭”按钮，关闭“标注样式管理器”对话框。

① 参见本书 10.2.2 节。

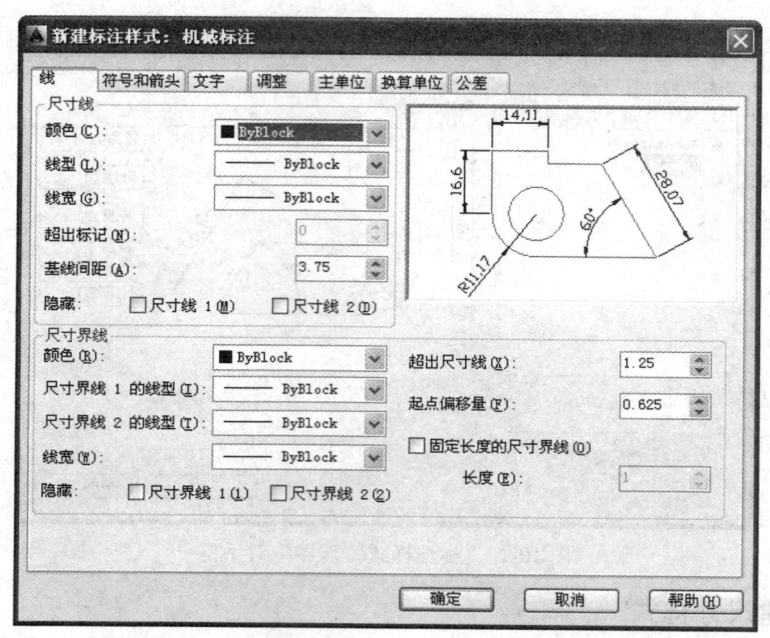

图 10-4 “新建标注样式：机械标注”对话框

操作及选项说明如下。

（1）基础样式默认为在“标注样式管理器”对话框的“样式”列表中亮显的尺寸样式，用户可以从“基础样式”下拉列表框中选择当前图形文件中已创建的尺寸样式。定义新样式特性时，仅仅需要修改与基础样式特性不同的特性。

（2）“用于”下拉列表如图 10-5 所示。其中“所有标注”适用于所有尺寸标注类型，所创建的标注样式为“全局样式”（或称“父样式”）。其余选项分别适用于相应的标注类型,所创建的标注样式为指定的“基础样式”下的“子样式”[①]。

（3）选中“注释性”复选框，可以创建注释性标注样式。

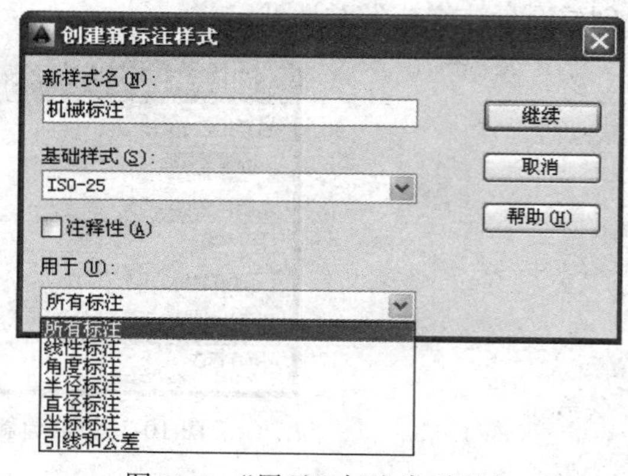

图 10-5 “用于”标注类型列表

10.2.2 设置机械尺寸样式特性

在如图 10-5 所示的“创建新标注样式”对话框中定义“机械标注”样式后，随即在“新建标注样式：机械标注”对话框中设置标注特性。

1. 设置尺寸线、尺寸界线特性

在“线”选项卡中设置尺寸线、尺寸界线的颜色、线型、线宽、位置等特性，如图 10-6 所示。

---

① 参见本书 10.2.3 节。

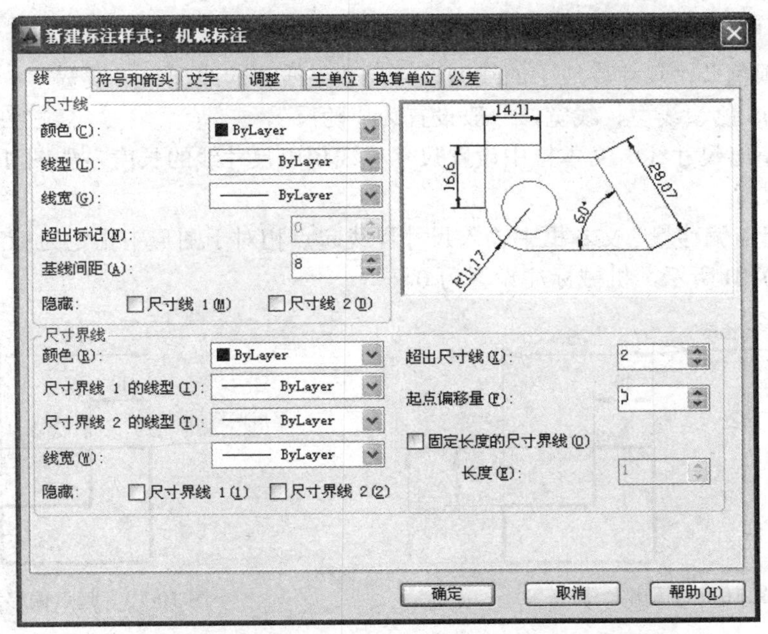

图 10-6　设置“机械标注”的尺寸线、尺寸界线特性

操作及选项说明如下。

（1）在“尺寸线”选项组内设置尺寸线特性。

①“颜色”、“线型”、“线宽”3 个列表框中指定尺寸线的颜色、线型、线宽，一般设置为“随层”（ByLayer）。

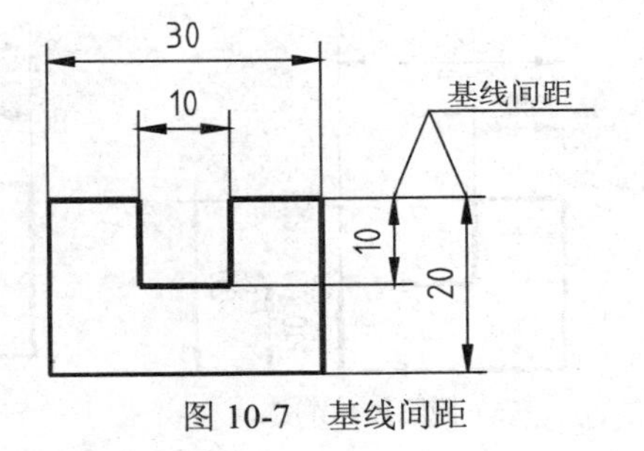

图 10-7　基线间距

② 在“基线间距”文本框中输入基线标注[1]时相邻两尺寸线之间的距离，如图 10-7 所示。根据国家标准规定，一般机械标注中基线间距设置为 8～10。

③ AutoCAD 的尺寸线被标注文字分成两部分，且默认为显示。通过“隐藏”的复选框“尺寸线 1”和“尺寸线 2”设置两部分尺寸线是否显示，如图 10-8 所示。

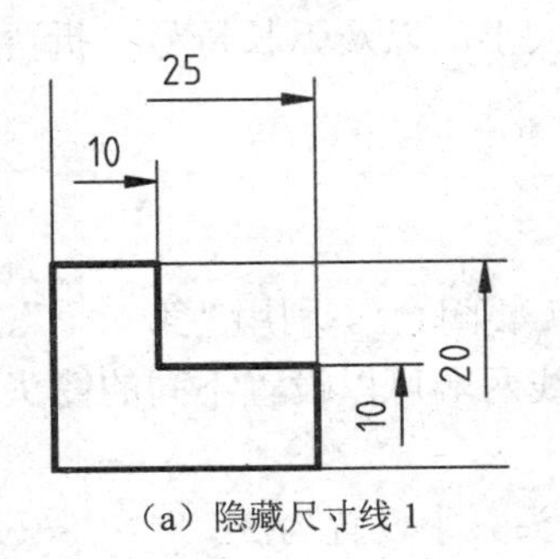

（a）隐藏尺寸线 1

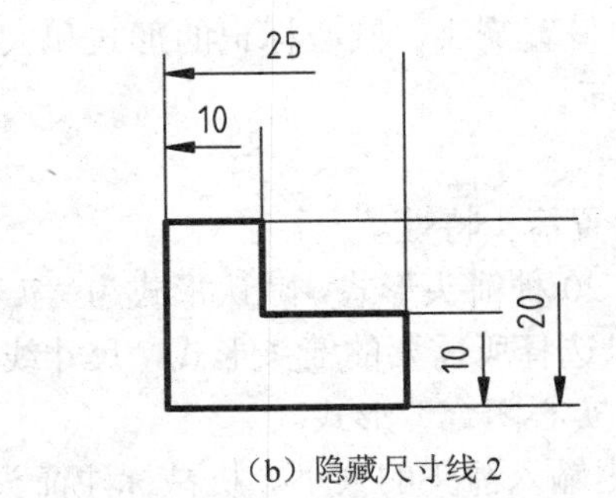

（b）隐藏尺寸线 2

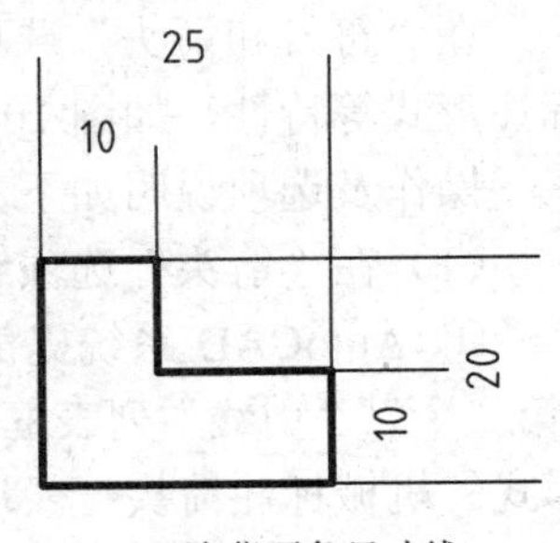

（c）隐藏两条尺寸线

图 10-8　隐藏尺寸线的效果

① 参见本书 10.3.4 节。

（2）在“尺寸界线”选项组内设置尺寸界线特性。

① 在“颜色”、“尺寸界线 1 的线型”、“尺寸界线 2 的线型”、“线宽”4 个列表框中指定尺寸界线的颜色、线型、线宽，一般设置为“随层”。

② 在“超出尺寸线”文本框中设置尺寸界线超出尺寸线的长度，如图 10-9 所示，机械标注设置为 2。

③ 在“起点偏移量”文本框中输入尺寸界线起点相对于图形中指定为标注起点的偏移距离，如图 10-10 所示，机械标注设置为 0。

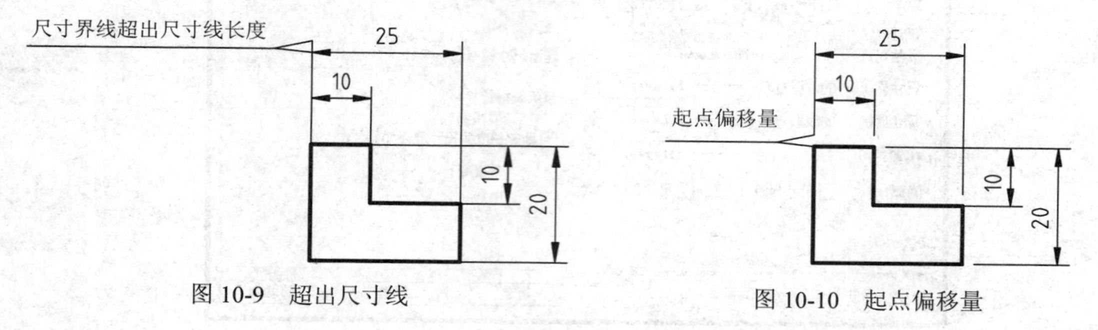

图 10-9　超出尺寸线　　图 10-10　起点偏移量

④ 两条尺寸界线均默认为显示，通过“隐藏”的复选框“尺寸界线 1”和“尺寸界线 2”可设置两条尺寸界线是否显示，如图 10-11 所示。

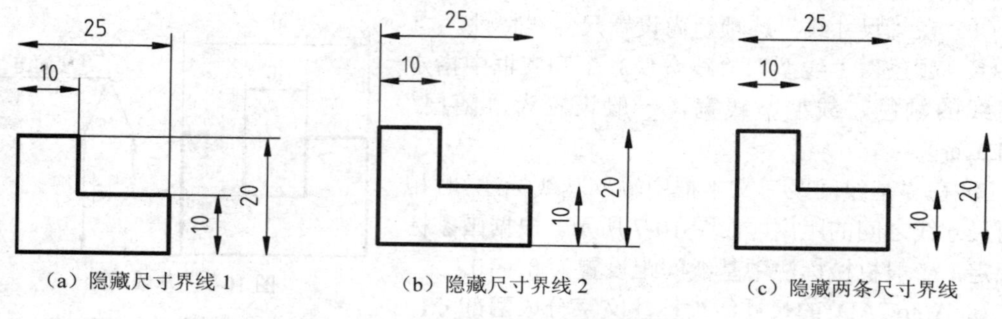

（a）隐藏尺寸界线 1　（b）隐藏尺寸界线 2　（c）隐藏两条尺寸界线

图 10-11　隐藏尺寸界线的效果

2. 设置符号和箭头特性

在“符号和箭头”选项卡中设置箭头、圆心标记的形式和大小，以及弧长符号、折弯标注形式等特性，如图 10-12 所示。

操作及选项说明如下。

（1）在“箭头”选项组内设置箭头特性。

① AutoCAD 系统提供了约 20 种箭头形式，默认形式为“实心闭合”。利用“第一个”、“第二个”、“引线”列表框，可以选择所需要的箭头形式，尺寸线两端可以设置不同的箭头形式。机械标注箭头一般均为“实心闭合”形式。

② 在“箭头大小”文本框内输入箭头的大小，机械标注箭头大小设置为 3。

（2）在“圆心标记”选项组内设置直径和半径标注时圆或圆弧圆心标记。

① 圆心标记控制在圆心处是否产生标记或中心线，默认“标记”类型，如图 10-13 所示。由于图形中的圆或圆弧均要绘制中心线，故机械标注一般选择“无”类型。

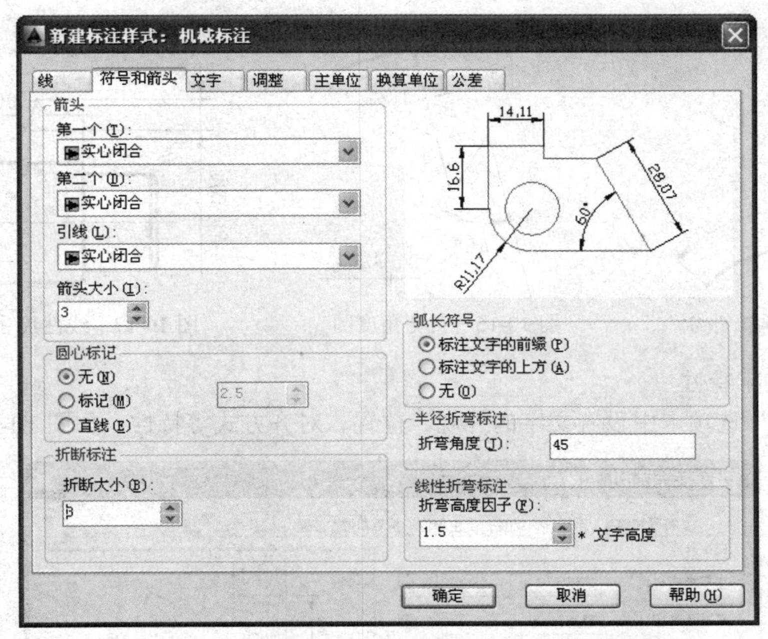

图 10-12　设置“机械标注”的符号和箭头特性

② 当圆心标记类型选择为“标记”或“直线”时，在“大小”文本框中输入圆心标记的大小，即标记短十字线的长度或直线伸出圆外的长度。

（3）在“折断标注”选项组的“折断大小”文本框内输入折断间距，即在折断标注时标注对象之间或与其他对象之间相交处打断的距离，如图 10-14 所示。机械标注折断间距可设置为 3。

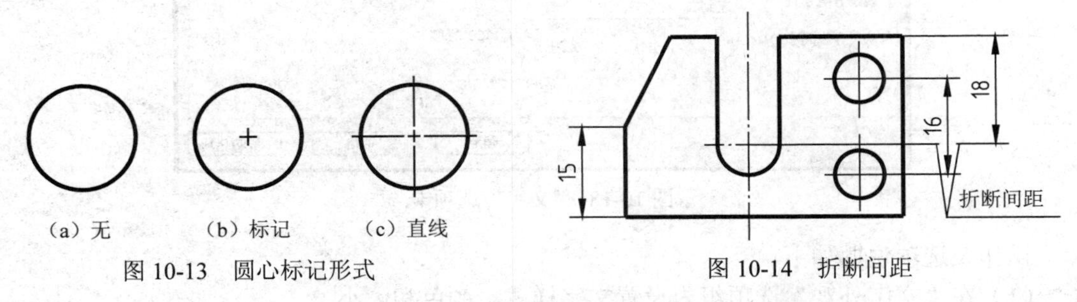

图 10-13　圆心标记形式

图 10-14　折断间距

（4）在“弧长符号”选项组内设置弧长标注时圆弧符号的位置，如图 10-15 所示。

① 机械标注默认选择“标注文字的前缀”，将弧长符号放在标注文字之前。

② 当选择“标注文字的上方”时，将弧长符号放在标注文字的上方。

③ 当选择“无”时，不显示弧长符号。

（5）在“半径折弯标注”选项组的“折弯角度”文本框内输入折弯角度值，即折弯（Z 字形）半径标注中连接尺寸界线和尺寸线的横向直线的角度，如图 10-16 所示。

（6）在“线性折弯标注”选项组的“折弯高度因子”文本框中输入折弯符号的高度因子，则该值与尺寸数字高度的乘积即为折弯高度。线性尺寸的折弯标注表示图形中的实际测量值与标注的实际尺寸不同，如图 10-17 所示。

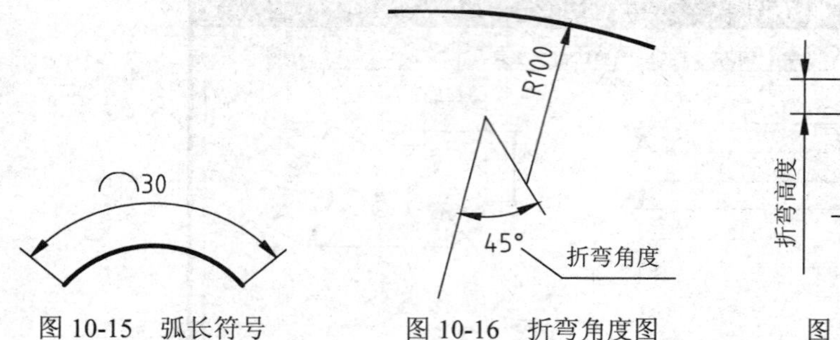

图 10-15　弧长符号　　　　图 10-16　折弯角度图

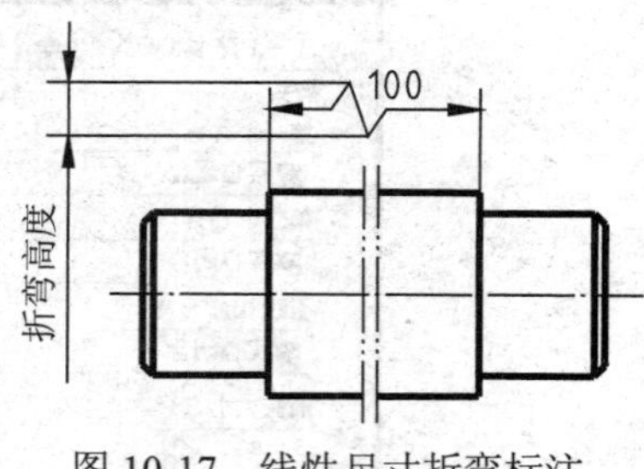

图 10-17　线性尺寸折弯标注

3. 设置文字特性

在“文字”选项卡中设置文字的外观、位置、对齐方式等特性，如图 10-18 所示。

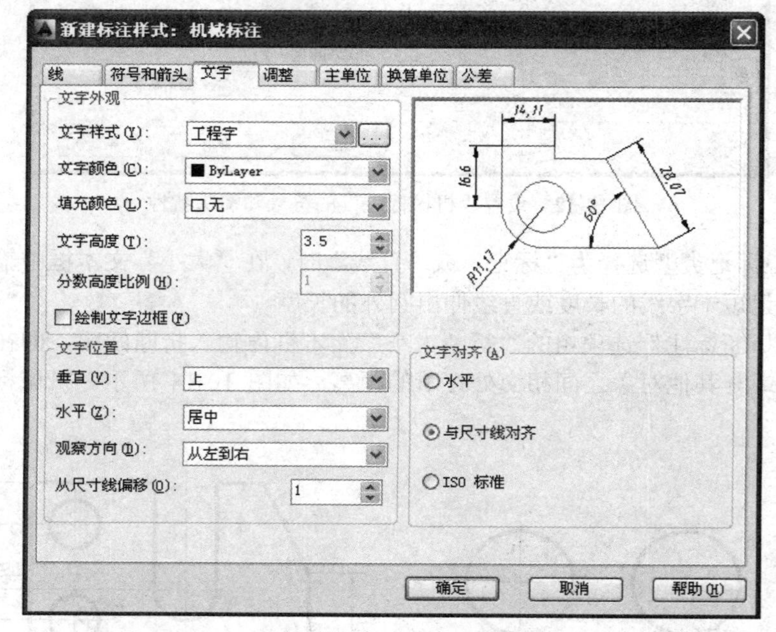

图 10-18　“文字”选项卡

操作及选项说明如下。

（1）在“文字外观”选项组内设置文字样式、颜色和大小。

① 在“文字样式”下拉列表中选择该图形中已设置的文字样式，还可单击右侧的□按钮，打开“文字样式”对话框，创建和修改标注文字样式。机械标注的文字样式选择例 9-1 中设置的“工程字”。

② 在“文字颜色”下拉列表中选择标注文字的颜色。一般设置成“随层”。

③ 在“文字高度”文本框中输入标注文字的高度，机械标注的文字高度设为 3.5。

注意：如所选文字样式的文字高度设置为大于 0 的固定值，则无法设置标注文字高度，文字高度将是文字样式中设置的固定高度。

④“绘制文字边框”复选框用于控制是否在标注文字的周围绘制矩形边框，一般不选中该复选框。

（2）在“文字位置”选项组内设置文字的放置位置和方式。

① 在“垂直”下拉列表中选择标注文字相对于尺寸线的垂直位置，如图 10-19 所示，机械标注选择“上”。

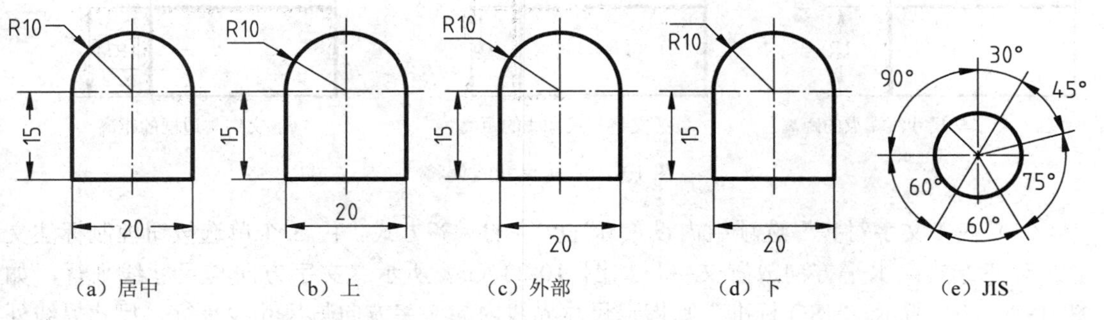

（a）居中　（b）上　（c）外部　（d）下　（e）JIS

图 10-19　文字垂直位置

② 在“水平”下拉列表中选择标注文字在尺寸线方向上相对尺寸界线的水平位置，如图 10-20 所示，机械标注选择“居中”。

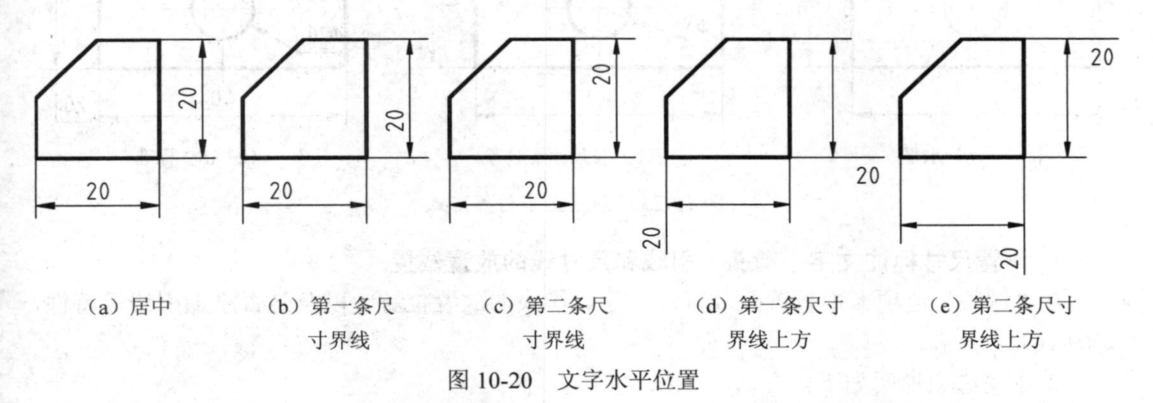

（a）居中　（b）第一条尺寸界线　（c）第二条尺寸界线　（d）第一条尺寸界线上方　（e）第二条尺寸界线上方

图 10-20　文字水平位置

③ 在“观察方向”下拉列表中选择控制标注文字的观察方向[①]，如图 10-21 所示。一般默认为“从左到右”。

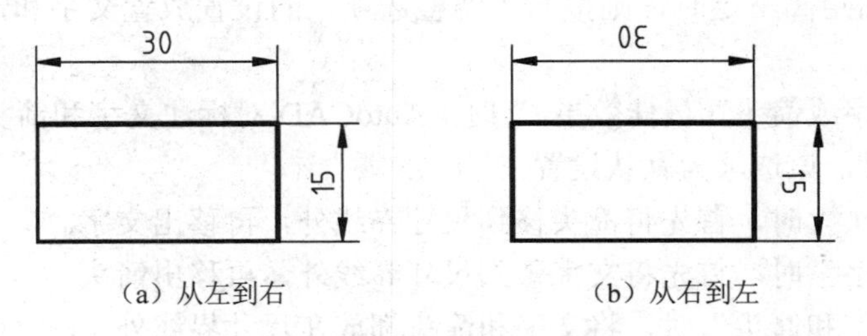

（a）从左到右　（b）从右到左

图 10-21　文字观察方向

④ 在“从尺寸线偏移”文本框中输入标注文字与尺寸线的间距 1。根据标注文字的位置和是否带有矩形边框，从尺寸线偏移量的含义有 3 种情况，如图 10-22 所示。

---

① 此为 AutoCAD 2010 开始新增的功能。

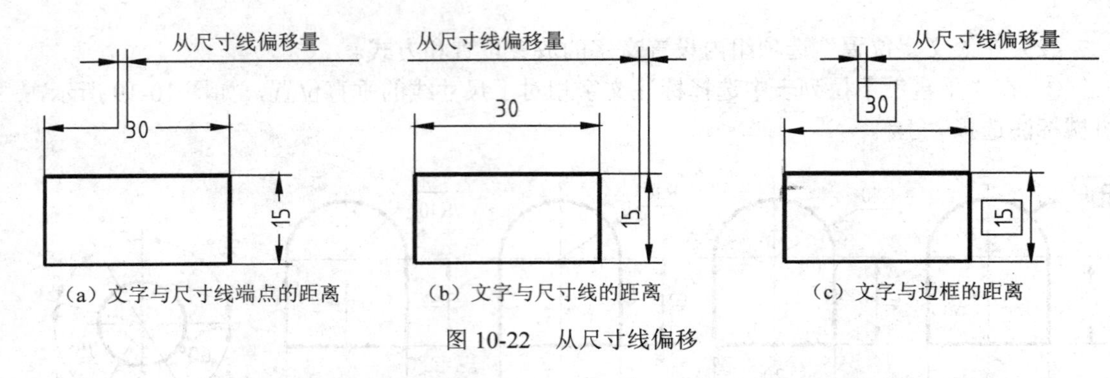

（a）文字与尺寸线端点的距离　（b）文字与尺寸线的距离　（c）文字与边框的距离

图 10-22　从尺寸线偏移

（3）在“文字对齐”选项组内设置标注文字的对齐方式。由 3 个单选按钮控制标注文字的对齐方式：水平方向放置文字，如图 10-23（a）所示。文字方向与尺寸线平行，如图 10-23（b）所示。“ISO 标准”则指定尺寸界线内的文字方向与尺寸线平行，尺寸界线外的文字方向水平放置，如图 10-23（c）所示。机械标注选择“与尺寸线对齐”。

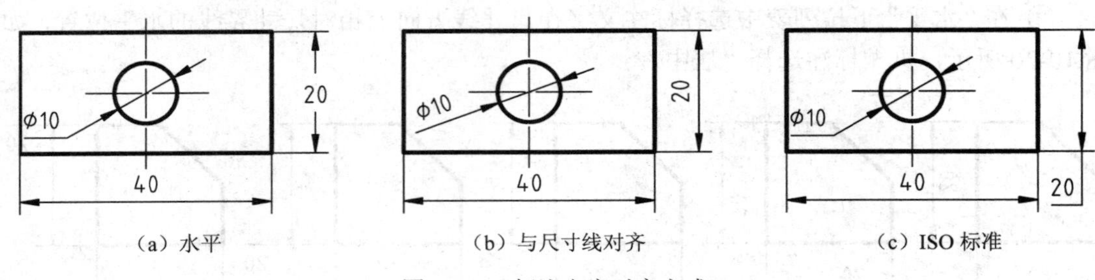

（a）水平　（b）与尺寸线对齐　（c）ISO 标准

图 10-23　标注文字对齐方式

4. 设置尺寸标注文字、箭头、引线和尺寸线的放置位置

在“调整”选项卡中设置尺寸标注文字、箭头的放置位置，以及是否添加引线等特性，如图 10-24 所示。

操作及选项说明如下。

（1）在“调整选项”选项组内设置文字和箭头的位置。根据尺寸界线之间的有效空间，当尺寸界线间的距离足够放置文字和箭头时，AutoCAD 始终把文字和箭头都放在尺寸界线内。当尺寸界线间距离不足时，则按照“调整选项”的设置放置文字和箭头，如图 10-25 所示。

① 选择“文字或箭头（最佳效果）”时，AutoCAD 对标注文字和箭头综合考虑，自动选择最佳放置效果，该选项为默认设置。

② 选择“箭头”时，首先将箭头移到尺寸界线外，再移出文字。

③ 选择“文字”时，首先将文字移到尺寸界线外，再移出箭头。

④ 选择“文字和箭头”时，将文字和箭头都放在尺寸界线外。

⑤ 选择“文字始终保持在尺寸界线之间”时，文字始终放在尺寸界线内。

⑥ 选中“若箭头不能放在尺寸界线内，则将其消除”复选框时，当尺寸界线内没有足够的空间时，则消除箭头。

（2）在“文字位置”选项组内设置标注文字的位置。当标注文字不放在默认位置（机械标注样式为“居中”）时，文字位置有 3 个单选项。

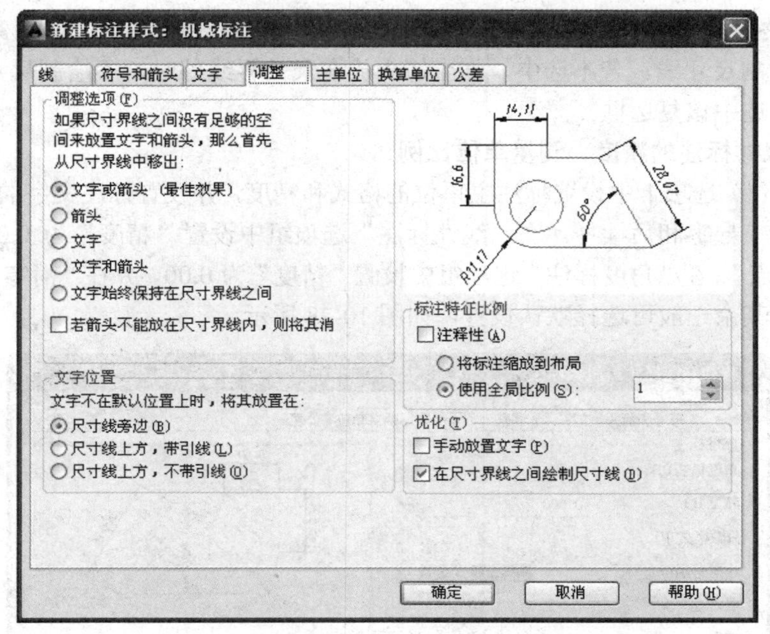

图 10-24 “调整”选项卡

（a）箭头　（b）文字　（c）文字和箭头　（d）始终保持在尺寸界线之间

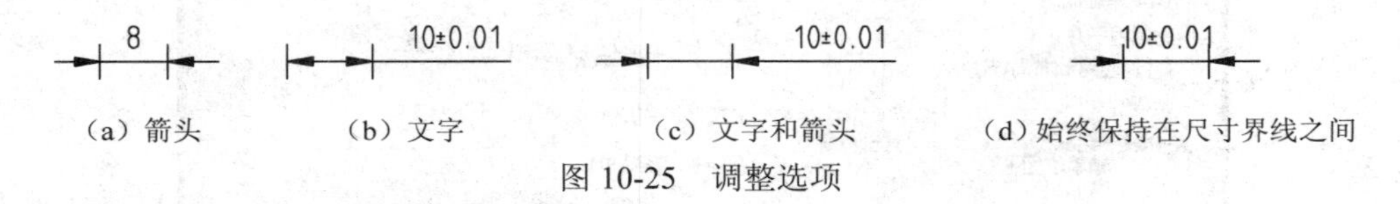

图 10-25 调整选项

① 选择“尺寸线旁边”，控制标注文字放在尺寸界线外时，将文字放在尺寸线旁边，且尺寸线会随文字而移动，如图 10-26（a）所示。机械标注选择该项。

② 选择“尺寸线上方，加引线”，控制标注文字从尺寸线移开时，将创建指引线，且尺寸线不会随文字而移动，如图 10-26（b）所示。但如距离很近，引线则被省略。

③ 选择“尺寸线上方，不加引线”，控制标注文字从尺寸线移开时，将不加指引线，且尺寸线将不会随文字而移动，如图 10-26（c）所示。

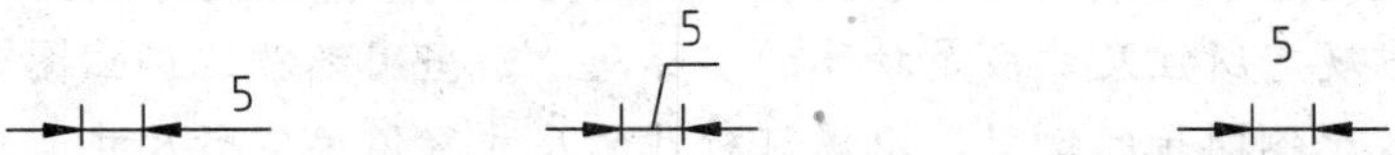

（a）尺寸线旁边　（b）尺寸线上方，加引线　（c）尺寸线上方，不加引线

图 10-26 文字位置选项

（3）在“标注特征比例”选项组内设置全局标注比例值。选择“使用全局比例”单选按钮时，可以在其文本框内输入比例因子，作为标注样式中所有参数的缩放比例，如图 10-27 所示。

（a）全局比例值 1　（b）全局比例值 2

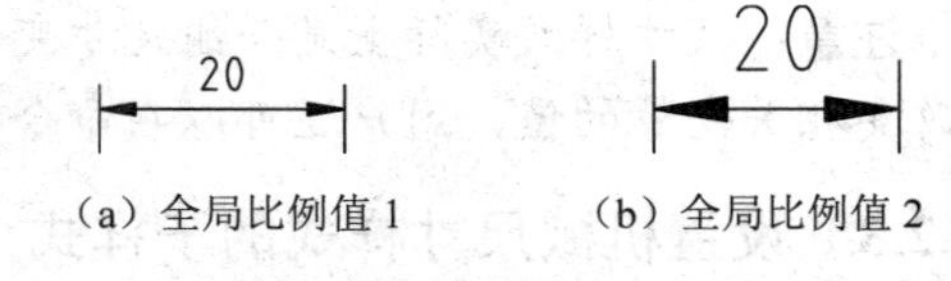

图 10-27 使用全局比例对尺寸标注的影响

注意：“全局比例因子”影响尺寸标注中组成元素的显示大小，应设置为图形输出比例的倒数值，使标注的各组成元素符合国标要求。

（4）“始终在尺寸界线之间绘制尺寸线”复选框。该复选框默认为选中，系统始终在尺寸界线之间绘制尺寸线。若不选中，则当箭头放在尺寸界线外时，不绘制尺寸线。一般使用默认设置，选中该复选框。

5. 设置尺寸标注的精度、测量单位比例

在“主单位”选项卡中设置标注主单位的格式和精度，并设置标注文字的前缀和后缀，以及是否显示前导零和后续零。在“线性标注”选项组中设置“精度”为 0.000，“小数分隔符”为“句点”。在“角度标注”选项组中设置“精度”为 0.00，并在“消零”区选中“后续”复选框，其余一般可选择默认设置，如图 10-28 所示。

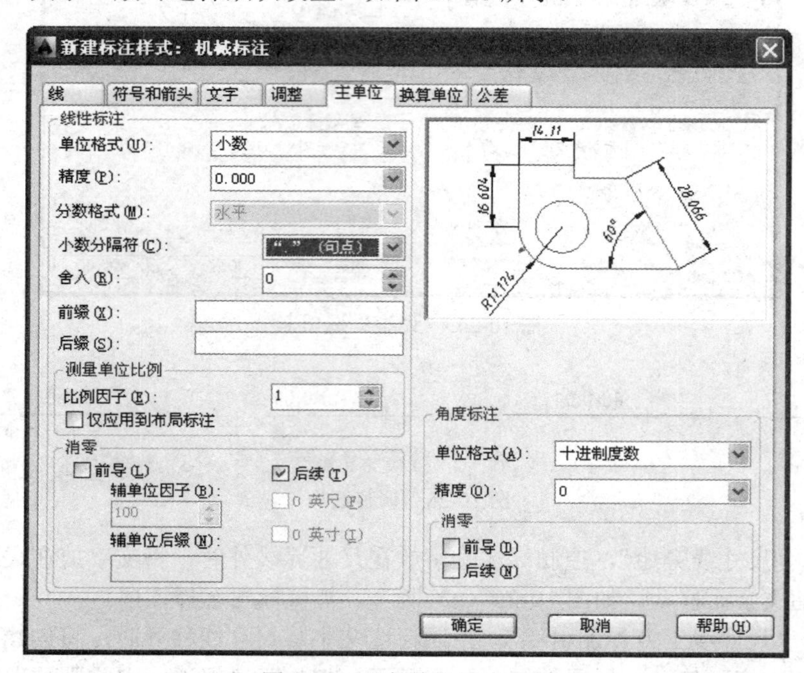

图 10-28 “主单位”选项卡

用户应根据图形的比例，在“测量单位比例”选项组的“比例因子”文本框中输入线性尺寸测量单位的比例因子，该比例因子乘以系统的自动测量值即为标注的尺寸数值。

注意：国家标准规定所注尺寸应是物体的实际尺寸。当用缩放比例画图时，设置的比例因子应是图形缩放比例因子的倒数，以保证标注的尺寸数值为实际尺寸。

6. 设置换算单位

在“换算单位”选项卡中设置尺寸标注中换算单位的显示，以及不同单位之间的换算格式和精度。

注意：尺寸样式实际上是一组尺寸变量的集合，利用对话框进行上述设置，可以直观地改变相关变量的值，用户还可以在命令行通过若干尺寸变量名设置变量值。

10.2.3 设置机械尺寸样式的子样式

AutoCAD 允许在一个全局标注样式下，对不同的标注类型创建相应的子样式，设置不同的特性，可以满足国家标准规定的标注形式。在标注某一类尺寸时，系统将搜索当前标注样式下是否有该标注类型的子样式。如果有，则该类尺寸按其子样式标注；如果没有，则按全局样式标注。因此，“机械标注”样式下必须创建其“角度”子样式，使角度数字水平放置。

操作步骤如下。

第 1 步，调用“标注样式”命令。

第 2 步，在“标注样式管理器”的样式列表中选择“机械标注”，单击“新建”按钮。

第 3 步，在“创建新标注样式”对话框中，默认基础样式为“机械标注”，在“用于”下拉列表中选择“角度标注”类型，如图 10-29 所示。

图 10-29　创建“机械标注”的“角度”子样式

第 4 步，单击“继续”按钮，弹出“新建标注样式：机械标注：角度”对话框。

第 5 步，在“文字”选项卡的“对齐方式”选项组内选择“水平”单选按钮，在“文字位置”选项组内，可将“垂直”设置为“居中”或“上”或“外部”，如图 10-30 所示。

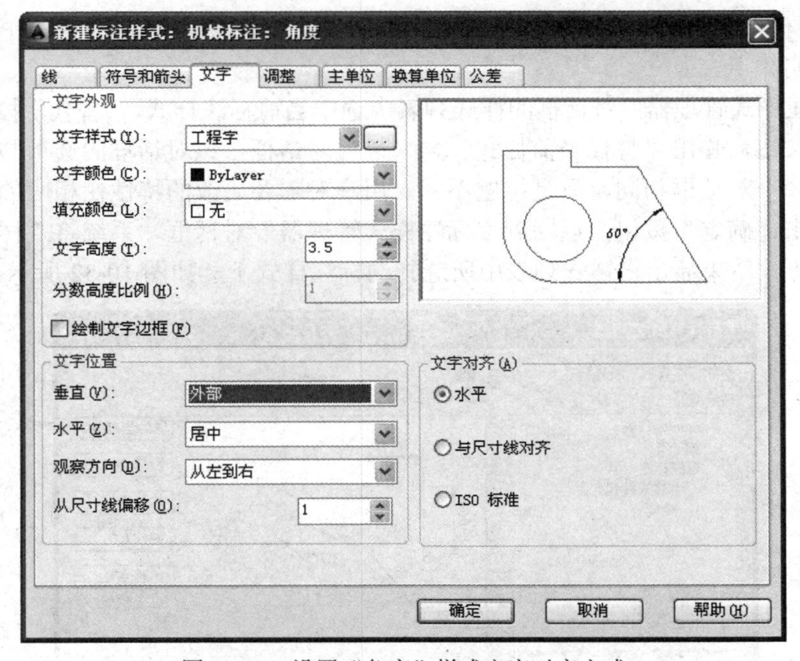

图 10-30　设置“角度”样式文字对齐方式

第 6 步，单击“确定”按钮，返回到“标注样式管理器”对话框，在“机械标注”下面显示其子样式“角度”，如图 10-31 所示。

注意：

（1）选择某一尺寸样式，单击“置为当前”按钮，可以将其设置为当前标注样式。

（2）用户可以在某一尺寸样式上右击，利用弹出的快捷菜单将其“置为当前”或删除、重命名。不能删除当前样式或当前图形中已使用过的样式。

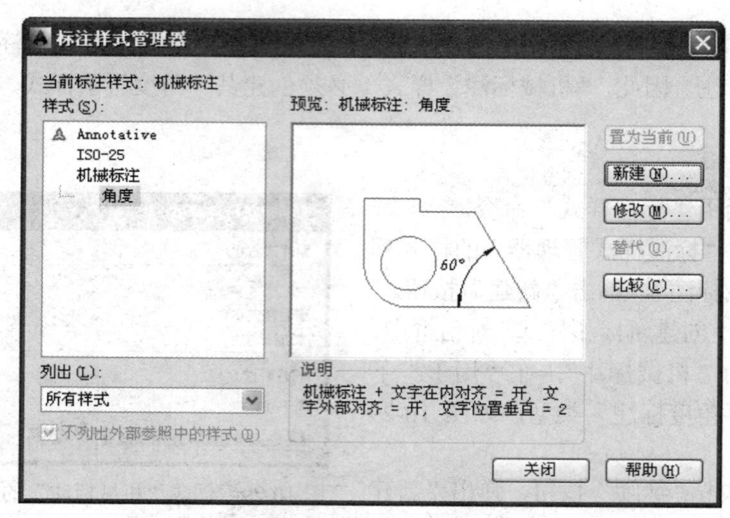

图 10-31 “机械标注”样式下的“角度”子样式

10.2.4 尺寸样式的替代

“样式替代”是为了满足某些特殊要求，对当前尺寸样式特性所作的细微改变。

操作说明如下。

从“标注样式管理器”对话框的样式列表中选中当前标注样式，“替代”按钮亮显。单击“替代”按钮，弹出“替代当前样式：×××”对话框，该对话框的选项与“新建标注样式：×××”对话框相同，只是标题不同。用户对需要更改的特性在相应的选项卡中重新设置，单击“确定”按钮，返回到“标注样式管理器”对话框。系统将“样式替代”作为未保存的更改结果显示在样式列表中所选择的标注样式下，如图 10-32 所示。

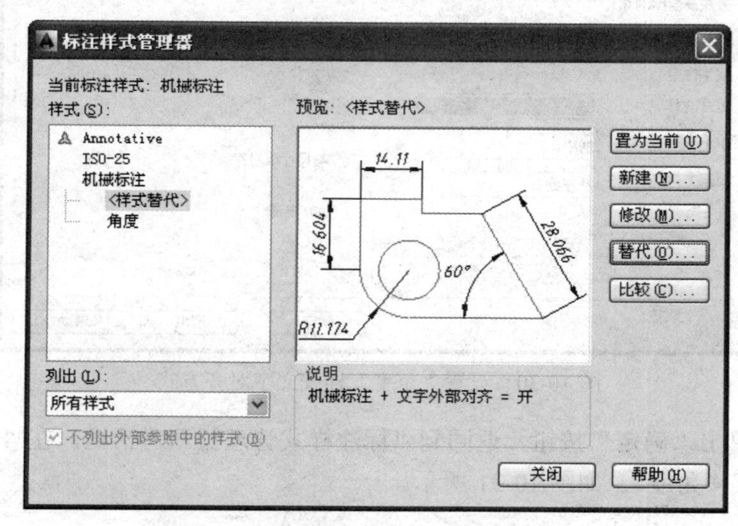

图 10-32 当前标注样式下的替代样式

注意：

（1）如果更改当前样式，系统将弹出“AutoCAD 警告”对话框，提示“把另一种样式置为当前样式将放弃样式替代”，如果用户确认，“样式替代”将被删除。

（2）如果将某一全局标注样式通过“修改”按钮，在“修改标注样式：×××”对话框中修改后，图形中所有使用该样式标注的尺寸均更新为修改后的样式。而“样式替代”只应用到以后使用该样式标注的新尺寸中，直至用户修改或删除“替代样式”为止。图形中所有在替代前使用该全局样式已标注的尺寸并不会更新。

（3）在“替代样式”名上右击，利用快捷菜单还可将替代样式保存到当前样式，保存之后替代样式被删除，同时当前标注样式将更新为“替代样式”中的设置。

10.3 尺寸的标注

按照标注对象的不同，AutoCAD 提供了尺寸标注的 5 种基本类型：线性、径向、角度、坐标、弧长等。按照尺寸形式的不同，线性标注可分成水平、垂直、对齐、旋转、基线或连续等，径向标注包括直径、半径以及折弯标注，如图 10-33 所示。

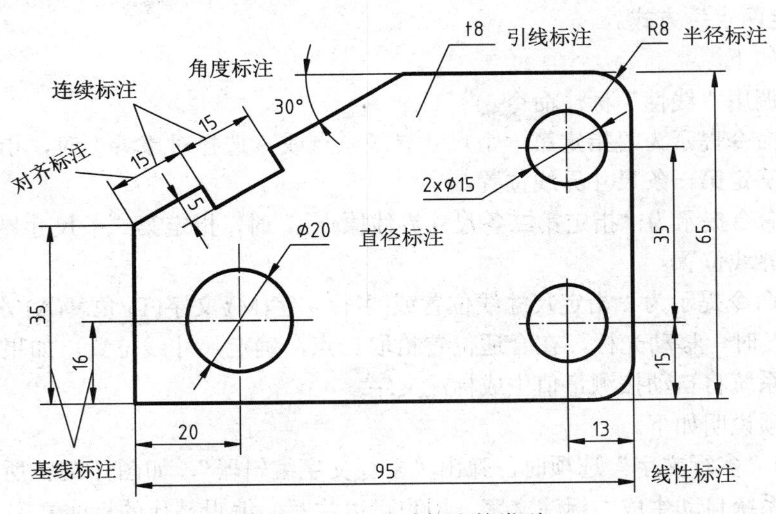

图 10-33　尺寸标注的类型

“注释”选项卡中“标注”面板的下拉式图标按钮提供了基本类型的尺寸标注命令。为方便操作，标注尺寸前应打开自动捕捉功能，并将尺寸层设置为当前层，“标注样式”下拉列表中选择当前标注样式，如图 10-34 所示。

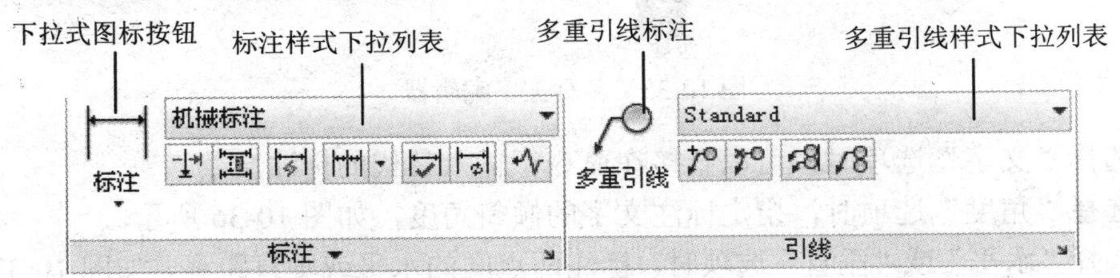

图 10-34　“标注”和“引线”面板

注意：“默认”选项卡“注释”面板主命令区也提供了基本类型的尺寸标注命令，且在下滑面板上提供了当前图形文件的“标注样式”下拉列表。

10.3.1 线性标注与对齐标注

线性尺寸标注是指两点之间的一组标注，主要标注方法有线性标注、对齐标注等。

1. 线性标注

“线性”标注命令可以标注两点之间的水平、垂直尺寸，以及尺寸线旋转一定角度的倾斜尺寸。

调用命令的方式如下。

功能区：单击“默认”选项卡“注释”面板或“注释”选项卡“标注”面板中的图标按钮。

菜单：执行“标注”|“线性”命令。

图标：单击“标注”工具栏中的图标按钮。

键盘命令：DIMLINEAR（或 DIMLIN）。

执行“线性”命令后，可以实现以下两种方式标注尺寸。

（1）“指定两点”方式。

操作步骤如下。

第 1 步，调用“线性”标注命令。

第 2 步，命令提示为“指定第一个尺寸界线原点或 <选择对象>：”时，指定第一条尺寸界线起点，确定第一条尺寸界线位置。

第 3 步，命令提示为“指定第二条尺寸界线原点：”时，指定第二条尺寸界线起点，确定第二条尺寸界线位置。

第 4 步，命令提示为“指定尺寸线位置或[多行文字(M)/文字(T)/角度(A)/水平(H)/垂直(V)/旋转(R)]：”时，移动光标，在合适位置拾取一点，确定尺寸线位置。如果没有执行其他任何选项，系统将自动按测量值生成标注文字。

操作及选项说明如下。

① 当选择“多行文字”选项时，弹出“多行文字编辑器”，如图 10-35 所示。其中亮显的数字表示系统自动生成的标注文字，用户可以注写、编辑替代的标注文字。

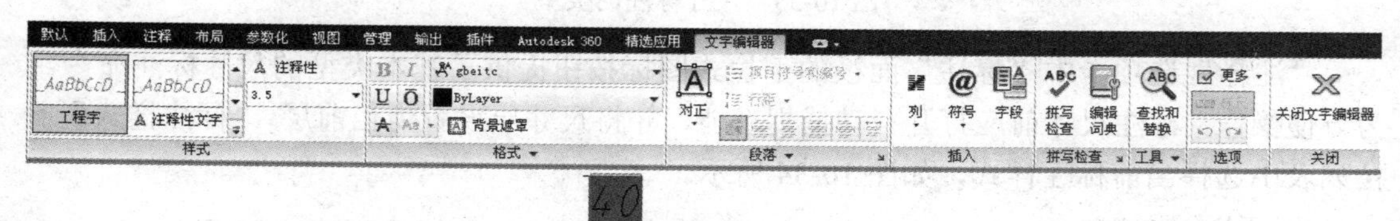

图 10-35 多行文字编辑器

② 选择“文字”选项时，可以直接在命令行输入替代的标注文字。

③ 选择“角度”选项时，指定标注文字的倾斜角度，如图 10-36 所示。

④ 选择“水平”或“垂直”选项时，标注两点间的水平或垂直距离，如图 10-37 所示。

⑤ 选择“旋转”选项时，标注尺寸线按指定角度倾斜的尺寸，如图 10-37 所示。

注意：

① 在标注图形尺寸时，一般应使用对象捕捉功能指定尺寸界线的起点。

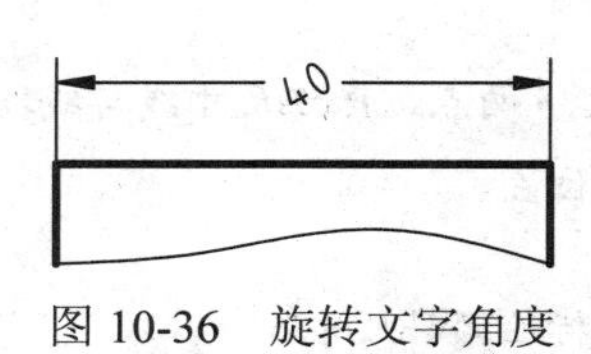

图 10-36　旋转文字角度

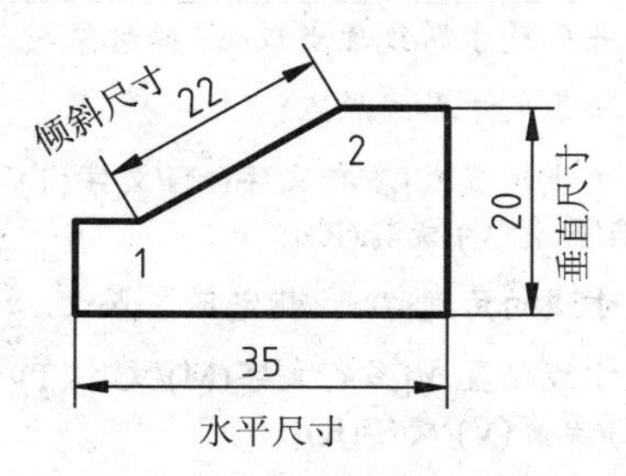

图 10-37　线性尺寸标注的形式

② 如果指定的两个尺寸界线起点不在一条水平或垂直线上，移动鼠标，屏幕上会出现两点之间的水平或垂直距离，观察确认后再指定尺寸线的位置，或用“水平”或“垂直”选项标注所需的尺寸。

③ 倾斜的尺寸线与两个尺寸界线起点的连线不一定平行，可以用指定两点方式确定倾斜角度，即两点连线与当前用户坐标系的 X 轴正方向的夹角。

（2）“选择标注对象”方式。

操作步骤如下。

第 1 步，调用“线性”标注命令。

第 2 步，命令提示为“指定第一个尺寸界线原点或<选择对象>：”时，回车，选择“选择对象”选项。

第 3 步，命令提示为“选择标注对象：”时，选择需要标注的对象。

第 4 步，同“指定两点”方式的第 4 步。

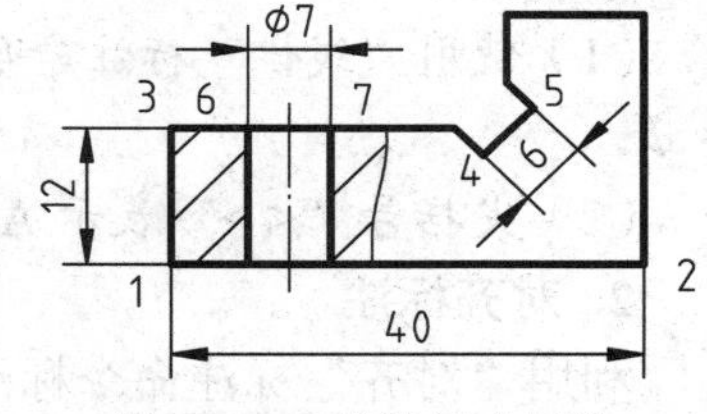

图 10-38　线性尺寸标注

【例 10-1】 使用“机械标注”样式，利用“线性”命令标注如图 10-38 所示的线性尺寸。

操作如下。

命令：**_dimlinear**	单击图标按钮，启动“线性”标注命令
指定第一个尺寸界线原点或<选择对象>：<对象捕捉开>	启用“对象捕捉”功能，捕捉点 1
指定第二条尺寸界线原点：	捕捉点 2
指定尺寸线位置或[多行文字(M)/文字(T)/角度(A)/水平(H)/垂直(V)/旋转(R)]:	点取尺寸线位置
标注文字 ＝40	系统提示，标注水平尺寸 40
命令：↵	再次启动“线性”标注命令
指定第一个尺寸界线原点或 <选择对象>：↵	回车，选择“选择对象”选项
选择标注对象：	点取直线 13
指定尺寸线位置或[多行文字(M)/文字(T)/角度(A)/水平(H)/垂直(V)/旋转(R)]:	点取尺寸线位置
标注文字 ＝12	系统提示，标注垂直尺寸 12
命令：↵	再次启动“线性”标注命令

指定第一个尺寸界线原点或<选择对象>:	捕捉点 4
指定第二条尺寸界线原点:	捕捉点 5
指定尺寸线位置或[多行文字(M)/文字(T)/角度(A)/水平(H)/垂直(V)/旋转(R)]: **r**↲	选择“旋转”选项，标注倾斜的尺寸
指定尺寸线的角度<0>: 指定第二点:	依次捕捉 4、5 两点，保证尺寸线与线段 45 平行
指定尺寸线位置或[多行文字(M)/文字(T)/角度(A)/水平(H)/垂直(V)/旋转(R)]:	点取尺寸线位置
标注文字 =6	系统提示，标注倾斜尺寸 6
命令: ↲	再次启动“线性”标注命令
指定第一个尺寸界线原点或<选择对象>:	捕捉 6
指定第二条尺寸界线原点:	捕捉点 7
指定尺寸线位置或 [多行文字(M)/文字(T)/角度(A)/水平(H)/垂直(V)/旋转(R)]: **t**↲	选择“文字”选项，修改尺寸数字
输入标注文字<7>: **%%C<>**↲	输入替代文字%%C<>，回车，返回主提示
指定尺寸线位置或[多行文字(M)/文字(T)/角度(A)/水平(H)/垂直(V)/旋转(R)]:	点取尺寸线位置
标注文字 =7	系统提示，标注水平尺寸 ϕ7

注意：

（1）使用“线性”标注命令在非圆视图上标注直径时，标注文字前输入前缀%%C，表示 ϕ。

（2）尖括号“< >”表示 AutoCAD 自动测量生成的标注文字。

2. 对齐标注

利用“对齐”标注命令标注倾斜直线的长度，其尺寸线平行于所标注的直线或两个尺寸界线起点的连线。

调用命令的方式如下。

功能区：单击“默认”选项卡“注释”面板或“注释”选项卡“标注”面板中的图标按钮。

菜单：执行“标注”|“对齐”命令。

图标：单击“标注”工具栏中的图标按钮。

键盘命令：DIMALIGNED。

“对齐标注”的操作方法与“线性标注”完全相同。

注意：使用“对齐”标注命令标注倾斜直线的长度，与“线性”标注中的“旋转”方法相比，更为方便。标注时，应正确选择两个尺寸界线原点，使选择的两个点的连线平行于所标注的直线。

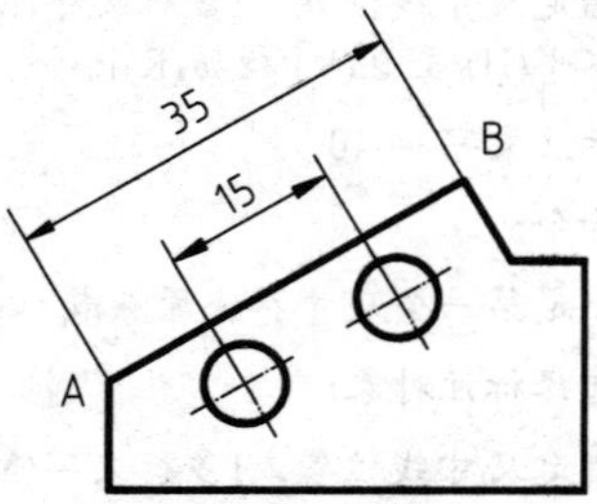

【例 10-2】 使用“机械标注”样式，利用“对齐”标注命令标注如图 10-39 所示的线性尺寸。

图 10-39 对齐标注

操作如下。

命令: _dimaligned	单击图标按钮，启动“对齐”标注命令
指定第一个尺寸界线原点或<选择对象>: <对象捕捉开>	打开“对象捕捉” 功能，捕捉一圆的圆心
指定第二条尺寸界线原点:	捕捉另一圆的圆心
指定尺寸线位置或[多行文字(M)/文字(T)/角度(A)]:	点取尺寸线位置
标注文字 =15	系统提示，标注对齐尺寸 15
命令: ↵	再次启动“对齐” 标注命令
指定第一个尺寸界线原点或 <选择对象>: ↵	回车，选择“选择对象”选项
选择标注对象:	点取直线 AB
指定尺寸线位置或[多行文字(M)/文字(T)/角度(A)/水平(H)/垂直(V)/旋转(R)]:	点取尺寸线位置
标注文字=35	系统提示，标注垂直尺寸 35

10.3.2 径向标注

径向标注是指圆或圆弧的直径或半径尺寸的标注。

1. 直径标注

利用“直径”标注命令标注圆和圆弧的直径尺寸，并且系统自动在标注文字前添加直径符号 ϕ。

调用命令的方式如下。

功能区：单击“默认”选项卡“注释”面板或“注释”选项卡“标注”面板中的图标按钮。

菜单：执行“标注”|“直径”命令。

图标：单击“标注”工具栏中的图标按钮。

键盘命令：DIMDIAMETER。

操作步骤如下。

第 1 步，调用“直径”标注命令。

第 2 步，命令提示为“选择圆弧或圆:”时，选择需标注的圆弧或圆。

第 3 步，命令提示为“指定尺寸线位置或[多行文字(M)/文字(T)/角度(A)]:”时，移动光标，在合适位置拾取一点，确定尺寸线位置。如果没有执行其他任何选项，系统将自动按测量值标注圆弧或圆的直径。

上述第 3 步的命令提示的其他选项同“线性”标注命令。

2. 半径标注

利用“半径”标注命令标注圆和圆弧的半径尺寸，并且系统自动在标注文字前添加半径符号 R。

调用命令的方式如下。

功能区：单击“默认”选项卡“注释”面板或“注释”选项卡“标注”面板中的图标按钮。

菜单：执行“标注”|“半径”命令。

图标：单击“标注”工具栏中的图标按钮。

键盘命令：DIMDRADIUS。

操作步骤如下。

第 1 步，调用“半径”标注命令。

第 2 步～第 3 步，同“直径”标注的第 2 步～第 3 步。

【例 10-3】 标注如图 10-40 所示的径向尺寸。

操作如下。

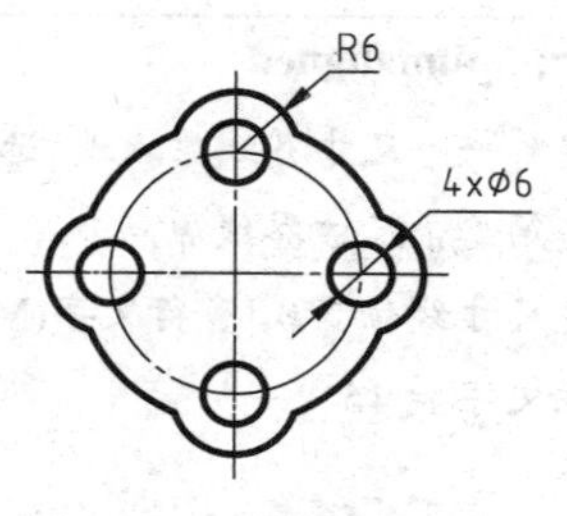

图 10-40　径向尺寸标注

命令：**_dimdiameter**	单击图标按钮，启动“直径”标注命令
选择圆弧或圆：	拾取右侧 $\phi 6$ 圆上一点
标注文字 ＝6	系统提示标注尺寸数字
指定尺寸线位置或 [多行文字(M)/文字(T)/角度(A)]: **t**↵	选择“文字”选项，修改尺寸数字
输入标注文字<6>：4 × <>	输入替代文字 4 × <>
指定尺寸线位置或 [多行文字(M)/文字(T)/角度(A)]:	拾取尺寸线位置，标注直径 4 × $\phi 6$，并结束命令
命令：**_dimdradius**	单击图标按钮，启动“半径”标注命令
选择圆弧或圆：	拾取右上角 *R*6 圆弧上一点
标注文字 ＝6	系统提示标注尺寸数字
指定尺寸线位置或 [多行文字(M)/文字(T)/角度(A)]:	拾取尺寸线位置，标注半径 *R*6，并结束命令

注意：

（1）根据国家标准，图形中完整的圆或大于半圆的圆弧应标注直径。对于一组规格相同的圆只在一个圆上标注，并在尺寸数字前添加“*n*×”（*n* 表示圆的个数），可以用“多行文字”或“文字”选项输入替代的标注文字。

（2）图形中小于半圆的圆弧应标注半径，对于一组规格相同的圆弧只在一个圆弧上标注，在尺寸数字前可不注出圆弧的个数。

10.3.3　角度标注

利用“角度”标注命令，可以标注圆、圆弧、两条非平行直线或三个点之间的角度，并在标注文字后自动添加符号“°”。

调用命令的方式如下。

功能区：单击“默认”选项中“注释”面板或“注释”选项卡“标注”面板中的图标按钮。

菜单：执行“标注”|“角度”命令。

图标：单击“标注”工具栏中的图标按钮。

键盘命令：DIMANGULAR。

执行“角度”命令后，可以实现以下 4 种形式的角度标注，如图 10-41 所示。

1. 标注两条直线的夹角

操作步骤如下。

第 1 步，调用“角度”标注命令。

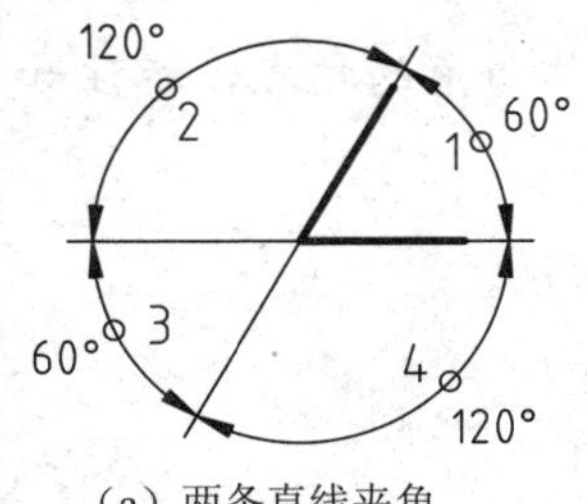

（a）两条直线夹角

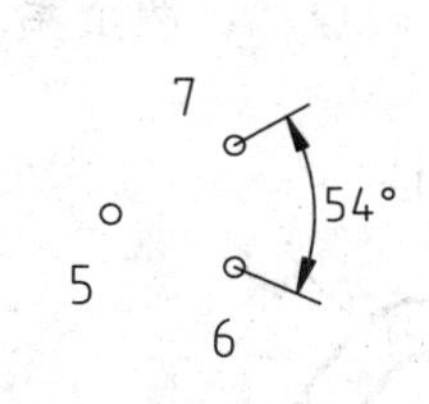

（b）三点间的角度

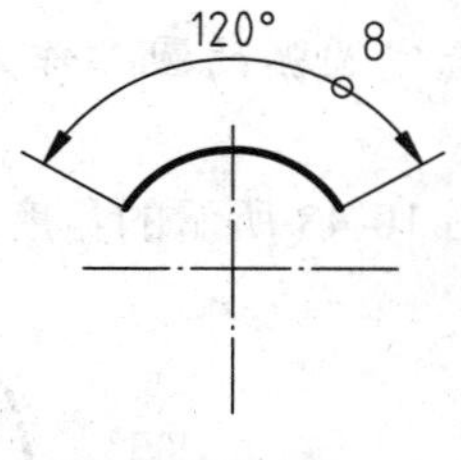

（c）圆弧中心角

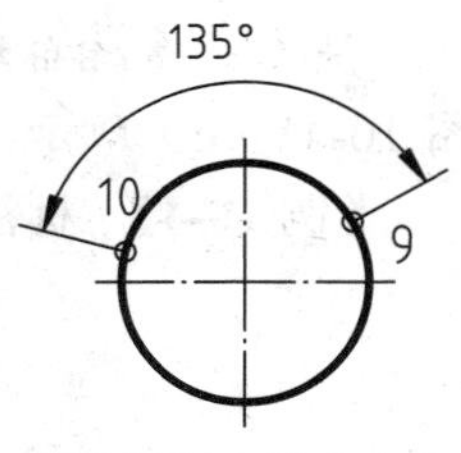

（d）圆上两点间的中心角

图 10-41　角度标注形式

第 2 步，命令提示为“选择圆弧、圆、直线或<指定顶点>：”时，选择需要标注角度尺寸的一条角边。

第 3 步，命令提示为“选择第二条直线：”时，选择第二条角边。

第 4 步，命令提示为“指定标注弧线位置或[多行文字(M)/文字(T)/角度(A)/象限点(Q)]：”时，移动光标，在合适位置拾取一点，确定尺寸线弧的位置，并确定绘制尺寸界线的方向。如果没有执行其他任何选项，系统将自动按测量值标注角度尺寸。

注意：当标注两条直线夹角时，标注弧线位置将影响标注的结果，如图 10-41（a）所示，标注的角度总是小于 180°。

响应第 4 步的命令选项基本与“线性”标注命令选项相同，其中“象限点(Q)”选项可以指定标注应锁定到的象限。指定象限点后，系统总是标注该象限的角度，无论尺寸线弧的位置在哪个象限。当标注文字位于尺寸界限外时，尺寸线将会延伸超过尺寸界线。如图 10-42 所示，点 1 为锁定的象限点，点 2 为指定的标注弧线位置。

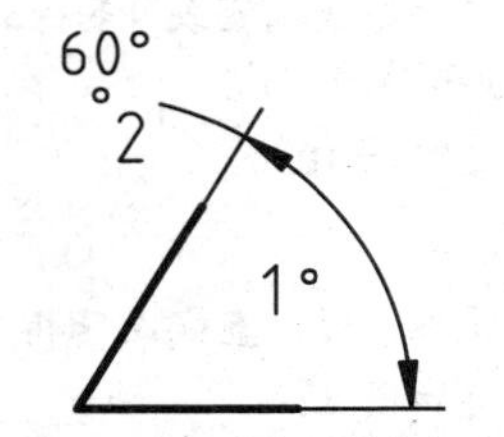

图 10-42　角度标注锁定象限

2. 定义三点方式标注角度

操作步骤如下。

第 1 步，调用“角度”标注命令。

第 2 步，命令提示为“选择圆弧、圆、直线或<指定顶点>：”时，回车。

第 3 步，命令提示为“指定角的顶点：”时，用适当定点方式确定角的顶点，如图 10-41（b）所示的点 5。

第 4 步，命令提示为“指定角的第一个端点：”时，用适当定点方式确定角的第一个端点，如图 10-41（b）所示的点 6。

第 5 步，命令提示为“指定角的第二个端点：”时，用适当定点方式确定角的第二个端点，如图 10-41（b）所示的点 7。

第 6 步，同标注两直线夹角的第 4 步。

3. 标注圆弧中心角

操作步骤如下。

第 1 步，调用“角度”标注命令。

第 2 步，命令提示为“选择圆弧、圆、直线或<指定顶点>：”时，选择需要标注角度尺寸的圆弧。

第 3 步，同标注两直线夹角的第 4 步。

注意：系统自动将选定圆弧的圆心作为角的顶点，两个端点作为角的端点，标注如图 10-41（c）所示。

【例 10-4】 标注如图 10-43 所示的角度尺寸。

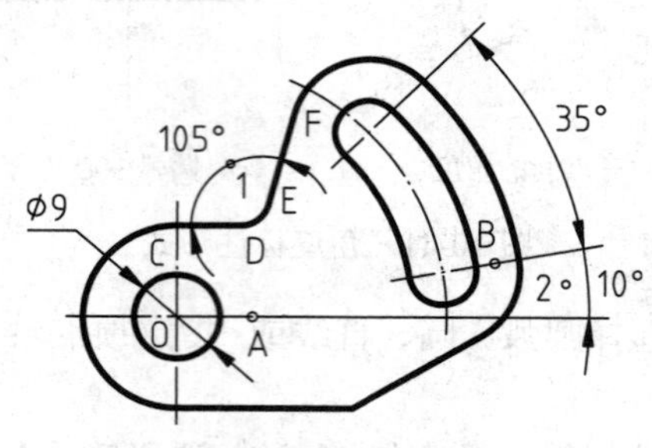

图 10-43　标注角度尺寸

操作如下。

命令：**_dimangular**	单击图标按钮，启动“角度”标注命令
选择圆弧、圆、直线或 <指定顶点>:	选择水平边 CD
选择第二条直线:	选择倾斜边 EF
指定标注弧线位置或 [多行文字(M)/文字(T)/角度(A)/象限点(Q)]:	拾取点 1，确定尺寸线弧位置，如图 10-43 所示
标注文字 ＝105	系统提示标注尺寸数字
命令：↵	回车，再次启动“角度”标注命令
选择圆弧、圆、直线或 <指定顶点>：↵	回车，选择“指定顶点”选项
指定角的顶点:	捕捉 $\phi 9$ 圆的圆心 O
指定角的第一个端点:	捕捉 $\phi 9$ 圆水平中心线的右端点 A
指定角的第二个端点:	捕捉腰形槽下侧圆弧中心线端点 B
指定标注弧线位置或 [多行文字(M)/文字(T)/角度(A)/象限点(Q)]：**q**↵	选择“象限点”选项
指定象限点:	拾取点 2
指定标注弧线位置或 [多行文字(M)/文字(T)/角度(A)/象限点(Q)]:	在适当位置拾取一点，确定尺寸线弧位置
标注文字 ＝10	系统提示标注尺寸数字
命令：↵	回车，再次启动“角度”标注命令
选择圆弧、圆、直线或 <指定顶点>:	选择腰形槽外侧圆弧
指定标注弧线位置或 [多行文字(M)/文字(T)/角度(A)/象限点(Q)]:	捕捉角度 10°的尺寸线弧的端点，确定尺寸线弧位置
标注文字 ＝35	系统提示标注尺寸数字

4. 标注圆上指定两点之间的中心角

操作步骤如下。

第 1 步，调用“角度”标注命令。

第 2 步，命令提示为“选择圆弧、圆、直线或<指定顶点>：”时，选择需要标注角度尺寸的圆。

第 3 步～第 4 步，同定义三点方式标注角度的第 5 步～第 6 步。

注意：选择圆后，系统自动将其圆弧的圆心作为角度的顶点，选择圆时的拾取点作为角的第一个端点，而角的第二个端点可以不位于圆上，系统将圆心与第二点的连线与圆的交点作为角的第二个端点，如图 10-41（d）所示。

10.3.4 基线标注

利用“基线”标注命令，可以标注与前一个或选定的标注具有相同的第一条尺寸界线（基线）的一系列线性尺寸、角度尺寸或坐标标注。在创建基线标注之前，必须已经创建了可以作为基准尺寸的线性、角度等标注。

调用命令的方式如下。

功能区：单击“注释”选项卡“标注”面板中的图标按钮。

菜单：执行“标注”|“基线”命令。

图标：单击“标注”工具栏中的图标按钮。

键盘命令：DIMBASELINE（或 DIMBASE）。

操作步骤如下。

第 1 步，调用“基线”标注命令。

第 2 步，命令提示为“指定第二条尺寸界线原点或 [放弃(U)/选择(S)]<选择>:”时，回车；或输入“S”，回车。

第 3 步，命令提示为“选择基线标注：”时，在图形上选择基线标注。

第 4 步，命令提示为“指定第二条尺寸界线原点或 [放弃(U)/选择(S)]<选择>:”时，指定第二条尺寸界线起点，确定第二条尺寸界线位置，同时直接按照尺寸样式中设定的基线间距创建标注。

第 5 步，命令提示为“指定第二条尺寸界线原点或 [放弃(U)/选择(S)]<选择>:”时，继续指定第二条尺寸界线原点，确定第二条尺寸界线位置，再创建基线标注；或回车。

第 6 步，命令提示为“选择基线标注：”时，重复上述第 3 步～第 5 步，继续创建其他基线标注，直至回车，结束命令。

操作及选项说明如下。

（1）AutoCAD 默认前一个标注（线性、对齐或角度尺寸）为基准尺寸，如果用户确认其第一条尺寸界线为基线，可以跳过第 2 步、第 3 步，直接操作第 4 步，指定第二条尺寸界线起点。

（2）如果将前一个基准尺寸删除，进行基线标注时，AutoCAD 直接出现提示“选择基线标注:”，要求用户选择线性标注、坐标标注或角度标注，得到基准尺寸。

注意：

（1）选择基准标注时，选择点必须靠近共同的尺寸界线（基线）。

（2）选择的基准尺寸将作为后续所有基线标注的基准，除非重新指定基准尺寸。

（3）在命令执行过程中，系统不允许用户改变标注文字的内容。

【例 10-5】 刚创建了尺寸 8 和尺寸 10，如图 10-44（a）所示，使用“基线”标注命令标注尺寸，如图 10-44（b）所示。

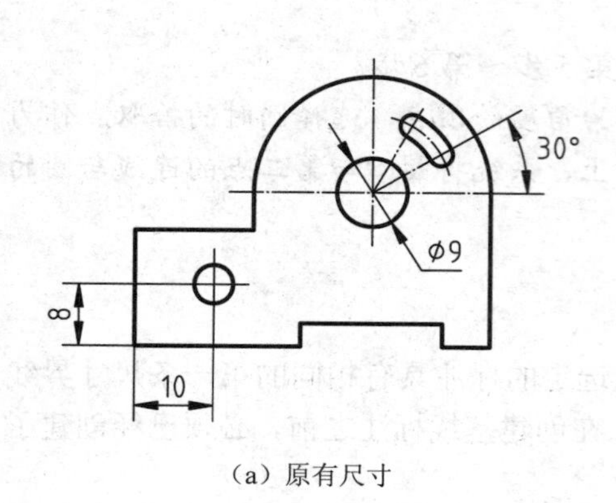

(a) 原有尺寸

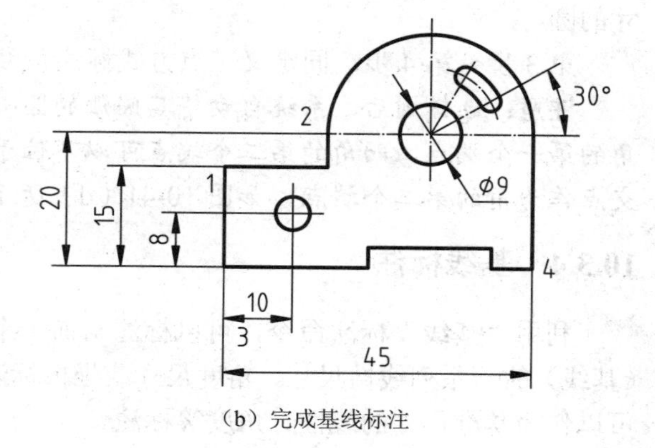

(b) 完成基线标注

图 10-44　基线标注

操作如下。

命令：**_dimbase**	单击图标按钮，启动“基线”标注命令
指定第二条尺寸界线原点或 [放弃(U)/选择(S)]<选择>:	捕捉上侧水平线左端点 1
标注文字 ＝15	系统提示，标注尺寸 15
指定第二条尺寸界线原点或 [放弃(U)/选择(S)]<选择>:	捕捉 ϕ9 水平中心线左端点 2
标注文字 ＝20	系统提示，标注尺寸 20（总高）
指定第二条尺寸界线原点或 [放弃(U)/选择(S)]<选择>: ↵	回车，选择“选择”选项
选择基线标注:	靠近点 3 选择尺寸 10
指定第二条尺寸界线原点或[放弃(U)/选择(S)]<选择>:	捕捉下侧水平线右端点 4
标注文字 ＝45	系统提示，标注尺寸 45（总长）
指定第二条尺寸界线原点或 [放弃(U)/选择(S)]<选择>: ↵	回车
选择基线标注: ↵	回车，结束“基线”命令

10.3.5　连续标注

利用“连续”标注命令，可以标注与前一个或选定的标注具有首尾相连的一系列线性尺寸、角度尺寸或坐标标注。在创建连续标注之前，必须已创建了线性、角度等标注。

调用命令的方式如下。

功能区：单击“注释”选项卡“标注”面板中的图标按钮。

菜单：执行“标注”|“连续”命令。

图标：单击“标注”工具栏中的图标按钮。

键盘命令：DIMCONTINUE。

执行“连续”命令后，操作方法和步骤同“基线”标注。

【例 10-6】 在如图 10-44 所示基础上，刚创建了水平尺寸 6，如图 10-45（a）所示。使用“连续”标注命令标注水平尺寸 18 和右上方角度尺寸 30°，如图 10-45（b）所示。

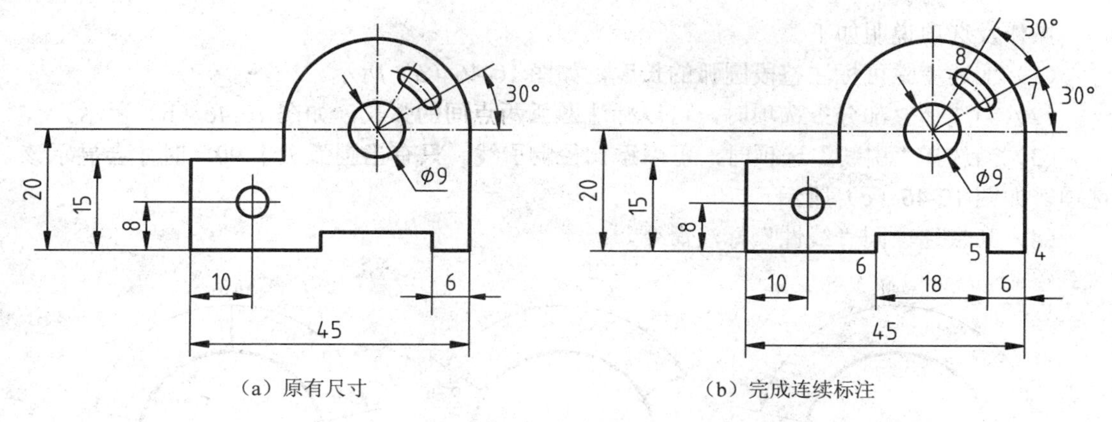

（a）原有尺寸　　（b）完成连续标注

图 10-45　连续标注

操作如下。

命令：**_dimcontinue**	单击图标按钮，启动“连续”标注命令
指定第二条尺寸界线原点或 [放弃(U)/选择(S)]<选择>:	捕捉底部槽左侧点 6
标注文字 ＝18	系统提示，标注尺寸 18
指定第二条尺寸界线原点或 [放弃(U)/选择(S)]<选择>: ↵	回车，选择“选择”选项
选择连续标注:	靠近点 7 选择下侧角度尺寸
指定第二条尺寸界线原点或 [放弃(U)/选择(S)]<选择>:	捕捉腰形孔上侧中心线端点 8
标注文字 ＝30	系统提示，标注上侧角度尺寸 30°
指定第二条尺寸界线原点或 [放弃(U)/选择(S)]<选择>: ↵	回车
选择连续线标注: ↵	回车，结束“连续”命令

注意：创建水平尺寸 6 时，应先捕捉点 4，再捕捉点 5。

10.3.6　弧长标注

利用“弧长”标注命令，可以标注圆弧的长度。

调用命令的方式如下。

功能区：单击“默认”选项卡“注释”面板或“注释”选项卡“标注”面板中的图标按钮。

菜单：执行“标注”|“弧长”命令。

图标：单击“标注”工具栏中的图标按钮。

键盘命令：DIMARC。

操作步骤如下。

第 1 步，调用“弧长”标注命令。

第 2 步，命令提示为“选择弧线段或多段线圆弧段:”时，选择需要标注的圆弧。

第 3 步，命令提示为“指定弧长标注位置或 [多行文字(M)/文字(T)/角度(A)/部分(P)/引线(L)]:”时，移动光标，在合适位置拾取一点，确定尺寸线的位置，并确定绘制尺寸界线的方向。如果没有执行其他任何选项，系统将自动按测量值标注弧长。

操作及选项说明如下。

（1）上述步骤可标注整段圆弧的长度，如图 10-46（a）所示。

（2）当选择“部分”选项时，可以标注圆弧两点间的弧长，如图 10-46（b）所示。

（3）当选择“引线”选项时，可以添加径向引线。只有当圆弧大于 90° 时才会显示该选项，如图 10-46（c）所示。

（4）其余选项同“线性”标注命令。

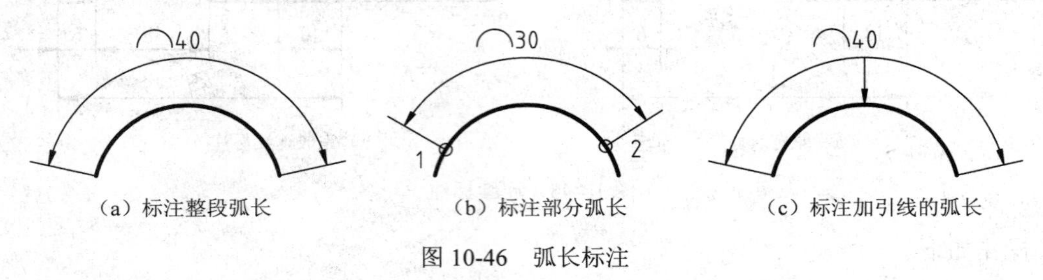

（a）标注整段弧长　　（b）标注部分弧长　　（c）标注加引线的弧长

图 10-46　弧长标注

【例 10-7】 使用“弧长”标注命令，标注图 10-46（b）所示的 12 段圆弧的弧长。

操作如下。

命令: **_dimarc**	单击图标按钮，启动“弧长”标注命令
选择弧线段或多段线圆弧段:	选择如图 10-46 所示的圆弧
指定弧长标注位置或 [多行文字(M)/文字(T)/角度(A)/部分(P)/引线(L)]: **p**↵	选择“部分”选项，标注部分弧长
指定弧长标注的第一个点:	捕捉点 1
指定弧长标注的第二个点:	捕捉点 2
指定弧长标注位置或 [多行文字(M)/文字(T)/角度(A)/部分(P)/引线(L)]:	在 1、2 两点间的上方拾取尺寸线位置
标注文字 =30	系统提示，标注部分弧长

注意：指定弧长标注的两个点可以不在圆弧上，系统将指定点与圆心的连线和圆周的交点作为标注弧长的两个点。

10.3.7　折弯标注

当圆或圆弧的半径较大，其圆心位于图形或图纸外时，尺寸线不便或无法通过其圆心的实际位置，利用“折弯”标注命令，可以标注折弯形的半径尺寸。

调用命令的方式如下。

功能区：单击“默认”选项卡“注释”面板或“注释”选项卡“标注”面板中的图标按钮。

菜单：执行“标注”|“折弯”命令。

图标：单击“标注”工具栏中的图标按钮。

键盘命令：DIMJOGGED。

操作步骤如下。

第 1 步，调用“折弯”标注命令。

第 2 步，命令提示为“选择圆弧或圆:”时，选择需要标注折弯半径的圆弧或圆。

第 3 步，命令提示为“指定图示中心位置:”时，用适当的定点方式，在圆弧或圆的中心线上指定替代圆心，作为折弯半径标注的中心点。

第 4 步，命令提示为“指定尺寸线位置或 [多行文字(M)/文字(T)/角度(A)]:”时，移动鼠标，在适当位置拾取一点，确定尺寸线的角度和标注文字的位置。

第 5 步，命令提示为“指定折弯位置:”时，指定连接尺寸界线和尺寸线的横向直线的中点，系统将按折弯角度标注折弯半径。

【例 10-8】 使用“机械标注”样式，利用“折弯”标注命令标注折弯半径，如图 10-47 所示。

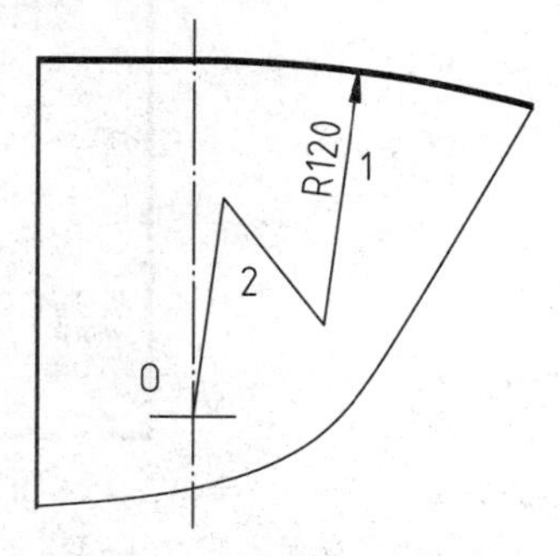

图 10-47　折弯半径标注

操作如下。

命令: **_dimjogged**	单击图标按钮，启动“折弯”标注命令
选择圆弧或圆:	选择如图 10-47 所示的圆弧
指定图示中心位置:	捕捉点 O
标注文字 =120	系统提示，标注的半径为 120
指定尺寸线位置或 [多行文字(M)/文字(T)/角度(A)]:	拾取点 1，确定尺寸线位置
指定折弯位置:	拾取折弯线中点 2，确定折弯线位置，按折弯角度 45° 标注折弯半径 R120

10.3.8　多重引线标注

引线标注对象是两端分别带有箭头和注释内容的一段或多段引线，引线可以是直线或样条曲线，注释内容可以是文字、图块等形式。多重引线标注对象的注释内容可以有一条水平基线连接到引线上，且一个注释内容可以由多条引线指向图形中的多个对象，还可以将多个多重引线按选定的一个多重引线进行对齐排列和均匀排序。

1. 创建多重引线样式

多重引线样式可以指定基线、引线、箭头和注释内容的格式，用以控制多重引线对象的外观。一般情况下，在创建多重引线标注对象前，应该根据需要设置多重引线样式。

调用命令的方式如下。

功能区：单击“默认”选项卡“注释”面板中的图标按钮或“注释”选项卡“引线”面板中的按钮。

菜单：执行“格式”|“多重引线样式”命令。

图标：单击“样式”或“多重引线”工具栏中的图标按钮。

键盘命令：MLEADERSTYLE。

执行该命令后，弹出如图 10-48 所示的“多重引线样式管理器”对话框，“样式”列表中列出了当前图形文件中所有已创建的多重引线样式，并亮显当前样式名，显示其预览图，默认的样式为 Standard。

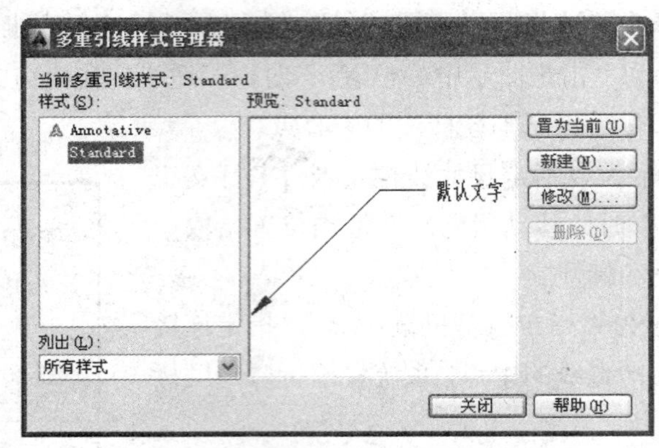

图 10-48 “多重引线样式管理器”对话框

下面以创建“倒角标注”为例，介绍操作步骤。

【例 10-9】 利用“多重引线样式”命令创建“倒角标注”的多重引线样式。

操作步骤如下。

第 1 步，调用“多重引线样式”命令。

第 2 步，在“多重引线样式管理器”对话框中，单击“新建”按钮，弹出如图 10-49 所示的“创建新多重引线样式”对话框。

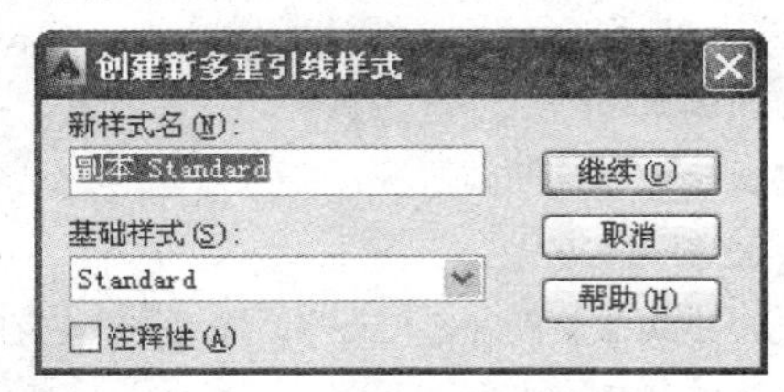

图 10-49 “创建新多重引线样式”对话框

第 3 步，在“新样式名”文本框中输入新的多重引线样式名“倒角标注”。

第 4 步，在“基础样式”下拉列表中选择一个多重引线样式作为新样式的基础样式。

第 5 步，单击“继续”按钮，弹出如图 10-50 所示的“修改多重引线样式：倒角标注”对话框。

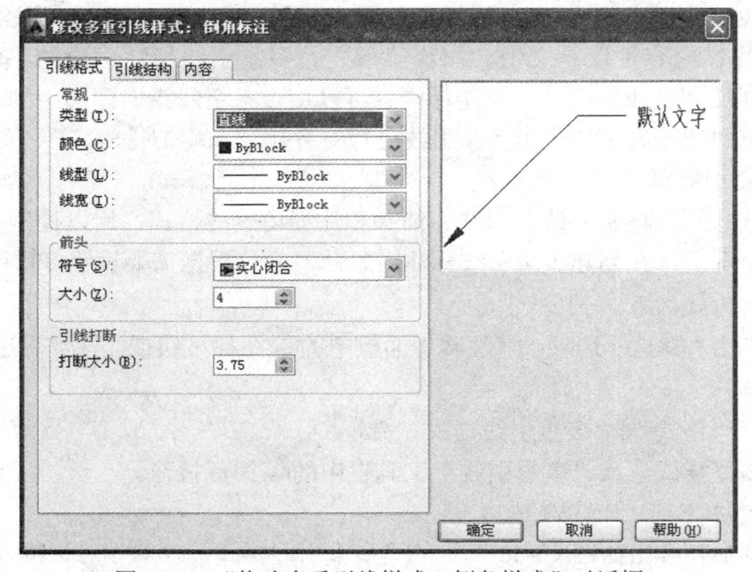

图 10-50 “修改多重引线样式：倒角样式”对话框

第 6 步，在“引线格式”选项卡中设置引线类型、颜色、线型、线宽；箭头形式和大小；并在“打断大小”文本框中输入打断引线标注时的折断间距值，如图 10-51 所示。

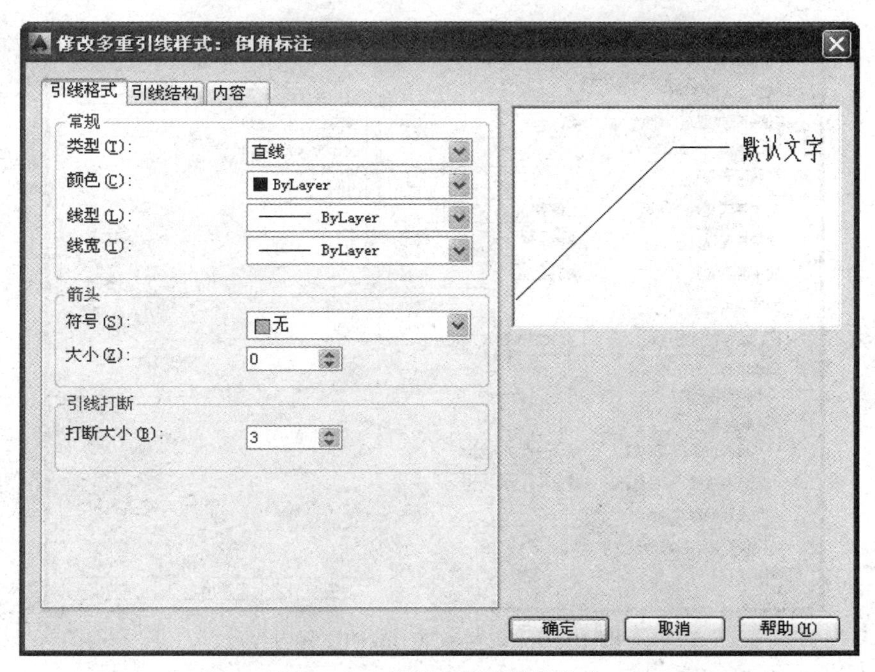

图 10-51　设置多重引线的格式

第 7 步，在“引线结构”选项卡中设置引线点数、角度、水平基线长度等，如图 10-52 所示。

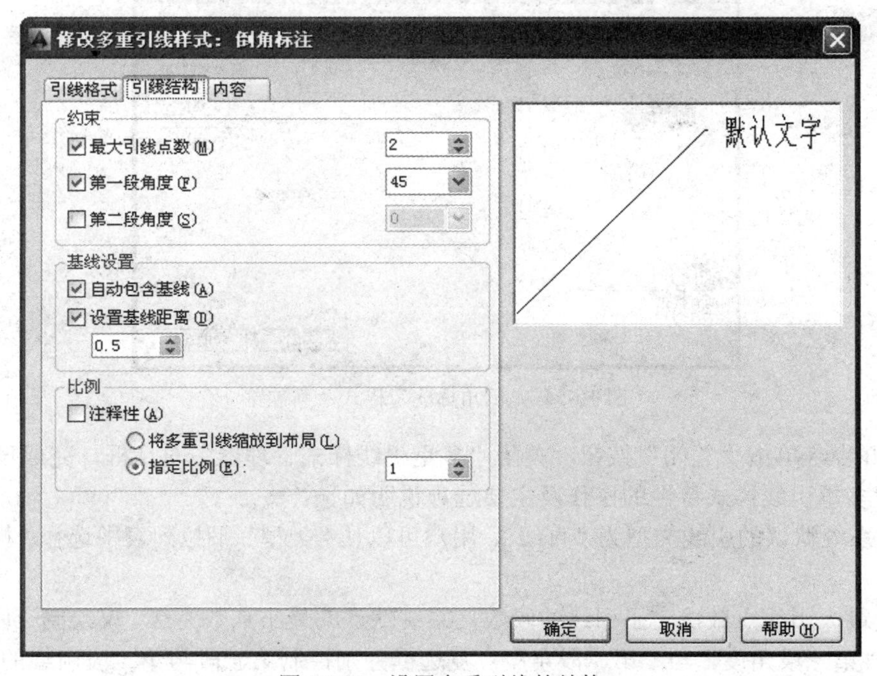

图 10-52　设置多重引线的结构

第 8 步，在“内容”选项卡中设置注释内容类型、注释文字样式、角度、颜色、高度，以及引线连接方式，如图 10-53 所示。

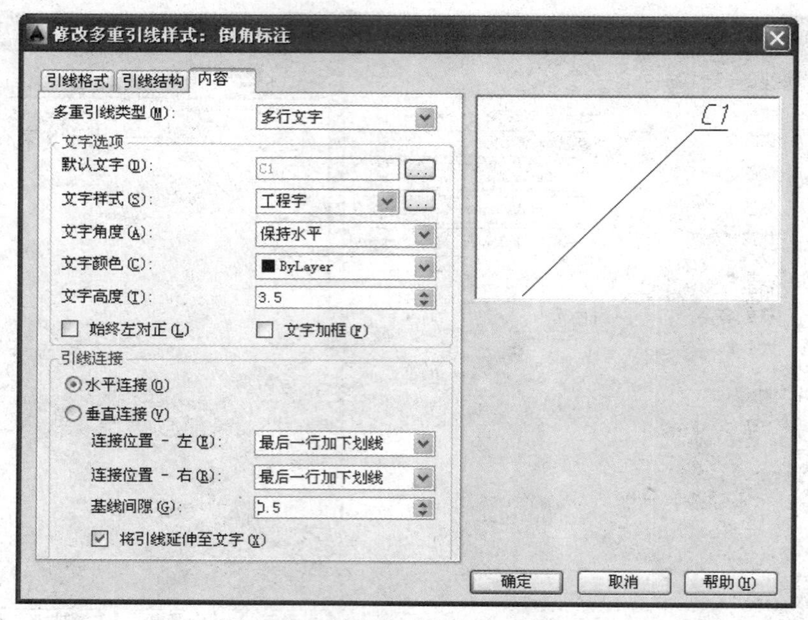

图 10-53　设置多重引线的注释内容

第 9 步，单击“确定”按钮，返回主对话框，在“样式”列表中显示“倒角标注”新样式，并在“预览”显示框内可以预览“倒角标注”样式外观，如图 10-54 所示。

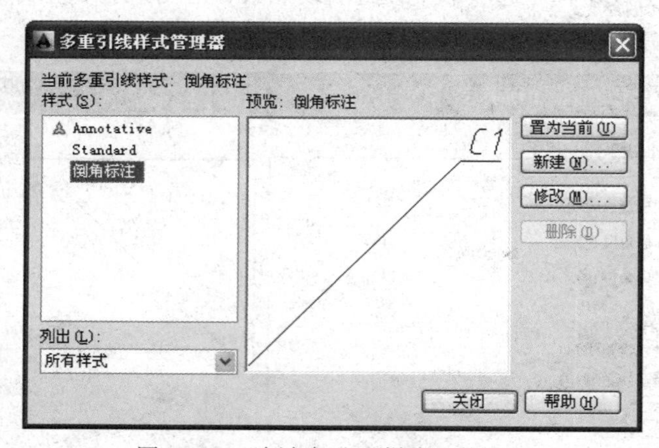

图 10-54　“倒角标注”样式及其预览

第 10 步，单击“关闭”按钮，关闭“多重引线样式管理器”对话框，完成设置。

设置多重引线样式特性的操作及主要选项说明如下。

（1）系统默认的引线类型为“直线”，用户可以从“类型”下拉列表中选择“样条曲线”或“无”。

（2）最大引线点数决定了引线的段数，系统默认的最小点数为 2，仅绘制一段引线。

（3）“第一段角度”与“第二段角度”复选框分别控制第一段与第二段引线的角度，默认为不选中，可以根据指定的引线点确定引线角度。

（4）选中了“自动包含基线”复选框后，“设置基线距离”复选框才亮显，将使引线包含一段长度为其文本框中输入值的水平基线。

（5）多重引线标注对象可以根据“比例”选项组内设置的比例进行缩放，控制其标注大小。一般情况下，用户在“指定比例”文本框内输入缩放比例值。

（6）引线末段的注释内容可以是“多行文字”、“块”、“无”3 种，如图 10-55 所示。

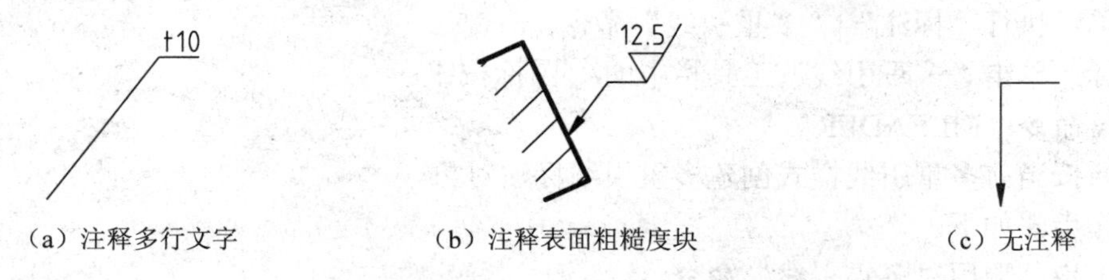

（a）注释多行文字　　（b）注释表面粗糙度块　　（c）无注释

图 10-55　多重引线的注释内容

（7）当注释内容为多行文字时，在“文字选项”选项组内设置多重引线文字的外观。单击“默认文字”文本框右侧的...按钮，弹出“文字编辑器”上下文选项卡，输入经常使用的文字，将其设置为默认文字；在“文字角度”列表中提供了“按插入”、“保持水平”、“始终正向读取”3 个选项，用以控制文字的旋转角度；选中“始终左对正”复选框时，无论引线位置在何处，文字总是使用左对齐方式；选中“文字加框”复选框时，将给文字添加矩形边框。

（8）当注释内容为多行文字时，在“引线连接”选项组内分别设置引线基线与附着在引线两侧注释文字的对齐方式。如图 10-56 所示为“连接位置-左”设置的 9 种情况。

注意：在样式列表中单击某个多重引线样式名，再单击“置为当前”或“删除”按钮，可以设置当前样式或删除选定样式。在某个多重引线样式名上右击，弹出快捷菜单，也可以设置当前样式、重命名样式和删除样式。不能删除当前样式或图形中已经使用的样式。默认的 Standard 样式不能被重命名或删除。

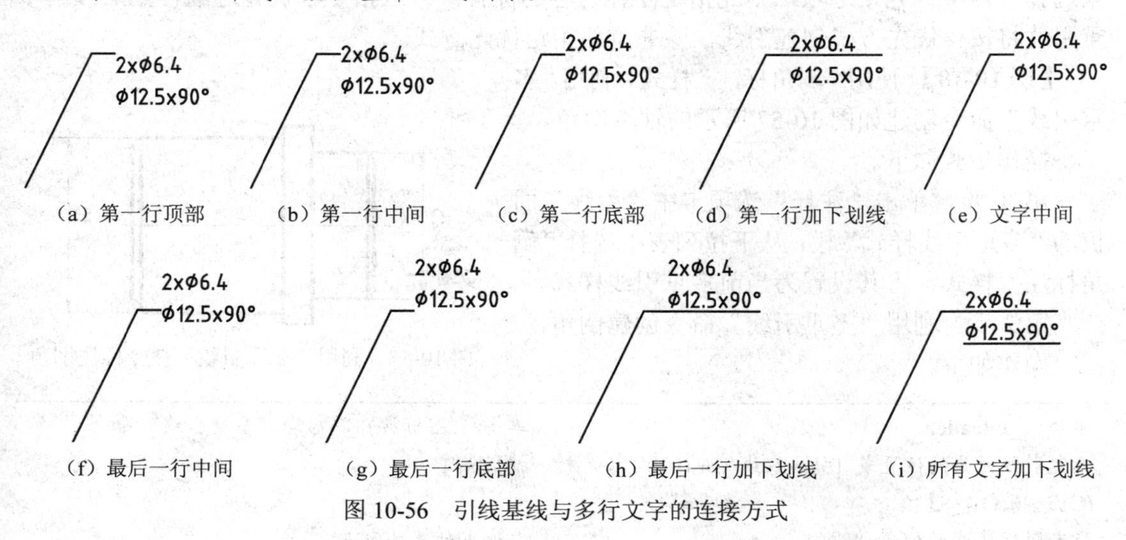

（a）第一行顶部　（b）第一行中间　（c）第一行底部　（d）第一行加下划线　（e）文字中间

（f）最后一行中间　（g）最后一行底部　（h）最后一行加下划线　（i）所有文字加下划线

图 10-56　引线基线与多行文字的连接方式

2. 多重引线标注

利用“多重引线”命令，可以按当前多重引线样式创建引线标注对象；还可以重新指定引线的某些特性。

调用命令的方式如下。

功能区：单击“默认”选项卡“注释”面板或“注释”选项卡 “引线”面板中的图标按钮。

菜单：执行“标注”|“多重引线”命令。

图标：单击“多重引线”工具栏中的图标按钮。

键盘命令：MLEADER

（1）按当前多重引线样式创建多重引线标注对象。

操作步骤如下。

第 1 步，调用“多重引线”命令。

第 2 步，命令提示为“指定引线箭头的位置或 [引线基线优先(L)/内容优先(C)/选项(O)] <选项>:”时，指定引线的起始点位置。

第 3 步，命令提示为“指定下一点:”时，用适当定点方式指定引线的第二点位置。

第 4 步，命令提示为“指定引线基线的位置:”时，用适当定点方式指定引线基线的位置。

第 5 步，在多行文字编辑器内输入多行文字的内容，并在绘图区单击。

操作及选项说明如下。

① 多重引线样式中点的数目 n 包括引线的起始点、中间点以及基线位置点。命令提示“指定下一点:”出现的次数为 $n-2$ 次。如果点的数目为默认值 2，则跳过第 3 步。

② 如果当前多重引线样式中设置了默认文字，系统会提示用户是否覆盖默认文字。

③ 多重引线标注可以控制引线各部分绘制的先后顺序。系统默认为按箭头优先创建多重引线，即先确定箭头位置。如果选择“引线基线优先”选项，则先指定基线的位置。如果选择“内容优先”选项，则先指定注释内容的位置。一旦指定了优先选项，则后续的多重引线将按该优先方式创建引线，除非重新指定优先方式。

【例 10-10】 使用“倒角标注”样式，利用“多重引线”命令创建如图 10-57 所示的轴端倒角。

操作步骤如下。

第 1 步，单击“注释”选项卡中“引线”面板的“多重引线样式”栏，从下拉列表中选择“倒角标注”样式，将其设置为当前多重引线样式。

第 2 步，利用“多重引线”命令创建倒角。

操作如下。

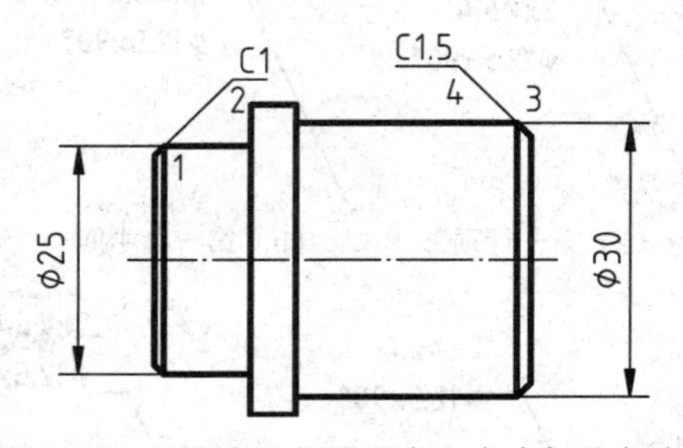

图 10-57 利用“多重引线”命令标注倒角

命令: **_mleader**	单击图标按钮，启动“多重引线”命令
指定引线箭头的位置或 [引线基线优先(L)/内容优先(C)/选项(O)] <选项>:	捕捉点 1
指定引线基线的位置:	在适当位置拾取点 2

覆盖默认文字 [是(Y)/否(N)] <否>: ↵	回车，采用默认的文字 C1
命令: ↵	回车，再次启动“多重引线”命令
指定引线箭头的位置或 [引线基线优先(L)/内容优先(C)/选项(O)] <选项>:	捕捉点 3
指定引线基线的位置:	在适当位置拾取点 4
覆盖默认文字 [是(Y)/否(N)] <否>: **y**↵	输入 y，回车，弹出“文字编辑器”
在“文字编辑器”输入 C1.5	输入新的文字，覆盖默认的注释文字
在绘图区单击	关闭多行文字编辑器，完成倒角标注

注意：由于“倒角标注”样式中指定了第一段引线的角度为 45°，故上述点 2 和点 4 的位置只要与点 1 和点 3 接近成 45° 和 135° 即可。

（2）指定多重引线特性创建多重引线标注对象。

操作步骤如下。

第 1 步，调用“多重引线”命令。

第 2 步，命令提示为“指定引线箭头的位置或 [引线基线优先(L)/内容优先(C)/选项(O)] <选项>：”时，回车。

第 3 步，命令提示为“输入选项 [引线类型(L)/引线基线(A)/内容类型(C)/最大节点数(M)/第一个角度(F)/第二个角度(S)/退出选项(X)] <退出选项>：”时，根据需要选择某一选项，指定引线格式、结构或注释内容。

第 4 步，命令提示为“输入选项 [引线类型(L)/引线基线(A)/内容类型(C)/最大节点数(M)/第一个角度(F)/第二个角度(S)/退出选项(X)] <>：”时，输入 x，回车，退出选项。

第 5 步～第 8 步，同上述按当前多重引线样式创建多重引线对象的第 2 步～第 5 步。

注意：如果当前多重引线样式不适合于当前引线标注，使用该方法可以临时设置标注样式。

【例 10-11】 使用“Standard”样式，利用“多重引线”命令创建如图 10-58 所示的序号。

操作步骤如下。

第 1 步，创建属性块“序号”[①]。

第 2 步，利用“多重引线”命令创建序号标注对象。

操作如下。

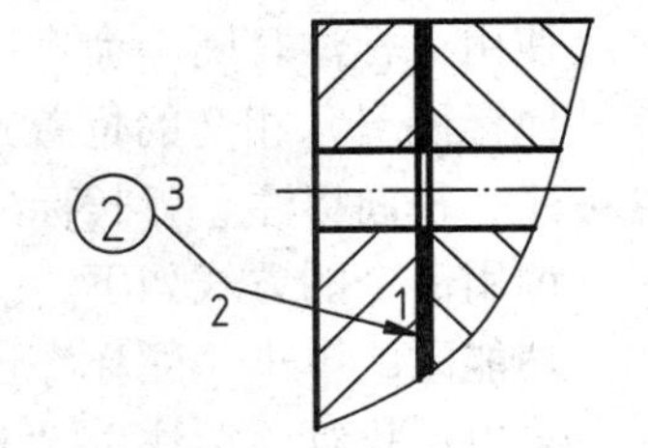

图 10-58 利用“多重引线”命令标注序号

命令: **_mleader**	单击图标按钮，启动“多重引线”命令
指定引线箭头的位置或 [引线基线优先(L)/内容优先(C)/选项(O)] <选项>: ↵	回车，使用默认的选项，即“选项（O）”
输入选项 [引线类型(L)/引线基线(A)/内容类型(C)/最大节点数(M)/第一个角度(F)/第二个角度(S)/退出选项(X)] <退出选项>: **a**↵	选择“引线基线”选项
使用基线 [是(Y)/否(N)] <是>: **n**↵	不使用水平基线

① 操作方法参见本书第 11 章。

输入选项 [引线类型(L)/引线基线(A)/内容类型(C)/最大节点数(M)/第一个角度(F)/第二个角度(S)/退出选项(X)] <引线基线>: **c**↵	选择“内容类型”选项
选择内容类型 [块(B)/多行文字(M)/无(N)] <多行文字>: **b**↵	选择“块”选项
输入块名称: **序号**↵	输入已创建的图块名称“序号”
输入选项 [引线类型(L)/引线基线(A)/内容类型(C)/最大节点数(M)/第一个角度(F)/第二个角度(S)/退出选项(X)] <内容类型>: **m**↵	选择“最大节点数”选项
输入引线的最大节点数 <2>: **3**↵	输入3，确定引线的最大节点数
输入选项 [引线类型(L)/引线基线(A)/内容类型(C)/最大节点数(M)/第一个角度(F)/第二个角度(S)/退出选项(X)] <最大节点数>: **x**↵	选择“退出选项”选项
指定引线箭头的位置或 [引线基线优先(L)/内容优先(C)/选项(O)] <选项>:	在垫片一端适当位置拾取点1
指定下一点	在适当位置拾取点2
指定引线基线的位置:	在适当位置拾取点3
输入属性值	系统提示
输入序号: **2**↵	输入序号值2，回车，结束“多重引线”命令

第3步，利用对象“特性”选项板，在“引线”选项组中修改箭头大小为3。

10.3.9 打断标注

使用“标注打断”命令可以将选定的标注在其尺寸界线或尺寸线与图形中的几何对象或其他标注对象相交的位置打断，从而使标注更为清晰。可以打断的标注有线性标注、角度标注、径向标注、弧长标注、坐标标注、直线类型的多重引线标注等对象。

调用命令的方式如下。

功能区：单击“注释”选项卡“标注”面板中的图标按钮。

菜单：执行“标注”|“标注打断”命令。

图标：单击“标注”工具栏中的图标按钮。

键盘命令：DIMBREAK。

操作步骤如下。

第1步，调用“标注打断”命令。

第2步，命令提示为“选择要添加/删除折断的标注或 [多个(M)]:”时，选择需要被打断的标注对象。

第3步，命令提示为“选择要折断标注的对象或 [自动(A)/手动(M)/删除(R)] <自动>:”时，选择与选定标注对象尺寸线或尺寸界线相交的几何对象或标注对象。

第4步，命令提示为“选择要打断标注的对象:”时，继续选择要打断标注的对象，直至回车，系统将按标注样式中指定的“打断大小”作为打断间距打断选定标注。

操作及选项说明如下。

（1）自动(A)。系统自动将选定的要打断的标注对象在每个与其相交对象的所有交点处打断。

（2）手动(M)。在选定的要打断的标注对象上或该对象外的适当位置指定两点，系统在这两点之间打断选定的标注对象，且一次仅可以打断一个标注对象。

（3）删除(R)。将选定的打断标注删除打断，恢复原标注。

（4）多个(M)。一次可以指定多个要打断的标注对象，接着选择要打断标注的一个或多个对象，或用自动方式打断选定的标注。

注意： 当打断标注对象或其相交对象被修改后，除了手动方式打断的标注外，用其他方式打断的标注对象都会更新。

【例 10-12】 利用“标注打断”命令，将如图 10-59（a）所示的尺寸 23 打断，如图 10-59（b）所示。

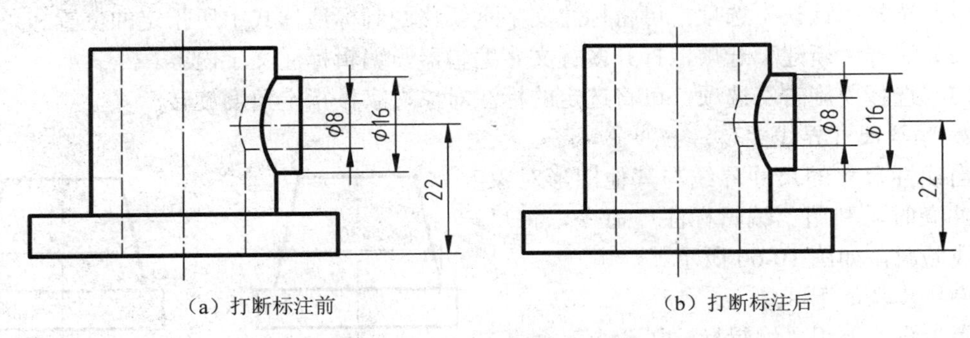

（a）打断标注前　　（b）打断标注后

图 10-59　创建打断标注对象

操作如下。

命令: **_dimbreak**	单击图标按钮，启动“标注打断”命令
选择要添加/删除打断的标注或 [多个(M)]:	选择尺寸标注对象 23
选择要打断标注的对象或 [自动(A)/手动(M)/删除(R)] <自动>:	选择尺寸标注对象 ϕ16
选择要打断标注的对象:	选择尺寸标注对象 ϕ8
选择要打断标注的对象: ↵	回车，结束“标注打断”命令

10.4　尺寸标注的编辑

尺寸标注后，可以根据需要对标注对象进行适当的编辑，除了标注的基本特性之外还包括：重新选择标注样式，修改尺寸文字的内容和位置，改变尺寸界线的方向，改变尺寸线的位置以及翻转箭头等。AutoCAD 提供了多种标注对象的编辑方法。

10.4.1　编辑标注

利用“编辑标注”命令可以一次修改一个或多个尺寸标注对象上的文字内容、方向、放置位置以及倾斜尺寸界线。

调用命令的方式如下。

图标：单击“标注”工具栏中的图标按钮。

键盘命令：DIMEDIT。

1. 编辑标注文字

操作步骤如下。

第 1 步，调用“编辑标注”命令。

第 2 步，命令提示为“输入标注编辑类型 [默认(H)/新建(N)/旋转(R)/倾斜(O)] <默认>:”时，选择编辑选项，并根据相应提示，输入修改内容。

第 3 步，命令提示为“选择对象:”时，选择一个需要编辑的标注对象。

第 4 步，命令再次提示为“选择对象:”时，选择另一个标注对象，或回车结束命令。

操作及选项说明如下。

（1）选择“默认”选项，可将标注文字重新移回到标注样式中所指定的位置和角度。

（2）选择“新建”选项，打开多行文字编辑器，编辑标注文字内容。

（3）选择“旋转”选项，可将选定的标注对象文字按指定角度旋转。

2. 倾斜尺寸界线

当线性尺寸的尺寸界线与其他图形对象发生冲突时，利用“编辑标注”命令，将尺寸界线倾斜，如图 10-60 所示。

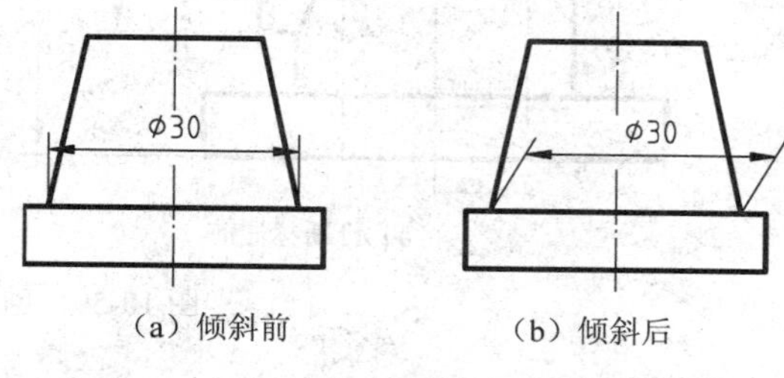

图 10-60　倾斜尺寸界线

操作步骤如下。

第 1 步，调用“编辑标注”命令。

第 2 步，命令提示为“输入标注编辑类型 [默认(H)/新建(N)/旋转(R)/倾斜(O)] <默认>:”时，输入 O，回车。

第 3 步，命令提示为“选择对象:”时，选择一个需要编辑的标注对象。

第 4 步，命令再次提示为“选择对象:”时，选择另一个标注对象，或回车。

第 5 步，命令提示为“输入倾斜角度 (按 ENTER 表示无):”时，输入尺寸界线相对于 X 轴正方向的倾斜角度值，或回车。

注意：执行“标注”|“倾斜”命令，或单击“标注”面板中的图标按钮，可直接进入上述第 3 步。

10.4.2 编辑标注文本

利用“编辑标注文字”命令可以移动和旋转标注文字，也可以改变尺寸线位置。

调用命令的方式如下。

功能区：单击“注释”选项卡“标注”面板中的“对齐文字”各按钮。

菜单：执行“标注”|“对齐文字”命令。

图标：单击“标注”工具栏中的图标按钮。

键盘命令：DIMTEDIT。

操作步骤如下。

第 1 步，调用“编辑标注文字”命令。

第 2 步，命令提示为“选择标注：”时，选择需要编辑的标注对象。

第 3 步，命令提示为“为标注文字指定新位置或 [左对齐(L)/右对齐(R)/居中(C)/默认(H)/角度(A)]：”时，执行相应的选项操作。

操作及选项说明如下。

（1）为标注文字指定新位置。默认选项，直接移动鼠标，单击，可同时移动选定标注对象的文字和尺寸线。

（2）左对齐(L)/右对齐(R)/居中(C)。使选定标注对象的文字沿尺寸线左对齐/右对齐/放置在尺寸线的中间。

（3）默认(H)。将选定标注对象的文字移回到默认位置。

（4）角度(A)。将选定标注对象的文字按指定角度旋转。

注意：*左对齐(L)/右对齐(R)只适用于线性、直径和半径标注。*

10.4.3 编辑注释对象

利用“编辑文本”命令可以方便地修改一个或多个尺寸数值①，双击尺寸数字，可以修改其尺寸数值，如图 10-61 所示。

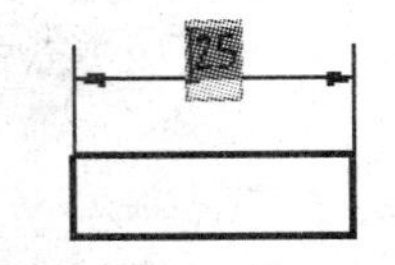

图 10-61 修改尺寸数值

10.4.4 标注更新

利用“标注更新”命令可以将图形中已有的标注对象的标注样式更新为当前尺寸标注样式。

调用命令的方式如下。

功能区：单击“注释”选项卡“标注”面板中的图标按钮。

菜单：执行“标注”|“更新”命令。

图标：单击“标注”工具栏中的图标按钮。

键盘命令：DIMSTYLE。

操作步骤如下。

第 1 步，调用“标注更新”命令。

第 2 步，命令提示为“输入标注样式选项[注释性(AN)/保存(S)/恢复(R)/状态(ST)/变量(V)/应用(A)/?] <恢复>:”时，输入 A，回车。

第 3 步，命令提示为“选择对象：”时，选择需要更新的标注对象。

第 4 步，命令再次提示为“选择对象：”时，再选择其他需要更新的标注对象，或回车，结束命令，所选标注对象按当前标注样式重新显示。

注意：

（1）单击图标按钮执行该命令时，系统自动选择“应用”选项。

（2）执行键盘命令时，可列出标注系统变量值，也可保存或恢复到选定的标注样式。

10.4.5 翻转箭头

利用“翻转箭头”命令可以将所选箭头翻转 180°，以满足标注的需要。

---

① 命令的调用方式及操作步骤参见本书 9.5.1 节。

调用命令的方式如下。

键盘命令：AIDIMFLIPARROW。

操作步骤如下。

第 1 步，调用“翻转箭头”命令。

第 2 步，命令提示为“选择对象:”时，选择需要翻转箭头的标注对象。

第 3 步，命令提示为“选择对象:”时，回车，结束命令。

注意：系统自动将靠近选择点一侧的箭头翻转 180°，一次只能翻转一个箭头，重复执行该命令可翻转另一侧箭头，如图 10-62 所示。

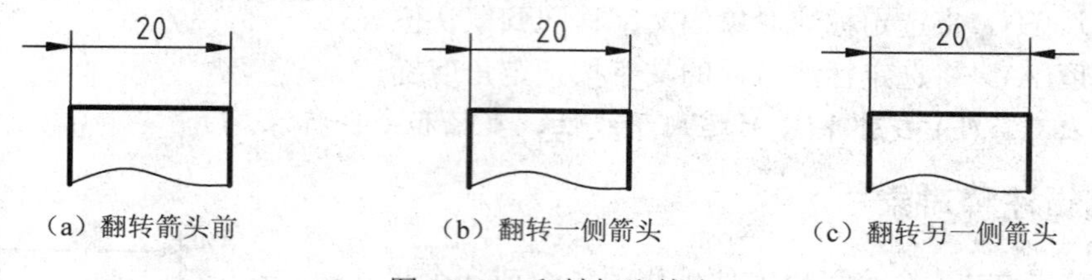

（a）翻转箭头前　（b）翻转一侧箭头　（c）翻转另一侧箭头

图 10-62　翻转标注箭头

10.4.6　利用“标注”快捷菜单编辑尺寸标注

选择需要编辑的标注对象，右击，弹出如图 10-63 所示的快捷菜单，从中选择某一选项，编辑标注对象。

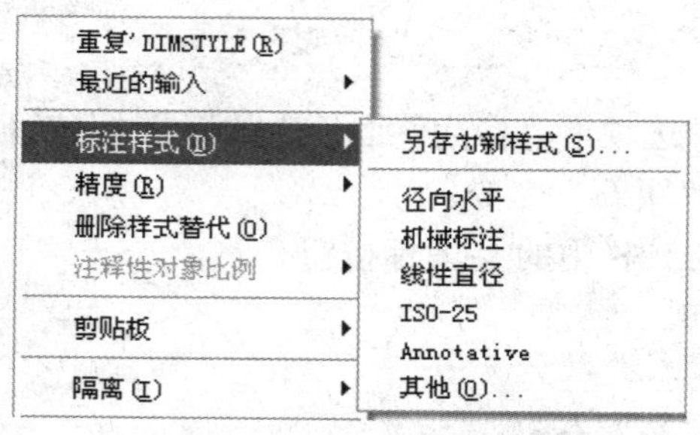

图 10-63　标注快捷菜单

操作及选项说明如下。

（1）选择“标注样式”选项，可以在列表中选择一种已创建的标注样式作为选定标注的样式。也可以将选定标注的样式另外命名保存。

（2）选择“精度”选项，可以修改选定标注对象的文字精度，确定小数点的位数。

10.4.7　利用对象“特性”选项板编辑尺寸标注

利用“特性”选项板，可以查看所选标注的所有特性，并对其进行全方位的修改①。

该命令执行后，弹出对象“特性”选项板，该选项板列出了选定标注对象的所有特性和内容，包括常规（线型、颜色、图层等）、其他（标注样式）以及由标注样式定义的其他特性：直线和箭头、文字、调整、主单位、换算单位、公差等。用户根据需要打开某一项，

① 调用命令的方式参见本书 4.5 节。

快捷地进行编辑。

注意：利用标注对象“特性”选项板的“文字”选项组中的“文字替代”选项，修改标注文字方便快捷。

【例 10-13】 如图 10-64（a）所示，在尺寸 5 的基础上，使用“连续”命令标注尺寸 3 和尺寸 4，现利用对象“特性”选项板编辑尺寸箭头，如图 10-64（b）所示。

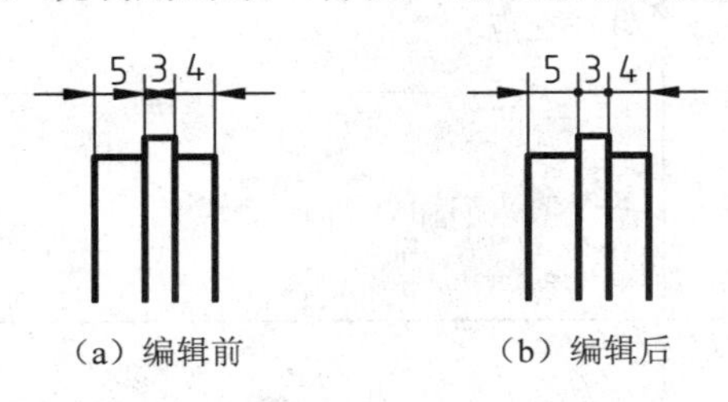

（a）编辑前　　（b）编辑后

图 10-64　修改标注对象的箭头形式

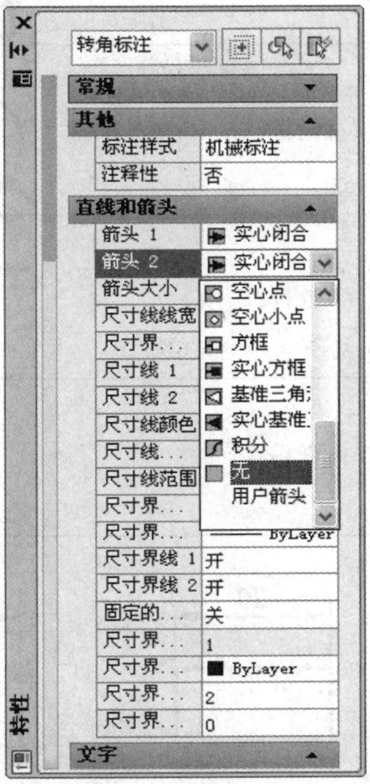

操作步骤如下。

第 1 步，选择标注对象“尺寸 5”。

第 2 步，单击“视图”选项卡“选项板”面板中的图标按钮，打开对象“特性”选项板。

第 3 步，在“直线和箭头”选项组内的“箭头 2”下拉列表中选择箭头形式为“无”，如图 10-65 所示。按 Esc 键。

第 4 步，选择标注对象“尺寸 3”。

第 5 步，在“直线和箭头”选项组内的“箭头 1”、“箭头 2”下拉列表中选择箭头形式为“小点”，按 Esc 键。

第 6 步，选择标注对象“尺寸 4”。

第 7 步，在“直线和箭头”选项组内的“箭头 1”下拉列表中选择箭头形式为“无”，按 Esc 键。

第 8 步，单击“关闭”按钮。

图 10-65　标注对象“特性”选项板修改箭头形式

10.4.8　尺寸的关联性与尺寸标注的编辑

标注尺寸时，系统会生成一组定义点，定义标注的位置，且自动生成一个“定义点（DefPoint）”层，存放标注尺寸时产生的这些点，当选择标注对象时，在定义点上显示夹点。每种类型尺寸的标注文字的中间点都是定义点，表 10-1 列出了常用尺寸类型的其余定义点位置。

AutoCAD 将几何对象和尺寸标注之间的关系定义为尺寸的关联性，系统提供了 3 种类型的尺寸关联性，由尺寸变量 Dimassoc 加以控制，相应的尺寸编辑也有所不同。

1. 关联标注

尺寸变量 Dimassoc 的默认值为 2，在这种状态下，生成的尺寸称为“关联性尺寸”，即标注对象的 4 个组成元素组成单一的对象，而且标注对象的一个或多个定义点与几何对象上的关联点相联结。如果几何对象上的关联点移动，则标注位置、方向和值将随之更新，如图 10-66 所示。显然，尺寸的关联性给图形与尺寸的编辑带来了方便。

表 10-1　常用尺寸的定义点

尺寸类型	图　例	定义点
线型标注	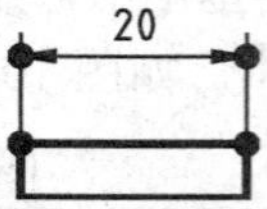 20	尺寸界线的原点、箭头的端点（尺寸界线与尺寸线交点）
直径标注	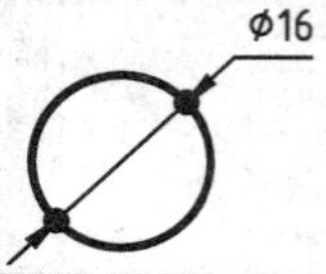 ϕ16	两个箭头的端点
半径标注	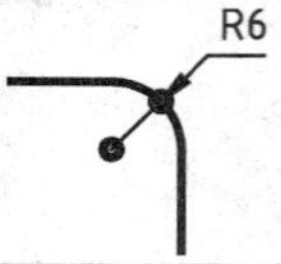 R6	圆心、箭头的端点
角度标注	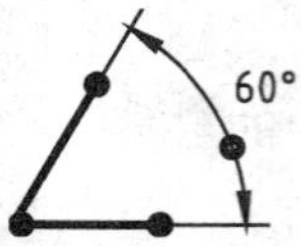 60°	角的顶点、尺寸界线的原点、确定尺寸线弧位置点

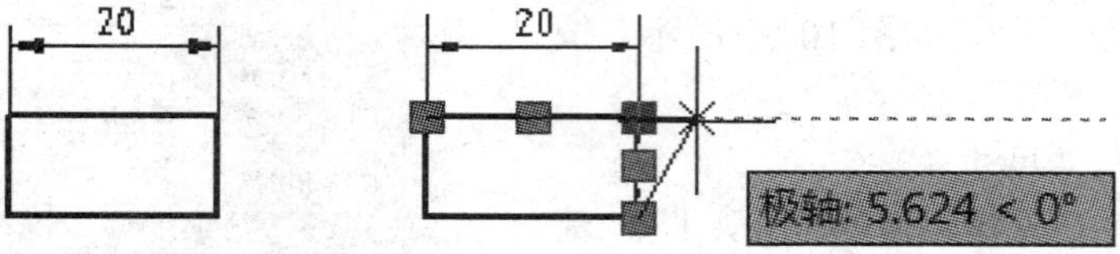

20　　20　　极轴: 5.624 < 0°　　25

（a）编辑前　（b）拉伸矩形上的关联点　（c）拉伸结果

图 10-66　利用关联性编辑尺寸

注意：

（1）关联点为确定尺寸界线在几何对象上的附着位置，在指定尺寸界线起点时务必仔细定位关联点（可以用对象捕捉功能，并使用 Tab 键切换捕捉点），以便尺寸的编辑。

（2）使用“注释”选项卡“标注”面板中的图标按钮，可以将选定的标注重新关联至选定的对象或对象上的点。

2. 非关联标注

当尺寸变量 Dimassoc 为 1 时，创建非关联标注，即标注对象的 4 个组成元素以块的形式存在于图形文件中。如使用夹点功能将标注对象上的定义点移动，其各元素将随之改变。拉伸箭头端点（或角度尺寸线弧位置点）和文字中间点，可移动尺寸线、尺寸文字的位置；拉伸尺寸界线原点可以调整线性尺寸与角度尺寸的标注范围，系统将重新测量标注新尺寸，如图 10-67 所示。所以利用夹点功能可以方便、快捷地编辑尺寸。

3. 分解标注

当尺寸变量 Dimassoc 为 0 时，创建分解标注，即尺寸没有关联，标注的 4 个组成部分均作为独立的对象绘制。

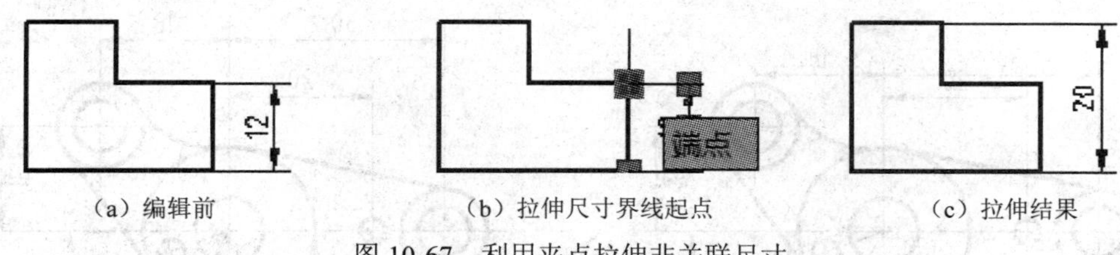

（a）编辑前　　（b）拉伸尺寸界线起点　　（c）拉伸结果

图 10-67　利用夹点拉伸非关联尺寸

注意：如果将关联或非关联标注分解，则标注的各组成元素也变成独立的对象。一旦分解，就给尺寸编辑带来麻烦，只能利用系统提供的一般对象的编辑命令，编辑各个尺寸组成元素。没有必要时，不要随意分解尺寸。

10.4.9　调整标注间距

利用“标注间距”命令可以自动将线性标注和角度标注对象之间的间距按指定的间距值进行调整。

调用命令的方式如下。

功能区：单击“注释”选项卡“标注”面板中的图标按钮。

菜单：执行“标注”|“标注间距”命令。

图标：单击“标注”工具栏中的图标按钮。

键盘命令：DIMSPACE。

操作步骤如下。

第 1 步，调用“标注间距”命令。

第 2 步，命令提示为“选择基准标注：”时，选择线性标注或角度标注对象中的一个标注对象，作为基准标注对象。

第 3 步，命令提示为“选择要产生间距的标注：”时，选择要与基准标注调整间距的线性标注或角度标注。

第 4 步，命令提示为“选择要产生间距的标注：”时，继续选择另一个线性标注或角度标注，直至回车。

注意：第 3 步和第 4 步中选择的线性尺寸一般与基准标注平行，角度尺寸与基准角度具有公共的顶点。

第 5 步，命令提示为“输入值或 [自动(A)] <自动>：”时，输入尺寸标注对象的间距值，回车。系统保持基准标注位置不变，将选定的标注对象按指定的间距值从基准标注重新均匀展开排列。

注意：当选择“自动(A)”选项时，系统将自动计算间距，所得的间距值是基准标注对象的标注样式中设置的文字高度的两倍。

【例 10-14】 利用“标注间距”命令，调整如图 10-68（a）所示的尺寸，调整后如图 10-68（b）所示。

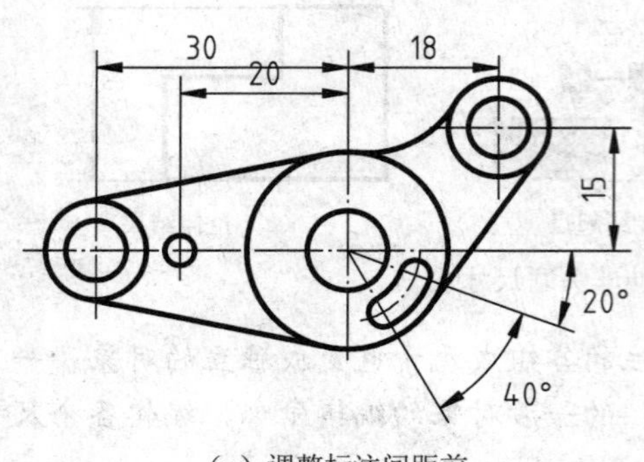

（a）调整标注间距前

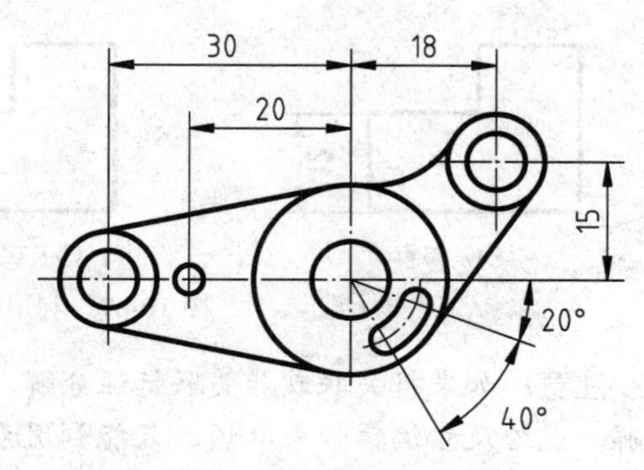

（b）调整标注间距后

图 10-68　调整标注间距

操作如下。

命令：**_dimspace**	单击图标按钮，启动“标注间距”命令
选择基准标注：	选择水平尺寸标注对象 20
选择要产生间距的标注：找到 1 个	选择水平尺寸标注对象 30
选择要产生间距的标注：找到 1 个，总计 2 个	选择水平尺寸标注对象 18
选择要产生间距的标注：↲	回车，结束对象选择
输入值或 [自动(A)] <自动>:　**8**↲	确定尺寸线之间的距离值，结束“标注间距”命令，各选定的标注对象成基线标注形式
命令：↲	回车，再次启动“标注间距”命令
选择基准标注：	选择角度尺寸标注对象 40°
选择要产生间距的标注：找到 1 个	选择角度尺寸标注对象 20°
选择要产生间距的标注：↲	回车，结束对象选择
输入值或 [自动(A)] <自动>:　**0**↲	确定尺寸线间距为 0，结束“标注间距”命令，选定的角度标注对象成连续标注形式

10.4.10　折弯线型标注

国家标准规定，当机件采用折断画法时必须标注实际尺寸。此时利用线性标注命令所注尺寸的系统测量值小于机件的实际尺寸（替代文字）。为表示尺寸数字不是标注的实际测量值，可以利用“折弯线性”命令对线性标注添加折弯线。

调用命令的方式如下。

功能区：单击“注释”选项卡“标注”面板中的图标按钮。

菜单：执行“标注”|“折弯线性”命令。

图标：单击“标注”工具栏中的图标按钮。

键盘命令：DIMJOGLINE。

操作步骤如下。

第 1 步，调用“折弯线性”命令。

第 2 步，命令提示为“选择要添加折弯的标注或 [删除（R）]:”时，选择需要添加折弯符号的一个标注对象。

第 3 步，命令提示为“指定折弯位置 (或按 ENTER 键):”时，在合适位置指定一点，确定折弯符号的位置，系统按尺寸标注样式中设置的折弯高度添加折弯符号。

注意：

（1）第 2 步选择“删除（R)”选项，用于将选定的折弯标注的折弯符号删除。

（2）当第 3 步以回车响应，系统将折弯符号放在标注文字和第一条尺寸界线之间的中点处。

（3）当选择折弯线性标注时，将在折弯符号的中点出现夹点，激活该夹点并移动鼠标，可以改变折弯符号的位置。

【例 10-15】 利用“折弯线性”命令，将如图 10-69（a）所示的尺寸 60 添加折弯符号，如图 10-69（b）所示。

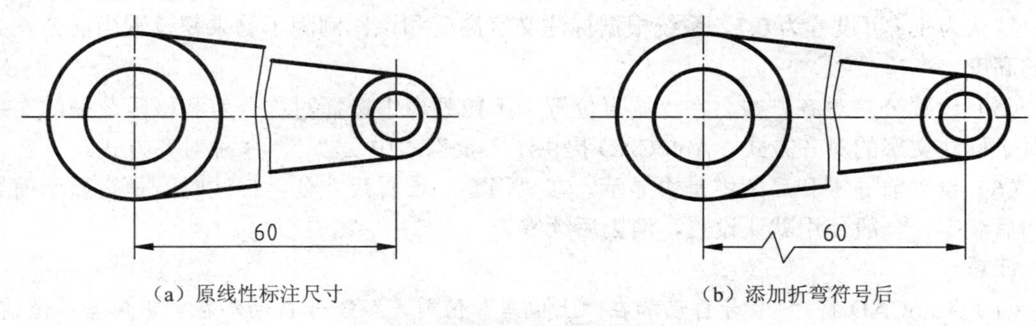

（a）原线性标注尺寸　　（b）添加折弯符号后

图 10-69　折弯线性标注

操作如下。

命令: **_dimjogline**	单击图标按钮，启动“折弯线性”命令
选择要添加折弯的标注或 [删除(R)]:	选择尺寸标注对象 60
指定折弯位置 (或按 ENTER 键): ↵	回车，在尺寸标注对象上添加折弯符号

10.5　尺寸公差的标注

10.5.1　标注尺寸公差

为保证零件的性能，零件图中对重要的尺寸常常提出精度要求，标注尺寸公差。AutoCAD 提供了多种尺寸公差的标注方法，本节介绍常用的 3 种方法。

1. 创建“样式替代”标注尺寸公差

用户可以为当前样式创建一个设置有公差的“样式替代”，然后进行尺寸标注。标注完成后及时修改“样式替代”，以便应用于下一个不同尺寸的标注。

用户在“替代当前样式：×××”对话框的“公差”选项卡中，可以设置公差显示方式和公差值、精度等，如图 10-71 所示。

操作及选项说明如下。

(1) 在“方式”选项组设置公差格式。系统提供了 5 种标注公差的形式，默认为“无”。

用户可以从（方式）下拉列表的其他 4 种形式中选择一种形式，如图 10-70 所示。

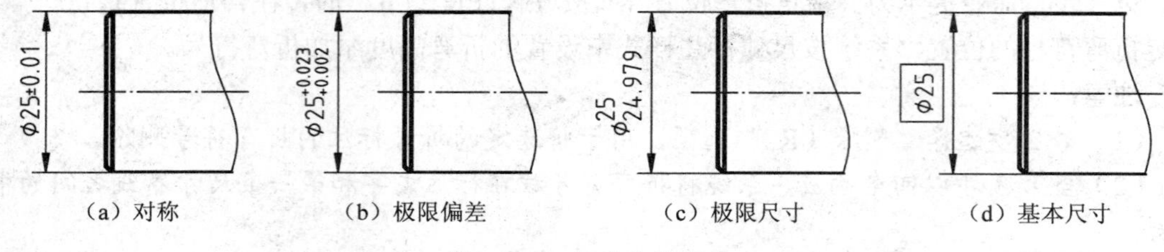

（a）对称　（b）极限偏差　（c）极限尺寸　（d）基本尺寸

图 10-70　尺寸公差形式

（2）设置公差精度。在“精度”下拉列表中选择尺寸公差值的精度，一般设为 0.000。

（3）设置极限偏差。在“上偏差”及“下偏差”文本框中，输入上、下偏差值。

（4）设置高度比例。在“高度比例”文本框中输入公差文字与尺寸文字高度的比例因子，默认为 1，可设置为 0.7。系统根据标注文字高度和该比例因子的乘积设置当前公差文字的高度。

（5）设置公差对齐方式。在“垂直位置”下拉列表中选择对称公差和极限公差的文字相对于标注文字的对齐方式。AutoCAD 提供了“上”、“中”、“下”3 种对齐方式。

（6）设置前导零和后续零是否显示。在“消零”设置尺寸公差标注时，是否显示前导零和后续零，一般使用默认设置，消去后续零。

注意：

（1）AutoCAD 将“+”号自动加在“上偏差”值前，“-”号自动加在“下偏差”值前，如下偏差为正，在下偏差值前应输入“-”号。

（2）公差格式设置后，将影响设置后的所有尺寸标注，直至改变公差格式的设置。

【例 10-16】 使用“样式替代”标注如图 10-70（b）所示的尺寸。

操作步骤如下。

第 1 步，为“机械标注”创建“样式替代”，设置公差，如图 10-71 所示。

第 2 步，标注尺寸。

操作如下。

命令：**_dimlinear**	单击图标按钮，启动“线性”标注命令
指定第一个尺寸界线原点或<选择对象>: <对象捕捉开>	启用“对象捕捉” 功能，捕捉转向线一端点
指定第二条尺寸界线的原点:	捕捉转向线另一端点
指定尺寸线位置或 [多行文字(M)/文字(T)/角度(A)/水平(H)/垂直(V)/旋转(R)]: **t**↵	选择“文字”选项，修改尺寸数字
输入标注文字<25>: **%%C<>**↵	输入标注文字，回车，返回主提示
指定尺寸线位置或[多行文字(M)/文字(T)/角度(A)/水平(H)/垂直(V)/旋转(R)]:	点取尺寸线位置
标注文字 =25	系统提示，完成标注，如图 10-70（b）所示

2. 利用多行文字的堆叠方式直接标注尺寸公差

如果当前标注样式的公差格式设置为“无”，标注尺寸公差时，利用标注命令中的“多行文字”选项，打开“多行文字编辑器”上下文选项卡，通过文字堆叠方式标注尺寸公差。

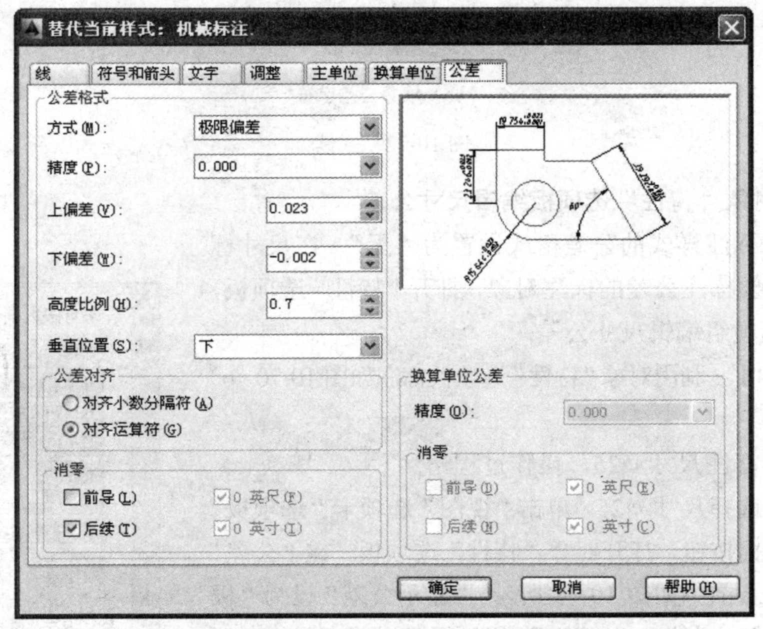

图 10-71 “替代当前样式：机械标注”对话框设置“公差”

【例 10-17】 使用多行文字的堆叠方式标注如图 10-70（b）所示的尺寸。

操作如下。

命令：**_dimlinear**	单击图标按钮，启动“线性”标注命令
指定第一个尺寸界线原点或<选择对象>：<对象捕捉开>	启用“对象捕捉”功能，捕捉转向线一端点
指定第二条尺寸界线的原点：	捕捉转向线另一端点
指定尺寸线位置或 [多行文字(M)/文字(T)/角度(A)/水平(H)/垂直(V)/旋转(R)]：**m↵**	选择“多行文字”选项，打开“多行文字编辑器”上下文选项卡，修改尺寸数字
在“文字编辑器”中，输入文字： **%%C<>+0.023^+0.002↵**	输入标注文字，如图 10-72（a）所示
选择“**+0.023^+0.002**”，单击“格式”下滑面板上的 堆叠 按钮	堆叠选中字符，如图 10-72（b）所示
单击“关闭文字编辑器”按钮	退出“多行文字编辑器”上、下文选项卡
指定尺寸线位置或[多行文字(M)/文字(T)/角度(A)/水平(H)/垂直(V)/旋转(R)]：	点取尺寸线位置
标注文字 ＝25	系统提示，完成标注，如图 10-70（b）所示

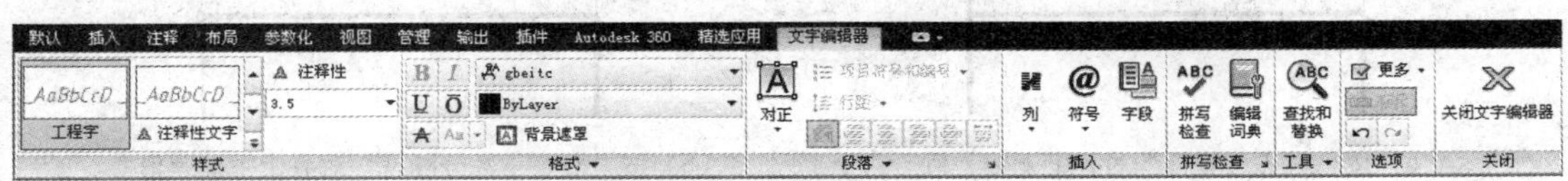

（a）输入堆叠前标注文字

图 10-72 输入尺寸公差文字

（b）堆叠公差字符

图 10-72 （续）

3. 利用对象“特性”选项板编辑尺寸公差

如果当前标注样式的公差格式设置为“无”，在尺寸标注后，选中需要标注公差的标注对象，打开“特性”选项板，在“公差”选项组编辑尺寸公差。

【例 10-18】 利用对象“特性”选项板标注如图 10-70（b）所示的尺寸。

第 1 步，标注尺寸 φ25，操作过程略。

第 2 步，选择尺寸 φ25，单击“视图”选项卡“选项板”面板中的图标按钮，打开对象“特性”选项板，在“公差”选项组中进行设置，如图 10-73 所示。“显示公差”设为“极限偏差”，“上偏差”设为“0.023”，“下偏差”设为“–0.002”，“公差精度”设置为“0.000”，“公差消去后续零”设为“是”等。

第 3 步，单击“关闭”按钮。

第 4 步，按 Esc 键。

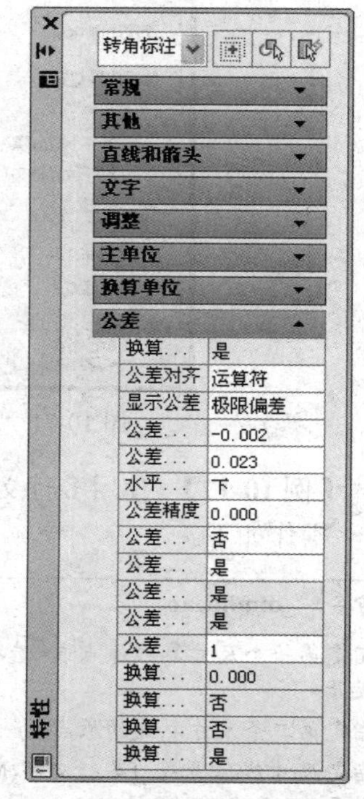

图 10-73 利用对象“特性”选项板编辑尺寸公差

10.5.2 尺寸公差的对齐

用户可以在标注样式对话框的“公差”选项卡的“公差对齐”选项组内，设置尺寸公差上、下偏差值的对齐方式。如图 10-71 所示，系统提供了“对齐小数分隔符”和“对齐运算符”两个单选按钮，控制公差上偏差值和下偏差值的对齐方式，如图 10-74 所示。用户还可以在标注尺寸公差后，利用对象“特性”选项板的“公差”列表中的“公差对齐”项为选定的标注设置公差对齐方式，设置效果如图 10-74 所示。

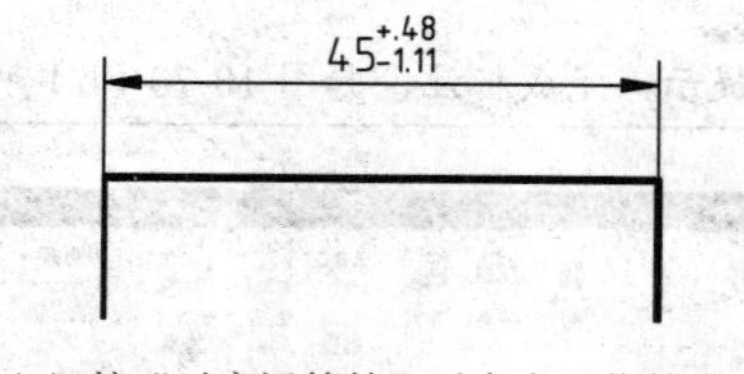

（a）按“对齐运算符”对齐上下偏差值

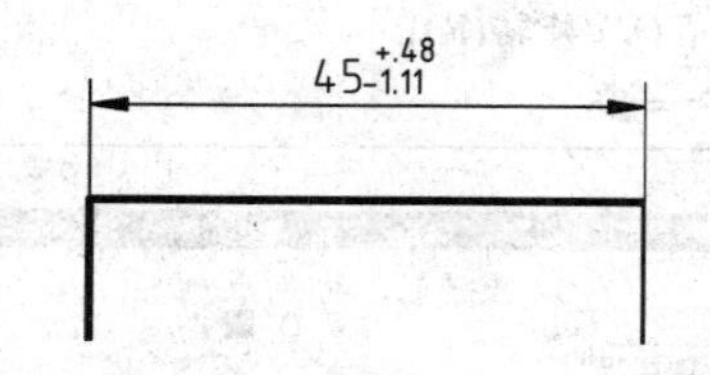

（b）按“对齐小数分隔符”对齐上下偏差值

图 10-74 尺寸公差偏差值的对齐方式

10.6　几何公差的标注

几何公差要求也是保证零件性能的重要指标，在国标 GB/T 1182—2008 中，对几何公差的标注作了规定。AutoCAD 通过特征控制框标注形位公差，即新国标的几何公差。

10.6.1　“公差”标注命令

利用“公差”标注命令可以绘制几何公差特征控制框。

调用命令的方式如下。

功能区：单击“注释”选项卡“标注”面板中的图标按钮。

菜单：执行“标注”|“公差”命令。

图标：单击“标注”工具栏中的图标按钮。

键盘命令：TOLERANCE。

执行该命令后，弹出如图 10-75 所示的“形位公差”对话框，在该对话框中设置几何公差的特性。

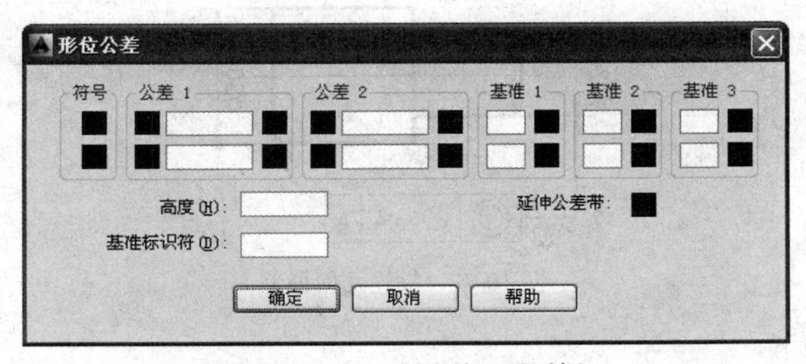

图 10-75　“形位公差”对话框

操作步骤如下。

第 1 步，调用“形位公差”命令，打开“形位公差”对话框。

第 2 步，单击“符号”中的小黑框，打开“特征符号”对话框，如图 10-76（a）所示。选择相应符号图标，为特征控制框添加形位公差项目。

第 3 步，单击“公差 1”文本框左侧小黑框，可增加或删除直径符号“ϕ”。在“公差 1”文本框中输入公差值 1 的公差数值。单击“公差 1”文本框右侧小黑框，打开如图 10-76（b）所示的“附加符号”对话框，为公差 1 选择包容条件符号。

第 4 步，在“基准 1”文本框输入、编辑基准代号，也可以加上包容条件符号。

第 5 步，如需要可按上述步骤设置公差值 2，基准 2、基准 3。

第 6 步，单击“确定”按钮。

第 7 步，命令提示为“输入公差位置:”时，用适当方法指定一点，确定形位公差的位置，结束命令，如图 10-76（c）所示。

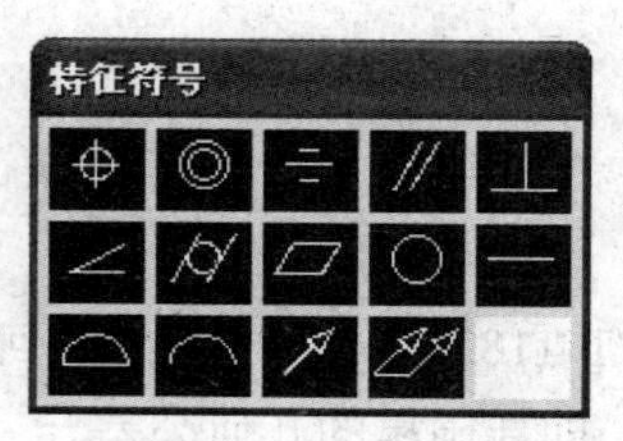

（a）“特征符号”对话框

（b）“附加符号”对话框

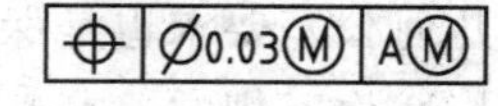

（c）几何公差特征控制框

图 10-76　几何公差形式

10.6.2　标注“几何公差”的方法

几何公差标注中包含指引线和几何公差特征控制框两部分，本节介绍 AutoCAD 标注几何公差常用的两种方法。

1.“多重引线”命令绘制引线标注几何公差

首先用“几何公差引线”的多重引线样式绘制引线，然后标注几何公差特征控制框，最后插入基准符号。

【例 10-19】 标注轴的几何公差，如图 10-77 所示。

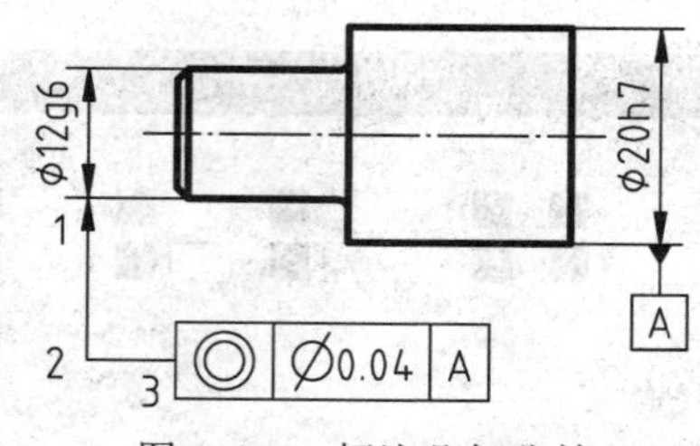

图 10-77　标注几何公差

操作步骤如下。

第 1 步，利用“多重引线样式”命令创建“几何公差引线”的多重引线样式[①]。在“引线格式”选项卡中的设置如图 10-78 所示，“引线结构”选项卡中的设置如图 10-79 所示，在“内容”选项卡的“多重引线类型”下拉列表中选择“无”。

第 2 步，单击“注释”选项卡中“引线”面板的“多重引线样式”下拉列表，如图 10-34 所示，从下拉列表中选择“几何公差引线”样式，将其设置为当前多重引线样式。

第 3 步，利用“多重引线”命令创建几何公差引线，如图 10-77 所示。

操作如下。

命令：**_mleader**	单击图标按钮，启动“多重引线”命令
指定引线箭头的位置或 [引线基线优先(L)/内容优先(C)/选项(O)] <选项>:	捕捉点 1
指定下一点：<极轴 开>	启用“极轴”，垂直向下追踪，在适当位置拾取点 2
指定引线基线的位置:	水平向右追踪，在适当位置拾取点 3，完成引线标注

① 创建与设置方法参见本书 10.3.8 节。

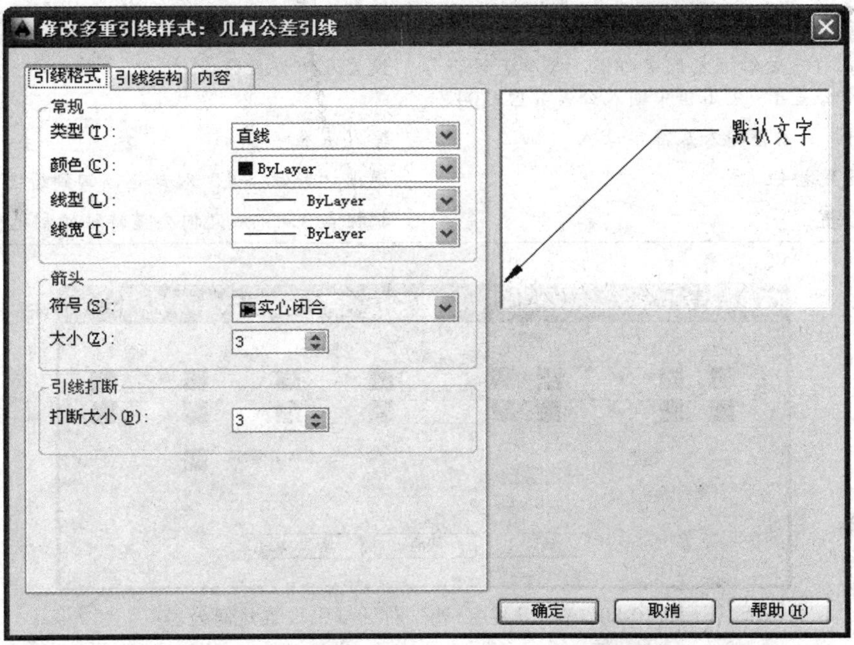

图 10-78 “几何公差引线”的格式设置

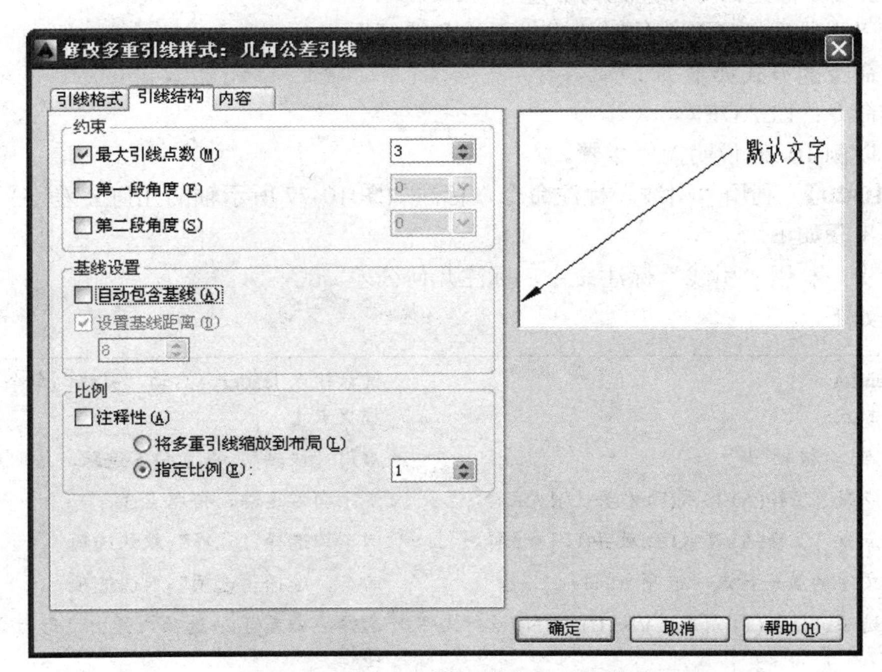

图 10-79 “几何公差引线”的结构设置

第 4 步，利用“公差”标注命令标注几何公差特征控制框，如图 10-80 所示。操作如下。

命令: **_tolerance**	单击图标按钮，启动“公差”命令
在“形位公差”对话框中，单击“符号”的空白框，	设置几何公差项目

在 “符号”对话框内选择“同轴度”符号	
单击“公差 1”文本框左侧空白框，添加直径符号“ϕ”，在“公差 1”文本框中输入公差数值 0.04	设置几何公差数值
在“基准 1”文本框输入基准字母 A	输入基准字母
单击“确定”按钮	退出“形位公差”对话框，回到绘图窗口
输入公差位置:	捕捉点 3，完成几何公差特征控制框标注

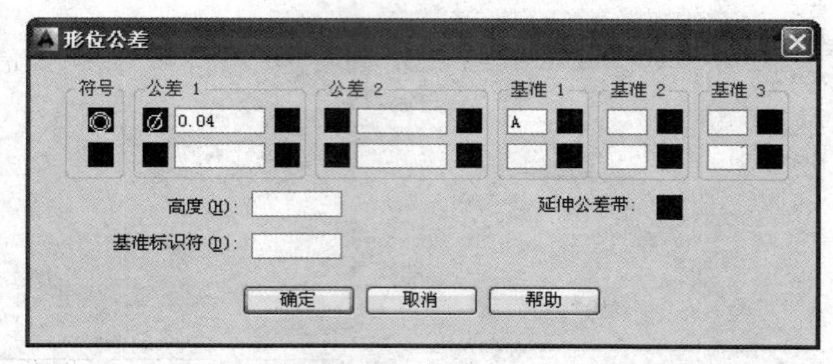

图 10-80　在“形位公差”对话框中设置几何公差

2.“引线”标注命令标注几何公差

使用“引线”标注命令同时绘出指引线和特征框。

调用命令的方式如下。

键盘命令：LEADER。

以下以例 10-20 说明操作步骤。

【例 10-20】 利用“引线”标注命令，标注如图 10-77 所示轴的几何公差。

操作步骤如下。

第 1 步，利用“引线”标注命令，标注几何公差。

操作如下。

命令: **_leader**	键盘输入 leader，启动“引线”命令
指定引线起点:	捕捉点 1
指定下一点: <极轴 开>	启用“极轴”，垂直向下追踪，拾取点 2
指定下一点或 [注释(A)/格式(F)/放弃(U)] <注释>:	水平向右追踪，拾取点 3
指定下一点或 [注释(A)/格式(F)/放弃(U)] <注释>: ↵	回车，选择“注释”默认选项
输入注释文字的第一行或 <选项>: ↵	回车，选择“选项”默认选项
输入注释选项 [公差(T)/副本(C)/块(B)/无(N)/多行文字(M)] <多行文字>: **t**↵	选择“公差(T)”选项，弹出“形位公差”对话框
在“形位公差”对话框中设置公差形式	几何公差设置，如图 10-80 所示
单击“确定”按钮	完成标注

注意：

（1）选择“格式（F）”选项，可以设置引线类型、箭头形式等。

（2）利用快速引线命令 qleader，也可以标注几何公差。

（3）基准符号块的创建与插入方法参见本书第 11 章。

10.7 上机操作实验指导十 组合体的尺寸标注

组合体尺寸标注的基本要求如下。

（1）正确。所标注的尺寸应符合国家标准中有关尺寸标注的规定。

（2）完整。将确定组合体各部分形状大小及相对位置的尺寸标注齐全，且按要求标注总体尺寸。

（3）清晰。所标注的尺寸布置整齐、清楚，便于读图。

组合体尺寸标注的基本方法是形体分析法，将组合体分解为若干基本形体，逐个标注出确定各基本形体形状大小的定形尺寸，以及确定各基本形体间相对位置的定位尺寸，最后综合考虑标注总体尺寸。定位尺寸标注的起点应为尺寸基准，组合体尺寸的总数就是所有定形尺寸和定位尺寸的数量和，标注时尺寸既不要遗漏，也不要重复。

本节将以本书 7.7 节所绘制的组合体为例，介绍组合体尺寸标注的方法和操作步骤，如图 10-81 所示。

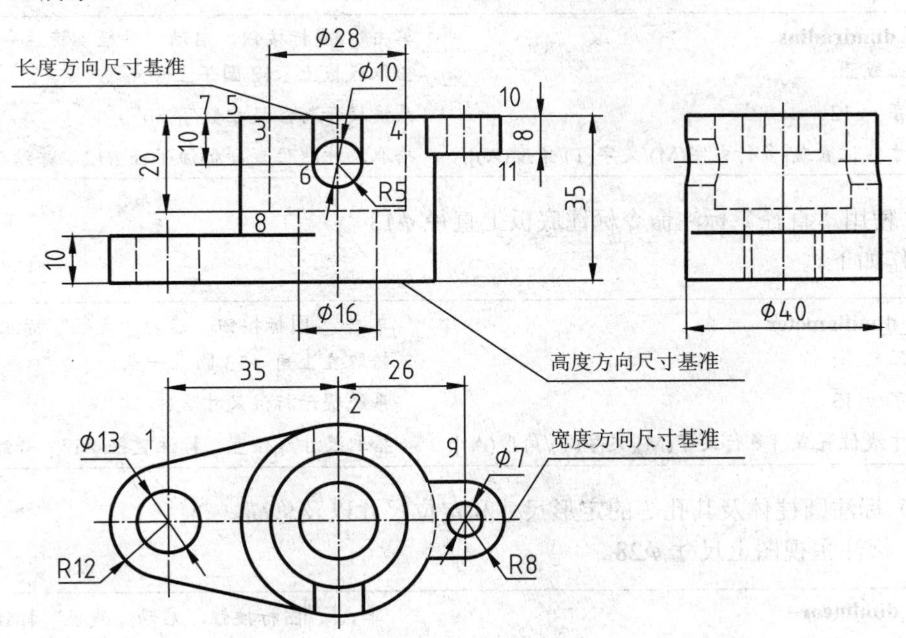

图 10-81 标注组合体尺寸

第 1 步，打开图形文件“组合体三视图”。

第 2 步，将“尺寸”层置为当前层。

第 3 步，设置标注样式“机械标注”及其子样式“角度”、“直径”、“半径”[①]。

第 4 步，进行形体分析（参见 7.7 节上机操作实验指导七第 2 步）。

第 5 步，选择尺寸基准，如图 10-81 所示。

① 参见本书第 13 章表 13-3。

第 6 步，标注尺寸。

（1）标注底板的定形尺寸和定位尺寸。

① 标注底板定位尺寸 35。

操作如下。

命令: **_dimlinear**	单击图标按钮，启动“线性”标注命令
指定第一个尺寸界线原点或<选择对象>: <对象捕捉开>	启用“对象捕捉”功能，捕捉中心端点 1
指定第二条尺寸界线的原点:	捕捉中心线端点 2
指定尺寸线位置或[多行文字(M)/文字(T)/角度(A)/水平(H)/垂直(V)/旋转(R)]:	点取尺寸线位置
标注文字 ＝35	系统提示，标注底板宽度尺寸 35

继续使用“线性”标注命令标注底板高度 10。

② 标注底板半径尺寸 R12。

操作如下。

命令: **_dimdradius**	单击图标按钮，启动“半径”标注命令
选择圆弧或圆:	拾取底板上 R12 圆弧上一点
标注文字 ＝12	系统提示标注尺寸数字
指定尺寸线位置或[多行文字(M)/文字(T)/角度(A)]:	拾取尺寸线位置，标注半径 R12，并结束命令

③ 使用“直径”标注命令标注底板上直径 ϕ13。

操作如下。

命令: **_dimdiameter**	单击图标按钮，启动“直径”标注命令
选择圆弧或圆:	拾取左上角 ϕ13 圆上一点
标注文字 ＝13	系统提示标注尺寸数字
指定尺寸线位置或 [多行文字(M)/文字(T)/角度(A)]:	拾取尺寸线位置，标注直径 ϕ13，并结束命令

（2）标注圆柱体及其孔等的定形尺寸和定位尺寸以及总高。

① 标注主视图上尺寸 ϕ28。

命令: **_dimlinear**	单击图标按钮，启动“线性”标注命令
指定第一个尺寸界线原点或<选择对象>: <对象捕捉开>	启用“对象捕捉”功能，捕捉点 3
指定第二条尺寸界线的原点:	捕捉点 4
指定尺寸线位置或[多行文字(M)/文字(T)/角度(A)/水平(H)/垂直(V)/旋转(R)]: **t**↵	选择“文字”选项，修改尺寸数字
输入标注文字<36>: **%%C <>**↵	输入替代文字，回车
指定尺寸线位置或[多行文字(M)/文字(T)/角度(A)/水平(H)/垂直(V)/旋转(R)]:	点取尺寸线位置
标注文字 ＝28	系统提示，标注圆柱直径尺寸 ϕ28

继续用“线性”标注命令在主视图上标注圆柱孔的直径 $\phi16$，以及左视图上外圆柱直径 $\phi40$，文字替代为“%%C<>”。

② 分别用“半径”和“直径”标注命令标注圆柱体上切割槽及孔半径 $R5$、直径 $\phi10$。

③ 用“线性”标注命令在主视图上标注定位尺寸 10。

④ 标注 $\phi28$ 孔深尺寸 20。

操作如下。

命令: **_dimbase**	单击图标按钮，启动“基线”标注命令
指定第二条尺寸界线原点或 [放弃(U)/选择(S)]<选择>: ↵	回车
选择基线标注:	在主视图上靠近点 7 选择定位尺寸 10
指定第二条尺寸界线原点或 [放弃(U)/选择(S)]<选择>:	捕捉 $\phi28$ 圆柱孔底面最左点 8
标注文字 =20	系统提示，标注尺寸 20
指定第二条尺寸界线原点或 [放弃(U)/选择(S)]<选择>: ↵	回车，选择“选择”选项
选择基线标注: ↵	回车，结束“基线”命令

注意：如果标注上述定位尺寸 10 时，依次捕捉点 5 和点 6，则本操作第 2 步可直接捕捉点 8。

（3）标注右上侧 U 形板及孔的定形尺寸和定位尺寸。

① 标注 U 形板定位尺寸 26。

操作如下。

命令: **_dimcontinue**	单击图标按钮，启动“连续”标注命令
指定第二条尺寸界线原点或 [放弃(U)/选择(S)]<选择>: ↵	回车，选择“选择”选项
选择连续标注:	靠近点 2 选择尺寸 35
指定第二条尺寸界线原点或 [放弃(U)/选择(S)]<选择>:	捕捉中心线端点 9
标注文字 =26	系统提示，标注尺寸 26（两孔中心距）
指定第二条尺寸界线原点或 [放弃(U)/选择(S)]<选择>: ↵	回车，选择“选择”选项
选择连续标注: ↵	回车，结束“连续”命令

② 分别用“半径”和“直径”标注命令在俯视图上标注 U 形板外形半径 $R8$、孔直径 $\phi7$。

③ 使用“线性”标注命令在主视图上捕捉点 10、点 11 标注 U 形板厚度尺寸 8。

第 7 步，考虑标注总体尺寸。

用“基线”标注命令在主视图上标注总高尺寸 35，操作过程略。

该组合体的总长与总宽均无须标注。

第 8 步，保存图形，命名为“组合体尺寸标注”。

10.8　上机操作常见问题解答

1. 使用“基线”或“连续”标注时，为什么会出现基准异常的情况

在进行基线标注或连续标注时，应密切注意基准标注的基线位置，如图 10-82 所示。

在标注尺寸 12 时，基线原点应捕捉点 A，否则选择点 B 为基线原点，出现错误标注，如图 10-82（b）所示；而在标注尺寸 12 或 14 时，选择基准标注（尺寸 12）的选择点必须靠近共同的尺寸界线（基线），即靠近点 C，标注正确的尺寸。否则如果靠近点 D 选择基准标注，将得到错误的标注，如图 10-82（d）所示。

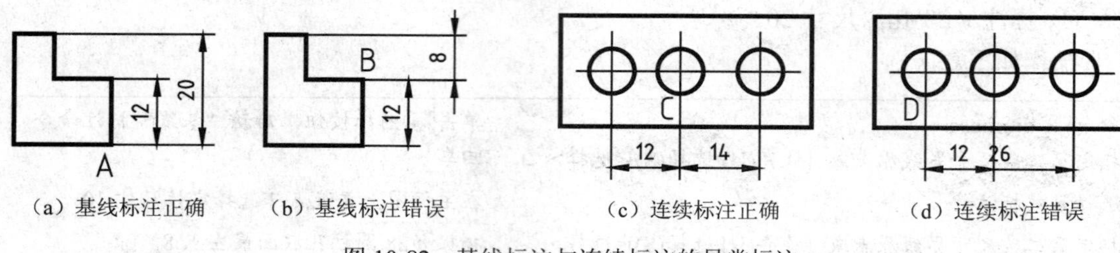

（a）基线标注正确　（b）基线标注错误　（c）连续标注正确　（d）连续标注错误

图 10-82　基线标注与连续标注的异常标注

2. 在利用“特性”选项板设置公差后，为什么不显示公差值

用户在标注公差时常遇到这个问题，这是由于标注文字替代为具体的数字，而该数字不带公差。这个问题同样出现在使用设置有公差的“样式替代”标注尺寸时，输入替代文字的情况。输入的文字替代必须使用<>（如%%C<>），<>表示系统自动测量生成的尺寸数字，一旦设有公差，标注文字中就自动显示公差。

3. 在标注尺寸公差时，为什么不按照设置的值显示，而显示 0 偏差

公差小数点显示的位数与公差精度有关。虽然设置了公差值，但如果精度为 0，则显示 0 偏差。用户应根据具体的极限偏差值设置公差精度，一般设置为 0.000，并选择“后续”消零，满足标注的需要。

10.9　操作经验与技巧

1. 灵活标注各种形式的径向尺寸

根据国家标准对尺寸注法的规定，径向尺寸的标注有多种形式，如图 10-83 所示。利用 AutoCAD，可以通过以下途径解决。

（1）设置直径与半径的子样式，在“文字”选项卡内选择“ISO”对齐方式；在“调整”选项卡中选择“箭头”或“文字”调整选项。用户也可以预先设置当前标注样式的“样式替代”，修改“文字对齐”和“调整选项”。标注径向尺寸的形式如图 10-83（a）和图 10-83（b）所示。

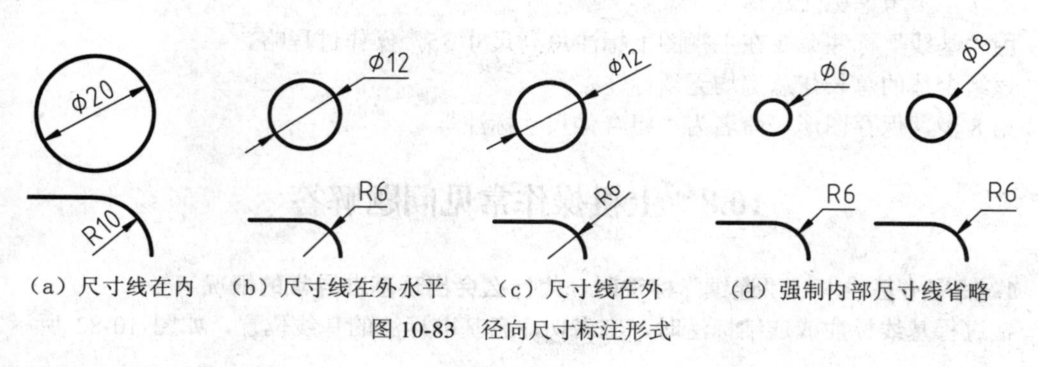

（a）尺寸线在内　（b）尺寸线在外水平　（c）尺寸线在外　（d）强制内部尺寸线省略

图 10-83　径向尺寸标注形式

（2）标注径向尺寸如图 10-83（b）所示，再利用“特性匹配”命令将文字对齐方式为“与尺寸线对齐”的尺寸复制给该径向尺寸，即可得到图 10-83（c）的形式。

（3）选定如图 10-83（b）或图 10-83（c）所示形式的径向尺寸，利用“特性”选项板“调整”项，选择“尺寸线强制”为“关”状态，分别得到如图 10-83（d）所示的两种形式。

2. 使用尺寸线和尺寸界线的开关特性编辑尺寸

国家标准在尺寸注法中规定：当对称机件采用对称画法，或采用半剖视或局部剖视表达时，其尺寸线应略超过对称中心线或断裂处的边界线，仅在尺寸线的一端画出箭头，如图 10-84 所示的一组尺寸的标注。用户可以更改当前标注样式的“样式替代”，将尺寸线及对应的尺寸界线隐藏，但同时必须记住隐藏了哪一条尺寸线，以便正确标注。更快捷的方法是利用“特性”选项板编辑修改。用户可以先按尺寸线不隐藏的标注样式标注尺寸，在选择第 1 条尺寸界线原点后，利用极轴追踪功能沿追踪方向输入尺寸值，如图 10-84（a）所示，水平向左追踪 38，确定第 2 条尺寸界线原点。然后选择需要编辑尺寸，在“直线和箭头”选项列表中，将“尺寸线 2”和“尺寸界线 2” 均设置为“关”。

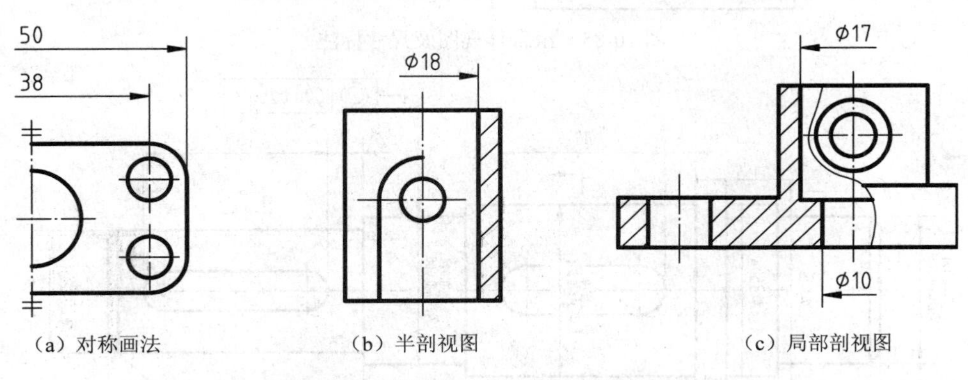

（a）对称画法　（b）半剖视图　（c）局部剖视图

图 10-84　关闭尺寸线和尺寸界线的应用

3. 使用“线性直径”标注样式标注非圆直径尺寸

在非圆视图上，使用“线性标注”命令标注非圆直径时，需要进行文字替代，在尺寸数字前手工输入%%C。为了避免此操作，用户可以预先设置一个“线性直径”的全局标注样式。操作方法是选择“机械标注”作为新建样式的基础样式，只需要打开如图 10-28 所示的“主单位”选项卡，在“线性标注”选项组的“前缀”文本框内输入%%C，其他设置保持不变。用该样式标注尺寸时，即可在尺寸文字前自动添加 ϕ。

10.10　上　机　题

1. 绘制如图 10-85 所示的组合体三视图，并且标注其尺寸。

2. 绘制如图 10-86 所示的传动轴，并且标注其尺寸。

绘图提示：

（1）绘制已知尺寸的轴段。利用自动追踪功能先绘制 $\phi45\times6$ 轴段矩形，再分别绘制 $\phi35\times45$、$\phi30\times20$ 两轴段矩形，如图 10-87（a）所示。

（2）由尺寸 115 和 151 绘制长为 151 的水平轴线。如图 10-86（a）所示确定右端点。

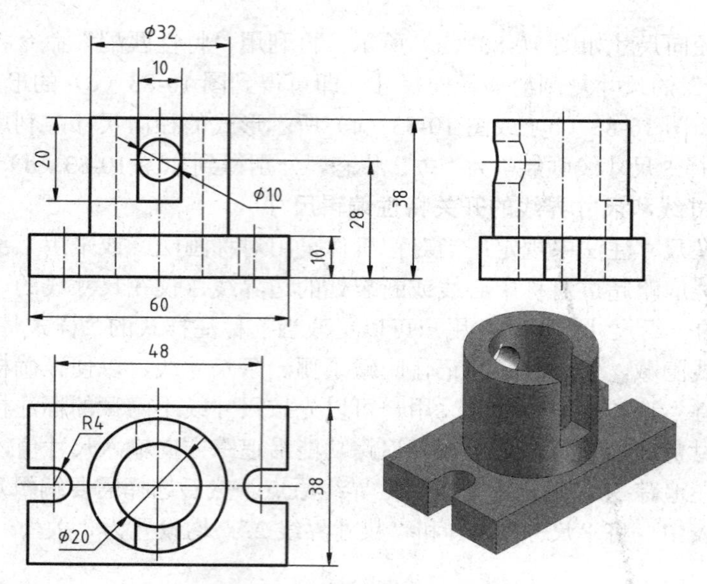

图 10-85　组合体视图及尺寸标注

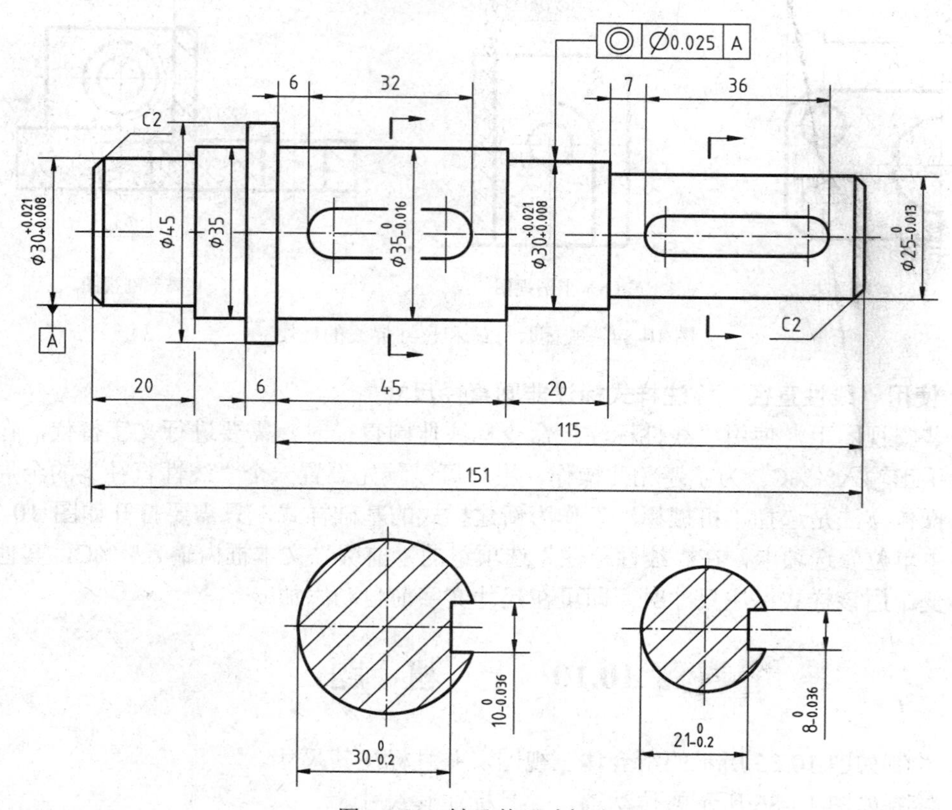

图 10-86　轴及其尺寸标注

（3）绘制右端 ϕ25 轴段矩形，如图 10-87（b）所示。

（4）绘制左端 ϕ35 轴段。如图 10-87（b）所示确定矩形右上端点；再利用“捕捉自”，确定参考追踪点，如图 10-87（c）所示，再水平向右追踪 20，如图 10-87（d）所示，得到矩形左上端点，接着指定左下端点、右下端点。

（5）绘制左端 $\phi30\times20$ 轴段，再利用“夹点”拉伸功能将轴线适当拉长。

（6）绘制两键槽。

（7）利用“倒角”命令，绘制两端倒角。

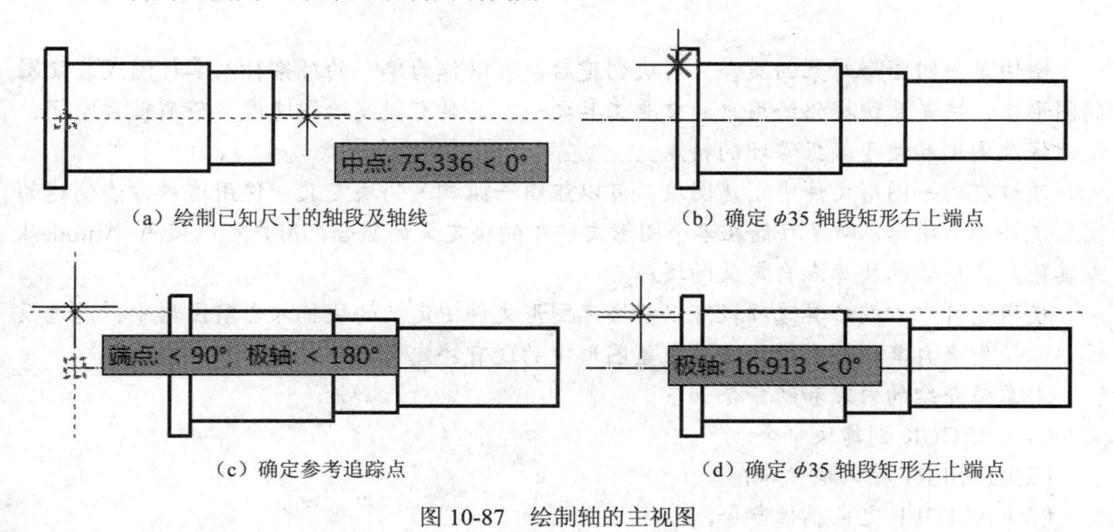

（a）绘制已知尺寸的轴段及轴线　（b）确定 $\phi35$ 轴段矩形右上端点

（c）确定参考追踪点　（d）确定 $\phi35$ 轴段矩形左上端点

图 10-87　绘制轴的主视图

第 11 章　机械符号块和标准件库的创建

图块是一组图形对象的集合。当块创建后，可以作为单一的对象插入零件图或装配图的图形中。块是系统提供给用户的重要工具之一，其具有提高绘图速度、节省储存空间、便于修改图形和便于数据管理的特点。

通过在同一图形文件中创建图块，可以组织一组相关的块定义，使用这种方法创建的图形文件称为块库，即是存储在单个图形文件中的块定义的集合。用户可以使用 Autodesk 或其他厂商提供的块库或自定义的块库。

使用设计中心或工具选项板可以将块库图形文件中定义的块插入当前图形中。通过设计中心使用来自其他图形的块定义覆盖图形中的现有块定义。

本章将介绍的内容和新命令如下。

（1）BLOCK 创建块命令;

（2）INSERT 插入块命令;

（3）ATTDEF 定义属性命令;

（4）DDEDIT 编辑属性命令;

（5）EATTEDIT 编辑块属性命令;

（6）BATTMAN 块属性管理器;

（7）动态块;

（8）ADCENTER 设计中心;

（9）TOOLPALETTES 工具选项板;

（10）常用机械符号库和机械标准件库的创建和应用。

11.1　创建内部块

将一个或多个对象定义为新的单个对象。定义的新的单个对象即为块，块保存在图形文件中，故又称内部块。

调用命令的方式如下。

功能区：单击“插入”选项卡“块定义”面板中的图标按钮或”默认”选项卡“块”面板中的图标按钮。

菜单：执行“绘图”|“块”|“创建”命令。

图标：单击“绘图”工具栏中的图标按钮。

键盘命令：BLOCK（或 B、BMAKE）。

操作步骤如下。

第 1 步，调用“创建块”命令，弹出如图 11-1 所示“块定义”。

第 2 步，在“名称”文本框中输入块名。

第 3 步，在“对象”选项组中，选择设置创建块后如何处理选定对象。

图 11-1 “块定义”对话框

第 4 步，在“对象”选项组中，单击“选择对象”按钮，在绘图区上拾取构成块的对象。

第 5 步，回车，完成对象选择，返回对话框。

第 6 步，“基点”选项组中，指定块插入点。

第 7 步，在“说明”框中输入块定义的说明（此说明显示在设计中心中）。

第 8 步，单击“确定”按钮。

操作及选项说明如下。

（1）“对象”选项组中有 3 种处理原选定对象的方式。

①“保留”单选按钮：创建块后将原选定对象保留在图形中。

②“转换为块”单选按钮：创建块后将原选定对象转换为图形中的块。

③“删除”单选按钮：创建块后从图形中删除原选定的对象。从图形中删除的原对象，可使用 OOPS 命令恢复它们。

（2）“基点”选项组中有两种指定块插入点方式。

① 单击“拾取点”按钮，在绘图区上拾取基点。

② 输入该点的 X、Y、Z 坐标值以确定基点坐标。

（3）“方式”选项组中可以指定块的设置。

①“允许块分解”复选框：指定块是否被分解。

②“按统一比例缩放”复选框：指定块是否按统一比例缩放。

③“注释性”复选框[①]：指定块是否为注释性对象。

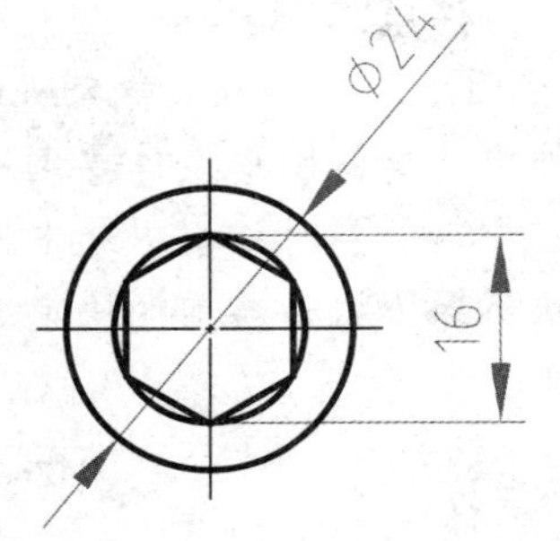

图 11-2 螺钉端面视图

【例 11-1】 绘制如图 11-2 所示公称直径为 16mm 的内六角螺钉的端面视图，并创建为块。

第 1 步，绘制内六角螺钉端面视图。根据图中所标尺寸绘制，操作过程略。

第 2 步，将螺钉的端面视图创建为块。

操作如下。

① 此为 AutoCAD 2008 开始新增的功能。

命令: **_block**	单击图标按钮，弹出“块定义”对话框，如图 11-1 所示
填写“名称”文本框：**内六角螺钉 - M16 (端面视图)**	输入块名
单击“选择对象”按钮	选择组成螺钉端面视图的所有对象，回车，完成对象选择，返回对话框。
单击“拾取点”按钮	指定块插入点为螺钉的中心线交点
填写“说明”文本框：**公称直径 M16**	输入块定义的说明
选择“块单位”下拉列表框中的毫米	指定块插入图形中时的缩放单位为毫米
选中“按统一比例缩放”复选框	指定块插入图形中时 X 向和 Y 向按同一比例缩放，如图 11-3 所示
单击“确定”按钮	结束“创建块”命令

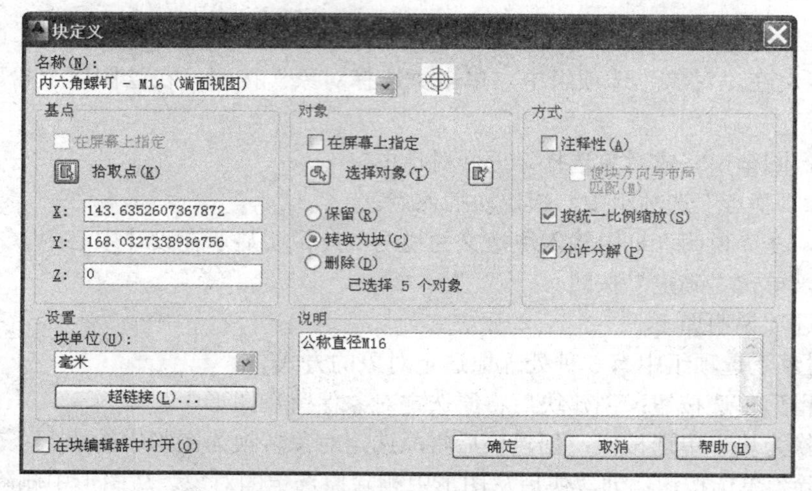

图 11-3 螺钉端面视图的“块定义”对话框

注意：

（1）“创建块”命令所创建的块保存在当前图形文件中，可以随时调用插入当前图形文件中，其他图形文件要调用，可通过设计中心或剪贴板调用。

（2）在对话框中选中“在块编辑器中打开”复选框，单击“确定”按钮后，可以在块编辑器中打开当前的块定义[①]。

11.2 插入图块

将要重复绘制的图形创建成块，并在需要时通过“插入块”命令直接调用它们，插入图形中的块称为块参照。

调用命令的方式如下。

功能区：功能区：单击“插入”选项卡“块定义”面板中的图标按钮或“默认”选

① 参见本书 11.5 节。

项卡“块”面板中的图标按钮。

菜单：执行“插入”|“块”命令。

图标：单击“绘图”工具栏中的图标按钮。

键盘命令：INSERT（或 I）。

操作步骤如下。

第 1 步，调用“插入块”命令，弹出“插入”对话框，如图 11-4 所示。

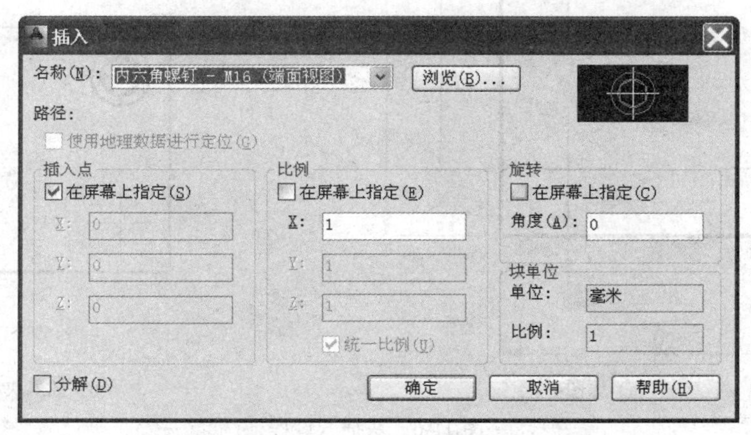

图 11-4　“插入”对话框

第 2 步，“名称”下拉列表框中选择要插入的块名。或者单击“浏览”按钮，弹出如图 11-5 所示“选择图形文件”对话框，从中选择要插入的外部块或其他图形文件。

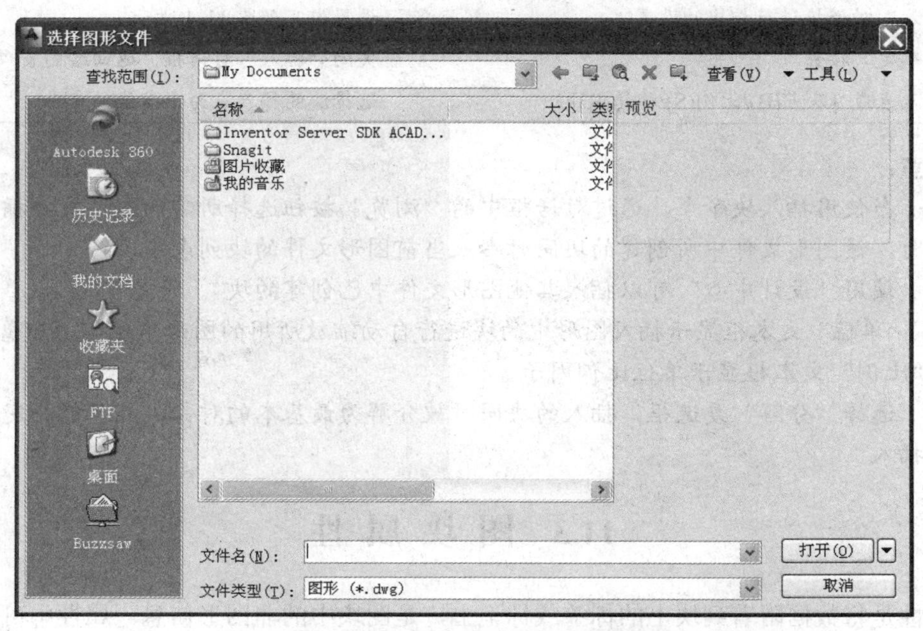

图 11-5　“选择图形文件”对话框

第 3 步，如果在绘图区指定插入点、比例和旋转角度，可以选中“在屏幕上指定”复选框；否则，在“插入点”、“缩放比例”和“旋转”文本框中分别输入值。

第 4 步，单击“确定”按钮。

【例 11-2】 在如图 11-6（a）所示的当前图形中插入例 11-1 中定义的螺钉端面视图的图块，如图 11-6（b）所示。

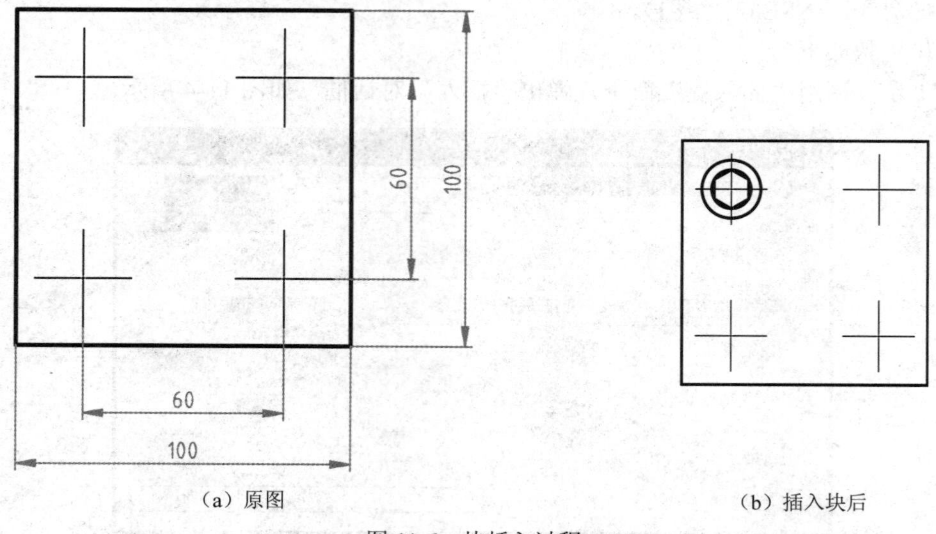

（a）原图　　（b）插入块后

图 11-6 块插入过程

操作如下。

命令:_ **insert**	单击图标按钮，弹出“插入”对话框
在“插入”对话框进行相应的设置	设置内容如图 11-4 所示
单击“确定”按钮	关闭“插入”对话框，返回绘图窗口
指定插入点或 [基点(B)/比例(S)/旋转(R)]:	选择块的插入点为中心线的交点

注意：

（1）当使用插入块命令，通过对话框中的“浏览”按钮选择所需的图形文件插入当前图形中时，该图形文件中所创建的块同时带入当前图形文件的块列表中。

（2）使用“设计中心”可以插入其他图形文件中已创建的块[①]。

（3）“单位”文本框显示插入图形中的块进行自动缩放所用的图形单位值，如毫米、英寸等。“比例”文本框显示单位比例因子。

（4）选择“分解”复选框，插入的块同时被分解为最基本的对象，且只能指定统一比例因子插入。

11.3 图块属性

属性是将数据附着到块上的标签或标记上，是图块中的非图形信息。属性中可能包含的数据包括如零件型号、价格、注释和物主的名称等。

① 参见本书 11.7.3 节。

11.3.1 属性定义

创建属性定义，即创建属性的样板。

调用命令的方式如下。

功能区：单击“插入”选项卡“块定义”面板中的图标按钮或“默认”选项卡“块”面板中的图标按钮。

菜单：执行“绘图”|“块”|“定义属性”命令。

键盘命令：ATTDEF（或 ATT）。

操作步骤如下。

第 1 步，调用“定义属性”命令，弹出如图 11-7 所示的“属性定义”对话框。

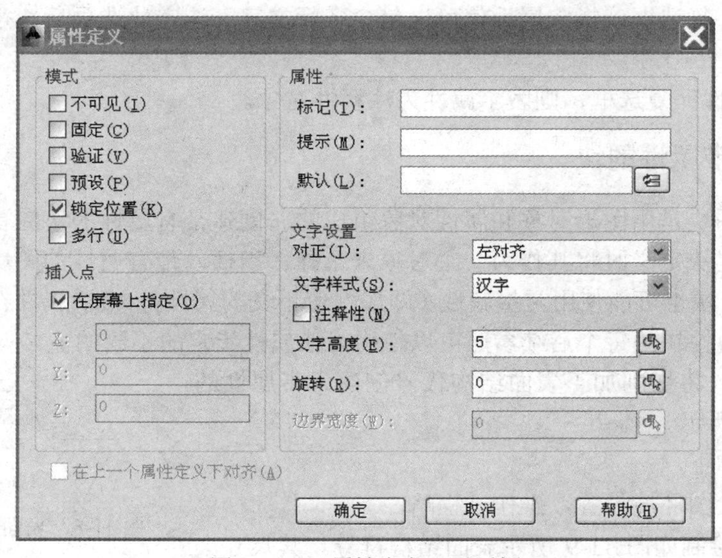

图 11-7　“属性定义”对话框

第 2 步，在“模式”选项组中设置属性的模式。

第 3 步，在“标记”文本框中输入属性标记。

注意：标记就是标识图形中每次出现的属性。可以使用任何字符组合键（空格键除外）输入属性标记。系统自动将小写字符更改为大写字符。

第 4 步，在“提示”文本框中输入插入包含该属性定义的块时系统在命令行中将显示的提示内容。

第 5 步，在“默认”文本框中输入默认属性值。如单击“插入字段”按钮，显示“字段”对话框。可以插入一个字段作为属性的全部或部分值。

第 6 步，在“文字设置”选项组中设置属性文字的对齐方式、样式、高度、注释性[①]和旋转角度。

第 7 步，在“插入点”选项组中设置属性值的插入点。通常选择“在屏幕上指定”复选框。

---

① 此为从 AutoCAD 2008 开始新增的功能。

第 8 步，单击“确定”按钮，返回绘图窗口。

第 9 步，命令提示为“指定起点：”时，在屏幕上指定属性插入点。

操作及选项说明如下。

（1）“模式”选项组有 6 种属性模式可以选择。

①“不可见”复选框：指定插入块时是否显示属性值。

②“固定”复选框：插入块时赋予属性固定值。

③“验证”复选框：插入块时提示验证属性值是否正确。

④“预设”复选框：插入包含预设属性值的块时，将默认值设置为该属性的属性值。

⑤“锁定位置”复选框：锁定块参照中属性的位置。解锁后，属性可以相对于使用夹点编辑的块的其他部分移动，并且可以调整多行属性的大小①。

⑥“多行”复选框：指定属性值可以包含多行文字。选定此选项后，可以指定属性的边界宽度②。

（2）“注释性”复选框，则表示属性为注释性对象。

11.3.2 创建带属性的块

带属性的图块是由图形对象和属性对象组成的。创建带有属性的块应首先定义属性，然后才能在创建块定义时将其作为一个对象来选择。当插入带有属性的图块时，系统会提示输入属性值。块也可能使用常量属性（即属性值不变的属性），常量属性在插入块时不提示输入值。带属性块的每个后续参照可以使用为该属性指定的不同的值。

【例 11-3】 将切削加工表面结构代号创建为带属性的块，如图 11-8 所示。

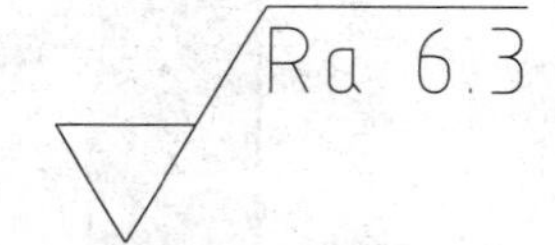

图 11-8　表面结构代号图块

操作步骤如下。

第 1 步，绘图环境设置，操作过程略。

第 2 步，绘制如图 11-9 所示表面结构符号。其尺寸大小可参照国家标准相应的规定，当轮廓线宽度为 0.5 时，表面结构参数字高为 3.5，H_1 为 5，H_2 为 11，L 暂定为 15（长度取决于其上下所标注内容的长度），绘制过程略。

第 3 步，定义表面结构参数属性。

操作如下。

命令：**_attdef**	弹出“属性定义”对话框，如图 11-7 所示
填写“属性”选项组中的“标记”文本框：**CS**	输入该属性标记
填写“属性”选项组中的“提示”文本框：**输入表面结构参数**	输入命令行的提示内容
填写“属性”选项组中的“默认”文本框：**Ra 6.3**	输入属性的默认值
设置属性文字的对正方式为：**正中** 文字样式为：**汉字** 文字高度为：**3.5** 文字旋转角度为：**0**	设置“文字设置”选项组中的各项内容

① ② 此为从 AutoCAD 2008 开始新增的功能。

选中“在屏幕上指定”复选框	选择在屏幕上指定插入点的方式
单击“确定”按钮 指定起点:	关闭如图 11-11 所示的“属性定义”对话框，返回绘图窗口，在如图 11-10 所示符号上×点处拾取，作为属性插入点

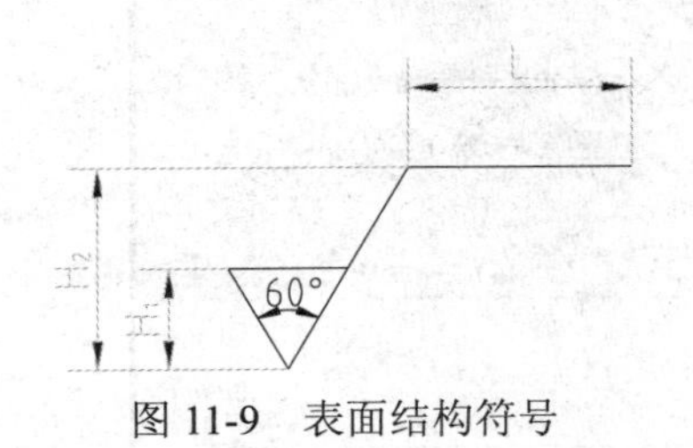

图 11-9　表面结构符号

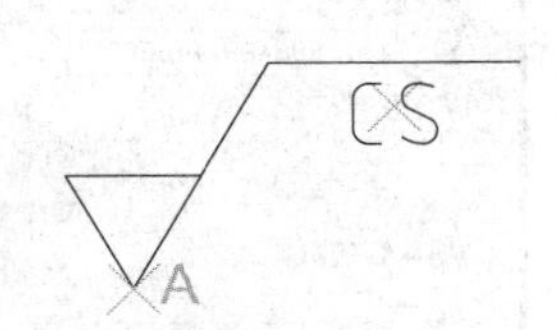

图 11-10　表面结构参数属性

第 4 步，创建带属性的块。

操作如下。

命令: **_block**	单击图标按钮，弹出“块定义”对话框，如图 11-1 所示
填写“名称”下拉列表框：**去除材料表面结构代号**	输入块名称
单击“选择对象”按钮	选择如图 11-9 所示的参数属性定义 CS 及表面结构符号
单击“拾取点”按钮	利用对象捕捉功能捕捉交点 A 为块插入点
选中“按统一比例缩放”复选框	指定块插入图形中时 X 向和 Y 向按同一比例缩放，如图 11-12 所示
单击“确定”按钮	关闭对话框，原选择对象转化为块，如图 11-11 所示

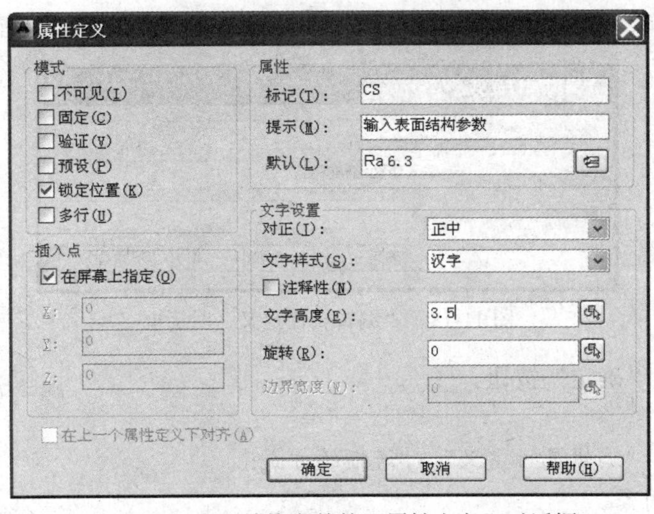

图 11-11　表面结构参数的“属性定义”对话框

11.3.3　修改属性

1．修改属性定义命令

调用命令的方式如下。

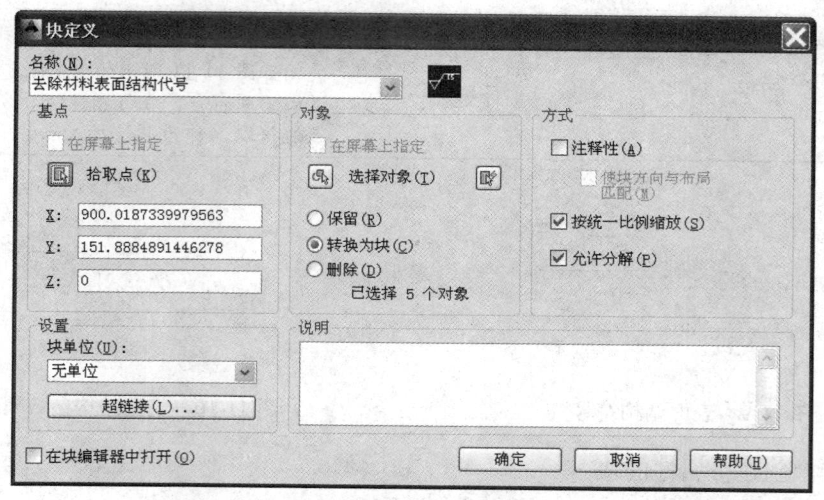

图 11-12　表面结构代号的“块定义”对话框

菜单：执行“修改”|“对象”|“文字”|“编辑”命令。

图标：单击“文字”工具栏中的图标按钮。

快捷菜单：选择文字对象，在绘图区域中右击，从弹出的快捷菜单中选择“重复编辑”命令。

键盘命令：DDEDIT（或 ED）。

操作步骤如下。

第 1 步，调用“编辑”命令。

第 2 步，单击需要修改的属性定义，弹出如图 11-13 所示的“编辑属性定义”对话框。在“标记”、“提示”、“默认”文本框中分别编辑原属性定义的标记、提示以及默认值属性。

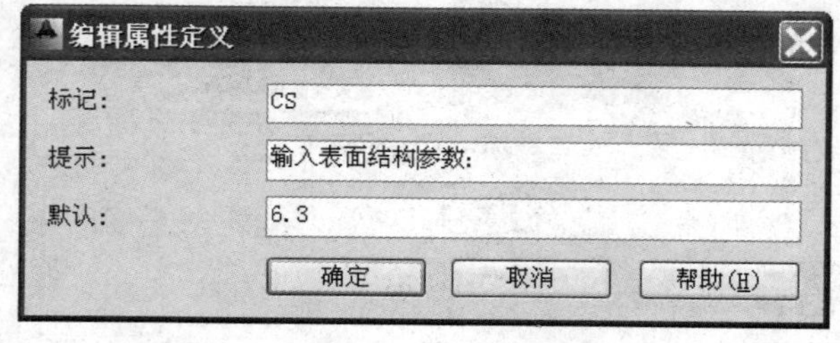

图 11-13　“编辑属性定义”对话框

第 3 步，单击“确定”按钮。

注意：

（1）快捷调用“编辑属性定义”对话框的方式：

① 双击文字对象。

② 单击需要修改的属性定义，在绘图区域中右击，然后单击“重复编辑”。

（2）当调用“编辑”命令时，单击选择块参照中的属性（而不是属性定义），将弹出如图 11-14 所示“增强属性编辑器”对话框。

2．修改块参照中的属性

功能区：单击“插入”选项卡“块定义”面板中的图标按钮或“默认”选项卡“块”

面板中的图标按钮。

菜单：执行“修改”|“对象”|“属性”|“单个”命令。

图标：单击“修改Ⅱ”工具栏中的图标按钮。

键盘命令：EATTEDIT。

操作步骤如下：

第 1 步，调用 EATTEDIT 命令，单击需要修改属性定义的图块，弹出如图 11-14 所示的“增强属性编辑器”对话框。

第 2 步，在“属性”、“文字选项”、“特性”3 个选项卡中分别进行相应的修改。

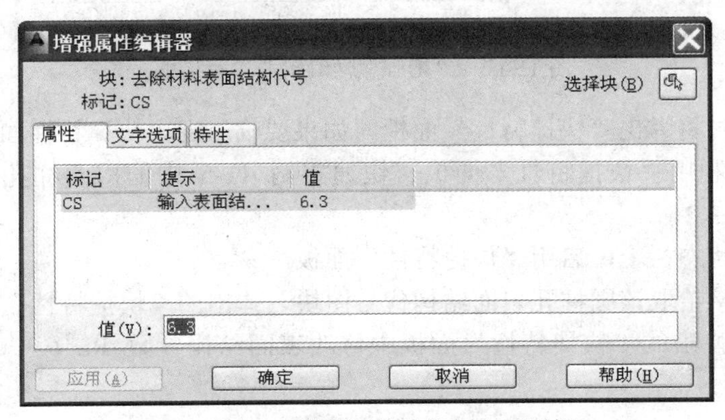

图 11-14 “增强属性编辑器”对话框

第 3 步，单击“应用”按钮，显示修改结果。

第 4 步，单击“确定”按钮，关闭对话框。

【例 11-4】 如图 11-15 所示圆柱孔曲面上插入表面结构代号图块，将圆柱孔表面结构参数值 6.3 改为 12.5，且参数宽度缩小，使其最终效果如图 11-16 所示。

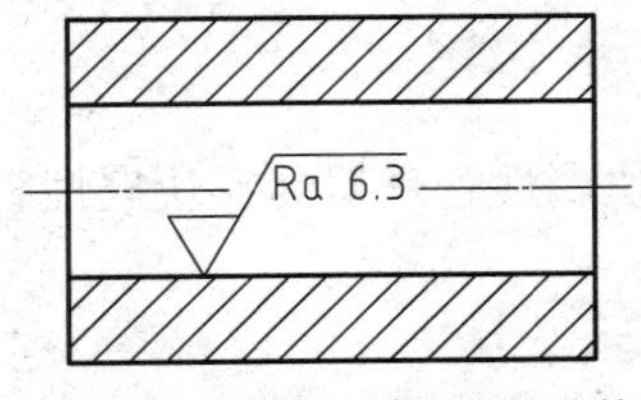

图 11-15 插入不同方向的表面结构代号块

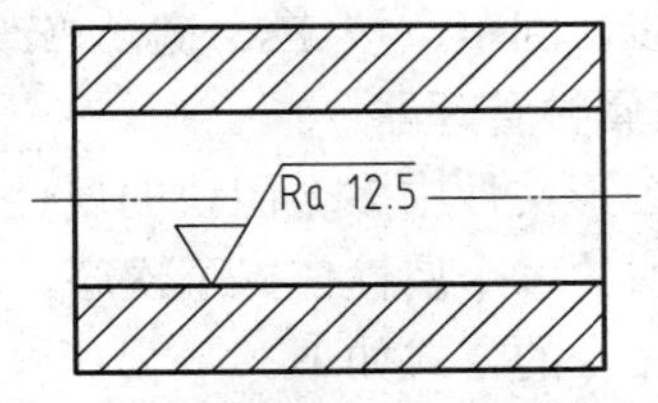

图 11-16 修改后的表面结构代号块

第 1 步，修改圆柱孔表面结构参数的值。可以通过双击圆柱孔表面结构代号，调用 EATTEDIT 命令，弹出“增强属性编辑器”对话框。在“属性”选项卡上的“值(V):”文本框内将 Ra 6.3 改为 Ra 12.5，然后单击“应用”按钮。

第 2 步，修正圆柱孔表面结构参数的宽度。选择“文字选项”选项卡，在其“宽度因子”文本框内将原值 1 改为 0.9，如图 11-17 所示，然后单击“确定”按钮，结果如图 11-16 所示。

3．快速修改块参照中的属性

利用“快捷特性”面板能迅速修改块参照中的属性。在状态栏上，单击“快捷特性”图标，可以启用或禁用“快捷特性”面板。在启用“快捷特性”面板状态时，选择一个

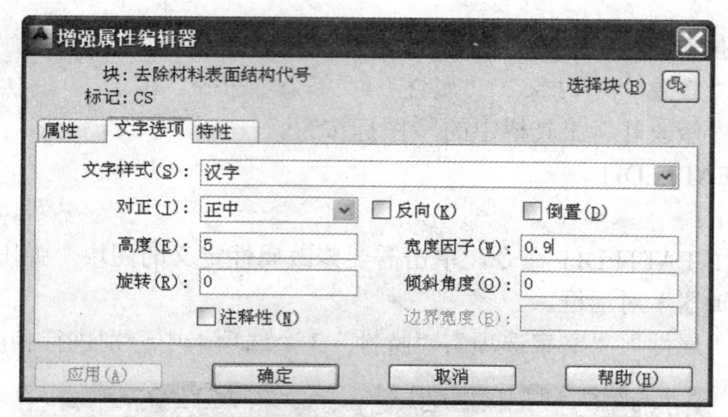

图 11-17 “增强属性编辑器”对话框

对象或多个对象时将弹出“快捷特性”面板。如果要临时退出快捷特性面板，按 Esc 键。

【例 11-5】 利用“快捷特性”面板，快速将例 11-5 中的内圆柱孔表面结构参数值 Ra 6.3 修改为 Ra 3.2。

第 1 步，在状态栏上，启用“快捷特性”面板。

第 2 步，直接拾取该圆柱孔表面结构代号图块，弹出的“快捷特性”面板。

第 3 步，在弹出的“快捷特性”面板中修改表面结构参数 Ra 6.3 改为 Ra 3.2，如图 11-18 所示。

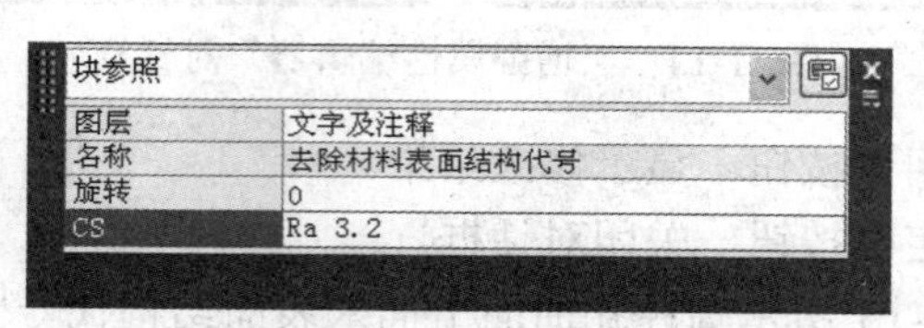

图 11-18 “快捷特性”面板

第 4 步，回车，按 Esc 键，修改完成。

4．块属性管理器

编辑图形文件中多个图块的属性定义，可以使用块属性管理器。在块属性管理器中可以更改图块的多个属性值提示次序。

调用命令的方式如下。

功能区：单击“插入”选项卡“块定义”面板中的图标按钮或“默认”选项卡“块”下滑面板中的图标按钮。

菜单：执行“修改”|“对象”|“属性”|“块属性管理器”命令。

图标：单击“修改 II”工具栏中的图标按钮。

键盘命令：BATTMAN。

（1）编辑图块属性。

操作步骤如下：

第 1 步，调用“块属性管理器”命令，弹出“块属性管理器”对话框，如图 11-19 所示。

第 2 步，在“块属性管理器”对话框中，从“块”列表中选择一个块；或者单击“选择块”图标按钮，在绘图区域中选择一个块。

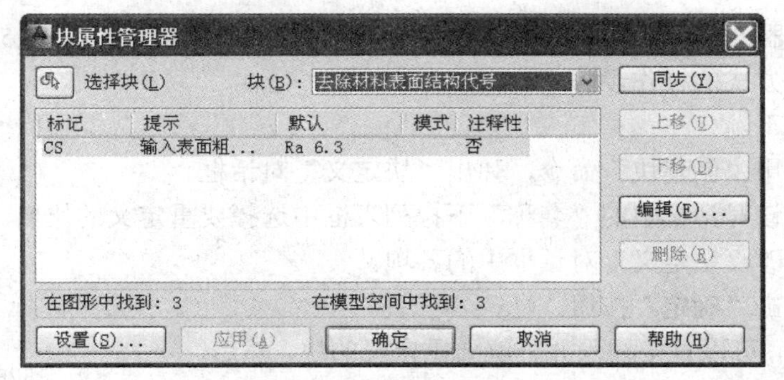

（a）表面结构代号图块

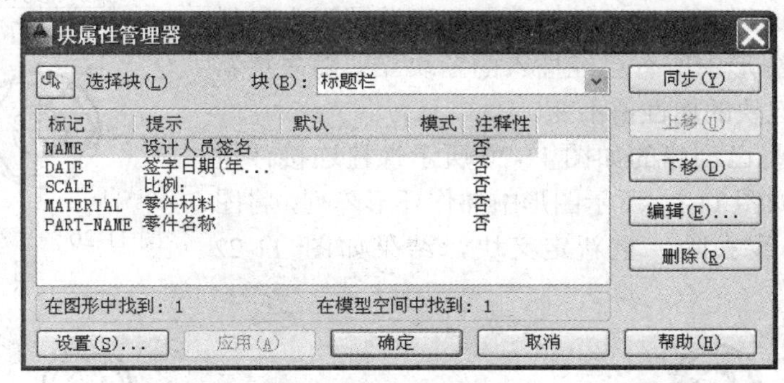

（b）标题栏图块

图 11-19 “块属性管理器”对话框

第 3 步，在属性列表中双击要编辑的属性；或者选择该属性并单击“编辑”按钮。

第 4 步，在“编辑属性”对话框中，对所需的属性进行修改，然后单击“确定”按钮。

（2）更改图块属性值提示次序。

操作步骤如下：

第 1 步，调用“块属性管理器”命令，弹出如图 11-19 所示的“块属性管理器”对话框。

第 2 步，在“块属性管理器”对话框中，从“块”列表中选择一个块；或者单击“选择块”按钮，在绘图区域中选择一个块。对于具有多个属性的块，将按提示列出属性顺序，如图 11-19（b）所示。

第 3 步，要将提示顺序中的某个属性向上移动，可以选择该属性，然后单击“上移”按钮；要将提示顺序中的某个属性向下移动，可以选择属性，然后单击“下移”按钮。“上移”和“下移”按钮不能用于含有常量值 (Mode=C) 的属性。

注意：单击“应用”按钮，使用所修改的属性更改更新图形，同时将“块属性管理器”保持为打开状态。

11.4 块的重新定义

如果要对当前图形中一些定义过的块进行修改，可以通过块的重新定义来实现。块的重新定义有两种方式：

（1）传统方式：对同名块进行重新定义。

（2）块编辑器方式：此为 AutoCAD 2006 开始增加的新功能，将在 11.5 节中详细讲述，本节仅介绍传统方式的操作步骤。

操作步骤如下。

第 1 步，调用“创建块”命令，弹出“块定义”对话框。

第 2 步，在该对话框中的“名称”下拉列表框中选择要重定义的块名。

第 3 步，修改“块定义”对话框中的各项。

第 4 步，单击“确定”按钮。

为节约时间，可以直接插入并分解要重定义的块，然后在重定义块的过程中使用结果对象。

当对同名块进行重新定义后，会影响当前图形中已经插入的块参照，图形中所有已经插入的图块立即随之更新以反映新定义，但块的属性值不变。

图 11-20 “螺栓连接件组俯视图”图块

【例 11-6】 将已创建的如图 11-20 所示螺栓连接件组俯视图图块插入如图 11-21 所示图形中并作环形阵列，将图块中的水平中心线去除，重新定义块，结果如图 11-22 所示。

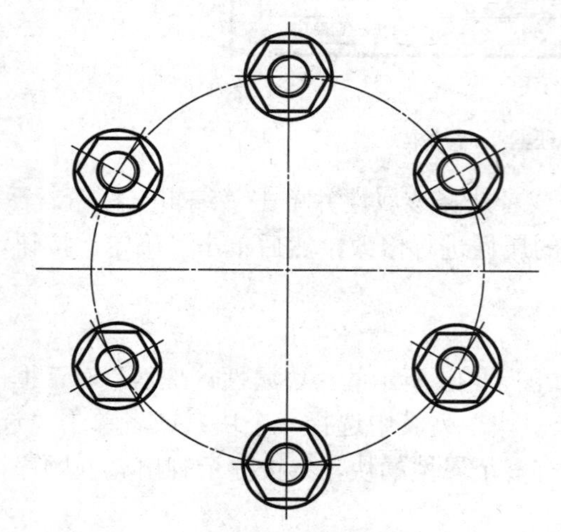
图 11-21 插入块后的当前图形

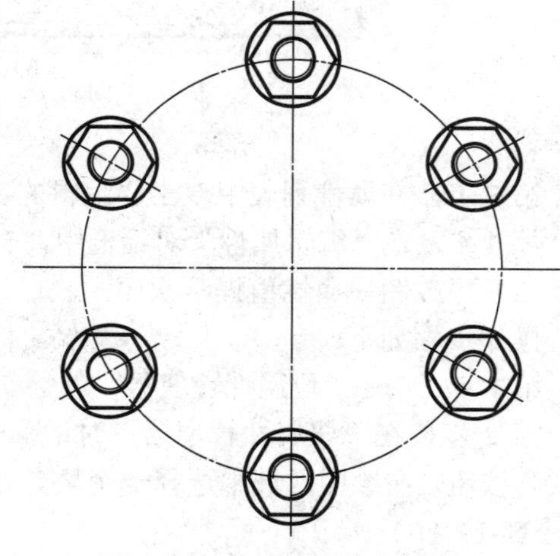
图 11-22 修改块后的当前图形

操作步骤如下。

第 1 步，调用“插入”命令，弹出“插入”对话框，选择块名为“螺栓连接件组俯视图”的块插入当前图形中。

第 2 步，单击“编辑”工具栏中的图标按钮，调用“分解”命令，分解刚插入的螺栓连接件组俯视图图块。

第 3 步，单击“编辑”工具栏中的图标按钮，调用“删除”命令，删除螺栓连接件组俯视图中的水平中心线。

第 4 步，将修改后的图形重新定义为块。操作如下。

命令: _block	单击图标按钮，弹出“块定义”对话框
在“名称”下拉列表框中选择要重定义的块名“螺栓连接件组俯视图”	选择重定义的块
单击“选择对象”按钮	选择要重新定义新块的对象
单击“拾取点”按钮	指定块插入点为螺栓连接件组俯视图中心
单击“确定”按钮	弹出如图 11-23 所示的“重新定义块”对话框
单击“重新定义块”选项	图形中已经插入的 6 个螺栓连接件组俯视图块立即随之更新，如图 11-22 所示

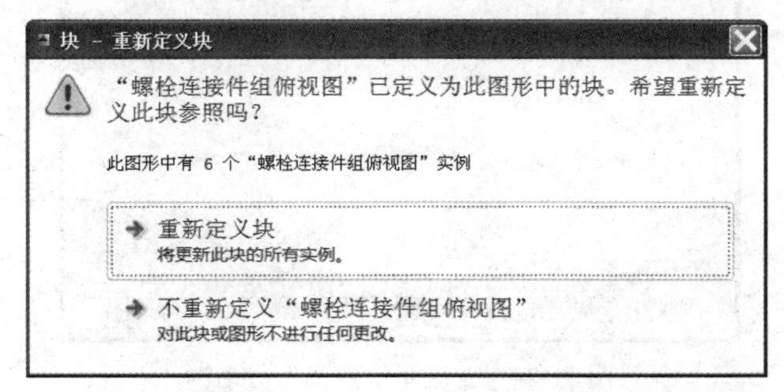

图 11-23 “重新定义块”对话框

11.5 动 态 块

11.5.1 动态块概述

动态块是 AutoCAD 2006 开始新增的重要功能，在 AutoCAD 2010 中又得到了增强。它具有较强的灵活性和智能性。用户在操作时可以轻松地更改图形中的动态块参照；还可以通过自定义夹点或自定义特性来操作动态块参照中的几何图形。例如同一公称直径的普通六角头螺栓有一组系列公称长度，按其特点创建为动态块后，用户可以根据不同的长度需要在位调整螺栓的长度，而不用搜索另一个块以插入或重定义现有的块。

11.5.2 动态块的创建

AutoCAD 专门提供了用于创建动态块的编写区域即块编辑器。块编辑器的功能如下。

（1）可以创建新的块定义。

（2）可以在位调整修改块。

（3）可以向块定义添加动态行为或编辑其中的动态行为。

1．块编辑器的调用

调用命令的方式如下。

功能区：“插入”选项卡“块定义”面板中的图标按钮或”默认”选项卡“块”面板中的图标按钮。

菜单：执行“工具”|“块编辑器”命令。

图标：单击“标准”工具栏中的图标按钮。

快捷菜单：选择一个块参照，在绘图区域中右击，从弹出的快捷菜单中选择“块编辑器”命令。

键盘命令：BEDIT（或 BE）。

操作步骤如下。

第 1 步，调用“块编辑器”命令，弹出“编辑块定义”对话框，如图 11-24 所示。

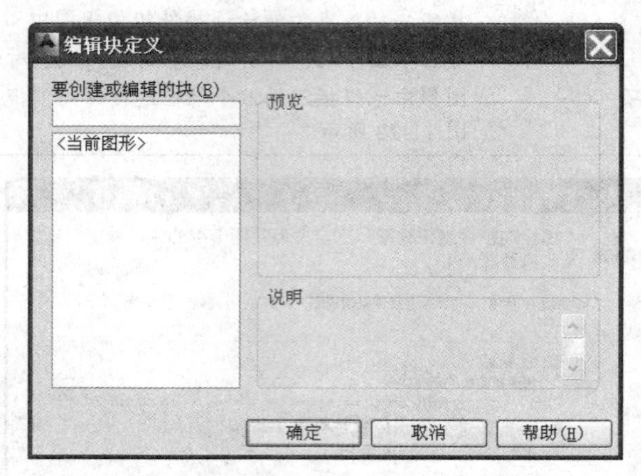

图 11-24 “编辑块定义”对话框

第 2 步，在“编辑块定义”对话框中执行以下操作之一。

（1）从列表中选择一个块定义。

（2）如果希望将当前图形保存为动态块，可以选择“<当前图形>”。

（3）在“要创建或编辑的块”下输入新的块定义的名称。

第 3 步，单击“确定”按钮，进入如图 11-25 所示的“块编辑器”界面。

图 11-25 块编辑器

第 4 步，在“块编辑器”中创建动态块。

绘制编辑几何图形，并执行以下操作之一。

（1）从块编写选项板的“参数集”选项卡中添加一个或多个参数集。在黄色警告图标上右击，从弹出的快捷菜单中选择“动作选择集”|“新建选择集”命令（或调用 BACTIONSET 命令），并按照命令行上的提示将动作与几何图形选择集相关联。

（2）从块编写选项板的“参数”选项卡中添加一个或多个参数。按照命令行上的提示，从“动作”选项卡中添加一个或多个动作。

第 5 步，单击块编辑器的“打开/保存”面板中的“保存块”图标按钮。

第 6 步，单击“关闭块编辑器”按钮。

2．块编辑器的组成

块编辑器提供了 7 个面板、块编写选项板和专用绘图区域。

（1）7 个面板。

①“打开/保存”面板。

“保存块”图标按钮：保存对当前块定义所做的更改，只能在块编辑器中使用该命令。

“将块另存为”图标按钮：将显示“将块另存为”对话框，只能在块编辑器中使用该命令。

“测试块”图标按钮：在块编辑器内显示一个窗口，以测试动态块。

②“几何”面板。

“自动约束”图标按钮：根据对象相对于彼此的方向将几何约束应用于对象的选择集。

“显示或隐藏约束”图标按钮：显示或隐藏选定对象上的几何约束。

“显示所有几何约束”图标按钮：显示对象上的所有几何约束。

“隐藏所有几何约束”图标按钮：隐藏对象上的所有几何约束。

③“标注”面板。

“块表”图标按钮：显示“块特性表”对话框以定义块的变量。

④“管理”面板。

“删除约束”图标按钮：删除选定对象上所有的几何约束和标注约束。

“构造几何图形”图标按钮：将对象转换为构造几何图形。块参照中不显示构造几何图形，它在块编辑器中以灰色虚线显示，且无法修改构造几何图形的颜色、线型或图层。

“约束显示状态”按钮：打开和关闭约束显示状态，并基于对象的约束级别来控制它们的着色。

“参数管理器”图标按钮：显示或隐藏“参数”管理器。

“编写选项板”图标按钮：显示或隐藏“编写”选项板。

⑤“操作参数”面板。

“参数”下滑图标按钮组：向动态块定义中添加参数，可以在“块编写选项板”的“参数”选项卡上调用相应的参数。

“动作”下滑图标按钮组：向动态块定义中添加动作。动作定义了动态块参照的几何图形将如何移动或变化，只能在块编辑器中使用该命令。

“定义属性”图标按钮：调用 ATTDEF“属性定义”命令[①]。

---

① 参见本书 11.3.1 节。

⑥“可见性”面板：当添加可见性参数后，所有图标按钮才亮显。

“可见性状态”图标按钮：创建、设置或删除动态块中的可见性状态。

“可见性控制”图标按钮：控制动态块中的可见性状态的可见性。

⑦“关闭”面板。

“关闭块编辑器”图标按钮：关闭块编辑器并提示用户保存或放弃对当前块定义所做的任何更改。

（2）专用绘图区域。绘图区域。用户可以根据需要在专用绘图区域中绘制和编辑几何图形。用户可以在“选项”对话框中改变块编辑器绘图区域的背景颜色。

（3）块编写选项板。编写选项板由 4 张选项卡组成，通过选项板可以快速访问块编写工具。

①“参数”选项卡：提供用于向块编辑器中的动态块定义中添加参数的工具。

②“动作”选项卡：提供用于向块编辑器中的动态块定义中添加动作的工具。

③“参数集”选项卡：向动态块定义添加一般成对的参数和动作。将参数集添加到动态块中时，动作将自动与参数相关联。表 11-1 列出了块编写选项板的“参数集”选项卡上所提供的参数集。

表 11-1　参数集一览表

参　数　集	说　　明
点移动	向动态块定义中添加带有一个夹点的点参数和相关联的移动动作
线性移动	向动态块定义添加带有一个夹点的线性参数和关联移动动作
线性拉伸	向动态块定义添加带有一个夹点的线性参数和关联拉伸动作
线性阵列	向动态块定义添加带有一个夹点的线性参数和关联阵列动作
线性移动配对	向动态块定义添加带有两个夹点的线性参数和与每个夹点相关联的移动动作
线性拉伸配对	向动态块定义添加带有两个夹点的线性参数和与每个夹点相关联的拉伸动作
极轴移动	向动态块定义添加带有一个夹点的极轴参数和关联移动动作
极轴拉伸	向动态块定义添加带有一个夹点的极轴参数和关联拉伸动作
环形阵列	向动态块定义添加带有一个夹点的极轴参数和关联阵列动作
极轴移动配对	向动态块定义添加带有两个夹点的极轴参数和与每个夹点相关联的移动动作
极轴拉伸配对	向动态块定义添加带有两个夹点的极轴参数和与每个夹点相关联的拉伸动作
XY 移动	向动态块定义添加带有一个夹点的 XY 参数和关联移动动作
XY 移动配对	向动态块定义添加带有两个夹点的 XY 参数和与每个夹点相关联的移动动作
XY 移动方格集	向动态块定义添加带有四个夹点的 XY 参数和与每个夹点相关联的移动动作
XY 拉伸方格集	向动态块定义添加带有四个夹点的 XY 参数和与每个夹点相关联的拉伸动作
XY 阵列方格集	向动态块定义添加带有四个夹点的 XY 参数和与每个夹点相关联的阵列动作
旋转集	向动态块定义添加带有一个夹点的旋转参数和关联旋转动作
翻转集	向动态块定义添加带有一个夹点的翻转参数和关联翻转动作
可见性集	添加带有一个夹点的可见性参数。无须将任何动作与可见性参数相关联
查寻集	向动态块定义添加带有一个夹点的查寻参数和查寻动作

④“约束”选项卡：提供用于将几何约束和约束参数[①]应用于对象的工具。

【例 11-7】 在块编辑器中创建螺栓 GB/T 5782—2000 M10×45（主视）的图块，M10 螺栓的公称长度系列还有 50、55、60、65、70、80、90、100，添加动态行为，使插入的螺栓（主视）图块可以根据需要调整其公称长度。

操作步骤如下。

第 1 步，根据螺栓的螺杆部分需要按一个系列值集调整其公称长度，决定了添加到块定义中的参数集是“线性拉伸”。

第 2 步，启动块编辑器。调用“块编辑器”命令，弹出“编辑块定义”对话框，如图 11-26 所示。在“要创建或编辑的块”文本框中输入“螺栓 M10（主视）”，单击“确定”按钮，打开块编写区域。

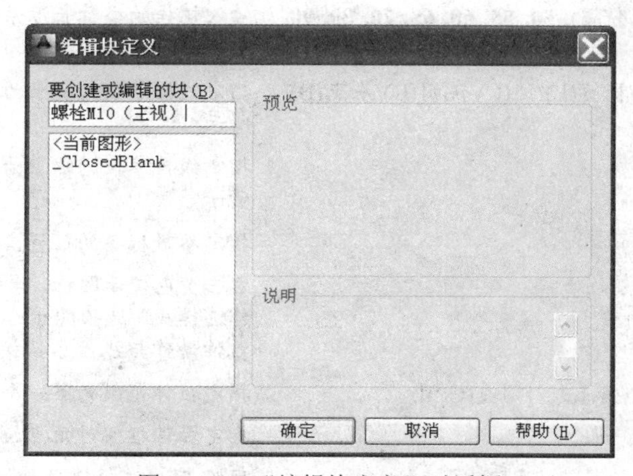

图 11-26 “编辑块定义”对话框

第 3 步，按简化画法在块编写区域绘制螺栓 GB/T 5782—2000 M10×45，如图 11-27 所示，不用标注尺寸。

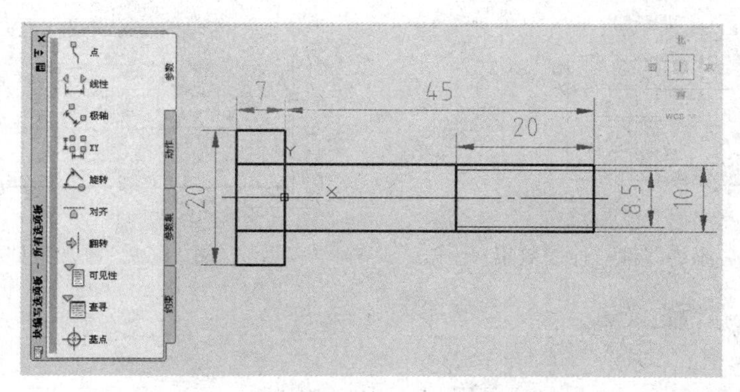

图 11-27 “螺栓 M12（主视）”块编写区域

第 4 步，添加动态行为。在参数集选项卡上，选择“线性拉伸”成对的参数和动作添加到动态块中。

① 参见本书 7.6 节。

操作如下。

命令: **_BParameter** 线性	单击 “参数集”选项卡的线性拉伸图标按钮，添加“线性拉伸”参数集
指定起点或 [名称(N)/标签(L)/链(C)/说明(D)/基点(B)/选项板(P)/值集(V)]: **l**↵	选择“标签(L)”选项
输入距离特性标签 <距离>: **公称长度**↵	输入线性参数的特性标签“公称长度”
指定起点或 [名称(N)/标签(L)/链(C)/说明(D)/基点(B)/选项板(P)/值集(V)]: **v**↵	选择“值集(V)”选项
输入距离值集合的类型 [无(N)/列表(L)/增量(I)] <无>: **l**↵	选择输入距离值集合的“列表(L)”类型
输入距离值列表 (逗号分隔): **50, 55, 60, 65, 70, 80, 90, 100,** ↵	输入螺栓的公称长度系列
指定起点或 [名称(N)/标签(L)/链(C)/说明(D)/基点(B)/选项板(P)/值集(V)]:	指定线性参数的起点为 A 点，如图 11-28 所示
指定端点:	指定线性参数的端点为 B 点，如图 11-28 所示
指定标签位置:	指定参数标签的位置，如图 11-28 所示
命令: **_BACTIONSET**	右击黄色警示图标，弹出快捷菜单，选择“动作选择集”选项的子选项“新建选择集”，将拉伸动作与线性参数相关联
指定拉伸框架的第一个角点或 [圈交(CP)]:	指定拉伸框架的第一个角点
指定对角点:	指定拉伸框架对角点，如图 11-29 所示
指定要拉伸的对象 选择对象: 指定对角点: 找到 7 个	用 C 窗口选择选择拉伸框架窗口包围的或相交的所有对象
选择对象: ↵	结束对象选择

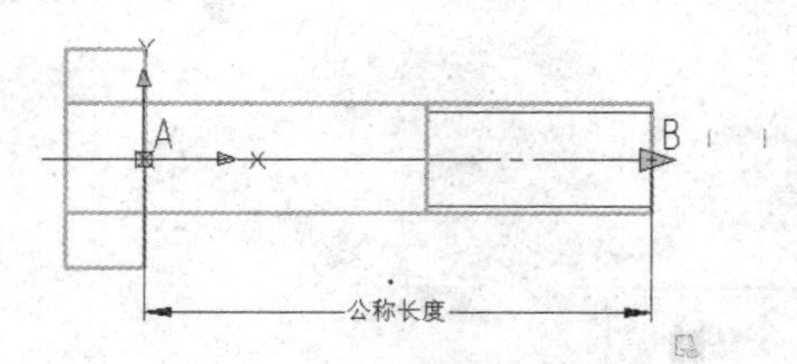

图 11-28　添加线性拉伸参数集

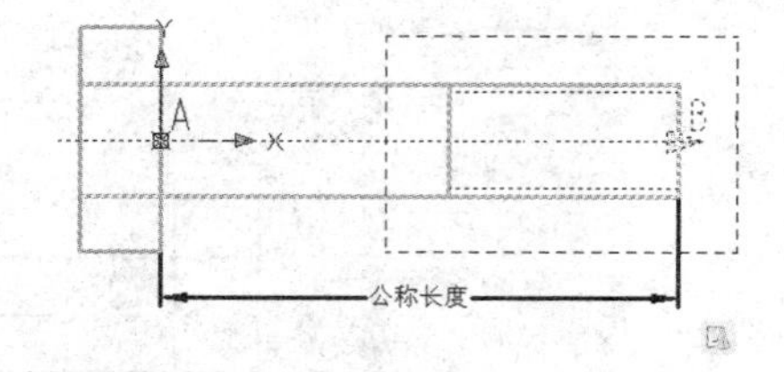

图 11-29　添加拉伸动作

第 5 步，保存块定义。

操作如下。

命令: **_BSAVE**	单击“打开/保存”面板上的图标按钮，保存六角头螺栓 M10 的块定义
命令: **_BCLOSE**	单击“关闭块编辑器”按钮
正在重生成模型。	系统提示

按照以上步骤完成的“螺栓 M10（主视）”动态块插入当前图形后，单击选择该插入图

块，如图 11-30 所示，然后拉伸图块上与拉伸动作相关联的拉伸夹点，按要求动态调整螺栓公称长度。

注意：

（1）在块编写区域的 UCS 图标原点即为块的插入基点。

（2）图 11-28 和图 11-29 中出现的警示图标中的感叹号，表示必须将某个动作与该参数相关联，才能使块成为动态块。当图 11-29 中的拉伸动作完成后，图标中的感叹号消失。

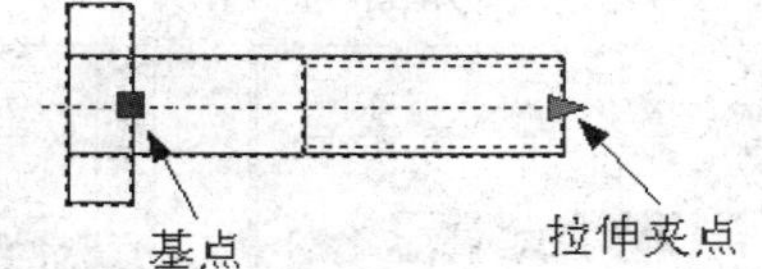

图 11-30　动态块的夹点

【例 11-8】 在块编辑器中创建六角头螺母 GB/T 6170-2000 的端视图图块，应用几何约束和约束参数添加动态行为，使插入的螺栓端视图图块可以根据需要调整其公称直径。

第 1 步，调用“块编辑器”命令，弹出如图 11-31 所示“编辑块定义”对话框，在列表中输入的块名“六角头螺栓-端视图”，单击“确定”按钮。

第 2 步，在块编辑器专用绘图区，按简化画法在绘图区域绘制螺栓 GB/T 5782-2000 M10 端视图，如图 11-32 所示，尺寸不用标注。

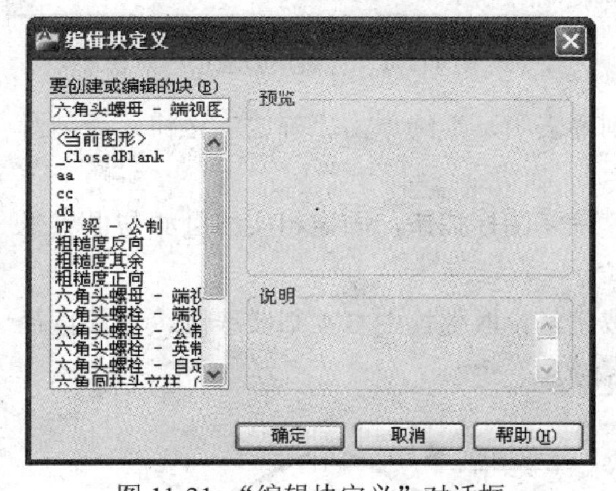

图 11-31　“编辑块定义”对话框

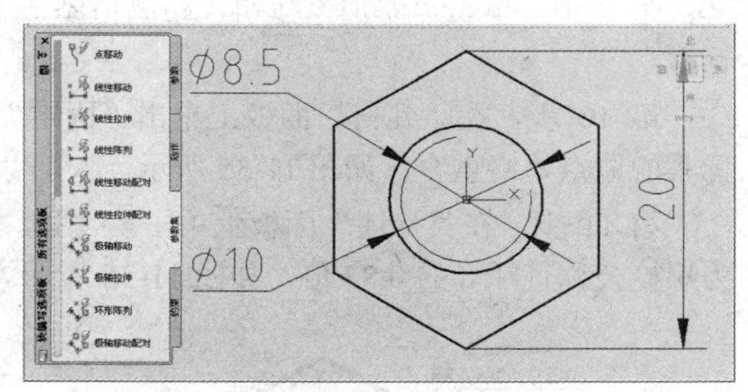

图 11-32　“六角头螺栓-端视图”块编写区域

第 3 步，在块编写选项板上单击“约束”选项卡。

第 4 步，在“约束”选项卡中选择“直径”约束参数约束螺栓公称直径。

操作如下。

命令: **_BParameter** 线性	单击“标注”面板上的直径图标按钮，添加直径约束
选择标注约束或 [线性(LI)/水平(H)/竖直(V)/对齐(A)/角度(AN)/半径(R)/直径(D)] <直径>: _Diameter	
选择圆弧或圆:	拾取视图中粗实线圆
指定尺寸线位置:	指定直径约束尺寸线位置，输入“d=10”，回车

第 5 步，单击选取“d=10”直径约束参数，右击，弹出快捷菜单。

第 6 步，从快捷菜单中选择“特性”命令，弹出“特性”选项板，如图 11-33（a）所示。

第 7 步，如图 11-33（b）所示，修改“值集”选项的距离类型为“列表”，单击距离值列表中的图标按钮。

第 8 步，在弹出的“添加距离值”对话框中，输入“要添加的距离：”文本框中的值，以逗号隔开，如图 11-34 所示。

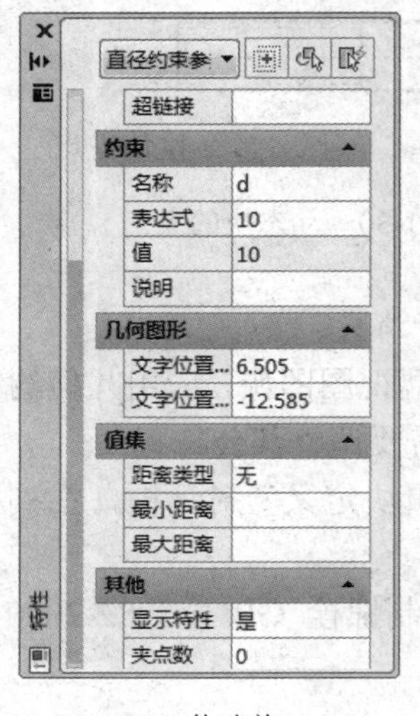

(a) 修改前

(b)修改后

图 11-33 “特性”选项板

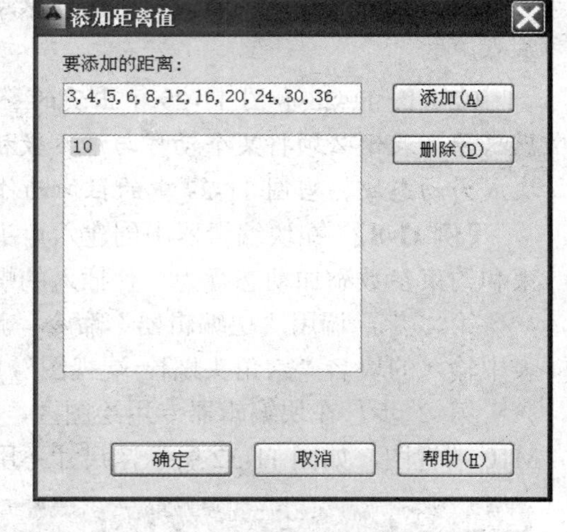

图 11-34 “添加距离值”对话框

第 9 步，单击“添加”按钮，距离值添加到列表中，继续单击“确定”按钮，关闭对话框。

第 10 步，在“几何”面板上单击“固定” 图标按钮，固定粗实线圆心与世界坐标系的原点始终重合，如图 11-35 所示。

第 11 步，在“标注”面板上单击 图标按钮，拾取螺栓中 3/4 细实线圆，使其直径为螺栓公称直径 d 的 0.85 倍，如图 11-36 所示。

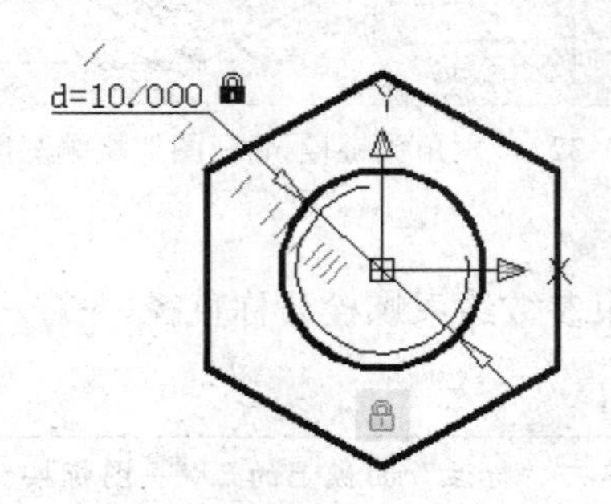

图 11-35 添加约束参数和几何约束

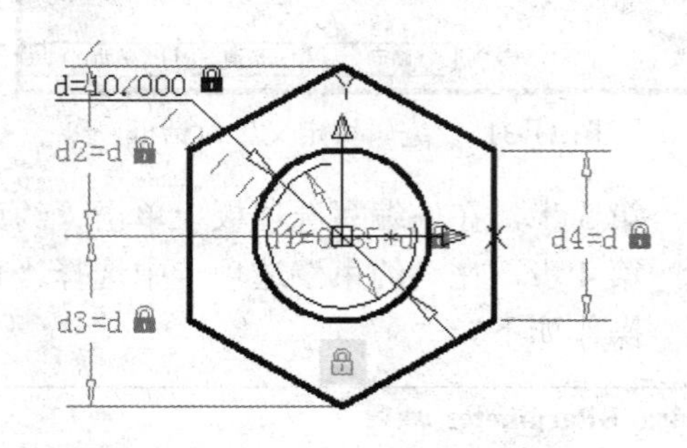

图 11-36 添加标注约束

第 12 步，在“标注”面板上单击 图标按钮，拾取螺栓中的粗实线圆心和正六边形的最上点，使两点距离等于螺栓公称直径 d，如图 11-36 所示。

第 13 步，在“标注”面板上单击 图标按钮，拾取螺栓中的粗实线圆心和正六边形的最下点，使两点距离等于螺栓公称直径 d，如图 11-36 所示。

第 14 步，在“标注”面板上单击 图标按钮，拾取正六边形最右边两端点，使两点距离等于螺栓公称直径 d，如图 11-36 所示。

第 15 步，在“几何”面板上重复单击“相等” 图标按钮，使正六边形的五条边分别和最右边相等，如图 11-37 所示。

第 16 步，在“几何”面板上单击“平行”图标按钮，使正六边形的最左边和最右边平行，如图 11-37 所示。

第 17 步，在“标注”面板上单击“块表”图标按钮，添加“块特性表”动作。在端视图左下角指定块特性表的位置，回车，确定夹点数为 1。

第 18 步，如图 11-38 所示，在弹出的“块特性表”对话框中，单击图标按钮，弹出“添加参数特性”对话框，如图 11-39 所示，选择参数为“d”类型为“直径”后，单击“确定”按钮。

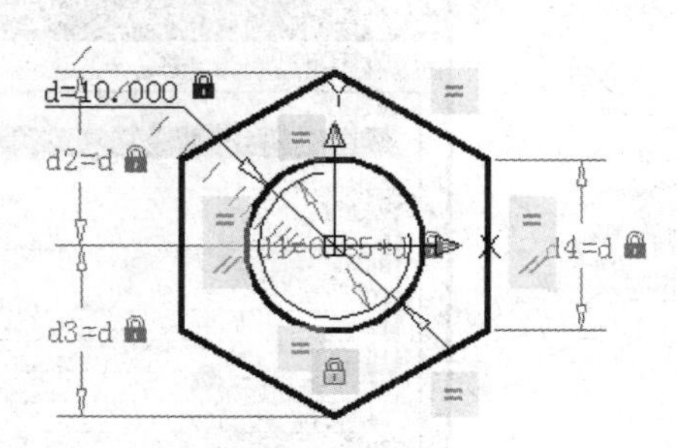

图 11-37　添加几何约束

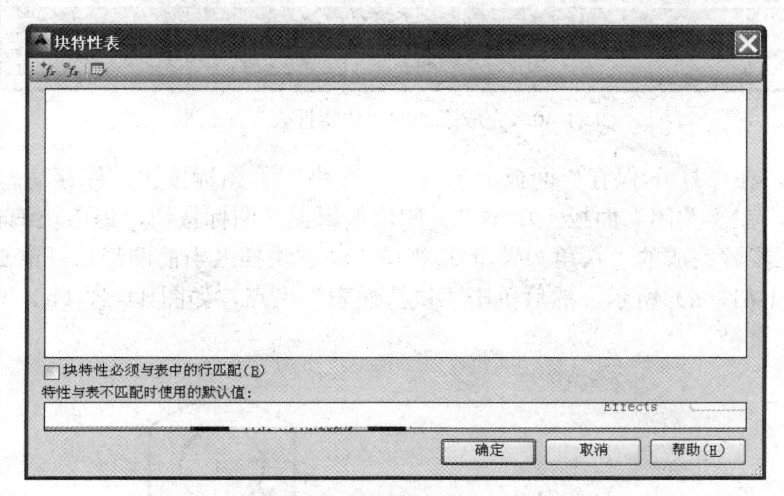

图 11-38　“块特性表”对话框

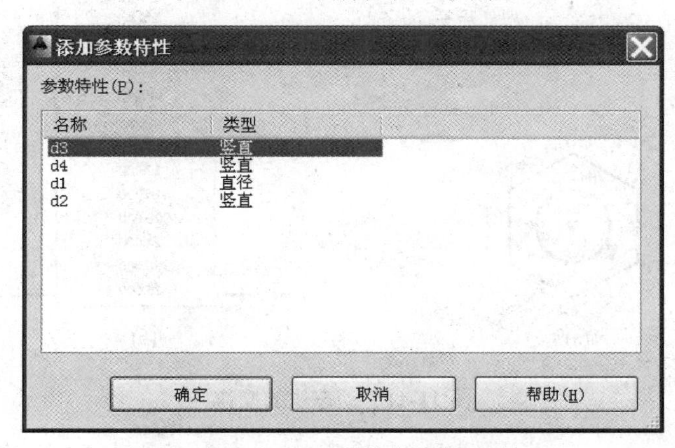

图 11-39　“添加参数特性”对话框

第 19 步，返回“块特性表”对话框，添加“直径”约束参数 d 的列表值，如图 11-40 所示，单击“确定”按钮，关闭对话框。

第 20 步，在“打开/保存”面板上单击“测试块”图标按钮，进入测试动态块界面，完成测试，单击测试界面右上角“关闭”图标按钮，退出测试界面。

图 11-40　完成添加的“块特性表”对话框

第 21 步，在“打开/保存”面板上单击“保存块”图标按钮，保存动态块。

第 22 步，在“关闭”面板上单击“关闭块编辑器”图标按钮，退出块编辑器。

按照以上步骤完成的“六角头螺母-端视图”动态块插入当前图形后，单击选择该插入图块，如图 11-41（a）所示，然后单击“块特性表”夹点，如图 11-41（b）所示，按要求选择螺母公称直径。

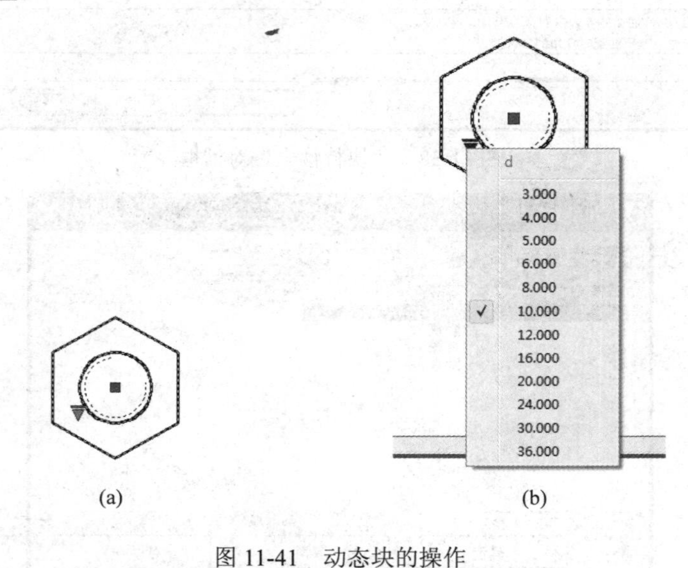

图 11-41　动态块的操作

11.6　工具选项板

11.6.1　基本组成及基本操作

工具选项板为用户提供组织、共享和放置工具，如将块、图案填充和自定义工具整理在一个便于使用的窗口中。

调用命令的方式如下。

功能区：单击“视图”选项卡“选项板”面板中的图标按钮。

菜单：执行“工具”|“选项板”|“工具选项板”命令。

图标：单击“标准”工具栏中的图标按钮。

键盘命令：TOOLPALETTES（或 TP）。

操作步骤如下。

第 1 步，调用“工具选项板”命令，弹出如图 11-42 所示的工具选项板。

第 2 步，在工具选项卡名称栏底部单击 ，弹出如图 11-43 所示的快捷菜单。

第 3 步，在快捷菜单中有 21 组选项卡的名称，单击其中一个使其为当前选项卡。

第 4 步，在当前工具选项卡上，单击要使用的工具。

第 5 步，按照命令行上显示的提示操作。

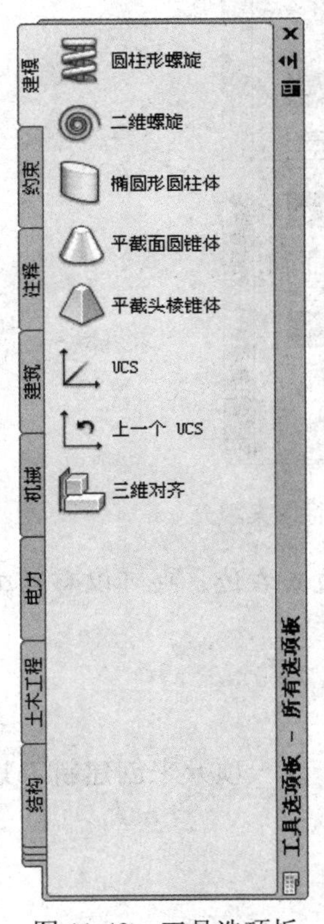

图 11-42　工具选项板

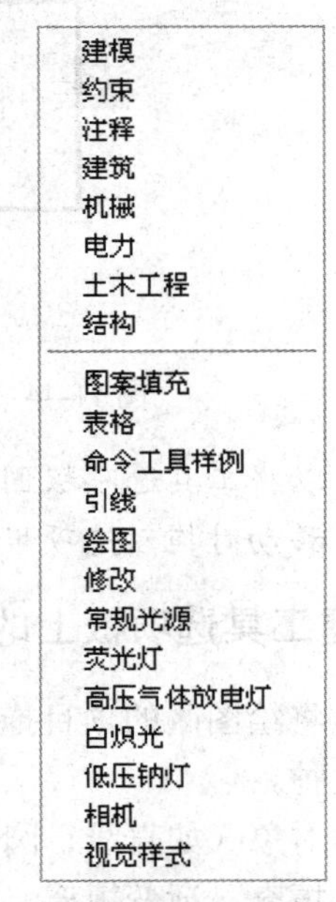

图 11-43　快捷菜单

【例 11-9】 利用工具选项板在边长为 30 的正方形中填充 ISO 图案填充板中的铁丝图案，如图 11-44 所示。

操作步骤如下。

第 1 步，调用“工具选项板”命令，弹出工具选项板。

第 2 步，在工具选项卡名称栏底部单击，弹出快捷菜单，单击“图案填充”选项，使“图案填充”选项卡成为当前选项卡。

第 3 步，如图 11-44 所示，在“图案填充”工具选项卡上，单击“ISO 图案填充”铁丝图案，再将光标移至绘图区边长为 30 的正方形内，再单击鼠标将图案填充应用到正方形内（也可以直接将铁丝图案拖曳至绘图区边长为 30 的正方形内，再松开鼠标）。

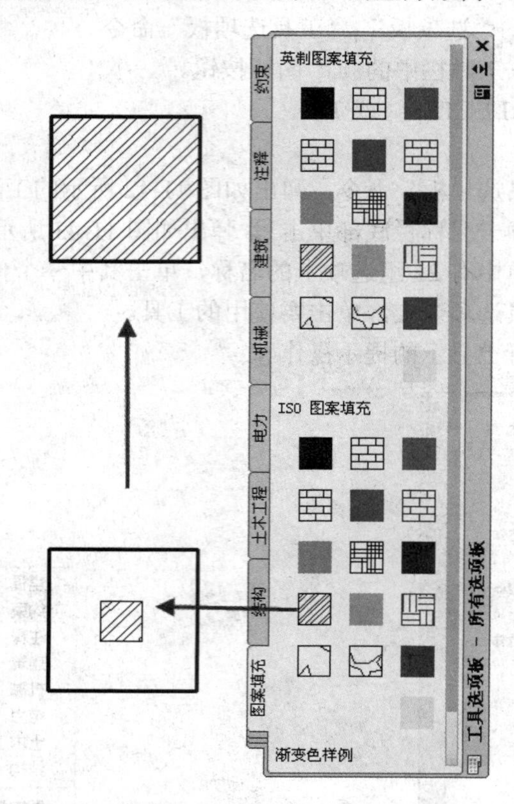

图 11-44　利用工具选项板上的工具进行图案填充

注意：可以将工具选项板固定在应用程序窗口的左边或右边。也可以移动工具选项板在任意位置，移动时拖动选项板标题栏。

11.6.2　创建工具选项板上的工具

可以通过将绘图区的项目拖至工具选项板的区域（一次一项）来创建新工具，这些项目可以以下几种。

（1）几何对象（如直线、圆和多段线）、标注、块等。

（2）图案填充、渐变填充。

（3）光栅图像。

（4）外部参照。

当新工具拥有具体特性（如图层、比例因子和旋转角度等）时，可以使用新工具在图形中创建与新工具具有相同特性的对象，工具选项板的功能会变得更加强大。

【例 11-10】 将例 11-8 中螺栓 M10 的动态块创建为工具。

操作步骤如下：

第 1 步，将螺栓 M10 动态块插入到绘图区。

第 2 步，调用“工具选项板”命令，弹出工具选项板。

第 3 步，单击“机械”工具选项卡，使其成为当前选项卡。

第 4 步，单击并拖曳螺栓 M10 动态块参照至“机械”工具选项卡上，黑线表示要放置工具的位置，AutoCAD 在工具选项板上创建了一个绘制螺栓 M10 的工具，如图 11-45 所示。

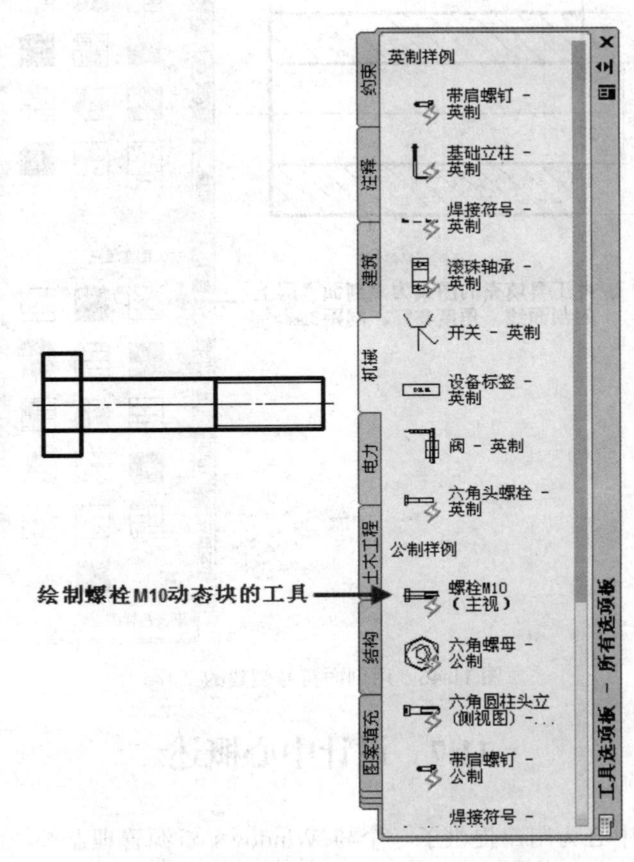

图 11-45 在工具选项板上创建的螺栓动态块工具

注意：

（1）当拖曳对象时，光标不能放在对象的夹点上，否则对象将不能拖曳到工具选项板上。

（2）如将几何对象或标注拖至工具选项板上创建工具后，将自动创建相应的弹出工具。

【例 11-11】 将当前图形文件中的剖面符号创建为工具。

操作步骤如下。

第 1 步，在“粗实线”层上绘制如图 11-46 所示图形。在“剖面”层上填充剖面符号，剖面符号类型为“用户定义”，其角度为 45°，间距为 3mm。

第 2 步，单击“图案填充”工具选项卡名称，使其成为当前工具选项卡，如图 11-46 所示。

第 3 步，在所绘制的剖面符号上按住鼠标左键，将剖面线从绘图区拖曳至“图案填充”工具选项卡上，黑线表示要放置工具的位置，AutoCAD 在工具选项板上创建了一个工具，如图 11-46 所示，使用此工具填充的图案为“剖面”层上的剖面线，角度 45°，间距 3mm。

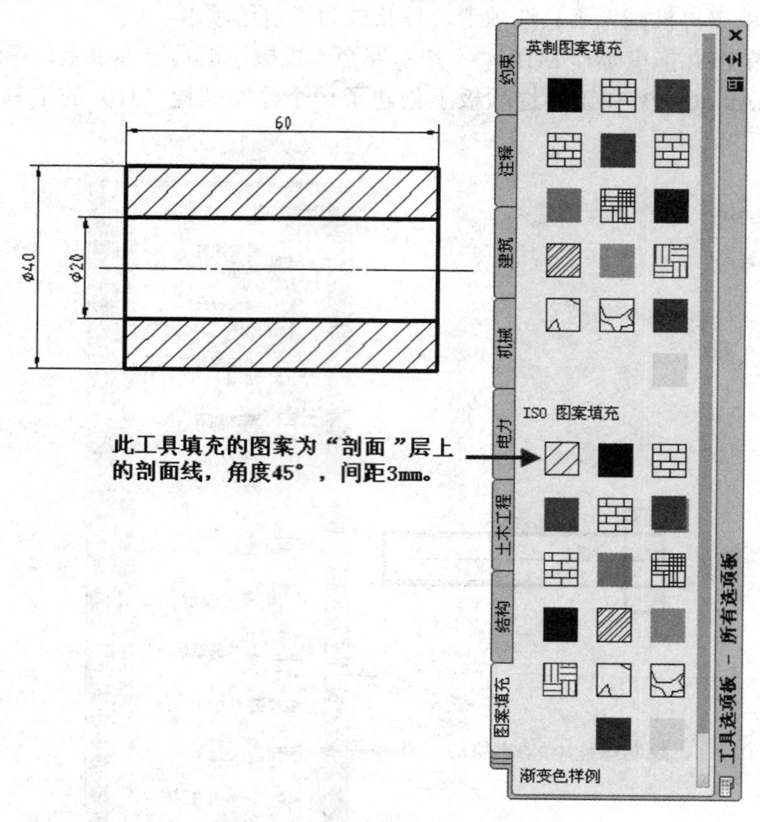

图 11-46　用剖面符号创建的工具

11.7　设计中心概述

AutoCAD 设计中心为用户提供了一个与 Windows 资源管理器类似的直观且高效的工具。通过设计中心用户可以浏览、查找、预览、管理、利用和共享 AutoCAD 图形，还可以使用其他图形文件中的图层定义、块、文字样式、尺寸标注样式、布局等信息，提高图形管理和图形设计的效率。

11.7.1　基本操作及基本环境

调用命令的方式如下。

功能区：单击“视图”选项卡“选项板”面板中的图标按钮。

菜单：执行“工具”|“选项板”|“设计中心”命令。

图标：单击“标准”工具栏中的图标按钮。

键盘命令：ADCENTER（或 ADC）。

操作步骤如下。

第 1 步，调用“设计中心”命令。

第 2 步，弹出“设计中心”选项板，如图 11-47 所示。

第 3 步，利用“设计中心”可以执行如下操作。

（1）浏览用户计算机、网络驱动器和 Web 页上的图形内容，例如图形或符号库。

（2）在定义表中查看图形文件中命名对象（例如块和图层）的定义，然后将定义插入、附着、复制和粘贴到当前图形中。

（3）更新（重定义）块定义。

（4）创建指向常用图形、文件夹和 Internet 网址的快捷方式。

（5）向图形中添加内容（例如外部参照、块和填充）。

（6）在新窗口中打开图形文件。

（7）将图形、块和填充拖动到工具选项板上以便于访问。

“设计中心”选项板可以处于悬浮状态，如图 11-47 所示，也可以居于 AutoCAD 绘图区的左右两侧。还可以自动隐藏，成为单独的标题条。“设计中心”由 3 个选项卡和若干图标按钮组成。

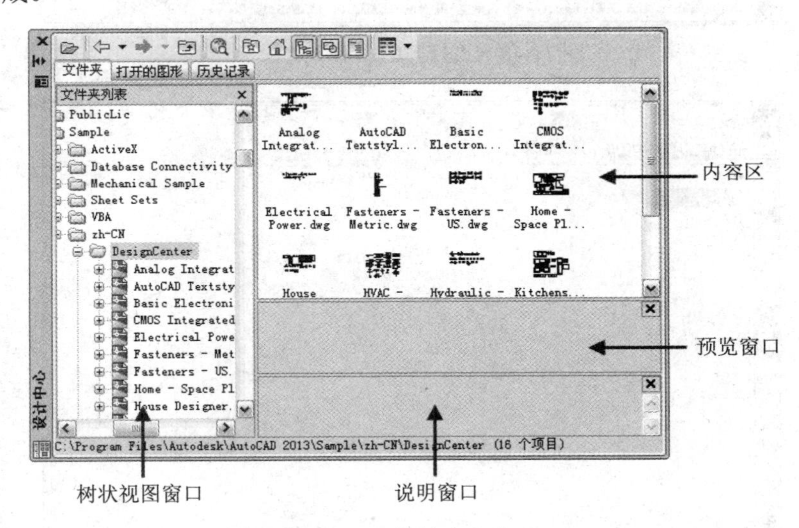

图 11-47　设计中心窗口

1．选项卡

（1）“文件夹”选项卡。显示设计中心的资源，如图 1-47 所示。

① 单击树状视图中的项目，在内容区中显示其内容。

② 单击加号（+）或减号（–）可以显示或隐藏层次结构中的其他层次。

③ 双击某个项目可以显示其下一层次的内容。

④ 在树状图和内容区中右击，将显示带有若干相关选项的快捷菜单。

（2）“打开的图形”选项卡。显示当前已打开的所有图形文件的列表，如图 11-48 所示。单击某个图形文件，可以将图形文件的内容加载到内容区中。

（3）“历史记录”选项卡。列出最近通过设计中心访问过的图形文件列表，如图 11-49 所示。双击列表中的某个图形文件，可以在“文件夹”选项卡中的树状视图中定位此图形文件并将其内容加载到内容区中。

2．图标按钮

“设计中心”窗口顶部图标按钮的主要功能如下。

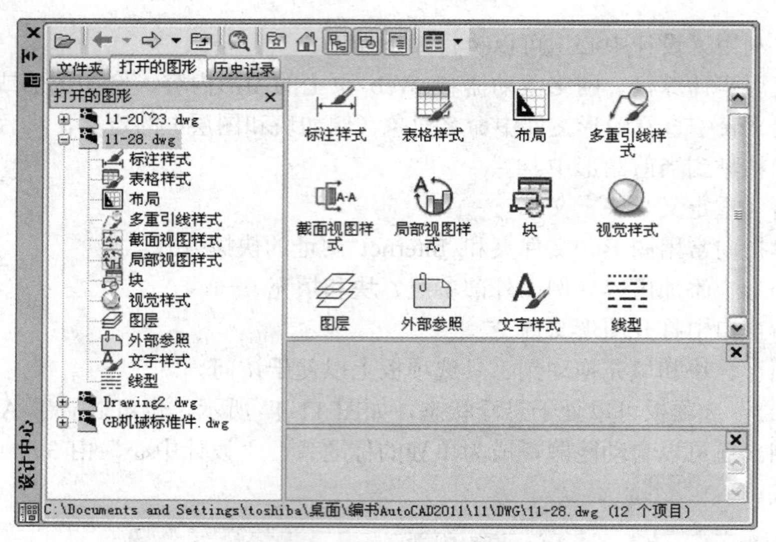

图 11-48 “打开的图形”选项卡

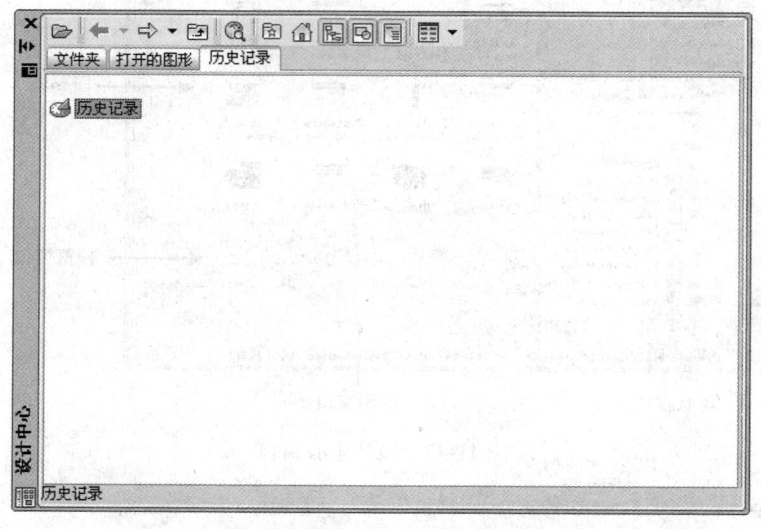

图 11-49 “历史记录”选项卡

“加载”图标按钮。显示“加载”对话框。浏览本地和网络驱动器或 Web 上的文件，选择加载到内容区。

“上一页”图标按钮。返回到历史记录列表中最近一次的位置。

“下一页”图标按钮。返回到历史记录列表中下一次的位置。

“上一级”图标按钮。显示上一级内容。

“搜索”图标按钮。显示“搜索”对话框，从中可以指定搜索条件以便在图形中查找图形、块和非图形对象。

“收藏夹”图标按钮。在内容区中显示“收藏夹”文件夹的内容。

“主页”图标按钮。将设计中心返回到默认文件夹。安装时，默认文件夹被设置为...\Sample\DesignCenter。可以使用树状图中的快捷菜单更改默认文件夹。

“树状图切换”图标按钮。显示和隐藏树状视图。

“预览”图标按钮。显示和隐藏内容区窗格中选定项目的预览。如果选定项目没有保存的预览图像，“预览”区将为空。

“说明”图标按钮。显示和隐藏内容区窗格中选定项目的文字说明。如果选定项目没有保存的说明，“说明”区将为空。

“视图”图标按钮。为加载到内容区中的内容提供不同的显示格式。

11.7.2 搜索功能的应用

单击“设计中心”窗口中的“搜索”图标按钮，将显示如图 11-50 所示的“搜索”对话框，从中可以指定搜索条件以便在图形中查找图形、块和非图形对象。搜索也显示保存在桌面上的自定义内容。下面以搜索六角螺母紧固件图块为例，详细介绍操作步骤。

【例 11-12】 查找 AutoCAD 2014 提供的有关六角螺母紧固件图块，并将其插入至当前图形文件。

操作步骤如下。

第 1 步，在“设计中心”选项板中单击的“搜索”图标按钮，弹出“搜索”对话框。

第 2 步，在对话框的“搜索”下拉列表框中选择“块”选项；在“于”下拉列表框中选择查找的路径，在“搜索名称”文本框中输入图块的有关名称“*六角螺母*”；单击“立即搜索”按钮开始搜索，搜索结果将显示在对话框下部的列表框中，显示“我的电脑 C 盘”中所有与六角螺母相关的图块，如图 11-50 所示。

第 3 步，将图块插入至当前图形中。选择“六角螺母-公制”图块，并右击，从弹出的快捷菜单中选择“插入块”命令；在弹出的“插入”对话框中按需要进行设置，单击“确定”按钮，在绘图区拾取插入点，六角螺母图块插入至当前图形中，如图 11-51 所示。

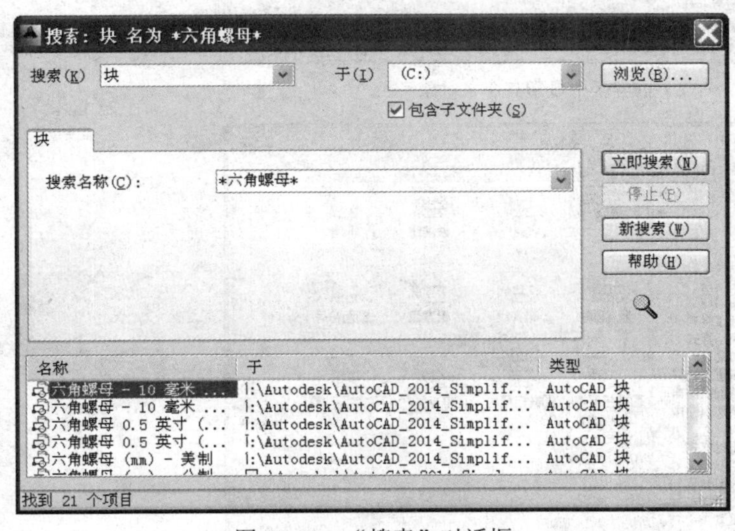

图 11-50 “搜索”对话框

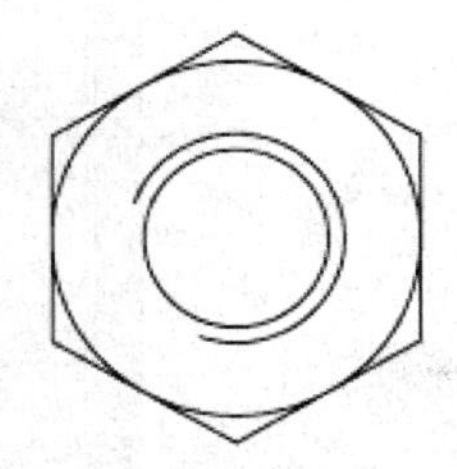

图 11-51 插入的六角螺母图块

11.7.3 在当前图形中插入设计中心的内容

使用以下方法之一可以将内容区中的项目添加到当前图形中。

（1）将某个项目拖动到当前图形区，按照默认设置（如果有）将其插入。

（2）在内容区中的某个项目上右击，将显示快捷菜单。

（3）双击块将显示“插入”对话框。

【例 11-13】 通过设计中心将其他图形文件中的创建的图层、文字样式和图块等添加到当前新图形文件中。

第 1 步，打开新图。单击“新建”按钮，在“创建新图形”对话框中，选择 acadiso.dwt 样板文件。

第 2 步，单击“设计中心”选项板树状视图中某图形文件 11-19.dwg，在内容区中显示其 9 种命名对象，如图 11-52（a）所示。

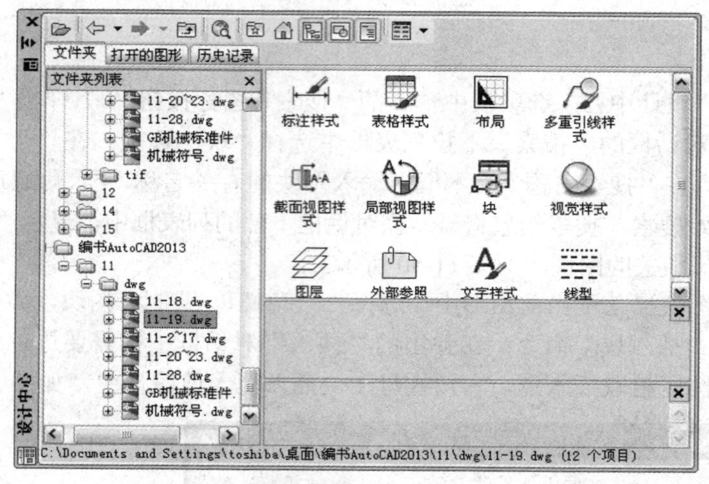

（a）内容区中显示其命名对象

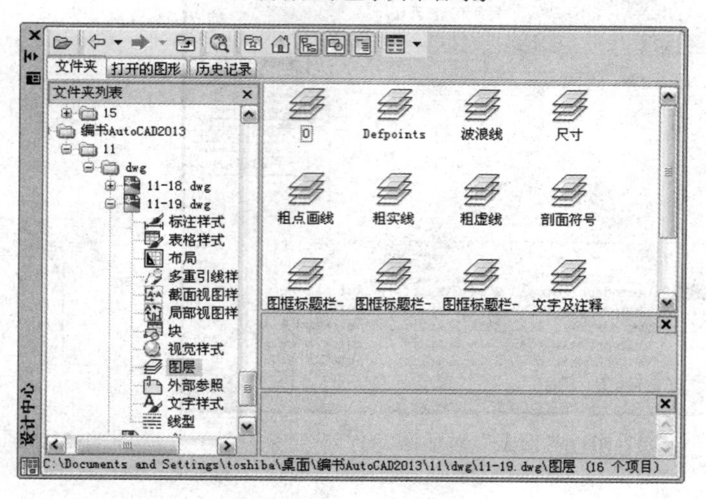

（b）内容区中显示所有命名图层

图 11-52 显示图形文件内容的“设计中心”窗口

第 3 步，双击如图 11-52（a）所示内容区中的“图层”，所有命名图层显示在内容区中，如图 11-52（b）所示。

第 4 步，直接将它们拖曳到绘图区后松开鼠标；或者右击，从弹出的快捷菜单中选择“添加图层”选项。所选图层添加到当前新图形中。

第 5 步，同理，单击如图 11-52（b）所示树状视图中 11-19.dwg 的“文字样式”，所有命名文字样式将显示在内容区中。

第 6 步，直接将它们拖曳到绘图区后松开鼠标；或者右击，从弹出的快捷菜单中选择“添加文字样式”选项。所选文字样式添加到当前新图形中。

第 7 步，同理，单击如图 11-52（b）所示树状视图中 11-30.dwg 的“块”，所有已创建的图块将显示在内容区中。

第 8 步，直接将它们拖曳到绘图区后松开鼠标；或者右击，从弹出的快捷菜单中选择“插入块”命令，随即弹出“插入”对话框，按“插入块”命令完成操作。在绘图区插入块参照的同时，块定义也同时添加到当前图形文件中。

11.8　常用机械符号库和机械标准件库的创建和应用

在同一个图形文件里定义一组块的过程，实质上就是建立一个块库的过程。运用设计中心、工具选项板等可以方便地管理和应用常用图形符号库。

普通用户建立常用机械符号库和机械标准件库的方法通常以创建“块”为主。创建一个新图形文件，在图形文件中用“创建块”命令定义“表面结构代号”和“基准符号”等符合国家标准的常用机械符号图块，并将文件名保存为“机械符号”，即常用机械符号库。

创建另一个新图形文件，在图形文件中用“块编辑器”命令定义一系列符合国家标准的常用机械标准件动态块，并将文件名保存为“机械标准件”，即机械标准件库。

11.8.1　设计中心管理和应用图形符号库

设计中心是 AutoCAD 的重要功能之一，由于其强大的与国际互联网设计素材库的共享和应用，使得它具备了更加完善的设计工具。并提供了在各个图形之间进行数据交换的简单易行的方法，运用设计中心管理与应用图形符号库。

操作步骤如下。

第 1 步，在新图形文件中，创建一组图块，如一组常用机械符号图块，并保存文件名为“机械符号.dwg”。

第 2 步，打开当前图形文件，调用“设计中心”命令。

第 3 步，在“设计中心”树状视图窗口中，搜索符号库图形文件“机械符号.dwg”。

第 4 步，在符号库中选择所需符号块。

第 5 步，直接将它们拖曳到绘图区后松开鼠标；或者右击，从弹出的快捷菜单中选择“插入块”命令，如图 11-53 所示，随即弹出“插入”对话框，按“插入块”命令完成操作。

11.8.2　工具选项板管理和应用图形符号库

工具选项板中选项卡形式的区域提供了组织块的有效方法，为专业工程绘图带来极大

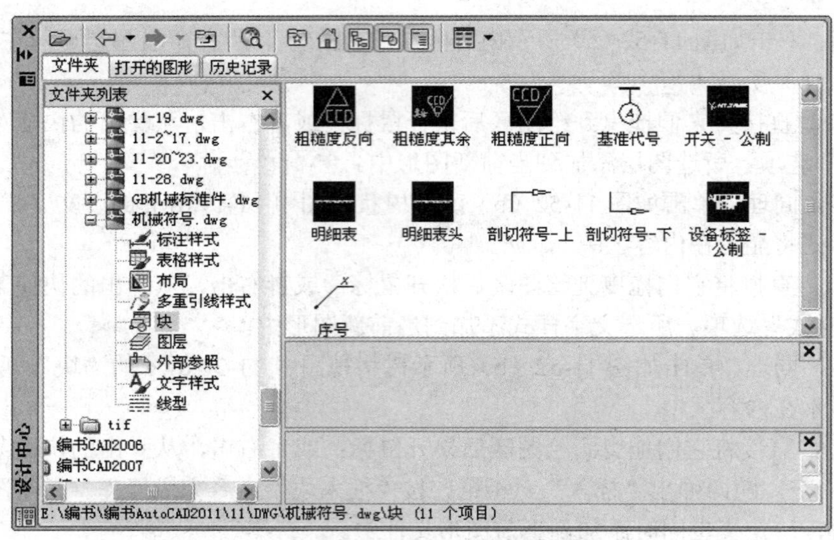

图 11-53　通过“设计中心”调用符号块

的便利，并且可以根据需要做灵活的改进，运用工具选项板管理与应用图形符号库。

操作步骤如下。

第 1 步，在新图形文件中，创建一组图块，如常用机械标准件动态块等，并保存文件名为“GB 机械标准件.dwg”。

第 2 步，调用“工具选项板”命令。

第 3 步，在工具选项板窗口标题栏上右击，从弹出的快捷菜单中选择“新建选项板”命令，如图 11-54 所示。

第 4 步，在文本框中，输入选项板的名称如“GB 机械标准件”。

第 5 步，调用“设计中心”命令。

第 6 步，单击“设计中心”窗口树状视图中图形文件“机械标准件.dwg”，在内容区中显示其 9 种命名对象。

第 7 步，双击内容区中命名对象“块”，内容区显示“机械标准件.dwg”图形文件中创建的所有机械标准件图块。

第 8 步，将“设计中心”内容区的机械标准件图块逐一拖曳至“GB 机械标准件”选项板窗格中转变成工具，如图 11-55 所示。

第 9 步，打开新的图形文件，拖动工具选项板中新建的工具至绘图区即可。

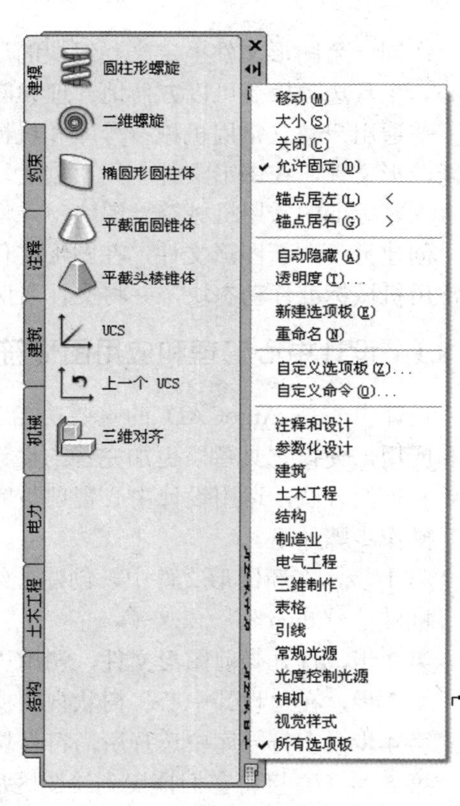

图 11-54　工具选项板窗口的快捷菜单

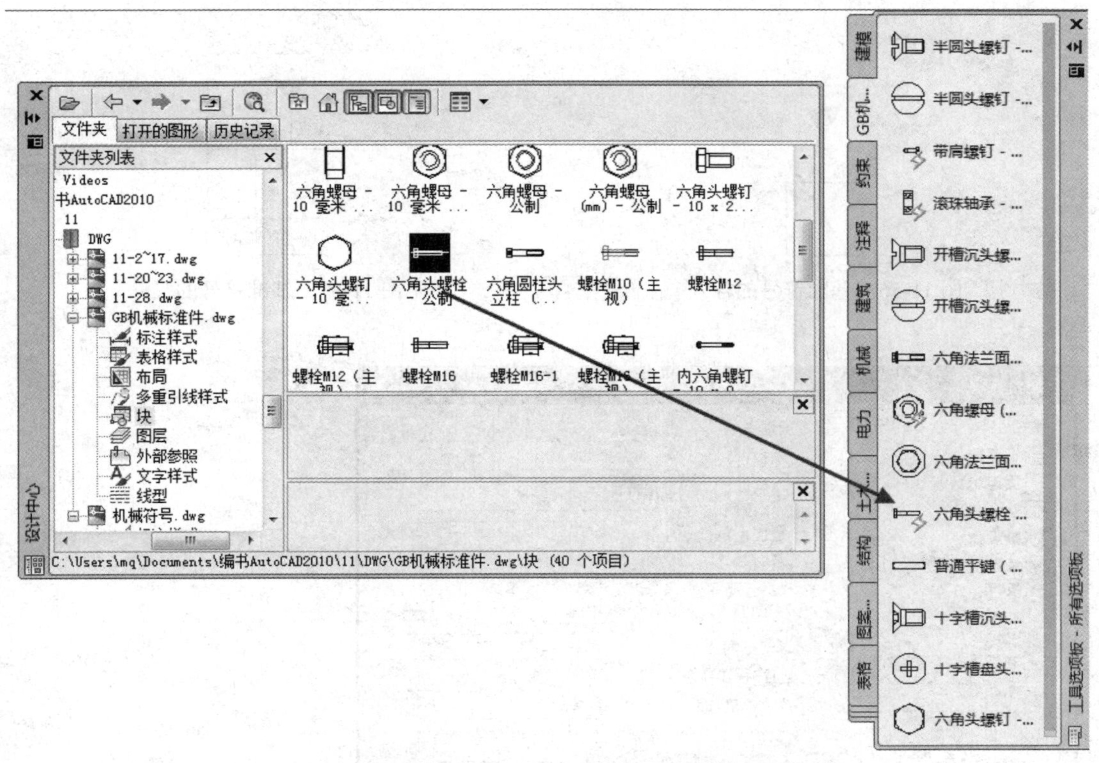

图 11-55 “GB 机械标准件”选项板窗口

注意：

（1）当符号库源文件的路径一旦变动，工具将无法使用，需改变工具特性中源文件的相应路径。

（2）AutoCAD 2014 已创建的动态块库文件的路径通常在“...\AutoCAD2014\Sample\zh-CN\Dynamic Blocks\”下，可以作为参照。

11.9 上机操作实验指导十一 创建基准符号

在保存符号库的图形文件中将几何公差中的基准符号创建为带属性的块，如图 11-56 所示，并拖曳至工具选项板转为工具。主要涉及的命令有“创建块”命令、“定义属性”命令和“工具选项板”命令等。

第 1 步，打开符号库图形文件。如无符号库图形文件，则新建图形文件名为“机械符号.dwg”。

第 2 步，绘制基准符号图形。在 0 层上绘制如图 11-57 所示的图形。

第 3 步，将基准符号中的字母定义为属性。启动“定义属性”命令，弹出“属性定义”对话框 ，在相应的文本框中输入或设置为如图 11-58 所示，单击“确定”按钮，在屏幕上拾取属性的位置在正方形中心，如图 11-59 所示。

第 4 步，创建带属性的基准符号块

单击图标按钮，弹出“块定义”对话框。在“名称”文本框中输入“基准”；单击“拾

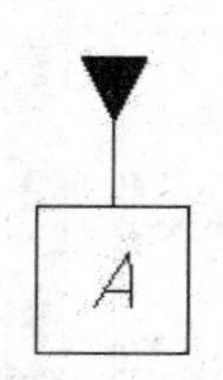

图 11-56　基准符号的样式

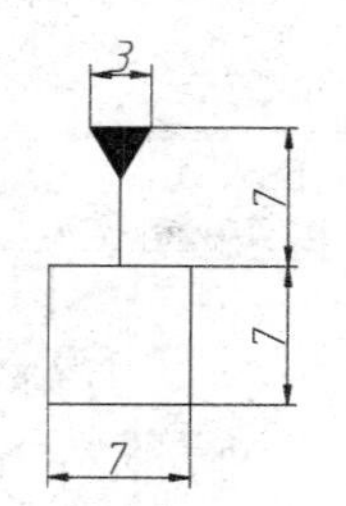

图 11-57　基准符号的尺寸

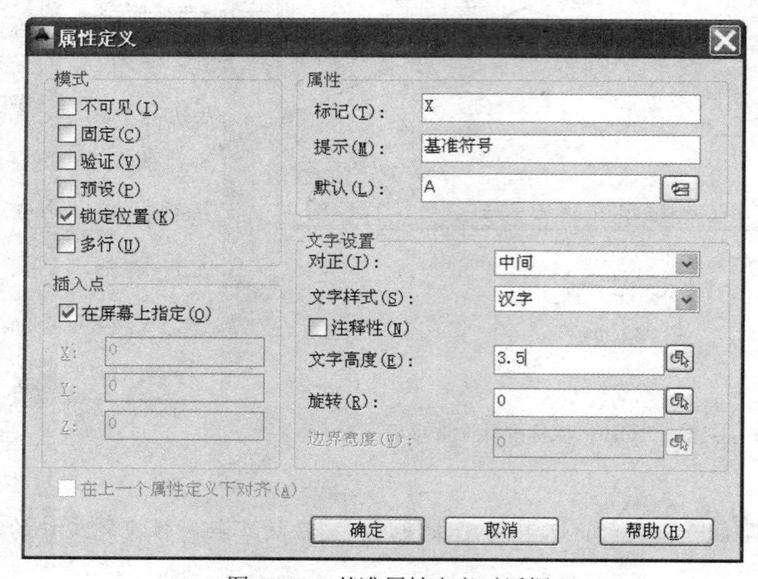

图 11-58　基准属性定义对话框

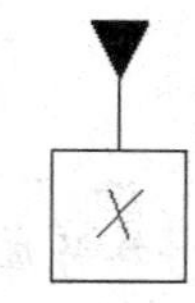

图 11-59　属性的位置

取点”按钮，捕捉基准符号中黑色三角形顶边的中点；选择“转化为块”单选按钮；单击“选择对象”按钮，在屏幕上拾取如图 11-59 所示的图形及属性；单击“确定”按钮，基准符号的属性块创建成功。

第 5 步，保存文件，操作过程略。

第 6 步，创建“GB 机械符号”工具选项板。

（1）调用“工具选项板”命令。

（2）在工具选项板窗口标题栏上右击，从弹出的快捷菜单中选择“新建选项板”命令。

（3）在文本框中，输入选项板的名称“GB 机械符号”。

（4）将绘图区基准符号图块拖曳至“GB 机械符号”选项卡，如图 11-60 所示。

同理可以创建若干机械符号图块，并拖曳到“GB 机械符号”工具选项卡上转为工具。

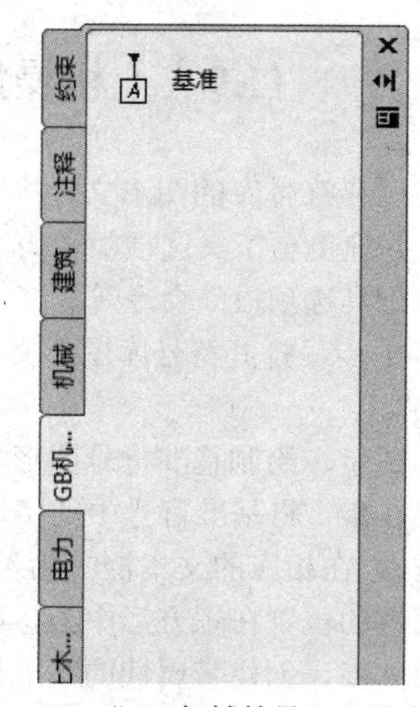

图 11-60　“GB 机械符号”工具选项板

11.10　上机操作常见问题解答

1．使用“分解”命令分解插入当前图形文件中的块后，是否会将该块定义删除

AutoCAD 允许用户使用“分解”命令分解当前图形文件中已插入的块。系统所分解的是块参照，而不是块定义，原块定义仍然存在于当前图形中。如要删除块定义，需用 PURGE 命令清除未被引用的块定义。

2．插入带多个属性的块后，属性提示顺序没按用户的要求排列，如何修改

属性提示的顺序是按照创建属性的次序提示。如需调整属性提示的顺序，可在块属性管理器中单击“上移”或“下移”按钮进行调整。

3．图块插入当前层时，颜色和线型不能随当前层变化，如何处理

块可以由绘制在若干图层上的对象组成，块插入后原来位于 0 图层上的对象被分配到当前层，块中其他图层上的对象，仍在原来的图层上。所以，如希望图块的颜色与线型随插入的图层变化，就应在 0 层上创建图块。

11.11　操作经验与技巧

1．如何来管理和调用自己经常使用的图块，使其作为一个图形文件保存

可以使用“写块”命令，将图块保存为一个独立的图形文件，以便其他图形文件调用。但最佳的方法是使用“创建块”命令将常用图形在同一文件中创建为块，作为个人图形库，通过“工具选项板”或“设计中心”进行调用。

2．当“工具选项板”窗口固定在绘图区的两侧时，无法更改透明度

只有当“工具选项板”窗口浮动在绘图区域时才能更改透明度。

11.12　上　机　题

1．将螺钉 GB/T 68—2000 M10×20 的主视图创建为块，图形尺寸如图 11-61 所示，图中 d 为 10，l 为 20。

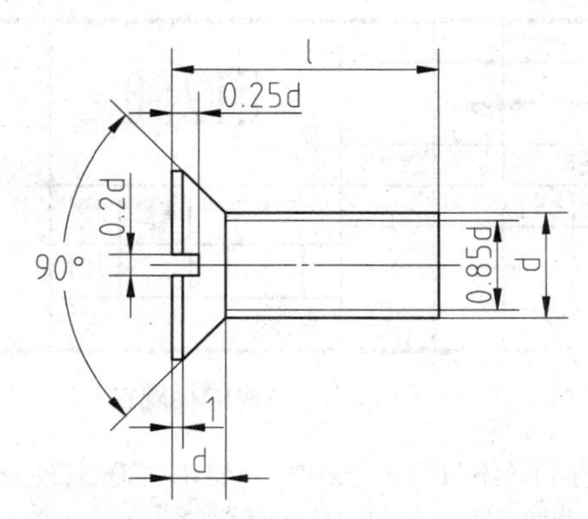

图 11-61　螺钉 GB/T 68—2000 M10×20 的主视图

2．将标题栏中需填写的“比例”、“签名”、“年月日”、“材料标记”、“图样名称”内容定义成属性，并将整个标题栏创建为带属性的块。

绘图提示：

（1）首先按图 11-62 所示的尺寸绘制标题栏框，并填写文字，文字高度为 3.5。

10 10 16 16 12 16
7
8×7(=56)
(材料标记)
4×6.5(=26) 12 12
标记 处数 分区 更改文件号 签名 年、月、日
设计 (签名) (年月日) 标准化
阶段标记 重量 比例
6.5
(比例)
(图样名称)
审核
工艺 批准
共 张 第 张
8 10 10
18
20
12 12 16 12
180

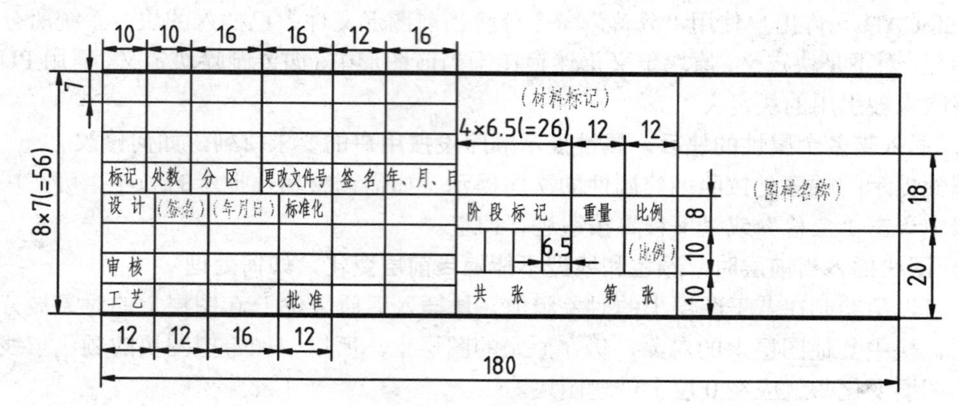

图 11-62　标题栏样式

（2）然后将需填写的“比例”、“签名”、“年月日”、“材料标记”、“图样名称”定义成属性，如图 11-63 所示。

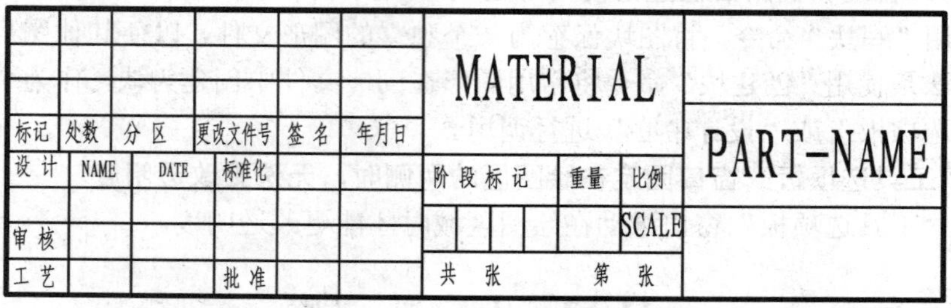

MATERIAL
PART-NAME
标记 处数 分区 更改文件号 签名 年月日
设计 NAME DATE 标准化
阶段标记 重量 比例
SCALE
审核
工艺 批准
共 张 第 张

图 11-63　定义的标题栏属性

（3）最后将属性和标题栏框创建为块，如在创建块时，选择将原选定对象转换成图形中的块，则创建块的同时，命令行将提示输入属性值，完成图形如图 11-64 所示。

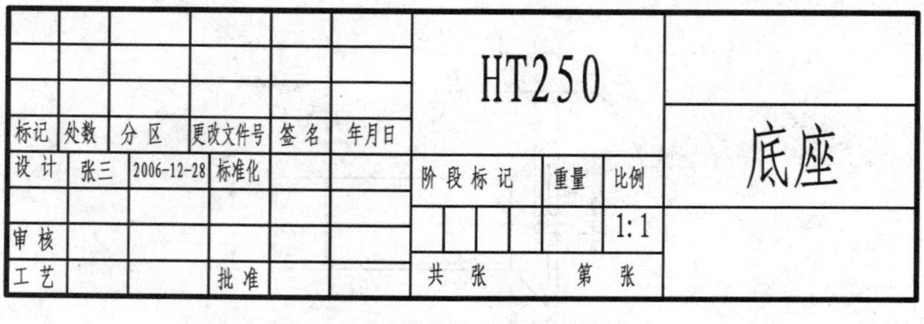

HT250
底座
标记 处数 分区 更改文件号 签名 年月日
设计 张三 2006-12-28 标准化
阶段标记 重量 比例
1:1
审核
工艺 批准
共 张 第 张

图 11-64　转化为块的标题栏

3．为第 1 题中创建的螺钉 GB/T 68—2000 M10×20 主视图的图块，添加动态行为，加入公称长度系列 25、30、35，使其成为动态块。

第 12 章　零件图和装配图的绘制

任何机器或部件都是由一些零件按照一定的装配关系和技术要求装配而成的。用来制造、检验零件的图样称为零件图，它是制造和检验零件的主要技术依据。零件图包含四大部分内容：一组图形、完整的尺寸、技术要求和标题栏。

表达机器或部件的图样称为装配图。装配图是机械设计阶段中最重要的技术文件之一。装配图的内容包括五大部分：一组图形、必要的尺寸、技术要求、零部件序号及明细栏和标题栏。

在 AutoCAD 中绘制零件图及装配图时，首先要遵守机械制图国家标准，还应尽可能发挥计算机的优势和特点。与传统的手工绘图相比，用 AutoCAD 绘制工程图样具有快捷、方便、易修改的特点。

本章将介绍的内容和新命令如下。

（1）WBLOCK 写块命令；

（2）BASE 基点命令；

（3）TABLESTYLE 表格样式命令；

（4）TABLE 表格命令；

（5）绘制零件图的方法和步骤；

（6）绘制装配图的方法和步骤。

12.1　外部块的定义

将整个图形或对象保存到独立的图形文件中，称为外部块。在绘制工程图样时，可以将零件图的视图作为外部块保存。由零件图拼画装配图时，可用“插入块”命令调用保存为外部块的零件图视图，简化装配图的绘制过程。

调用命令的方式如下。

键盘命令：WBLOCK（或 W）。

操作步骤如下。

第 1 步，调用“写块”命令，弹出如图 12-1 所示的“写块”对话框。

第 2 步，在“源”选项组中选择“对象”。

第 3 步，在“对象”选项组中选择“保留”。并单击“选择对象”图标按钮，在绘图区上拾取构成新图形（即块）的对象。

第 4 步，回车，完成对象选择，返回对话框。

第 5 步，“基点”选项组中，单击“拾取点”图标按钮，指定块插入点。

第 6 步，在“目标”选项组中，输入新图形的文件名称和路径，或单击图标按钮，显示标准的文件选择对话框。

第 7 步，单击“确定”按钮。

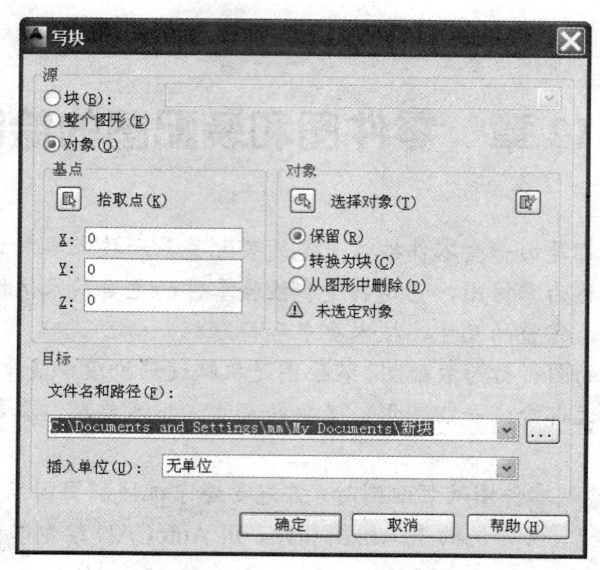

图 12-1 “写块”对话框

操作及选项说明如下。

(1)“源”选项组。

①“块”单选按钮。从下拉列表框中指定现有的块（已用“创建块”命令创建）来定义外部块。

②“整个图形”单选按钮。选择当前整个图形来定义外部块。

③“对象”单选按钮。从屏幕上选择要作为外部块的对象及基点。

(2)“插入单位”文本框。指定从设计中心拖动新文件或将其作为块插入使用不同单位的图形中时用于自动缩放的单位值。如果希望插入时不自动缩放图形，一般选择“无单位”。

注意：

(1) 在“源”选项组中选择“整个图形”时，以上操作步骤第 3 步～第 5 步略去，直接执行第 6 步。

(2) 对话框中选项和“创建块”命令对话框中同名选项意义相同。

12.2 插 入 基 点

如果要将当前图形作为块插入到其他图形（例如装配图）中，或从其他图形外部参照当前图形，AutoCAD 默认当前图形的坐标原点作为插入基点。当需要使用除(0,0,0)以外的其他位置作为插入基点时，则需使用“基点” 命令，对图形文件指定新的插入基点。

调用命令的方式如下。

功能区：单击“插入”选项卡“块定义”面板中的图标按钮或“常用”选项卡“块”面板中的图标按钮。

菜单：执行“绘图”|“块”|“基点”命令。

键盘命令：BASE。

操作步骤如下。

第 1 步，调用“基点”命令。

第 2 步，命令提示为“输入基点 <0.0000,0.0000,0.0000>:”时，指定当前图形新的插入点。

【例 12-1】 利用“基点”命令指定螺钉的图形文件插入基点，如图 12-2 所示，使得螺钉正确插入如图 12-3 所示的被连接件图形文件中，即螺钉 A 点重合于被连接件 B 点。

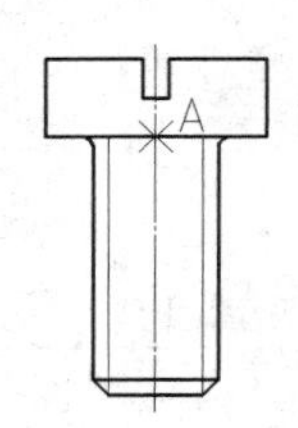

图 12-2　螺钉图形文件

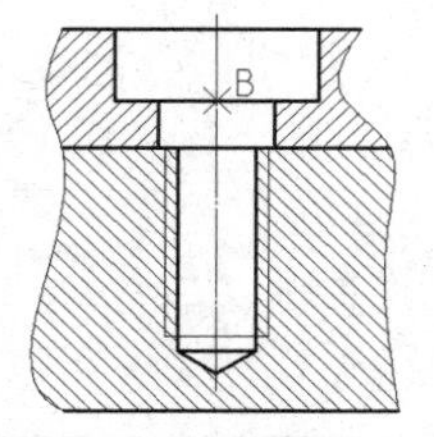

图 12-3　被连接件图形文件

操作步骤如下。

第 1 步，在螺钉图形文件中，调用“基点”命令。

命令:　_base	执行“绘图”|“块”|“基点”菜单命令，启动“基点”命令
输入基点 <0.0000,0.0000,0.0000>:	拾取 A 点，如图 12-2 所示，为螺钉图形文件的新插入基点

第 2 步，在如图 12-3 所示的被连接件图形文件中，调用“插入”命令，插入螺钉图形文件，插入点在 B 点，操作过程略。

12.3　表格的绘制

12.3.1　表格样式设置

表格是一个在行和列中包含数据的对象。表格的外观由表格样式控制，用户可以使用默认表格样式 STANDARD，也可以创建自己的表格样式。

调用命令的方式如下。

功能区：单击“注释”选项卡“表格”面板中的图标按钮或“默认”选项卡“注释”面板中的图标按钮。

菜单：执行“格式”|“表格样式”命令。

图标：单击“样式”工具栏中的图标按钮。

键盘命令：TABLESTYLE。

操作步骤如下。

第 1 步，调用“表格样式”命令，弹出如图 12-4 所示的“表格样式”对话框。

第 2 步，单击“新建”按钮。弹出如图 12-5 所示的“创建新的表格样式”对话框。

第 3 步，在“基础样式”下拉列表中，选择一种表格样式作为新表格的基础样式。在“新样式名”文本框中，输入新表格样式的名称。

第 4 步，单击“继续”按钮。弹出“新建表格样式”对话框，如图 12-6 所示。

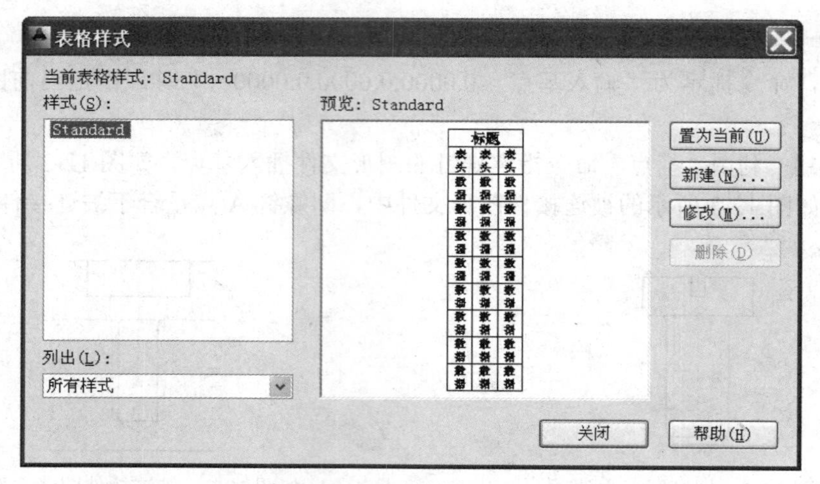

图 12-4 “表格样式”对话框

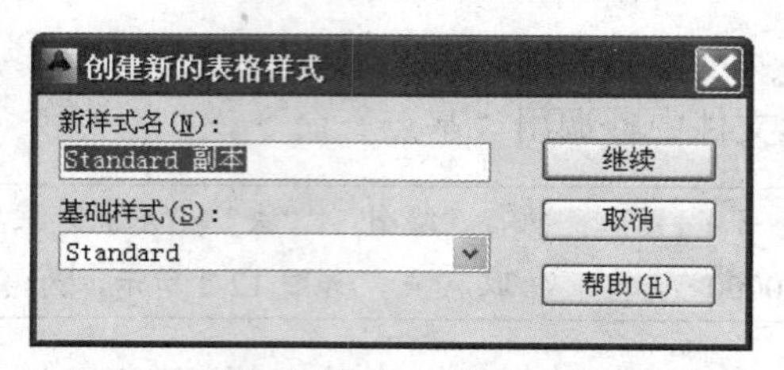

图 12-5 “创建新的表格样式”对话框

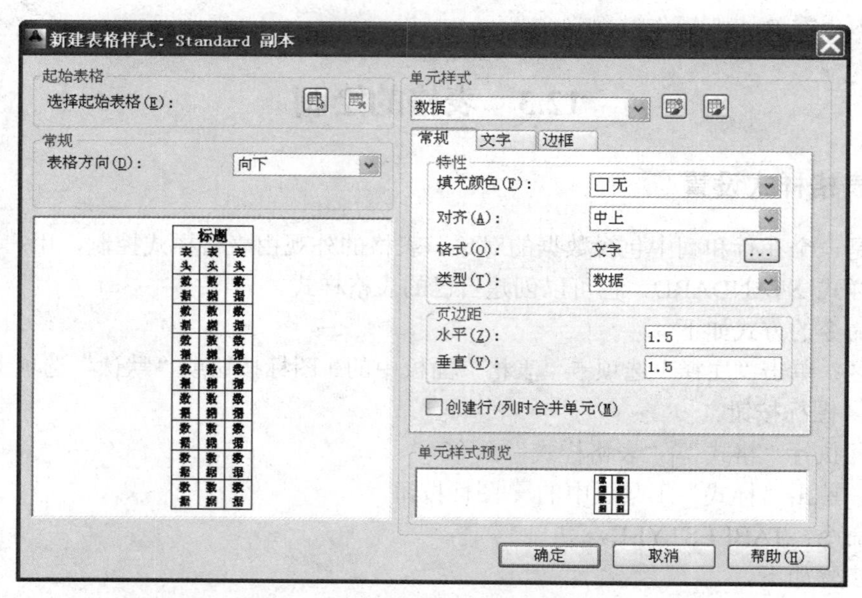

图 12-6 “新建表格样式”对话框

第 5 步，在“表格方向”下拉列表中，选择“向下”或“向上”选项。“向上”选项创建由下而上读取的表格，标题行和列标题行都在表格的底部。

第 6 步，在“单元样式”下拉列表中，选择要应用到表格的单元样式，或通过单击该下拉列表右侧的按钮，创建一个新单元样式。

第 7 步，在“常规”选项卡中，选择当前单元样式的以下选项。

（1）“填充颜色”下拉列表中指定填充颜色。选择“无”或选择一种背景色，或者单击“选择颜色”以显示“选择颜色”对话框。

（2）“对齐”下拉列表中为单元内容指定一种对齐方式。“中心”指水平对齐；“中间”指垂直对齐。

（3）“格式”选项设置表格中各行的数据类型和格式。单击...按钮弹出“表格单元格式”对话框，从中可以进一步定义格式选项。

（4）“类型”下拉列表中将单元样式指定为标签或数据，在包含起始表格的表格样式中插入默认文字时使用。也用于在工具选项板上创建表格工具的情况。

（5）“页边距”选项组中的“水平”文本框中输入单元中的文字或块与左右单元边界之间的距离。

（6）“页边距”选项组中的“垂直”文本框中输入单元中的文字或块与上下单元边界之间的距离。

（7）“创建行/列时合并单元”复选框将使用当前单元样式创建的所有新行或列合并到一个单元中。

第 8 步，在如图 12-7 所示的“文字”选项卡中，选择当前单元样式的以下选项。

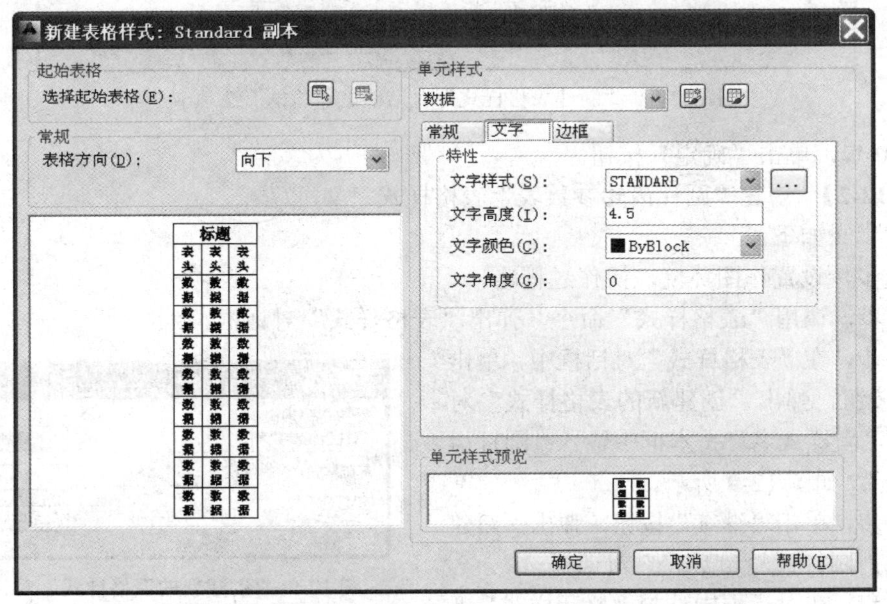

图 12-7　“新建表格样式”对话框之“文字”选项卡

（1）“文字样式”下拉列表中指定选择现有文字样式，或单击...按钮打开“文字样式”对话框并创建新的文字样式。

（2）“文字高度”文本框中输入文字的高度。此选项仅在选定文字样式的文字高度为 0 时适用（默认文字样式 STANDARD，文字高度为 0）。

（3）“文字颜色”下拉列表中指定文字颜色，或者单击“选择颜色”显示“选择颜色”对话框。

（4）“文字角度”文本框中输入文字角度，默认的文字角度为 0°。可以输入–359°～359°之间的任何角度。

第 9 步，在如图 12-8 所示的“边框”选项卡中，可以修改当前单元样式边框的线宽、线型和颜色，进行双线设置及边框显示设置等。

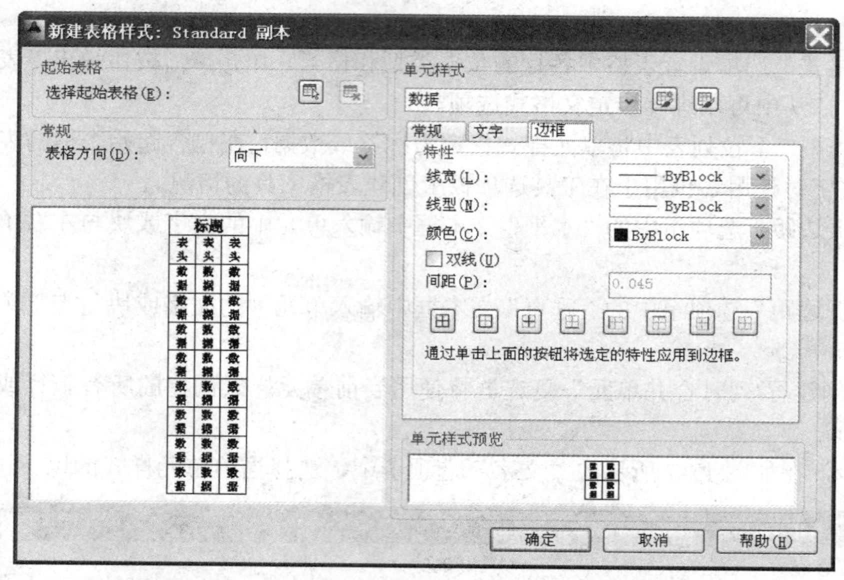

图 12-8 “新建表格样式”对话框之“边框”选项卡

第 10 步，单击“确定”按钮。

【例 12-2】 创建“圆柱齿轮参数表”表格样式。

操作步骤如下。

第 1 步，设置作图环境，操作过程略。

第 2 步，调用“表格样式”命令，弹出“表格样式”对话框。

第 3 步，在“表格样式”对话框中，单击“新建”按钮，弹出“创建新的表格样式”对话框，在“新样式名”文本框中输入“圆柱齿轮参数表”，如图 12-9 所示。

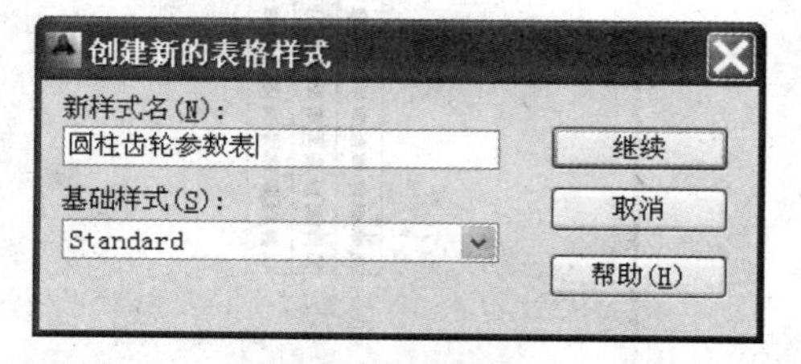

图 12-9 “创建新的表格样式”对话框

第 4 步，单击“继续”按钮，弹出“新建表格样式：圆柱齿轮参数表”对话框。

第 5 步，在对话框中选择“单元样式”下拉列表中的“数据”选项。

第 6 步，在“常规”选项卡中，选择“对齐”下拉列表中的“正中”；页边距“水平”文本框输入 0.1，“垂直”文本框中输入 0.1，如图 12-10 所示。

第 7 步，单击“文字”选项卡，选择“文字样式”下拉列表中的“汉字”，“文字高度”文本框中输入 7，如图 12-11 所示。

第 8 步，单击“确定”按钮，关闭“新建表格样式”对话框。

第 9 步，单击“关闭”按钮，关闭“表格样式”对话框。

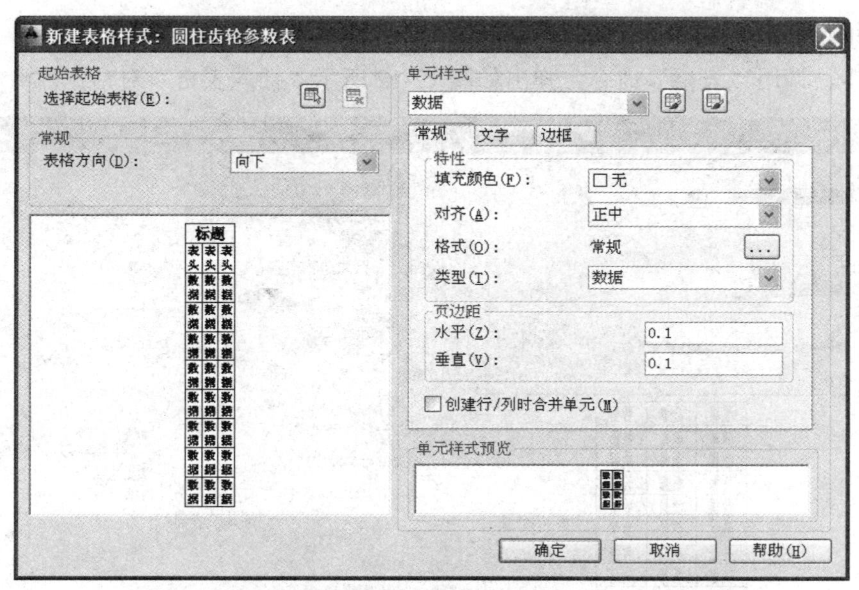

图 12-10　圆柱齿轮参数表的“常规”选项卡

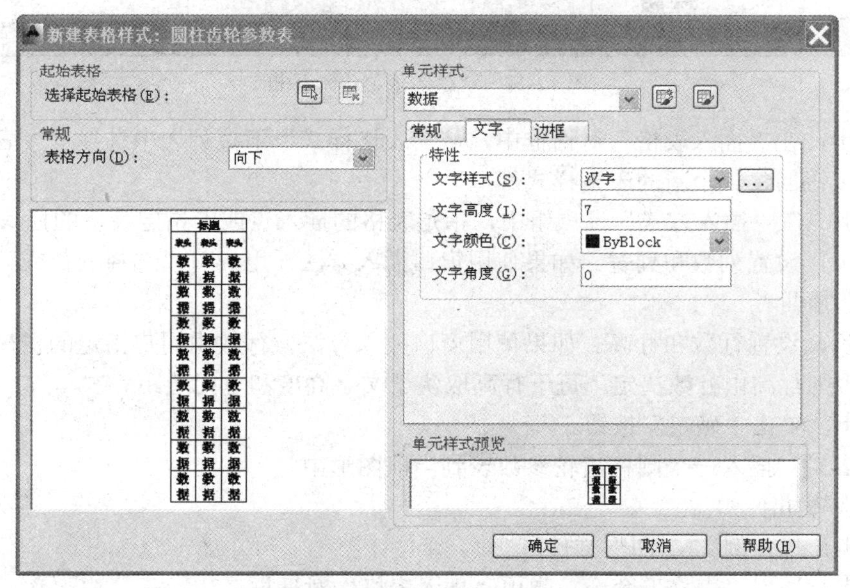

图 12-11　圆柱齿轮参数表的“文字”选项卡

12.3.2　插入表格

调用命令的方式如下。

功能区：单击“注释”选项卡“表格”面板中的图标按钮或“默认”选项卡“注释”面板中的图标按钮。

菜单：执行“绘图”|“表格”命令。

图标：单击“绘图”工具栏中的图标按钮。

键盘命令：TABLE（或 TB）。

操作步骤如下。

第 1 步，调用“表格”命令，弹出如图 12-12 所示“插入表格”对话框。

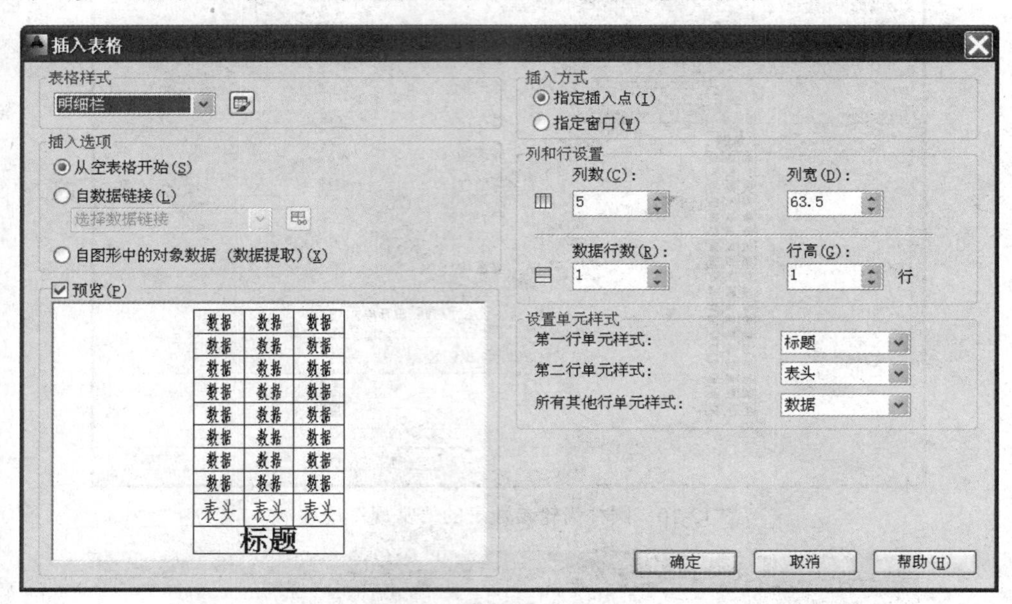

图 12-12 “插入表格”对话框

第 2 步，在“插入表格”对话框中，从“表格样式”下拉列表中选择一个表格样式，或单击按钮创建一个新的表格样式①。

第 3 步，在“插入方式”选项组中，指定表格的插入点或者指定表格的插入窗口。

第 4 步，设置列数和列宽。如果使用窗口插入方法，用户可以选择列数或列宽，但是不能同时选择两者。

第 5 步，设置行数和行高。如果使用窗口插入方法，行数由用户指定的窗口尺寸和行高决定。否则行高由行数决定，每一行高取决于文字高度和单元边距。

第 6 步，单击“确定”按钮。

【例 12-3】 插入一个圆柱齿轮参数表到当前图形中。

操作步骤如下。

第 1 步，打开例 12-2 图形文件。

第 2 步，调用“表格”命令，弹出“插入表格”对话框。

第 3 步，在对话框中从“表格样式”下拉列表中选择“圆柱齿轮参数表”样式。

第 4 步，在“设置单元样式”选项组中的 3 个下拉列表全部选择“数据”；在“列和行设置”选项组中的“列数”文本框中输入 3，“列宽”文本框中输入 40，“数据行数”文本框中输入 3，“行高”文本框中输入 1，如图 12-13 所示。

第 5 步，单击“确定”按钮，退出“插入表格”对话框。在绘图区确定圆柱齿轮参数表插入点，并在单元格中输入如图 12-14（a）所示相应的内容。

第 6 步，单击“文字编辑器”中的“关闭文字编辑器”按钮，结束命令，完成表格，

① 参见本书 12.3.1 节。

如图 12-14（b）所示。

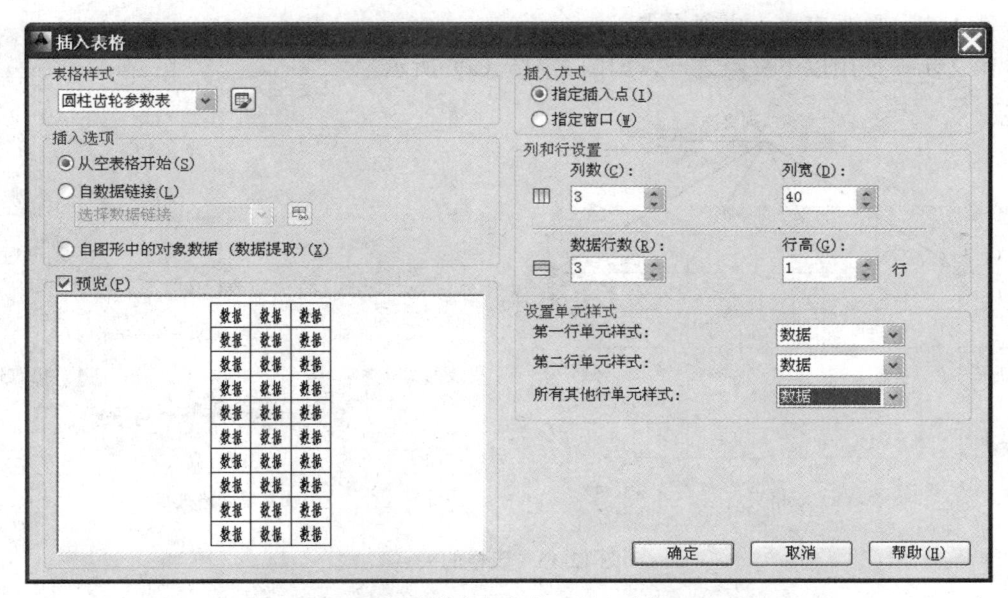

图 12-13　圆柱齿轮参数表的“插入表格”对话框

（a）　正在填写的表格

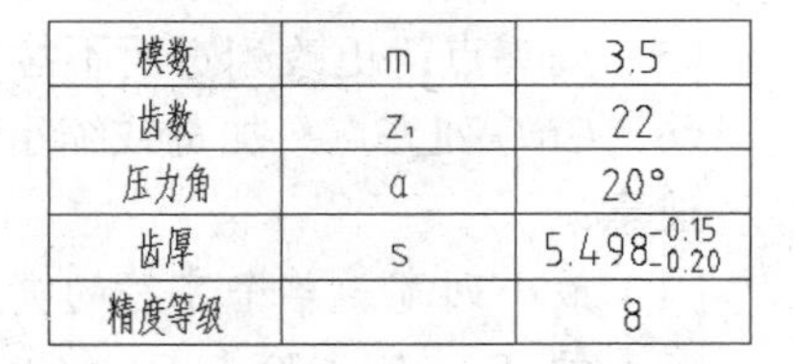

模数	m	3.5
齿数	z_1	22
压力角	α	20°
齿厚	s	$5.498_{-0.20}^{-0.15}$
精度等级		8

（b）完成的圆柱齿轮参数表

图 12-14　插入绘图区的圆柱齿轮参数表

注意：

（1）在“表格样式”对话框中选择当前图形中未引用或未置为当前的表格名称，单击“删除”按钮，可以将所选择的表格删除。

（2）插入方式的选择“指定窗口”方式时，表格行数、列数、列宽和行高取决于窗口的大小以及列和行的设置。

12.3.3　修改表格

1．修改表格的列长与行高

以上所创建的表格样式中，无法直接确定表格中每一列的不同长度、每一行的具体高度。修改表格的“列”长与“行”高可用以下两种方法。

方法一：使用表格的夹点或表格单元的夹点进行修改。

使用表格的夹点进行修改。

操作步骤如下。

第 1 步，单击表格，出现夹点。

第 2 步，使用以下夹点之一，如图 12-15（a）所示。

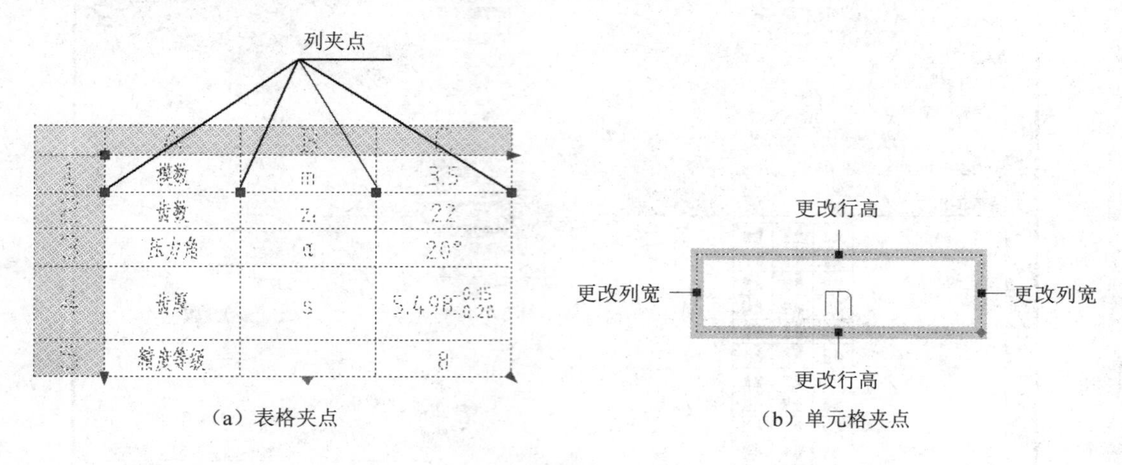

（a）表格夹点　　（b）单元格夹点

图 12-15　表格的夹点

（1）左上夹点：移动表格。

（2）右上夹点：统一修改表格宽度。

（3）左下夹点：统一修改表格高度。

（4）右下夹点：统一修改表高和表宽。

（5）列夹点：更改列宽而不拉伸表格。

（6）Ctrl+列夹点：加宽或缩小相邻列。并加宽或缩小表格以适应此修改。

注意：

（1）最小列宽是单个字符的宽度：空白表格的最小行高是文字的高度加上单元边距。

（2）按 Esc 键去除夹点。

使用表格单元的夹点进行修改。

操作步骤如下。

第 1 步，单击选中该表格某一表格单元。

第 2 步，使用表格单元夹点之一，如图 12-15（b）所示，修改列长与行高。

方法二：使用“特性”选项板进行修改。

操作步骤如下。

第 1 步，在表格单元内单击，然后右击，弹出如图 12-16 所示的快捷菜单。

第 2 步，单击“特性”选项，弹出如图 12-17 所示的“特性”选项板。

第 3 步，在“特性”选项板中，单击“单元宽度”和“单元高度”输入要修改的新值。

2．修改列数与行数

操作步骤如下。

第 1 步，在要添加列或行的表格单元内单击。可以选择在多个单元内添加多个列或行。

第 2 步，右击，弹出快捷菜单。

第 3 步，单击其中的“插入行”、“删除行”、“插入列”或“删除列”选项来修改列数与行数。

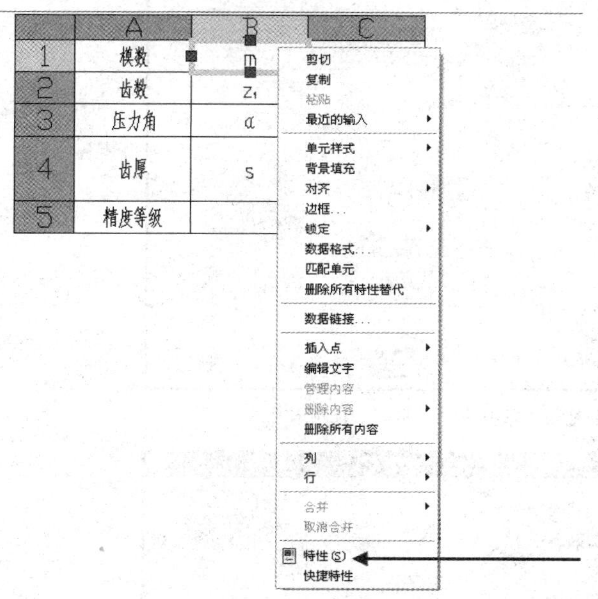

图 12-16　表格的快捷菜单

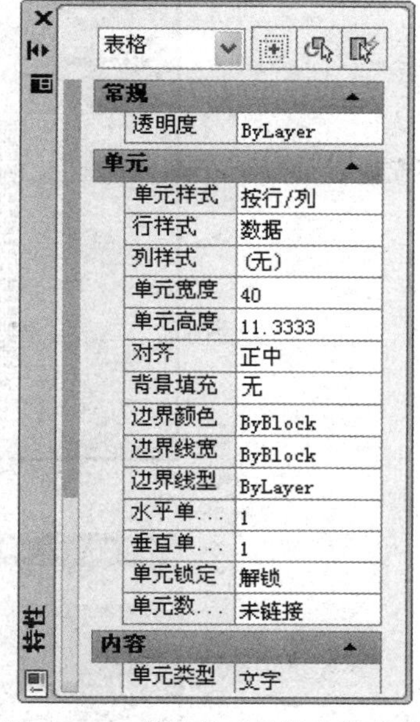

图 12-17　表格的“特性”选项板

【例 12-4】　创建的初始明细栏表格样式，并插入图形中，如图 12-18 所示，按如图 12-19 所示国家标准规定的尺寸修改初始明细栏，序号数增加至 5。

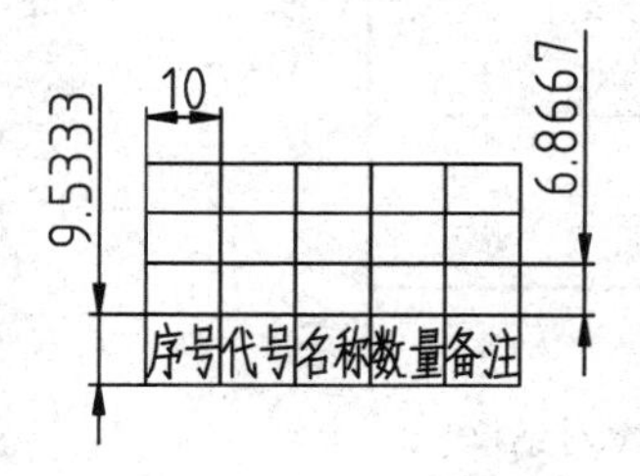

图 12-18　初始明细栏

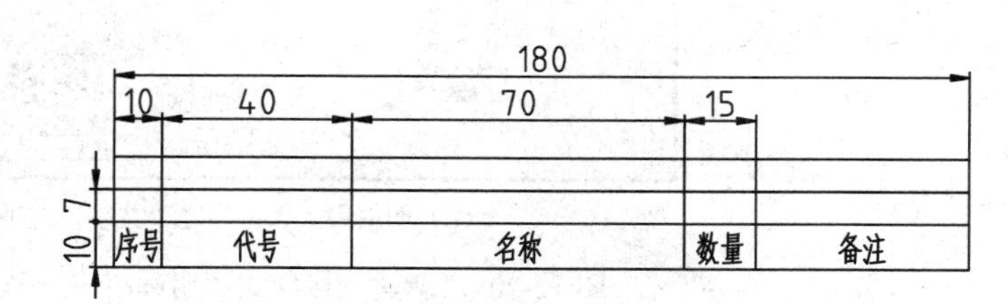

图 12-19　GB/T 17825.2—1999 规定的明细栏样式

第 1 步，设置作图环境，操作过程略。

第 2 步，调用“表格”命令，弹出“插入表格”对话框。

第 3 步，在“插入表格”对话框中，单击图标按钮，弹出“表格样式”对话框。

第 4 步，在“表格样式”对话框中，单击“新建”按钮，弹出“创建新的表格样式”对话框，在“新样式名”文本框中输入“明细栏”。单击“继续”按钮，弹出“新建表格样式：明细表”对话框。

第 5 步，在“单元样式”下拉列表中选择“数据”，并在“常规”和“文字”选项卡中选择或输入如图 12-20 所示的内容。

第 6 步，在“单元样式”下拉列表中选择“表头”，并在“常规”和“文字”选项卡中选择或输入如图 12-21 所示的内容。

第 7 步，单击“确定”按钮，退出“新建表格样式：明细栏”对话框。

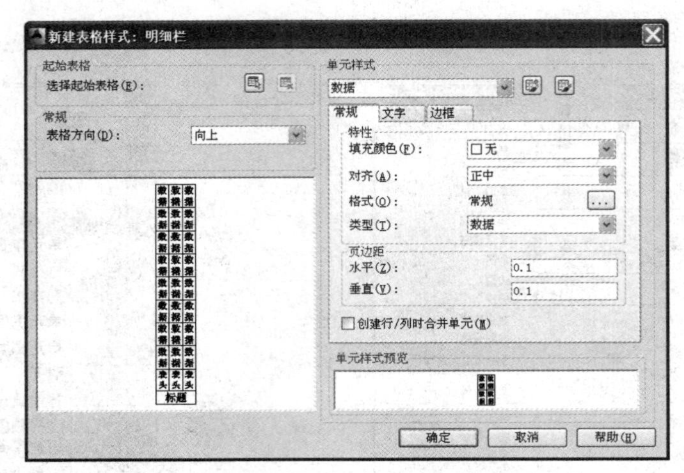

（a）明细表“数据”之“常规”选项卡

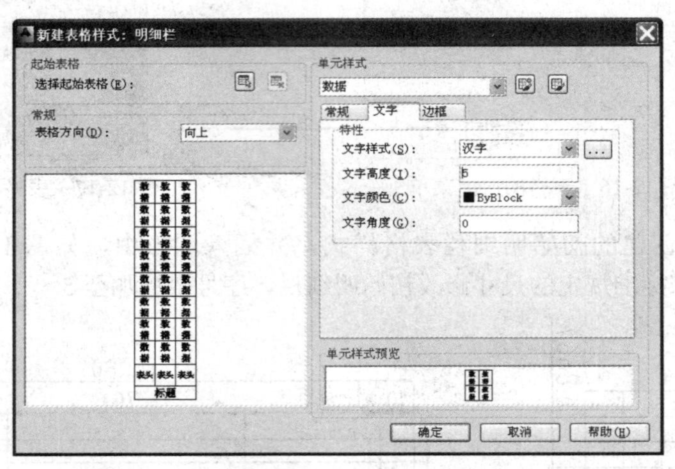

（b）明细表“数据”之“文字”选项卡

图 12-20 “新建表格样式：明细栏——数据”对话框

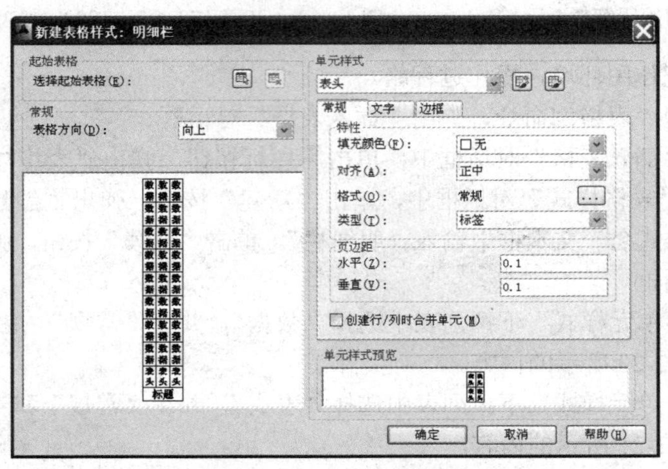

（a）明细表“表头”之“常规”选项卡

图 12-21 “新建表格样式：明细栏——表头”对话框

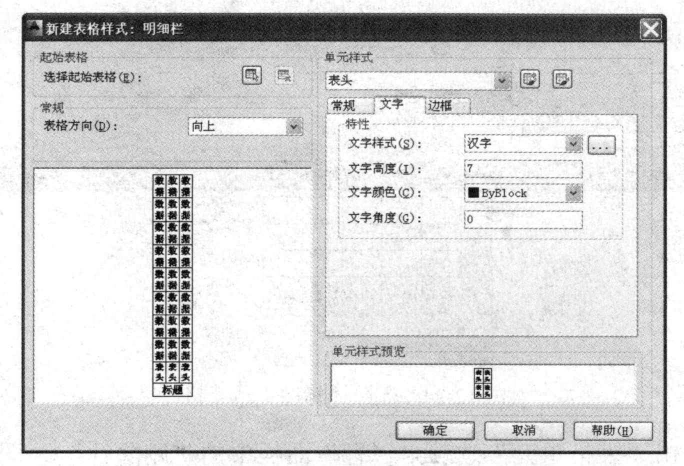

（b）明细表“表头”之“文字”选项卡

图 12-21　（续）

第 8 步，在“表格样式”对话框中，单击“置为当前”按钮，将“明细栏”表格样式置为当前表格样式。

第 9 步，单击“关闭”按钮，退出“表格样式”对话框。

第 10 步，在“插入表格”对话框选择或输入如图 12-22 所示的内容。

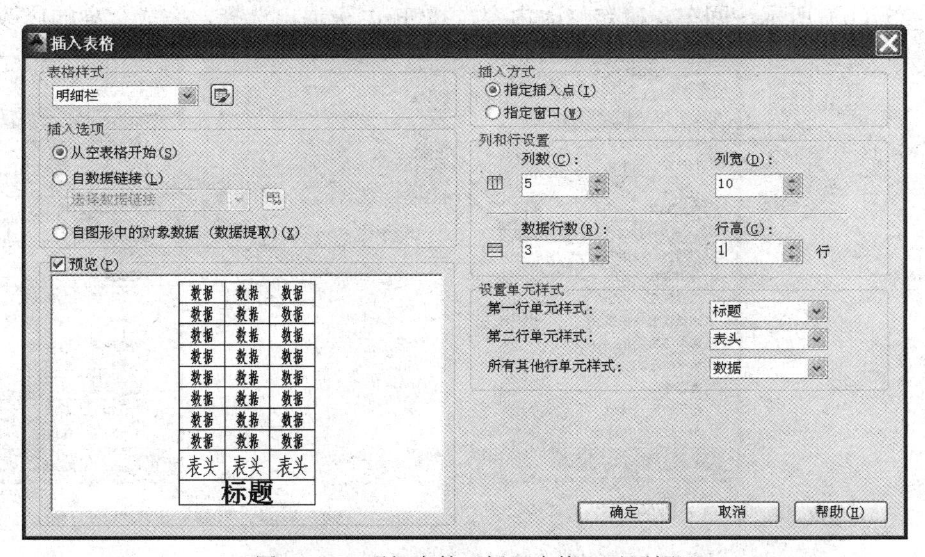

图 12-22　明细表的“插入表格”对话框

第 11 步，单击“确定”按钮，退出“插入表格”对话框。在绘图区指定表格插入点。

第 12 步，双击“表头”单元格并填入如图 12-23 所示的相应文字，单击“文字编辑器”选项卡中的“关闭文字编辑器”按钮。

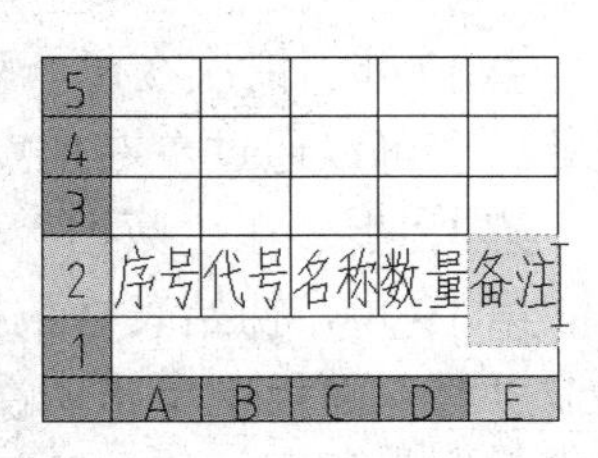

图 12-23　填写表头内容

第 13 步，单击“标题”单元格，打开“表格单元”选项卡，如图 12-24 所示。

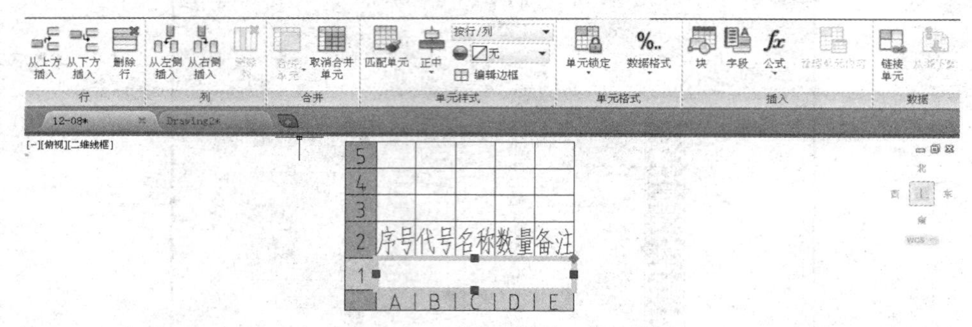

图 12-24　删除“标题”单元格

第 14 步，单击“表格单元”选项卡“行”面板中的“删除行”图标按钮，然后按 Esc 键，完成初始明细栏表格。

第 15 步，用窗口（或者按住 Shift 键并在另一个单元格内单击）选择所有“表头”单元，然后右击，从弹出快捷菜单中选择“特性”命令，弹出“特性”选项板。在“特性”选项板的“单元高度”文本框中输入 10，如图 12-25（a）所示，回车，确定修改内容，按 Esc 键退出选择。

第 16 步，选择所有数据单元格，在“特性”选项板的“单元高度”文本框中输入 7，如图 12-25（b）所示，回车，确定修改内容，按 Esc 键退出选择，完成行高的修改。

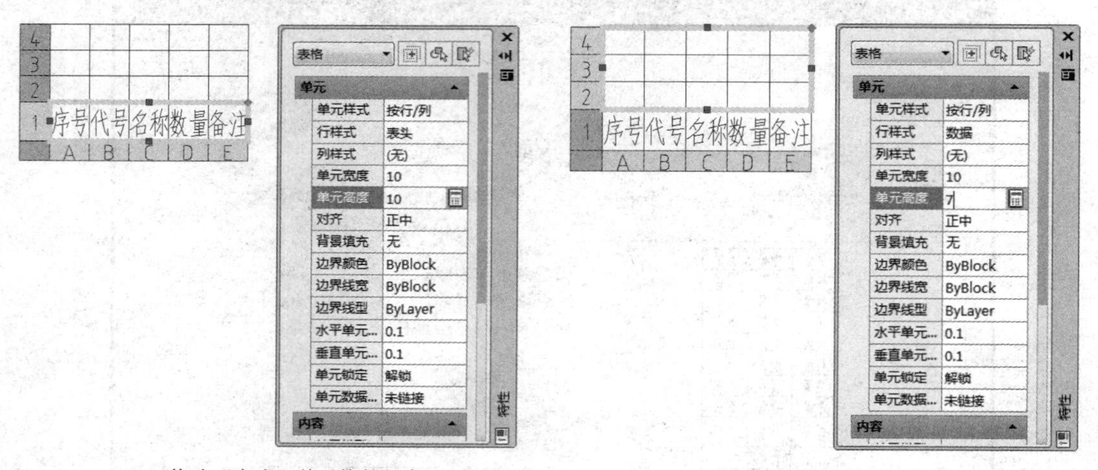

（a）修改“表头”单元格的行高　　（b）修改“数据”单元格的行高

图 12-25　利用“特性”选项板修改各行的高度

第 17 步，依次在每一列单元格内单击，利用“特性”选项板修改各列宽度，如图 12-26 所示。也可以通过左右拖曳列夹点来修改列宽。

第 18 步，在“数据”单元格中从下往上填写明细栏内容，如图 12-27 所示。

第 19 步，初始表格数据行有 3 行，单击第 3 个序号所在的单元格，在“表格单元”选项卡“行”面板中单击两次“在上方插入行”图标按钮，并在新的插入行内填写内容。完成表格，如图 12-28 所示。

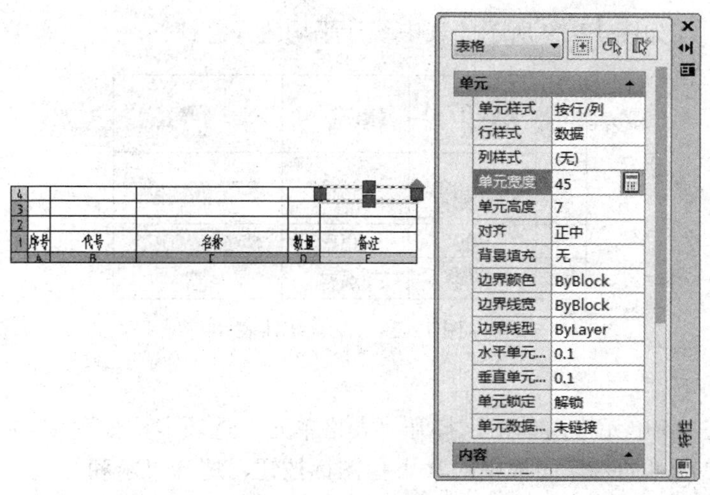

图 12-26 利用“特性”选项板修改各列的宽度

3		旋转杆	1	
2		顶盖	1	
1		螺钉	1	
序号	代号	名称	数量	备注

图 12-27 数据单元格填写的内容

5		底座	1	
4		起重螺杆	1	
3		旋转杆	1	
2		顶盖	1	
1		螺钉	1	
序号	代号	名称	数量	备注

图 12-28 完成的明细栏

12.3.4 插入公式

从 AutoCAD 2006 开始，表格中增加了使用公式的新功能，用于计算总计、平均值和计数，以及定义简单的算术表达式。

在表格中插入公式可用以下两种方法。

方法 1：在表格中直接插入公式。

操作步骤如下。

第 1 步，在需插入公式的表格单元格内单击，打开“表格单元”选项卡。

第 2 步，在“插入”面板中单击“公式”*fx*图标按钮，在其下拉菜单中依次选择 “求和”、“均值”等选项。

方法 2：使用“文字编辑器”来输入公式。

操作步骤如下。

第 1 步，双击单元格以打开在“位文字编辑器”选项卡，然后输入要计算的公式。

对于算术表达式，等号（=）使单元格可以使用以下运算符，根据表格中其他单元格的内容来计算数值表达式：+、–、/、*、^ 和 =。

第 2 步，单击“文字编辑器”中“关闭文字编辑器”按钮，完成公式的插入。

【例 12-5】 在如图 12-29 所示的表中统计平均值和总计。

	流量₁(l/h)	流量₂(l/h)	平均
A管	400	350	375.000000
B管	900	850	875.000000
总计	1300	1200	

图 12-29　流量统计表

操作步骤如下。

第 1 步，在 B4 单元格内单击，打开“表格单元”选项卡，如图 12-30（a）所示。

第 2 步，单击“插入”面板中的f_x下拉图标按钮，选择“求和”选项。

第 3 步，用光标拾取所求和值的范围，如图 12-30（b）所示。

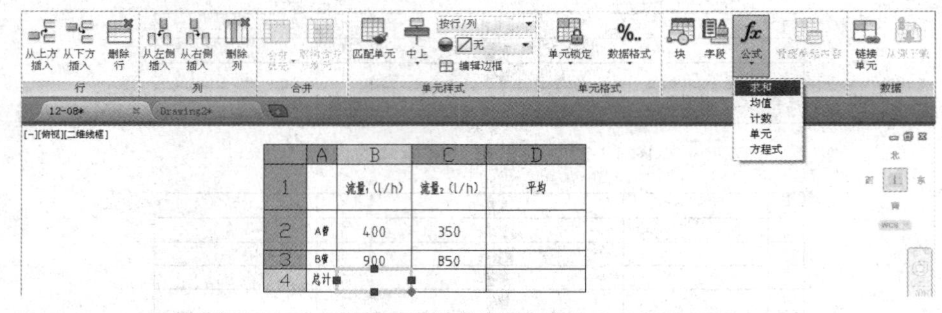

（a）选择求和公式

	A	B	C	D
1		流量₁(l/h)	流量₂(l/h)	平均
2	A管	400	350	
3	B管	900	850	
4	总计			

（b）拾取求和的范围

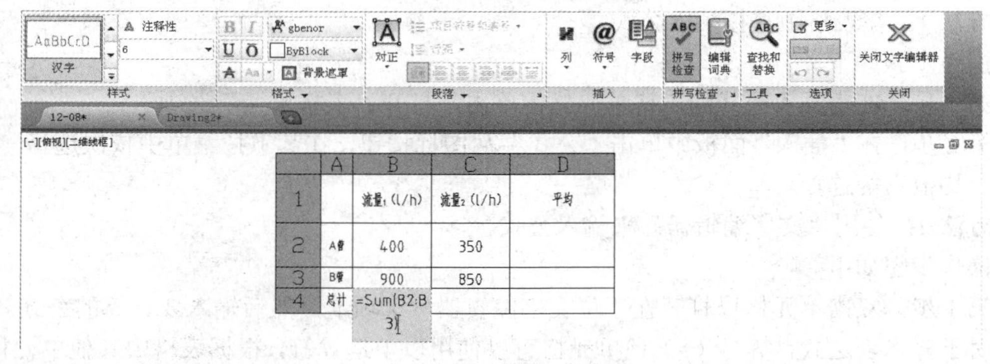

（c）显示求和的范围

图 12-30　插入求和公式

第 4 步，总计值显示在 B4 单元格中。

第 5 步，同理求得 C4 单元格中的求和值。

第 6 步，使用“文字编辑器”来输入求均值公式，双击要插入公式的表格单元格，打开“文字编辑器”选项卡。

第 7 步，在 D2 单元格中输入算术表达式，如图 12-31 所示。

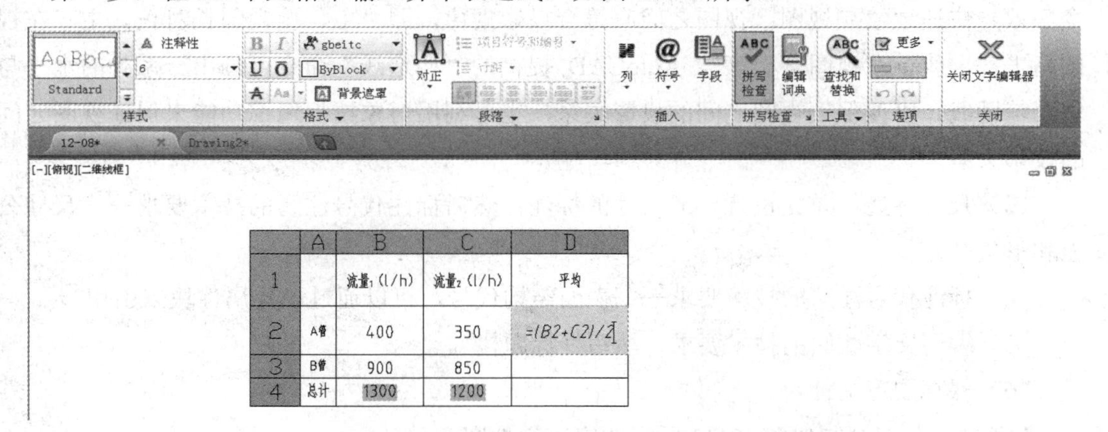

图 12-31　输入求均值算术表达式

第 8 步，单击“关闭”面板中的“关闭文字编辑器”按钮，完成公式的插入。

第 9 步，同理求得 D3 单元格中的均值，完成的表格如图 12-29 所示。

12.4　零件图概述

12.4.1　零件图的内容

任何机器或部件都是由一些零件按照一定的装配关系和技术要求装配而成的。制造机器或部件必须首先制造组成它的零件，用来制造、检验零件的图样称为零件图。一张完整的零件图应包括以下基本内容。

（1）一组完整清晰的视图。用以清楚表达零件内、外结构形状。

（2）一组完整的尺寸标注。用以确定零件各部分结构形状的大小和相对位置，便于零件的制造和检验。

（3）技术要求。用以标注或说明零件在制造和检验时应达到的技术指标。例如表面结构代号、公差等，用文字注写的热处理等技术要求。

（4）标题栏。用以填写零件的名称、材料、比例、图号以及设计者及审核者签名、日期等。

12.4.2　零件图绘制的一般步骤

在使用计算机绘图时，必须遵守机械制图国家标准的规定。以下是零件图的一般绘制步骤及需要注意的一些问题。

（1）在绘制零件图时，首先应按照图纸幅面大小的不同，分别建立若干样板图[①]。根据零件的用途、加工方法和结构形状确定表达方法与比例，选择其中合适的样板图作为当前零件图的模板。

（2）绘制一组图形，即是绘制零件图中的一组视图。根据前面所介绍的绘图和编辑命令高效、快速地绘制视图；视图之间应符合投影规律，即“主、俯视图长对正，主、左视图高平齐，俯、左视图宽相等”，AutoCAD 提供的“构造线”命令可画出一系列的水平与垂直辅助线，以便保证视图之间的投影关系，也可利用对象捕捉追踪功能来保证视图之间的投影关系[②]。

（3）尺寸标注。首先进行一般尺寸的标注；然后标注代号注写的技术要求——尺寸公差和形位公差[③]。

（4）标注代号注写的技术要求——表面结构代号，可以通过创建属性块来引用[④]。

（5）编写文字注写的技术要求，填写好标题栏[⑤]。

（6）保存图形文件。

【例 12-6】 绘制如图 12-32 所示的底座零件图。

第 1 步，根据零件的结构形状和大小确定表达方法、比例和图幅。

第 2 步，打开相应的样板图。打开 V_A4.dwt 样板文件[⑥]。

第 3 步，设置作图环境。设置极轴角为 15°，设置有关的对象捕捉，依次单击激活状态行上“极轴”、“对象捕捉”及“对象追踪”按钮，关闭“捕捉”、“栅格”及“正交”按钮。

第 4 步，绘制视图。

（1）绘制如图 12-33 所示底座的中心线、对称线以及定位线。

（2）根据形体分析法将底座分解成若干基本部分，首先绘制各基本部分的积聚性投影，再用对象追踪方法绘制其他投影，如图 12-34 所示。

（3）使用绘图命令及“复制”、“镜像”等编辑命令补齐所有对象的投影，如图 12-35 所示。

（4）主视图断面上绘制剖面符号，如图 12-36 所示。

第 5 步，尺寸标注。

尺寸标注如图 12-37 所示，具体方法已在本书第 10 章详细介绍，这里不再赘述。

第 6 步，标注表面结构代号。表面结构代号可以通过创建属性块来引用标注。

---

① 参见本书 13.1 节。

② 参见本书 7.5 节。

③ 参见本书第 10 章

④ 参见本书 11.3 节。

⑤ 参见本书第 9 章。

⑥ 参见本书 13.1 节。

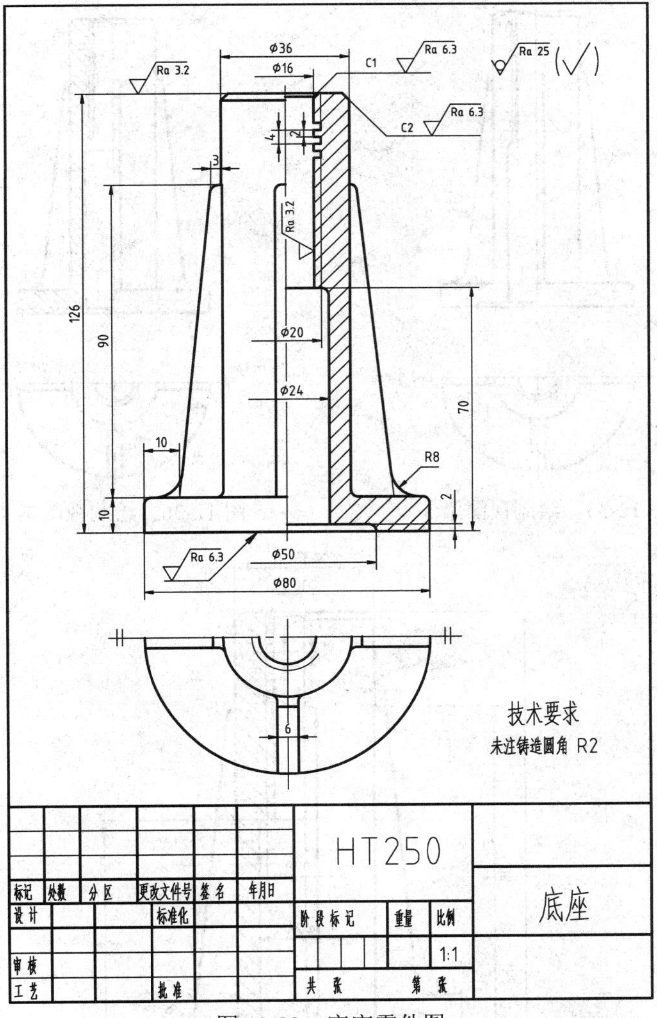

图 12-32　底座零件图

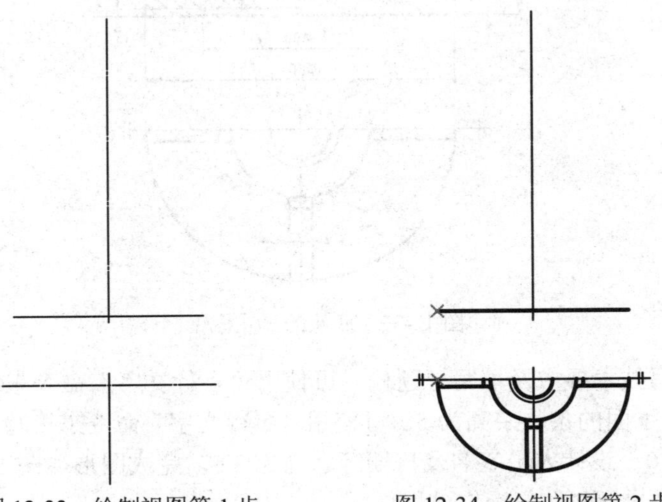

图 12-33　绘制视图第 1 步　　　　图 12-34　绘制视图第 2 步

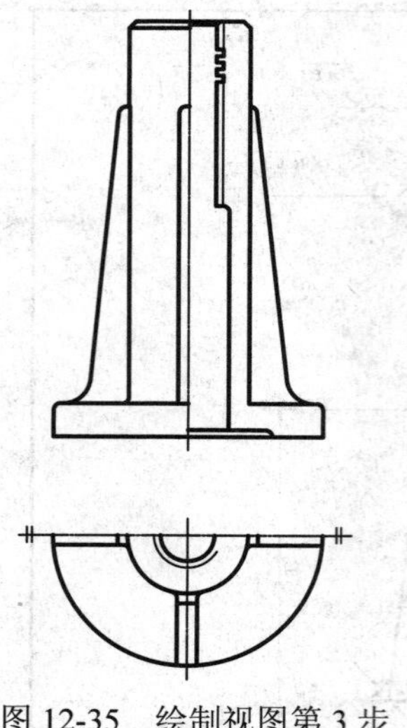

图 12-35　绘制视图第 3 步

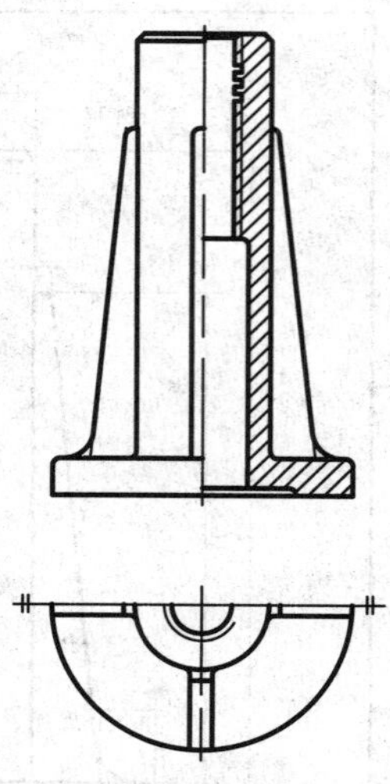

图 12-36　绘制视图第 4 步

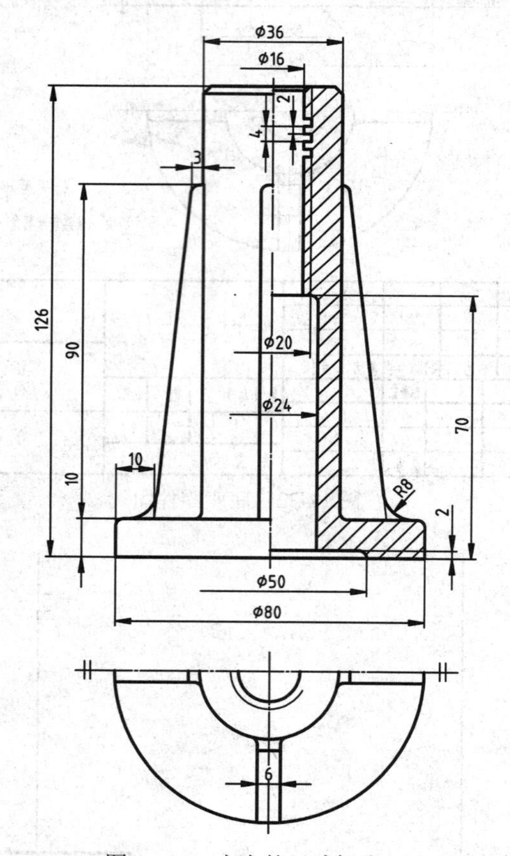

图 12-37　底座的尺寸标注

第 7 步，编写技术要求及填写标题栏。可使用“多行文字”命令来编写技术要求，技术要求字高为 7，下面的条款字高为 5。可使用“单行文字”命令来填写标题栏，材料和零件名称等字高为 10，设计人员签名及日期等字高为 3.5，完成图形如图 12-32 所示。

第 8 步，保存图形文件，操作过程略。

12.5 装配图概述

12.5.1 装配图的内容

装配图是表达机器或部件的图样。装配图要反映出设计者的意图和机器或部件的结构形状、零件间的装配关系、工作原理和性能要求，以及在装配、检验、安装时所需要的尺寸和技术要求。一张完整的装配图应包括以下基本内容。

（1）一组视图。表达机器或部件的工作原理、装配关系及结构形状等。

（2）必要的尺寸。包括反映机器或部件的规格、性能、安装、装配及检验等有关尺寸。

（3）技术要求。说明机器或部件的装配、试验、安装、使用和维修的技术要求，一般用文字加以说明。

（4）标题栏零、部件序号和明细栏。为了便于生产的组织管理工作，在装配图上须对零、部件进行编号，并将各零件的序号、代号、名称等有关内容填写在明细栏内。标题栏内填写本机器或部件的名称、比例、图号以及设计、审核者的签名等。

12.5.2 装配图绘制的方法

设计机器或部件时，一般先绘制装配图，再根据装配图及零件在整台机器或部件上的作用，绘制零件图，在这个过程中装配图的绘制与零件图相似。

测绘机器或部件时，一般先绘制零件图，再根据零件图拼画装配图，在这个过程中装配图的绘制具有其自身特点，主要采用的方法有 3 种。

（1）零件图块插入法。将零件图上的各个图形创建为图块，然后在装配图中插入所需的图块。如在零件图中使用“创建块”命令创建的内部图块，可通过“设计中心”引用这些内部图块；或在零件图中使用“写块”命令创建外部图块，绘制装配图时，可直接使用“插入块”命令插入当前装配图中。

（2）零件图形文件插入法。用户可使用“插入块”命令将零件的整个图形文件作为块直接插入当前装配图中，也可通过“设计中心”将多个零件图形文件作为块插入当前装配图中，插入的基点为零件图形文件的坐标原点(0,0)。为了便于定位，经常使用“基点”命令来重新定义零件图形文件的插入基点位置，参见例 12-1。

（3）剪贴板交换数据法。利用 AutoCAD 的“复制”命令（“标准”工具栏中的 图标按钮)，将零件图中所需图形复制到剪贴板上，然后使用“粘贴”命令（“标准”工具栏中的 图标按钮)，将剪贴板上的图形粘贴到装配图所需的位置上。

12.5.3 装配图绘制的一般步骤

第 1 步，在绘制工程图样前应按照图纸幅面大小的不同，分别建立若干样板图。根据部件的装配关系和工作原理确定表达方法和比例，选择其中合适的样板图作为当前装配图的模板。

第 2 步，绘制一组图形。即根据装配图表达方案绘制装配图中的一组视图。

第 3 步，标注必要的尺寸。如性能尺寸、配合尺寸、安装尺寸和总体尺寸等。

第 4 步，标注序号。可以利用“多重引线”标注序号或利用属性块标注序号。

第 5 步，绘制明细表。可以利用“表格”命令直接创建明细表。

第 6 步，编写技术要求，填写好标题栏。

第 7 步，保存图形文件。

12.6 上机操作实验指导十二 千斤顶装配图的绘制

本节将结合如图 12-38 所示千斤顶装配图的绘制过程，详细讲述装配图的绘制方法和步骤。将涉及前面学习过的二维图形的绘制和编辑命令、尺寸标注、文字注写和图案填充等，以及本章介绍的“表格”命令和“基点”命令等。

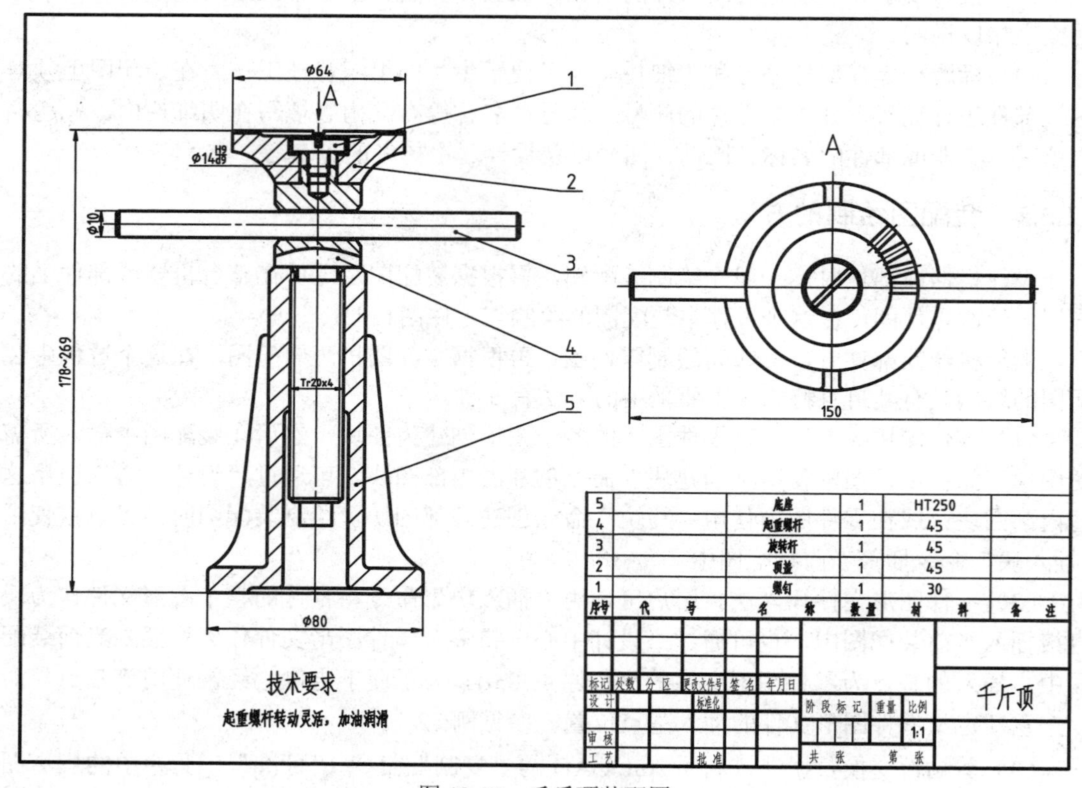

序号	代号	名称	数量	材料	备注
5		底座	1	HT250	
4		起重螺杆	1	45	
3		旋转杆	1	45	
2		顶盖	1	45	
1		螺钉	1	30	

图 12-38 千斤顶装配图

操作步骤如下。

第 1 步，确定表达方法、比例和图幅。千斤顶是用来顶起重物的部件。它是依靠底座 5 上的内螺纹和起重螺杆 4 上的外螺纹构成的螺纹副来工作的。在起重螺杆的顶端安装有顶盖 2，并用螺钉 1 加以固定，用以放置重物。在起重螺杆的上部有两个垂直正交的径向孔，孔中插有旋转杠 3。千斤顶的视图表达首先应考虑主视图，主视图位置选择千斤顶的工作位置，投射方向选择能表达其工作原理、主要结构特征以及主装配线上零件的装配关系的方向为主视图的投射方向，俯视图补充主视图没有表达清楚的内容。以比例 1∶1 放置在 A3 图纸上时，俯视图不按投影关系放置，改为 A 向视图。

第 2 步，打开样板图。打开 H_A3.dwt 样板图。

第 3 步，设置作图环境。设置极轴角为 15°，依次单击激活状态行上的“对象捕捉”、“极轴”和“对象追踪”。

第 4 步，绘制一组视图。首先根据千斤顶装配图的表达方案，绘制如图 12-40 所示的视图主要中心线、对称线以及定位线。

组成千斤顶的零件有 5 种，如图 12-32 所示的底座和如图 12-39 所示的顶盖、起重螺钉、旋转杆和螺钉。如已绘制好相应的零件图，用户可使用图块、设计中心及剪贴板等将零件图上的图形引入装配图，大大节省绘制图形的时间。

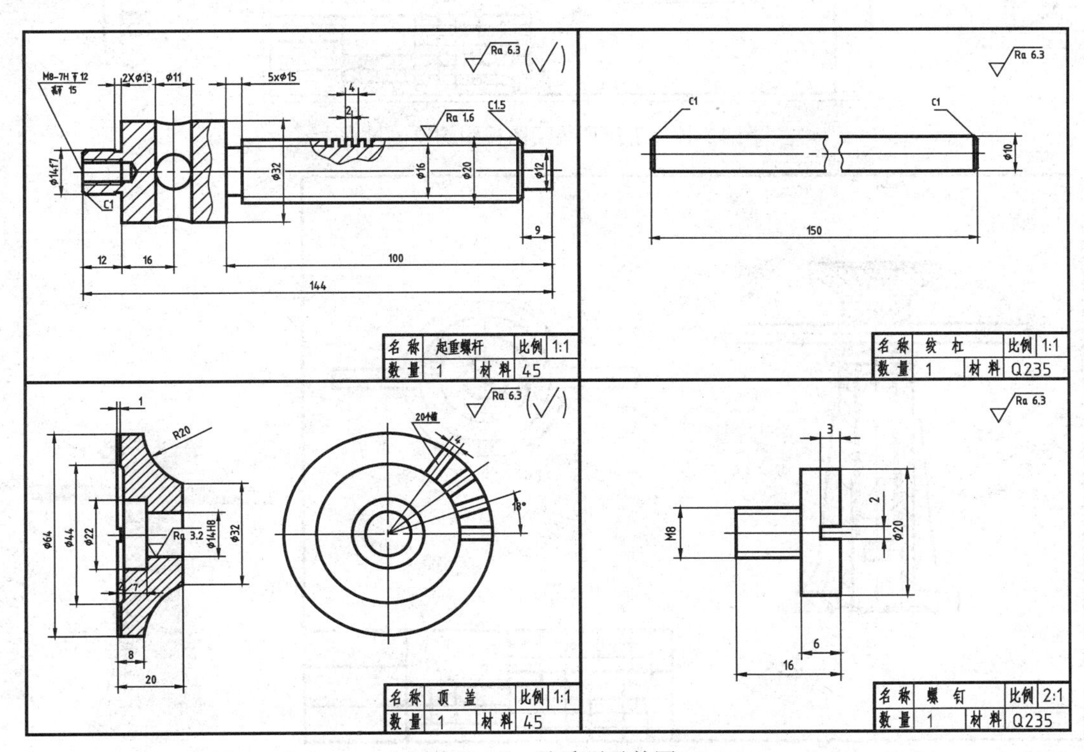

图 12-39　千斤顶零件图

用剪贴板交换数据法将千斤顶有关的零件图的图形引入千斤顶装配图的具体操作方法如下。

（1）依次打开相应的零件图。

（2）按 Ctrl+C 键，将零件图中所需图形复制到剪贴板上。

（3）按 Ctrl+V 键，将剪贴板上的图形粘贴到装配图上，如图 12-40 所示。此时图形的插入点为插入图形的左下角。

（4）按照装配干线，由外向内依次将图框左右侧的零件的图形移入图框内，位置不符合装配位置的图形先旋转再移动，删除和修剪被遮住的线条。单击需要修改方向的剖面符号，在“图案填充编辑器”选项卡里修改剖面符号方向，使相邻零件的剖面符号方向相反或间隔大小不同。完成的装配图视图，如图 12-41 所示。

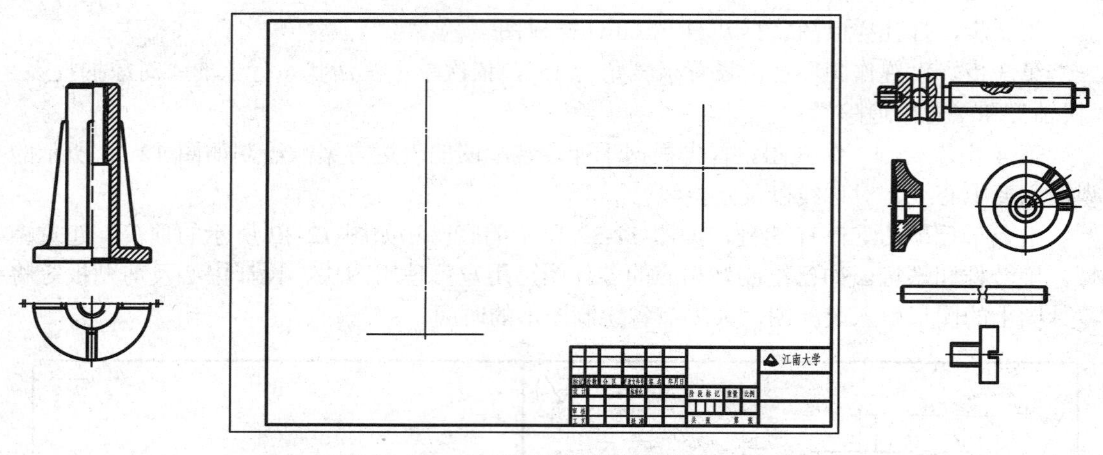

图 12-40　千斤顶装配图视图的绘制过程

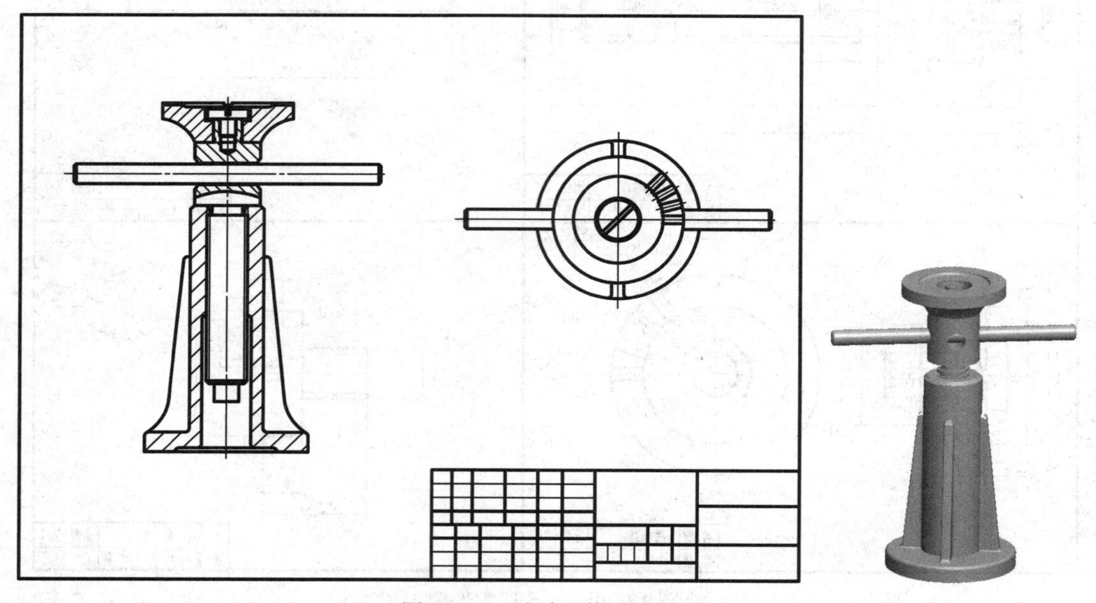

图 12-41　千斤顶装配图视图

第 5 步，标注必要的尺寸。尺寸的标注如图 12-38 所示，标注方法已在第 10 章中详细介绍，这里不再赘述。其中的配合尺寸上的公差带代号通过多行文字编辑器输入。

第 6 步，编写技术要求。使用多行文字编辑器填写技术要求。

第 7 步，标注序号及填写明细栏和标题栏。

（1）序号。编写序号的常见形式如图 12-42 所示，在所指的零、部件的可见轮廓线内画一圆点，然后从圆点开始画细实线的指引线，在指引线的端点画一细实线的水平线或圆，在水平线上或圆内注写序号，也可以不画水平线或圆而直接在指引线的端点附近注写序号，序号字高应比尺寸数字大一号或两号；对很薄的零件或涂黑的剖面，应用箭头代替指引线起点的圆点，箭头应指向所标部分的轮廓，如图 12-42（d）所示。

可以将序号创建为动态块，再插入动态块的方式进行标注序号。图 12-42 所示的 a、b、d 3 种形式的序号也可以先设置相应的引线样式，再直接用“多重引线”命令一次完成。

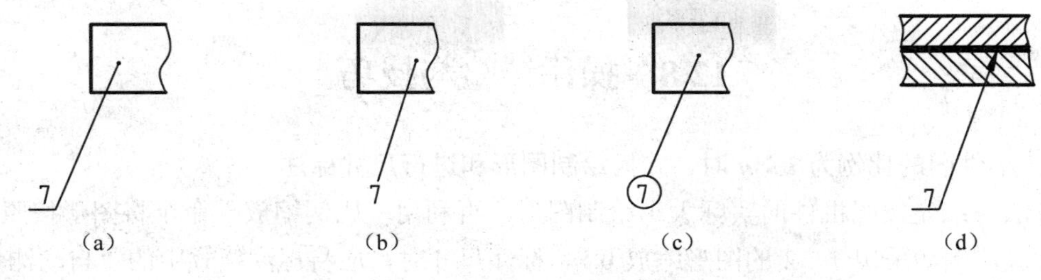

图 12-42　序号的常见形式

（2）明细栏。使用“表格”命令完成明细栏的创建和填写。

（3）标题栏。标题栏的填写最好用“单行文字”命令，填写的小字体高度为 5，大字体高度为 7。

第 8 步，保存图形文件，操作过程略。

12.7　上机操作常见问题解答

1．在 AutoCAD 中采用什么比例绘图好

绘图比例和输出比例是两个概念，绘图使用原值比例 1∶1 比较好，在由零件图拼画装配图或由装配图拆画零件图时非常方便，可以提高工作效率。输出时使用“输出 1 单位=绘图 X 单位”就是按 1∶X 比例输出，若“输出 X 单位 = 绘图 1 单位”就是放大 X 倍输出。

2．在修改表格的尺寸时，用如图 12-43 所示的 W 窗口或 C 窗口选择时，无法选取到所要选择的数据单元区，如图 12-44 所示，如何处理

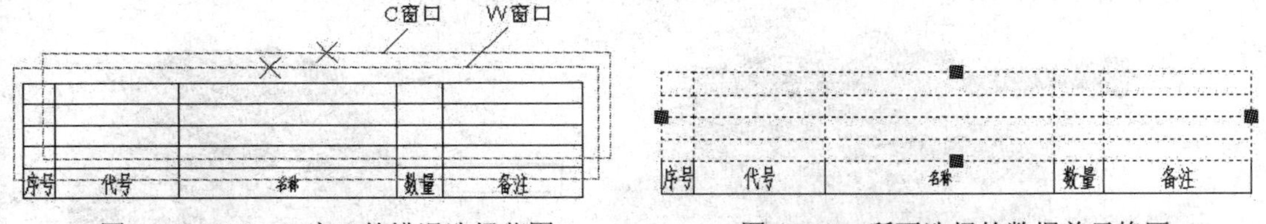

图 12-43　W、C 窗口的错误选择范围　　图 12-44　所要选择的数据单元格区

用 W 窗口或 C 窗口选择表格单元格时，窗口的对角点必须在所选表格单元格内部。即 W 窗口或 C 窗口的范围应为如图 12-45 所示的范围。

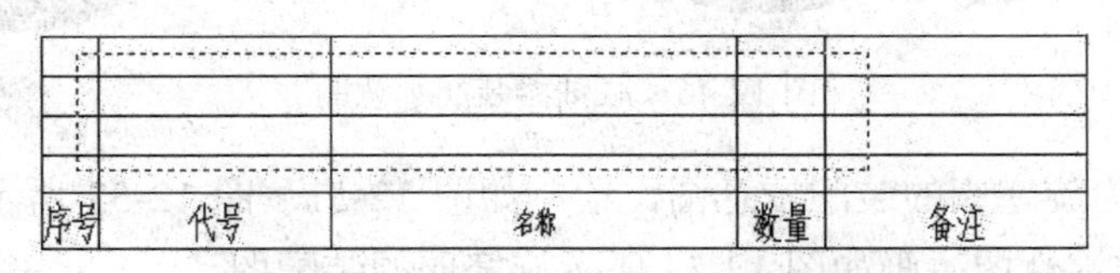

图 12-45　W、C 窗口的正确选择范围

也可以按住 Shift 键同时拾取单元格。

12.8　操作经验与技巧

1．零件图的比例为 1∶*n* 时，如何绘制图形和进行尺寸标注

方法 1：先按照机件的实际大小绘制图形，再利用“比例缩放”命令将图形按照 1/*n* 比例缩放，例如采用 1∶2 的图形缩放 0.5。标注尺寸时，应将标注样式中的“自动测量比例”设置为图形缩放比例的倒数值 *n*，这里比例因子设为 2。然后，按 1∶1 出图。

方法 2：绘制图形的大小与零件实形相同，而文字高度、图框和标题栏放大 *n* 倍，标注尺寸时，应将标注样式中的“调整”项的“全局比例因子”设置为图形缩放比例的倒数值 *n*，例如采用 1∶2 的图形，其全局比例因子设置为 2。出图时按图形使用的比例 1∶*n* 打印，这里为 1∶2。此方法便于零件图和装配图之间的图形数据的交换，而不受零件图与装配图比例的影响。

2．AutoCAD 中窗口的快捷互换方法

在绘制装配图和零件图时，常需要同时打开几个图形文件，并随时互换这些图形文件窗口。用鼠标单击窗口再找到所要打开的文件的方法比较麻烦，在 AutoCAD 中可以利用 Ctrl+F6 键或者 Ctrl+Tab 键进行窗口的互换。

12.9　上　机　题

1．图 12-46 为联轴器的装配示意图，绘制如图 12-47 和图 12-48 所示联轴器的零件图，再根据绘制的零件图拼画如图 12-49 所示联轴器的装配图。

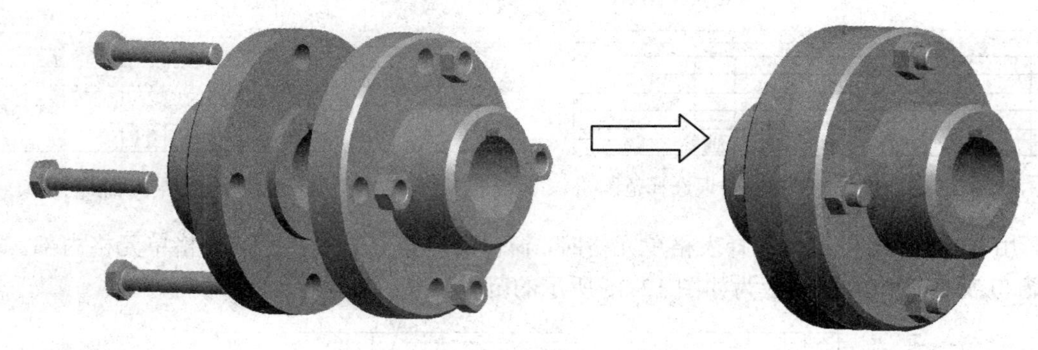

图 12-46　联轴器装配示意图

2．图 12-50 为旋塞阀的装配示意图，绘制如图 12-51～图 12-53 所示为旋塞阀的零件图，再根据绘制的零件图拼画如图 12-54 所示旋塞阀的装配图。

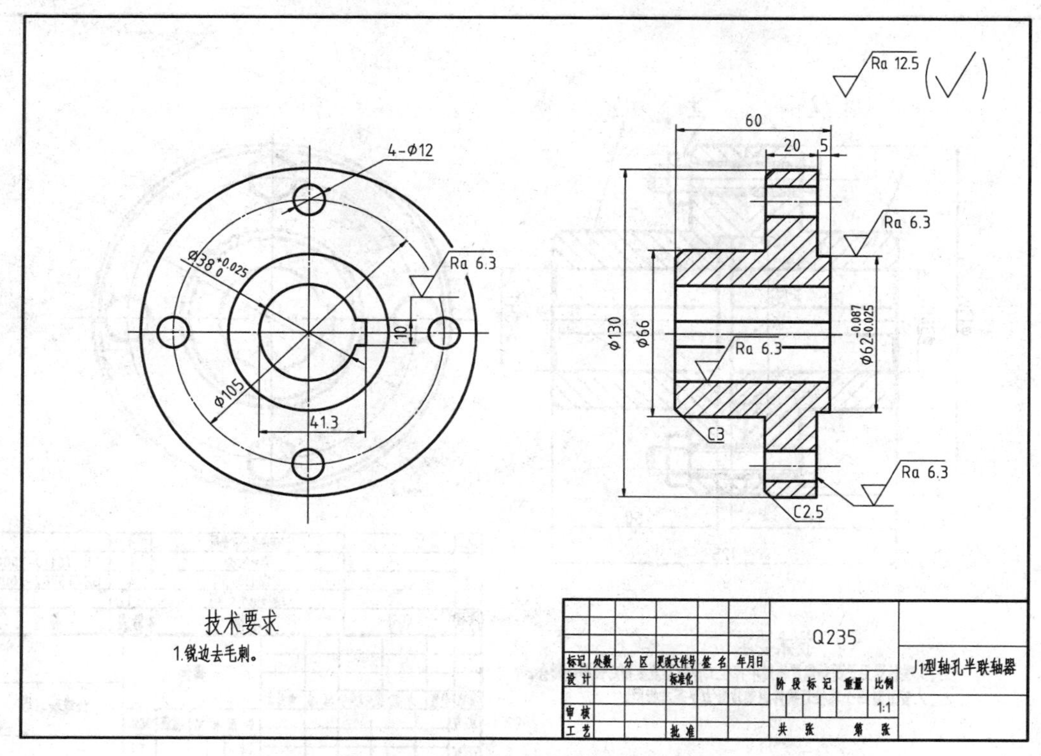

图 12-47 J_1 型轴孔半联轴器零件图

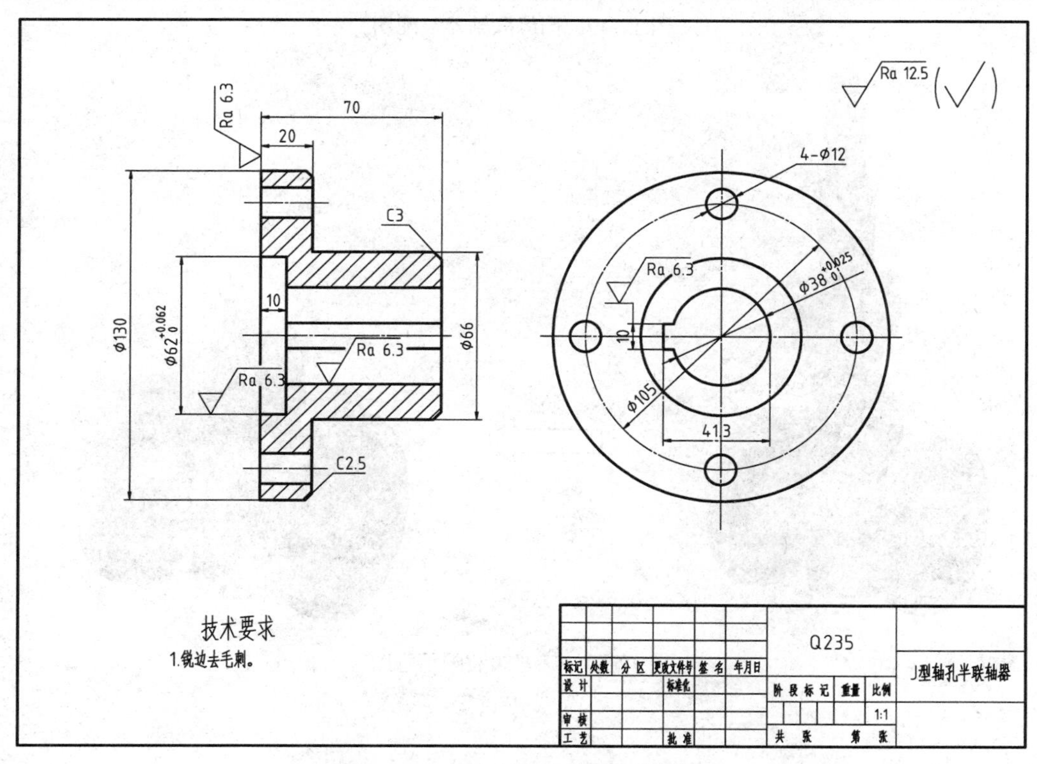

图 12-48 J 型轴孔半联轴器零件图

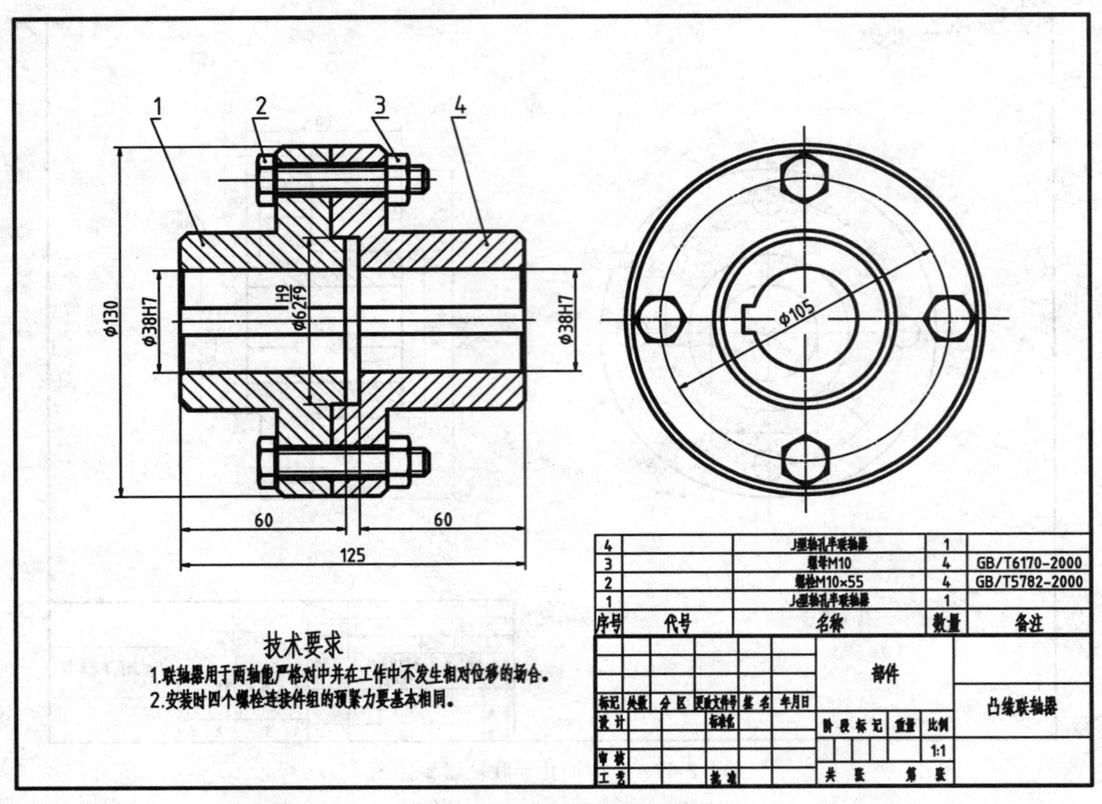

图 12-49 凸缘联轴器装配图

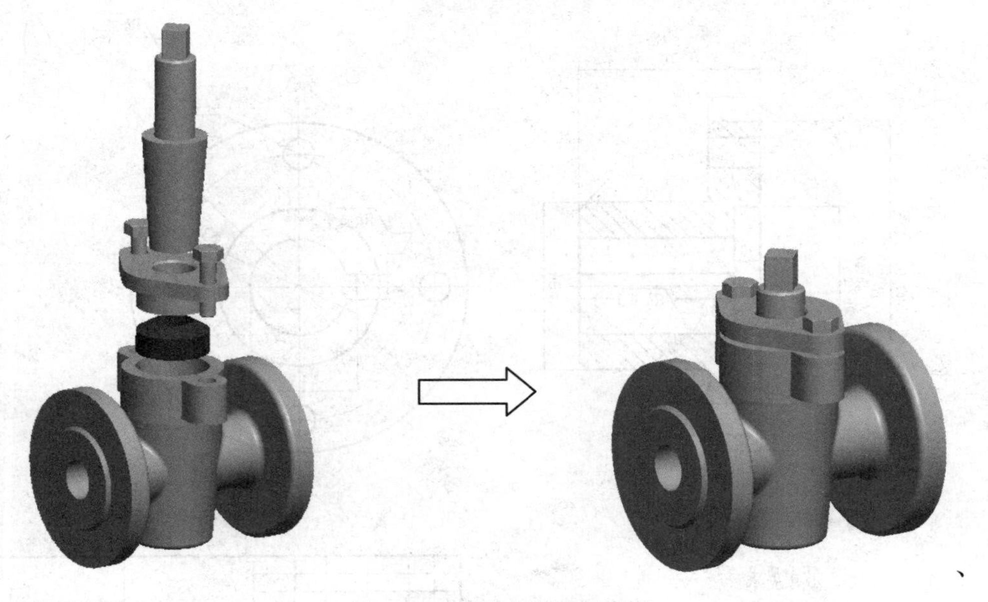

图 12-50 旋塞阀装配示意图

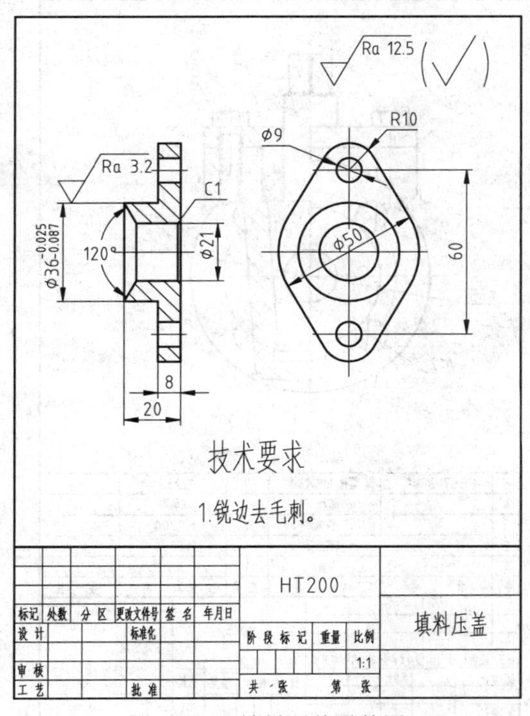

图 12-51　填料压盖零件图

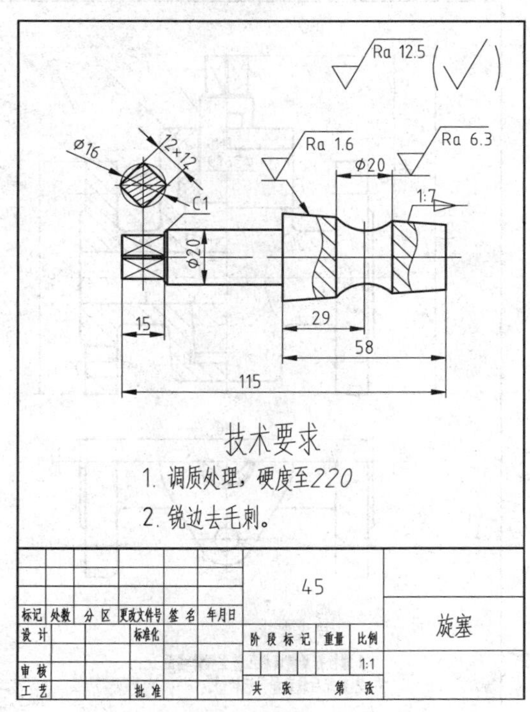

图 12-52　旋塞零件图

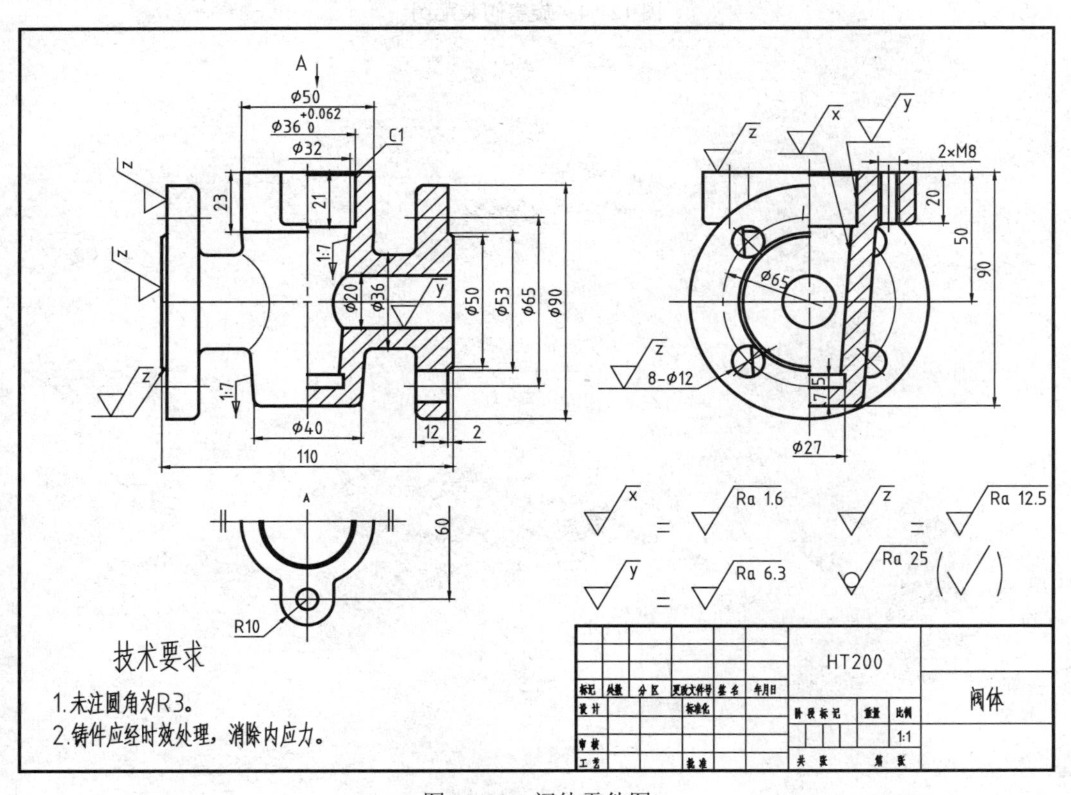

图 12-53　阀体零件图

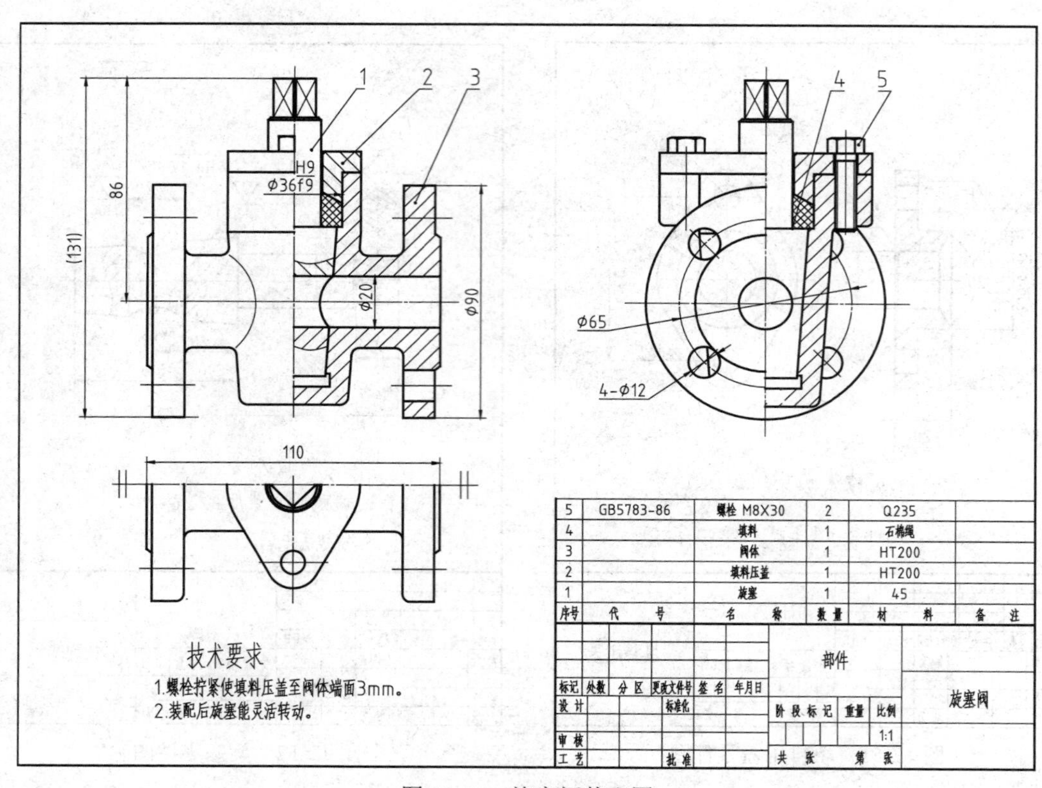

图 12-54　旋塞阀装配图

第 13 章　机械样板文件与查询功能

在 AutoCAD 中，绘图前首先必须先设置好作图环境，如图形界限、图框、标题栏、文字样式、尺寸标注样式、多重引线样式和图层等。但如果每次绘图都要重复做这些工作将是非常烦琐的。所以，AutoCAD 提供了样板文件的功能，用户只要将上述有关的设置（包括一些常用的标准符号定义的图块）保存在一系列扩展名为 dwt 的样板文件中。以后绘制新图，用户可以直接调用样板文件，在基于该文件各项设置的基础上开始绘图，可以避免重复操作，大大地提高绘图的效率。

另外，为了了解 AutoCAD 的运行状态和图形对象的数据信息等，AutoCAD 还提供了查询功能。

本章将介绍的内容和新命令如下。

（1）样板文件的建立；

（2）样板文件的调用；

（3）POINT 画点命令；

（4）DDPTYPE 点样式命令；

（5）DIVIDE 定数等分命令；

（6）MEASURE 定距等分命令；

（7）AREA 面积命令；

（8）DIST 距离命令；

（9）LIST 列表命令；

（10）ID 点坐标命令；

（11）STATUS 状态命令；

（12）TIME 时间命令；

（13）MASSPROP 面域/质量特性命令。

13.1　机械样板文件的建立

AutoCAD 2014 提供了许多样板文件，但这些样板文件和我国的国标不完全符合。所以不同的专业在绘图前都应该建立符合各自专业国家标准的样板文件，保证图纸的规范性。下面以建立符合我国机械制图国家标准的 A4 机械样板文件为例，介绍机械样板文件创建的一般方法和步骤。

操作步骤如下。

第 1 步，设置绘图环境。

(1) 创建新图形文件。单击“标准”工具栏中的□图标按钮，弹出如图 13-1 所示的“选择样板”对话框，选择 acadiso.dwt 样板文件，单击“打开”按钮。

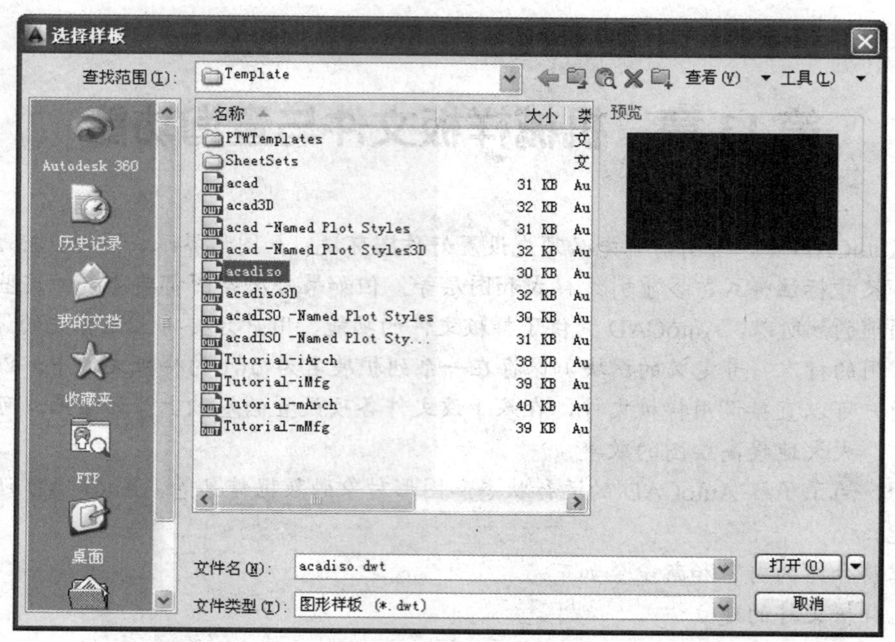

图 13-1 “选择样板”对话框

（2）设置绘图单位。启动“单位”命令，在弹出的“图形单位”对话框中设置长度“类型”为“小数”，“精度”为“0.000”。设置角度“类型”为“十进制度数”，“精度”为“0”，如图 13-2 所示。

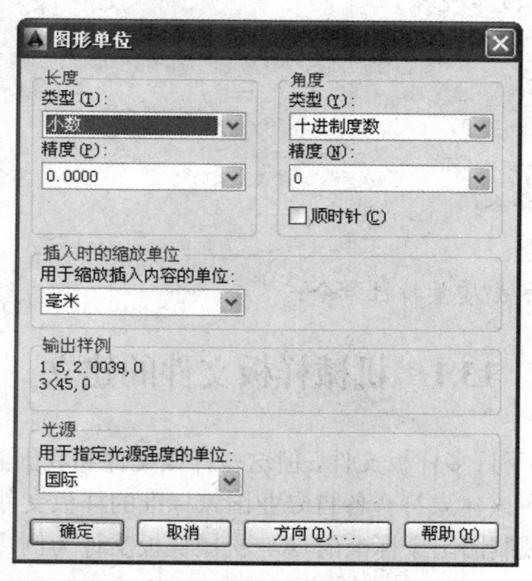

图 13-2 “图形单位”对话框

调用命令的方式如下。

菜单：执行“格式”|“单位”命令或执行 |“图形实用工具”|“单位”命令。

键盘命令：UNITS 或 UN。

注意：通常绘图单位的设置可以省略，直接使用默认的设置。

（3）设置图形界限。

操作如下。

命令: **_limits**	单击下拉菜单“格式”|“图形界限”，启动“图形界限”命令
指定左下角点或 [开(ON)/关(OFF)] <0.0000,0.0000>: ↲	回车，确认默认的左下角点坐标
指定右上角点 <420.0000,297.0000>: **210,297**↲	输入右上角点坐标

（4）使绘图界限充满显示区。单击图标按钮。

第 2 步，设置文字样式。

单击图标按钮，在弹出的“文字样式”对话框中命名“样式名”为“工程字”，在“SHX 字体”下拉列表框中选择 gbenor.shx（用于标注正体字母和数字）或者 gbeitc.shx（用于标注斜体字母和数字），选择“使用大字体”复选框，在“大字体”下拉列表框中选择 gbcbig.shx，如图 13-3 所示。

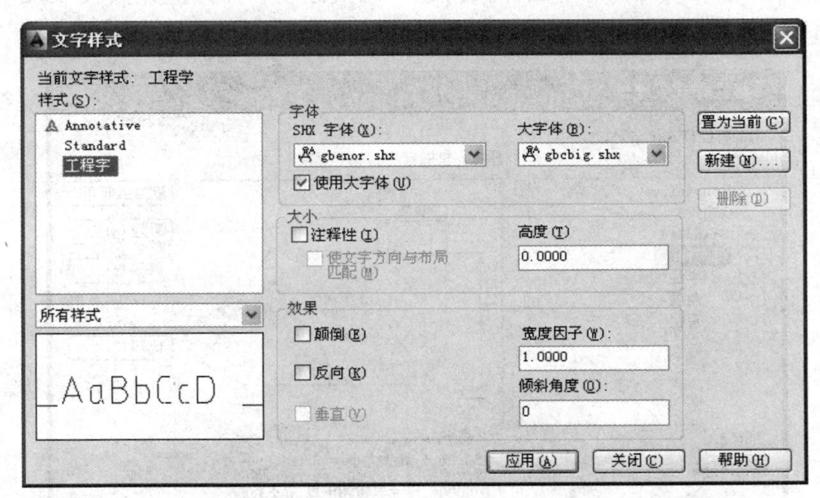

图 13-3 “文字样式”对话框

第 3 步，创建图层。在“图层”工具栏中单击图标按钮，在如图 13-4 所示的“图层特性管理器”选项板中按表 13-1 所示创建图层。

表 13-1 图层设置一览表

层 名	颜 色	线 型 名	线 条 样 式	用 途
粗实线	白色	Continuous	粗实线	可见轮廓线、可见过渡线
细实线	绿色	Continuous	细实线	剖面线等
尺寸	黄色	Continuous	细实线	尺寸线和尺寸界线
细点画线	红色	Center	点画线	对称中心线、轴线
细虚线	黄色	Hidden	虚线	不可见轮廓线、不可见过渡线
细双点画线	洋红色	Phantom	双点画线	假想线
波浪线	绿色	Continuous	细实线	波浪线

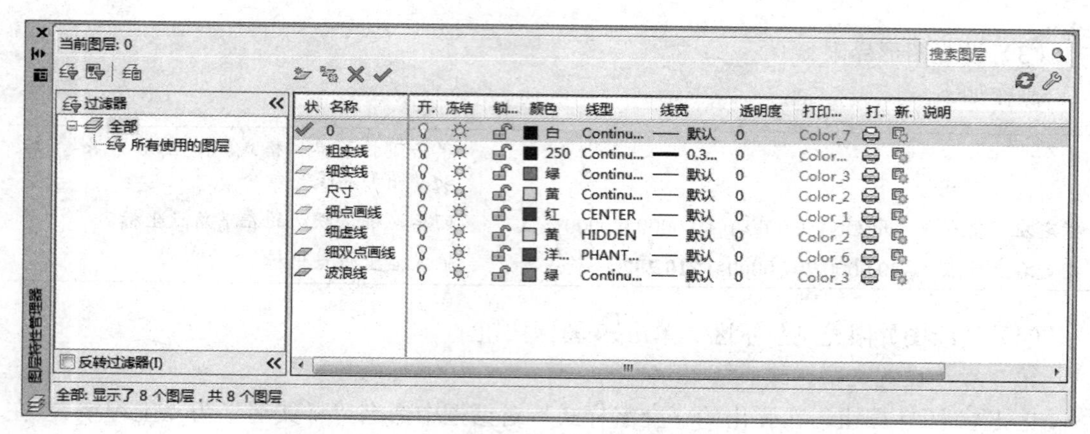

图 13-4 “图层特性管理器”选项板

第 4 步，设置尺寸标注样式。单击图标按钮，在弹出如图 13-5 所示的“标注样式管理器”对话框中，以 ISO-25 为基础样式新建“机械标注”样式，并按表 13-2 所示设置有关的变量值，其余采用默认设置。

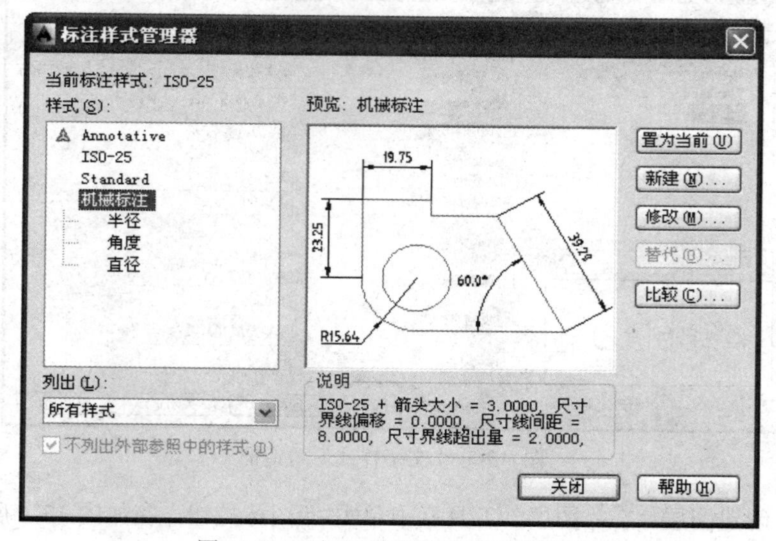

图 13-5 “标注样式管理器”对话框

表 13-2 机械尺寸标注样式父样式变量设置一览表

选 项 卡	选 项 组	选 项 名 称	变 量 值
线	尺寸线	基线间距	8
	尺寸界线	超出尺寸线	2
		起点偏移量	0
符号和箭头	箭头	第一个	实心闭合
		第二个	实心闭合
		引线	实心闭合
		箭头大小	3
	弧长符号	标注文字的前缀	选中

续表

选　项　卡	选　项　组	选 项 名 称	变　量　值
符号和箭头	半径折弯标注	折弯角度	45
	折断标注	折断大小	3
文字	文字外观	文字样式	工程字
		文字高度	3.5
	文字位置	垂直	上方
		水平	居中
		从尺寸线偏移	1
	文字对齐	与尺寸线对齐	选中
主单位	线性标注	单位格式	小数
		精度	0.00
		小数分隔符	句号
	角度标注	单位格式	十进制度数
		精度	0.0

另外，还应按表 13-3 所示设置角度、直径、半径标注子样式，设置的详细步骤参见本书 10.2.3 节。

表 13-3　机械尺寸标注样式子样式变量设置一览表

名　　称	选　项　卡	选　项　组	选 项 名 称	变　量　值
角度	文字	文字位置	垂直	外部
			水平	居中
		文字对齐	水平	选中
直径/半径	文字	文字对齐	ISO 标准	选中
	调整	调整选项	文字	选中

第 5 步，设置多重引线样式。在“样式”工具栏中单击图标按钮，在弹出如图 13-6

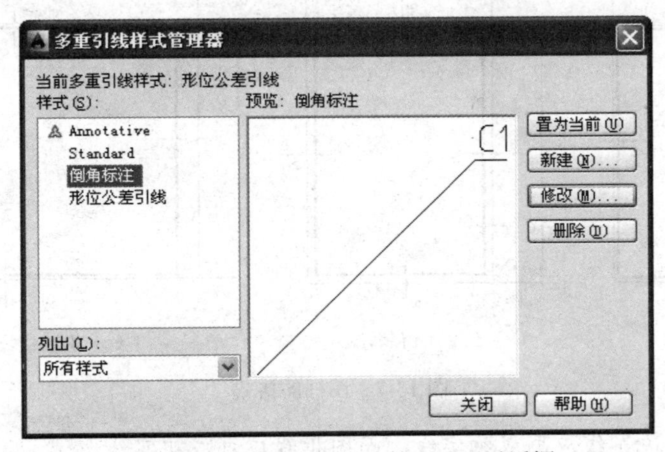

图 13-6　“多重引线样式管理器”对话框

所示的“多重引线样式管理器”对话框中，以 Standard 为基础样式新建“倒角标注”和“形位公差引线”样式，并按表 13-4 所示设置有关的变量值，其余采用默认设置。

表 13-4　多重引线样式的变量设置一览表

选项卡	选项组	选项名称	变量值	
			倒角标注	形位公差引线
引线格式	箭头	符号	无	实心闭合
		大小	0	3
	引线打断	打断大小	3	3
引线结构	约束	最大引线点数	2	3
		第一段角度	45	90
		第二段角度		0
	基线设置	自动包含基线	选中	不选中
		设置基线距离	选中	
		基线距离文本框	0.3	
内容	多重引线类型		多行文字	无
	文字选项	默认文字	C1	
		文字样式	工程字	
		文字高度	3.5	
	引线连接	连接位置-左	最后一行加下划线	
		连接位置-右	最后一行加下划线	
		基线间隙	0.1	

第 6 步，绘制图框。为了便于图样的绘制和图纸的管理，机械制图国家标准中对图纸幅面做了规定。绘制图框，首先应选择是竖装还是横装，是否留装订边，如图 13-7 所示。尺寸可参见表 13-5，操作过程略。

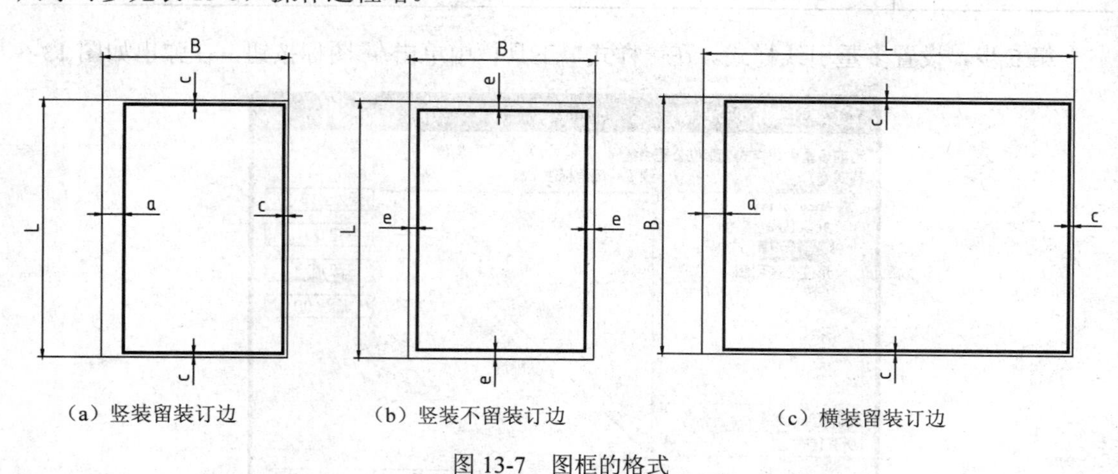

（a）竖装留装订边　　（b）竖装不留装订边　　（c）横装留装订边

图 13-7　图框的格式

注意：图纸的边界线应画成细实线，而图框线应画成粗实线。

第 7 步，绘制标题栏。这里为简化起见，标题栏采用制图课中建议学生练习用的简化标题栏，如图 13-8 所示，绘制方法参见本书 12.3 节，符合国标的标题栏可参见本书 11.12 节。

表 13-5　机械制图国家标准图幅尺寸

幅 面 代 号	A0	A1	A2	A3	A4
B×L	841×1189	594×841	420×594	297×420	210×297
a	25				
c	10			5	
e	20		10		

			比　例		
			材　料		
制　图					
审　核					

图 13-8　简化标题栏

第 8 步，定义标题栏块。标题栏中要填写的内容（如图 13-9 所示中带括号的文字），如果每次用“文字”命令输入比较麻烦。简单的方法是把它们定义为属性，然后将标题栏和属性定义成块。在插入标题栏块时，可以根据提示输入相应的文本内容，下面以图名为例介绍。

操作步骤如下。

（1）将“文字”图层设置为当前层。

（2）定义属性。单击图标按钮，在弹出的如图 13-9 所示的“属性定义”对话框中，在“标记”文本框中输入“(图名)”，在“提示”文本框中输入“输入图名”，在“对正”下拉列表框中选择“中间”，在“文字样式”下拉列表框中选择“工程字”，在“文字高度”文本框中输入 5，单击“确定”按钮，利用捕捉功能在屏幕上捕捉对正点，即方格的正中点。

用同样的方法定义其他属性，最后，完成带属性的标题栏，如图 13-10 所示。

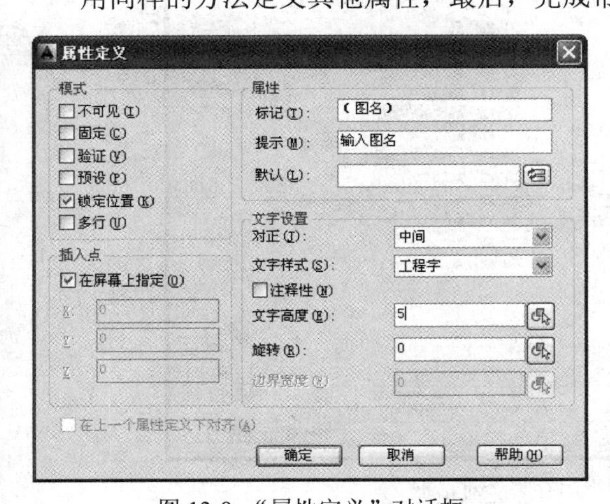

图 13-9　“属性定义”对话框

(图名)			比　例	(比例)	(图号)
			材　料	(材料)	
制　图	(姓名)	(日期)			
审　核	(姓名)	(日期)			

图 13-10　带属性的标题栏

（3）创建属性块。单击图标按钮，在弹出的“块定义”对话框中，在“名称”文本框中输入“标题栏”，单击“选择对象”按钮，选择标题栏及其属性，单击“拾取点”按钮，捕捉标题栏右下角点作为基点，如图 13-11 所示。

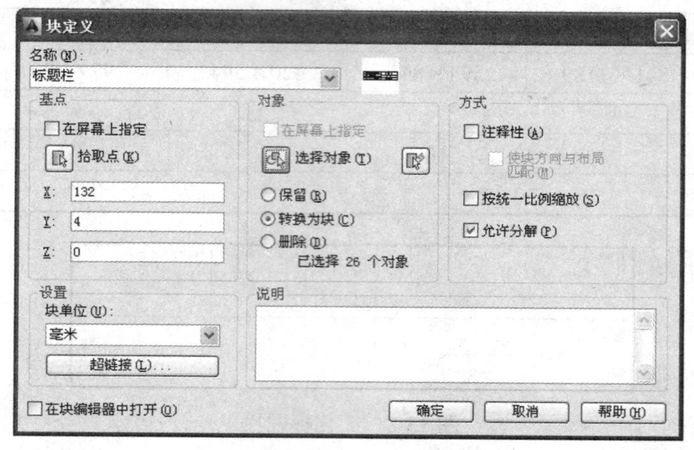

图 13-11 “块定义”对话框

第 9 步，定义常用符号图块。通过设计中心，可以将已有图形的符号块添加进来①。或者也可以采用如同创建标题栏属性块的方法，由用户自定义如表面结构代号、基准符号等②，操作步骤略。

第 10 步，保存样板文件。单击图标按钮，弹出“图形另存为”对话框，在“文件类型”下拉列表框中选择“AutoCAD 图形样板（*.dwt）”，输入文件名为 A4，如图 13-12 所示，再单击“保存”按钮，弹出如图 13-13 所示的“样板选项”对话框，可以输入有关的说明。

图 13-12 “图形另存为”对话框

① 参见本书 11.7.3 节。

② 参见本书第 11 章。

注意：可以利用设计中心复制已有的图层、文字样式、块、表格样式和尺寸标注样式。

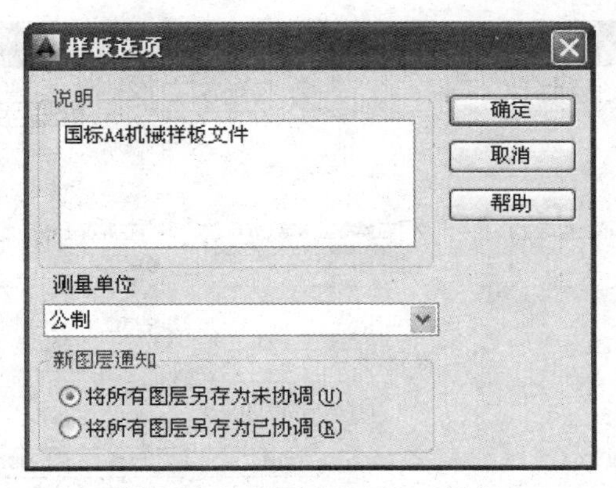

图 13-13 “样板选项”对话框

13.2 机械样板文件的调用

样板文件建好后，每次绘图都可以调用样板文件开始绘制新图。

操作步骤如下。

第 1 步，单击图标按钮。系统将弹出如图 13-14 所示的“选择样板”对话框，选择 A4 样板文件，单击“打开”按钮。

图 13-14 “选择样板”对话框

第 2 步，单击图标按钮，在弹出的“插入”对话框中的“名称”下拉列表框中选择“标题栏”。这里，用户如果是按 1∶1 比例打印出图，则 X、Y 缩放比例都为 1，旋转角度为 0，如图 13-15 所示。利用捕捉功能捕捉图框的右下角点作为标题栏块的插入点，根据命令行提示输入属性值（即填写标题栏的相应的内容）。

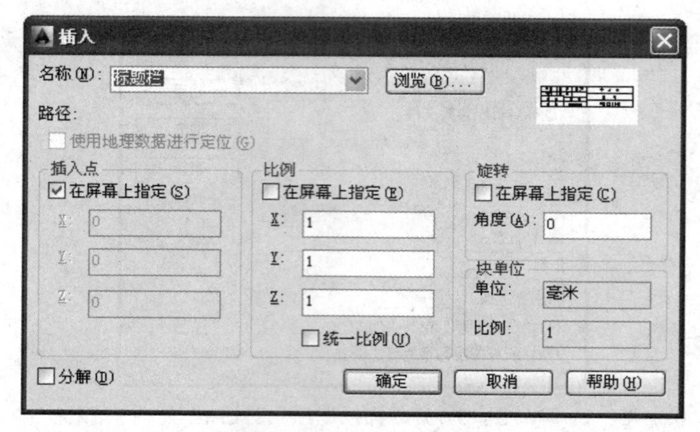

图 13-15 “插入”对话框

注意：

（1）如果是按非 1∶1（如 1∶50）比例打印出图，则 X、Y 缩放比例都为 50。并且，在尺寸标注样式对话框中，其“调整”选项卡的“标注特征比例”选项组中的“使用全局比例”应改为 50；在命令行输入 Ltscale（全局比例因子）系统变量将线型比例也改为 50；输入 Scale（“比例缩放”命令）将图框放大 50 倍；另外，在文本输入时其文字高度也应扩大 50 倍。

（2）样板文件保存在系统默认的专门存放样板文件的文件夹 Template 下。

13.3 点 的 绘 制

13.3.1 点样式设置

利用“点样式”命令可以设置点标记的形状和大小。

调用命令的方式如下。

功能区：单击“默认”选项卡“实用工具”面板中的图标按钮。

菜单：执行“格式”|“点样式”命令。

键盘命令：DDPTYPE。

执行“点样式”命令后，弹出如图 13-16 所示的“点样式”对话框。

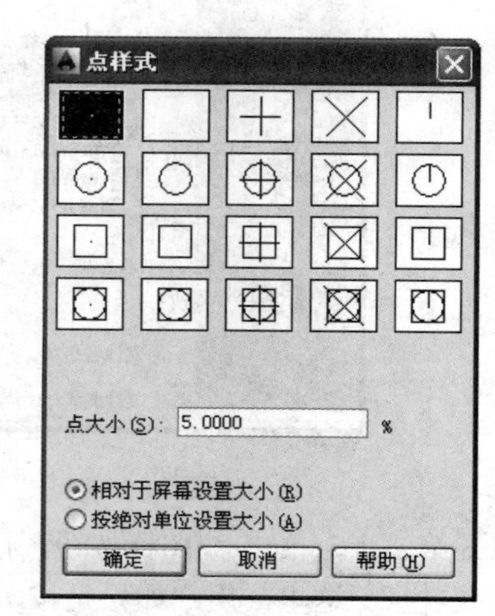

图 13-16 “点样式”对话框

操作及选项说明如下。

（1）点显示图像。显示 20 种不同类型的点样式，单击图标可以选择相应点样式。

（2）点大小。设置点的显示大小。

（3）相对于屏幕设置大小。按屏幕的比例大小来显示，单位为“%”（即点的大小占屏幕的百分比）。当缩放图形时，点所显示的大小不会变化。

（4）按绝对单位设置大小。按实际单位来显示（即用作图单位作为点的单位）。

13.3.2　绘制点

利用画点命令可以在指定位置按已设定的点样式绘制一个或多个点。

调用命令的方式如下。

功能区：单击“默认”选项卡“绘图”面板中的图标按钮。

菜单：执行“绘图”|“点”|“单点”/“多点”命令。

图标：单击“绘图”工具栏中的图标按钮。

键盘命令：POINT（或 PO）。

操作步骤如下。

第 1 步，调用“点”命令。

第 2 步，命令提示为“指定点：”时，可以输入点的坐标，也可以用捕捉功能捕捉特殊点。可以绘制多个点。

13.4　定数等分对象

利用“定数等分”命令可以沿对象的长度或周长按指定的分段数在等分点处放置点对象或块。

调用命令的方式如下。

功能区：单击“默认”选项卡中“绘图”面板中的图标按钮。

菜单：执行“绘图”|“点”|“定数等分”命令。

键盘命令：DIVIDE（或 DIV）。

13.4.1　点定数等分对象

点定数等分对象就是沿选定对象按当前点样式设置及指定的等分数等间距放置点对象。

操作步骤如下。

第 1 步，调用“定数等分”命令。

第 2 步，命令提示为“选择要定数等分的对象:”时，选择要定数等分的对象。

第 3 步，命令提示为“输入线段数目或 [块(B)]:”时，指定等分数目。

注意：

（1）定数等分的对象可以是直线、圆弧、样条曲线、圆、椭圆和多段线。

（2）等分数目为 2～32 767。

13.4.2　插入块定数等分对象

插入块定数等分对象就是沿选定对象及指定的等分数等间距放置块。

操作步骤如下。

第 1 步～第 2 步，同本书 13.4.1 节第 1 步～第 2 步。

第 3 步，命令提示为“输入线段数目或 [块(B)]:”时，输入 B，回车。

第 4 步，命令提示为“输入要插入的块名:”时，输入作为标记的块的名称。

第 5 步，命令提示为“是否对齐块和对象？[是(Y)/否(N)] <Y>:”时，指定插入块与定数等分对象是否对齐。

第 6 步，命令提示为“输入线段数目:” 时，指定等分数目。

注意：块必须先定义好，才能选择“块（B）”选项。

【例 13-1】 绘制如图 13-17 所示的珍珠链。

操作如下。

命令: **_divide**	单击 图标按钮，启动“定数等分”命令
选择要定数等分的对象:	选择样条曲线
输入线段数目或 [块(B)]: **b**↲	选择“块（B）”选项
输入要插入的块名: **single**↲	输入块名（应事先绘制一圆和圆环，，并定义成名为 single 的块）
是否对齐块和对象？[是(Y)/否(N)] <Y>: ↲	选择默认选项“是”
输入线段数目: **10**↲	输入线段数目

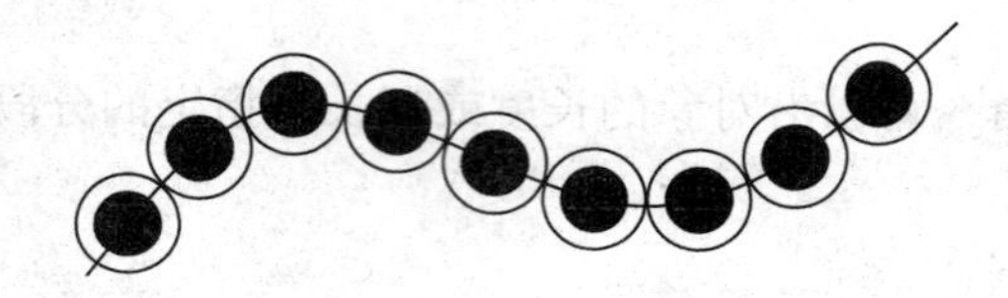

图 13-17 珍珠链

13.5 定距等分对象

利用“定距等分”命令可以将点对象或块在对象上按指定长度放置。

调用命令的方式如下。

功能区：单击“默认”选项卡“绘图”面板中的图标按钮。

菜单： 执行“绘图”|“点”|“定距等分”命令。

键盘命令：MEASURE（或 ME）。

13.5.1 点定距等分对象

点定距等分对象就是沿选定对象按指定间隔及当前点样式设置放置点对象，如图 13-18 所示。

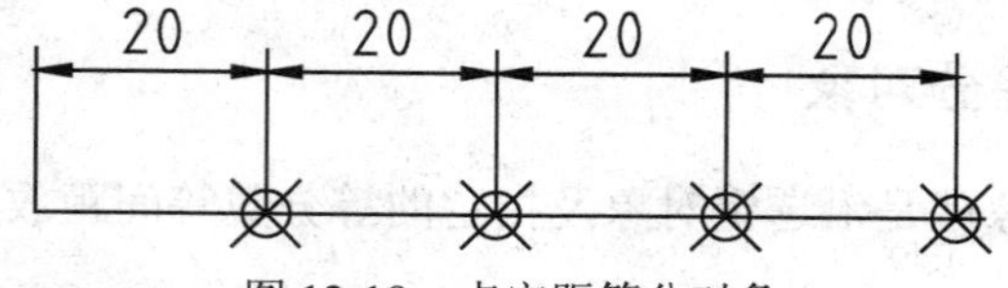

图 13-18 点定距等分对象

操作步骤如下。

第 1 步，调用“定距等分”命令。

第 2 步，命令提示为“选择要定距等分的对象:”时，选择要定距等分的对象。

第 3 步，命令提示为“指定线段长度或 [块(B)]:”时，指定等分的长度值。

注意：定距等分的对象可以是直线、圆弧、样条曲线、圆、椭圆和多段线。

13.5.2 插入块定距等分对象

插入块定距等分对象就是沿选定对象按指定间隔放置块。

操作步骤如下。

第 1 步～第 2 步，同本书 13.5.1 节第 1 步～第 2 步。

第 3 步，命令提示为“指定线段长度或 [块(B)]:”时，输入 B，回车。

第 4 步，命令提示为“输入要插入的块名：”时，输入作为标记的块的名称。

第 5 步，命令提示为“是否对齐块和对象？[是(Y)/否(N)] <Y>:”时，指定插入块与定距等分对象是否对齐。

第 6 步，命令提示为“指定线段长度:”时，指定等分的长度值。

注意：

（1）开口对象从最靠近用于选择对象的点的端点处开始放置点对象或块。

（2）闭合多段线的定距等分从绘制的第一个点处开始放置点对象或块。

13.6 查询对象

13.6.1 查询时间

利用“时间”命令可以查询当前图形有关日期和时间的信息。

调用命令的方式包括。

菜单：执行“工具”|“查询”|“时间”命令。

键盘命令：TIME。

调用该命令后 AutoCAD 切换到文本窗口，显示如图 13-19 所示的信息。

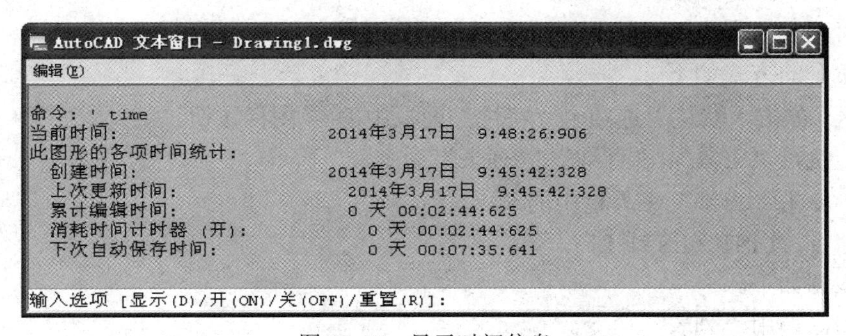

图 13-19 显示时间信息

操作及选项说明如下。

（1）显示（D）：重复显示时间信息。

（2）开（ON）：打开计时器。

（3）关（OFF）：关闭计时器。

（4）重置（R）：使计时器复位清零。

13.6.2 查询系统状态

利用“状态”命令可以查询显示当前图形中的对象数目、图形范围、可用图形磁盘空间和可用物理内存以及有关参数设置等信息。

调用命令的方式如下。

菜单：执行“工具”|“查询”|“状态”命令。

键盘命令：STATUS。

调用该命令后 AutoCAD 切换到文本窗口，显示如图 13-20 所示的信息。

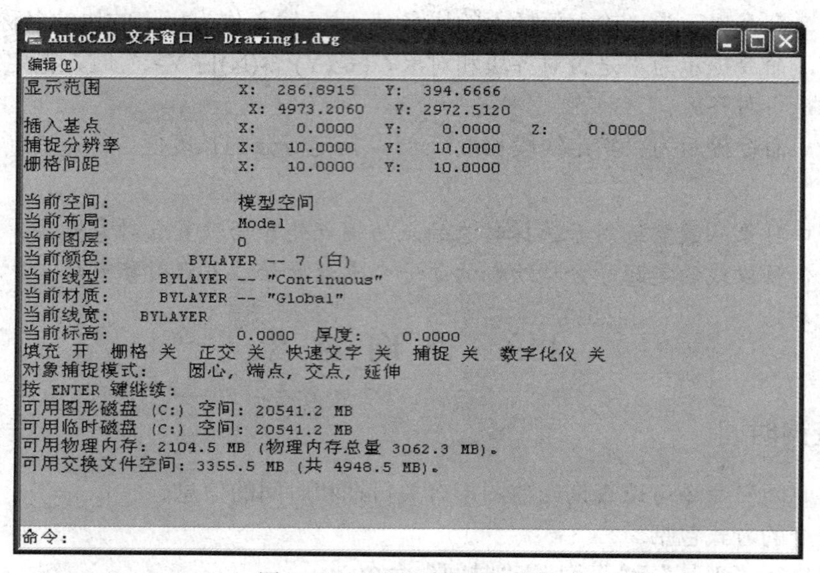

图 13-20 显示系统状态信息

13.6.3 列表显示

利用“列表”命令可以以列表形式显示选定对象的特性参数。

调用命令的方式如下。

功能区：单击“默认”选项卡“特性”面板中的图标按钮。

菜单：执行“工具”|“查询”|“列表”命令。

图标：单击“查询”工具栏中的图标按钮。

键盘命令：LIST（LS 或 LI）。

操作步骤如下。

第 1 步，调用“列表”命令。

第 2 步，命令提示为“选择对象：”时，选择欲查询的图形对象，可以选择多个对象。

第 3 步，命令提示为“选择对象：”时，回车，结束对象选择。

【例 13-2】 列表显示如图 13-21 所示的圆和正六边形特性参数。

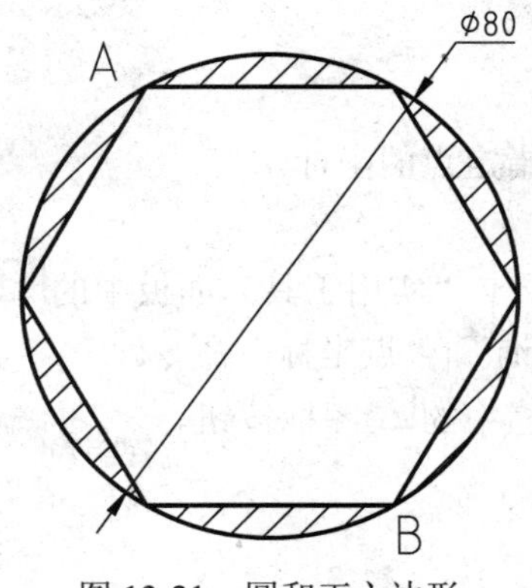

图 13-21　圆和正六边形

操作如下。

命令: **_list**	单击图标按钮，启动“列表”命令
选择对象: 找到 1 个	选择圆
选择对象: 找到 1 个，总计 2 个	选择正六边形
选择对象:↵	结束对象选择
圆　　　图层: 粗实线	显示特性参数
空间: 模型空间	
句柄 = 169	
圆心点，X=2887.4505　Y=–230.4017　Z= 0.0000	
半径　40.0000	
周长　251.3274	
面积 5026.5482	
LWPOLYLINE　图层: 粗实线	
空间: 模型空间	
句柄 = 16b	
闭合	
固定宽度　0.0000	
面积　4156.9219	
周长　240.0000	
于端点　X=2867.4505　Y=–195.7606　Z=　0.0000	
于端点　X=2847.4505　Y=–230.4017　Z=　0.0000	
于端点　X=2867.4505　Y=–265.0427　Z=　0.0000	
于端点　X=2907.4505　Y=–265.0427　Z=　0.0000	
于端点　X=2927.4505　Y=–230.4017　Z=　0.0000	
于端点　X=2907.4505　Y=–195.7606　Z=　0.0000	

13.6.4 查询点坐标

利用“点坐标”命令可以指定点的坐标。

调用命令的方式如下。

功能区：单击“默认”选项卡“实用工具”面板中的图标按钮。

菜单：执行“工具”|“查询”|“点坐标”命令。

图标：单击“查询”工具栏中的图标按钮。

键盘命令：ID。

操作步骤如下。

第 1 步，调用“点坐标”命令。

第 2 步，命令提示为“指定点”时，拾取要显示坐标的点。

13.6.5 查询距离

利用“距离”命令可以测量指定两点之间距离和角度。

调用命令的方式如下。

功能区：单击“默认”选项卡“实用工具”面板中的图标按钮。

菜单：执行“工具”|“查询”|“距离”命令。

图标：单击“查询”工具栏中的图标按钮。

键盘命令：DIST（或 DI）。

操作步骤如下。

第 1 步，调用“距离”命令。

第 2 步，命令提示为“指定第一点:”时，拾取或输入第一点。

第 3 步，命令提示为“指定第二点或 [多个点(M)]:”时，拾取或输入第二点。

【例 13-3】 用“距离”命令测量如图 13-21 所示点 A 和点 B 之间的距离。

操作如下。

命令: _MEASUREGEOM 输入选项 [距离(D)/半径(R)/角度(A)/面积(AR)/体积(V)] <距离>: **_distance**	单击图标按钮，启动“距离”命令
指定第一点:	利用端点捕捉功能捕捉点 A
指定第二点或 [多个点(M)]:	利用端点捕捉功能捕捉点 B
距离 = 80.0000，XY 平面中的倾角 = 300，与 XY 平面的夹角 = 0	系统显示距离、倾角等信息
X 增量 = 40.0000，Y 增量 = −69.2820，Z 增量 = 0.0000	

13.6.6 查询面积

利用“面积”命令可以计算对象或指定封闭区域的面积和周长。

调用命令的方式如下。

功能区：单击“默认”选项卡“实用工具”面板中的定距等分下拉式图标按钮中的图

标按钮。

菜单：执行“工具”|“查询”|“面积”命令。

图标：单击“查询”工具栏中的图标按钮。

键盘命令：AREA（或 AA）。

1．计算由指定点定义的面积和周长

操作步骤如下。

第 1 步，调用“面积”命令。

第 2 步，命令提示为“指定第一个角点或 [对象(O)/增加面积(A)/减少面积(S)] <对象(O)>:”时，指定围成封闭多边形的第一个角点。

第 3 步，命令提示为“指定下一个点或 [圆弧(A)/长度(L)/放弃(U)]:”时，指定第二个角点。

第 4 步，命令提示为“指定下一个点或 [圆弧(A)/长度(L)/放弃(U)]:”时，指定第二个角点。

第 5 步，命令提示为“指定下一个点或 [圆弧(A)/长度(L)/放弃(U)/总计(T)] <总计>:”时，指定第三个角点。

…

第 *n* 步，命令提示为“指定下一个点或 [圆弧(A)/长度(L)/放弃(U)/总计(T)] <总计>:”时，指定第 *n* 个角点。

注意：所有点必须都在与当前用户坐标系（UCS）的 XY 平面平行的平面上。

【例 13-4】 利用“面积”命令指定点求如图 13-22 所示的五边形面积。

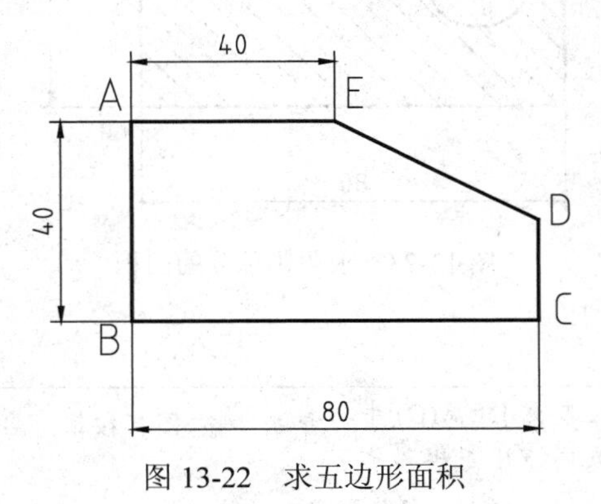

图 13-22　求五边形面积

操作如下。

命令: _MEASUREGEOM 输入选项 [距离(D)/半径(R)/角度(A)/面积(AR)/体积(V)] <距离>: **_area**	单击图标按钮，启动“面积”命令
指定第一个角点或 [对象(O)/增加面积(A)/减少面积(S)/退出(X)] <对象(O)>:	利用端点捕捉功能捕捉点 A
指定下一个点或 [圆弧(A)/长度(L)/放弃(U)]:	利用端点捕捉功能捕捉点 B
指定下一个点或 [圆弧(A)/长度(L)/放弃(U)]:	利用端点捕捉功能捕捉点 C
指定下一个点或 [圆弧(A)/长度(L)/放弃(U)/总计(T)] <总计>:	利用端点捕捉功能捕捉点 D

指定下一个点或 [圆弧(A)/长度(L)/放弃(U)/总计(T)] <总计>:	利用端点捕捉功能捕捉点 E
面积 ＝2800.0000，周长 ＝224.7214	系统显示多边形的面积和周长

2．计算封闭对象的面积和周长

操作步骤如下。

第 1 步，调用“面积”命令。

第 2 步，命令提示为“指定第一个角点或 [对象(O)/增加面积(A)/减少面积(S)] <对象(O)>:”时，输入 O，回车。

第 3 步，命令提示为“选择对象:”时，选择一个封闭的对象。

注意：

（1）封闭对象可以是圆、椭圆、样条曲线、多段线和正多边形等。

（2）选择“增加面积（A）”选项可以选择两个以上的对象，进行加模式计算面积。选择“减少面积（S）”选项可以选择两个以上的对象，用减模式计算面积。

（3）如果选择开放的多段线，将假设从最后一点到第一点绘制了一条直线，然后计算所围区域中的面积。

【例 13-5】 利用“面积”命令计算如图 13-23 所示阴影部分的面积。

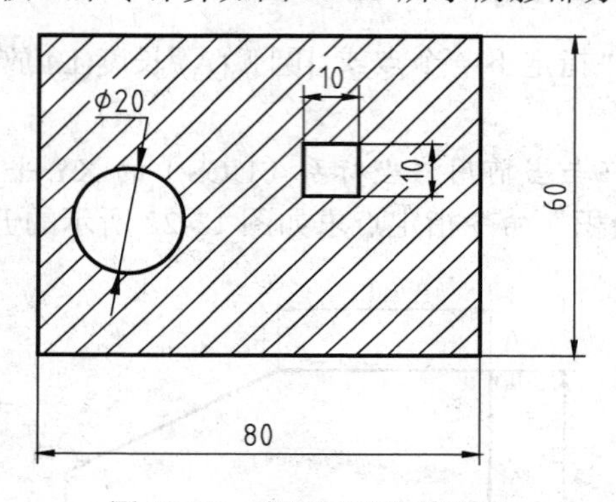

图 13-23　求阴影部分的面积

操作如下。

命令: _MEASUREGEOM 输入选项 [距离(D)/半径(R)/角度(A)/面积(AR)/体积(V)] <距离>: **_area**	单击 图标按钮，启动“面积”命令
指定第一个角点或 [对象(O)/增加面积(A)/减少面积(S)] <对象(O)> **a**↵	选择“增加面积”选项
指定第一个角点或 [对象(O)/减少面积(S)]: **o**↵	选择“对象”选项
(“加”模式) 选择对象:	选择矩形
面积 ＝4800.0000，周长 ＝280.0000	系统显示矩形的面积和周长
总面积 ＝4800.0000	系统显示总面积
(“加”模式) 选择对象: ↵	回车，结束对象选择
指定第一个角点或 [对象(O)/ 减少面积(S)]: **s**↵	选择“减少面积”选项
指定第一个角点或 [对象(O)/ 增加面积(A)]: **o**↵	选择“对象”选项

(“减”模式) 选择对象:	选择圆
面积 =314.1593，圆周长 =62.8319	系统显示圆的面积和周长
总面积 =4485.8407	系统显示总面积
(“减”模式) 选择对象:	选择正方形
面积 =100.0000，周长 =40.0000	系统显示正方形形的面积和周长
总面积 =4385.8407	系统显示总面积
(“减”模式) 选择对象: ↵	回车，结束对象选择
指定第一个角点或 [对象(O)/增加面积(A)]: ↵	回车，结束“面积”命令

注意：AutoCAD 2010 开始新增了 Measuregeom 命令，其选项组合了以上有关的查询命令外，另外还包括查询半径、角度和体积等。执行“工具”|“查询”下拉菜单中的子菜单“距离”、“半径”、“角度”、“面积”和“体积”或单击功能区“默认”选项卡中“实用工具”面板中的 定距等分 下拉式图标按钮，同执行 Measuregeom 命令的对应选项。

13.6.7 查询质量特性

利用“面域/质量特性”命令可以计算面域或实体的质量特性。

调用命令的方式如下。

菜单：执行“工具”|“查询”|“面域/质量特性”命令。

图标：单击“查询”工具栏中的图标按钮。

键盘命令：MASSPROP。

操作步骤如下。

第 1 步，调用“面域/质量特性”命令。

第 2 步，命令提示为“选择对象”时，选择面域或三维实体对象。

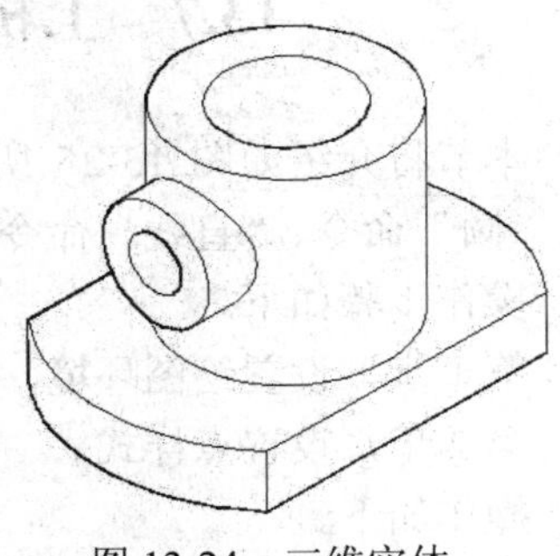

图 13-24　三维实体

【例 13-6】 利用“面域/质量特性”命令查询如图 13-24 所示实体的三维对象特性。

操作如下。

命令: **_massprop**	单击图标按钮，启动“质量”命令
选择对象: 找到 1 个	选择三维实体对象
选择对象: ↵	结束对象选择
---------------- 实体 ----------------	
质量:　　　408107.8705	
体积:　　　408107.8705	
边界框:　　X: −70.0000 -- 70.0000	
Y: −45.0000 -- 45.0000	
Z: 0.0000 -- 90.0000	
质心:　　　X: −1.0608	
Y: 0.0000	
Z: 32.8810	

惯性矩: X: 978369528.5075
                     Y: 1182217721.0687
                     Z: 682717368.8027
惯性积: XY: 0.0000
                     YZ: 0.0000
                     ZX: -25976335.5046
旋转半径: X: 48.9625
                     Y: 53.8222
                     Z: 40.9009
主力矩与质心的 X-Y-Z 方向:
                     I: 536196490.5422   沿
[0.9968 0.0000 -0.0801]
按 ENTER 键继续:
                     J: 740529170.6300   沿
[0.0000 1.0000 0.0000]
                     K: 683201856.3293   沿
[0.0801 0.0000 0.9968]
是否将分析结果写入文件? [是(Y)/否(N)] <否>: ↵   系统提示是否将分析结果写入文件中，选择默认选项 N

13.7 上机操作实验指导十三 棘轮的绘制

本节将介绍如图 13-25 所示棘轮的绘制方法和步骤。主要涉及的命令包括“阵列”命令、“圆”命令、“直线”命令和本章介绍的“点样式”命令、“定数等分”命令。

操作步骤如下。

第 1 步，设置绘图环境，操作过程略。

第 2 步，设置点样式。

操作如下。

单击图标按钮，在“点样式”对话框中按如图 13-26 设置点的样式。

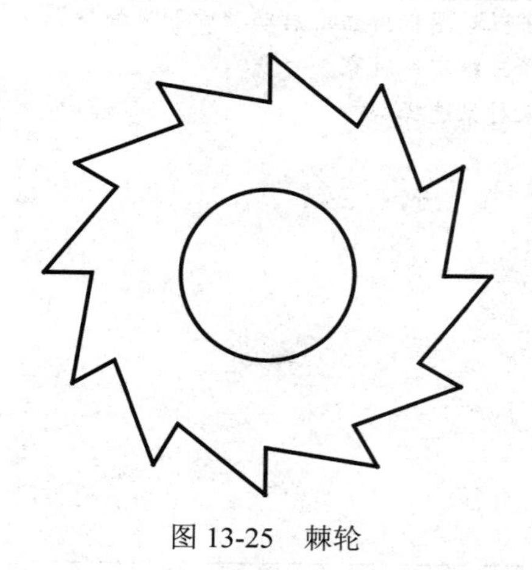

图 13-25 棘轮

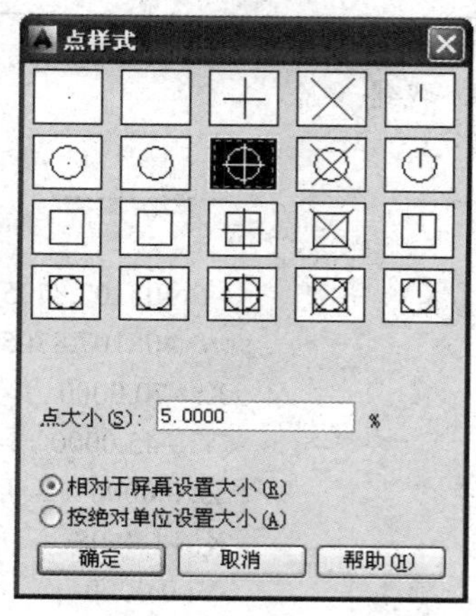

图 13-26 “点样式”对话框

第 3 步，定数等分圆。

（1）绘制 3 个同心圆，操作过程略。

（2）定数等分圆。

操作如下。

命令: **_divide**	单击图标按钮，启动“定数等分”命令
选择要定数等分的对象:	选择直径最大的圆
输入线段数目或 [块(B)]: **12**↵	输入等分数为 12

（3）定数等分第 2 个圆，操作过程略，完成图形如图 13-27 所示。

第 4 步，绘制棘轮齿的轮廓线。

（1）“对象捕捉”设置为“节点”、“圆心”。

（2）绘制单个齿。

操作如下。

命令: **_line**	单击图标按钮，启动“直线”命令
指定第一点:	利用对象捕捉功能捕捉节点 C
指定下一点或 [放弃(U)]:	利用对象捕捉功能捕捉节点 A
指定下一点或 [放弃(U)]:	利用对象捕捉功能捕捉节点 B
指定下一点或 [闭合(C)/放弃(U)]: ↵	回车，结束“直线”命令，完成图形如图 13-28 所示

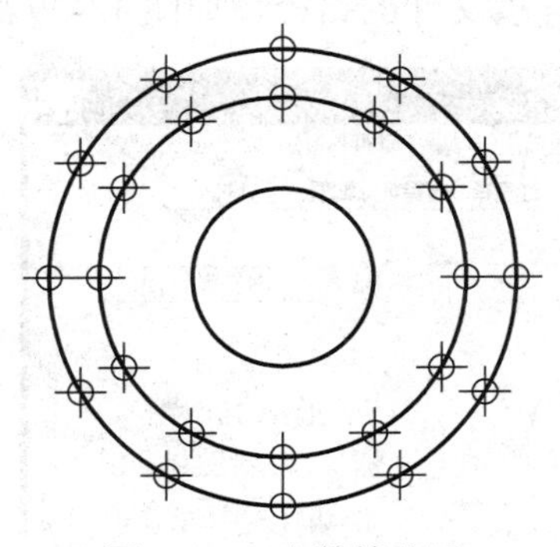

图 13-27　定数等分圆

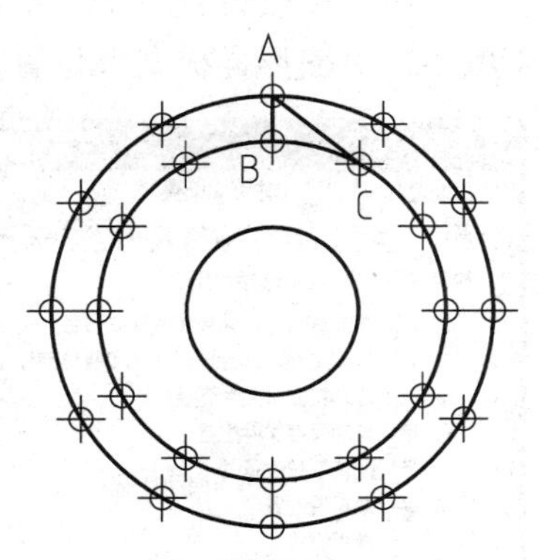

图 13-28　绘制单个齿

（3）阵列单个齿，操作过程略。

（4）将点的样式改为默认，单击图标按钮，在“点样式”对话框中设置点的样式为默认。

（5）删除两个辅助圆。

第 5 步，保存图形，操作过程略。

13.8　上机操作常见问题解答

1．定数等分对象或定距等分对象时，为何有时没有显示等分点

选择点样式类型中的第一种和第二种，则显示的等分点很难辨别，而系统默认的就是第一种。所以，应首先设置合适的点样式。

2．在新建文件选择样板时，找不到已创建好的样板文件，如何处理

（1）样板文件可能没有保存在系统默认的专门存放样板文件的文件夹 Template 下。可以单击“浏览”按钮，找到存放该样板文件的路径。

（2）该样板文件可能被保存为系统默认的 dwg 文件。可以在操作系统资源管理器中，将文件扩展名改为 dwt。

13.9　操作经验与技巧

1．如何查看图形样板文件的位置

查看样板文件的位置。

操作步骤如下。

第 1 步，执行“工具”|“选项”命令。

第 2 步，在“选项”对话框中的“文件”选项卡上，单击“样板设置”左侧的加号 (+)。

第 3 步，在“样板设置”下，单击“图形样板文件位置”左侧的加号 (+)。

第 4 步，在“图形样板文件位置”下，查看图形样板文件的路径，如图 13-29 所示。

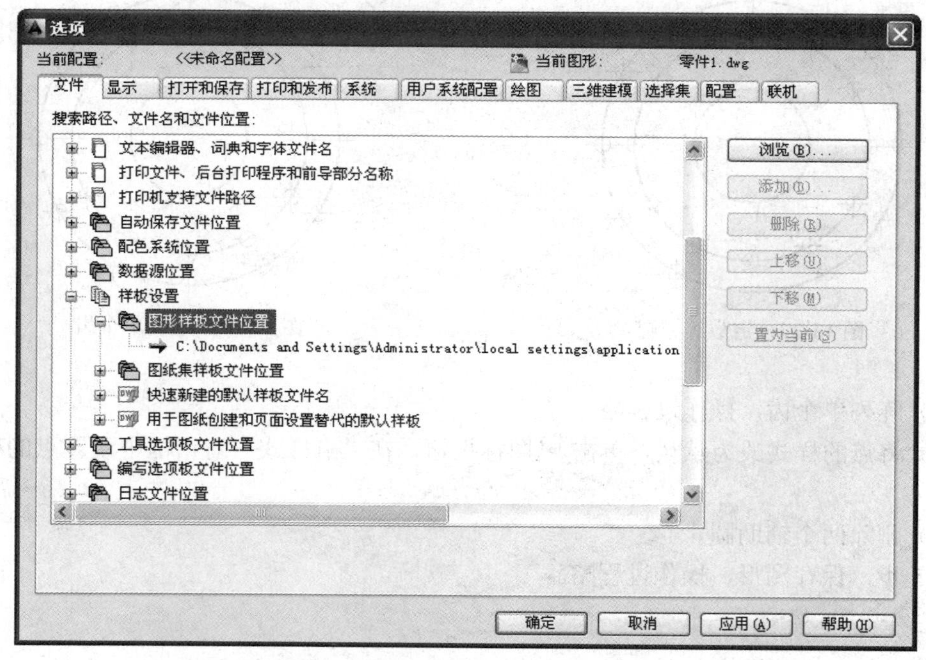

图 13-29　“选项”对话框的“文件”选项卡

2．一种简便创建样板文件的方法

创建样板文件不一定要从零开始，可以将一张设置好的已有的图形文件，删除其不需要的图形对象，对有些与国标不符的设置内容作修改。然后改名另存为扩展名为 dwt 的样板文件。

3. 如何设置默认的样板文件

设置默认的样板文件，当单击□图标按钮，系统将不显示“选择样板”对话框，直接打该样板文件。

操作步骤如下。

第 1 步，执行“工具”|“选项”命令。

第 2 步，在“选项”对话框中的“文件”选项卡上，单击“样板设置”左侧的加号 (+)。

第 3 步，在“样板设置”下，单击“快速新建的默认样板文件名”左侧的加号 (+)，如果没有设置默认样板文件，则显示为“无”，如图 13-30 所示。

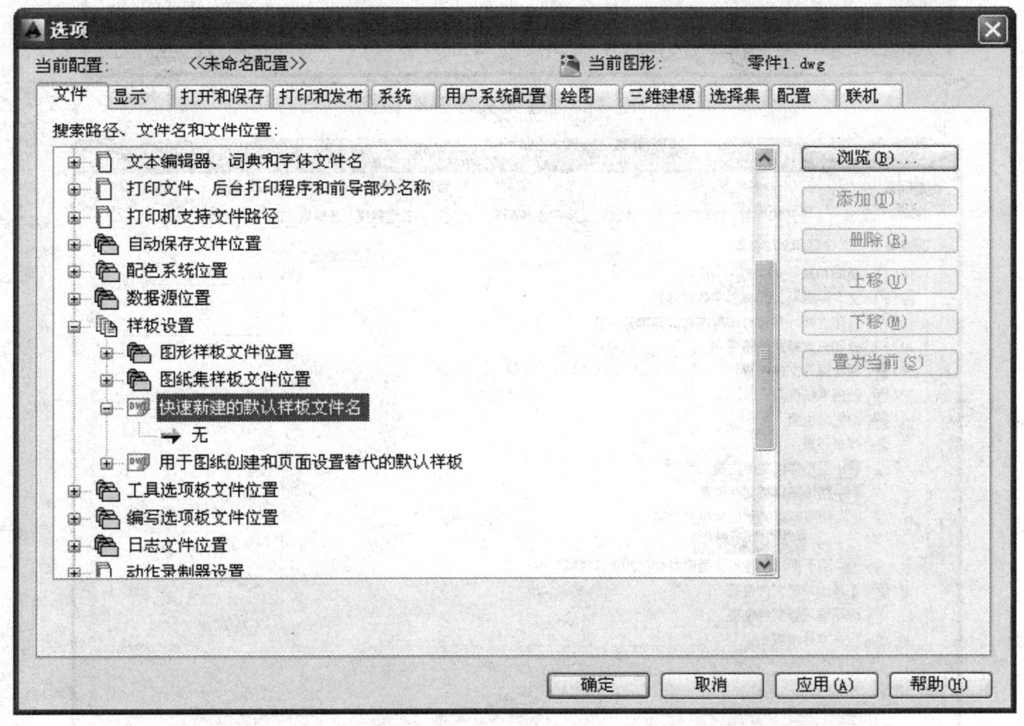

图 13-30 “选项”对话框的“文件”选项卡“快速新建的默认样板文件名”

第 4 步，单击“浏览”按钮，将弹出“选择文件”对话框，找到默认样板文件的路径，选中该样板文件，单击“打开”按钮，如图 13-31 所示。

第 5 步，系统返回如图 13-32 所示的对话框，单击“应用”按钮，再单击“确定”按钮。

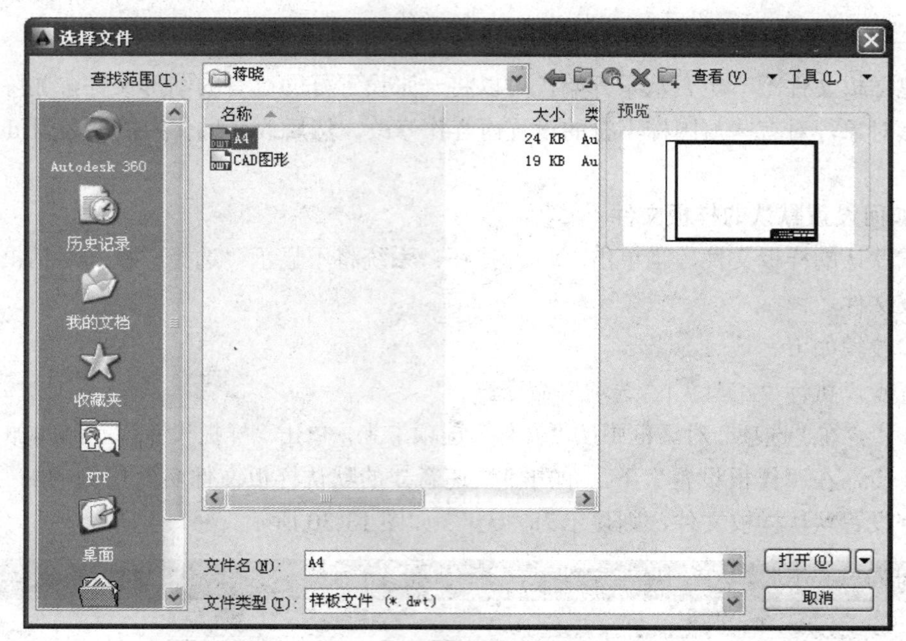

图 13-31 “选择文件”对话框

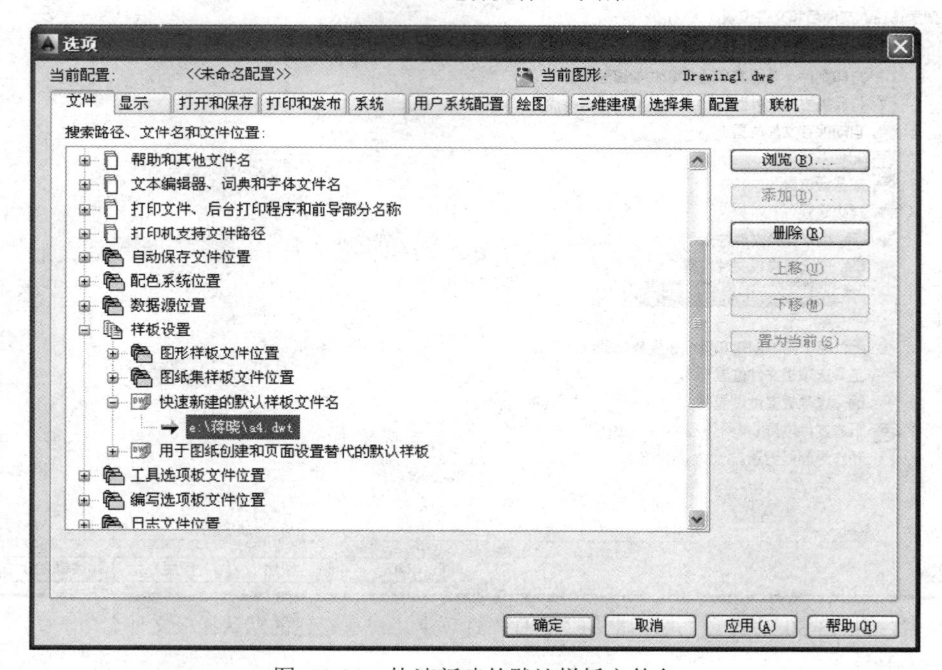

图 13-32 快速新建的默认样板文件名

13.10 上 机 题

1．利用“定数等分”命令将一已知角三等分，如图 13-33 所示。

2．创建横式 A3 样板文件，然后调用该样板文件绘制如图 13-34 所示的钳座零件图，其三维实体模型如图 13-35 所示。

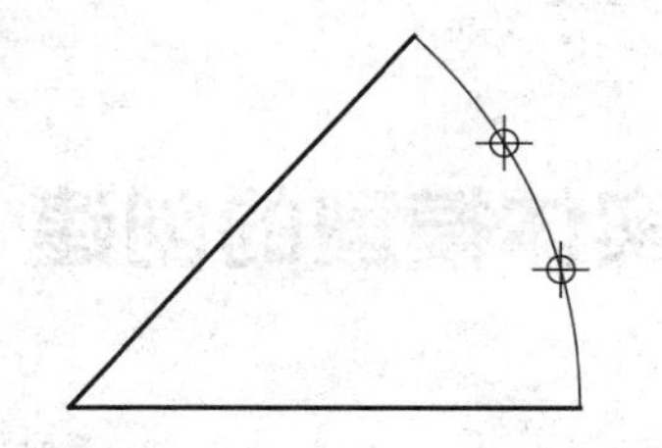

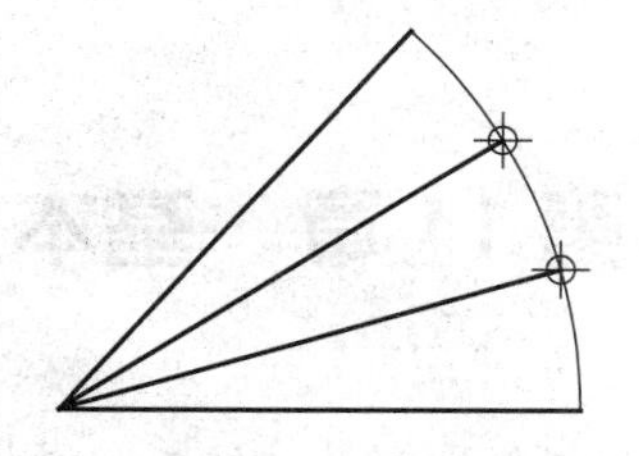

图 13-33　三等分一已知角

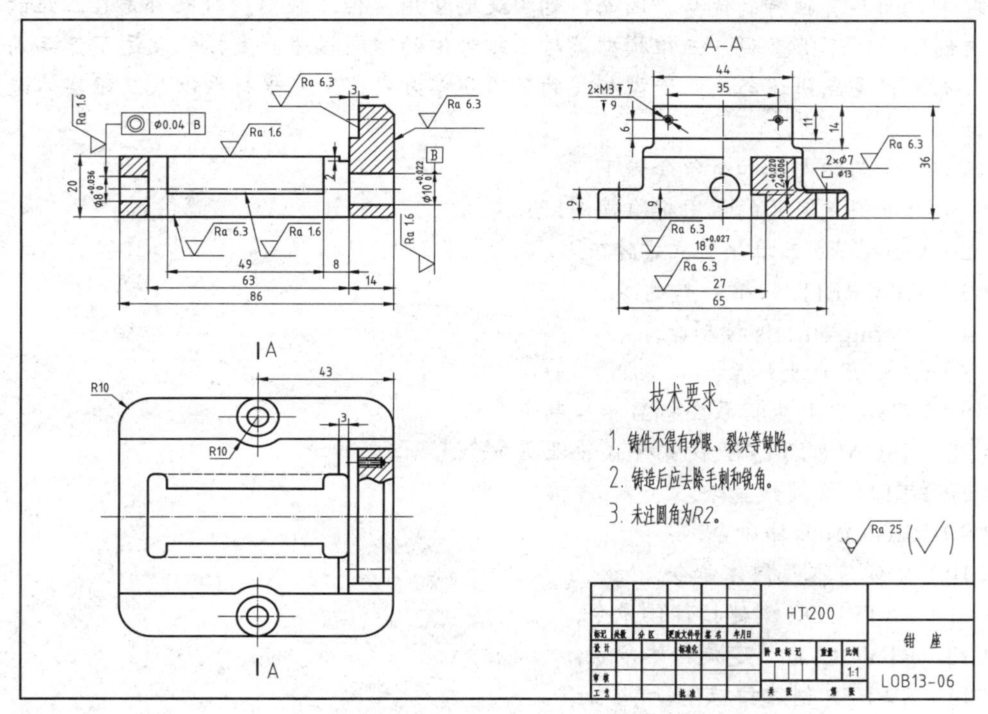

图 13-34　钳座零件图

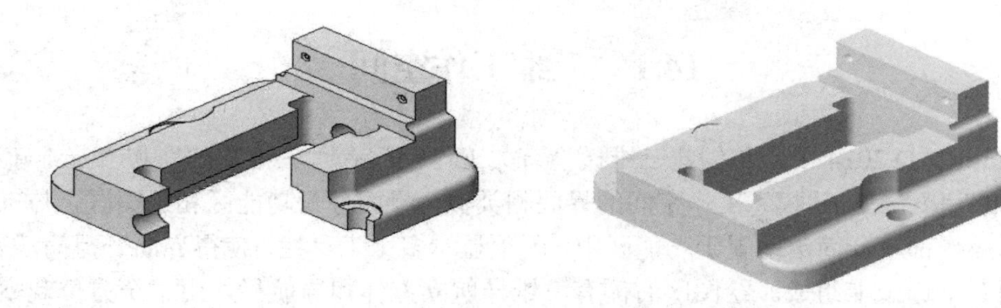

图 13-35　钳座三维实体模型

第 14 章　基本三维实体模型的创建

前面所述的二维图形是传统工程图样的主要表达形式，在表达物体的形状、尺寸、技术要求等方面具有独特的优势，因而得到广泛的应用。但二维图形对象都是在二维的 XY 平面内创建的，不够直观。三维模型是对三维形体的空间描述，直接能表达了产品的设计效果。本章将重点讲述与三维造型相关的三维观察方式，用户坐标系以及三维实体造型命令的操作方法。

本章将介绍的内容和新命令如下。

（1）标准视点定义的常用标准视图；

（2）ViewCube 三维导航立方体；

（3）3DFORBIT 三维动态观察；

（4）SteeringWheels 控制盘；

（5）UCS 用户坐标系；

（6）UCSICON 坐标系图标显示控制命令；

（7）VISUALSTYLES 视觉样式管理器命令；

（8）HELIX 螺旋线命令；

（9）REGION 面域命令；

（10）创建基本几何体命令；

（11）EXTRUDE 创建拉伸体命令；

（12）REVOLVE 创建旋转体命令；

（13）SWEEP 创建扫掠体命令；

（14）LOFT 创建放样体命令。

14.1　三维工作空间

在 AutoCAD 2014 中，与创建三维模型有关工作空间有“三维基础”和“三维建模”。“三维基础”和“三维建模”工作空间的界面相类似，界面分为功能区和绘图区，与三维模型有关的操作都单一简洁地置于功能区中，无须显示多个工具栏，使得界面变得简洁有序，功能区由若干选项卡组成。绘图区右侧有三维导航立方体和导航栏，用于全方位观察三维模型。“三维基础”比“三维建模”工作空间的界面更为简洁，可以满足大多数的三维模型的创建，第 14 章与第 15 章的工作空间如不作特殊说明全部使用“三维建模”工作空间，如图 14-1 所示。

“三维建模”工作空间的右侧是导航栏，可以通过命令 NAVBAR 开关导航栏，NAVBAR 的选项为 ON 为打开导航栏，NAVBAR 的选项为 OFF 为关闭导航栏。

三维模型的显示方式一般有平行投影和透视投影，透视投影取决于人观察物体的视点和目标点之间的距离，较小的距离产生明显的透视效果，较大的距离产生轻微的效果。而平行投影与此距离无关，如图 14-2 所示。

图 14-1　“三维基础”工作空间

（a）平行投影

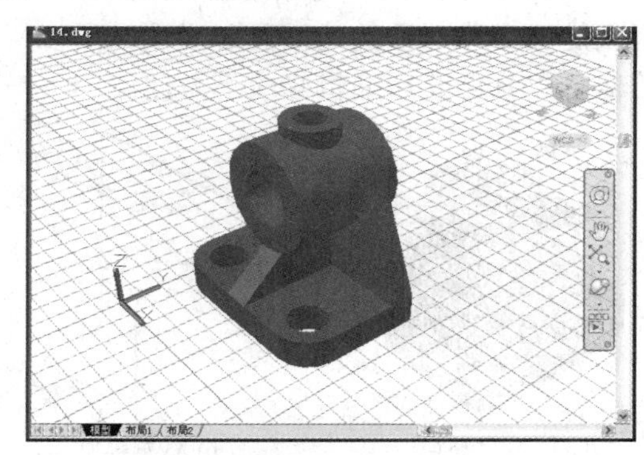

（b）透视投影

图 14-2　三维模型的显示方式

机械工程上的三维模型一般采用平行投影的方式显示，平行投影和透视投影可以通过改变系统变量 PERSPECTIVE 的值来切换，透视投影 PERSPECTIVE 的值为 1，平行投影 PERSPECTIVE 的值为 0。

注意：透视视图在“二维线框”视觉样式中不可用，且仅在模型空间中有效。

14.2　三维模型的分类

AutoCAD 2014 支持三维模型类型包括实体模型、线框模型、网格模型和表面模型。

（1）实体模型。实体模型描述了对象的整个体积，是信息最完整且二义性最小的一种三维模型，复杂的实体模型在构造和编辑上较线框模型和表面模型要容易。使用实体模型，用户可以分析实体的质量、体积、重心等物理特性，可以为一些应用分析如数控加工、有限元等提供数据。

实体模型是具有质量、体积、重心和惯性矩等特性的三维表示。实体模型是包含信息最多，也是最容易使用的三维建模类型，如图 14-3（a）所示。用户可以分析实体的质量特性，并输出数据以用于数控铣削或 FEM（有限元法）分析。本章主要讨论实体建模的方法。

（2）线框模型。线框模型是描绘三维对象的骨架，如图 14-3（b）所示。线框模型中没有面，只有描绘对象边界的点、直线和曲线。AutoCAD 可以在三维空间的任何位置放置二维（平面）对象来创建线框模型。AutoCAD 也提供一些三维线框对象，例如三维多段线和样条曲线。由于构成线框模型的每个对象都必须单独绘制和定位，因此，这种建模方式可能最为耗时。

（3）网格模型。网格模型由使用多边形表示（包括三角形和四边形）来定义三维形状的顶点、边和面组成，如图 14-3（c）所示。与实体模型不同，网格没有质量特性。但是，与三维实体一样，从 AutoCAD 2010 开始，用户可以创建诸如长方体、圆锥体和棱锥体等图元网格形式。然后，可以通过不适用于三维实体或曲面的方法来修改网格模型。例如，可以应用锐化、拆分以及增加平滑度。可以拖动网格子对象（面、边和顶点）使对象变形。要获得更细致的效果，可以在修改网格之前优化特定区域的网格。

（4） 表面模型。表面模型是通过面来表达三维形体的模型，如图 14-3（d）所示。它不仅定义三维对象的边而且定义面，所以可以进行消隐、着色等操作。但表面模型没有体的信息，且创建后编辑修改不方便。

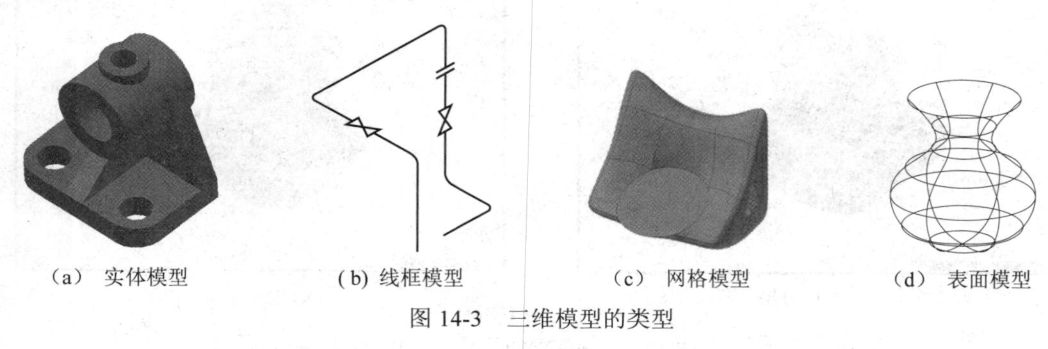

（a） 实体模型　　（b）线框模型　　（c） 网格模型　　（d） 表面模型

图 14-3　三维模型的类型

14.3 三 维 观 察

用户在创建三维模型时，可采用缩放或平移的方法来观察三维模型。同时还需要从不同的角度来观察三维模型，以获得三维模型各部分的详细信息。下面介绍常用快捷的观察三维模型方法：常用标准视图、三维导航立方体和控制盘、三维动态观察器。

14.3.1 常用标准视图

快速设置观察方向的方法是选择预定义的标准正交视图和等轴测视图。这些视图为俯视、仰视、主视、左视、右视、后视、SW（西南）等轴测、SE（东南）等轴测、NE（东北）等轴测和 NW（西北）等轴测。

调用命令的方式如下。

功能区：单击“常用”选项卡“视图”面板中的“视图”下拉列表或单击“视图”选项卡“视图”面板中的“视图”下拉列表。

菜单：执行“视图”|“三维视图”命令。

工具栏：单击“视图”工具栏。

操作步骤如下。

第 1 步，单击功能区“常用”选项卡“视图”面板上的“视图”下拉列表，如图 14-4 所示。

第 2 步，单击相应的图标按钮，可以在 6 个标准正交视图和 4 个等轴测视图中切换。

图 14-4 “命名视图”下拉列表

14.3.2 ViewCube 三维导航立方体[①]

三维导航立方体是 AutoCAD 2009 开始新增的一个三维观察工具，启用三维图形系统时，三维导航立方体可以作为三维模型方位的参考，直观反馈模型当前的观察方向，并可以在标准视图和等轴测视图间快速切换。

调用命令的方式如下。

菜单：执行“视图”|“显示”| ViewCube|“开”命令。

键盘命令：NAVVCUBE。

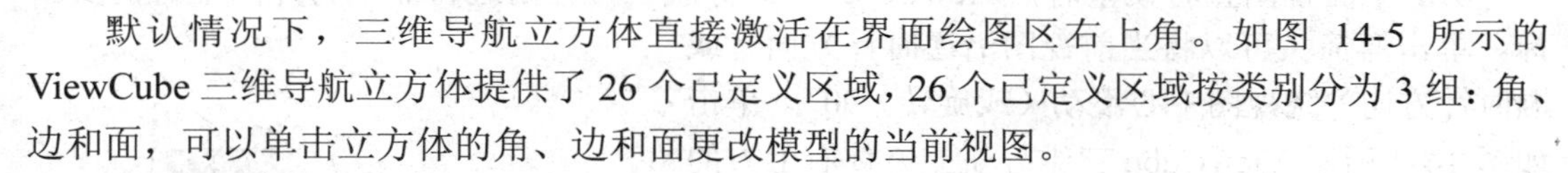

默认情况下，三维导航立方体直接激活在界面绘图区右上角。如图 14-5 所示的 ViewCube 三维导航立方体提供了 26 个已定义区域，26 个已定义区域按类别分为 3 组：角、边和面，可以单击立方体的角、边和面更改模型的当前视图。

1．面的操作

ViewCube 三维导航立方体上、下、前、后、左、右分别代表三维模型 6 个标准正交视图：俯视、仰视、主视、左视、右视、后视。单击 ViewCube 三维导航立方体上的一个面设置正交视图，如图 14-6 所示。

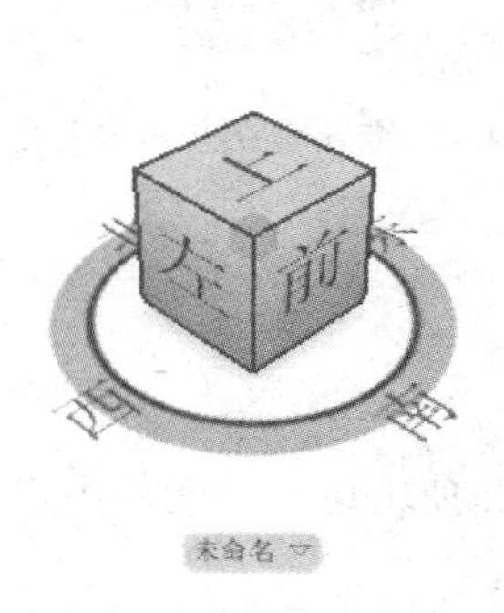

图 14-5 ViewCube 三维导航立方体

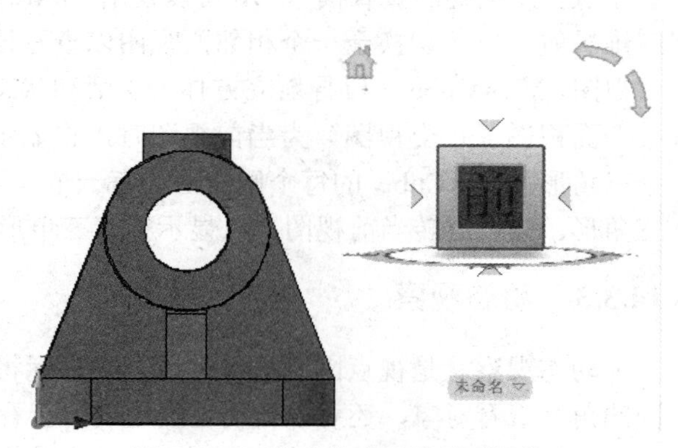

图 14-6 三维导航立方体的面操作

2．角的操作

单击 ViewCube 三维导航立方体上的一个角，设置基于模型三个侧面所定义的等轴测视图，如图 14-7 所示，基于上、左、前三个面的角定义了西南等轴测视图。

① 此为 AutoCAD 2009 开始新增的功能。

3．边的操作

单击 ViewCube 三维导航立方体一条边，设置基于模型两个侧面的四分之三视图，如图 14-8 所示。

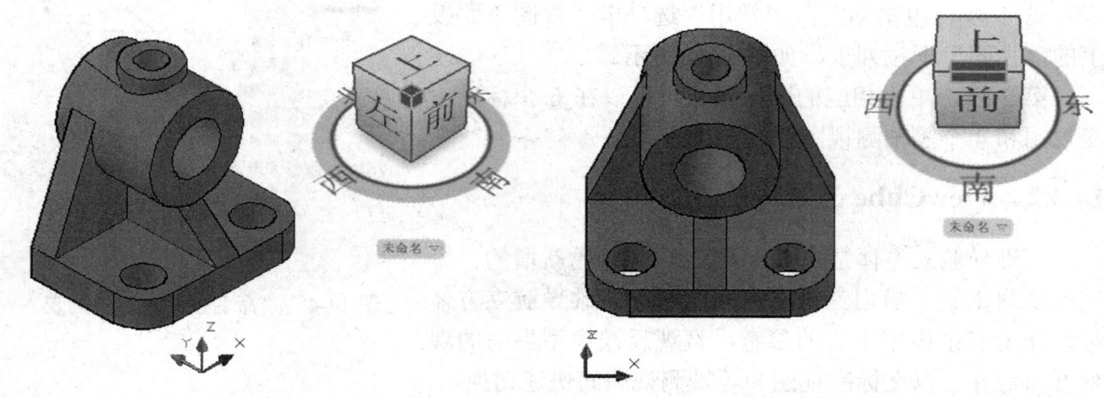

图 14-7 三维导航立方体的角操作　　　图 14-8 三维导航立方体的边操作

4．旋转标准正交视图的操作

从一个面视图查看模型时，ViewCube 三维导航立方体附近将显示另外两个弯箭头图标。单击弯箭头可以将当前视图沿逆时针方向（或顺时针方向）绕视图中心滚动（或旋转）90°。单击如图 14-7 所示 ViewCube 三维导航立方体右上方的逆时针方向弯箭头，视图沿逆时针方向绕视图中心旋转 90°，如图 14-9 所示。

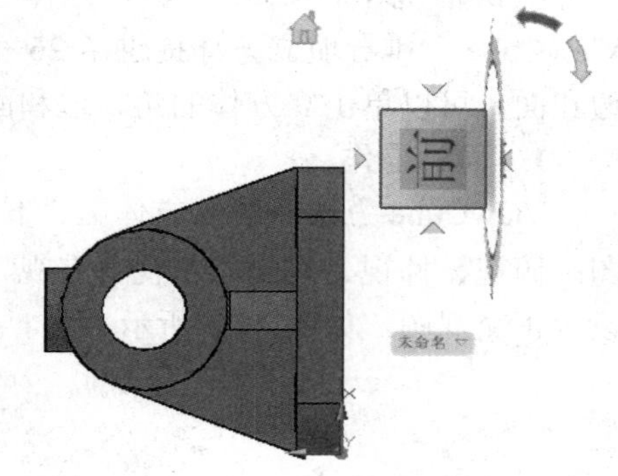

图 14-9 三维导航立方体的正交视图旋转

5．切换至相邻面的操作

从一个面视图查看模型时，可以使用 ViewCube 三维导航立方体切换至一个相邻面视图以查看该相邻视图。ViewCube 三维导航立方体处于活动状态且某个面视图（正交视图）为当前视图时，将显示 4 个三角形，ViewCube 的每个侧面上均有一个。单击三角形，可以旋转当前视图，以显示标有三角形的面视图。

14.3.3 动态观察

动态观察就是视点围绕目标移动，而目标将保持静止。使用这一功能，用户可以从不同的角度查看对象，还可以自动连续地旋转查看对象。

动态观察分为受约束的动态观察、自由动态观察和连续动态观察。其中最常用的是受约束的动态观察和自由动态观察。

1．受约束的动态观察

受约束的动态观察仅限于水平动态观察和垂直动态观察。

调用命令的方式如下。

功能区：单击“视图”选项卡“导航”面板中的图标按钮。

导航栏：单击导航栏上的图标按钮。

菜单：执行“视图”|“动态观察”|“受约束的动态观察”命令。

键盘命令：3DORBIT。

操作步骤如下。

第 1 步，选择要使用 3DORBIT 查看的一个或多个对象；或者如果要查看整个图形，则不选择对象，此步省略。

第 2 步，调用“受约束的动态观察”命令。

第 3 步，要沿 XY 平面移动动态观察对象，可以在图形中按住鼠标左键，并向左或向右拖动光标。要沿 Z 轴移动动态观察对象，可以在图形中按住鼠标左键，然后上下拖动光标。

第 4 步，回车，结束命令。

2．自由动态观察

自由动态观察不参照平面，在任意方向上进行动态观察。

调用命令的方式如下。

菜单：执行“视图”|“动态观察”|“自由动态观察”命令。

功能区：单击“视图”选项卡“导航”面板上的图标按钮。

导航栏：单击导航栏上的 图标按钮。

键盘命令：3DFORBIT。

当调用“自由动态观察”命令时，绘图区将显示如图 14-10 所示的导航球，将光标移动到转盘的 4 个不同部分，光标会发生如下的几种变化：

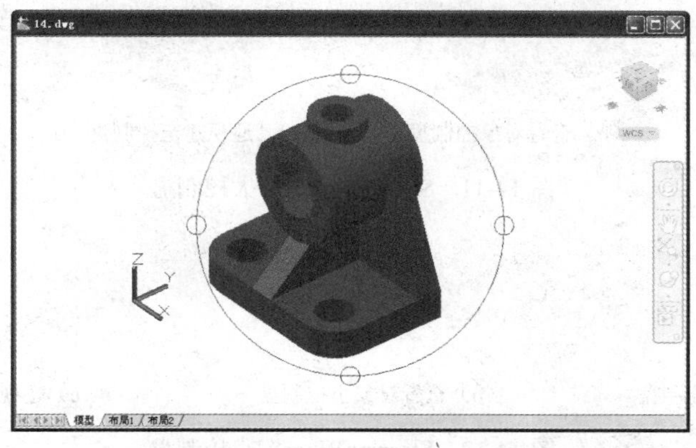

图 14-10　导航球的三维自由动态观察

将光标移动到转盘内时，拖动鼠标左键，可以随意设置目标的视点。

将光标移动到转盘外时，拖动鼠标左键，使视点围绕垂直屏幕并通过目标中心的轴线移动。

将光标移动到转盘左侧或右侧较小的圆上时，拖动鼠标左键左右移动，视点将在水平方向上围绕目标中心移动。

将光标移动到转盘顶部或底部较小的圆上时，拖动鼠标左键上下移动，视点将在垂直方向上围绕目标中心移动。

注意：

（1）OLE 对象和光栅对象不在三维动态观察的视图中出现。

（2）不能在动态观察激活时编辑对象。要退出动态观察，可以回车或按 Esc 键，也可以从快捷菜单中选择“退出”选项。

（3）导航栏的激活方法：键盘命令 NAVBAR 设置输入选项为 ON。

14.3.4 SteeringWheels 控制盘[①]

SteeringWheels 又称作控制盘，划分为不同部分，每一部分即是一个按钮。控制盘上的每个按钮代表一种导航工具。它将多个常用导航工具结合到一个单一界面中，从而为用户节省了时间。

调用命令的方式如下。

功能区：单击“视图”选项卡“导航”面板中的图标按钮。

菜单：执行“视图”| SteeringWheels 命令。

导航栏：单击导航栏上的图标按钮。

键盘命令：NAVSWHEEL。

图 14-11 和图 14-12 所示的 SteeringWheels 控制盘提供了 4 种用于不同场合的控制盘样式：全导航控制盘、查看对象控制盘、巡视建筑控制盘和二维导航控制盘。

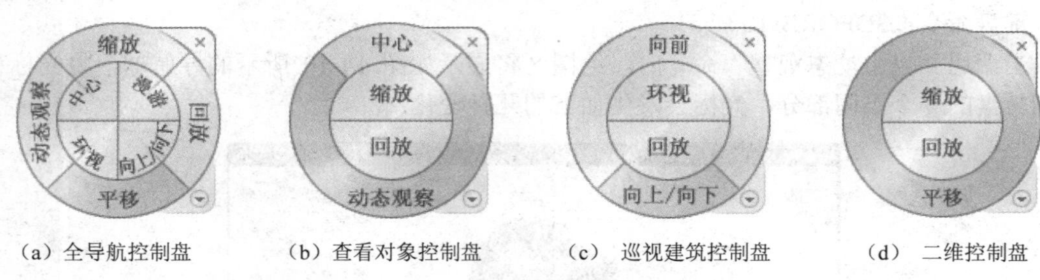

（a）全导航控制盘　（b）查看对象控制盘　（c）巡视建筑控制盘　（d）二维控制盘

图 14-11　SteeringWheels 大控制盘

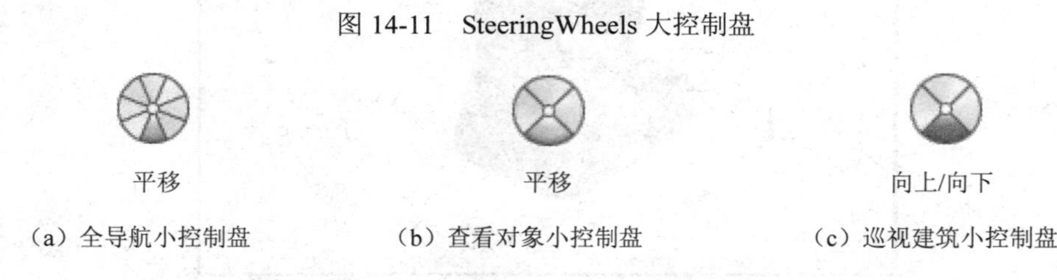

（a）全导航小控制盘　（b）查看对象小控制盘　（c）巡视建筑小控制盘

图 14-12　SteeringWheels 小控制盘

不同控制盘样式之间常用切换方式有以下两种：

（1）调用命令激活控制盘后右击，在快捷菜单中选择控制盘样式，如图 14-13 所示。

（2）从导航栏调用命令，单击下拉式按钮，选择控制盘样式，如图 14-14 所示。

控制盘上的“动态观察”按钮被激活后，观察视点将围绕轴心（即固定坐标系原点）转动，如图 14-15（a）所示。如果先选择对象，再调用 SteeringWheels 命令，则轴心在被

① 此为 AutoCAD 2009 开始新增的功能。

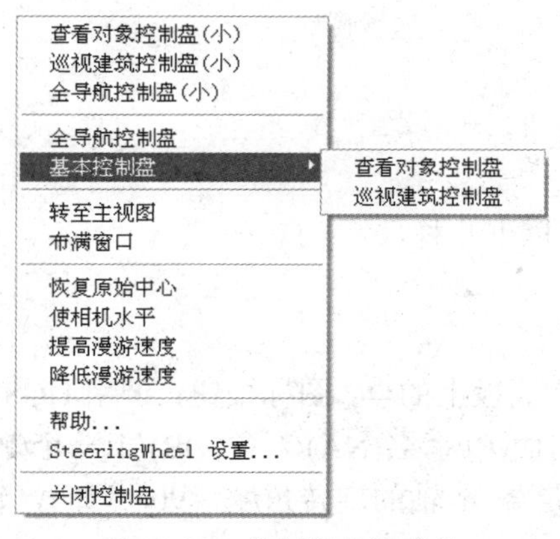

图 14-13　控制盘快捷菜单

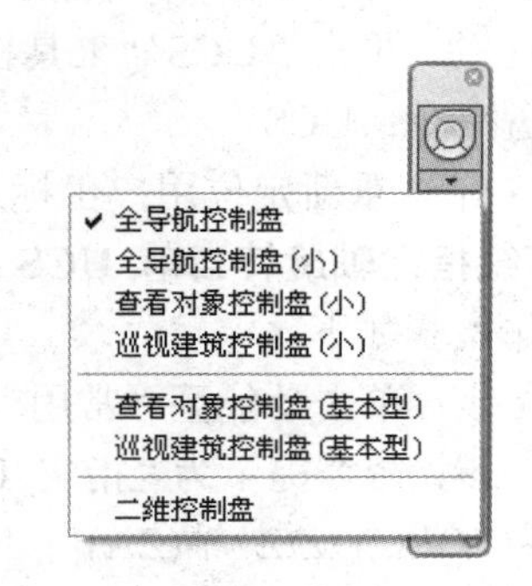

图 14-14　控制盘下拉式按钮

选对象的中心，如图 14-15（b）所示。

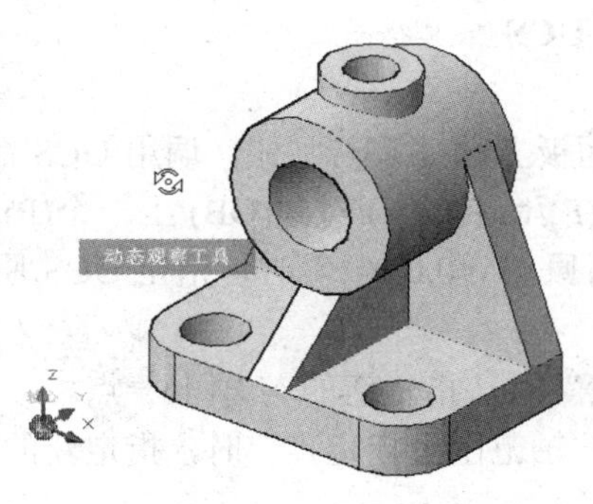

（a）轴心在固定坐标系原点

（b）轴心在被选对象中心

图 14-15　“动态观察”轴心位置

14.4　用户坐标系

AutoCAD 有两个坐标系：一个是被称为世界坐标系（WCS）的固定坐标系；另一个是被称为用户坐标系（UCS）的可移动坐标系。默认情况下，这两个坐标系在新图形中是重合的。

用户坐标系（UCS）是用于坐标输入、平面操作和查看的一种可移动坐标系。重新定位后的坐标系相对于世界坐标系（WCS）而言，就是创建的用户坐标系（UCS）。大多数编辑命令取决于当前 UCS 的位置和方向，二维对象将绘制在当前 UCS 的 XY 平面上。与用户坐标系（UCS）相关的命令主要有 2 个：UCS 命令和 UCSICON 命令。

14.4.1　用户坐标系的创建

所有坐标输入以及其他许多工具和操作，均参照当前的用户坐标系。使用 UCS 命令可以重新定位用户坐标系。

调用命令的方式如下。

功能区：单击“常用”选项卡“坐标”面板中的 图标按钮或单击“视图”选项卡“坐

标”面板中的图标按钮。

菜单：执行“工具”|“新建 UCS”命令。

工具栏：单击“UCS”工具栏中的图标按钮。

键盘命令：UCS。

UCS 命令重新定位用户坐标系的方法主要有以下几种。

1．绕指定轴旋转当前 UCS

操作步骤如下。

第 1 步：单击功能区“常用”选项卡“坐标”面板上的图标按钮，调用 UCS 命令。

第 2 步：命令提示为“指定 UCS 的原点或 [面(F)/命名(NA)/对象(OB)/上一个(P)/视图(V)/世界(W)/X/Y/Z/Z 轴(ZA)] <世界>:_n”，“指定绕 n 轴的旋转角度 <90>:”时，输入旋转角度，回车。

注意：提示 n 代表 X、Y 或 Z。将右手拇指指向轴的正方向，卷曲其余四指。右手四指所指示的方向即轴的正旋转方向。

2．通过指定新原点及新的 X、Y 轴方向定义新 UCS

操作步骤如下。

第 1 步：单击功能区“常用”选项卡“坐标”面板上的图标按钮，调用 UCS 命令。

第 2 步：命令提示为“指定 UCS 的原点或 [面(F)/命名(NA)/对象(OB)/上一个(P)/视图(V)/世界(W)/X/Y/Z/Z 轴(ZA)] <世界>: _3”，“指定新原点 <0,0,0>:”时，指定 UCS 原点新的位置。

第 3 步：命令提示为“在正 X 轴范围上指定点”时，指定新的 X 轴上一点。

第 4 步：命令提示为“在 UCS XY 平面的正 Y 轴范围上指定点”时，指定新的 Y 轴上一点。

3．恢复上一次定义的 UCS

第 1 步：单击功能区“常用”选项卡的“坐标”滑出面板上的图标按钮，调用 UCS 命令。

第 2 步：命令提示为“指定 UCS 的原点或 [面(F)/命名(NA)/对象(OB)/上一个(P)/视图(V)/世界(W)/X/Y/Z/Z 轴(ZA)] <世界>: _p”时，回车，恢复上一次定义的 UCS。

4．恢复 UCS 与 WCS 重合

操作步骤如下。

第 1 步：单击功能区“常用”选项卡的“坐标”滑出面板上的图标按钮，调用 UCS 命令。

第 2 步：命令提示为“指定 UCS 的原点或 [面(F)/命名(NA)/对象(OB)/上一个(P)/视图(V)/世界(W)/X/Y/Z/Z 轴(ZA)] <世界>: _w”时，回车，恢复 UCS 与 WCS 重合。

【例 14-1】 将图 14-16 中的 UCS 位置改到长方体的对角点，且原 UCS 中的 Z 轴改为 X 轴。

操作如下。

命令: _ **ucs**	单击图标按钮，启动 UCS 命令
当前 UCS 名称: *没有名称*	系统提示

指定 UCS 的原点或 [面(F)/命名(NA)/对象(OB)/上一个(P)/视图(V)/世界(W)/X/Y/Z/Z 轴(ZA)] <世界>: _3	
指定新原点 <0,0,0>:	拾取长方体的对角点为新的 UCS 原点
在正 X 轴范围上指定点 <52.5376,35.6546,-89.2658>:	拾取角点 A
在 UCS XY 平面的正 Y 轴范围上指定点 <51.5376,36.6546,-89.2658>:	拾取角点 B

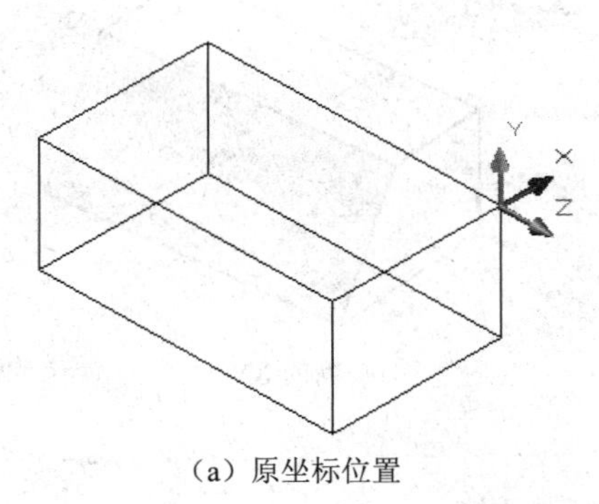

（a）原坐标位置

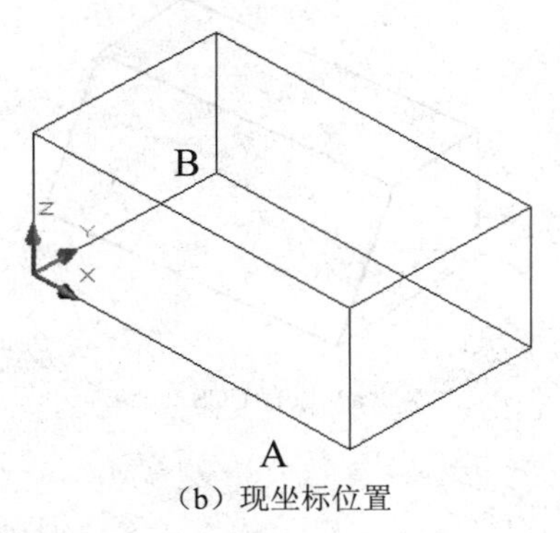

（b）现坐标位置

图 14-16　三维长方体图

14.4.2　动态 UCS[①]

从 AutoCAD 2007 开始新增的动态 UCS 功能可用于：简单几何图形，文字，参照，实体编辑，以及 UCS、区域、夹点工具操作等。

动态 UCS 的启动或关闭可以通过单击状态栏上按钮或按 F6 键来转换。

动态 UCS 的使用使得三维建模变得更为灵活和方便，主要体现在以下 3 个方面。

（1）动态 UCS 在已有三维实体的平面上创建对象时，而无须手动更改 UCS 方向。在执行命令的过程中，当光标移动到面上方时，动态 UCS 会临时将 UCS 的 XY 平面与三维实体的平面对齐。

（2）对三维实体使用动态 UCS 和 3DALIGN 命令，可以快速有效地重新定位对象并重新确定对象相对于平面的方向。

（3）使用动态 UCS 以及 UCS 命令，可以快速在三维中指定新的 UCS，同时大大降低错误几率。具体操作步骤在例 14-2 中说明。

【例 14-2】　将如图 14-17（a）所示三维模型中原有 UCS 的 XY 平面重新指定在模型的斜面上。

操作如下。

命令: <对象捕捉 开> 命令: <动态 UCS 开>	按 F3 和 F6 键，启动对象捕捉功能和动态 UCS
命令: **_ucs**	单击图标按钮，启动 UCS 命令
当前 UCS 名称: *没有名称*	系统提示
指定 UCS 的原点或 [面(F)/命名(NA)/对象(OB)/上	光标移至三维模型的斜面上使之亮现，如

① 此为 AutoCAD 2007 开始新增的功能。

一个(P)/视图(V)/世界(W)/X/Y/Z/Z 轴(ZA)] <世界>:	图 14-17（b）所示；然后在斜面上利用二维的对象捕捉找到斜面中点，如图 14-17（c）所示
在正 X 轴范围上指定点 <1.0000,0.0000,0.0000>: ↵	回车，接受默认指定方向
在 UCS XY 平面的正 Y 轴范围上指定点 <0.0000,1.0000,0.0000>: ↵	回车，接受默认指定方向

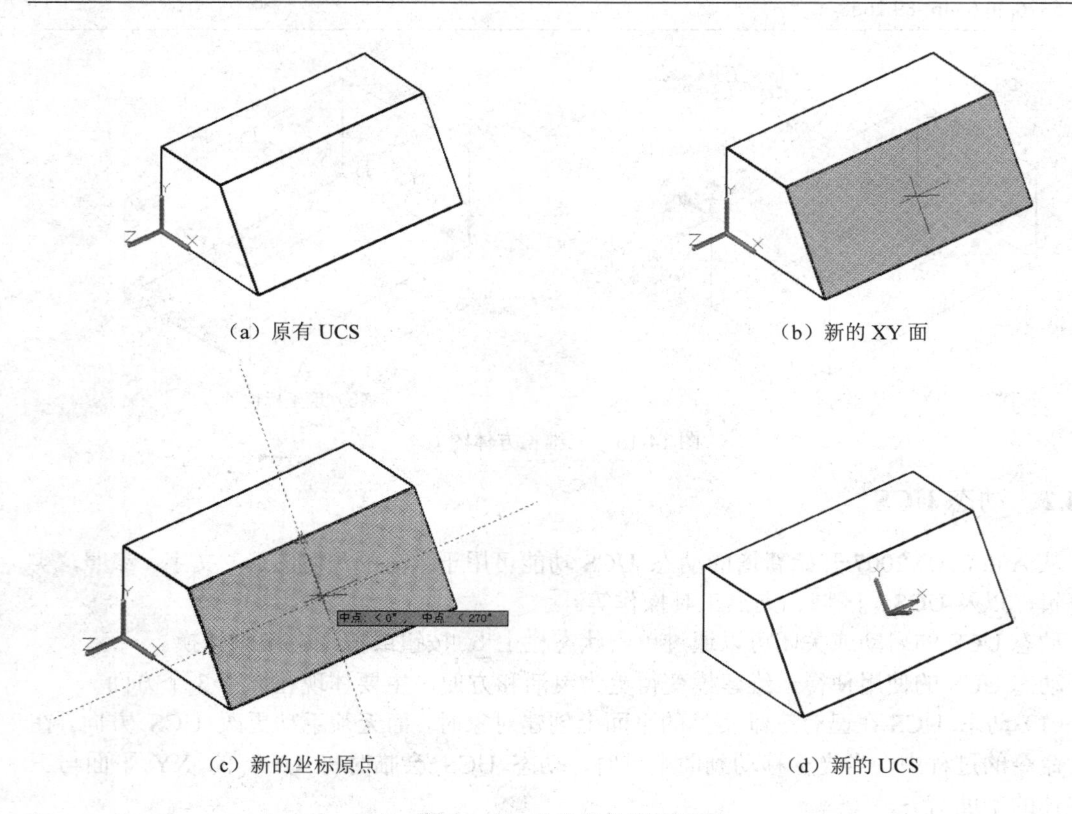

（a）原有 UCS （b）新的 XY 面

（c）新的坐标原点 （d）新的 UCS

图 14-17 动态定义新的 UCS

注意：

（1）仅当命令处于活动状态时动态 UCS 才可用。

（2）要在动态 UCS 上显示 XYZ 标签，可以在“动态 UCS”图标按钮上右击并单击“显示十字光标标签”。

14.4.3 坐标系图标的显示控制

UCSICON 既是命令也是系统变量。可以通过 SETVAR 命令访问 UCSICON 系统变量，或者直接在命令行输入 UCSICON 命令。通过 UCSICON 命令可以改变 UCS 图标的大小和颜色等。

调用命令的方式如下。

功能区：单击“常用”选项卡“坐标”面板中的图标按钮或“视图”选项卡“坐标”面板中的图标按钮。

菜单：执行“视图”|“显示”|“UCS 图标”命令。

键盘命令：UCSICON。

操作步骤如下。

第 1 步，调用 UCSICON 命令。

第 2 步，命令提示为“输入选项 [开(ON)/关(OFF)/全部(A)/非原点(N)/原点(OR)/特性(P)] <开>:”时，输入 P，回车。

第 3 步，在“UCS 图标”对话框中修改设置。

第 4 步，单击“确定”按钮。

注意： UCS 图标的可见性控制，可通过命令行提示输入选项时，输入 ON（开）或 OFF（关）来控制。

【例 14-3】 将图 14-18（a）中的 UCS 图标大小增大，颜色改为红色并加粗。

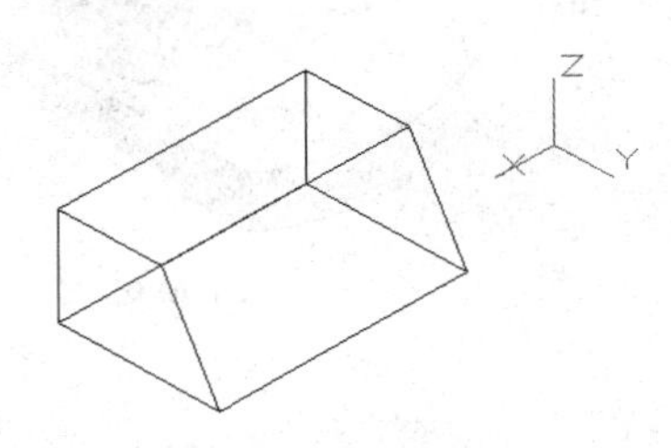

（a）原 UCS 图标样式

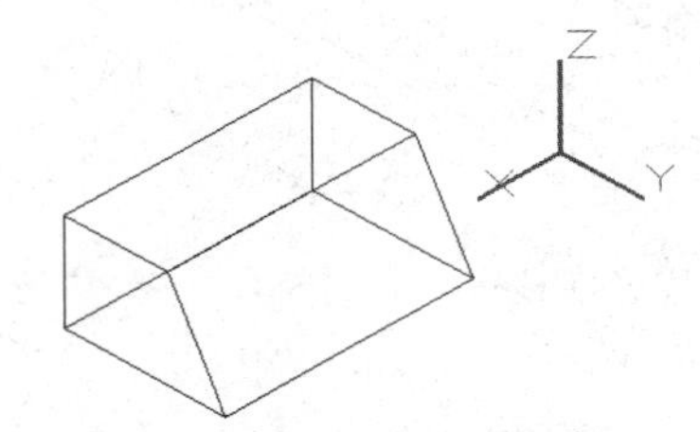

（b）现 UCS 图标样式

图 14-18　三维 UCS 图标

操作如下。

命令: _ **ucsicon**	输入 UCSICON，弹出“UCS 图标”对话框
“线宽”：3	线宽选择最粗线宽
“UCS 图标大小”：**70**	UCS 图标的大小为 70
“UCS 图标颜色 ”中的“模型空间图标颜色”：**红**	模型空间中 UCS 图标的的颜色为红色
单击“确定”按钮	结束命令，结果如图 14-18（b）所示

注意： 使用 UCSICON 命令改变 UCS 图标的大小和颜色，只限于“二维线框”的视觉样式，对其他视觉样式下的 UCS 图标不起作用。

14.5 视 觉 样 式

视觉样式是一组设置，主要用来控制三维模型中边和着色的显示。

14.5.1 视觉样式的种类

AutoCAD 2014 提供以下 10 种默认视觉样式：

二维线框：显示用直线和曲线表示边界的对象。光栅和 OLE 对象、线型和线宽均可见。

线框（三维线框）：显示用直线和曲线表示边界的对象，如图 14-19（a）所示。

隐藏：显示用三维线框表示的对象并隐藏表示后向面的直线和曲线，如图 14-19（b）所示。

概念：使用平滑着色和古氏面样式显示对象。古氏面样式是一种冷色和暖色之间的过渡而不是从深色到浅色的过渡。效果缺乏真实感，但是可以更方便地查看模型的细节，如图 14-19（c）所示。

真实：使用平滑着色显示对象。将显示已附着到对象的材质，如图 14-19（d）所示。

着色：使用平滑着色显示对象，如图 14-19（e）所示。

带边缘着色：使用平滑着色和可见边显示对象，如图 14-19（f）所示。

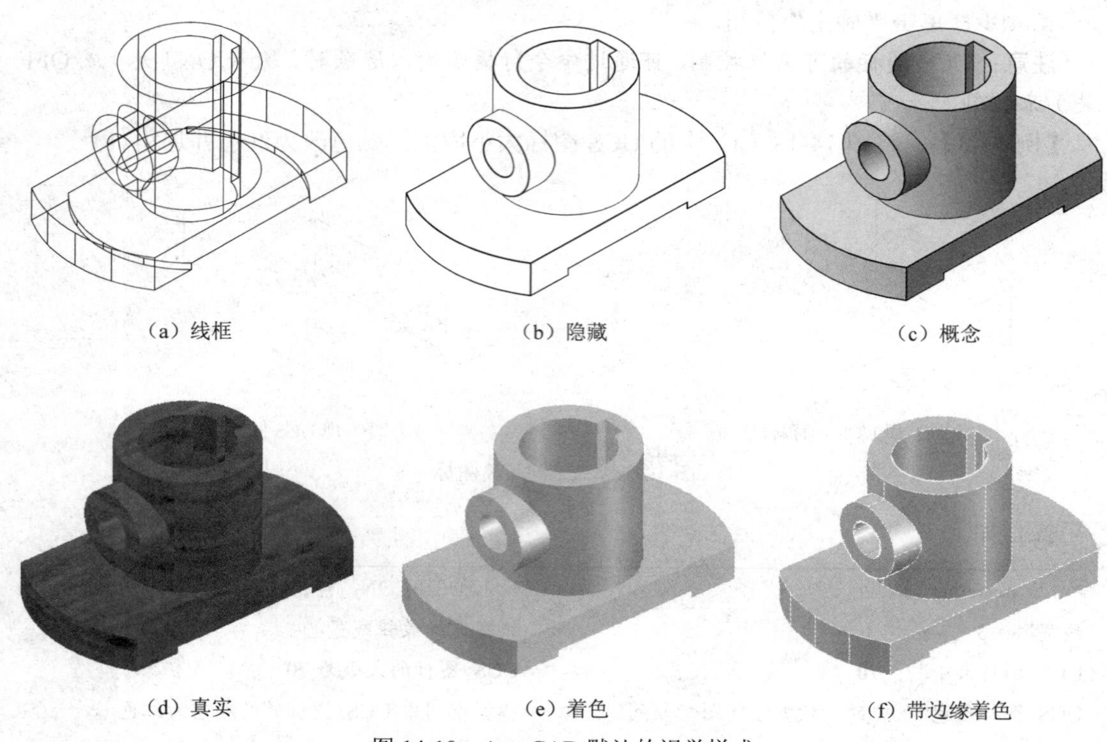

（a）线框　（b）隐藏　（c）概念

（d）真实　（e）着色　（f）带边缘着色

图 14-19　AutoCAD 默认的视觉样式

灰度：使用平滑着色和单色灰度显示对象。

勾画：使用线延伸和抖动边修改器显示手绘效果的对象。

X 射线：以局部透明度显示对象。

14.5.2　视觉样式之间的切换

视觉样式之间切换可以用以下两种方式进行。

1. 快速切换

在功能区“常用”选项卡“视图”面板中，单击如图 14-20 所示的视觉样式下拉式图标按钮，可以快速在各视觉样式之间转换。

2. 利用“视觉样式管理器”切换

AutoCAD 用“视觉样式管理器”管理上述的 10 种默认视觉样式及自定义视觉样式，显示当前可用的视觉样式的样例图像。

调用命令的方式如下。

功能区：单击“常用”选项卡“视觉”面板中的“视觉样式管理器”或“视图”选项卡“视觉样式”面板中的“视觉样式管理器”。

菜单：执行“工具”|“选项板”|“视觉样式”命令，或者执行“视图”|“视觉样式”|“视觉样式管理器”命令。

键盘命令：VISUALSTYLES。

各视觉样式之间转换的操作步骤如下。

第 1 步，调用“视觉样式管理器”命令。

第 2 步，在如图 14-21 所示的“视觉样式管理器”选项板中，双击所需的视觉样式样例图像。选定的视觉样式将应用到视口中的模型。

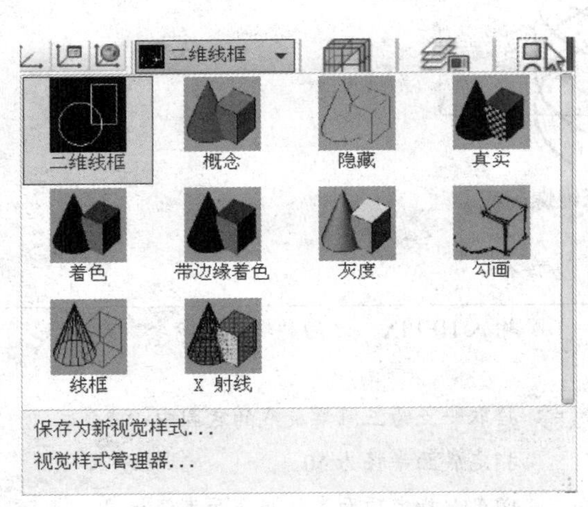

图 14-20　选择“视觉样式”下拉列表

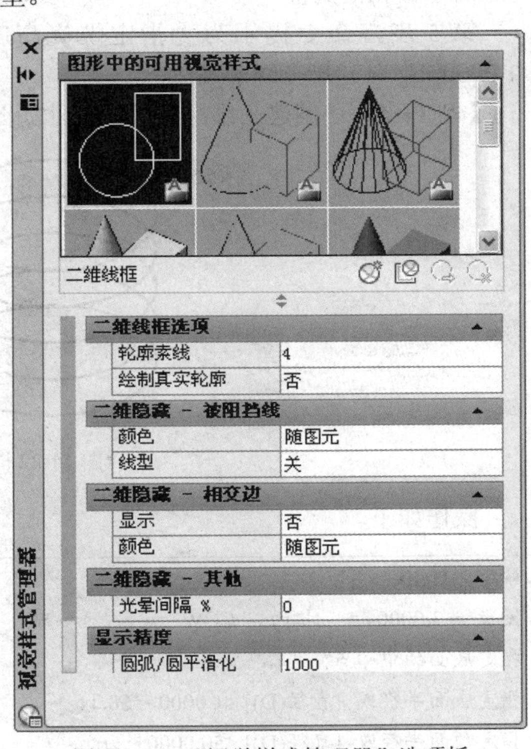

图 14-21　“视觉样式管理器”选项板

一般以“二维线框”或“三维线框”的视觉样式对实体进行编辑和修改。而在查看三维模型的整体效果时需要隐藏实体的不可见线条或对实体进行着色处理，以增强图形的效果，得到更逼真的图像。“三维隐藏”、“概念”及“真实”等视觉样式可以满足这样的要求，快速、形象地查看三维模型的整体效果。

14.6　螺旋线的绘制

螺旋即开口的二维或三维螺旋。

调用命令的方式如下。

功能区：单击“常用”选项卡“绘图”下滑面板中的图标按钮。

菜单：执行“绘图”|“螺旋”命令。

工具栏：单击“建模”工具栏中的图标按钮。

键盘命令：HELIX。

操作步骤如下。

第 1 步，调用“螺旋”命令。

第 2 步，命令提示为“指定底面的中心点:”时，指定螺旋底面的中心点。

第 3 步，命令提示为“指定底面半径或 [直径(D)]:”时，指定底面半径。

第 4 步，命令提示为“指定顶面半径或 [直径(D)] :”时，指定顶面半径或回车以指定与底面半径相同的值。

第 5 步，命令提示为“指定螺旋高度或 [轴端点(A)/圈数(T)/圈高(H)/扭曲(W)] <1.0000>:”时，指定螺旋高度。

【例 14-4】 创建三维螺旋线，尺寸如图 14-22 所示。

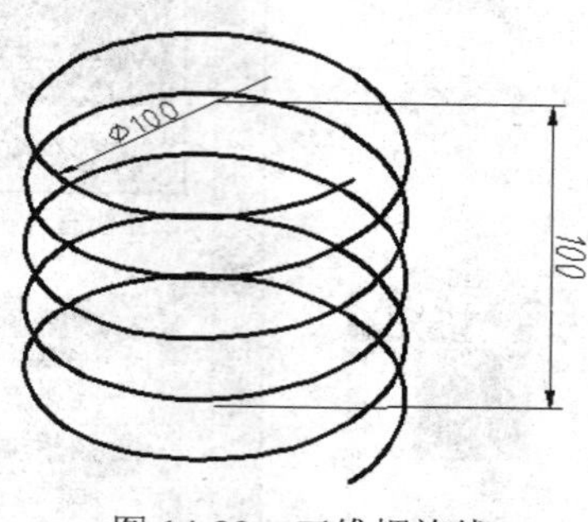

图 14-22 三维螺旋线

操作如下。

命令: **_Helix**	输入 HELIX，启动“螺旋”命令
圈数 = 3.0000 扭曲 = CCW	
指定底面的中心点:	拾取一点为三维螺旋线的底圆中心点
指定底面半径或 [直径(D)] <1.0000>: **50**↵	指定底面半径为 50
指定顶面半径或 [直径(D)] <50.0000>: ↵	回车，指定顶面半径与底面半径相同
指定螺旋高度或 [轴端点(A)/圈数(T)/圈高(H)/扭曲(W)] <1.0000>: **t**↵	选择“圈数(T)”选项
输入圈数 <3.0000>: **5**↵	指定三维螺旋线圈数为 5
指定螺旋高度或 [轴端点(A)/圈数(T)/圈高(H)/扭曲(W)] <1.0000>: **100**↵	指定三维螺旋线高度为 100

14.7 创 建 面 域

面域是二维闭合区域，即二维的平面。形成面域的二维闭合线框可以是直线、多段线、圆、圆弧、椭圆、椭圆弧和样条曲线的组合。 组成二维闭合线框的对象必须闭合或通过与其他对象共享端点而形成闭合的区域。

调用命令的方式如下。

功能区：单击“常用”选项卡“绘图”面板中图标按钮。

菜单：执行“绘图”|“面域”命令。

工具栏：单击“绘图”工具栏中的图标按钮。

键盘命令：REGION。

操作步骤如下。

第 1 步，调用“面域”命令。

第 2 步，命令提示为“选择对象:”时，选择对象以创建面域。对象必须各自形成闭合区域。

第 3 步，命令提示为“选择对象:”时，回车，结束命令。

【例 14-5】 创建如图 14-23 所示的面域。

操作步骤如下。

第 1 步，按图 14-24 所标注的尺寸绘制二维封闭轮廓线，操作过程略。

第 2 步，创建面域。

图 14-23 面域

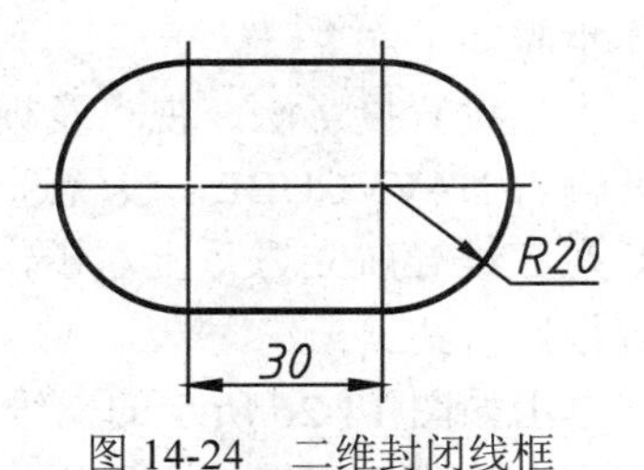

图 14-24 二维封闭线框

操作如下。

命令: **_region**	输入 REGION，启动“面域”命令
选择对象: 指定对角点: 找到 4 个	使用光标选择图 14-24 中的二维封闭线框
选择对象:↲	回车
已提取 1 个环	AutoCAD 提示已提取到一个封闭线框
已创建 1 个面域	AutoCAD 提示已创建一个面域，如图 14-23 所示

14.8 创建基本几何体

按三维建模的特性来分，基本实体应分为基本几何体和简单体。基本几何体包括长方体、圆柱体、圆锥体、球体、棱锥体、楔体、圆环、多段体等，在 AutoCAD 2014 中有对应的创建基本几何体的命令。简单体包括拉伸体、旋转体、放样体、扫掠体等。

AutoCAD 提供的建模命令可以直接创建常用的基本几何实体。

调用命令的方式如下。

功能区：单击“常用”选项卡“建模”面板中的图标按钮或“实体”选项卡“图元”面板中的相应图标按钮。

菜单：执行“绘图”|“建模”命令。

工具栏：单击“建模”工具栏中的相关图标按钮。

键盘命令：BOX、CYLINDER、CONE、SPHERE、PYRAMID、WEDGE、TORUS 和 POLYSOLID。

14.8.1 创建长方体

操作步骤如下。

第 1 步，设置实体模型的投影法、视点及视觉样式。

第 2 步，调用“长方体”命令。

第 3 步，命令提示为“指定第一个角点或[中心(C)]:”时，指定底面第一个角点的位置。

第 4 步，命令提示为“指定其他角点或[立方体(C)/长度(L)]:”时，指定底面对角点的位置。

第 5 步，命令提示为“指定高度或 [两点(2P)]:”时，指定长方体高度。

【例 14-6】 创建长方体，尺寸如图 14-25 所示。

操作步骤如下。

第 1 步，设置投影法、视点及视觉样式。

（1）输入 NAVVCUBE，设置选项为 ON，显示三维导航立方体。

（2）在三维导航立方体上右击，在弹出的快捷菜单上选择“平行”选项，设置当前投影为平行投影模式。

（3）单击如图 14-26 所示的三维导航立方体上的基于“上”、“前”和“后”面的角点，设置观察方向为“东南等轴测”。

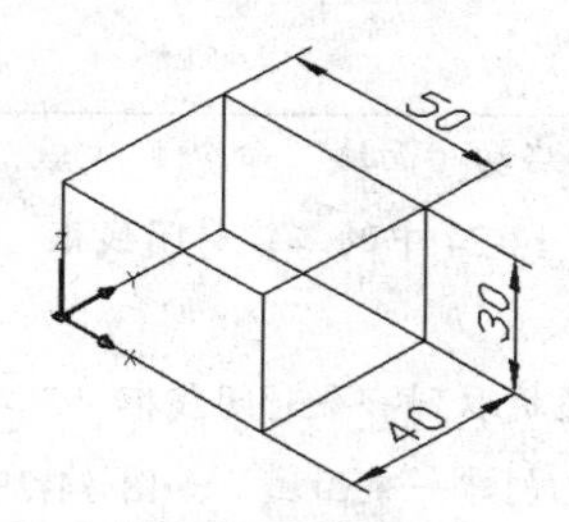

图 14-25　长方体

图 14-26　三维导航立方体的“东南等轴测”角点

（4）单击“常用”选项卡的“视图”面板上的“选择视觉样式”下拉列表，选择“三维线框”视觉样式。

第 2 步，调用“长方体”命令。

操作如下。

命令: **_box**	单击图标按钮，启动“长方体”命令
指定第一个角点或 [中心 (C)]: **0,0** ↵	指定长方体底面第一个角点坐标为原点（0,0,0）
指定其他角点或 [立方体(C)/长度(L)]: **50,40**↵	指定底面对角点的坐标（50,40,0）
指定高度: **30** ↵	指定长方体高度为 30

注意：

（1）长方体的角点坐标输入两个数时，AutoCAD 默认 Z 坐标为 0。

（2）输入高度的值为负值时，则沿 Z 坐标轴的负方向绘制长方形。

（3）打开动态输入，调用“长方体”命令后将直接提示输入长方体的长、宽、高，数值之间用键盘上的 Tab 键转换。其中长度对应的是 X 坐标轴，宽度对应的是 Y 坐标轴，高度对应的是 Z 坐标轴。

14.8.2　创建圆柱体

操作步骤如下。

第 1 步，设置实体模型的投影法、视点及视觉样式。

第 2 步，调用“圆柱体”命令。

第 3 步，命令提示为“指定底面的中心点或 [三点(3P)/两点(2P)/相切、相切、半径(T)/椭圆(E)]:”时，指定底面中心点。

第 4 步，命令提示为“指定底面半径或 [直径(D)] <83.7602>:”时，指定底面半径。

第 5 步，命令提示为“指定高度或 [两点(2P)/轴端点(A)] <186.6950>:”时，指定圆柱体的高度。

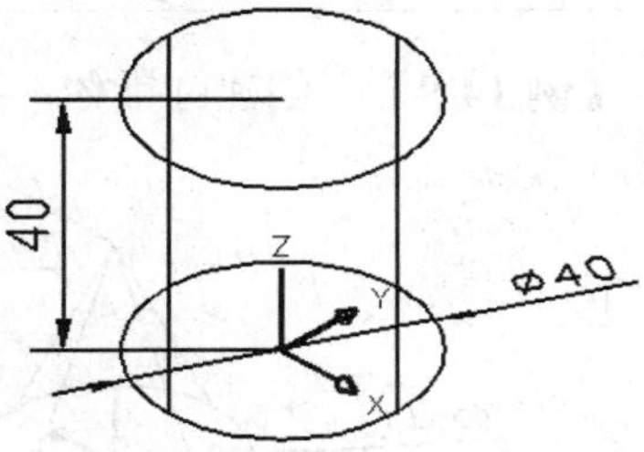

【例 14-7】　创建圆柱体，尺寸如图 14-27 所示，回转轴为 Z 向。

图 14-27　沿 Z 轴向的圆柱体

操作步骤如下。

第 1 步，设置投影法、视点及视觉样式，操作方法同例 14-6。

第 2 步，调用“圆柱体”命令。

操作如下。

命令: **_ cylinder**	单击图标按钮，启动“圆柱体”命令
指定底面的中心点或 [三点(3P)/两点(2P)/相切、相切、半径(T)/椭圆(E)]: **0,0** ↵	指定圆柱体底面中心点坐标（0,0,0）
指定底面半径或 [直径(D)] <20.0000>: **20** ↵	指定圆柱体半径为 20
指定高度或 [两点(2P)/轴端点(A)] <40.0000>: **40** ↵	指定圆柱体高度为 40

注意：“圆柱体”命令中的选项“两点(2P)”、“轴端点(A)”与“圆锥体”命令中的同名选项含义相似。

14.8.3　创建圆锥体

操作步骤如下。

第 1 步，设置实体模型的投影法、视点及视觉样式。

第 2 步，调用“圆锥体”命令。

第 3 步，命令提示为“指定底面的中心点或 [三点(3P)/两点(2P)/相切、相切、半径(T)/椭圆(E)]:”时，指定底面中心点。

第 4 步，命令提示为“指定底面半径或 [直径(D)]:”时，指定底面半径或直径。

第 5 步，命令提示为“指定高度或 [两点(2P)/轴端点(A)/顶面半径(T)] <10>:”时，指定圆锥体的高度。或者输入 A 并回车，指定圆锥体的轴端点位置后再指定圆锥体的高度。

【例 14-8】 创建圆锥体，尺寸如图 14-28 所示，回转轴为 Z 向。

操作步骤如下。

第 1 步，设置投影法、视点及视觉样式，操作方法同例 14-6。

第 2 步，调用“圆锥体”命令。

操作如下。

命令: **_cone**	单击图标按钮，启动“圆锥体”命令
指定底面的中心点或 [三点(3P)/两点(2P)/相切、相切、半径(T)/椭圆(E)]: **0,0** ↵	指定圆锥体底面中心点坐标（0,0,0）
指定底面半径或 [直径(D)] <30>: **20** ↵	指定圆锥体底面半径为 20
指定高度或 [两点(2P)/轴端点(A)/顶面半径(T)] <60>: **40** ↵	指定圆锥体高度为 40

【例 14-9】 创建圆锥体，尺寸如图 14-29 所示，回转轴为 X 向。

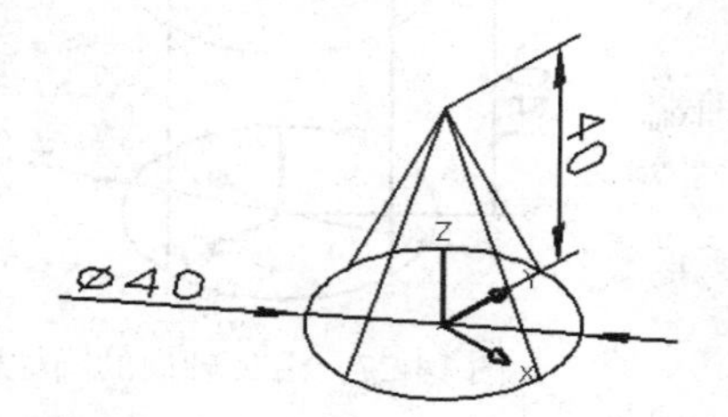

图 14-28　沿 Z 轴的圆锥体

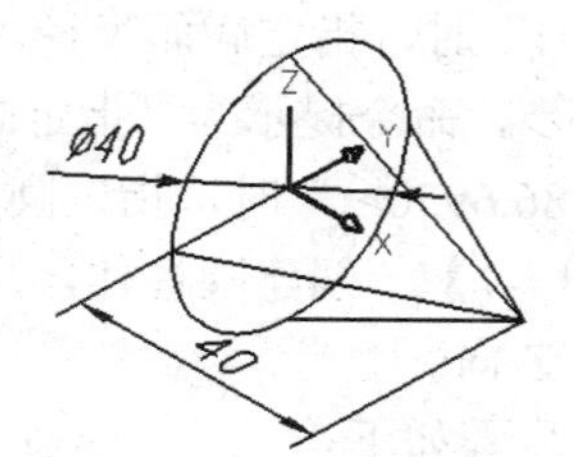

图 14-29　沿 X 轴的圆锥体

操作步骤如下。

第 1 步，设置投影法、视点及视觉样式，操作方法同例 14-6。

第 2 步，调用“圆锥体”命令。

操作如下。

命令: **_cone**	单击图标按钮，启动“圆锥体”命令
指定底面的中心点或 [三点(3P)/两点(2P)/相切、相切、半径(T)/椭圆(E)]: **0,0** ↵	指定圆锥体底面中心点坐标（0,0,0）
指定底面半径或 [直径(D)] <30>: **20** ↵	指定圆锥体底面半径为 20
指定高度或 [两点(2P)/轴端点(A)/顶面半径(T)] <60>: **a** ↵	选择指定回转轴端点（顶点）的方式
指定轴端点: **40** ↵	X 轴向追踪指定轴端点与锥底中心距离为 40

【例 14-10】 创建圆锥台，尺寸如图 14-30 所示，回转轴为 Z 向。

操作步骤如下。

第 1 步，设置投影法、视点及视觉样式，操作方法同例 14-6。

第 2 步，调用“圆锥体”命令。

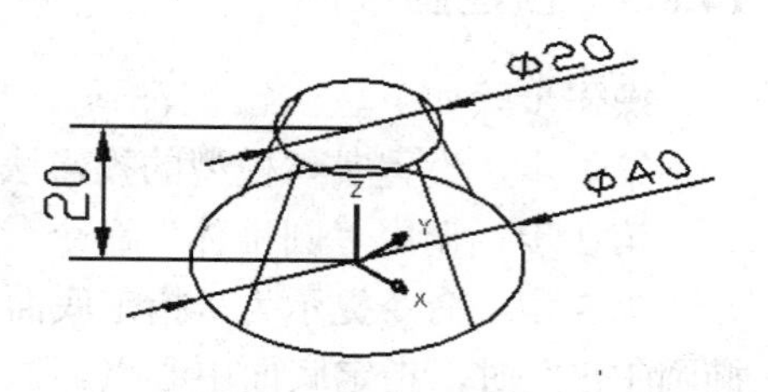

图 14-30　沿 Z 轴的圆锥台

操作如下。

命令: **_cone**	单击△图标按钮，启动“圆锥体”命令
指定底面的中心点或 [三点(3P)/两点(2P)/相切、相切、半径(T)/椭圆(E)]: **0,0** ↵	指定圆锥体底面中心点坐标（0,0,0）
指定底面半径或 [直径(D)] <30>: **20** ↵	指定圆锥体底面半径为 20
指定高度或 [两点(2P)/轴端点(A)/顶面半径(T)] <60>: **t** ↵	选择指定圆锥台顶圆半径方式
指定顶面半径 <0.0000>: **10**↵	指定圆锥台顶圆半径为 10
指定高度或 [两点(2P)/轴端点(A)] <12.2324>: **20**↵	指定顶圆中心与底圆中心距离为 20

注意：启动“圆锥体”命令，在命令提示指定高度时，其中的选项“两点(2P)”表示用两个指定点之间的距离作为圆锥体的高度。

14.8.4 创建球体

操作步骤如下。

第 1 步，设置实体模型的投影法、视点及视觉样式。

第 2 步，调用“球体”命令。

第 3 步，命令提示为“指定中心点或 [三点(3P)/两点(2P)/相切、相切、半径(T)]:”时，指定球体的球心。

第 4 步，命令提示为“指定半径或 [直径(D)] <00.0000>:”时，指定球体的半径。

创建球体的操作过程及各选项的含义类似于“圆”命令，这里不再赘述。

14.8.5 创建棱锥体

操作步骤如下。

第 1 步，设置实体模型的投影法、视点及视觉样式。

第 2 步，调用“棱锥体（面）”命令。

第 3 步，命令提示为“指定底面的中心点或 [边(E)/侧面(S)]:”时，输入 S，回车，选择“侧面”选项。

第 4 步，命令提示为“输入侧面数 <4>:”时，指定正棱锥体的侧棱面数量。

第 5 步，命令提示为“指定底面的中心点或 [边(E)/侧面(S)]:”时，指定底面中心点。

第 6 步，命令提示为“指定底面半径或 [内接(I)] <10>:”时，指定底面半径。

第 7 步，命令提示为“指定高度或 [两点(2P)/轴端点(A)/顶面半径(T)] <20>:”时，指定棱锥体的高度。

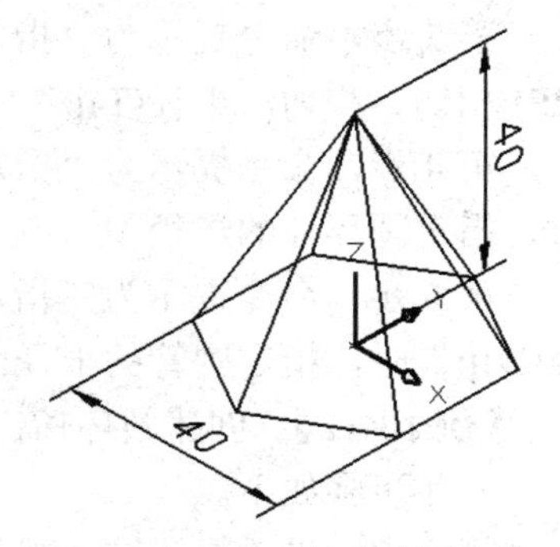

图 14-31 沿 X 轴向的圆柱体

【例 14-11】 创建正六棱锥体，尺寸如图 14-31 所示。

操作步骤如下。

第 1 步，设置投影法、视点及视觉样式，操作过程同例 14-6。

第 2 步，调用“棱锥体”命令。

操作如下。

命令: **_ pyramid**	单击图标按钮，启动“棱锥体”命令
指定底面的中心点或 [边(E)/侧面(S)]: **s** ↵	选择指定棱锥体的侧棱面方式
4 个侧面　外切	
输入侧面数 <4>: **6** ↵	指定棱锥体的侧棱面数为 6
指定底面的中心点或 [边(E)/侧面(S)]: **0,0** ↵	指定棱锥体的底面中心坐标为（0,0,0）
指定底面半径或 [内接(I)] <10>: **20** ↵	指定棱锥体底面内切圆半径为 20
指定高度或 [两点(2P)/轴端点(A)/顶面半径(T)] <30.0000>: **40** ↵	指定棱锥体高度为 40

注意：“棱锥体”命令中的选项“两点(2P)”、“轴端点(A)”与“圆锥体”命令或“圆柱体”命令中的同名选项含义相似。

14.8.6　创建楔体

操作步骤如下。

第 1 步，设置实体模型的投影法、视点及视觉样式。

第 2 步，调用“楔体”命令。

第 3 步，命令提示为“指定第一个角点或[中心(C)]:”时，指定底面第一个角点的位置。

第 4 步，命令提示为“指定其他角点或 [立方体(C)/长度(L)]:”时，指定底面对角点的位置。

第 5 步，命令提示为“指定高度或 [两点(2P)] <10>:”时，指定楔形高度。

创建楔形的具体操作过程类似于创建长方体，这里不再赘述。

14.8.7　创建圆环体

操作步骤如下。

第 1 步，设置实体模型的投影法、视点及视觉样式。

第 2 步，调用“圆环体”命令。

第 3 步，命令提示为“指定中心点或 [三点(3P)/两点(2P)/相切、相切、半径(T)]:”时，指定圆环体的中心点。

第 4 步，命令提示为“指定半径或 [直径(D)] <10>:”时，指定圆环体的半径。

第 5 步，命令提示为“指定圆管半径或 [两点(2P)/直径(D)]:”时，指定圆管的半径。

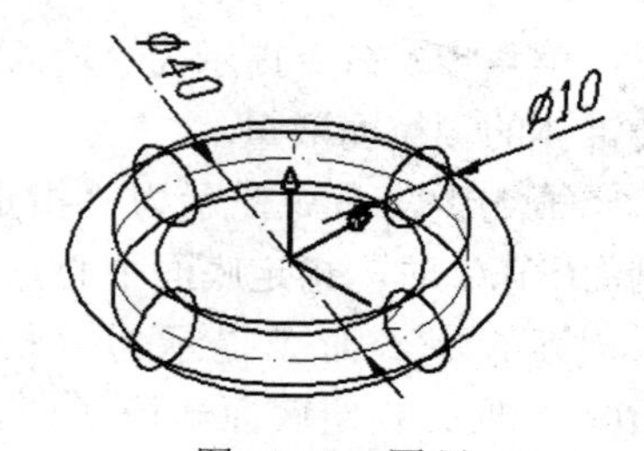

图 14-32　圆环

【例 14-12】 创建圆环体，尺寸如图 14-32 所示。

操作步骤如下。

第 1 步，设置投影法、视点及视觉样式，操作方法同例 14-6。

第 2 步，调用“圆环体”命令。

操作如下。

命令: **_torus**	单击图标按钮，启动“圆环体”命令
指定中心点或 [三点(3P)/两点(2P)/相切、相切、半径(T)]: **0,0** ↵	指定圆环体中心点坐标（0,0,0）
指定半径或 [直径(D)] <10.4199>: **20** ↵	指定圆环体半径为 20
指定圆管半径或 [两点(2P)/直径(D)] <7.5341>: **5** ↵	指定圆管的半径为 5

14.8.8 创建多段体

创建横断面轮廓为矩形的直线段和曲线段的实体。

功能区：单击“常用”选项卡“建模”面板中的图标按钮或“实体”选项卡“图元”面板中的图标按钮。

菜单：执行“绘图”|“建模”|“多段体”命令。

工具栏：单击“建模”工具栏中的图标按钮。

键盘命令：Polysolid。

1. 直接创建多段体

操作步骤如下。

第 1 步，调用“多段体”命令。

第 2 步，命令提示为“指定起点或 [对象(O)/高度(H)/宽度(W)/对正(J)] <对象>:”时，输入 H 或 W，回车。设置多段体的高或宽，如采用默认值，则省略此步。

第 3 步，命令提示为“指定起点或 [对象(O)/高度(H)/宽度(W)/对正(J)] <对象>:”时，指定起点。

第 4 步，命令提示为“指定下一个点或 [圆弧(A)/放弃(U)]:”时，指定下一个点。

…

第 *n* 步，回车，结束命令。

2. 以现有二维对象创建多段体

操作步骤如下。

第 1 步，调用“多段体”命令。

第 2 步，命令提示为“指定起点或 [对象(O)/高度(H)/宽度(W)/对正(J)] <对象>:”时，输入 O，回车。

第 3 步，命令提示为“选择对象:”时，选择直线、二维多段线、圆弧或圆。

【例 14-13】 利用“多段体”命令，按图 14-33 所示路径，创建如图 14-34 所示的多段体。

操作如下。

命令: **_ Polysolid**	单击图标按钮，启动“多段体”命令
_指定起点或 [对象(O)/高度(H)/宽度(W)/对正(J)] <对象>: **h** ↵	选择“高度(H)”选项
指定高度 <80.0000>: **40** ↵	指定高度为 40
指定起点或 [对象(O)/高度(H)/宽度(W)/对正(J)] <对象>: **w** ↵	选择“宽度(W)”选项

指定宽度 <5.0000>: **20** ↵	指定宽度为 20
指定起点或 [对象(O)/高度(H)/宽度(W)/对正(J)] <对象>: **0,0** ↵	指定实体轮廓的起点坐标（0,0）
指定下一个点或 [圆弧(A)/放弃(U)]: **@0,60** ↵	指定实体轮廓的起点坐标（@0,60）
指定下一个点或 [圆弧(A)/放弃(U)]: **@60,0** ↵	指定实体轮廓的起点坐标（@60,0）
指定下一个点或 [圆弧(A)/闭合(C)/放弃(U)]: **@0,–60** ↵	指定实体轮廓的起点坐标（@0,–60）
指定下一个点或 [圆弧(A)/闭合(C)/放弃(U)]: **c** ↵	指定的实体的上一点到起点创建闭合实体

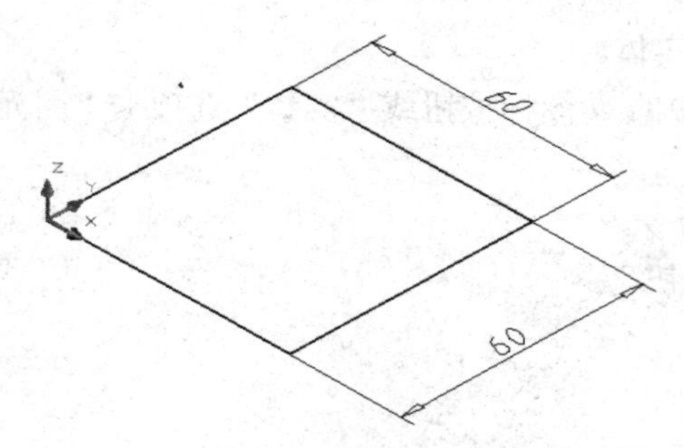

图 14-33　二维多段线

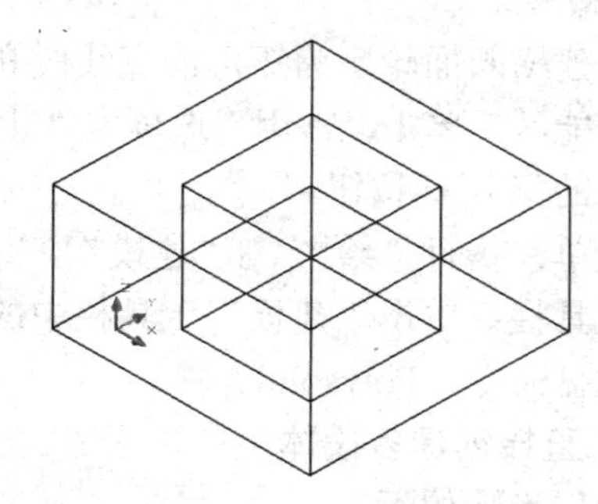

图 14-34　创建的多段体

注意：在调用“多段体”命令时选择“对正(J)”选项，可选择对齐方式。如图 14-35 所示为居中、左对齐、右对齐 3 种对齐方式，对齐方式由轮廓的第一条线段的起始方向决定。

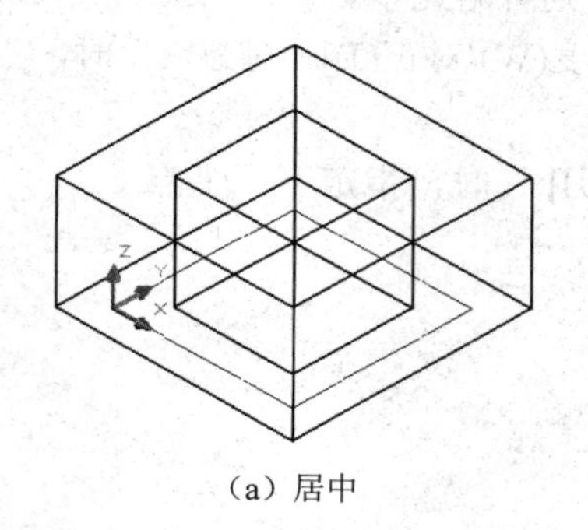

（a）居中

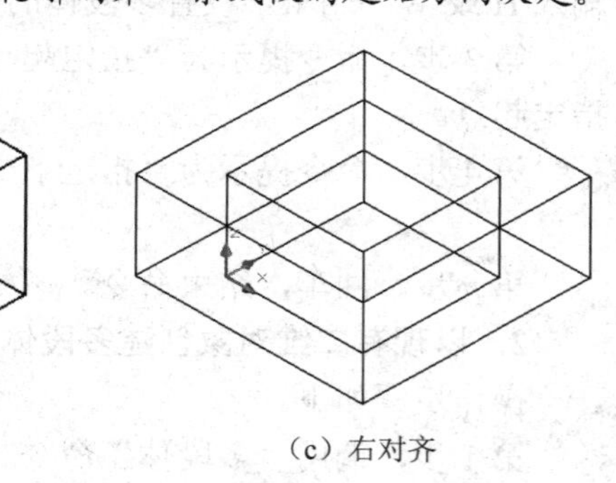

（b）左对齐　　（c）右对齐

图 14-35　对正方式

【例 14-14】　以图 14-36 所示的二维多段线为轨迹，创建如图 14-37 所示的多段体。

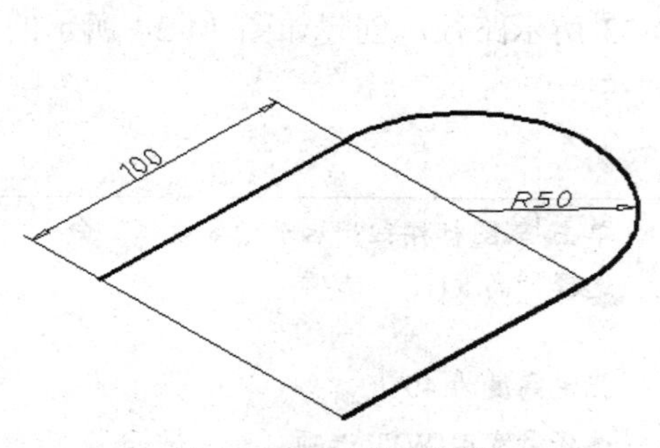

图 14-36　二维多段线

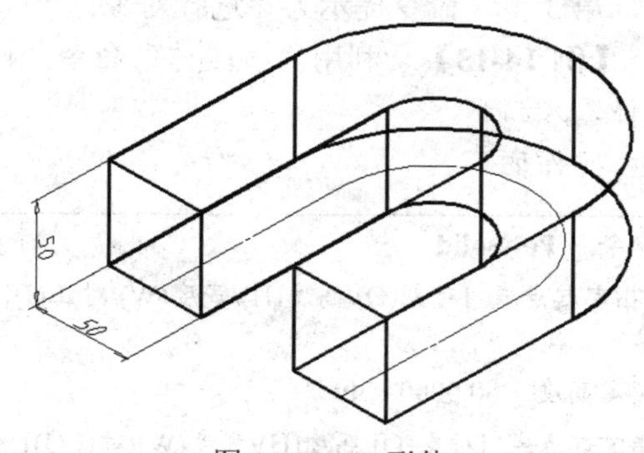

图 14-37　U 形体

操作如下：

命令	说明
命令: _ **Polysolid** 高度= 40.0000,宽度= 20.0000, 对正=居中	单击图标按钮，启动“多段体”命令，系统提示多段体的默认高度为40，宽度为20，对正齐式为居中
指定起点或 [对象(O)/高度(H)/宽度(W)/对正(J)] <对象>: **h**↵	选择“高度(H)”选项
指定高度 <40.0000>: **50**↵	指定多段体高度为50
高度= 80.0000, 宽度= 20.0000, 对正=居中 指定起点或 [对象(O)/高度(H)/宽度(W)/对正(J)] <对象>: **w** ↵	选择“宽度(W)”选项
指定宽度 <20.0000>: **50**↵	指定多段体宽度为50
高度= 80.0000, 宽度= 40.0000, 对正=居中 指定起点或 [对象(O)/高度(H)/宽度(W)/对正(J)] <对象>: **o**↵	选择“对象(O)”选项
选择对象:	拾取如图14-36所示的二维多段线
标注已解除关联。 标注已解除关联。	系统提示

注意：选择的对象既可以是二维多段线，也可以是直线、圆弧或圆。

14.9 创建拉伸体

通过拉伸选定的对象创建实体和曲面。如果拉伸面域对象，则生成的对象为实体，即拉伸体。如果拉伸开放对象，则生成的对象为曲面。

调用命令的方式如下。

功能区：单击“常用”选项卡“建模”面板中的图标按钮或“实体”选项卡“实体”面板中的图标按钮。

菜单：执行“绘图”|“建模”|“拉伸”命令。

工具栏：单击“建模”工具栏中的图标按钮。

键盘命令：EXTRUDE（或EXT）。

操作步骤如下。

第1步，调用“拉伸”命令。

第2步，命令提示为“选择要拉伸的对象:”时，选择要拉伸的对象。

第3步，命令提示为“选择要拉伸的对象:”时，回车，结束选择。

第4步，命令提示为“指定拉伸的高度或 [方向(D)/路径(P)/倾斜角(T)] <10>:”时，指定高度。

【例14-15】 将图14-23中的面域拉伸为如图14-38所示的拉伸体。

操作步骤如下。

第1步，设置投影法、视点及视觉样式，操作过程略。

第2步，调用“拉伸”命令。

操作如下。

命令: **_extrude**	单击图标按钮，启动“拉伸”命令
当前线框密度: ISOLINES = 4	当前默认的显示拉伸体曲面的素线数为 4
选择对象: 找到 1 个	选择如图 14-23 中创建的面域
选择对象:↵	回车，结束对象选择
指定拉伸高度或 [方向(D)/路径(P)/倾斜角(T)] <40.0000>: **20** ↵	输入拉伸高度。（输入值为正时，沿 Z 轴正方向拉伸对象；输入值为负时，沿 Z 轴负方向拉伸对象。）

【例 14-16】 将图 14-23 中的面域拉伸为如图 14-39 所示的有倾角拉伸体。

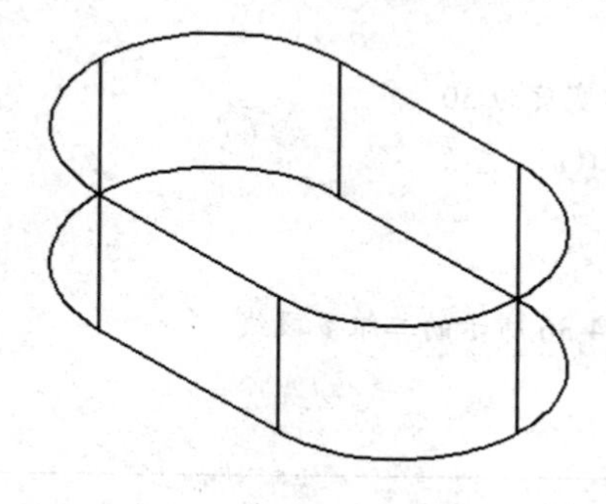

图 14-38 无倾角的拉伸体

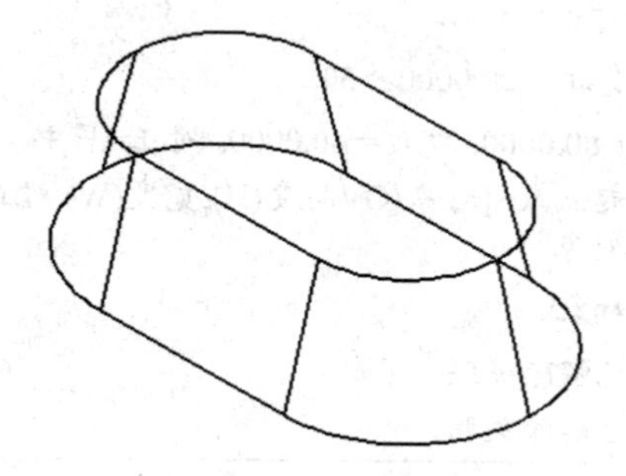

图 14-39 有倾角拉伸体

操作步骤如下。

第 1 步，设置投影法、视点及视觉样式，操作过程略。

第 2 步，调用“拉伸”命令。

操作如下。

命令: **_extrude**	单击图标按钮，启动“拉伸”命令
当前线框密度: ISOLINES = 4	当前默认的显示拉伸体曲面的素线数为 4
选择对象: 找到 1 个	选择如图 14-23 中创建的面域
选择对象:↵	回车，结束对象选择
指定拉伸高度或 [方向(D)/路径(P)/倾斜角(T)] <20.0000>: **t** ↵	选择“倾斜角(T)”选项
指定拉伸的倾斜角度 <20>: **15**↵	指定倾斜角度 15°（输入正角度表示从基准面域逐渐变细地拉伸，如图 14-39 所示；而负角度则表示从基准面域逐渐变粗地拉伸。）
指定拉伸的高度或 [方向(D)/路径(P)/倾斜角(T)] <40.0000>: **20** ↵	指定拉伸高度

【例 14-17】 将图 14-40（a）中的面域沿路径（P）拉伸，结果如图 14-40（b）所示。

操作步骤如下。

第 1 步，设置投影法、视点及视觉样式，操作过程略。

第 2 步，调用“拉伸”命令。

操作如下。

命令: **_extrude**	单击图标按钮，启动“拉伸”命令
当前线框密度: ISOLINES = 4	当前默认的显示拉伸体曲面的素线数为 4

选择对象: 找到 1 个	选择如图 14-40（a）中的圆
选择对象:↵	回车，结束对象选择
指定拉伸高度或 [方向(D)/路径(P)/倾斜角(T)] <20.0000>: **p** ↵	选择“路径（P）”选项
选择拉伸路径或 [倾斜角]:	选取图 14-40（a）所示的圆弧路径

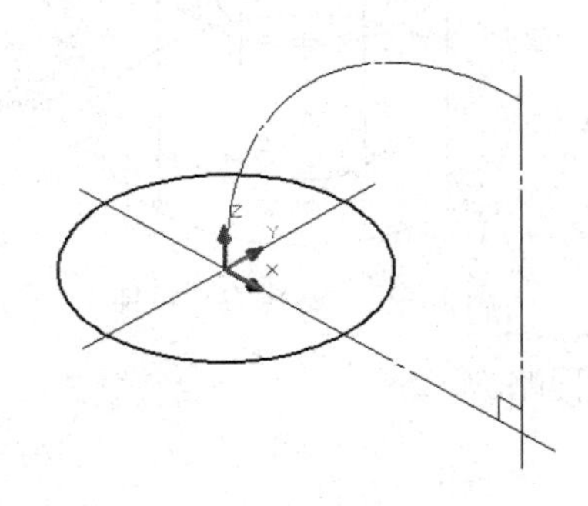

（a）封闭线框和路径

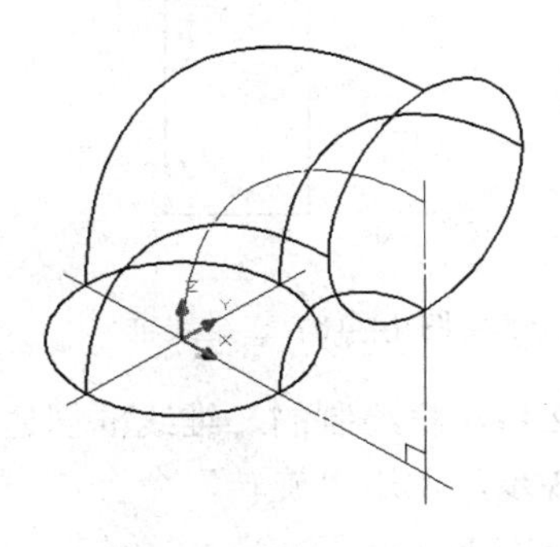

（b）选择路径拉伸效果

图 14-40　沿路径的拉伸体

14.10　创建旋转体

通过绕轴旋转开放或闭合对象来创建实体或曲面。如果旋转闭合对象，则生成对象为实体，即旋转体。如果旋转开放对象，则生成曲面。

调用命令的方式如下。

功能区：单击“常用”选项卡“建模”面板中的图标按钮或“实体”选项卡“实体”面板中的图标按钮。

菜单：执行“绘图”|“建模”|“旋转”命令。

工具栏：单击“建模”工具栏中的图标按钮。

键盘命令： revolve（或 rev）。

操作步骤如下。

第 1 步，调用“旋转”命令。

第 2 步，命令提示为“选择要旋转的对象:”时，选择要旋转的对象。

第 3 步，命令提示为“选择要旋转的对象:”时，回车，结束对象选择。

第 4 步，命令提示为“指定轴起点或根据以下选项之一定义轴 [对象(O)/X/Y/Z] <对象>:”时，指定旋转轴起点。

第 5 步，命令提示为“指定轴端点:”时，指定旋转轴端点，旋转轴正轴方向即从起点到端点的方向。

第 6 步，命令提示为“指定旋转角度或 [起点角度(ST)] <360>:”时，指定旋转角。

【例 14-18】　将图 14-41 中的面域旋转为如图 14-42 所示的回转体。

操作步骤如下。

第 1 步，绘制如图 14-41 所示的二维线框，操作过程略。

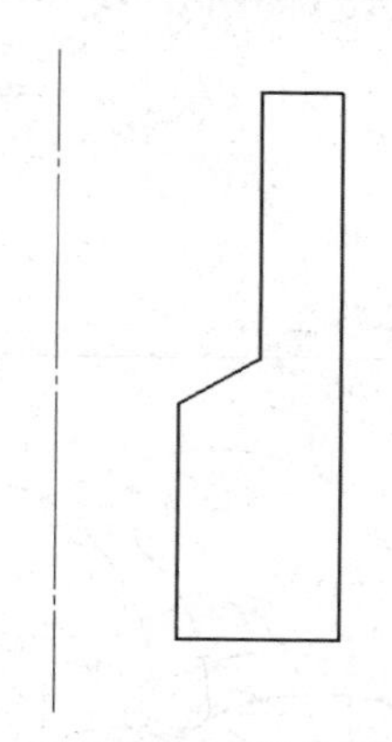

图 14-41　二维线框

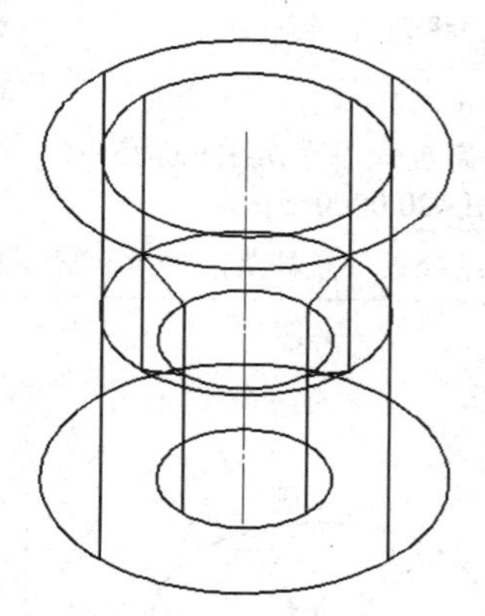

图 14-42　创建的回转体

第 2 步，将绘制的二维线框创建为面域，操作过程略。

第 3 步，调用“旋转”命令。

操作如下。

命令: **_revolve**	单击图标按钮，启动“旋转”命令
当前线框密度:　ISOLINES = 4	当前默认的显示回转体曲面的素线数为 4
选择要旋转的对象: 找到 1 个	选择已创建的面域
选择要旋转的对象:↵	回车，结束选择
指定轴起点或根据以下选项之一定义轴 [对象(O)/X/Y/Z] <对象>:	鼠标拾取旋转中心轴的起点
指定轴端点:	鼠标拾取旋转中心轴的端点
指定旋转角度或 [起点角度(ST)] <360>: ↵	确定旋转角度为默认旋转角度 360°

注意：

（1）“旋转”命令绘制的二维线框只能是回转体轴截面的一半，即对称轴一侧的截面，指定旋转轴时还要保证面域处于旋转轴的一侧。

（2）一次可以旋转多个对象。

14.11　创建扫掠体

通过沿开放或闭合的二维或三维路径扫掠开放或闭合的平面曲线（轮廓）来创建新实体或曲面。如果沿一条路径扫掠闭合的线框，则生成实体，即扫掠体。

调用命令的方式如下。

功能区：单击“常用”选项卡“建模”面板中的图标按钮或“实体”选项卡“实体”面板中的图标按钮。

菜单：执行“绘图”|“建模”|“扫掠”命令。

工具栏：单击“建模”工具栏中的图标按钮。

键盘命令：SWEEP。

操作步骤如下。

第 1 步，调用“扫掠”命令。

第 2 步，命令提示为“选择要扫掠的对象:”时，选择要扫掠的对象。

第 3 步，命令提示为“选择要扫掠的对象:”时，回车，结束对象选择。

第 4 步，命令提示为“选择扫掠路径或 [对齐(A)/基点(B)/比例(S)/扭曲(T)]:”时，选择扫掠路径。

【例 14-19】 将图 14-43 中的圆沿路径螺旋线扫掠为如图 14-44 所示的螺旋体。

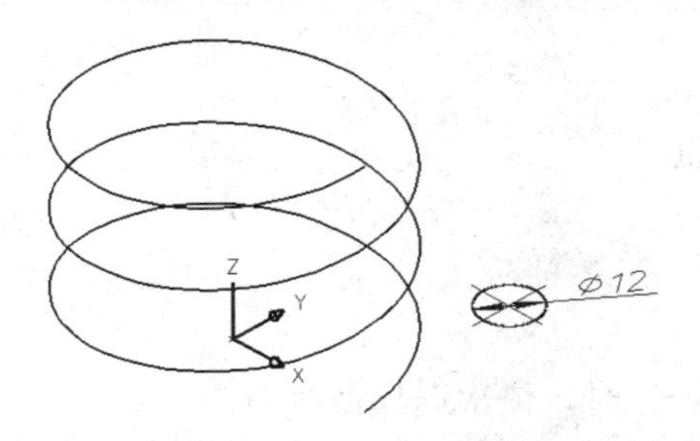

图 14-43 路径和封闭曲线

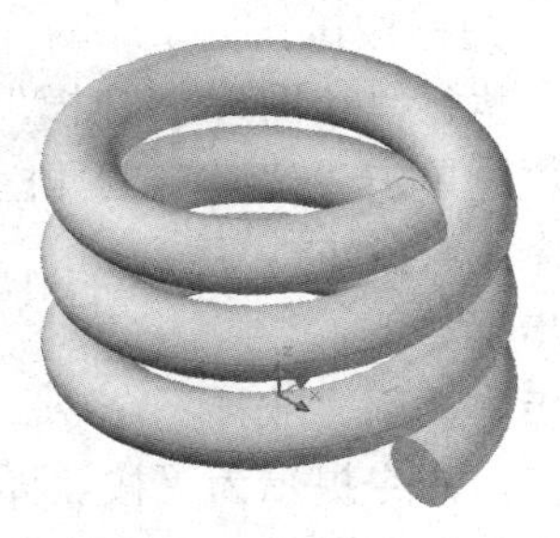

图 14-44 创建的螺旋体

操作步骤如下。

第 1 步，绘制路径螺旋线，如图 14-43 所示。

操作如下。

命令: **_helix**	单击图标按钮，启动“螺旋”命令
圈数 = 3.0000 扭曲 = CCW	当前默认螺旋圈数为 3，螺旋扭曲为逆时针方向
指定底面的中心点: **0,0**	指定螺旋线底面中心坐标为(0,0,0)
指定底面半径或 [直径(D)] <67.5259>: **30**↵	指定螺旋线底面半径为 30
指定顶面半径或 [直径(D)] <30.0000>: ↵	指定螺旋线顶面半径和底面半径同为 30
指定螺旋高度或 [轴端点(A)/圈数(T)/圈高(H)/扭曲(W)] <210.4866>: **50**↵	指定螺旋高度为 50

第 2 步，绘制二维封闭曲线 ϕ12 的圆，如图 14-43 所示，操作过程略。

第 3 步，创建螺旋体，如图 14-44 所示。

操作如下。

命令: **_sweep**	单击图标按钮，启动“扫掠”命令
当前线框密度: ISOLINES = 4	当前默认的显示扫掠体曲面的素线数为 4
选择要扫掠的对象: 找到 1 个	选择要扫掠的对象为 ϕ12 的圆
选择要扫掠的对象: ↵	回车，结束选择
选择扫掠路径或 [对齐(A)/基点(B)/比例(S)/扭曲(T)]:	选择扫掠路径为螺旋线

14.12　创建放样体

通过对一组横截面（横截面中的个数至少有两条或两条以上）进行放样来创建三维实体或曲面。如果对一组闭合的横截面进行放样，则生成实体。

调用命令的方式如下。

功能区：单击“常用”选项卡“建模”面板中的图标按钮或“实体”选项卡“实体”面板中的图标按钮。

菜单：执行“绘图”|“建模”|“放样”命令。

工具栏：单击“建模”工具栏中的图标按钮。

键盘命令：LOFT。

操作步骤如下。

第 1 步，调用“放样”命令。

第 2 步，命令提示为“按放样次序选择横截面:”时，依次选择横截面。

第 3 步，命令提示为“按放样次序选择横截面:”时，回车，结束横截面选择。

第 4 步，命令提示为“输入选项 [导向(G)/路径(P)/仅横截面(C)] <仅横截面>:”时，键入 C，回车。

第 5 步，在如图 14-47 所示的“放样设置”对话框中更改所需设置来控制实体或曲面的形状，单击“预览”以查看曲面或实体预览，单击“确定”按钮。

【例 14-20】　将如图 14-45 中的一组封闭曲线进行放样，结果如图 14-46 所示。

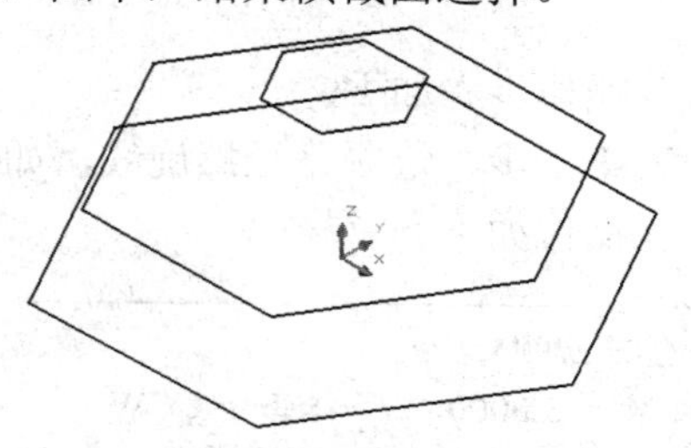

图 14-45　一组封闭正六边形

（a）选择“平滑拟合”

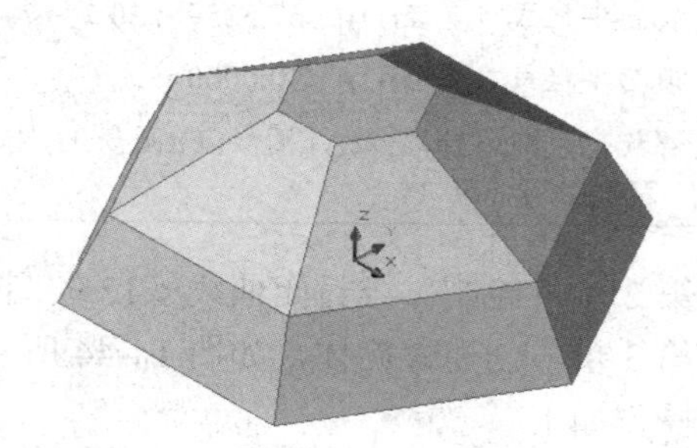

（b）选择“直纹”

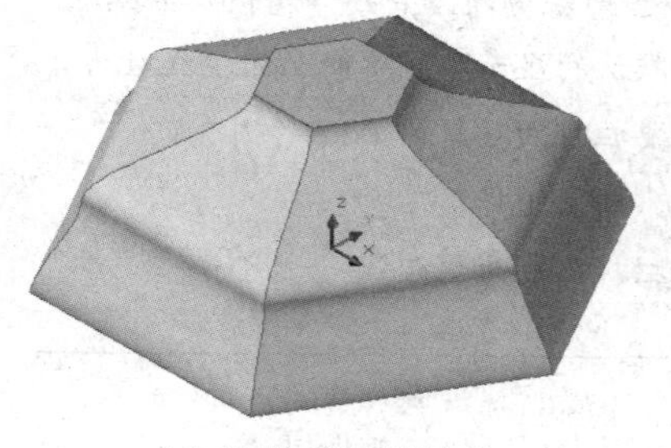

（c）选择“法线指向”

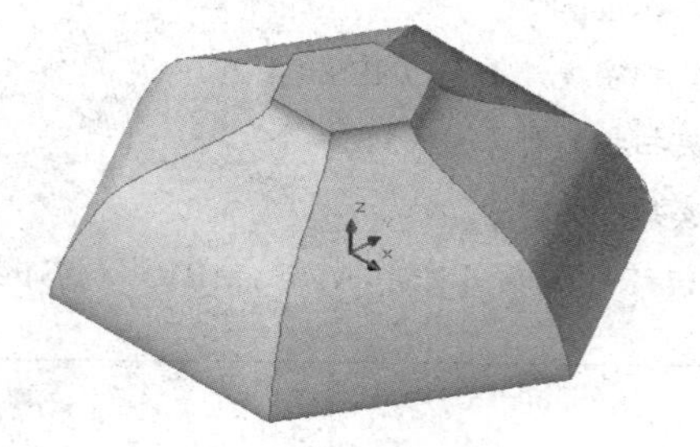

（d）选择“拔模斜度”

图 14-46　放样实体

操作步骤如下。

第 1 步，调用“多边形”命令绘制 3 个正六边形，如图 14-45 所示，大正六边形中心坐标（0,0,0），外接圆半径 30；中正六边形中心坐标（0,0,10），外接圆半径 20；小正六边形中心坐标（0, 0,20），外接圆半径 8。

第 2 步，放样，创建如图 14-46 所示的实体。

操作如下。

命令: _loft	单击图标按钮，启动“放样”命令
按放样次序选择横截面：找到 1 个	按由大到小的次序选择 3 个正六边形
按放样次序选择横截面：找到 1 个，总计 2 个	
按放样次序选择横截面：找到 1 个，总计 3 个	
按放样次序选择横截面:↲	回车，结束选择
输入选项 [导向(G)/路径(P)/仅横截面(C)/设置(S)] <仅横截面>: s↲	键入 S，回车，弹出对话框，如图 14-47 所示
在“放样设置”对话框中进行选择	选择“平滑拟合”，结果如图 14-46（a）所示 选择“直纹”，结果如图 14-46（b）所示 选择“法线指向”，针对“所有横截面”，结果如图 14-46（c）所示 选择“拔模斜度”，起点和端点角度为 90° 起点和端点幅值为 0°，结果如图 14-46（d）所示

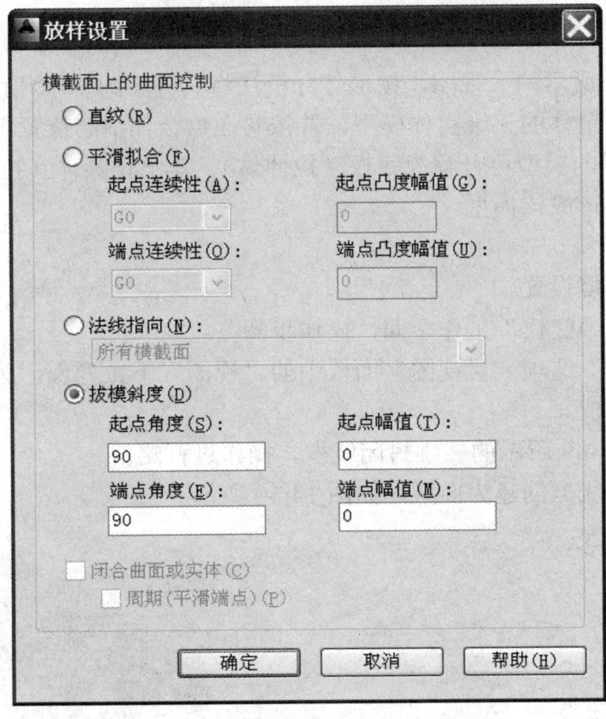

图 14-47 “放样设置”对话框

14.13　上机操作实验指导十四　创建组合体三维实体模型

本节将介绍如图 14-48 所示模型的绘制方法和步骤。主要涉及的命令包括 UCS 命令、“拉伸”命令和“旋转”命令。

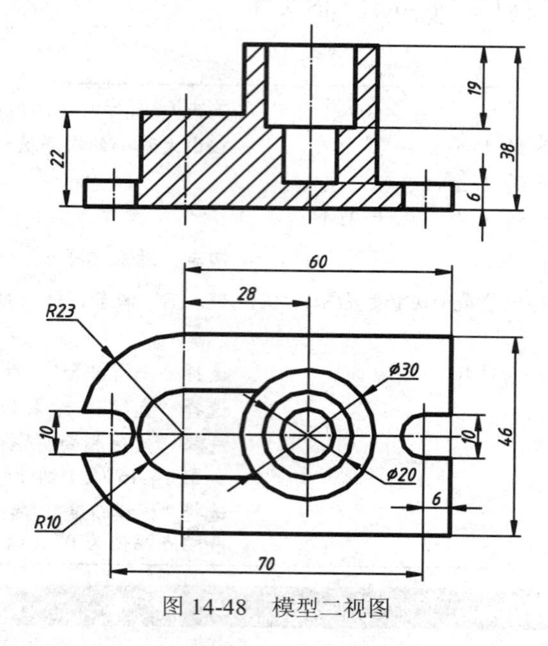

图 14-48　模型二视图

根据如图 14-48 所示的二视图，按形体分析法将其分解为基本几何体和简单体，分别创建基本几何体和简单体的三维实体模型。并按其在组合体中的位置组合放置在一起。

如图 14-48 所示的模型可分解为底板（拉伸体）、左上长圆体（拉伸体）、右上圆柱体（回转体），经叠加后形成该模型。

操作步骤如下。

第 1 步，绘图环境设置。

（1）切换到“三维建模”工作空间，操作步骤略。

（2）单击“常用”选项卡“视图”面板中的“视图”下拉列表，选择“西南等轴测”。

第 2 步，绘制底板。

（1）绘制如图 14-49 所示的二维封闭线框，操作过程略。

（2）将二维封闭线框创建为面域，如图 14-50 所示。

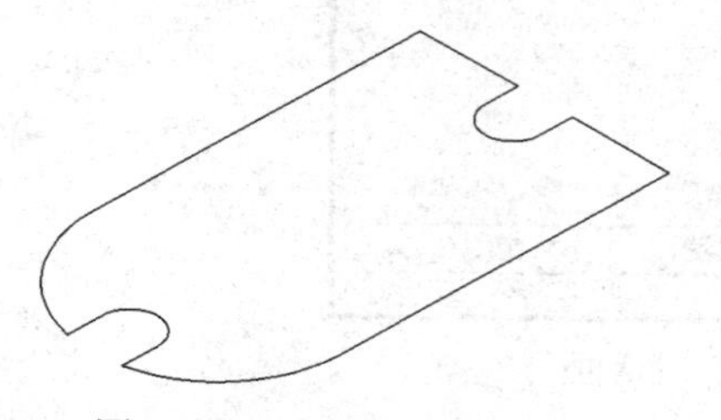
图 14-49　底板二维封闭线框

图 14-50　底板面域

操作如下。

命令: **_region**	输入 REGION，启动“面域”命令
选择对象: 指定对角点: 找到 12 个	选择图 14-49 中的二维封闭线框
选择对象: ↵	回车
已提取 1 个环。	系统提示已提取到一个封闭线框
已创建 1 个面域。	系统提示已创建一个面域，如图 14-50 所示

（3）将创建的面域拉伸为三维实体。

操作如下。

命令: **_extrude**	单击图标按钮，启动“拉伸”命令
当前线框密度: ISOLINES = 4	系统提示当前默认显示拉伸体曲面素线数为 4
选择要拉伸的对象: 找到 1 个	选择已创建的面域
选择要拉伸的对象: ↵	结束对象选择
指定拉伸的高度或 [方向(D)/路径(P)/倾斜角(T)]: **6** ↵	输入拉伸高度 6，沿 Z 轴方向拉伸

第 3 步，绘制长圆体。

（1）打开状态行的“动态 UCS”按钮。

（2）选择底板顶面，绘制如图 14-51 所示的长圆体二维图形。

（3）将二维封闭线框创建为面域，操作过程略。

（4）将已创建的面域拉伸为三维实体，如图 14-52 所示。

第 4 步，绘制圆柱回转体。

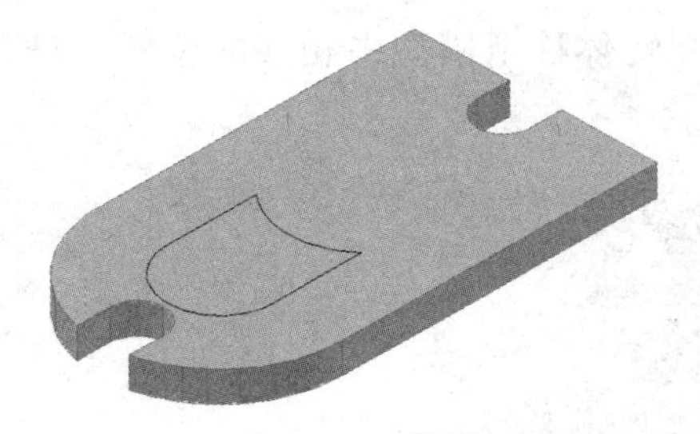

图 14-51　底板

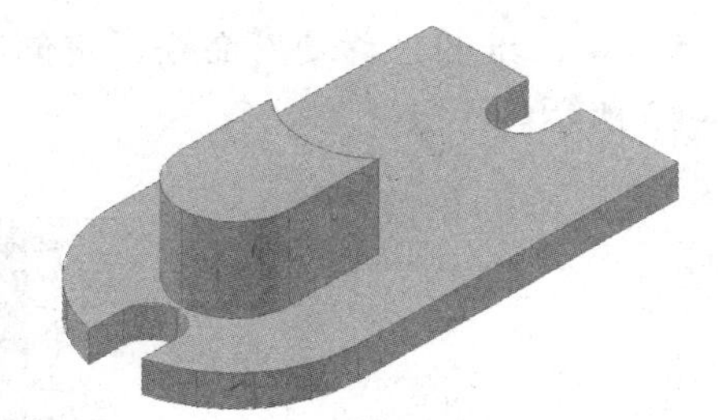

图 14-52　长圆体二维线框

（1）使用 UCS 命令，重新定义用户坐标系，如图 14-53 所示。

操作如下。

命令: **_ ucs**	单击图标按钮，启动 UCS 命令
当前 UCS 名称: *没有名称*	系统提示
指定 UCS 的原点或 [面(F)/命名(NA)/对象(OB)/上一个(P)/视图(V)/世界(W)/X/Y/Z/Z 轴(ZA)] <世界>: **x** ↵	选择指定绕 X 轴旋转方式
指定绕 X 轴的旋转角度 <90>: ↵	指定绕 X 轴的旋转角度为默认角度 90°

（2）在当前的 XY 平面内，绘制圆柱回转体的二维线框，如图 14-53 所示，操作步

骤略。

（3）将二维封闭线框创建为面域，操作步骤略。

（4）将已创建的面域旋转为三维实体，如图 14-54 所示。

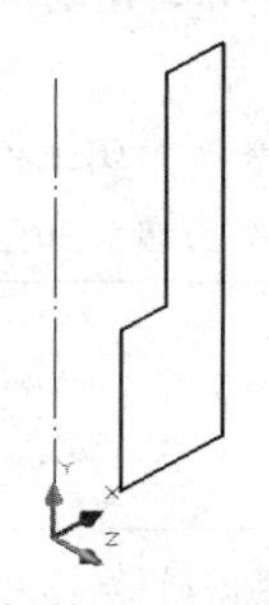

图 14-53　新的 UCS 下的二维线框

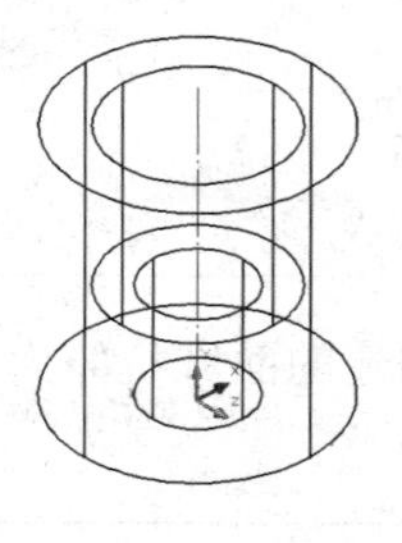

图 14-54　创建的回转体

操作如下。

命令: **_revolve**	单击图标按钮，启动“旋转”命令
当前线框密度:　ISOLINES = 4	当前默认的显示回转体曲面的素线数为 4
选择要旋转的对象: 找到 1 个	选择已创建的面域
选择要旋转的对象: ↵	回车，结束选择
指定轴起点或根据以下选项之一定义轴 [对象(O)/X/Y/Z] <对象>:	利用对象捕捉功能拾取旋转轴的起点
指定轴端点:	利用对象捕捉功能拾取旋转轴的端点
指定旋转角度或 [起点角度(ST)] <360>: ↵	确定旋转角度为默认旋转角度 360°

（5）用二维的“移动”命令，将创建的圆柱回转体移至模型中相应的位置，结果如图 14-55 所示。

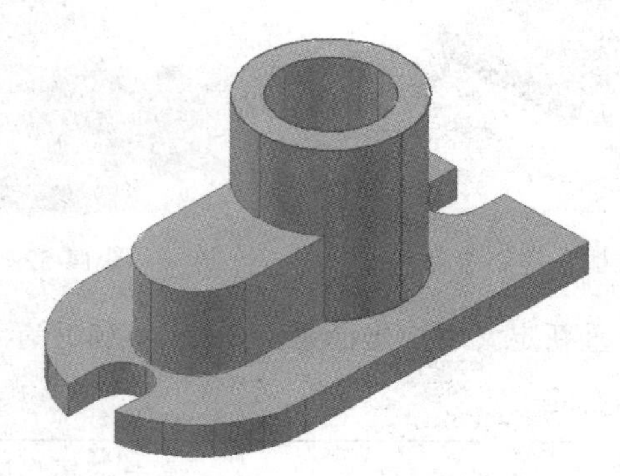

图 14-55　创建的模型实体

第 5 步，将三部分实体进行并运算[①]，操作过程略。

第 6 步，保存实体图形文件，操作过程略。

① 参见本书 15.1.1 节。

14.14 上机操作常见问题解答

1. 单击图标按钮，移动 UCS 坐标原点时，UCS 图标不移动

当前的 UCSICON 命令的选项为“非原点（N）”，则无论 UCS 原点在何处，总会在绘图区域左下角显示图标。

因此，只要启动 UCSICON 命令，选择“原点（OR）”选项，图标即可在当前坐标系的原点处显示。

2. 无法将二维图形创建为面域

生成面域的二维图形的边界是由端点相连的封闭线段组成。AutoCAD 不接受所有相交或自交的线段，或者是有间歇的线段。因此，如二维图形不能生成面域，应启动 ZOOM 命令用 W 窗口放大各线段端点部位，查找相交线段或有间歇的端点，修改为端点相连的封闭轮廓线，即可生成面域。

3.“拉伸”命令和“扫掠”命令有何共性与差别

“拉伸”命令和“扫掠”命令都可以沿路径创建实体，如图 14-56 所示的两个相同的圆柱体分别是调用“拉伸”命令和“扫掠”命令创建的。

但是，“拉伸”命令是将路径移动到如图 14-57 所示的拉伸对象质心，然后沿路径拉伸选定对象的轮廓以创建实体或曲面，路径不能与对象处于同一平面。而“扫掠”命令沿路径扫掠时，如图 14-57 所示的扫掠对象将被移动并与路径垂直对齐，然后沿路径扫掠该轮廓。

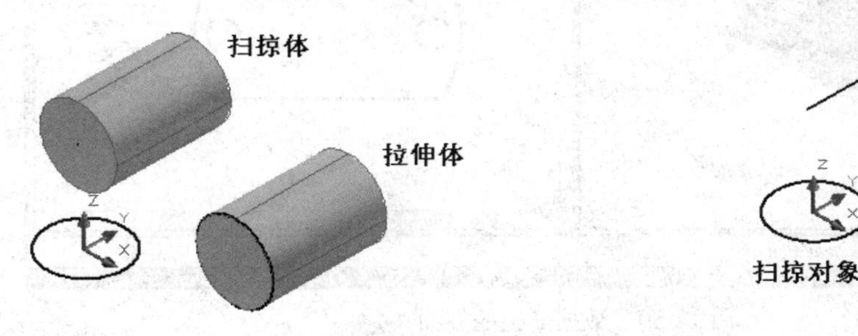

图 14-56 扫掠体及拉伸体　　　　图 14-57 路径、拉伸对象及扫掠对象

4. 利用 UCS 图标的夹点快捷移动或旋转 UCS

在不执行命令时单击 UCS 图标，出现如图 14-58 所示的夹点，将光标移动至不同的夹点上出现相应的快捷菜单，单击其中选项，可以快捷移动或旋转 UCS。

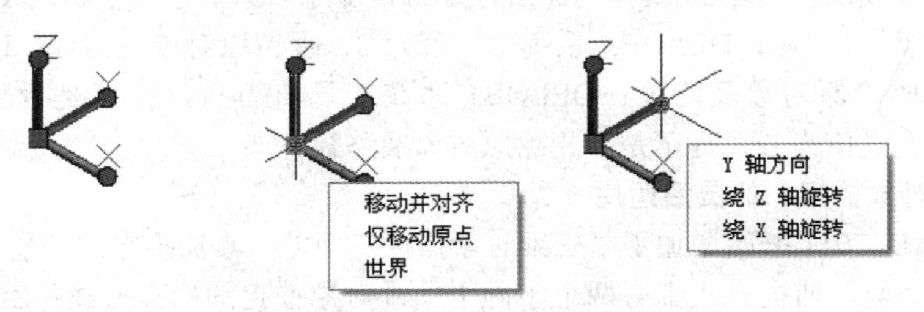

图 14-58 UCS 图标夹点的运用

14.15　操作经验与技巧

1．创建简单体（拉伸体和回转体等）的快捷途径

创建简单体时，一般先绘制二维图形，再创建为面域，最后“拉伸”或“旋转”为实体——简单体。绘图过程涉及二维图形和三维模型，为方便绘制二维图形，又不频繁切换视点以满足三维观察要求，可以在AutoCAD中同时打开两个文件的窗口，并垂直平铺（单击“视图”选项卡中“用户界面”下滑面板中的▯▯图标按钮，如图14-59所示）。一个文件窗口设置为“俯视”视图，便于绘制二维图形；另一个文件窗口设置为“XX等轴测”视图，用于创建和观察三维模型。选择绘制好的二维图形直接拖曳至另一窗口中，创建面域，再拉伸或旋转为简单体。

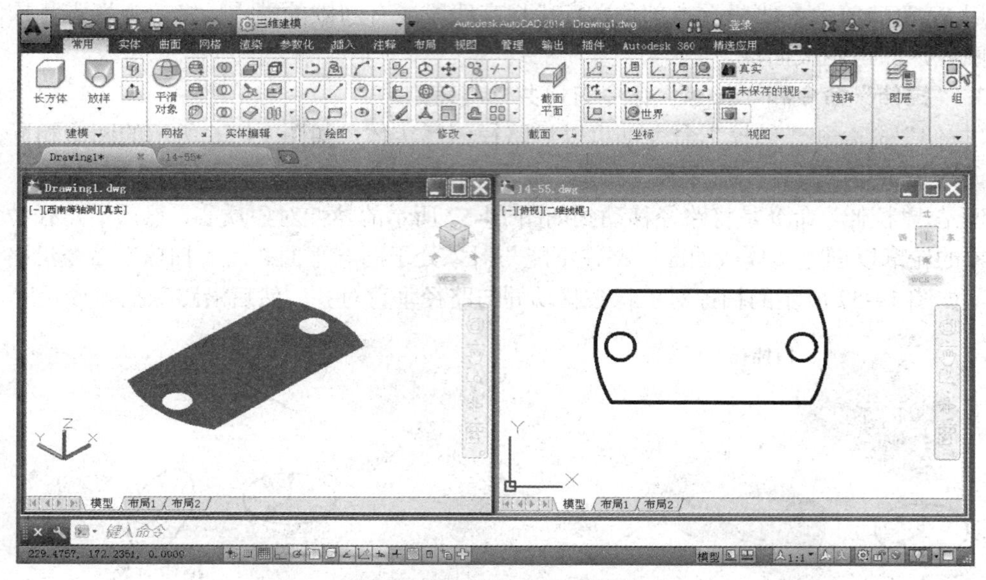

图 14-59　数据交换的界面

但要注意在“俯视”窗口中绘制的二维图形，只能拖曳到“等轴测”窗口中的XY平面内。

2．“拉伸”、“扫掠”、“旋转”和“放样”命令创建实体后如何删除或保留原对象

用DELOBJ系统变量控制实体创建后，是否自动删除原对象。默认的DELOBJ系统变量值为1，删除原对象；DELOBJ系统变量值为0，保留原对象及路径；DELOBJ系统变量值为2，删除原对象及路径；DELOBJ系统变量值为–1，提示是否删除原对象；DELOBJ系统变量值为–2，提示是否删除原对象及路径。

3．“三维对象捕捉”的灵活运用

从AutoCAD 2011开始增加了“三维对象捕捉”功能，其捕捉方式和使用方法与“二维对象捕捉”类似，捕捉方式中有两个不同于二维对象捕捉的捕捉方式：ZCENter（捕捉“面中心”）、ZKNOt（捕捉到样条曲线节点），在创建三维实体时用途较大。

14.16 上 机 题

1．根据如图 14-60 所示的三视图，按形体分析法将其分解为基本几何体和简单体，分别创建基本几何体和简单体的三维实体模型，并按其在组合体中的位置组合放置在一起。

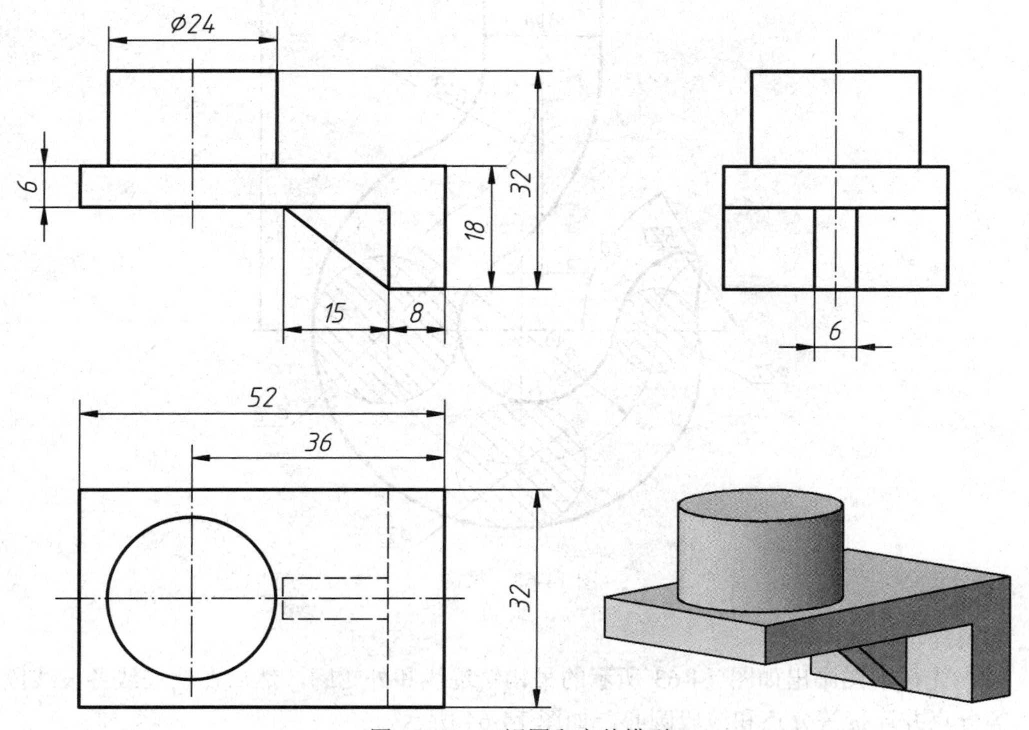

图 14-60　三视图和实体模型

建模提示：

楔形体最后单独创建，然后调用“移动”命令，以轮廓线中点 A 为基点移动至另一轮廓线中点 B，如图 12-61 所示。

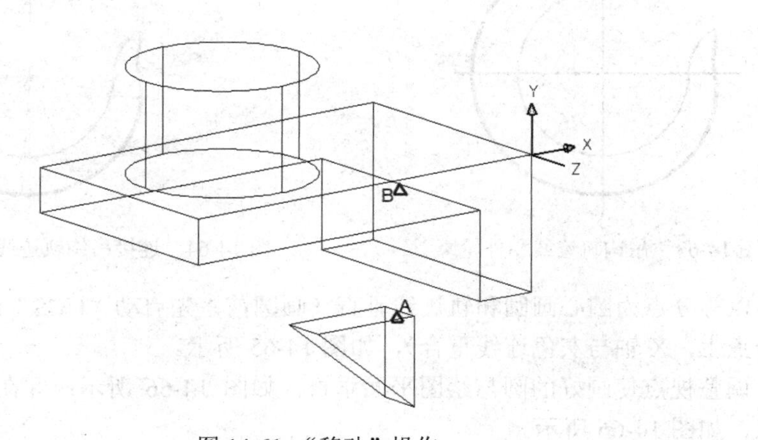

图 14-61 “移动”操作

2．根据如图 14-62 所示吊钩的视图，创建吊钩三维实体模型。

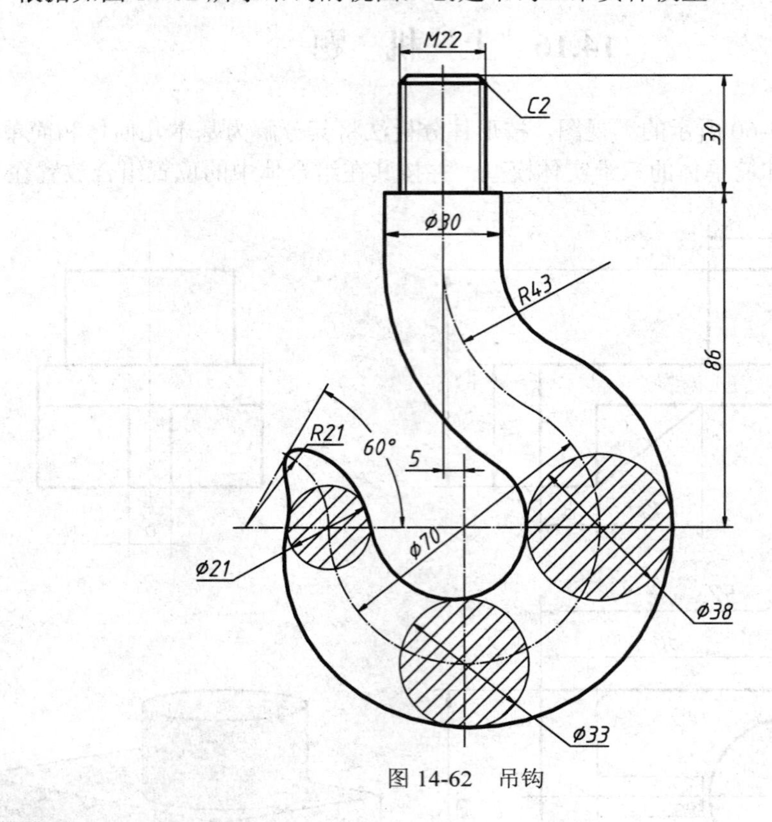

图 14-62　吊钩

建模提示：

（1）先按视图画出如图 14-63 所示的吊钩轨迹线和外轮廓，然后在轨迹线各段线段上插入等分点并连接等分点和线段圆心，如图 14-64 所示。

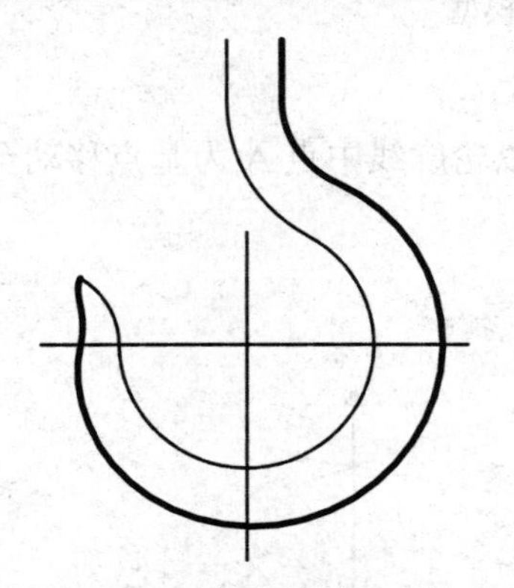

图 14-63　吊钩轨迹线和外轮廓

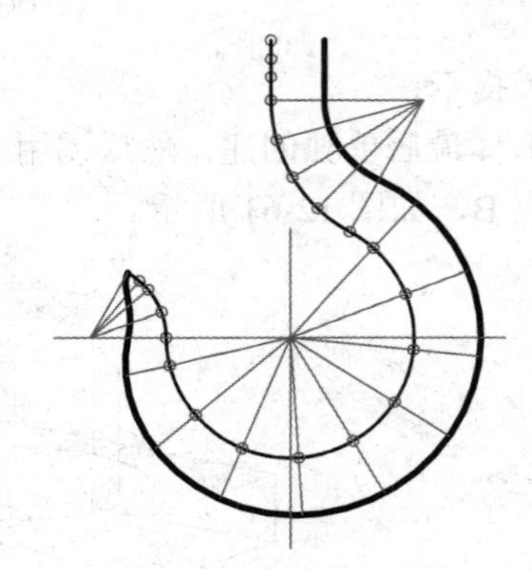

图 14-64　连接吊钩轨迹线上的等分点和圆心

（2）以等分点为圆心画圆和轨迹线垂直（画圆前，先启动“UCS”命令，指定 UCS 原点在等分点上，X 轴与灰色连线重合），如图 14-65 所示。

（3）调整视点使画好的圆与绘图平面垂直，如图 14-66 所示；并在吊钩轨迹线左端点绘制一点，如图 14-66 所示。

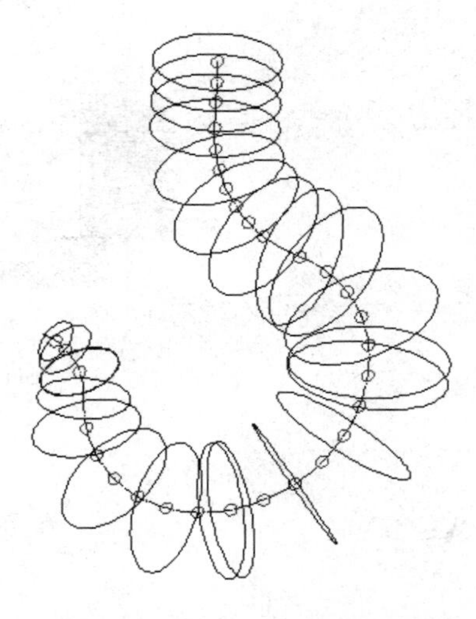

图 14-65　绘制与轨迹线垂直的圆

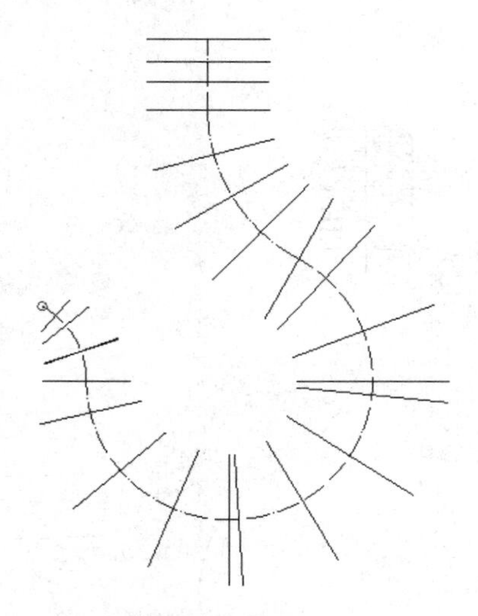

图 14-66　在轨迹线左端点绘制一点

（4）利用“放样”命令，依次选取已绘制的圆作为放样横截面，最后选择左端点，设置左端点出“凸度幅值”为 50，如图 14-67 所示。并利用“圆柱体”命令，创建上部圆柱体。

（5）利用“拉伸”命令和“倒角”命令完成吊钩雏形，如图 14-68 所示。

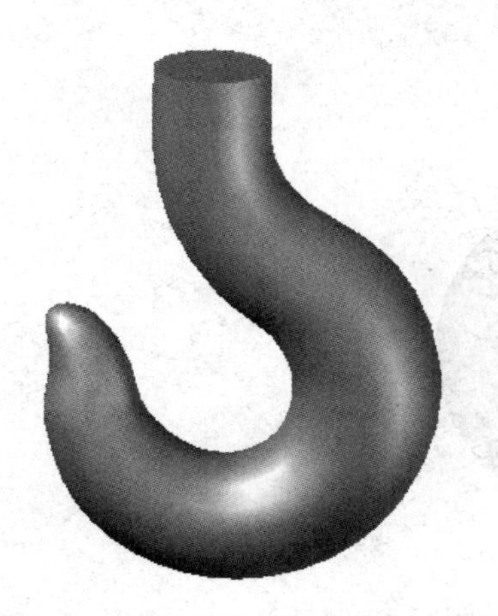

图 14-67　吊钩变截面部分的三维模型

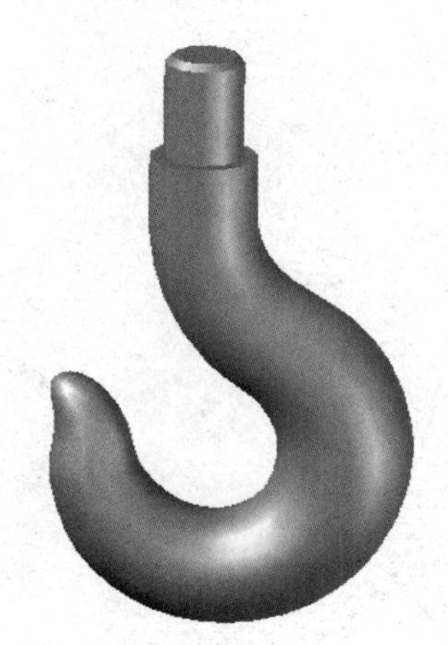

图 14-68　吊钩雏形

（6）利用“螺旋”命令在吊钩上端圆柱体表面创建螺旋线：底面半径 11，顶面半径 11，圈数 14，高度 35，即螺距 2.5。如图 14-69 所示，线框模式显示，螺旋线高度超过圆柱高度。

（7）按粗牙螺纹国标绘制一截面，尺寸和位置如图 14-70 所示，并将其创建为面域。

（8）利用“扫掠”命令，以刚创建的面域为扫掠对象，螺旋线为扫掠路径，完成扫掠体创建，如图 14-71 所示。

（9）利用“差集”命令[①]，选择圆柱体再选择要减去的扫掠体，如图 14-72 所示。

① 参见本书 15.1.3 节。

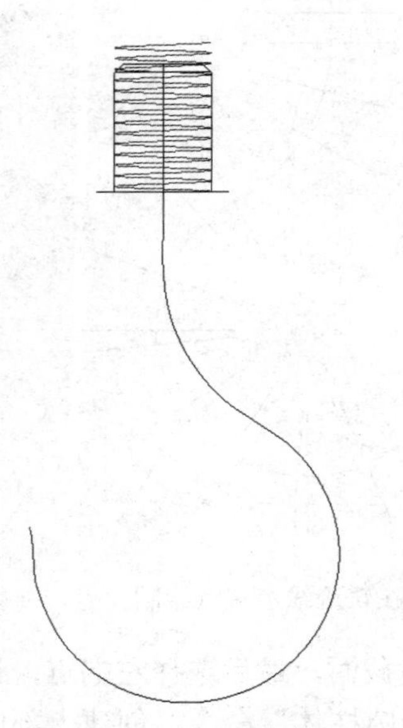

图 14-69　创建螺旋线

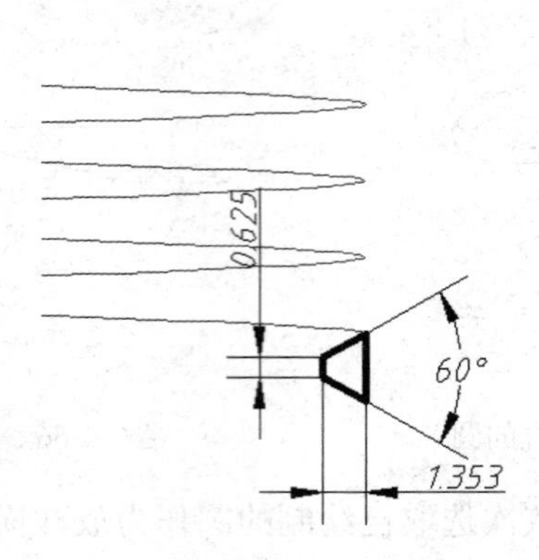

图 14-70　绘制一截面并创建为面域

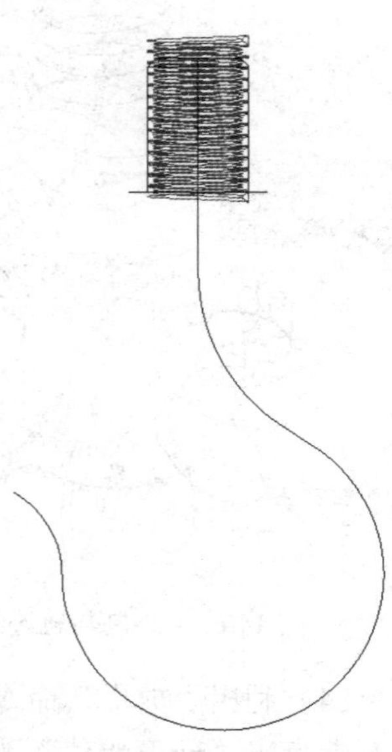

图 14-71　创建螺旋扫掠体

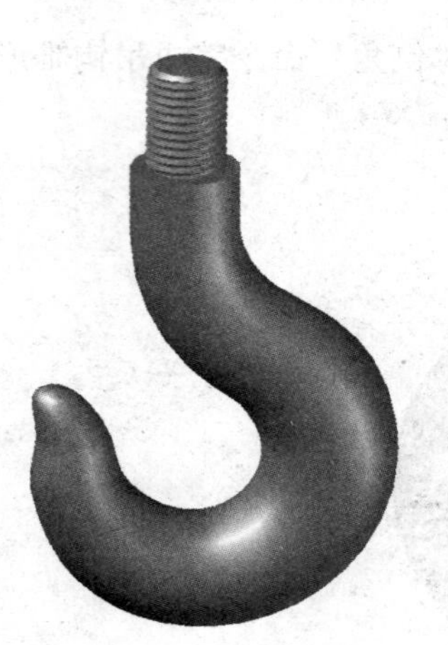

图 14-72　吊钩三维模型

第 15 章　三维复杂实体模型的创建

第 14 章所述的创建三维实体的命令，只能绘制一些简单的基本实体，要创建复杂的三维实体，还需要使用 AutoCAD 2014 提供的布尔运算及三维实体编辑命令等，对已创建的三维基本体进行编辑修改。

本章将介绍的内容和新命令如下。

（1）布尔运算;

（2）FILLET 三维圆角命令;

（3）CHAMFER 三维倒角命令;

（4）3DALIGN 三维对齐命令;

（5）MIRROR3D 三维镜像命令;

（6）3DARRAY 三维阵列命令;

（7）ROTATE3D 三维旋转命令;

（8）3DMOVE 三维移动命令;

（9）SOLIDEDIT 实体编辑命令;

（10）PRESSPULL 按住并拖动命令。

15.1　布 尔 运 算

在 AutoCAD 中，布尔运算是针对面域和实体进行的。可以先创建三维基本实体，再通过布尔运算创建复杂的组合实体。

15.1.1　并运算

并运算是应用“并集”命令将多个面域或实体组成一个新的整体。

调用命令的方式如下。

功能区：单击“常用”选项卡“实体编辑”面板中的图标按钮或“实体”选项卡“布尔值”面板中的图标按钮。

菜单：执行“修改”|“实体编辑”|“并集”命令。

键盘命令：UNION（或 UNI）。

操作步骤如下。

第 1 步，调用“并集”命令。

第 2 步，命令提示为“选择对象:”时，选择要组合的对象。

…

第 n 步，命令提示为“选择对象:”时，回车，结束对象选择。

【例 15-1】　利用“并集”命令，将如图 15-1（a）所示的长方体和圆柱体合并成一个整体，结果如图 15-1（b）所示。

操作如下。

命令: _ **union**	单击图标按钮，启动“并集”命令
选择对象: 找到 1 个	选择长方体
选择对象: 找到 1 个，总计 2 个	选择圆柱体
选择对象:↵	回车，结束对象选择

可以对如图 15-2 所示的面域进行同样的并集操作。

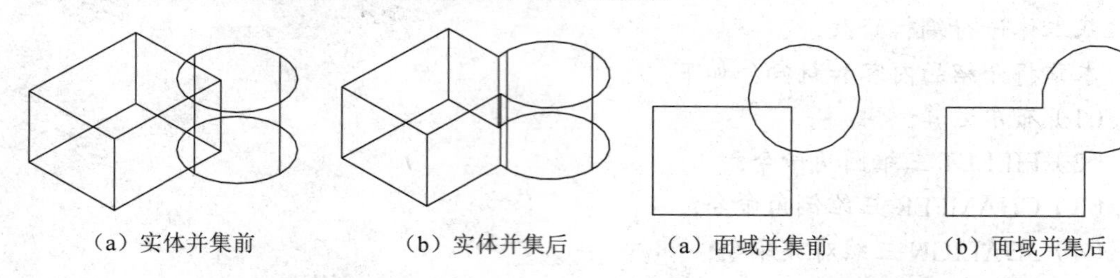

（a）实体并集前　（b）实体并集后　（a）面域并集前　（b）面域并集后

图 15-1　实体布尔并集运算　　图 15-2　面域布尔并集运算

注意：单击空间没有公共部分的实体和面域也可以进行并集运算。

15.1.2　交运算

交运算是应用“交集”命令将多个面域或实体相交的部分创建为新的面域或实体，同时删去原体。

调用命令的方式如下。

功能区：单击“常用”选项卡“实体编辑”面板中的图标按钮或“实体”选项卡“布尔值”面板中的图标按钮。

菜单：执行“修改”|“实体编辑”|“交集”命令。

键盘命令：INTERSECT（或 IN）。

操作步骤如下。

第 1 步，调用“交集”命令。

第 2 步，命令提示为“选择对象:”时，选择要相交的对象。

…

第 *n* 步，命令提示为“选择对象:”时，回车，结束对象选择。

【例 15-2】　运用“交集”命令，将如图 15-3（a）所示的长方体和圆柱体共有的部分创建为一个新的实体，结果如图 15-3（b）所示。

操作如下。

命令: _ **intersect**	单击图标按钮，启动“交集”命令
选择对象: 找到 1 个	选择长方体
选择对象: 找到 1 个，总计 2 个	选择圆柱体
选择对象:↵	回车

可以对如图 15-4 所示的面域进行同样的交集操作。

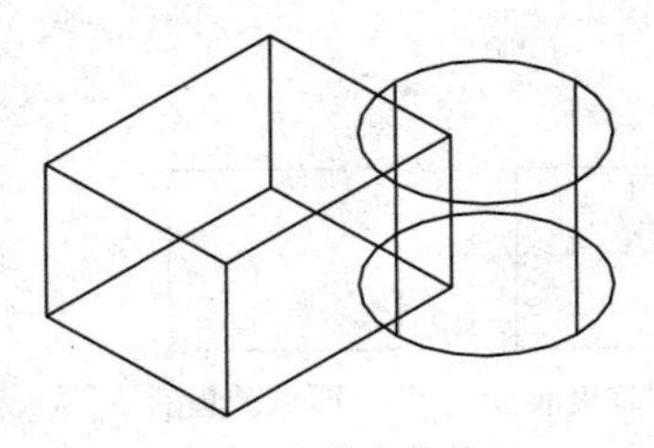
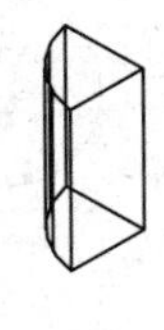

（a）实体交集前　　（b）实体交集后

图 15-3　实体布尔交集运算

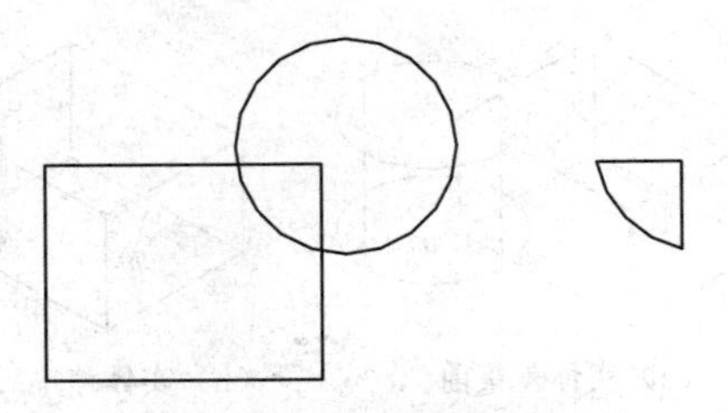

（a）面域交集前　　（b）面域交集后

图 15-4　面域布尔交集运算

15.1.3　差运算

差运算是应用“差集”命令从第一个实体或面域选择集中减去第二个实体或面域选择集，然后创建一个新的实体或面域。

调用命令的方式如下。

功能区：单击“常用”选项卡“实体编辑”面板中的图标按钮或“实体”选项卡“布尔值”面板中的图标按钮。

菜单：执行“修改”|“实体编辑”|“差集”命令。

键盘命令：SUBTRACT（或 SU）。

操作步骤如下。

第 1 步，调用“差集”命令。

第 2 步，命令提示为“选择要从中减去的实体或面域...选择对象:”时，选择要从中减去的对象。

第 3 步，命令提示为“选择对象:”时，回车，结束对象选择。

第 4 步，命令提示为“选择要减去的实体或面域 ..选择对象:”时，选择要减去的对象。

第 5 步，命令提示为“选择对象:”时，回车，结束对象选择。

【例 15-3】　运用“差集”命令，从如图 15-5（a）所示的长方体中挖去圆柱体，剩余部分创建为一个新的实体，结果如图 15-5（b）所示。

操作如下。

命令: **_subtract**	单击图标按钮，启动“差集”命令
_选择要从中减去的实体或面域...	选择长方体
选择对象: 找到 1 个	
选择对象:↵	回车，结束对象选择
选择要减去的实体或面域 ..	选择圆柱体
选择对象: 找到 1 个	
选择对象:↵	回车，结束对象选择

可以对如图 15-6 所示的面域进行同样的差集操作。

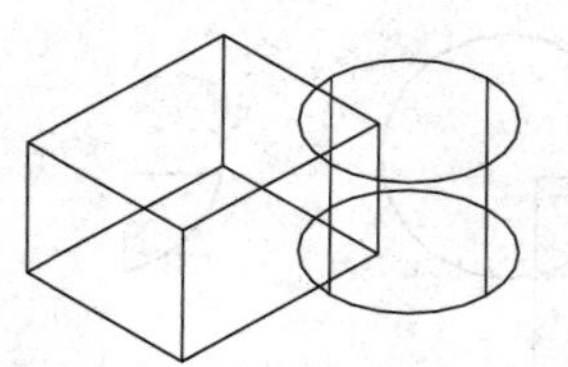

（a）实体差集前

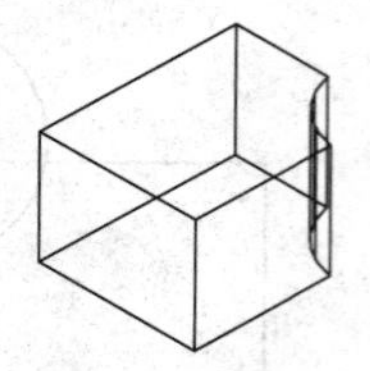

（b）实体差集后

图 15-5　实体布尔差集运算

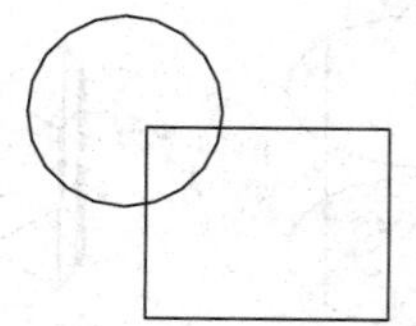

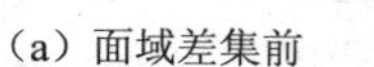

（a）面域差集前

（b）面域差集后

图 15-6　面域布尔差集运算

15.2　三 维 圆 角

“圆角边”命令除用于三维实体的圆角过渡。

调用命令的方式如下。

功能区：单击“实体”选项卡“实体编辑”面板中的图标按钮。

菜单：执行“修改”|“实体编辑”|“圆角边”命令。

键盘命令：FILLETEDGE。

操作步骤如下。

第 1 步，调用“圆角边”命令。

第 2 步，命令提示为“选选择边或 [链(C)/半径(R)]:”时，输入 R。

第 3 步，命令提示为“输入圆角半径或 [表达式(E)] <1.0000>:”时，输入圆角的半径。

第 4 步，命令提示为“选择边或 [链(C)/半径(R)]:”时，拾取要圆角处理的棱边。

第 5 步，命令提示为“选择边或 [链(C)/半径(R)]:”时，回车，结束棱边的拾取。

第 6 步，命令提示为“按 Enter 键接受圆角或 [半径(R)]:”时，回车，结束命令。

【例 15-4】 运用“圆角边”命令，将图 15-7 中的三维实体底板的两个直角修改为圆角，结果如图 15-8 所示。

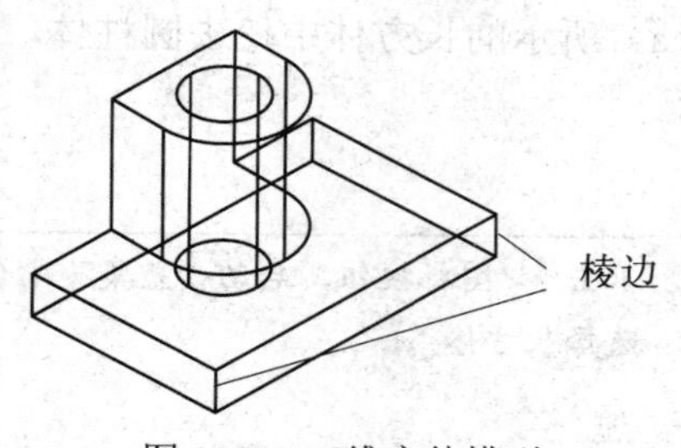

图 15-7　三维实体模型

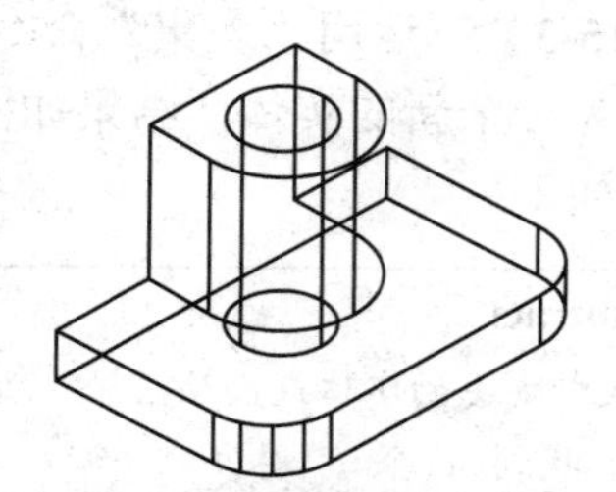

图 15-8　圆角后的三维实体模型

操作如下。

命令: **_FILLETEDGE**	单击图标按钮，启动“圆角边”命令
半径 ＝3.0000	系统提示，默认的圆角半径为 3
选择边或 [链(C)/半径(R)]: **r**↵	选择“半径”选项
输入圆角半径或 [表达式(E)] <3.0000>: **15**↵	输入圆角半径为 15
选择边或 [链(C)/半径(R)]:	选择要进行圆角处理的一条棱边

选择边或 [链(C)/半径(R)]:	再次选择要进行圆角处理的另一条棱边
选择边或 [链(C)/半径(R)]: ↵	回车，结束对象选择
已选定 2 个边用于圆角	系统提示
按 Enter 键接受圆角或 [半径(R)]:	回车，结束命令

15.3 三维倒角

“倒角边”命令用于三维实体中两个面之间的倒角。

调用命令的方式如下。

功能区：单击“实体”选项卡“实体编辑”面板中的图标按钮。

菜单：执行“修改”|“实体编辑”|“倒角边”命令。

键盘命令：CHAMFEREDGE。

操作步骤如下。

第 1 步，调用“倒角边”命令。

第 2 步，命令提示为“选择一条边或 [环(L)/距离(D)]:”时，输入 D，选择“距离”选项。

第 3 步，命令提示为“指定距离 1 或 [表达式(E)] <1.0000>:”时，输入第一个倒角距离。

第 4 步，命令提示为“指定距离 2 或 [表达式(E)] <1.0000>:”时，输入第二个倒角距离。

第 5 步，命令提示为“选择一条边或 [环(L)/距离(D)]:”时，拾取要倒角的棱边。

第 6 步，命令提示为“选择属于同一个面的边或 [环(L)/距离(D)]:”时，拾取同一个面上要倒角的另一条棱边。

第 7 步，命令提示为“选择属于同一个面的边或 [环(L)/距离(D)]:”时，回车结束棱边的拾取。

第 8 步，命令提示为“按 Enter 键接受倒角或 [距离(D)]:”时，回车，结束命令。

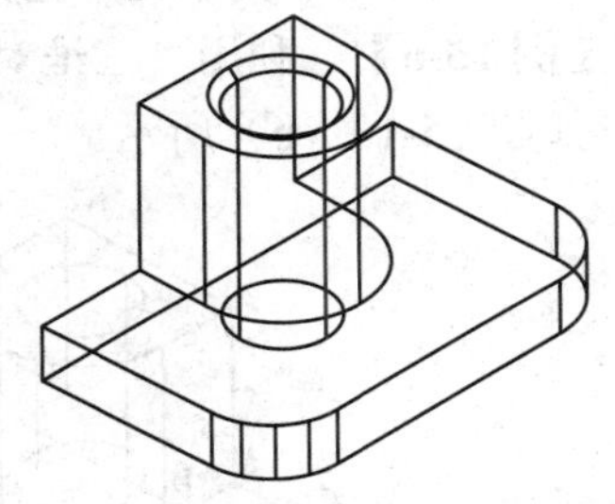

图 15-9 倒角后的三维实体模型

【例 15-5】 运用“倒角”命令，将图 15-8 中的三维实体的圆柱孔顶端进行倒角，结果如图 15-9 所示。

操作如下。

命令: **_CHAMFEREDGE**	单击图标按钮，启动“倒角”命令
距离 1 = 1.0000，距离 2 = 1.0000	系统提示，当前默认的倒角尺寸为 C1
选择一条边或 [环(L)/距离(D)]: **d** ↵	输入 d，选择“距离”选项
指定距离 1 或 [表达式(E)] <1.0000>: **2**↵	输入倒角的第一距离为 2
指定距离 2 或 [表达式(E)] <1.0000>: **2**↵	输入倒角的第二距离为 2
选择一条边或 [环(L)/距离(D)]:	拾取要进行倒角的棱边为圆柱孔顶端圆边
选择属于同一个面的边或 [环(L)/距离(D)]: ↵	回车，结束棱边的拾取
按 Enter 键接受倒角或 [距离(D)]: ↵	回车，结束命令

15.4 三 维 对 齐

“三维对齐”命令通过三对源点和目标点，使目标对象与源对象对齐。

调用命令的方式如下。

功能区：单击“常用”选项卡“修改”面板中的图标按钮。

菜单：执行“修改”|“三维操作”|“三维对齐”命令。

键盘命令：3DALIGN（或 3AL）。

操作步骤如下。

第 1 步，调用“三维对齐”命令。

第 2 步，命令提示为“选择对象:”时，选择要对齐的对象。

第 3 步，命令提示为“选择对象:”时，回车，结束对象选择。

第 4 步，命令提示为“指定源平面和方向 ...指定基点或 [复制(C)]:”时，拾取第一个源点称为基点。

第 5 步，命令提示为“指定第二个点或 [继续(C)]:”时，拾取第二个源点。

第 6 步，命令提示为“指定第三个点或 [继续(C)]:”时，拾取第三个源点。

第 7 步，命令提示为“指定目标平面和方向 ...指定第一个目标点:”时，拾取第一个目标点。

第 8 步，命令提示为“指定第二个目标点或 [退出(X)] <X>:”时，拾取第二个目标点。

第 9 步，命令提示为“指定第三个目标点或 [退出(X)] <X>:”时，拾取第三个目标点。

【例 15-6】 利用“三维对齐”命令，将图 15-10（a）中的楔体与三维实体对齐，完成图形如图 15-10（b）所示。

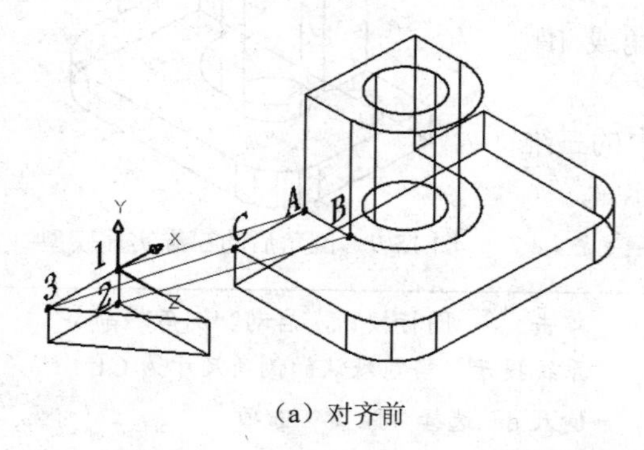

（a）对齐前

（b）对齐后

图 15-10 三维对齐操作

操作如下。

命令: **_3dalign**	单击图标按钮，启动“三维对齐”命令
选择对象: 找到 1 个	选择源对象“楔体”
选择对象:↲	结束对象选择
指定源平面和方向 ...	
指定基点或 [复制(C)]:	选择源对象上的 1 点为基点

指定第二个点或 [继续(C)] <C>:	选择源对象上的2点
指定第三个点或 [继续(C)] <C>:	选择源对象上的3点
指定目标平面和方向 ...	
指定第一个目标点:	选择目标对象上的A点
指定第二个目标点或 [退出(X)] <X>:	选择目标对象上的B点
指定第三个目标点或 [退出(X)] <X>:	选择目标对象上的C点

注意：如果只指定一个源点和一个目标点，选定的对象将从源点移动到目标点，如果指定了第二点和第三点，则这两点将旋转并倾斜选定的对象。

15.5 三维镜像

利用"三维镜像"命令创建相对于某一平面的镜像对象。

调用命令的方式如下。

功能区：单击"常用"选项卡"修改"面板中的%图标按钮。

菜单：执行"修改"|"三维操作"|"三维镜像"命令。

键盘命令：MIRROR3D。

操作步骤如下。

第1步，调用"三维镜像"命令。

第2步，命令提示为"选择对象:"时，选择要镜像的对象。

第3步，命令提示为"选择对象:"时，回车，结束对象选择。

第4步，命令提示为"指定镜像平面 (三点) 的第一个点或[对象(O)/最近的(L)/Z 轴(Z)/视图(V)/XY 平面(XY)/YZ 平面(YZ)/ZX 平面(ZX)/三点(3)] <三点>:"时，拾取镜像平面上的第一点。

第5步，命令提示为"在镜像平面上指定第二点:"时，拾取镜像平面上的第二点。

第6步，命令提示为"在镜像平面上指定第三点:"时，拾取镜像平面上的第三点。

第7步，命令提示为"是否删除源对象？[是(Y)/否(N)] <否>:"时，回车，保留原始对象；或者输入Y将其删除。

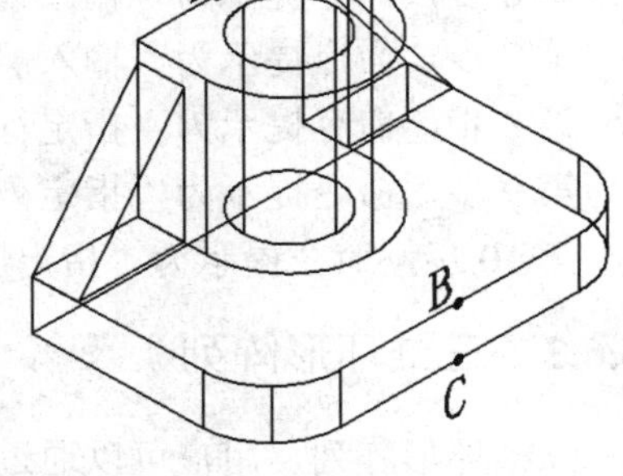

图 15-11　三维镜像效果

【例 15-7】　将图 15-10（b）中的楔体进行三维镜像操作，结果如图 15-11 所示。

操作如下。

命令: **_mirror3d**	单击%图标按钮，启动"三维镜像"命令
选择对象: 找到 1 个	选择要镜像的对象
选择对象:↵	结束对象选择
指定镜像平面 (三点) 的第一个点或[对象(O)/最近的(L)/Z 轴(Z)/视图(V)/XY 平面(XY)/YZ 平面(YZ)/ZX	利用对象捕捉功能捕捉镜像面上第一点A点

平面(ZX)/三点(3)] <三点>:	
在镜像平面上指定第二点:	利用对象捕捉功能捕捉镜像面上第二点 B 点
在镜像平面上指定第三点:	利用对象捕捉功能捕捉镜像面上第三点 C 点
是否删除源对象？[是(Y)/否(N)] <否>: ↵	回车，选择默认的不删除源对象的方式

15.6 三维阵列

在 AutoCAD 2014 中“三维阵列”命令功能已替换为增强的“阵列”命令，该命令允许您创建关联或非关联、二维或三维、矩形、路径或环形阵列。3DARRAY 保留传统行为，利用“三维阵列”命令在矩形或环形阵列中创建三维对象的副本。

调用命令的方式如下。

菜单：执行“修改”|“三维操作”|“三维阵列”命令。

键盘命令：3DARRAY（或 3A）。

15.6.1 三维矩形阵列

三维矩形阵列，除行数和列数外，用户还可以指定 Z 方向的层数。

操作步骤如下。

第 1 步，调用“三维阵列”命令。

第 2 步，命令提示为“选择对象:”时，选择要创建阵列的对象。

第 3 步，命令提示为“选择对象:”时，回车，结束对象选择。

第 4 步，命令提示为“输入阵列类型 [矩形(R)/环形(P)] <矩形>:”时，回车，选择“矩形”选项。

第 5 步，命令提示为“输入行数 (---) <1>:”时，输入行数。

第 6 步，命令提示为“输入列数 (|||) <1>:”时，输入列数。

第 7 步，命令提示为“输入层数 (...) <1>:”时，输入层数。

第 8 步，命令提示为“指定行间距 (---):”时，指定行间距。

第 9 步，命令提示为“指定列间距 (|||):”时，指定列间距。

第 10 步，命令提示为“指定层间距 (...):”时，指定层间距。

15.6.2 三维环形阵列

三维环形阵列，用户可以通过空间中的任意两点指定旋转轴。

操作步骤如下。

第 1 步，调用“三维阵列”命令。

第 2 步，命令提示为“选择对象:”时，选择要创建阵列的对象。

第 3 步，命令提示为“选择对象:”时，回车，结束对象选择。

第 4 步，命令提示为“输入阵列类型 [矩形(R)/环形(P)] <矩形>:”时，输入 P，选择“环形”选项。

第 5 步，命令提示为“输入阵列中的项目数目:”时，输入要创建阵列的项目数。

第 6 步，命令提示为“指定要填充的角度 (+=逆时针, – =顺时针) <360>:”时，指定要填充的阵列对象的角度。

第 7 步，命令提示为“旋转阵列对象？ [是(Y)/否(N)] <Y>:”时，回车，沿阵列方向旋转对象；或者输入 N 保留它们的方向。

第 8 步，命令提示为“指定阵列的中心点:”时，指定对象旋转轴的起点。

第 9 步，命令提示为“指定旋转轴上的第二点:”时，指定对象旋转轴的端点。

15.7 三 维 旋 转

“三维旋转”3DROTATE 命令即是在三维视图中，显示三维旋转小控件以协助三维对象绕三维轴旋转。所以“三维旋转”命令的实质就是调用和使用三维旋转小控件的过程。

功能区：单击“常用”选项卡“选择”面板中的图标按钮，或“实体”选项卡“选择”面板中的图标按钮。

菜单：执行“修改”|“三维操作”|“三维旋转”命令。

键盘命令：3DROTATE（或 3R）。

操作步骤如下。

第 1 步，调用“三维旋转”命令。

第 2 步，命令提示为“选择对象:”时，选择要旋转的对象，或者按住 Ctrl 键选择子对象（面、边和顶点）。

第 3 步，命令提示为“选择对象:”时，回车，结束对象选择。同时显示附着在光标上的三维旋转小控件，如图 15-12 所示。

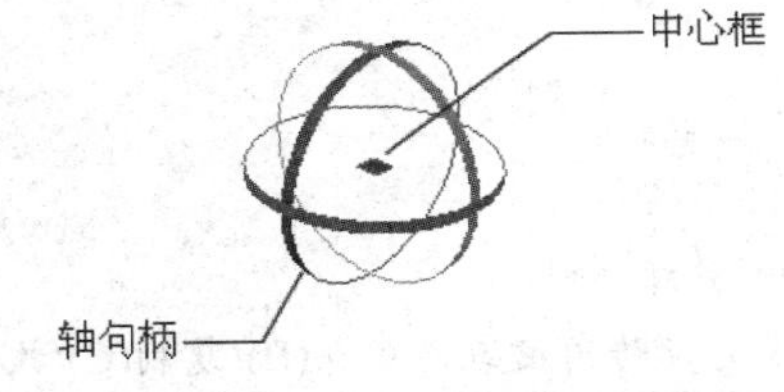

图 15-12　三维旋转小控件

第 4 步，命令提示为“指定基点:”时，拾取旋转的基点，放置三维旋转小控件。

第 5 步，命令提示为“拾取旋转轴:”时，将光标悬停在三维旋转小控件上的一个轴句柄上，直到变为黄色并显示矢量，然后单击。

第 6 步，命令提示为“指定角的起点或键入角度:”时，光标拾取确定旋转的角度或输入角度值。

第 7 步，命令提示为“指定角的端点:”时，可以移动鼠标旋转对象，单击指定角的端点。

直接利用三维旋转小控件的操作步骤如下。

第 1 步，单击功能区的“实体”选项卡中“选择”面板中的“小控件”下拉式图标按钮。

第 2 步，选择要旋转的对象，或者按住 Ctrl 键选择子对象（面、边和顶点）。同时显示附着在光标上的三维旋转小控件，如图 15-12 所示。

第 3 步，拾取移动三维旋转小控件的中心框确定旋转的基点。

第 4 步，将光标悬停在三维旋转小控件上的一个轴句柄上，直到变为黄色并显示矢量，然后单击。

第 5 步，命令提示为“指定旋转角度或 [基点(B)/复制(C)/放弃(U)/参照(R)/退出(X)]:”

时，输入角度值。

【例 15-8】 直接利用三维旋转小控件对图 15-13（a）中的楔体进行三维旋转操作，结果如图 15-13（b）所示。

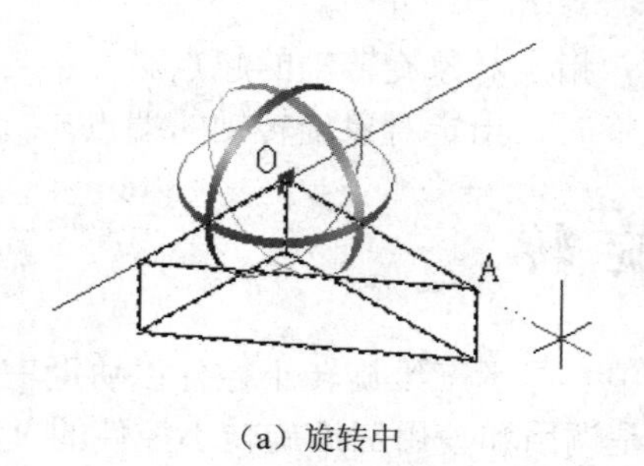

（a）旋转中　　（b）旋转后

图 15-13　三维旋转操作

操作如下。

	单击功能区的“实体”选项卡中“选择”面板中的“小控件”下拉式图标按钮
	选择要旋转的对象
	拾取移动三维旋转小控件的中心靶至 O 点
	将光标悬停在三维旋转小控件上的轴句柄上，直到光标变为黄色并显示矢量轴，如图 15-13（a）所示，然后单击
** 旋转 ** 指定旋转角度或 [基点(B)/复制(C)/放弃(U)/参照(R)/退出(X)]: **–90↵**	输入旋转角度为–90°，结果如图 15-13（b）所示

注意：

（1）旋转角度的正负由右手法则决定（右手大拇指和旋转轴 X 轴的正向一致，其余 4 个手指的方向为旋转正向）。

（2）在“二维线框”视觉样式下，不能直接使用三维旋转小控件。

15.8　三 维 移 动

三维移动是在三维视图中显示三维移动小控件，并沿指定方向将对象移动指定的距离。所以“三维移动”命令的实质就是调用和使用三维移动小控件的过程。

调用命令的方式如下。

功能区：单击“常用”选项卡“选择”面板中的图标按钮，或“实体”选项卡“选择”面板中的图标按钮。

菜单：执行“修改”|“三维操作”|“三维移动”命令。

键盘命令：3DMOVE（或 3M）

操作步骤如下。

第 1 步，调用“三维移动”命令。

第 2 步，命令提示为“选择对象:”时，选择要移动的对象和子对象。或者按住 Ctrl 键可选择子对象，例如面、边和顶点。

第 3 步，命令提示为“选择对象:”时，回车，结束对象选择。同时显示附着在光标上的三维移动小控件，如图 15-14（a）所示。

（a）三维移动小控件　　（b）移动操作中

图 15-14　移动夹点工具

第 4 步，命令提示为“指定基点或 [位移(D)] <位移>:”时，拾取移动的基点，放置移动夹点工具。

第 5 步，“指定第二个点或 <使用第一个点作为位移>:”时，将光标悬停在三维移动小控件的轴句柄上，直到变为黄色并显示矢量轴，如图 15-14（b）所示，然后单击。

第 6 步，光标拾取或输入值，以指定移动的距离。

直接使用三维移动小控件的操作步骤如下。

第 1 步，单击功能区的“实体”选项卡中“选择”面板中的“小控件”下拉式图标按钮。

第 2 步，选择要移动的对象。同时显示附着在光标上的三维移动小控件，如图 15-14（a）所示。

第 3 步，拾取并移动三维移动小控件的中心靶确定移动的基点。

第 4 步，将光标悬停在三维移动小控件的轴句柄上，直到变为黄色并显示矢量轴，如图 15-14（b）所示，然后单击。

第 5 步，输入移动的距离。

15.9　三维实体的快速编辑

从 AutoCAD 2007 开始增强了快速修改三维实体的功能，可对基本实体的面和边进行拉伸、移动、旋转、偏移、倾斜、删除和复制的编辑。

15.9.1　按住并拖动有限区域编辑实体

可以通过“按住并拖动”命令，拾取区域来按住或拖动有限区域。区域不能是曲面。

AutoCAD 2013 增强了“按住并拖动”命令，可以同时选取多个轮廓线条或者多个封闭区域一次完成修改，也可以延续倾斜面的角度等，详见例 15-9。

调用命令的方式如下。

功能区：单击“常用”选项卡“建模”面板中的图标按钮或“实体”选项卡“实体”面板中的图标按钮。

键盘命令：PRESSPULL。

操作步骤如下。

第 1 步，调用“按住并拖动”命令。

第 2 步，命令提示为“单击有限区域以进行按住或拖动操作。”时，单击由同面线段围成的任意区域。

第 3 步，拖动鼠标以按住或拖动有限区域。

第 4 步，单击或输入值以指定高度。

【例 15-9】 用“按住并拖动”命令修改如图 15-15（a）的四棱柱体。

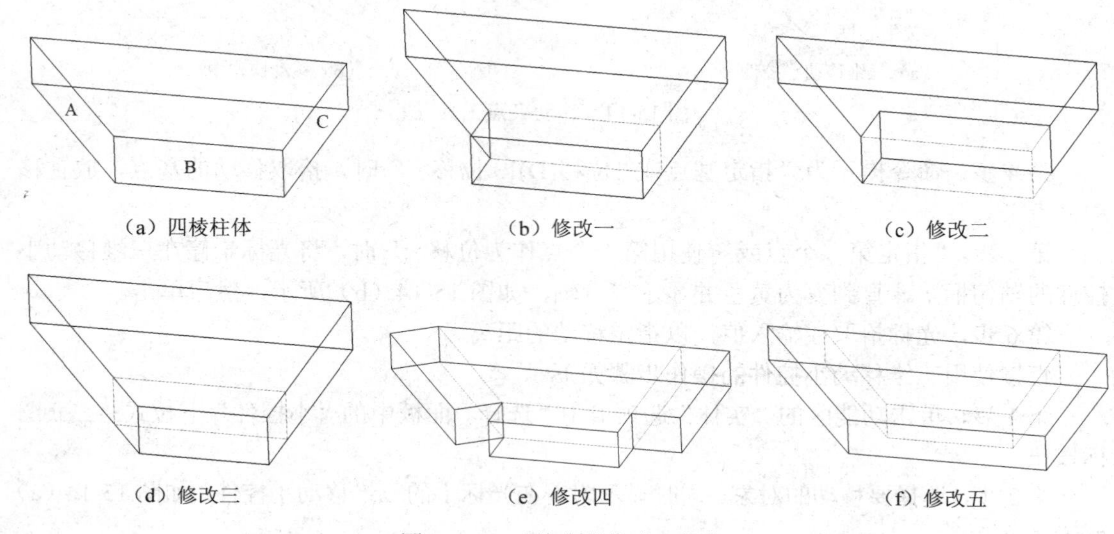

（a）四棱柱体 （b）修改一 （c）修改二

（d）修改三 （e）修改四 （f）修改五

图 15-15 “按住并拖动”操作

操作步骤如下。

第 1 步，打开动态 UCS，绘制如图 15-15（a）所示的四棱柱体。

第 2 步，调用“按住并拖动”命令。

第 3 步，进行修改。

（1）修改一。

操作如下。

命令: **_presspull**	单击图标按钮，启动“按住并拖动”命令
选择对象或边界区域:	拾取图 15-15（a）中的一个封闭线框 B
指定拉伸高度或 [多个(M)]:	输入数值 10，创建如图 15-15（b）所示的实体
指定拉伸高度或 [多个(M)]:**10**↵	
已创建 1 个拉伸	
选择对象或边界区域:↵	回车，结束命令

（2）修改二。

操作如下。

命令: **_presspull**	单击图标按钮，启动“按住并拖动”命令
选择对象或边界区域:	拾取图 15-15（a）中的一个封闭线框 B

指定拉伸高度或 [多个(M)]:	输入数值–10，创建如图 15-15（c）所示的实体
指定拉伸高度或 [多个(M)]: **–10**↵	
已创建 1 个拉伸	
选择对象或边界区域: ↵	回车，结束命令

（3）修改三。

操作如下。

命令: **_presspull**	单击图标按钮，启动“按住并拖动”命令
选择对象或边界区域:	按住 Ctrl 键，同时拾取图 15-15（a）中的封闭线框 B，回车
指定偏移距离或 [多个(M)]: **10**↵	输入数值 10，创建如图 15-15（d）所示的实体
1 个面偏移	
选择对象或边界区域: ↵	回车，结束命令

（4）修改四。

操作如下。

命令: **_presspull**	单击图标按钮，启动“按住并拖动”命令
选择对象或边界区域:	按住 Shift 键，同时拾取图 15-15（a）中的封闭线框 A、B、C，回车
选择了 1 个，共 1 个	
选择边界区域:	
选择了 1 个，共 2 个	
选择边界区域:	
选择了 1 个，共 3 个	
选择边界区域: ↵	
指定拉伸高度或 [多个(M)]:	输入数值 10，创建如图 15-15（e）所示的实体
指定拉伸高度或 [多个(M)]:10	
已创建 3 个拉伸	

（5）修改五。

操作如下。

命令: **_presspull**	单击图标按钮，启动“按住并拖动”命令
选择对象或边界区域:	操作提示
选择对象或边界区域:	按住 Ctrl+Shift 键，同时拾取图 15-15（a）中的封闭线框 A、B、C，回车
选择了 1 个，共 1 个	
选择边界区域:	
选择了 1 个，共 2 个	
选择边界区域:	
选择了 1 个，共 3 个	
选择对象: ↵	
1 个已过滤，共 3 个	
指定偏移距离或 [多个(M)]:**10**↵	输入数值 10，创建如图 15-15（f）所示的实体
3 个面偏移	

15.9.2 利用夹点和对象“特性”选项板编辑基本实体

1．利用夹点修改基本实体

使用夹点可以修改基本实体（长方体、楔体、棱锥体、球体、圆柱体、圆锥体和圆环体等）的大小和形状。还可以使用夹点修改通过“拉伸”、“旋转”、“放样”和“扫掠”命令创建的实体和曲面。

【例 15-10】 将如图 15-16 所示的正四棱柱体修改编辑为正六棱台。

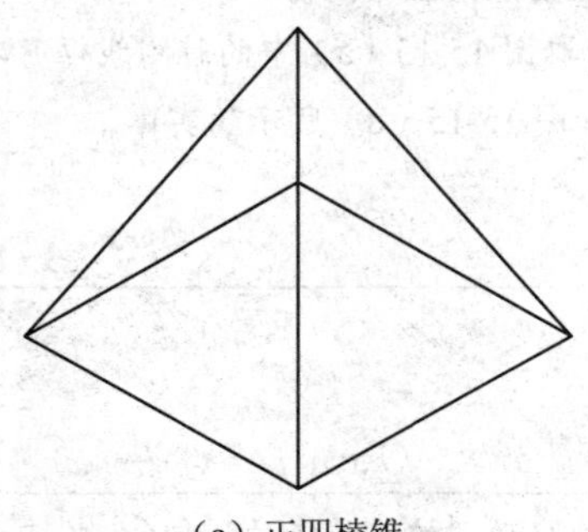

（a）正四棱锥

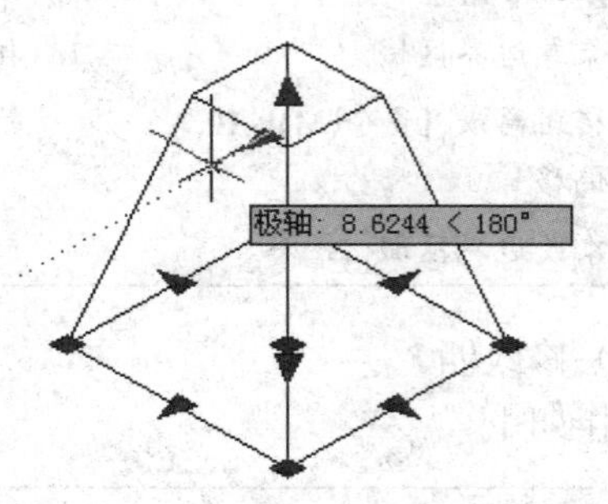

（b）夹点拉伸操作

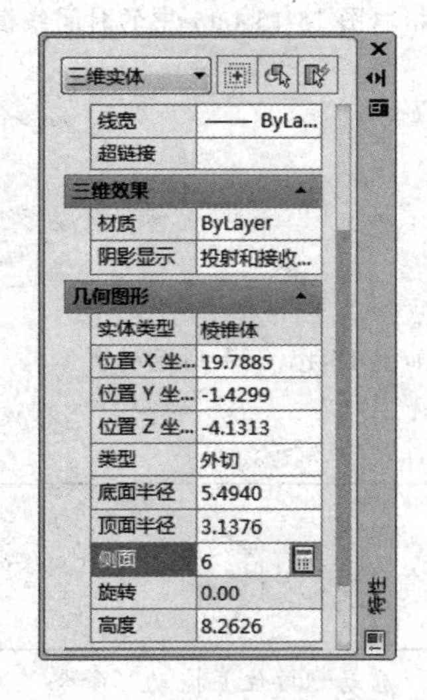

（c）对象“特性”选项板

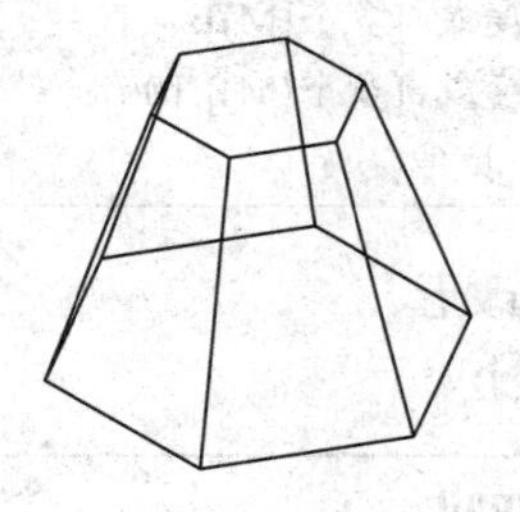

（d）修改后的正六棱台体

图 15-16 基本实体夹点编辑修改

操作步骤如下。

第 1 步，选择正四棱锥体，将在其轮廓上显示夹点。

第 2 步，单击选定锥顶侧向夹点，将选定夹点移动到新位置，正四棱锥体修改成棱台，如图 15-16（b）所示。

第 3 步，选择正四棱锥台，右击，从弹出的快捷菜单上选择“特性”命令，打开对象“特性”选项板，将其中的“侧面”数量由 4 改为 6，如图 15-16（c）所示。

第 4 步，回车，结果如图 15-16（d）所示。

2．利用夹点修改复合实体

复合实体是由基本实体通过“并集”、“差集”和“交集”等命令组合而成的实体。

【例 15-11】 利用夹点功能将如图 15-17（a）所示的复合实体中上部的长圆体部分相对移动到复合实体中间，结果如图 15-17（c）所示。

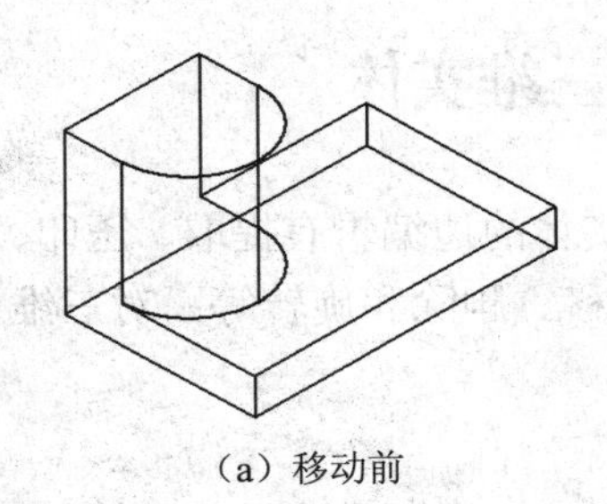

（a）移动前

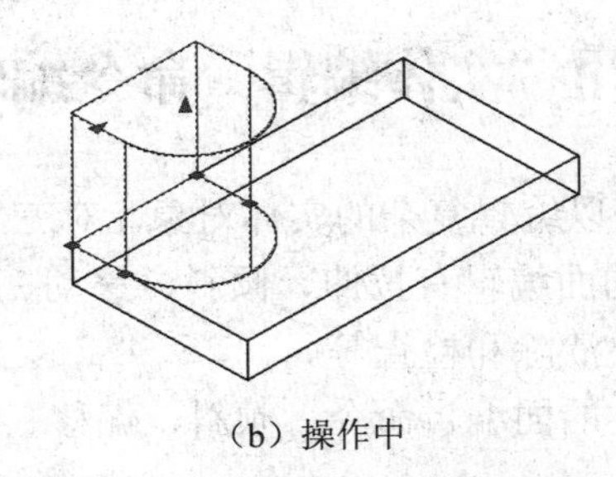

（b）操作中

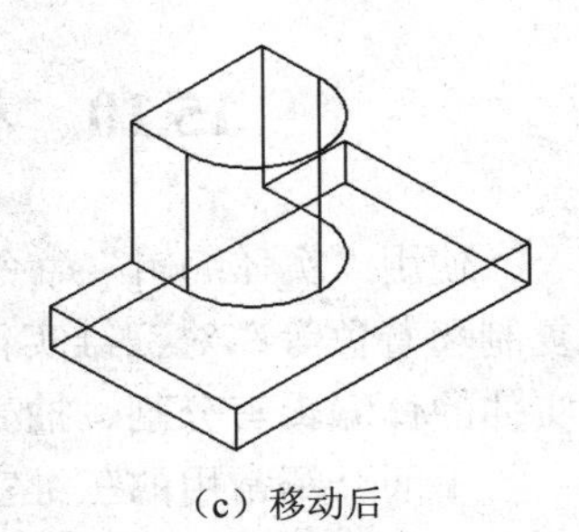

（c）移动后

图 15-17 复合实体夹点编辑修改

操作步骤如下。

第 1 步，按住 Ctrl 键，选择复合实体中上部的长圆体部分，如图 15-17（b）所示。

第 2 步，调用“三维移动”命令，移动选中的长圆体部分到指定位置，如图 15-17（c）所示。

3．选择和操作子对象（三维实体的点、线、面）

可以对三维实体上的子对象（点、线、面）进行选择。按住 Ctrl 键，使用光标选择顶点、边和面以创建要操作的子对象的选择集。可以按 Shift+Ctrl 组合键取消选择已选定的子对象。

【例 15-12】 将如图 15-18（a）所示的复合实体的前端面后移并倾斜，结果如图 15-18（c）所示。

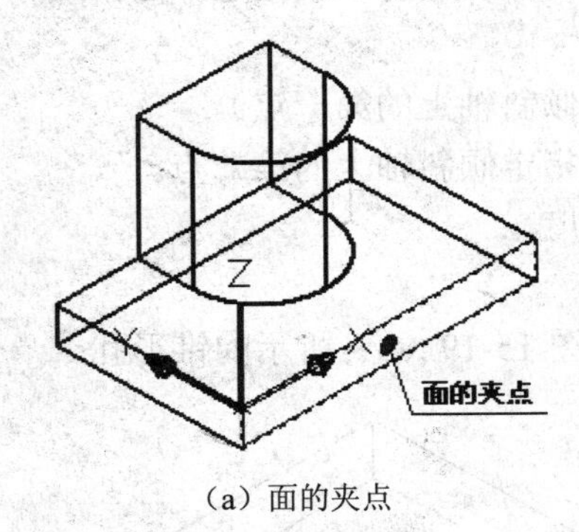

（a）面的夹点

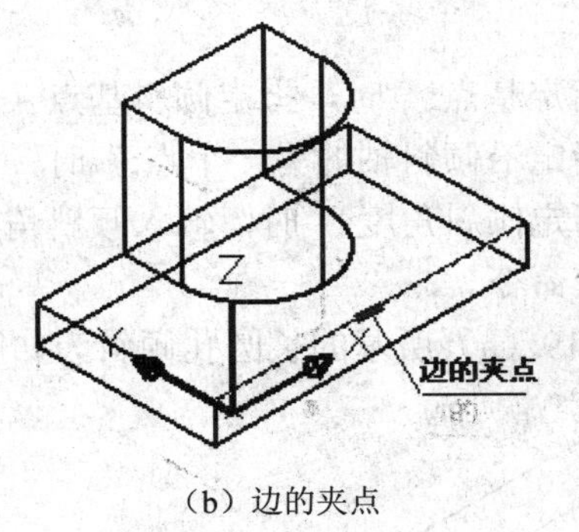

（b）边的夹点

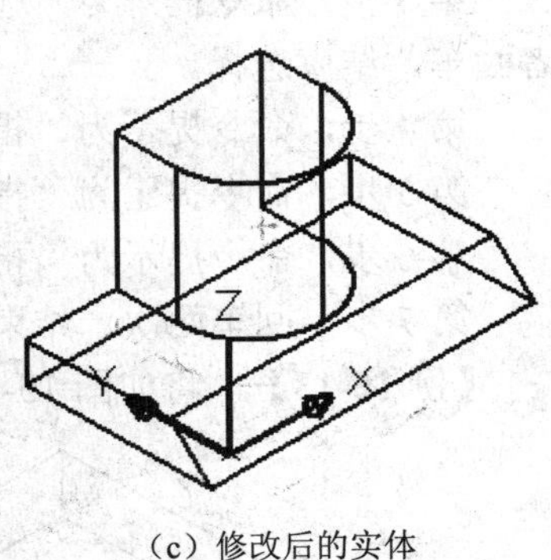

（c）修改后的实体

图 15-18 复合实体夹点编辑修改

操作方法如下。

第 1 步，按住 Ctrl 键，选择复合实体下方的正方体。

第 2 步，按住 Ctrl 键，继续单击如图 15-18（a）所示的实体前端面。

第 3 步，单击面上的夹点向后移动。

第 4 步，输入移动距离，回车，单击 Esc 键，消除夹点。

第 5 步，按住 Ctrl 键，选择如图 15-18（b）所示的实体前端面上方的边。

第 6 步，单击边上的夹点，使其成为热夹点。

第 7 步，将热夹点沿 Y 轴方向移动，结果如图 15-18（c）所示。

注意：选择面和边时，往往需先选择子实体然后再选择子实体上的面和边。

15.10 利用“实体编辑”命令编辑三维实体

使用“实体编辑”命令可以编辑复杂的实体对象。对三维实体的边编辑有提取、压印、复制和着色等；对三维实体的面编辑有拉伸、倾斜、移动、偏移、删除和旋转等；对三维实体的体编辑有分割、抽壳、清除和检查等。

下面介绍常用的三维实体的面编辑命令：倾斜、偏移。

15.10.1 倾斜面

利用“倾斜面”命令可以按一个角度将面进行倾斜。

调用命令的方式如下。

功能区：单击“常用”选项卡“实体编辑”面板中的图标按钮或“实体”选项卡“实体编辑”面板中的图标。

菜单：执行“修改”|“实体编辑”|“倾斜面”命令。

键盘命令：SOLIDEDIT。

操作步骤如下。

第 1 步，调用“倾斜面”命令。

第 2 步，命令提示为“选择面或 [放弃(U)/删除(R)]:”时，选定需倾斜的面。

第 3 步，命令提示为“选择面或 [放弃(U)/删除(R)/全部(ALL)]:”时，继续选择面；或者回车，结束选择。

第 4 步，命令提示为“指定基点:”时，指定倾斜基点（倾斜轴上的第一点）。

第 5 步，命令提示为“指定沿倾斜轴的另一个点:”时，指定倾斜轴上的第二点。

第 6 步，命令提示为“指定倾斜角度:”时，输入倾斜角度。

第 7 步，回车两次，结束命令。

【例 15-13】 将如图 15-19（a）所示的长圆孔倾斜为如图 15-19（b）所示的锥形孔。

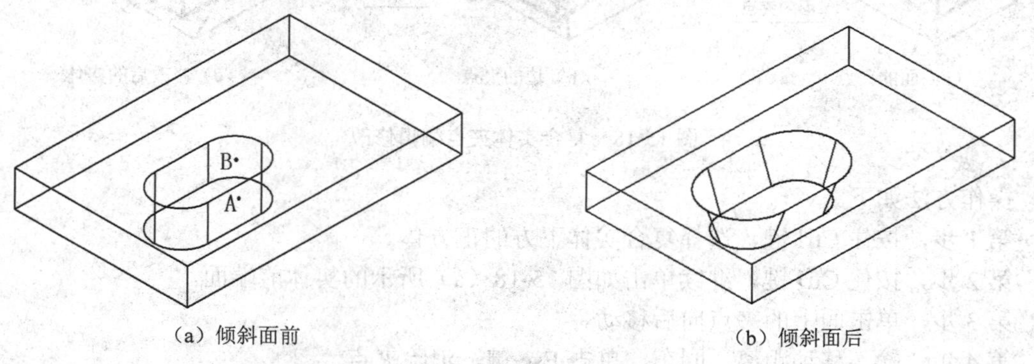

（a）倾斜面前　　（b）倾斜面后

图 15-19　倾斜面操作

操作如下。

命令: **_solidedit** 实体编辑自动检查: SOLIDCHECK = 1 输入实体编辑选项 [面(F)/边(E)/体(B)/放弃(U)/退出(X)] <退出>: **_face**	单击图标按钮，启动“倾斜面”命令
输入面编辑选项 [拉伸(E)/移动(M)/旋转(R)/偏移(O)/倾斜(T)/删除(D)/复制(C)/颜色(L)/材质(A)/放弃(U)/退出(X)] <退出>: **_taper**	系统提示相应的“倾斜面”命令启动过程
选择面或 [放弃(U)/删除(R)]: 找到 4 个面。	拾取要倾斜的长圆孔 4 个面
选择面或 [放弃(U)/删除(R)/全部(ALL)]: ↵	回车，结束对象选择
指定基点:	拾取倾斜轴上第一点圆心 A
指定沿倾斜轴的另一个点:	拾取倾斜轴上第二点圆心 B
指定倾斜角度: **20** ↵	输入倾斜角度 20°
已开始实体校验 已完成实体校验	
输入面编辑选项 [拉伸(E)/移动(M)/旋转(R)/偏移(O)/倾斜(T)/删除(D)/复制(C)/着色(L)/放弃(U)/退出(X)] <退出>: ↵	回车，退出面编辑
实体编辑自动检查: SOLIDCHECK = 1 输入实体编辑选项 [面(F)/边(E)/体(B)/放弃(U)/退出(X)] <退出>: (C)/颜色(L)/材质(A)/放弃(U)/退出(X)] <退出>: ↵	回车，结束“实体编辑”命令

注意：倾斜角度输入正值，将减少实体体积或尺寸；负值将增大实体体积或尺寸。

15.10.2 偏移面

利用“偏移面”命令可以按指定的距离或通过指定的点，将面均匀地偏移。

调用命令的方式如下。

功能区：单击“常用”选项卡“实体编辑”面板中的图标按钮，或“实体”选项卡“实体编辑”面板中的图标按钮。

菜单：执行“修改”|“实体编辑”|“偏移面”命令。

键盘命令：SOLIDEDIT。

操作步骤如下。

第 1 步，调用“偏移面”命令。

第 2 步，命令提示为“选择面或 [放弃(U)/删除(R)]:”时，选定需偏移的面。

第 3 步，命令提示为“选择面或 [放弃(U)/删除(R)/全部(ALL)]:”时，继续选择面；或者回车，结束面的选择。

第 4 步，命令提示为“指定偏移距离:”时，指定偏移距离。

第 5 步，回车两次，结束命令。

【例 15-14】 将图 15-20（a）中的孔沿壁面方向均匀地放大，完成图形如图 15-20（b）所示。

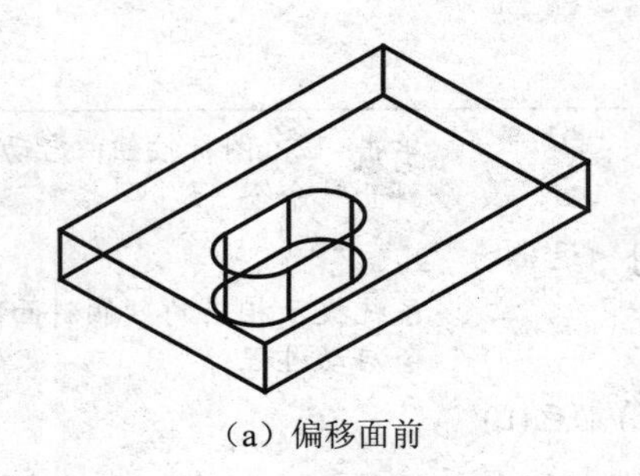

（a）偏移面前

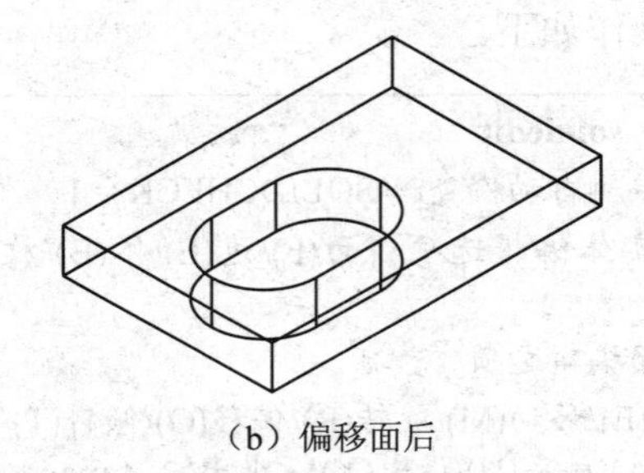

（b）偏移面后

图 15-20　偏移面操作

操作如下。

命令: **_solidedit**	单击图标按钮，启动“偏移面”命令
实体编辑自动检查:　SOLIDCHECK = 1	
输入实体编辑选项 [面(F)/边(E)/体(B)/放弃(U)/退出(X)] <退出>: **_face**	系统提示相应的“偏移面”命令启动过程
输入面编辑选项	
[拉伸(E)/移动(M)/旋转(R)/偏移(O)/倾斜(T)/删除(D)/复制(C)/颜色(L)/材质(A)/放弃(U)/退出(X)] <退出>: **_offset**	
选择面或 [放弃(U)/删除(R)]: 找到 4 个面。	拾取要偏移的 4 个面
选择面或 [放弃(U)/删除(R)/全部(ALL)]: ↵	结束对象选择
指定偏移距离: –5 ↵	输入偏移距离为–5
已开始实体校验	
已完成实体校验	
输入面编辑选项 [拉伸(E)/移动(M)/旋转(R)/偏移(O)/倾斜(T)/删除(D)/复制(C)/着色(L)/放弃(U)/退出(X)] <退出>: ↵	回车，退出面编辑
实体编辑自动检查:　SOLIDCHECK = 1	
输入实体编辑选项 [面(F)/边(E)/体(B)/放弃(U)/退出(X)] <退出>: (C)/颜色(L)/材质(A)/放弃(U)/退出(X)] <退出>: ↵	回车，结束“实体编辑”命令

注意：偏移距离输入正值增大实体体积或尺寸，负值减小实体体积或尺寸。

15.11　剖　　切

“剖切”命令是通过指定剖切平面对三维实体进行剖切。

功能区：单击“常用”选项卡“实体编辑”面板中的图标按钮或单击“实体”选项卡“实体编辑”面板中的图标按钮。

菜单：执行“修改”|“三维操作”|“剖切”命令。

键盘命令：SLICE（或 SL）。

操作步骤如下。

第 1 步，调用“剖切”命令。

第 2 步，命令提示为“选择要剖切的对象:”时，选择要剖切的对象。

第 3 步，命令提示为“选择要剖切的对象:”时，回车。

第 4 步，命令提示为“指定切面的起点或 [平面对象(O)/曲面(S)/Z 轴(Z)/视图(V)/XY/YZ/ZX/三点(3)] <三点>:”时，键入 3，指定三个点定义剪切平面。

第 5 步，命令提示为“指定平面上的第一个点:”、“指定平面上的第二个点:”、“指定平面上的第三个点:”时，分别拾取剖切平面上的三点。

第 6 步，命令提示为“在所需的侧面上指定点或 [保留两个侧面(B)] <保留两个侧面>:”时，指定要保留的部分；或回车，将两半都保留。

【例 15-15】 运用“剖切”命令将图 15-21（a）中的三维实体进行剖切，结果如图 15-21（b）所示。

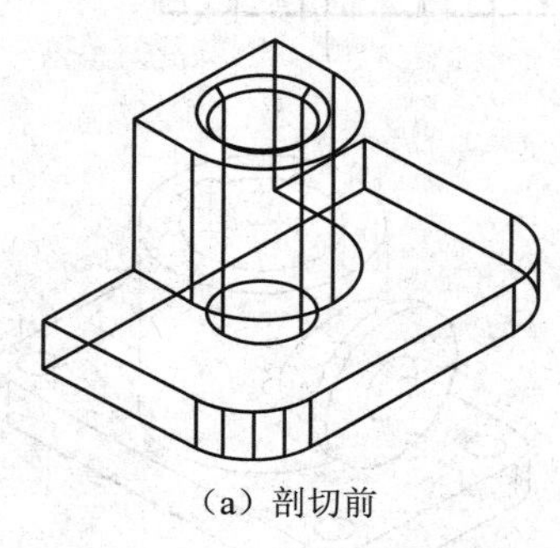

（a）剖切前

（b）剖切后

图 15-21 剖切后的三维实体模型

操作如下。

命令: **_slice**	单击图标按钮，启动“剖切”命令
选择要剖切的对象: 找到 1 个	选择要剖切的三维实体
选择要剖切的对象: ↵	回车，结束对象选择
指定切面的起点或 [平面对象(O)/曲面(S)/Z 轴(Z)/视图(V)/XY/YZ/ZX/三点(3)] <三点>:	拾取剖切平面上第一点 A 点
指定平面上的第二个点:	拾取剖切平面上第二点 B 点
指定平面上的第三个点:	拾取剖切平面上第二点 C 点
在所需的侧面上指定点或 [保留两个侧面(B)] <保留两个侧面>:	拾取要保留的一侧上的 P 点

15.12 上机操作实验指导十五 创建复杂零件三维实体模型

根据如图 15-22 所示的三视图，创建该零件的三维实体模型。

创建三维模型时，首先绘制长方体、楔体、棱锥体、球体、圆柱体、圆锥体和圆环体等基本几何体，以及拉伸体、旋转体及扫掠体等简单体，再将这些基本几何体和简单体进行叠加或切割组合。叠加可用布尔运算中的“并集”命令来实现。而切割可再细分为内部挖孔和外部切割。挖孔可根据孔和缺口的形状直接建立三维实体，再用布尔运算中的“差集”命令来实现，或者用“压印”及“按住并拖动”等命令来实现；而立体外部边缘的切割可用夹点编辑命令来实现。组合时应尽量先进行叠加，再对叠加后的新实体进行挖切。

如图 15-22 所示的模型可分解为长方体底板（基本体）、圆柱体主体（基本体）、凸台（旋转体）及楔形肋板（基本体），经叠加和挖切两种方式组合后形成的。

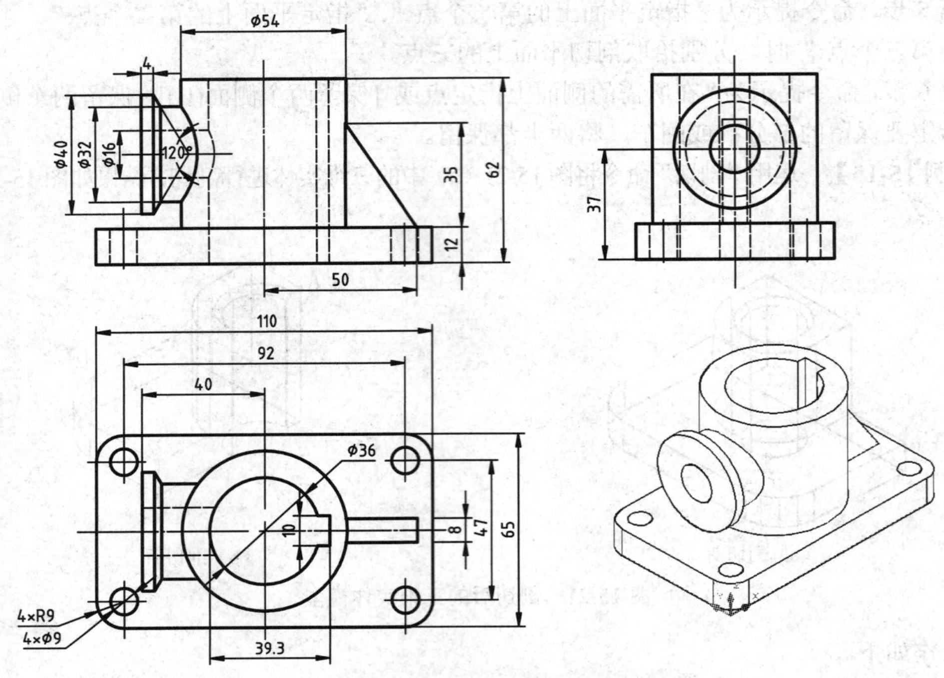

图 15-22　模型三视图及其轴测图

主要涉及命令包括“长方体”命令、“圆柱体”命令、“面域”命令、UCS 命令、“旋转”命令和本章介绍的“三维圆角”命令、“三维阵列”命令、布尔运算、视觉样式、“三维移动”和“按住并拖拉”等命令。

操作步骤如下。

第 1 步，绘图环境设置。

（1）将工作空间切换为“三维建模”，打开动态 UCS，显示“三维线框”视觉样式。

（2）启动“图形界限”命令设置图幅大小：420×297。

（3）单击“常用”选项卡的“视图”面板中的“视图”下拉列表，选择“西南等轴测图”。

第 2 步，绘制底板。

（1）创建长方体。

操作如下。

命令: **_box**	单击图标按钮，启动“长方体”命令
指定第一个角点或 [中心(C)]: **0,0,0** ↵	确定长方体角点坐标为默认坐标（0,0,0）
指定其他角点或 [立方体(C)/长度(L)]: **l** ↵	选择“长度”选项
指定长度: **110** ↵	指定长方体长度为 110
指定宽度: **65** ↵	指定长方体宽度为 65
指定高度或 [两点(2P)]: **12** ↵	指定长方体高度为 12

（2）切割圆角，如图 15-23 所示。

操作如下。

命令: **_filletedge**	单击图标按钮，启动“圆角边”命令
半径 = 1.0000	系统提示，默认的圆角半径为 3
选择边或 [链(C)/半径(R)]: **r**	选择“半径”选项
输入圆角半径或 [表达式(E)] <1.0000>: **9** ↲	输入圆角半径为 9
选择边或 [链(C)/半径(R)]:	选择要进行圆角的棱边 1
选择边或 [链(C)/半径(R)]:	再次选择要进行圆角的棱边 2
选择边或 [链(C)/半径(R)]:	再次选择要进行圆角的棱边 3
选择边或 [链(C)/半径(R)]:	再次选择要进行圆角的棱边 4
选择边或 [链(C)/半径(R)]: ↲	回车，结束对象选择
已选定 4 个边用于圆角	系统提示
按 Enter 键接受圆角或 [半径(R)]:	回车，结束命令

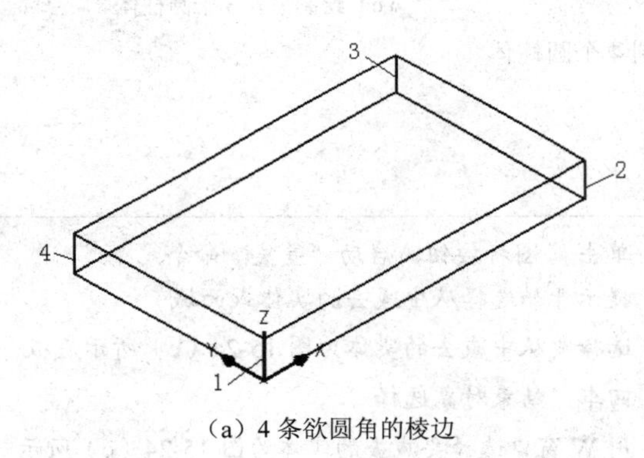

（a）4 条欲圆角的棱边

（b）圆角后

图 15-23　切割圆角

（3）绘制一个圆柱体，完成图形如图 15-24（b）所示。

操作如下。

命令:**_cylinder**	单击图标按钮，启动“圆柱体”命令
指定底面的中心点或 [三点(3P)/两点(2P)/相切、相切、半径(T)/椭圆(E)]:	捕捉如图 15-24（a）所示的顶面圆心为中心点
指定底面的半径或 [直径(D)]: **4.5** ↲	输入圆柱体半径为 4.5
指定高度或[两点(2P)/轴端点(A)] <10.0000>: **-12** ↲	输入圆柱体高度为−12

（4）绘制另外 3 个圆柱体，完成图形如图 15-24（c）所示。

操作如下。

命令: **_3darray**	输入“3DARRAY”，启动“三维阵列”命令
选择对象: 找到 1 个	选择要阵列的对象为图 15-24（b）所示的圆柱体

<table>
<tr><td>选择对象: ↵</td><td>回车，结束对象选择</td></tr>
<tr><td>输入阵列类型 [矩形(R)/环形(P)] <矩形>: ↵</td><td>回车，选择默认阵列类型“矩形”</td></tr>
<tr><td>输入行数 (---) <1>: **2**↵</td><td>输入行数为 2</td></tr>
<tr><td>输入列数 (|||) <1>: **2**↵</td><td>输入列数为 2</td></tr>
<tr><td>输入层数 (...) <1>:↵</td><td>回车，选择默认层数为 1</td></tr>
<tr><td>指定行间距 (---): **47**↵</td><td>输入行间距为 47</td></tr>
<tr><td>指定列间距 (|||): **92**↵</td><td>输入列间距为 92</td></tr>
</table>

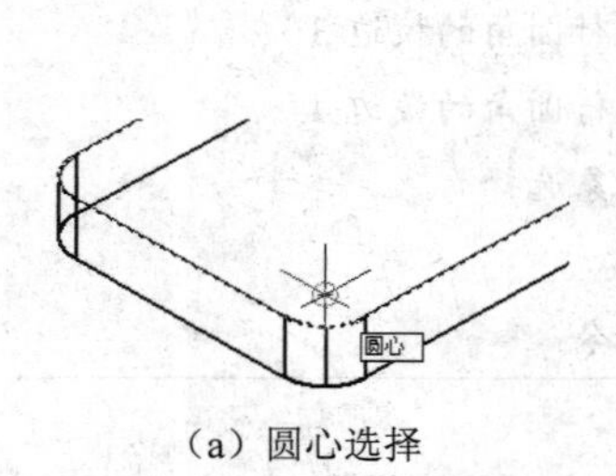

（a）圆心选择

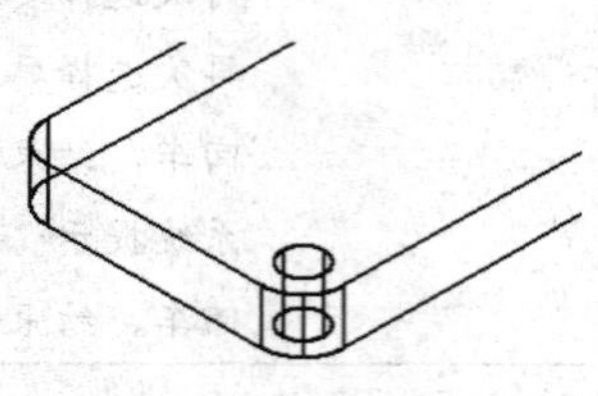

（b）创建圆柱体效果

（c）绘制另外 3 个圆柱体

图 15-24　绘制 4 个圆柱体

（5）运用“差集”命令，在底板上挖孔。

操作如下。

命令: **_subtract**	单击图标按钮，启动“差集”命令
选择要从中减去的实体或面域...	提示开始选择从中减去的实体或面域
选择对象: 找到 1 个	选择要从中减去的实体为图 15-24（c）所示底板
选择对象: ↵	回车，结束对象选择
选择要减去的实体或面域 ... 选择对象: 指定对角点: 找到 4 个	用 W 窗口选择要减去的实体为图 15-24（c）所示的 4 个圆柱体
选择对象: ↵	结束对象选择

第 3 步，绘制圆柱主体。

操作如下。

命令:**_cylinder**	单击图标按钮，启动“圆柱体”命令
指定底面的中心点或 [三点(3P)/两点(2P)/相切、相切、半径(T)/椭圆(E)]:	捕捉如图 15-25（a）所示的顶面中心点为圆心
指定底面的半径或 [直径(D)]: **27** ↵	输入圆柱体半径为 27
指定高度或[两点(2P)/轴端点(A)] <10.0000>: **50** ↵	输入圆柱体高度为 50

第 4 步，绘制凸台。

（1）重新定义坐标系，如图 15-26（a）所示。

操作如下。

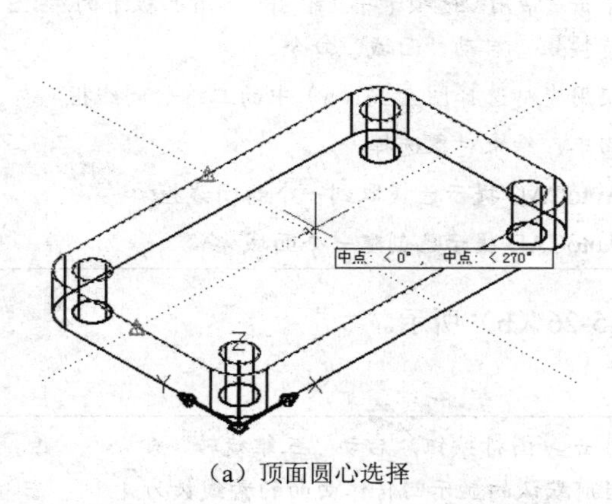

（a）顶面圆心选择

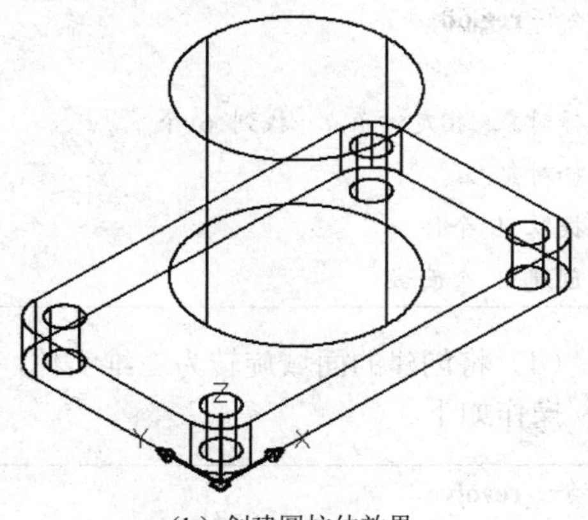

（b）创建圆柱体效果

图 15-25 绘制圆柱主体

命令: **_usc**	单击图标按钮，启动 UCS 命令
当前 UCS 名称: *没有名称*	
指定 UCS 的原点或 [面(F)/命名(NA)/对象(OB)/上一个(P)/视图(V)/世界(W)/X/Y/Z/Z 轴(ZA)] <世界>: **_3**	
指定新原点 <0,0,0>:	拾取圆柱主体的顶面圆心为新的 UCS 原点
在正 X 轴范围上指定点 <52.5376,35.6546,−89.2658>:	拾取如图 15-26（a）所示的 X 轴方向上的一点
在 UCS XY 平面的正 Y 轴范围上指定点 <51.5376,36.6546,−89.2658>:	拾取如图 15-26（a）所示的 Y 轴方向上的一点

（2）根据凸台的尺寸，在 XY 面上绘制平面图形，如图 15-26（a）所示。

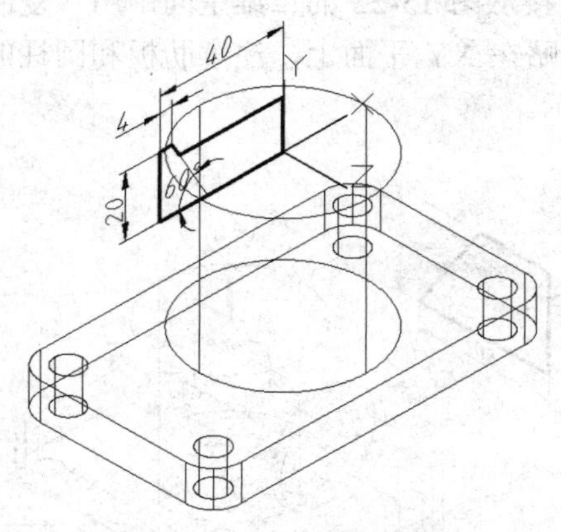

（a）在 XY 面上绘制的平面图形

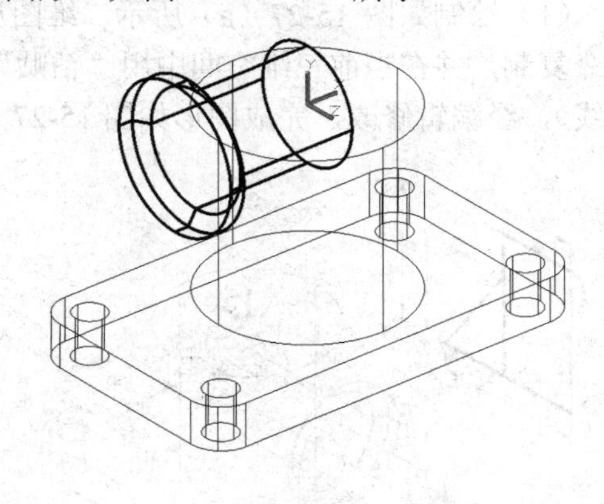

（b）旋转生成的实体

图 15-26 绘制凸台

（3）将平面图形创建为面域，如图 15-26（a）所示。

操作如下。

命令: **_region**	单击“常用”选项卡中“绘图”下滑面板中的图标按钮，启动“面域”命令
选择对象: 指定对角点: 找到 6 个	使用光标选择图 5-26（a）中的二维封闭线框
选择对象:↵	回车，结束对象选择
已提取 1 个环	AutoCAD 提示已提取到一个封闭线框
已创建 1 个面域	AutoCAD 提示已创建一个面域

（4）将创建的面域旋转为三维实体，如图 15-26（b）所示。

操作如下。

命令: **_revolve**	单击图标按钮，启动“三维旋转”命令
当前线框密度: ISOLINES = 4	当前默认的显示回转体曲面的素线数为 4
选择要旋转的对象: 找到 1 个	选择已创建的面域
选择要旋转的对象:↵	回车，结束对象选择
指定轴起点或根据以下选项之一定义轴 [对象(O)/X/Y/Z] <对象>:	拾取旋转中心轴的起点
指定轴端点:	鼠标拾取旋转中心轴的端点
指定旋转角度或 [起点角度(ST)] <360>:↵	回车，确定旋转角度为默认旋转角度 360°

（5）将旋转体移动至如图 15-27（a）所示位置。

在“三维线框”视觉样式下，单击功能区的“常用”选项卡之“选择”面板中的“小控件”图标按钮，激活“三维移动”小控件。选择如图 15-26（b）所示的旋转体，单击跟移动方向一致的轴句柄，输入–25。

第 5 步，绘制楔形肋板。

（1）绘制如图 15-27（a）所示二维图形（可直接从图 15-22 的二维空间中用“复制”命令复制，并在当前三维空间中用“粘贴”命令粘贴在 XY 平面上，注意肋板和圆柱的截交线），经编辑修改，完成图形如图 15-27（b）所示。

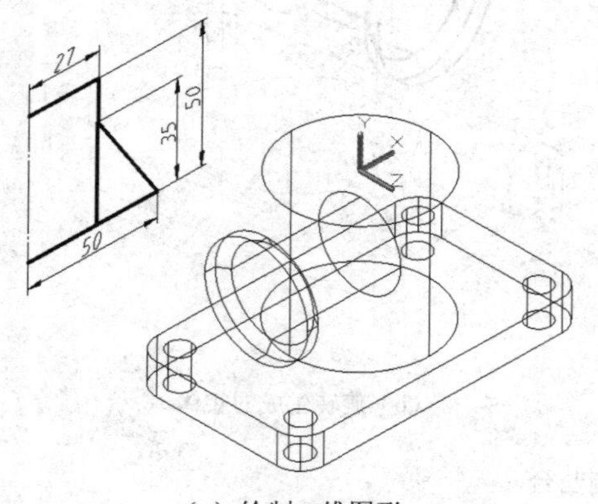

（a）绘制二维图形

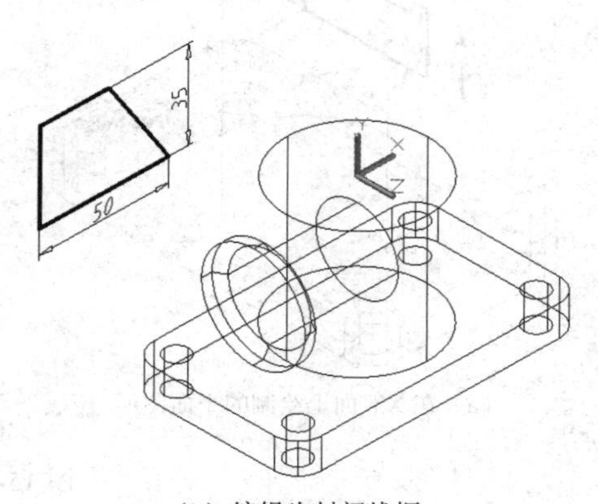

（b）编辑为封闭线框

图 15-27 创建肋板面域

（2）将修改后的二维图形利用“按住并拖动”命令拉伸为三维实体，完成图形如图 15-28（a）所示。

操作如下。

命令: **_presspull**	单击 图标按钮，启动“按住并拖动”命令
选择对象或边界区域:	拾取框移至二维平面图形内直至其亮显，并单击
指定拉伸高度或 [多个(M)]:	
指定拉伸高度或 [多个(M)]: **8**↵	输入数值 8，沿 Z 轴正向拉伸为三维实体
已创建 1 个拉伸	
选择对象或边界区域: ↵	回车，结束命令

（3）使用“移动”命令将创建的楔体三维实体以中点 A 为基点移动至圆心 B 的位置，如图 15-28（b）所示，操作步骤略。

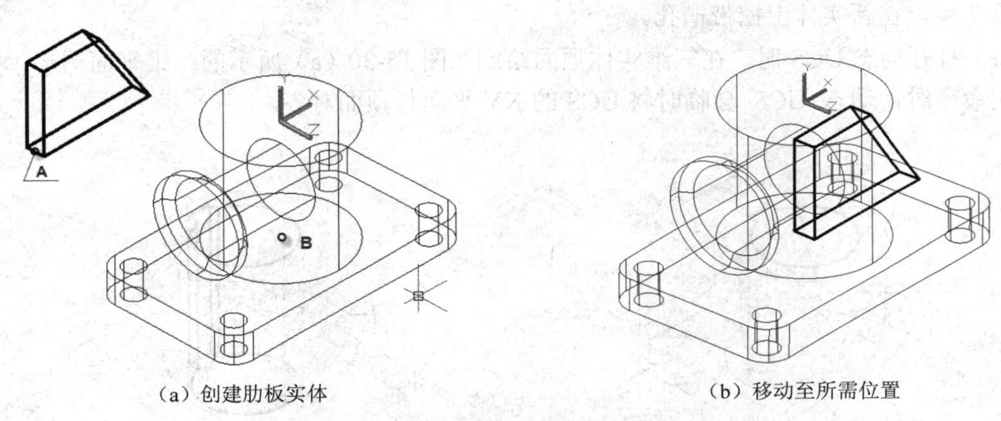

（a）创建肋板实体　　（b）移动至所需位置

图 15-28　绘制肋板实体

第 6 步，将已创建的 4 个基本实体进行叠加组合，如图 15-29 所示。

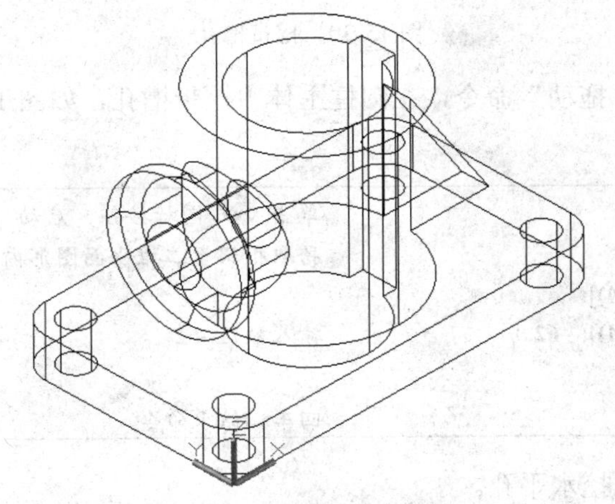

图 15-29　创建的新实体

（1）创建新实体。

操作如下。

命令: **_union**	单击图标按钮，启动“并集”命令
选择对象: 指定对角点: 找到 4 个	选取要进行合并的 4 个已创建的三维模型
选择对象: ↵	结束对象选取

（2）恢复世界 UCS。

操作如下。

命令: **_ucs**	单击图标按钮，启动 UCS 命令
当前 UCS 名称: *没有名称*	
指定 UCS 的原点或 [面(F)/命名(NA)/对象(OB)/上一个(P)/视图(V)/世界(W)/X/Y/Z/Z 轴(ZA)] <世界>: **_w**	选择“世界”坐标系

第 7 步，在新实体上挖带槽孔。

（1）打开动态 UCS 时，在三维实体顶面绘制如图 15-30（a）所示的二维平面图形，执行绘图命令时，动态 UCS 会临时将 UCS 的 XY 平面与顶面对齐。

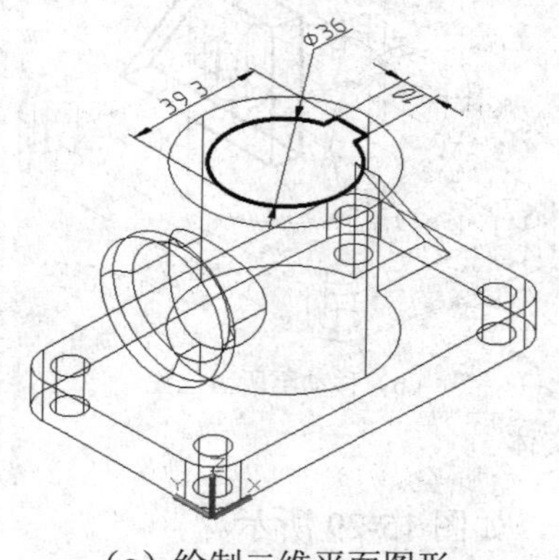

（a）绘制二维平面图形

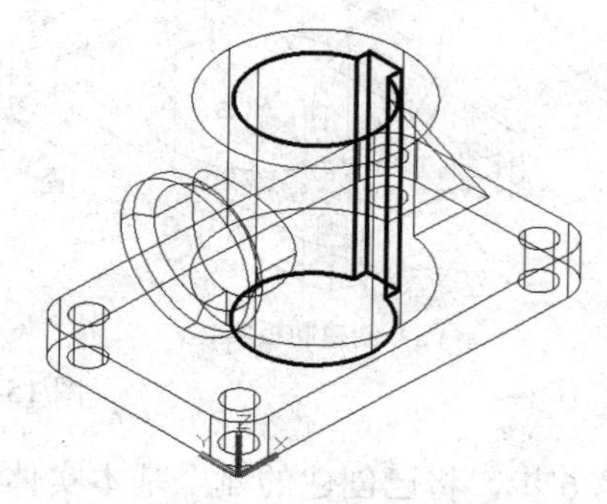

（b）按住并拖动挖出的带槽孔

图 15-30　挖带槽孔

（2）运用“按住并拖动”命令，在圆柱主体中挖带槽孔，如图 15-30（b）所示。

操作如下。

命令: **_presspull**	单击图标按钮，启动“按住并拖动”命令
选择对象或边界区域:	拾取框移至二维平面图形内直至其亮显，并单击
指定拉伸高度或 [多个(M)]:	
指定拉伸高度或 [多个(M)]: **–62**↵	输入数值–62
已创建 1 个拉伸	
选择对象或边界区域: ↵	回车，结束命令

第 8 步，在凸台上挖水平孔。

（1）打开动态 UCS 时，在凸台端面上画直径为 $\phi 16$ 的圆。执行画圆命令时，动态 UCS 会临时将 UCS 的 XY 平面与凸台端面对齐，如图 15-31（a）所示。

（2）运用“按住并拖动”命令，在凸台中挖去如图 15-31（b）所示 $\phi16$ 的圆柱孔。操作如下。

命令: **_presspull**	单击 图标按钮，启动“按住并拖动”命令
选择对象或边界区域:	拾取框移至二维平面图形内直至其亮显，并单击
指定拉伸高度或 [多个(M)]:	
指定拉伸高度或 [多个(M)]: **–40**↵	输入数值–40
已创建 1 个拉伸	
选择对象或边界区域: ↵	回车，结束命令

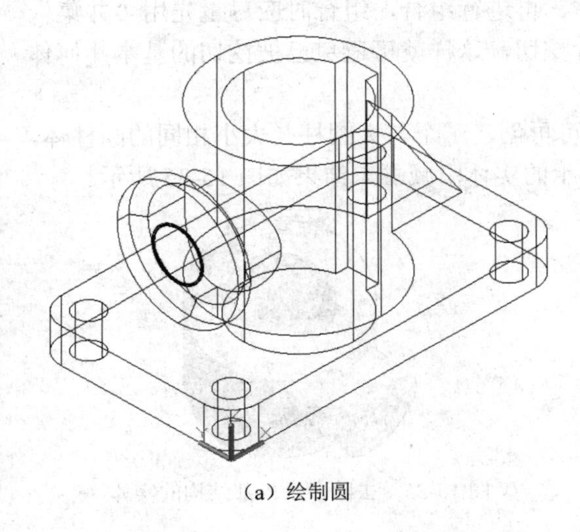

（a）绘制圆

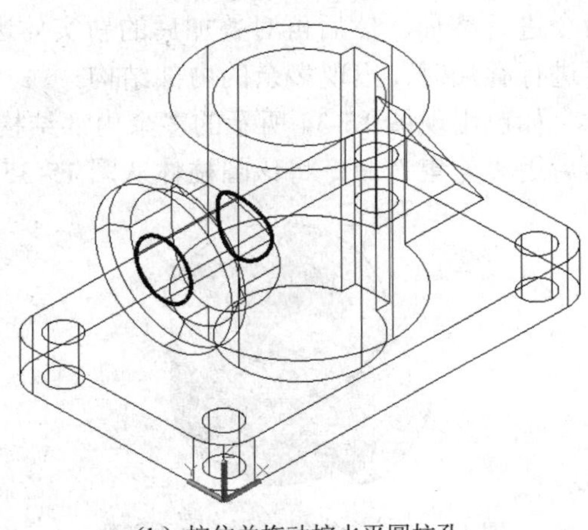

（b）按住并拖动挖水平圆柱孔

图 15-31　挖水平圆柱孔

第 9 步，用不同的视觉样式显示创建的实体。

（1）在功能区“常用”选项卡“视图”面板中，单击“视觉样式”下拉列表，选择“三维隐藏”图标，以“三维隐藏”视觉样式显示如图 15-32 所示的实体效果。

（2）在功能区“常用”选项卡“视图”面板中，单击“视觉样式”下拉列表，选择“概念”图标，以“概念”视觉样式显示如图 15-33 所示的实体效果。

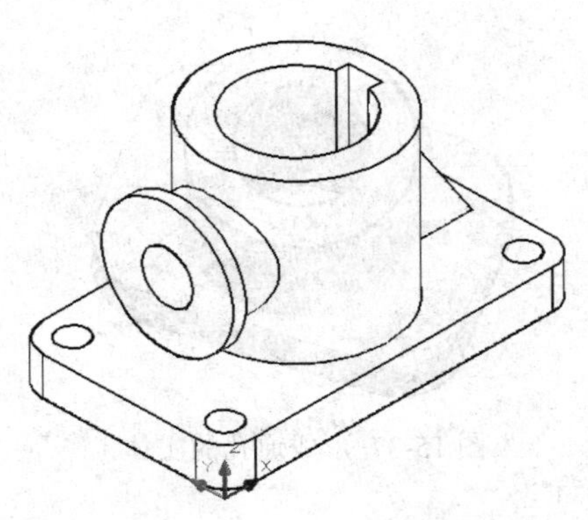

图 15-32　“三维隐藏”视觉样式显示

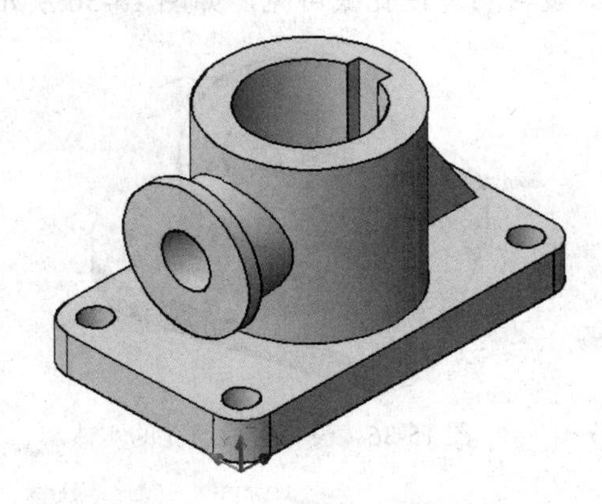

图 15-33　“概念”视觉样式显示

15.13 上机操作常见问题解答

1．选择实体上的面时，往往将所需的面和其他面一起选中，如何处理

在“实体编辑”命令执行过程中选择面时，可用 Shift+光标拾取不需要的面，把面从选择集中删除。

用 Ctrl 键选择子对象面和边时，要从选择集中删除已选定的子对象，可以按 Shift+Ctrl 键。

2．建模过程中先进行挖切再叠加，常常出现多余的内部结构，如何处理

建模过程中首先创建基本几何体和简单体，再进行组合，组合时应尽量先用“并集”命令进行叠加，然后再对叠加后的新实体进行挖切，这样就可避免已被挖切的基本几何体再进行叠加时，出现多余的内部结构。

如已出现图 15-34 所示的多余内部结构，可再创建一个与大圆柱孔大小相同的圆柱体，然后用“差集”命令将该圆柱体从图 15-35 所示的实体中减去，结果如图 15-35 所示。

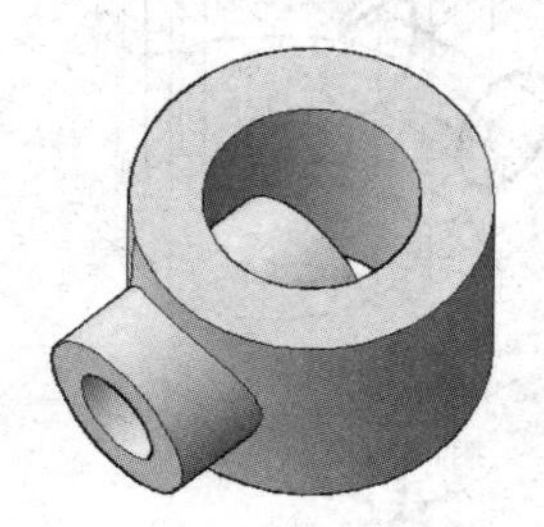

图 15-34　有多余内部结构的实体

图 15-35　去除多余内部结构的实体

15.14 操作经验与技巧

1．将如图 15-36 所示实体中的非通孔修改为通孔

直接使用“按住并拖动”命令，选择如图 15-36 所示孔底，输入负的拉伸高度，即可将孔拉伸成如图 15-37 所示通孔。如果孔底不可见，很难选择到该面，可用“动态观察”命令旋转实体使孔底可见，如图 15-36 所示，再拾取该面。

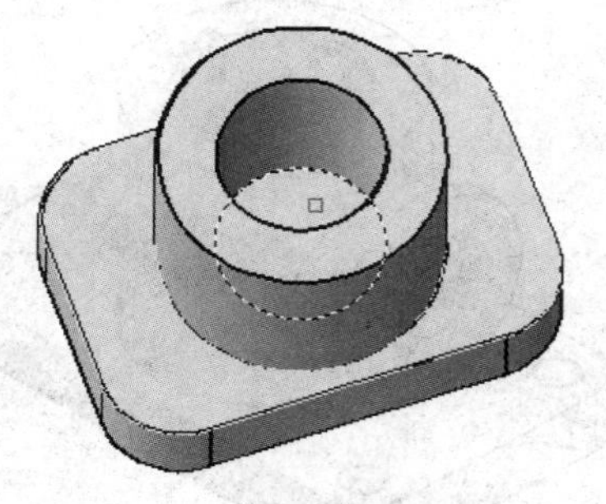

图 15-36　没有形成通孔的实体

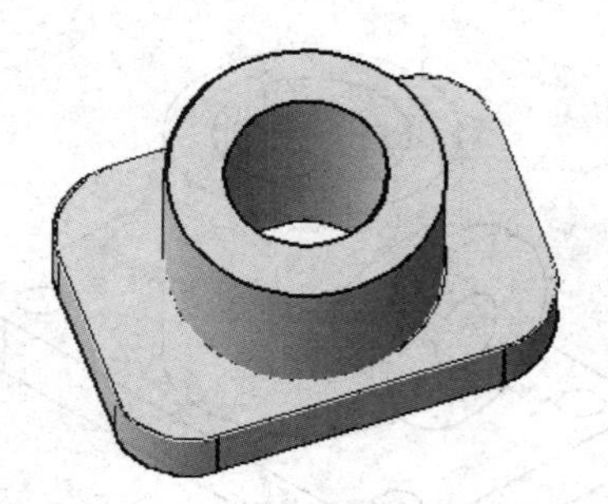

图 15-37 形成通孔的实体

2．利用对象“特性”选项板修改基本立体形状和大小

基本立体为基本几何体、拉伸体、旋转体和扫掠体等，修改形状和大小可直接利用“对象特性”选项板，但复杂立体不能修改。如图 15-38（a）所示旋转体可通过选项板修改为如图 15-38(c)所示剖切体。

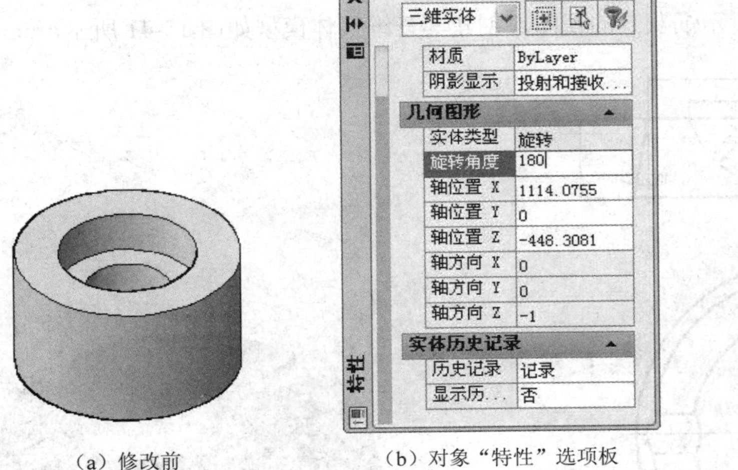

（a）修改前　（b）对象“特性”选项板　（c）修改后

图 15-38　利用对象“特性”选项板修改

15.15　上　机　题

1．根据如图 15-39 所示支座的三视图，创建其三维实体模型。

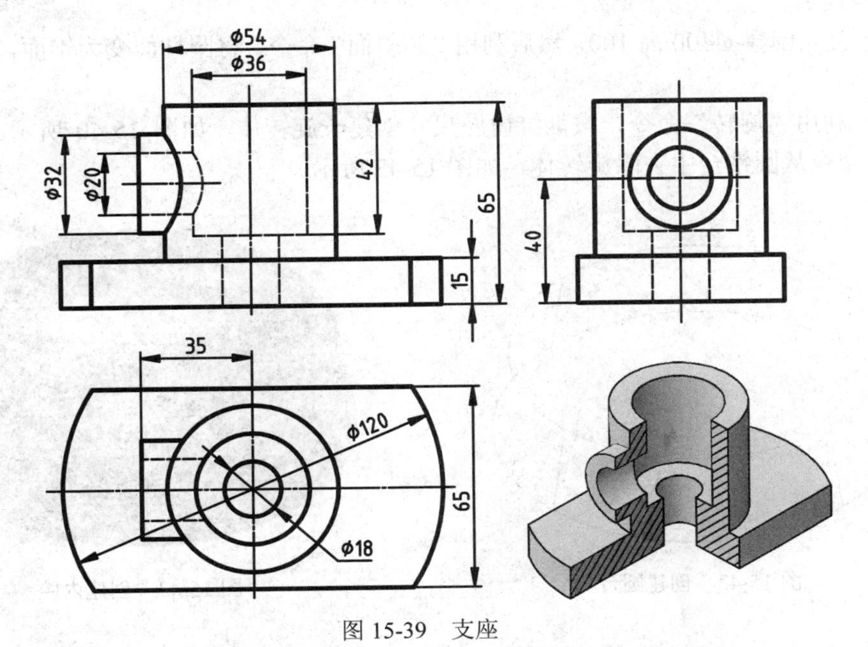

图 15-39　支座

建模提示：

（1）首先创建底板拉伸体，其次创建 $\phi54$ 圆柱体及 $\phi32$ 圆柱体。

（2）利用“并集”命令合并 3 个实体。

（3）创建两个和水平孔垂直孔形状相同的实体，最后利用“差集”命令从原合并实体中减去水平孔实体和垂直孔实体。

2．根据如图 15-40 所示烟灰缸的视图，创建其三维实体模型如图 15-41 所示。

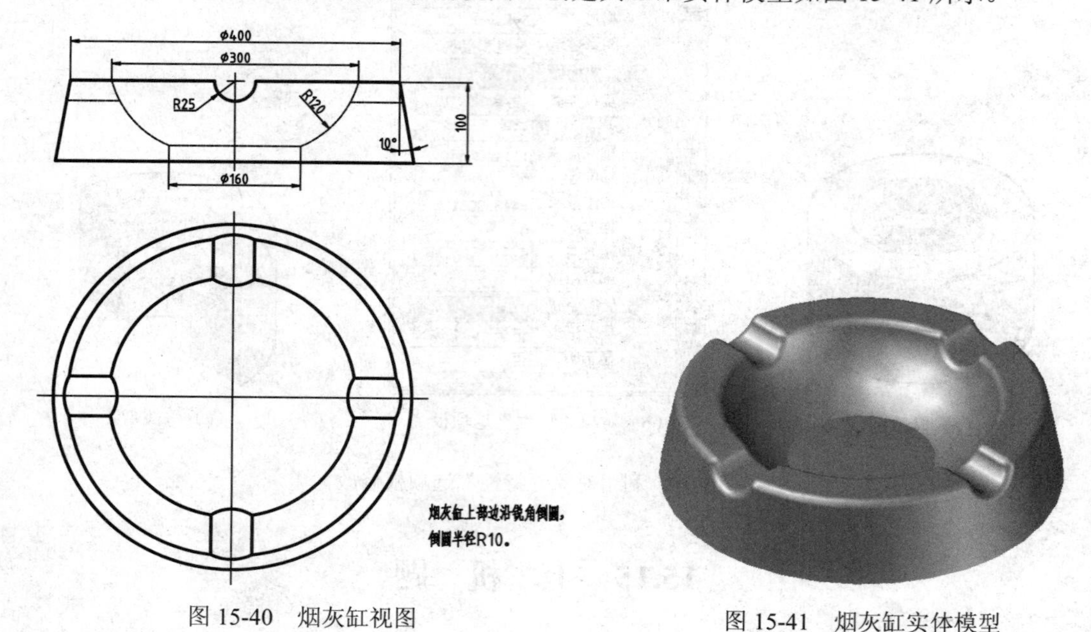

图 15-40　烟灰缸视图　　图 15-41　烟灰缸实体模型

建模提示：

（1）首先创建 $\phi400$ 高 100，然后利用“倾斜面”命令，将圆柱面变为锥面，如图 15-42 所示。

（2）利用“旋转”命令，按烟缸内腔尺寸创建一旋转体，如图 15-40 所示。然后利用“差集”命令从圆锥台中去除旋转体，如图 15-43 所示。

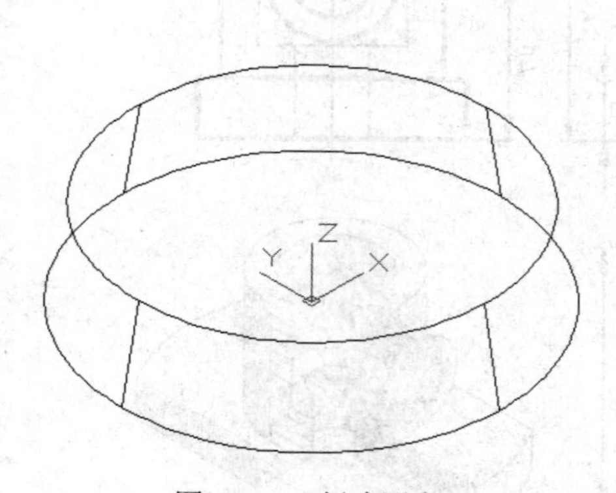

图 15-42　创建圆台

图 15-43　创建内腔

（3）如图 15-44 所示的位置创建一圆柱体，然后利用“三维阵列”，以烟缸轴线为中心环形出 4 个圆柱体，再利用“差集”命令从烟缸中去除 4 个圆柱体，如图 15-45 所示。

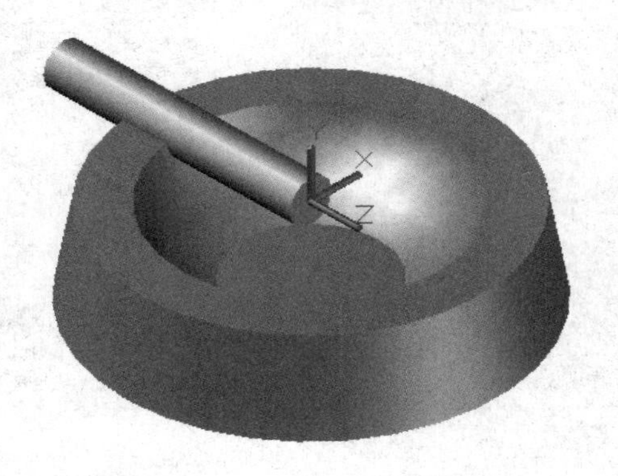
图 15-44　创建一圆柱体

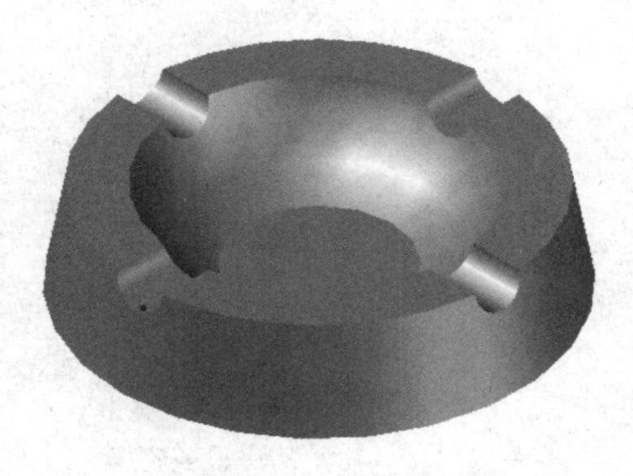
图 15-45　创建 4 个凹槽

（4）利用“圆角边”命令，对相应边圆角处理，如图 15-41 所示。

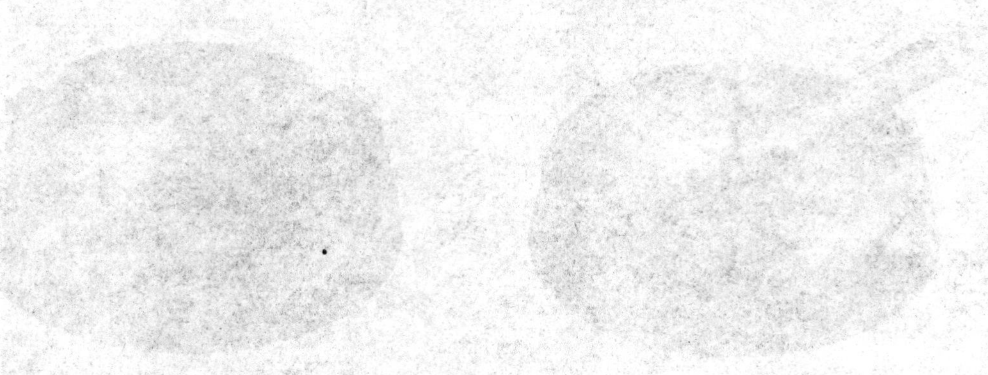